生命科学前沿及应用生物技术

基于组学的食品真实性鉴别技术

陈 颖 等 著

科学出版社

北 京

内 容 简 介

　　本书围绕食品真实性这一新时期食品质量安全领域的新兴研究热点和重要研究内容，系统总结了作者团队近 20 年来在食品真实性鉴别研究方面的科研成果。本书共分 7 章，以鉴别技术为主线，介绍了基因组学、蛋白质组学、代谢组学、智能感官等组学技术在食品真实性鉴别方面的研究与应用，针对特定食品列举了真实性鉴别综合解决方案案例，并对食品真实性鉴别研究态势进行了基于文献计量学的分析。

　　本书集科学性、前沿性和实用性为一体，文字精练、图文并茂，可读性强，可为食品领域科研人员、在读学生、管理人员及其他相关人士提供参考，也可为公众全面了解我国食品真伪鉴别技术现状提供参考。

图书在版编目（CIP）数据

基于组学的食品真实性鉴别技术/陈颖等著. —北京：科学出版社，2021.11

（生命科学前沿及应用生物技术）

ISBN 978-7-03-068563-6

Ⅰ. ①基⋯　Ⅱ. ①陈⋯　Ⅲ. ①食品–鉴别　Ⅳ. ①TS201.6

中国版本图书馆 CIP 数据核字(2021)第 063027 号

责任编辑：李秀伟　岳漫宇 / 责任校对：郑金红
责任印制：吴兆东 / 封面设计：刘新新

科 学 出 版 社 出版
北京东黄城根北街 16 号
邮政编码：100717
http://www.sciencep.com

北京虎彩文化传播有限公司 印刷
科学出版社发行　各地新华书店经销

*

2021 年 11 月第 一 版　　开本：787×1092　1/16
2021 年 11 月第一次印刷　　印张：35
字数：827 000
定价：328.00 元
（如有印装质量问题，我社负责调换）

《基于组学的食品真实性鉴别技术》
撰写人员名单

主笔人： 陈 颖

撰写人员（按姓氏笔画排序）：

于 宁	马秀丽	马雪婷	马聪聪	王 玮
王 娉	王 楠	王玉堂	王海艳	毛一雷
邓婷婷	田师一	田尉婧	白文明	邢冉冉
任君安	刘晗璐	孙瑞雪	杨海荣	何 磊
陈 颖	房 芳	张九凯	张宏蕊	陈丽萍
周梦月	郑文杰	赵方圆	赵贵明	赵勇胜
赵晓美	胡 谦	俞秋豪	胡冉冉	徐冰冰
郭丽丽	姬庆龙	黄文胜	曹 燕	曹际娟
康文瀚	葛毅强	韩建勋	魏黎阳	

前　　言

我国是世界上食品生产和消费第一大国，食品质量安全事关广大人民营养健康和生命安全，始终是政府关注、社会关切、群众关心的重大热点问题。食品质量安全的内涵是不断发展变化的，具有动态性与层次性、绝对性与相对性、现实性与潜在性等特性。自 20 世纪 80 年代中期，我国食品工业迎来了产业发展黄金期，食品供应走向富足，但随之而来的食品安全问题也日益凸显，食品安全成为全民关注焦点。随着食品产业科技水平的不断提高、法律法规的不断完善和监管体制的不断改革，食品安全状况得到极大改善，虽然传统食品安全问题依然存在，但总体稳中向好，实现了从"数量"供给到"质量"保障的根本转变。营养健康食品的品质和质量逐步演化为食品质量安全的焦点之一。迈进新时代，伴随着我国食品工业以"安全与健康"为导向的深度转型和食品安全形势持续稳中向好，食品真实性等新兴热点问题日益凸显。在从"吃饱"到"吃好""吃得健康"的基础上，消费者开始关心食品食材、产地、加工工艺、天然有机等食品真实性。随着经济全球化进程，不断延长和复杂化的食品供应链也增加了掺假使假和多元扩散的可能性。食品真实性成为继食品质量安全问题之后另一广受国际关注的重要研究方向。当前，食品质量安全的新内涵已包括食品安全、食品质量和食品真实性三方面。

食品掺假造假使假是个无孔不入的社会痼疾，食品打假鉴伪是一个关乎亿万民众生命和健康安全的重大命题。近年来，经济利益驱使的食品原料、生产、经营中掺假使假等现象越来越凸显。全球范围内食品掺假使假等欺诈问题日益引起各国越来越多的关注，也已成为困扰和制约食品产业健康发展的毒瘤，是未来食品质量安全需重点解决的主要问题和食品产业转型升级的核心问题。我国已将食品掺假和欺诈纳入政府对食品安全危机的监管范畴，正在推动掺假造假行为直接入刑，用最严厉的处罚遏制和打击违法犯罪行为。因此，食品真伪鉴别已成为新时期食品质量安全领域的新兴研究热点和重要研究内容，是新时代食品质量安全领域满足人民日益增长的美好生活需要的关注热点和战略制高点之一。

食品打假鉴伪的研究一直相对薄弱，与掺假使假手段的隐蔽性和复杂性相比严重滞后，近年来，虽然我国政府、各地区、各部门开展了多次针对假冒伪劣食品的专项整治打击活动，但结果却不乐观。其中一个重要的原因是：缺乏完善的鉴伪打假技术支撑体系。因此，亟待食品真实属性检测鉴别研究为治理食品欺诈提供不可或缺的科技支撑，通过创新驱动的科技支撑与引领来保障舌尖上的安全。

笔者团队自 2005 年就率先提出了"食品属性表征与品质分子识别"概念，一直致力于食品属性表征与品质分子识别及溯源的应用与应用基础研究，带动了全国质检系统和高校院所在食品真伪鉴别领域从无到有到强的深入研究。2015 年，作者总结研究成果撰写了《食品真实属性表征分子识别技术》，在科学出版社出版，推动了该研究领域的发展。近年来，作者进一步围绕大宗食用农产品、深加工食品和高附加值保健品，针对食品种类、品牌、产地、加工工艺、标签符合真伪鉴定及目标物真实性、纯度、新鲜度、掺兑物检测等核心关键问题，集成多种现代分子生物学、蛋白质组学、代谢组学、智能感官等手段，系统开展了食品真实性鉴别技术研究，构建了从单物种单目标到多物种多元高通量检测、从定向靶标到非靶向侦测筛查、从多单组分到全组分组学分析、从特异定性到精准定量的目标明确、高效融合、技术先进、方法实用、易于推广的现代食品真伪鉴别技术体系，为维护我国食品市场经济秩序、保护消费者利益发挥了重要作用。

本书在 2015 年专著的基础上，从鉴别技术的角度，再次梳理总结并增加了笔者团队近 5 年来研究成果。本书共分 7 章，即绪论、基于基因组学的食品真实性鉴别技术、基于蛋白质组学的食品真实性鉴别技术、基于代谢组学的食品真实性鉴别技术、基于无损检测的食品真实性鉴别技术、食品真实性鉴别综合解决方案案例及基于文献计量的食品真实性鉴别研究态势分析。在撰写过程中，得到团队合作者、学生和其他同仁的帮助，恕不一一列明，在此一并表示衷心感谢！

本书由"十三五"国家重点研发计划"跨境食品品质与质量控制数据库构建及创新集成开发（2016YFD0401100）"项目、"特色高值农产品真伪和身份精准甄别技术研究（2017YFF0211301）"项目和"乳与乳制品中非法添加物、掺假物快速检测及真实属性精准鉴定（2018YFC1604204）"项目资助。

研究和撰写工作中难免存在疏漏和不妥之处，希望广大读者、专家批评指正。

著　者

2021 年 8 月

目　录

1 绪 论

随着人们生活水平日益提高、食品产业快速发展和食品安全控制水平不断提高，食品原料生产、加工、经营等全链条中掺假使假现象日益凸显，越来越引起世界各国关注，从国内外案例分析，食品掺假使假已经成为全球共同应对的问题，也成为困扰和制约我国食品产业健康发展的毒瘤，是未来食品质量安全需重点解决的主要问题和食品产业转型升级的核心问题（陈颖等，2015）。

食品掺假使假等不法行为，损害消费者经济利益，危害消费者健康，侵犯消费者和商标持有企业合法权利，破坏市场经济秩序，扰乱社会诚信体系，导致严重社会负效应，同时损害进出口贸易，影响国家形象。我国已将食品掺假和欺诈纳入了政府对食品安全危机的监管范畴。对真伪鉴别、种类鉴定、品质评价、溯源检测、地理标志、原产地保护、标签符合等食品打假鉴伪技术的研究也成为国内外食品质量安全研究的新热点（陈颖等，2015）。

近年来，随着科学技术的进步，新材料、新技术的不断涌现，食品打假鉴伪手段越来越多。从传统经验判断到仪器检测，从生化分析到分子鉴别，方法的准确性、灵敏度和稳定性越来越高，基因组、蛋白质组、代谢组和无损检测等基于组学的食品表征识别与鉴伪技术已成为解决食品掺假使假与欺诈问题的新一代技术手段。

从发展趋势来看，基于基因组、蛋白质组、代谢组和无损检测的食品真实性鉴别技术越来越成熟，基于组学的食品表征识别与鉴伪技术体系越来越成为食品掺假使假与欺诈等问题的综合解决方案。同时，现代食品加工工业的发展，对检测或鉴别技术的解读能力提出更高的要求。真伪鉴别、种类鉴定、品质评价、溯源检测、地理标志、原产地保护、标签符合等食品打假鉴伪技术成为国内外食品质量安全研究的新热点，它涵盖食品原料生产—加工—流通全过程，其根本出路在于依靠科技的"火眼金睛"，迫切需要创新驱动的科技支撑与引领来保障舌尖上的安全。

1.1 食品打假鉴伪的重要性与紧迫性

1.1.1 食品掺假使假与欺诈现象由来已久

纵观世界食品产业发展历程，从初始作坊式发展时期，到工业化生产时期，乃至现代食品产业体系建立时期，从 2000 多年前的古代社会到今天的现代社会，食品掺假使假与欺诈行为自食品进入流通领域以来一直存在。不仅在中国，欧美发达国家和地区也一样存在，无论是政府还是民间，与食品掺假使假和欺诈的斗争从来没有停止过。

《晏子春秋·内篇杂下》："君使服之于内，而禁之于外，犹悬牛首于门，而求买马肉也，公胡不使内勿服，则外莫敢为也。"宋·释普济《五灯会元》卷十六："悬羊头，卖狗肉,坏后进,初几灭。"是关于我国食品掺假使假的最早记载。在近代英国历史上,19 世纪是牛奶掺假的盛行时期,其中尤以 19 世纪后半叶最为严重。第一次世界大战时期的德国用"不可消化的废弃物"制造了很多"食物代替品"。南北战争前后,美国也同样经历了一个食品掺假肆虐横行由"乱"而"治"的漫长过程。2013 年年初,欧洲的马肉风波成为近年来欧洲影响最深远的食品掺假问题,甚至使不少消费者改变了消费习惯(Charlebois and Summan,2015)。

从本质来看,贪婪是一切欺诈的源头,而贪欲是人类历史上永远都挥之不去的阴影。随着经济全球化进程,食品产业链发生结构性变化,食品企业开始全球化布局,不断延长和复杂化的食品供应链也增加了掺假使假和多元扩散的可能性。美国国会研究服务部专题报告指出,尽管食品掺假的规模难以统计,但全球食品行业每年的损失高达 150 亿美元(Johnson,2014)。近几年全球经济衰退,世界范围内食品掺假与欺诈有显著增加趋势。尤其是随着电商等新经济业态的出现,食品掺假与欺诈更是成为全球性的挑战。

1.1.2 食品掺假使假与欺诈对社会影响大

盘点近年来的食品安全热点事件,不论是欧洲马肉风波,还是巴西过期牛肉丑闻,不论是印度牛奶掺假丑闻、德国有机鸡蛋造假丑闻,还是我国"假肉串肉卷事件"、"三聚氰胺事件"等,都引起了空前的社会反响,严重影响了产业发展和消费者信心。

概括起来,食品掺假使假和欺诈有三个特点:一是问题食品涉及面越来越广,呈立体式、全方位态势;二是危害程度越来越深,已从食品外部卫生危害走向了内部安全危害;三是手段越来越多样、手法越来越隐蔽,已到了"不怕你做不到,就怕你想不到"的地步。在经济利益驱动下,一些企业和个人为了牟取暴利"铤而走险",置公众健康甚至生命于不顾,违法制售假冒伪劣食品,盗用商标,假冒名牌,大发不义之财。甚至一些大的知名食品企业也参与其中,给食品质量安全带来了更多不确定因素。

1.1.3 食品打假鉴伪内涵不断演变

食品品种日益丰富,加工手段日益多样化,食品欺诈的概念范围远远大于经济利益驱动掺假(Lutte,2009)的范围,已从狭隘的食品卫生向食品质量、食品营养等"质"与"量"全方面发展。除真伪外,还包括冒牌、避税及走私等(Charlebois et al.,2016)。食品真实性鉴别已不仅仅是指掺假鉴别,还包括品质评价、标签符合、溯源识别等多方面质量安全问题(Böhme et al.,2019),其目的已呈多维度多元化需求,见表 1-1。欧美等发达国家和地区非常重视食品的防伪监测工作,而且相关的法规、标准体系往往更为严格。欧盟食品法中的一个重要内容是保护消费者利益。2017 年,欧盟理事会新修订的食品标签法规要求在标签上明确标明所有食品成分及含量,使消费者了解食品的所有成分[(EU) No. 2017/625—2017]。与这些法律法规相配套需要完善的检测体系和强大的技术储备。

表 1-1 食品表征识别与鉴伪的目的需求

维度	需求	代表案例
真假鉴别	伪造鉴别	以假乱真：用酒精、糖精、香精等"三精一水"勾兑成假红酒；用银耳、猪皮、明胶等伪造燕窝 以次充好：棘鳞蛇鲭（油鱼）冒充鳕鱼；亚香棒虫草（霍克斯虫草）冒充冬虫夏草
	掺假（杂）鉴别	牛奶、果汁兑水稀释；蜂蜜中掺入果葡糖浆；红薯淀粉中加入低值木薯粉
	工艺鉴别	浓缩汁还原果汁冒充 NFC 鲜榨果汁；橄榄果渣油冒充初榨橄榄油；复原乳代替生鲜牛乳
种类鉴定	物种鉴定	食品中动植物成分鉴定；调和油中食用油种类及配比鉴定
	品种鉴定	泰国香米的鉴定；山羊乳与牛乳的鉴定
	清真或民族特色食品鉴别	清真食品中非清真成分的检测
品质评价	有机、天然食品鉴别	有机牛奶鉴别；散养鸡蛋鉴别
	新鲜度鉴别	蜂王浆新鲜度鉴别；新鲜三文鱼肉与冷冻化冻三文鱼肉鉴别
	功能、营养成分鉴别	保健品中功能成分检测；食品中主要标志性营养成分鉴别
	年份鉴别	年份酒鉴别；年份醋鉴别
溯源检测 [a]	地理标志产品	吐鲁番葡萄干鉴别；帕尔玛火腿鉴别
	原产地保护	镇江恒顺香（陈）醋系列产品鉴别；意大利巴里地区的阿古利尔罗拉庄园产的克鲁托（CRUDO）橄榄油鉴别
	珍稀动植物保护	鱼翅和鲨鱼软骨中鲨鱼种类鉴别；鹿产品中梅花鹿等鹿种类鉴别
标签符合 [b]	转基因食品标注	转基因食品中外源基因定性定量检测
	过敏原标注	过敏原食物种类鉴别；致敏蛋白及含量检测
法庭证据	违禁成分检测	原卫生部公布的六批"食品中可能违法添加的非食用物质和易滥用的食品添加剂名单"中非食用物质的检测
	食品走私	走私冻肉；走私水产
	食品反恐	"食品炭疽"；"蓄意投毒"

a. 主要指食品产地识别，食品生产、加工、流通中的溯源及追溯涵盖在各类食品鉴伪中；b. 标签符合特别强调转基因和过敏原两类强制标识，其他各类广义的标签相符性分布在其他各类食品鉴伪中

1.1.4 食品打假鉴伪技术严重滞后

尽管食品掺假使假一直存在，但对食品打假鉴伪的研究却相对薄弱，只是在近 10 年才引起人们的重视，并成为研究热点，进而推动该领域的研究和应用得到了长足发展（陈颖等，2015），但由于食品中所含成分复杂，易受产地、气候和采收时间等因素的影响，且大多数食品经过破碎、搅拌、高温、高压等物理、化学及生物反应等多种加工过程，而用于掺杂到食品中的物质又多是与其组成比较接近，或某些性状比较接近的物质，因此通常难鉴别其真伪。此外，随着假冒伪劣手段的不断变化，仿真度极高的劣质产品给鉴伪、检验工作带来巨大的困难。可谓"魔高一尺，道高一丈"，甚至有人提出诸如"为什么打假总比造假落后"的尖锐问题。与掺假使假和欺诈手段的复杂性相比，食品打假鉴伪技术严重滞后，凸显出掺假食品有效检测手段的缺失，迫切需要科技支撑与引领。

1.2 食品打假鉴伪技术的现状与趋势

食品打假鉴伪技术涉及从田间到餐桌的每个环节，要满足种类、品牌、产地、目标物等真实性识别及目标物纯度鉴定和掺假物、杂质含量检测等不同的需求。近十年来关于食品打假鉴伪技术的研究报道呈直线上升的态势，发文量在整个食品检测发文量中的比重也逐年提高（陈颖等，2016）。食品打假鉴伪各类技术有其各自的优点，也有着不同的局限，研究进展差异较大（Lo and shaw，2018；Hong et al.，2017；Danezis et al.，2016）。①借助肉眼或通过显微镜观察区分样品的形态学分析技术发展最早，但分析结果有一定的主观性，与检测人员的经验相关性很大。近几年，数字图像分析技术的发展赋予这个传统技术新的生命力，有望成为一种新型辅助鉴别方法。②以光谱、色谱和质谱为代表的理化分析技术是兴起年代相对久远的一类技术，主要对产品主要成分、特定成分或标志物及各种代谢物进行检测分析。③以电子鼻、电子舌等各类传感器为代表的人工智能技术，主要测定样品中所有挥发性成分等整体综合信息。④以 PCR、分子标记、DNA 指纹图谱、芯片等为代表的分子生物学技术是国际上备受关注和发展快速的技术。

随着科学技术的进步和学科交叉的融合发展，为食品打假鉴伪提供了新手段。例如，数字 PCR 技术为利用分子生物学技术进行定量提供了新的手段；新一代测序、组学技术为未知物种鉴别研究提供了新方法；计量学与各种技术有机结合，使得食品打假鉴伪技术更加科学。在不同技术方法中选择合适的技术协同解决问题是目前食品鉴伪研究发展的主要趋势之一，基于组学的食品表征识别与鉴伪技术体系更是成为食品掺假使假等欺诈问题的综合解决方案（Creydt and Fischer，2018；Böhme et al.，2019）。

中国检验检疫科学研究院陈颖团队于 2005 年提出了"食品属性表征与品质分子识别"概念（图 1-1）（陈颖等，2007），一直致力于食品属性表征与品质分子识别及溯源的基础研究及应用。围绕大宗食用农产品、深加工食品和高附加值食品，针对食品种类、品牌、产地、加工工艺、标签符合真伪鉴定及目标物真实性、纯度、新鲜度、掺兑物检测等核心问题，集成多种基因组学、蛋白质组学、代谢组学、智能感官等组学手段，系统开展了食品真实性鉴别技术研究，相关研究工作见表 1-2，提出了从定性判别到精准定量分析、从单物种单目标识别到多物种多目标多元高通量识别、从定向筛查到非靶标侦测、从多组分到全组分分析的现代食品真伪鉴别技术体系构建思路，见图 1-2。以遗传物质为基础的识别技术，可以克服传统方法受环境、气候、加工方式等影响带来的局限性，大幅度提高准确性；多目标物高通量检测技术，能够实现食品中多物种成分的高通量同时鉴别，极大提高检测通量和效率；以蛋白质为靶标的比较蛋白质组和免疫学方法，为食品真实属性判别和品质鉴别提供了理论基础和新思路。将代谢组学应用于食品真实属性表征，拓展了在以核酸和蛋白质为目标物基础上的鉴别途径；感官风味与化学计量相融合的品质识别技术，为地域特色食品的追溯和评判提供快速甄别方法。

1.2.1 基于基因组学的食品表征识别与鉴伪技术

基因是生物遗传信息的载体，以脱氧核糖核酸（DNA）的形式存在于所有组织和细

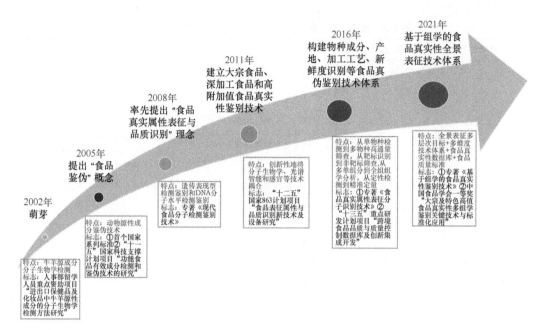

图 1-1　中国检验检疫科学研究院陈颖团队食品真实性研究历程（彩图请扫封底二维码）

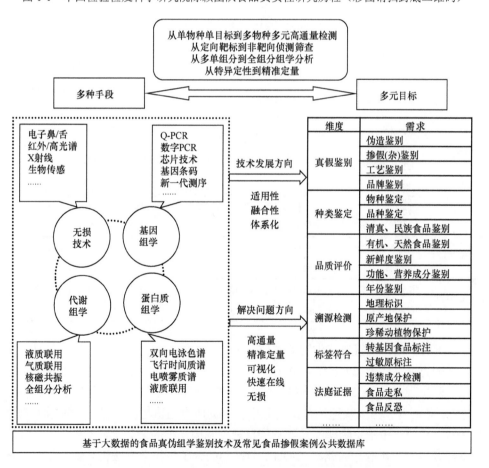

图 1-2　基于组学技术的食品表征识别与真伪鉴别技术体系

表 1-2 近 15 年在食品表征识别与鉴伪方面的研究工作

技术类别	研究方法	研究对象	参考文献
基于基因组学	PCR 技术	胡桃、腰果源性成分	袁飞等，2011；王海艳等，2010a
	多重 PCR 技术	食物过敏原成分	王玮等，2011
	实时荧光 PCR 技术	燕窝、橄榄油；胡桃、芹菜、木薯，梨源性成分；鹿、牦牛、马、驴、骆驼源性成分；蜂蜜蜜源植物种类、玛咖及其掺假物、淀粉植物来源、转基因成分	韩建勋等，2010，2019a，2019b；Wu et al.，2017，2010b，2008；吴亚君等，2014；Guo et al.，2014；Wang et al.，2013；邓婷婷等，2012；Chen et al.，2009；Wang et al.，2009
	PCR-CE-SSCP 技术	常见食用油、橄榄油、鹿种鉴别	Zhang et al.，2012；吴亚君等，2011
	PCR-DHPLC 技术	苹果、桃、橘、橙、猕猴桃、草莓、葡萄源性成分	Han et al.，2012
	LAMP 技术	开心果源性成分	刘昊等，2013
	RPA 技术	转基因成分	邓婷婷 等，2015
	FINS 方法	鱼翅物种来源	黄文胜等，2011
	RAPD 技术	泰国香米、啤酒大麦	吴亚君等，2012；Wu et al.，2009
	液相悬浮芯片	橄榄油，玉米油、芝麻油、大豆油、花生油、油菜籽油、葵花籽油；转基因水稻、转基因玉米；常见动物源性成分	Wu et al.，2016；傅凯等，2015；黄文胜等，2014；李元元等，2012；Li et al.，2012
	可视芯片技术	食物过敏原成分、鱼物种成分、转基因成分	韩建勋等，2018；邓婷婷等，2012；Wang et al.，2011
	DNA 条码技术及下一代测序技术	常见油料作物种类鉴别，肉种类鉴别，海参鉴别	胡冉冉等，2019；韩建勋等，2018；吴亚君等，2014
	数字 PCR 技术	肉类掺假精准定量	Xing et al.，2019；任君安等，2017；Ren et al.，2017
基于蛋白质组学	免疫分析技术	芹菜、胡桃过敏原蛋白检测	Wang et al.，2014，2011；王海艳等，2010b
	毛细管电泳技术	蜂王浆新鲜度，牛乳中外源蛋白，掺假燕窝中银耳源性成分	刘明畅等，2015；吴亚君等，2013a，2013b
	双向电泳技术	不同工艺乳鉴别，燕窝，啤酒大麦纯度，蜂王浆蛋白组，蜂王浆新鲜度	刘明畅等，2016；郭丽丽等，2013；Zhao et al.，2013；Wu et al.，2012
	鸟枪蛋白质组学技术	阿胶中异源动物物种成分	房芳等，2019
基于代谢组学	UPLC-QTOF-MS	冬虫夏草、玛咖	张宏蕊等，2019；Zhang et al.，2015
	ICP-MS	燕窝	马雪婷等，2019
基于无损检测	红外光谱技术	燕窝，冬虫夏草、山茶油	Guo et al.，2017；张九凯等，2015
	多光谱技术	玛咖	张宏蕊等，2020

胞中。由于遗传信息直接决定生物的本质，因此通过基因来鉴别生物物种是最具权威性和科学性的方法。随着 20 世纪末分子生物学的发展，对基因进行快速、准确分析的各种方法不断出现，如 PCR、实时荧光 PCR、数字 PCR、分子指纹、基因芯片、基因测序、DNA 条码等，可以快速地分辨食品中使用的所有动植物原料成分、过敏原物种成分和转基因成分。由于生物型的差异直接反映在基因序列的差异上，不受季节、环境和加工条件等限制和影响，因此，以 DNA 为基础的分子生物学方法仍被认为是食品真实性鉴别中最有效的方法（Duraimurugan et al.，2017）。根据基因进化特点选择合适的靶

基因，可实现对物种、同一种物种不同品系的精细区分，甚至追溯到特定的生物个体（Ali et al., 2016; Marieschi et al., 2016; Doosti et al., 2014; Schiefenhovel and Rehbein, 2013）。例如，保守的看家基因通常用于种以上分类水平的鉴别，进化适中的基因用于种的鉴别，变异较快的基因用于亚种、株系的鉴别，而针对全基因组扫描式的指纹技术可用于个体的鉴别。以此建立的食品物种成分鉴别方法有许多成为各国食品检测标准甚至国际标准。

应用基因检测技术可以发现含量低至几个拷贝的基因，使食品物种成分的分析从常量水平进入痕量水平。在方法设计时可依据食品加工程度选择单拷贝或多拷贝基因，以满足不同灵敏度的要求。各类高精尖仪器和配套的商品化试剂盒能大大缩短检测时间，有助于提高操作的精准度，防止交叉污染。但从富含多糖、多酚、单宁、色素及其他次生代谢物质的食品或 DNA 含量较少的食品（如油脂）中提取 DNA 的难度相对较大，使分子检测方法在该类产品的应用中受到一定局限（Lo and Shaw, 2017）。

此外，由于基因的数量水平和生物体的质量水平并不等同，现代生物学技术对物种成分的鉴别大多数停留在定性和半定量水平，精准定量问题仍是急需突破的瓶颈。数字 PCR 技术的出现，为基于基因组学技术的食品定量检测提供了新的思路。目前，国内外也有不少学者开展了食品掺假的分子生物学定量研究，进一步探索不同物种、不同组织材料的基因数量与样品质量之间的数学关系，希望找到一种换算规律，实现从基因角度对食品成分进行定量检测（Köppel et al., 2019; Noh et al., 2019; Ren et al., 2017; Cai et al., 2014）。

随着食品产业的发展，食品种类越来越多，成分越来越复杂，同时对多物种进行定性定量检测的需求也越来越大。近几年，基于高通量测序的宏条形码技术发展迅速，可以实现同时检测复杂样品中多个物种的目的（Haynes et al., 2019），在食品物种鉴定方面显现出很大的优势。此外，随着测序技术的发展，单分子测序（single molecule sequencing, SMS）或第三代测序（third generation sequencing, TGS）已经开始兴起并得到应用，基于高通量测序的多物种鉴别技术的成本大大降低，将会在食品安全监管中成为不可或缺的重要组成部分。

1.2.2　基于蛋白质组学的食品表征识别与鉴伪技术

蛋白质组学作为后基因组时代的一个新研究方向，近几年发展迅速，已成为食品品质检测和安全控制方面有力的研究工具。蛋白质组学研究特定条件下蛋白质整体水平的存在状态及活动规律，不仅可以鉴定蛋白质种类，还可进行蛋白质定量（Danezis et al., 2016; Gallardo et al., 2013），为分析不同物种、产地、成熟阶段的食品蛋白质组分和含量提供了新思路。

基于蛋白质组学的食品表征识别与鉴伪技术主要可以归为两类，即基于凝胶（gel-based）的方法和基于质谱（MS-based）的方法。双向凝胶电泳（2-DE）是经典蛋白质凝胶技术，但存在诸如对低丰度蛋白质、疏水性蛋白质、极酸或极碱蛋白质的分离和检测效果较差，难以实现规模化和自动化等缺点（Ciborowski and Silberring, 2016）。

质谱技术的出现解决了这一问题。质谱具有快速、灵敏、准确的优点，一次实验可同时检测千余种蛋白质，可应用于蛋白质的鉴定、翻译后修饰、表达差异分析、功能及互作分析等，是进行高通量蛋白质鉴定和定量分析最常用的方法（Ortea et al.，2016），如基质辅助激光解吸电离飞行时间质谱（matrix-assisted laser desorption/ionization time of flight mass spectrometry，MALDI-TOF-MS）技术、同位素标记相对和绝对定量（isobaric tags for relative and absolute quantitation，iTRAQ）、多反应监测（multiple reaction monitoring，MRM）技术等，促进了蛋白质组学方法在食品真伪鉴别中的应用。

目前，蛋白质组学已在物种鉴别、产地溯源、品质识别、掺假鉴定等多个领域得以应用，涉及肉制品、水产品、乳制品、果蔬制品、谷物及其制品、高附加值食品及保健食品等多类食品（Fornal and Montowaka，2019；Jira and Münch，2019；Stahl and Schröder，2017；Caira et al.，2016；Grundy et al.，2016；Rešetar et al.，2016）。通过蛋白质数据库，利用鉴定工具对蛋白质进行鉴定是蛋白质组学研究重要内容。因此蛋白质数据库的选择和拓展，以及对蛋白质组学质谱数据进行大数据处理及分析则显得尤为重要。随着高分辨质谱及新型生物信息学技术的发展和数据库的共享应用，基于蛋白质组学的食品表征识别与鉴伪技术在食品真伪鉴别及品质识别研究中将有更加广阔的应用前景。

1.2.3 基于代谢组学的食品表征识别与鉴伪技术

代谢组学是通过高通量、高灵敏度和高分辨率的现代仪器，结合模式识别等化学计量学方法分析生物体内所有代谢产物变化规律的一种研究方法（Fiehn，2002）。通常代谢组学的研究对象是小于 1500Da 的小分子代谢物，但目前也有研究者将代谢组学的研究范围扩展至脂质甚至元素，将脂质组学纳入其中。无论是小分子代谢物、脂质还是元素，代谢组学的研究对象通常位于生理、生化活动调控的末端，能反映生物体变化规律的整体性，也能对非特定目标物进行检测。与其他组学技术相比，其最大优势在于整体分析能力，更能揭示生物体的生理生化状态，反映外界环境对食品成分产生的微小差异，且代谢物数量远远小于基因和蛋白质的数量，有利于建立代谢物数据库进一步研究分析。

对代谢物的分析主要分为靶标分析和非靶标分析（Cubero-Leon et al.，2014）。非靶标分析是通过分析尽量多的代谢物以期寻找到具有统计学意义的特征标记物来反映样品状态（Riedl et al.，2015）。靶标分析则是预先提出假设，去除无关代谢物后针对特定的标记物进行研究并验证假设（Medina et al.，2019）。两种分析方式常根据研究目标不同结合使用，在特征物不明确的情况下通常先采用非靶标分析方法，实现轮廓判别，后续根据需要再针对一种或多种靶标物质进行判别。

代谢组学常用的检测技术包括振动光谱技术、色谱-质谱联用技术、核磁共振技术等，基于不同技术得到复杂而庞大的多维数据，而真实有效数据的获得则依赖于样品多样性和真实性。对数据的后续深度挖掘和分析是代谢组学研究的另外一个重要部分（Medina et al.，2019），考虑到代谢组分析数据的复杂性，简单的线性拟合有时结果并不理想，需要采用新的高维数据分析方法，如将支持向量机、随机森林和遗传算法结合起来进行变量筛选，以获得准确率、预测能力更高及稳定性、适应性更好的评估模型（Cubero-Leon et al.，2018；Granato et al.，2018）。

在食品真伪鉴别领域，代谢组学在物种及品种鉴定、产地鉴定、品质鉴别、掺假掺杂鉴定及食品加工方式、原料属性及来源、功能食品的功效评价鉴别等方面已得到应用（Ghisoni et al.，2019；Gabriele et al.，2018；Hrbek et al.，2018；Ossa et al.，2018；Wang et al.，2018a）。目前，这类技术研究相对较多，但实验结果会受到品种、产地、收获季节、原料环境、加工条件、储运包装方式等很多因素的影响，常需要大量已知样品建立模型（Riedl et al.，2015），但模型通用性不强，急需突破样本代表性等瓶颈问题。构建全面准确的代谢产物数据库，并与基因组、蛋白质组等数据库相互衔接，形成系统生物学数据链，将使基于代谢组学的食品表征识别与鉴伪技术走向成熟。

1.2.4　基于无损检测的食品表征识别与鉴伪技术

无损检测是指在不破坏待测物原有状态和物理化学性质的前提下，通过光、声、电、磁和力等手段获得多种物理化学信息，经过对数据的归一分类，实现对待测物的测定。无损检测技术具有操作方便和易实现在线检测的优点，在获取样品信息的同时保证了样品的完整性，且能有效地判断出某些从外观无法得出的样品内部品质信息，检测速度又较传统的化学方法迅速、绿色，也因此成为近年来食品品质检测的热点技术（Abasia et al.，2018）。

根据检测原理的不同，无损检测技术大致可分为光学特性检测技术、声学特性检测技术、电学特性检测技术、电磁与射线检测技术、视觉（图像）信息检测技术、嗅觉味觉信息检测技术、生物传感器技术等几大类，而基于无损检测的食品表征识别与鉴伪技术主要有中红外光谱和近红外光谱技术、计算机视觉技术、高光谱技术、拉曼光谱技术、核磁共振技术、超声波检测技术、电子鼻/电子舌智能感官技术等（Fan and Zhang，2018；Wang et al.，2018b），涉及物性学、信息技术、人工智能、计算机技术、传感技术、光谱技术等多学科领域。

基于无损检测的食品表征识别与鉴伪技术近年已广泛应用在农畜产品、果蔬产品的新鲜度、品质检测、感官评估和有害物质检测等方面（Hassoun et al.，2019；Fan and Zhang，2018；Cuibus et al.，2017；Kiani et al.，2017）。由于农产品形状各异、内部成分复杂且含量不均衡，往往含有多种官能团且多有相似分子结构，测量信号交叉重叠，无法直接测得食品农产品中各物质的含量，因此需要运用化学计量学将测量信号与典型样品的已知质量参数进行关联，通过大量典型样品测量数据建立定量分析模型，才能用于样品定量检测（Wang et al.，2018b）。此外，不同无损检测技术存在不同的瓶颈问题（Dirosa et al.，2017；Riedl et al.，2015），如光谱检测中需要建立完善的标准谱库，射线技术检测中要有效排除干扰因素，超声波检测需开发稳定的信号系统，计算机视觉检测中光源的选择，电子鼻检测中新型传感器的研发等，这些问题的研究和解决，将使无损检测技术在食品质量与真伪鉴别领域发挥越来越大的作用。

1.3 我国食品打假鉴伪科技存在的主要问题和对策建议

近年来，我国食品打假鉴伪技术发展迅速，在一定程度上改变了加工农产品和食品真伪鉴别、品种鉴定、产地鉴别、品质评价标准缺乏、指标混乱的局面等。但与现实需求相比，还有很大差距，食品打假鉴伪处在问题"多发期"与监管工作"薄弱期"相叠加的特殊时期。

1.3.1 食品打假鉴伪整体部署严重不足，急需强化顶层设计能力及统筹布局

越来越多的人认识到食品掺假使假是未来食品质量安全需重点解决的问题。但是，目前对食品打假鉴伪技术的研发大多处于自发阶段，国家科技计划中只有零星支持。而美国创新战略、欧盟第八个科研框架计划欧盟科研与创新框架计划"地平线 2020"和日本第四期科学技术基本计划均将食品打假等食品安全列入重点支持研究领域。2013 年，欧盟发布第二次打击食品欺诈行为协调控制计划，建立了政府机构共享事件信息和情报的食品欺诈网络（Food Fraud Network，FFN）。美国在明尼苏达大学于 2004 年成立了国家食品保护与防御中心（现更名为食品保护与防御研究所），美国药典委员会建立了"食品欺诈的公共数据库"。2018 年中国食品科学技术学会成立了食品真实性与溯源分会，都推动了食品真伪鉴别技术的研究。但我国在国家层面的总体部署仍较缺乏，缺少顶层设计。建议将食品掺假使假纳入食品安全危机监管进行重点部署，制定相应科技发展战略规划，统筹科技布局与设置重点专项，为食品打假鉴伪提供持续性的支撑和引领。同时，加大食品打假鉴伪技术标准和规范的制定，继续推进非法添加的黑名单制度，完善供应链监管并进行全程监管和控制。

1.3.2 食品打假鉴伪技术创新能力严重匮乏，急需加大食品打假鉴伪科技创新的支持力度

当前世界范围内食品真实性鉴别技术的研究非常活跃，我国亦是如此，但大多处在探索和尝试阶段，技术储备不足，创新能力匮乏。主要表现在低水平重复的多，原创性成果少；跟踪模仿的多，具有核心知识产权的核心关键技术少；被动应付的多，主动应对的少；已知物定性方法多，未知物筛查定量方法少；单点技术多，成体系的少。因此，食品打假鉴伪基础理论有待进一步积累，全链条创新系统研发有待进一步强化。建议聚焦食品打假鉴伪重大战略任务，通过设立重点专项或重大任务，加大科技投入，从基础前沿、共性关键技术到应用示范进行全链条创新设计，一体化组织实施，增强源头创新能力。重点开展高分辨率、高灵敏度、高通量和判定准确的新型食品打假鉴伪技术研究，突破一批前沿核心技术，攻克一批关键共性技术，创制一批仪器装备和试剂盒等，构建现代食品打假鉴伪技术体系和标准体系。

1.3.3　食品打假鉴伪技术的推广应用严重滞后，急需夯实食品打假鉴伪基础保障工作

食品品种林林总总，掺假方式变化多端，这些技术或多或少具有一定的局限性，一些瓶颈问题亟待解决，准确性、可靠性有待进一步提升，严重制约了食品打假鉴伪技术的推广应用。另外，我国食品打假鉴伪技术的实验室研究较多，但在实际中的应用开发不足，管用的不多，而且大多数技术尚无标准，更没有形成标准体系，与国际接轨仍有很大差距。应夯实食品打假鉴伪数据库等基础保障工作，建立基于大数据的常见食品掺假案例公共数据库，加强早期情报的预警预判；建立原料质量管控技术标准和溯源体系，产品标签除包括内容物信息之外，还需要注明原材料的来源；通过 DNA 条码、智慧技术等新技术，利用网络信息技术建立食品追溯系统，加强相关系统和数据库的互联互通，对食品生产的全过程进行监控，以提高产品的可追溯性。同时，以更加开放的全球视野，积极推进国际科技合作，加强科技对话与交流，技术、标准、规范充分与国际接轨，在更高起点上推进自主创新。

1.4　结　语

食品真伪鉴别从表观形态学发展到生化水平，再到基因水平，准确性、灵敏度和稳定性越来越高，同时也反映了食品从简单的农产品到复杂加工品的转变对检测或鉴别技术的解读能力提出了更高要求。对食品打假鉴伪来说，从解决问题层面看，会更突出适用性、融合性和体系化，即选择合适方法达到最有效的结果，多组学联合分析实现融合发展。从技术发展方向上会更加高通量、精准和快速。以基于大数据的高通量食品组学（基因组学、蛋白质组学、代谢组学、脂质组学等）为引领，辅以无损现场快速检测（智能仿生识别、可视成像、生物传感等），将是当前食品真伪鉴别技术的主要发展方向。

现代食品表征识别与鉴伪技术的研究方兴未艾，永远在路上。

参 考 文 献

陈颖, 葛毅强, 等. 2015. 食品真实属性表征分子识别技术. 北京: 科学出版社, 1-13.

陈颖, 葛毅强, 吴亚君, 等. 2007. 现代食品真伪检测鉴别技术. 食品发酵工业, 33(7): 102-106.

陈颖, 张九凯, 葛毅强, 等. 2016. 基于文献计量的食品真伪鉴别研究态势分析. 中国食品学报, 16(6): 174-186.

邓婷婷, 黄文胜, 程奇, 等. 2015. 重组酶聚合酶扩增技术检测转基因水稻中的 *Cry1Ab/c* 基因. 中国食品学报, 15(3): 187-193.

邓婷婷, 黄文胜, 吴亚君, 等. 2012. 转基因玉米 Mir162 品系的实时 PCR 及可视芯片检测方法研究. 植物检疫, 26(5): 14-18.

房芳, 张九凯, 马雪婷, 等. 2019. 基于特征肽段的阿胶中异源性物种鉴别. 食品科学, 40(16): 267-273.

傅凯, 黄文胜, 邓婷婷, 等. 2015. 多重 PCR-液相芯片技术检测 13 个品系转基因玉米. 中国食品学报, 15(1): 188-197.

郭丽丽, 吴亚君, 刘鸣畅, 等. 2013. 双向电泳技术分离燕窝水溶性蛋白. 食品科学, 34(24): 97-101.

韩建勋, 陈颖, 王斌, 等. 2018. 应用可视芯片技术高通量鉴别8种鱼成分. 分析测试学报, 37(2): 174-179.

韩建勋, 陈颖, 吴亚君, 等. 2019b. 实时荧光 PCR 法鉴定食用淀粉植物来源. 中国食品学报, 19(2): 291-300.

韩建勋, 陈颖, 张九凯, 等. 2019a. 实时荧光 PCR 法鉴别玛咖及其掺假物芜菁. 食品工业科技, 40(6): 141-146, 156.

韩建勋, 黄文胜, 吴亚君, 等. 2010. 果汁中梨成分分子生物学鉴伪-实时荧光 PCR 方法研究. 中国食品学报, 10(1): 207-213.

胡冉冉, 邢冉冉, 王楠, 等. 2019. 基于 DNA 条形码技术的海参物种鉴定. 食品工业科技, 40(10): 145-151, 157.

黄文胜, 傅凯, 邓婷婷, 等. 2014. 应用多重 PCR-液相悬浮芯片技术检测转基因水稻品系. 食品科学, 35(20): 158-163.

黄文胜, 韩建勋, 邓婷婷, 等. 2011. FINS 方法鉴定鱼翅和鲨鱼软骨的鲨鱼种类. 食品科技, 20(11): 265-271.

李元元, 吴亚君, 韩建勋, 等. 2012. 基于液相芯片的 4 种食用油的鉴别方法研究. 中国油脂, 37(8): 57-60.

刘昊, 黄文胜, 邓婷婷, 等. 2013. LAMP 法检测食品中开心果过敏原成分. 食品科学, 22(34): 128-132.

刘鸣畅, 吴亚君, 郭丽丽, 等. 2015. 毛细管电泳法检测掺假燕窝中银耳成分. 中国食品学报, 15(10): 191-196.

刘鸣畅, 吴亚君, 王斌, 等. 2016. 采用双向电泳技术研究牛乳热加工后蛋白质组变化. 中国乳品工业, 44(3): 23-26.

马雪婷, 张九凯, 陈颖, 等. 2019. 燕窝多元素的分布及溯源信息研究. 食品与机械, 25(2): 66-71.

任君安, 邓婷婷, 黄文胜, 等. 2017. 微滴式数字聚合酶链式反应精准定量检测羊肉中掺杂猪肉. 食品科学, 38(2): 311-316.

王海艳, 陈颖, 杨海荣, 等. 2010a. 食品过敏原胡桃 PCR 检测方法研究. 中国食品学报, 10(1): 214-219.

王海艳, 袁飞, 吴亚君, 等. 2010b. 食品中过敏原胡桃蛋白间接竞争 ELISA 检测方法研究. 中国食品学报, 10(5): 217-222.

王玮, 韩建勋, 吴亚君, 等. 2011. 芥末等8种食物过敏原的多重 PCR 检测技术研究. 食品与发酵工业, 37(6): 156-160.

吴亚君, 韩建勋, 王斌, 等. 2011. 采用 PCR-CE-SSCP 技术快速筛查梅花鹿产品的鹿种真伪. 食品科技, 20(11): 279-282.

吴亚君, 刘鸣畅, 赵方圆, 等. 2013a. 采用毛细管凝胶电泳技术检测蜂王浆新鲜度. 食品与发酵工业, 39(4): 161-166.

吴亚君, 刘鸣畅, 赵贵明, 等. 2013b. 采用毛细管电泳技术快速检测牛乳中外源蛋白成分. 中国乳品工业, 41(5): 44-47.

吴亚君, 王斌, 韩建勋, 等. 2012. 采用 RAPD-毛细管芯片电泳法进行啤酒大麦品系鉴定. 食品发酵与工业, 2: 174-179.

吴亚君, 王斌, 刘鸣畅, 等. 2014a. 阿胶中马和驴成分的实时荧光 PCR 检测. 食品科学, 35(8): 85-88.

吴亚君, 杨艳歌, 李莉, 等. 2014b. 高通量二代测序基因条码技术在油料作物种类鉴别中的应用. 食品科学, 35(24): 348-352.

袁飞, 暴书婵, 杨海荣, 等. 2011. 食品中腰果过敏原成分 PCR 检测方法建立. 中国公共卫生, 27(5): 544-546.

张宏蕊, 刘长虹, 张九凯, 等. 2020. 多光谱成像的玛咖掺伪定性鉴别和定量分析. 光谱学与光谱分析, 40(1): 152-156.

张宏蕊, 张九凯, 韩建勋, 等. 2019. 基于代谢组学技术的玛咖产地鉴别. 食品科学, 40(20): 217-226.

张九凯, 张小磊, 曾文波, 等. 2015. 基于傅里叶变换红外光谱技术的冬虫夏草真伪鉴别研究. 检验检疫学刊, 25(3): 1-7.

Abasia S, Minaeia S, Jamshidib B, et al. 2018. Dedicated non-destructive devices for food quality measurement: A review. Trends in Food Science and Technology, 78: 197-205.

Ali M E, Amin M A, Razzak M A, et al. 2016. Short amplicon-length PCR assay targeting mitochondrial cytochrome b gene for the detection of feline meats in burger formulation. Food Analytical Methods, 9(3): 571-581.

Böhme K, Calo-mata P, Barros-Velázquez J, et al. 2019. Recent applications of omics-based technologies to main topics in food authentication. TrAC Trends in Analytical Chemistry, 110: 221-232.

Cai Y, Li X, Lv R, et al. 2014. Quantitative analysis of pork and chicken products by droplet digital PCR. BioMed Research International, 8: 1-6.

Caira S, Pinto G, Nicolai M A, et al. 2016. Simultaneously tracing the geographical origin and presence of bovine milk in Italian water buffalo Mozzarella cheese using MALDI-TOF data of casein signature peptides. Analytical and Bioanalytical Chemistry, 408(20): 5609-5621.

Charlebois S, Schwab A, Henn R, et al. 2016. Food fraud: An exploratory study for measuring consumer perception towards mislabeled food products and influence on self-authentication intentions. Trends in Food Science and Technology, 50: 211-218.

Charlebois S, Summan A A. 2015. Risk communication model for food regulatory agencies in modern society. Trends In Food Science and Technology, 45(1): 153-165.

Chen Y, Wu Y J, Wang J, et al. 2009. Identification of Cervidae DNA in feedstuff using a real-time polymerase chain reaction method with the new fluorescence intercalating Dye EvaGreen. Journal of AOAC International, 92(1): 175-180.

Ciborowski P, Silberring J. 2016. Proteomic Profiling and Analytical Chemistry. Second Edition. Boston: Elsevier: 175-191.

Creydt M, Fischer M. 2018. Omics approaches for food authentication. Electrophoresis, 39: 1569-1581.

Cubero-leon E, De rudder O, Maquet A. 2018. Metabolomics for organic food authentication: Results from a long-term field study in carrots. Food Chemistry, 239: 760-770.

Cubero-leon E, Peñalver R, Maquet A. 2014. Review on metabolomics for food authentication. Food Research International, 60: 95-107.

Cuibus L, Dadarlat D, Streza M, et al. 2017. Rapid, non-destructive determination of butter adulteration by means of photopyroelectric (PPE) calorimetry. Journal of Thermal Analysis and Calorimetry, 127(2): 1193-1200.

Danezis G P, Tsagkaris A S, Camin F, et al. 2016. Food authentication: Techniques, trends and emerging approaches. Trends in Analytical Chemistry, 85: 123-132.

Dirosa A R, Leone F, Cheli F. 2017. Fusion of electronic nose, electronic tongue and computer vision for animal source food authentication and quality assessment: a review. Journal of Food Engineering, 210: 62-75.

Doosti A, Dehkordi P G, Rahimi E, et al. 2014. Molecular assay to fraud identification of meat products. Journal of Food Science and Technology, 51(1): 148-152.

Duraimurugan K, Narendhran S, Manikandan M. 2017. DNA as a biomaterial in diagnosis of food adulteration and food safety assurance. Research and Development in Material Science, 2: RDMS.000538.

Fan K, Zhang M. 2018. Recent developments in the food quality detected by non-invasive nuclear magnetic resonance technology. Critical Reviews in Food Science and Nutrition, (4): 1-58.

Fiehn O. 2002. Metabolomics - the link between genotypes and phenotypes. Plant Molecular Biology, 48(1-2): 155-171.

Fornal E, Montowaka M. 2019. Species-specific peptide-based liquid chromatography-mass spectrometry monitoring of three poultry species in processed meat products. Food Chemistry, 283: 489-498.

Gabriele R, Luigi L, Antonio G, et al. 2018. Untargeted metabolomics reveals differences in chemical fingerprints between PDO and non-PDO Grana Padano cheeses. Food Research International, 113: 407-413.

Gallardo J M, Ortea I, Carrera M. 2013. Proteomics and its applications for food authentication and food-technology research. Trends in Analytical Chemistry, 52: 135-141.

Ghisoni S, Lucini L, Angilletta F, et al. 2019. Discrimination of extra-virgin-olive oils from different cultivars and geographical origins by untargeted metabolomics. Food Research International. 121: 746-753.

Granato D, Putnik P, Kovačević D B, et al. 2018. Trends in chemometrics: Food authentication, microbiology, and effects of processing. Comprehensive Reviews in Food Science and Food Safety, 17(3): 663-677.

Grundy H H, Reece P, Buckley M, et al. 2016. A mass spectrometry method for the determination of the species of origin of gelatine in foods and pharmaceutical products. Food Chemistry, 190: 276-284.

Guo L L, Wu Y J, Liu M C, et al. 2014. Authentication of edible bird's nests by TaqMan-based real-time PCR. Food Control, 44(10): 220-226.

Guo L L, Wu Y J, Liu M C, et al. 2017. Determination of edible bird's nests by FTIR and SDS-PAGE coupled with multivariate analysis. Food Control, 80: 259-266.

Han J X, Wu Y J, Huang W S, et al. 2012. PCR and DHPLC methods used to detect juice ingredient from 7 fruits. Food Control, 25(2): 696-703.

Hassoun A, Sahar A, Lakhal L. 2019. Fluorescence spectroscopy as a rapid and non-destructive method for monitoring quality and authenticity of fish and meat products: Impact of different preservation conditions. Food Science and Technology, 103: 279-292.

Haynes E, Jimenez E, Pardo M A, et al. 2019. The future of NGS(Next Generation Sequencing)analysis in testing food authenticity. Food Control, 101: 134-143.

Hong E, Lee S Y, Jeong J Y, et al. 2017. Modern analytical methods for the detection of food frand and adulteration by food category Journal of the Science of Food and Agriculture, 97(12): 3877-3896.

Hrbek V, Rektorisova M, Chmelarova H, et al. 2018. Authenticity assessment of garlic using a metabolomic approach based on high resolution mass spectrometry. Journal of Food Composition and Analysis, 67: 19-28.

Jira W, Münch S. 2019. A sensitive HPLC-MS/MS screening method for the simultaneous detection of barley, maize, oats, rice, rye and wheat proteins in meat products. Food Chemistry, 275: 214-223.

Johnson R. 2014. Food fraud and "economically motivated adulteration" of food and food ingredients. USA: Congressional Research Service.

Kiani S, Minaei S, Ghasemi-Varnumkhasti M. 2017. Integration of computer vision and electronic nose as non-destructive systems for saffron adulteration detection. Computers and Electronics in Agriculture, 141: 46-53.

Köppel R, Ganeshan A, Weber S, et al. 2019. Duplex digital PCR for the determination of meat proportions of sausages containing meat from chicken, turkey, horse, cow, pig and sheep. European Food Research and Technology, 245: 853-862.

Li Y Y, Wu Y J, Han J X, et al. 2012. Species-specific identification of seven vegetable oils based on suspension bead array. Journal of Agricultural and Food Chemistry, 60(9): 2362-2367.

Lo Y T, Shaw P C. 2017. DNA-based techniques for authentication of processed food and food supplements. Food Chemistry, 240: 767-774.

Lutte R W. 2009. Economically motivated adulteration; public meeting; request for comment [Docket No. FDA‐2009‐N‐0166]. USA: Office of the Federal Register, National Archives and Records Administration, 15497.

Marieschi M, Torelli A, Beghé D, et al. 2016. Authentication of *Punica granatum* L.: Development of SCAR markers for the detection of 10 fruits potentially used in economically motivated adulteration. Food Chemistry, 202: 438-444.

Medina S, Pereira J A, Silva P, et al. 2019. Food fingerprints—A valuable tool to monitor food authenticity and safety. Food Chemistry, 278: 144-162.

Noh E S, Park Y J, Kim E M, et al. 2019. Quantitative analysis of Alaska pollock in seafood products by droplet digital PCR. Food Chemistry, 275: 638-643.

Ortea I, O'connor G, Maquet A. 2016. Review on proteomics for food authentication. Journal of Proteomics,

147: 212-225.

Ossa D E H, Gil-Solsona R, Peñuela G A, et al. 2018. Assessment of protected designation of origin for Colombian coffees based on HRMS-based metabolomics. Food Chemistry, 250: 89-97.

Ren J A, Deng T T, Huang W S, et al. 2017. A digital PCR method for identifying and quantifying adulteration of meat species in raw and processed food. PLOS ONE, 12(3): 1-17.

Rešetar D, Marchetti-Deschmann M, Allmaier G, et al. 2016. Matrix assisted laser desorption ionization mass spectrometry linear time-of-flight method for white wine fingerprinting and classification. Food Control, 64: 157-164.

Riedl J, Esslinger S, Fauhl-Hassek C. 2015. Review of validation and reporting of non-targeted fingerprinting approaches for food authentication. Analytica Chimica Acta, 885: 17-32.

Schiefenhovel K, Rehbein H. 2013. Differentiation of *Sparidae* species by DNA sequence analysis, PCR-SSCP and IEF of sarcoplasmic proteins. Food Chemistry, 138(1): 154-160.

Shears P. 2010. Food fraud - a current issue but an old problem. British Food Journal, 112(2): 198-213.

Stahl A, Schröder U. 2017. Development of a MALDI-TOF MS-based protein fingerprint database of common food fish allowing fast and reliable identification of fraud and substitution. Journal of agricultural and food chemistry, 65(34): 7519-7527.

The European Parliament and the Council. 2017. Regulation(EU)No. 2017/625-2017 Official Controls Regulation(OCR). Luxembourg: Official Journal of the European Union.

Wang H Y, Li G, Wu Y J, et al. 2014. Development of an indirect competitive immunoassay for walnut protein component in food. Food Chemistry, 147(15): 106-110.

Wang H Y, Li G, Yuan F, et al. 2011a. Detection of the allergenic celery protein component(Api g 1.01)in foods by immunoassay. European Food Research and Technology, 233(6): 1023-1028.

Wang H Y, Yuan F, Wu Y J, et al. 2009. Detection of allergen walnut component in food by an improved real-time PCR method. Journal of Food Protection, 72(11): 2433-2435.

Wang P, Hu Y, Yang H R, et al. 2013. DNA-based authentication method for detection of yak(*Bos grunniens*) in meat products. Journal of AOAC International, 96(1): 142-146.

Wang T, Li X L, Yang H C, et al. 2018a. Mass spectrometry-based metabolomics and chemometric analysis of Pu-erh teas of various origins. Food Chemistry, 268: 271-278.

Wang W, Han J X, Wu Y J, et al. 2011b. Simultaneous detection of eight food allergens using optical thin-film biosensor chips. Journal of Agricultural and Food Chemistry, 59(13): 6889-6894.

Wang W X, Peng Y K, Sun H W, et al. 2018b. Spectral Detection Techniques for Non-Destructively Monitoring the Quality, Safety, and Classification of Fresh Red Meat. Food Analytical Methods, 11(10): 2707-2730.

Wu Y J, Chen Y, Ge Y Q, et al. 2008. Detection of olive oil using the Evagreen real-time PCR method. European Food Research and Technology, 227(4): 1117-1124.

Wu Y J, Chen Y, Wang B, et al. 2010. Application of SYBR green PCR and 2DGE methods to authenticate edible bird's nest food. Food Research International, 43(8): 2020-2026.

Wu Y J, Wang B, Han J X, et al. 2012. RAPD-2100 bio-analyzer and 2DGE methods applied to qualitatively and quantitatively assess grain purity of commercial malting barley. European Food Research and Technology, 234(3): 381-390.

Wu Y J, Yang Y G, Liu M C, et al. 2016. A 15-Plex/xMAP method to detect 15 animal ingredients by suspension array system coupled with multifluorescent magnetic beads. Journal of AOAC International, 99(3): 750-759.

Wu Y J, Yang Y G, Liu M C, et al. 2017. Molecular tracing of the origin of six different plant species in bee honey using real-time PCR. Journal of AOAC International, 100(3): 744-752.

Wu Y J, Zhang Z M, Chen Y, et al. 2009. Authentication of Thailand jasmine rice using RAPD and SCAR methods. European Food Research and Technology, 229(3): 515-521.

Xing R R, Wang N, Hu R R, et al. 2019. Application of next generation sequencing for species identification in meat and poultry products: A DNA metabarcoding approach. Food Control, 101: 173-179.

Zhang H L, Wu Y J, Li Y Y, et al. 2012. PCR-CE-SSCP used to authenticate edible oils. Food Control, 27(2):

322-329.

Zhang J K, Wang P, Wei X, et al. 2015. A metabolomics approach for authentication of *ophiocordyceps sinensis* by liquid chromatography coupled with quadrupole time-of-flight mass spectrometry. Food Research International, 76: 489-497.

Zhao F Y, Wu Y J, Guo L L, et al. 2013. Using proteomics platform to develop a potential immunoassay method of royal jelly freshness. European Food Research and Technology, 236(5): 799-815.

2 基于基因组学的食品真实性鉴别技术

2.1 导　　论

　　基因是生物遗传信息的载体，以脱氧核糖核酸（deoxyribonucleic acid，DNA）的形式存在于所有组织和细胞中。由于遗传信息直接决定生物的本质，所以通过基因来鉴别生物物种是最具权威性和科学性的方法。在技术层面上，随着 20 世纪末分子生物学的发展，对基因信息进行快速、准确分析的各种方法不断出现，如聚合酶链反应（polymerase chain reaction，PCR）、实时荧光 PCR、数字 PCR、分子指纹、基因芯片、基因测序、基因条形码等。相应的仪器和商品化试剂的发展也是日新月异，并不断朝着更快、更准确、更灵敏、更高效、更自动化和智能化的方向发展（陈颖等，2016，2015；陈颖和吴亚君，2011）。这些技术的革新不仅显著提高了食品检测的效率，而且进一步促进食品安全的理念从卫生安全的角度提升到食品质量、品质和营养性等方方面面。例如，采用基于基因组学的食品真实性鉴别技术可以快速地分辨食品中使用的所有动植物原料成分，并对同一种原料的不同品系、产地进行精细区分，甚至追溯到特定的生物个体。

　　从传统的经验判断、感官鉴别到经典的生化分析、现代仪器分析方法，再到分子生物学技术，对食品的检测从针对表观形态发展到生化水平，再到基因水平，方法的准确性、灵敏度和稳定性越来越高。同时，这也说明现代食品加工工业的发展，对检测或鉴别技术的解读能力提出更高的要求。现代分子生物学的发展带来了基于基因组学的检测技术，使食品成分的全息解读成为可能，为食品防假打假这个古老而又与现代国计民生息息相关的事业带来了全新的面貌和广阔的前景。

2.1.1　基于基因组学的主要食品真实性鉴别技术

　　运用基于基因组学的食品真实性鉴别技术，需要根据检测目的和要求选择适合的方法。主要包括 PCR 技术、基因芯片技术、分子指纹技术、基因条形码技术等方法。

（1）PCR 技术

　　PCR 技术是一种体外模拟自然基因复制过程的核酸扩增技术。它是以待扩增的两条 DNA 链为模板，在一对人工合成的寡核苷酸引物的介导下，通过耐高温基因聚合酶的酶促作用，快速特异地扩增出特定的基因片段。发明者 Mullis 因此获得 1993 年的诺贝尔化学奖。PCR 技术经过大量改进产生了一系列相关的方法，包括原位 PCR、巢式 PCR、反向 PCR、锚定 PCR、多重 PCR、不对称 PCR、重组 PCR、标记 PCR、免疫 PCR 等，这些技术主要用于定性检测。

随着 1996 年实时荧光 PCR 技术的推出，PCR 实现了从定性到定量的飞跃。该技术主要原理是在反应体系中加入荧光基团，利用荧光信号积累监测整个 PCR 反应的进程，最后通过标准曲线对未知模板进行定量。其中的荧光染料包括探针类和非探针类：探针类是利用与靶序列特异杂交的探针来指示产物的增加，非探针类则是利用荧光染料或者特殊设计的引物来指示产物的增加。探针类染料的信号产生是基于荧光共振能量迁移（fluorescent resonance energy transfer，FRET）原理，即当一个荧光分子（供体分子）的荧光光谱与另一个荧光分子（受体分子）的激发光谱相重叠时，供体荧光分子自身的荧光强度衰减，受体荧光分子的荧光强度增强（邓小红和任海芳，2007；陈福生等，2004）。

环介导等温扩增技术（loop-mediated isothermal amplification，LAMP）是 2000 年由 Notomi 等建立的一种新颖的核酸扩增技术。它依赖于 4 条特异性引物和 1 种具有链置换活性的 *Bst* 基因聚合酶，在等温（60~65℃）条件下可实现靶序列的快速高效扩增，增加环引物可使扩增反应时间缩短为原来的一半。在基因不断地延伸合成时，从脱氧核苷三磷酸（dNTP）基质中析出的焦磷酸根离子与反应溶液中的镁离子相结合产生大量焦磷酸镁白色沉淀。用肉眼或浊度仪器观察扩增产物的浊度变化，就能反映出扩增发生与否，整个过程不需要烦琐的电泳和紫外观察等过程。LAMP 高效扩增反应时，从 dNTP 析出的焦磷酸根离子与反应溶液中的镁离子结合，会产生大量的焦磷酸镁沉淀，用肉眼或者仪器观察白色沉淀就可以直接反映出扩增情况。LAMP 反应的最终产物是由许多大小不一的茎-环结构基因组成的，该产物经过琼脂糖凝胶电泳后可呈现出典型的梯状条带。另外，在扩增产物中加入 SYBR Green I 荧光染料后，当该染料与双链基因结构中的小沟相结合时，肉眼可观察到染料由橘黄色变为绿色，并且在紫外灯照射下可以发出荧光。LAMP 反应所用设备简单、成本低廉，又能满足快速检测的需要，特别适用在一些基层机构推广应用。

数字 PCR 即 digital PCR（dPCR），它是基于单分子扩增及原始反应分割的一种新型核酸分子绝对定量扩增技术，是近年来分子生物学领域的新型革命性技术，其特点是高度灵敏、绝对定量及高效方便等。数字 PCR 主要采用当前分析化学热门研究领域的微流控或微滴化方法，将大量稀释后的核酸溶液分散至芯片的微反应器或微滴中，每个反应器的核酸模板数少于或者等于 1 个。这样经过 PCR 循环之后，有一个核酸分子模板的反应器就会给出荧光信号，没有模板的反应器就没有荧光信号。根据相对比例和反应器的体积，就可以推算出原始溶液的核酸浓度。在实时荧光 PCR 实验中，引物的扩增效率会对反应产物量及定量结果产生较大的影响。但是对于数字 PCR 来说，最终实验结果的分析只取决于最终所有微滴中的荧光信号，与引物的扩增效率无关。因此，数字 PCR 技术具有较强的绝对定量能力，不依赖于标准品和标准曲线即可得到目标基因拷贝数，并且具有很高的灵敏度、稳定性和重复性，在食品真实性鉴别方面具有广阔的应用前景。

（2）基因芯片

基因芯片是指用基因分子作为探针的生物芯片，芯片的概念引申自计算机芯片。基因芯片技术作为一种高通量、快速、平行核酸序列测定及定量分析技术，其工作原理是利用核酸分子碱基配对的原理来检测样品的基因。在一个微小的载体表面点阵式排布大量的可寻址的探针分子，将要研究的目的样品的 DNA、RNA 或 cDNA 通过 PCR 或 RT-PCR 扩增、体外转录等技术掺入标记分子后，与固相支持物表面已知碱基顺序的 DNA 探针杂交，通过放射自显影或荧光共聚焦显微镜扫描，检测探针分子杂交信号强度。通过目标基因与探针之间的配对反应对目标基因进行分析，获得的光信号、电信号或磁信号被检测仪器记录并转换成数字信号输入计算机，由计算机软件自动分析、解读实验结果。利用计算机技术对信号进行综合分析后，即可获得样品中大量基因序列及表达信息，以对之做出定性及定量的研究（Borevitz et al.，2003；Huber et al.，2001）。

（3）分子指纹技术

分子指纹技术最早应用于遗传学研究，是利用基因组多态性特征来区分相近的品种或品系，并进行目标性状的基因定位等。DNA 分子指纹技术种类繁多，包括限制性片段长度多态性（restriction fragment length polymorphism，RFLP）、简单重复序列（simple sequence repeat，SSR）、随机扩增多态性（random amplified polymorphic DNA，RAPD）、扩增长度多态性（amplified fragment length polymorphism，AFLP）、单链构象多态性（single strand conformation polymorphism，SSCP）、变性高效液相色谱（denaturing high performance liquid chromatography，DHPLC）等技术。这些技术以 PCR 为基础对目标基因进行扩增，分别根据不同的原理对基因序列的多态性进行检测。以 SSCP 为例，扩增片段经变性剂或高温处理后解链，在单链状态下于一定浓度的非变性聚丙烯酰胺凝胶中电泳。其迁移率除与 DNA 长度有关外，主要取决于 DNA 单链所形成的空间构象。相同长度的单链 DNA 可以因其单个碱基的差异产生空间构象的差异，从而使其在凝胶中的电泳速度不同，显示出带型的差异，即多态型。传统的丙烯酰胺电泳实验费时费力，基因分析仪的使用实现了快速、准确、灵敏、高通量的检测。同时，激光诱导荧光检测器可以对 4 种不同荧光染料同时进行检测，因此可以通过标记不同染料对多种成分进行检测。另外，自动化控制提高了工作效率，也避免了操作中的人为误差，从而增加了结果的稳定性和重复性。系统软件还能校正各毛细管间的电泳差异，最大限度地减少了实验的系统误差（汪维鹏等，2006；文思远，2003）。

（4）基因条形码技术

2003 年，Herbert 最早提出基因条形码（DNA barcoding）的概念。基因条形码是利用基因组中一段标准的、相对较短的基因序列作为物种标记，通过对生物体的一个或多个基因进行扫描，运用进化树分析来描述物种间的亲缘关系，实现物种鉴定的技术。其技术核心是利用通用引物扩增目的基因片段，测序后将序列与基因条形码数据库比对确定物种信息。

基因条形码在使用过程中根据研究对象的完整程度衍生出基因微条形码（mini-DNA barcoding）。标准的基因长条形码片段一般在 500～700bp，适用于能提出比较完整基因片段的新鲜样品或初级加工样品的物种鉴定。但对于经过高温高压、酸碱、添加剂等加工工艺处理过的样品，基因片段容易发生断裂、降解或变性，给基因长条形码技术的应用带来很大困难。基因微条形码采用通用引物扩增出比基因条形码全序列更短的靶序列（100~300bp），依然能够达到种属鉴别的目的。基因微条形码作为基因长条形码技术的补充，扩大了基因条形码的适用范围。作为一项新兴技术，基因微条形码除了适用于部分降解的基因样品的目的基因扩增，而且还能结合高通量测序技术用于混合样品物种鉴定研究，已经应用于哺乳动物、鱼类、蜂蜜和中药、深加工食品等复杂样品的物种鉴定中。

宏条形码（metabarcoding）技术就是近年来随着高通量测序技术的发展而出现的一种新型物种鉴定技术。这种技术结合了基因条形码技术和高通量测序技术的共同优点，可以获得来自于混合样本中所有目标基因片段的序列，然后将这些序列与合适的数据库进行比对即可确定其代表的物种，从而可以分析混合样本中的物种组成。宏条形码技术最突出的优点就是可以更加快速、准确地对混合样本或环境样本中所包含的生物体进行鉴定，能够实现同时检测复杂样品中的多个物种的目的。这些优点对于食品类型鉴定，特别是对于未知食品、复杂食品或者深加工食品来说有着非常重要的作用，为我们分析食品中的物种成分提供了一个新的研究手段。

综上所述，随着基因条形码技术的发展，基因条形码技术在各类食品物种鉴别中的应用越来越广泛。基因条形码技术是一种有效的、可应用于食品物种鉴定的分子鉴别技术，在未来具有更大的应用前景（邢冉冉等，2018；凌胜男等，2017）。

2.1.2 基于基因组学的食品真实性鉴别技术的应用

食品根据加工程度分为农产品、食品原料、一般加工食品和深加工食品。其中农产品和食品原料往往可以通过简单的感官鉴定来识别物种身份，因此除非要对近缘物种进行区分，一般不需要进行基因检测。而加工食品成分较为复杂，无法直接通过颜色、气味、形态或者脂肪、多糖等生化组分进行识别，基因检测技术成为物种鉴定必不可少的手段。

（1）动物源性食品

肉类食品最常见的掺假是品种的掺假。国内外针对动物成分的基因检测报道很多，主要涉及猪、牛、羊、鸡、鸭、鹅、火鸡、驴、鹿等。多以线粒体的细胞色素 b、*12S rRNA*（核糖体核糖核酸）和 D-loop 区域为靶序列，检测方法的灵敏度一般都能达到 1%或更低，远远超过现实的检测需求。在检测中，通常直接使用动物组织作为阳性对照。但对一些不常见的动物成分如果难以获得阳性样本，可以根据数据库中的基因信息合成基因作为阳性物质。而常规 PCR 和实时荧光 PCR 是最常用的检测方法。相比于种类较少的畜禽类食品，水产品的品种则不胜枚举。不同品种之间价格差异很大，掺假、制假隐患严重。例如，市场上销售的鱼，通常经过去头、去皮或切片加工失去了原有形态，大部分产品还经过盐渍、烟熏或烧烤的加工，只有通过基因检测才能实现准确的品种鉴定。PCR-SSCP 和 PCR-RFLP 是鱼产品品种鉴定中应用较多的技术。

中国检验检疫科学研究院陈颖团队率先在我国建立了涵盖面广、快速、灵敏的食品农产品动物源性成分真伪鉴别技术体系，构建了适合我国监管需求的技术标准平台（韩建勋等，2018；Wu et al.，2016；Guo et al.，2014；Chen et al.，2009，2005；陈颖等，2004a，2004b）。针对畜禽鱼等肉类食品中存在的蓄意掺假和饲料生产中违禁添加动物成分的情况及食品保健品中违法使用濒危动物原料的行为，先后建立了食品农产品中 9 种哺乳动物成分、6 种禽类、7 种濒危动物成分的 PCR、实时荧光 PCR 和 RFLP 鉴别检测方法，明胶中牛、羊、猪等动物源性实时荧光 PCR 检测方法，将动物成分的检测精确到种属水平，方法灵敏度提高到 0.05%（m/m）。创新性地将 PCR-CE-SSCP、悬浮芯片、可视芯片等技术应用于动物制品成分鉴别，开发了 13 种畜肉、3 种禽肉、10 种鱼肉同时检测的可视芯片高通量检测方法和悬浮芯片检测方法，灵敏度达到 0.01%（m/m），通过单次实验即可实现对混合未知成分的检测，显著提高了检测通量。针对"黑箱"检测要求，可将基因条形码技术应用于食品农产品中动物源性成分鉴别。通过获得的基于线粒体细胞色素氧化酶Ⅰ（COI）基因及细胞色素基因特定基因序列的扩增及序列比对，可一次鉴别鱼翅的鲨鱼物种来源、不同鹿茸的鹿物种来源，以及混合样品中未知动物源性成分或掺假成分的快速、准确和自动化鉴别。通过上述研究，制定了一系列国家标准和行业标准，如《动物源性饲料中骆驼源性成分检测方法　PCR 法》等动物源性饲料中牛、羊、骆驼、鹿等 10 多种反刍动物成分的 PCR 和实时荧光 PCR 检测方法国家标准及《出口燕窝的分子生物学真伪鉴别方法　实时荧光 PCR 法和双向电泳法》等出入境检验检疫行业标准，这些方法运用在出入境口岸的监管工作中，为保护国门、防止动物疫病传播、维护动物源性食品市场、保护濒危动物发挥了重要作用。针对羊肉中同时掺杂多种动物源性成分情况下的定量检测，在单一物种定量检测方法的基础上，建立了基于倍增系数法的多重数字 PCR 定量检测体系，包括羊肉中同时掺杂鸡、鸭和猪肉的四重数字 PCR 定量检测体系和羊肉中同时掺杂狐狸、水貂和貉肉的四重数字 PCR 实时定量检测体系；通过在混合样品中加入内标（火鸡），计算掺假物种与内标肉种的比值，建立了基于内标法的五重数字 PCR 定量检测体系。基于此，建立了基于微滴式数字 PCR 技术的羊肉制品中多种动物源性掺假成分的定性及精准定量检测方法（Ren et al.，2017）。针对海参及其制品标签不符的情况，研究建立了一种以 COI 为主，16S rRNA 基因为补充靶标的食用海参基因长条形码鉴别方法（胡冉冉等，2019）。

（2）植物源性食品

　　植物源性食品的物种鉴定很大一部分是出于转基因检测的需要。针对转基因食品，一方面通过物种鉴定判断食品中的植物成分种类，从而选择相应的转基因检测体系；另一方面通过物种内源基因的拷贝数可以进行转基因成分的定量检测。这里主要介绍与食品掺假和过敏原相关的研究情况。

　　品种鉴别在谷物贸易和谷物类加工食品的真伪鉴别中非常关键。在世界范围内，水稻、大麦、小麦等作物的品系非常多，而不同品系的价格有一定的差异，而且许多国家对特定名称的谷物加工产品的品系来源有严格的要求，因此需要借助高分辨率的基因检测技术进行品种鉴别。SSR 和 ISSR 等技术依据基因组微卫星序列长度的多态性进行近缘品系的区分，结果稳定，分辨率高。另外，由于我国啤酒酿制所使用的大麦主要依靠进口，而不同国家来源的不同品系大麦在价格上差异很大，容易在进口贸易中发生商业欺诈行为，因此需要建立高分辨率的品系检测方法。在大麦和小麦的品种鉴定中，使用的方法也多为上述的分子指纹法。Hayden 等（2008）采用 SSR 荧光标记多重 PCR 技术对大麦和小麦品系进行鉴定。Varshney 等（2008）通过一组 SSR 和单核苷酸多态性（SNP）标记对大麦品系多态性进行了分析。实时荧光 PCR 技术也被应用于谷物的鉴定。Sonnante 等（2009）针对小麦微卫星位点序列建立了实时荧光 PCR 方法，对硬质粗粒小麦制作的面包和通心粉中掺杂的软质小麦进行定量检测。

植物源性食品的另外一个很重要的检测目标是过敏原。过敏原引发的食品安全问题日益受到发达国家的重视，美国、加拿大和欧盟等多个国家和地区制定了针对食品过敏原的标签标识法规。例如，欧盟不仅对常见的八大类过敏原的标识作出了规定，还要求对芹菜、芥末等成分进行标识，标识低限为 10mg/kg，这对检测方法的灵敏度提出了很高的要求。目前，国内外针对常见植物性过敏原成分均建立了基因检测方法，主要包括实时荧光 PCR 法、PCR-酶联免疫吸附法（PCR-enzyme linked immunosorbent assay, PCR-ELISA）、多重 PCR 和芯片技术等。有报道采用实时荧光 PCR 技术和常规 PCR 技术对羽扇豆、芹菜、芥末、芝麻、麦麸等过敏原食品成分进行检测，检出限达到 0.01%～0.001%（Demmel et al.，2008；Mustrop et al.，2008；Nemedi et al.，2007）。Germini 等（2005）将肽核酸（PNA）探针和 HPLC 技术与 PCR 技术结合，进行了核桃成分的检测。

陈颖团队针对谷物、蔬果等关系百姓日常生活的大宗食品，结合分子生物学及多种现代分析技术，在国内外首次建立了一整套包括泰国香米、啤酒大麦等谷物，苹果、柑橘、葡萄、桃、香蕉、山楂、芒果等水果，胡萝卜、大蒜、洋葱、丁香、孜然等蔬菜的真伪鉴别方法体系，覆盖范围广、技术先进，多项方法达到国际先进水平。以香米为例，作为大米市场中的"贵族"，香米价格比普通大米高 2～3 倍，但与其他品系的杂交子代往往丧失了亲本的香味和口感，因此需要对价值较高的香米品系建立检测方法。我们采用 RAPD 技术对泰国'茉莉'香米及其近缘品种进行区分，筛选 R2-449 和 R5-1107 两个基因位点，建立单粒法基因快速提取的 RAPD/SSP 方法，对泰国'茉莉'香米品种进行品系鉴定和纯度检测。RAPD 技术的优势在于无须事先掌握样本的基因信息，无须设计引物探针，主要依靠对大量随机引物的筛选来获得最稳定、分辨率最高的体系。我们采用 SYBR Green 实时荧光定量 PCR 技术检测深加工食品中的芹菜成分，绝对灵敏度达到 0.001%，对深加工食品实际的灵敏度达 0.01%（Wu et al.，2010a）。针对果蔬汁和调味品中违法添加非标识成分的情况，我们研究建立了基于 DHPLC、多重 PCR 等技术的 20 种植物源性的快速检测方法。我们还结合 SSR 指纹和毛细管芯片技术，建立了进口啤酒大麦品系及纯度检测方法。在此基础上制定的一系列标准对提升我国食品监管能力、保障食品品质安全具有重要的实用价值，并产生了良好的社会和经济效益（Wu et al.，2010b，2009，2006）。

（3）高附加值食品

随着人们生活水平的普遍提高和健康理念的转变，高附加值食品种类越来越多，加工工艺越来越精细，价格也越来越高，正逐渐成为名副其实的高端食品。但由于这类食品原料稀缺、价格昂贵，容易成为不法分子掺假、造假以牟取暴利的对象。例如，燕窝常被不法分子用猪皮、银耳、淀粉、琼脂、海洋藻类植物或鱼鳔类等添加或伪造；冬虫夏草被称为"软黄金"，价格十分昂贵，不法分子多用亚香棒虫草和凉山虫草冒充冬虫夏草。由于高附加值食品的消费群体主要集中在东方国家，因此国际上相关的报道并不多。国内研究者目前主要针对鱼翅、燕窝、阿胶等常见的高附加值食品建立了基因检测方法，主要采用的是 PCR、实时荧光 PCR、PCR-RFLP 技术。例如，Wang 等（2010）采用 *26S rRNA* 特异性 PCR 方法对人参 *Panax ginseng* 中价格较高的 'Gumpoong' 品种进行了鉴定。但是由于高附加值食品种类非常繁多，而且包含很多极具地方特色的小种，因此相关的检测工作在今后很长一段时间内仍是研究人员面临的一个挑战。

陈颖团队针对燕窝、鹿茸、阿胶、橄榄油等高附加值食品市场存在的鱼目混珠的乱象和我国市场常见的高附加值食品真伪鉴别方法尚不完善的现状，攻克了微量核酸富集、高通量高分辨基因分型技术研究等一系列技术难题，形成了一套卓有成效的从单物种检测到多物种筛查方法的策略，建立了燕窝、鱼翅、鹿茸、橄榄油等高附加值食品保健品的多种实时荧光 PCR 法、SSCP 鉴别法、液相芯片鉴别法等，形成了一个层次清晰、目标明确、方法多样的高附加值食品物种鉴别、产地溯源等真伪鉴别技术平台。我们采用 FINS 方法建立了鲨鱼品种的检测方法，可以特异性检测大青鲨、尖吻斜锯牙鲨、澳洲半沙条鲨等不同鲨鱼品种的成分，而对犁头鳐、兔银鲛、叶吻银鲛、平鱼、龙俐鱼、黄鱼等 20 个其他鱼类无扩增，方法的灵敏度为 1 pg/μL。该方法已被成功应用于市场上鱼翅产品的快速筛查（黄文胜等，2011）。采用实时荧光 PCR 技术建立了燕窝中金丝燕成分的快速检测方法，同时采用双向电泳技术建立了燕窝蛋白质检测方法。结合这两种方法可以对燕窝及其制品的真伪进行准确判定，目前该方法已经制定成行业标准（Wu et al.，2010b）。在阿胶的真伪检测中，通常需要对原料皮进行 PCR-RFLP 检测。我们针对驴和马细胞色素 b 基因小片段序列建立了实时荧光 PCR 方法（陈颖等，2012）。另外市场上鹿茸制品的掺假也很严重，除了使用猪、鸡的成分冒充鹿茸外，还有不同品种鹿茸之间的掺假。因此，我们建立了实时荧光 PCR 检测方法和 PCR-CE-SSCP 技术，用于梅花鹿茸和马鹿茸产品的真伪鉴定（陈颖等，2004a，2004b）。

（4）特殊深加工食品

深加工食品加工工艺的复杂性给物种鉴定带来很大困难。其中食用油的检测工作很具代表性。橄榄油由于营养丰富而深受世界各国消费者的喜欢，但每年全球的橄榄油产量远远低于市场上的流通量，说明掺假情况之严重。国际上针对橄榄油开展了很多鉴伪研究，主要集中于不同品系橄榄油品种的区分，而国内相关的研究工作还很少。近年来国产的山茶油、红花油、葡萄籽油等高附加值食用油、调和油产品越来越多，给市场监管和消费者识别带来困难，因此需要对这类产品建立配套的检测方法。

食用油检测中最大的瓶颈是基因的提取。陈颖团队在特殊深加工食品样品前处理中，发明了精炼食用油的基因真空冷冻干燥-线性丙烯酰胺提取方法，酱油的基因仲丁醇沉淀提取方法，并开发了相应的试剂盒，提取效果达到进口商业化试剂盒的水平，但成本只有进口试剂盒的 1/3；在样品检测中，集成采用 PCR 技术（常规 PCR、实时荧光

PCR 技术)、芯片技术（可视芯片、液相芯片、毛细管芯片）、分子分型技术（RAPD、SSCP、SCAR、PCR-DHPLC）等多种手段，建立了一系列精准、高通量检测方法，克服了部分传统方法由于受环境、气候、加工方式等影响带来的局限性，提高了准确性，突破了部分传统方法凭经验判别、耗时费力的瓶颈，提高了效率和可操作性（张海亮等，2010；Zhang et al.，2009；Wu et al.，2008）。采用实时荧光 PCR 法可检测橄榄油中的油橄榄成分；根据毒性基因建立了棕榈油中掺杂的其他油料成分的常规 PCR 和实时荧光 PCR 检测方法；用实时荧光 PCR 与 DHPLC、SSCP、毛细管芯片等基因指纹技术联用，结合具有自主知识产权的痕量基因富集技术，为果汁和食用油等加工食品的掺假检测提供新手段，解决高强度深加工食品基因降解严重、提取困难等瓶颈问题。另外还建立了果汁中果品品种及加工方式真实性检测，如建立了苹果等水果实时荧光 PCR 法；采用 DHPLC 技术，建立了橘汁和橙汁鉴别方法；利用特征片段热加工降解规律，采用毛细管电泳技术，建立了浓缩还原橙汁与鲜榨和冷榨橙汁区分方法（李梅阁等，2018；Han et al.，2012）。

2.1.3 展望

食品真伪检测从传统的色、气、味等感官分析和经典的脂肪、糖、蛋白质的化学分析，发展到采用高度灵敏和准确的基因分析技术对原料的物种身份进行快速鉴定，使过去界定模糊的、经验性的或者需要大量实验才能得到的结果变得更具科学性和说服力。近十年来国内外食品科学工作者开展了大量工作，采用基于基因组的检测技术对多种食品进行了物种鉴定和溯源研究，建立的方法中有许多被采纳成为各国食品检测标准方法。通过基因检测技术进行食品物种鉴定有助于对食品成分的真伪进行鉴别、对食品产地的真伪进行溯源、对食品过敏原成分进行检测、对饲料中动物源性成分进行检测。

虽然基因检测技术已经在各类食品物种鉴定工作中得到了广泛的应用，但是由于基因的数量水平和生物体的质量水平并不等同，大多数检测仍停留在定性阶段。数字 PCR 技术的出现，为基于基因组学技术的食品鉴伪定量检测打开了一扇窗。目前，国内外也有不少学者开始开展食品掺假的分子生物学定量研究。另有学者进一步探索不同物种、不同组织材料的基因数量与样品质量之间的数学关系，希望找到一种换算规律，实现从基因角度对食品成分进行定量检测。

除此之外，快速、简便、高通量仍是检测方法的发展方向。新一代芯片毛细管电泳仪，不仅能实现高通量、快速、简便、高分辨率的基因片段电泳分离，而且在软件设计上更有利于研究者进行定量分析。而质谱技术与 PCR 技术的结合也成为食品物种鉴定中多种成分同时检测方法的发展方向之一。随着测序技术的发展，单分子测序（single molecule sequencing，SMS）及第三代测序（third generation sequencing，TGS）已经开始兴起并得到应用，宏条形码技术会更加简单、便宜，并得到更广泛的应用。

另外，将现代分子生物学技术便捷、准确的分子标识能力，与色谱、光谱或波谱等方法的良好分离能力及特有的结构鉴别能力相结合，并借助计算机模式识别技术或模糊数学方法进行结果处理，也是未来食品物种鉴定技术体系的发展趋势。

2.2　基于基因条形码技术的食用海参及制品真伪鉴别研究

海参是一种名贵海产品，富含多种营养物质，在世界各地特别是亚洲国家深受消费者的喜爱，尤其在中国的消费量最大。海参（sea cucumber）隶属棘皮动物门（Echinodermata）海参纲（Holothuroider），共分为3亚纲（枝手海参亚纲、无足海参亚纲、楯手海参亚纲）、6目（指手目、枝手目、芋参目、无足目、楯手目、平足目）25科（刺参科、海参科、瓜参科、尻参科等）。目前世界已知的海参种类约1500种，分布于70多个国家的温带、热带海域地区及少部分极地地区（Robinson et al.，2015；Purcell et al.，2014）。目前全球可食用海参大概有60种，不同种的海参价格相差可高达数十倍。由于海参的自溶特性，鲜活海参的运输较为困难，因此海参多以干制品的形式在贸易中流通。但一般加工后的海参产品形态学特征会全部或部分消失，使得通过形态学鉴定海参种类变得困难。在经济利益的驱动下，不法商人通过贴错标签等形式以次充好，扰乱海参市场秩序。市场上最常见的是以刺参属海参冒充高值仿刺参。此外，部分市售海参产品根据产地或颜色贴标，如美国海参、黑海参等，混淆了海参的物种来源。

基因条形码被认为是一种强大、非定向、准确特异、低成本且适用广泛的方法，是分子生物学领域研究物种鉴定的热点技术。其基于DNA分子水平和通用引物扩增的鉴定方式规避了传统鉴别方法的不足，又超脱于许多分子检测方法只能定向检测的局限，现已被广泛应用于生态环境、医疗卫生、食品安全等各个领域。

2.2.1　材料来源

真实海参样品如表2-1所示。市售干海参样品购买自水产市场、海参专卖店、超市和电子商务平台。

表2-1　海参样品信息

编号	拉丁科名	拉丁属名	拉丁名称	中文名称	商品名称	产地
1			*Holothuria leucospilota*	玉足海参	乌虫参	海南琼海
2			*Holothuria scabra*	糙海参	秃参	海南陵水
3			*Holothuria mexicana*	墨西哥海参	墨西哥参	墨西哥
4		*Holothuria*	*Holothuria mexicana*	墨西哥海参	墨西哥参	哥伦比亚
5	Holothuriidae		*Holothuria poli*	短刺乌爪参	短刺乌爪	希腊
6	海参科		*Holothuria tubulosa*	长刺乌爪参	长刺乌爪	希腊
7			*Holothuria atra*	黑海参	黑参	印度尼西亚
8			*Holothuria fuscogilva*	黄乳海参	猪婆参	印度尼西亚
9		*Bohadschia*	*Bohadschia marmorata*	图纹白尼参	白肚参	印度尼西亚
10			*Bohadschia argus*	蛇目白尼参	虎皮参	非洲
11		*Apostichopus*	*Apostichopus japonicus*	仿刺参	刺参	山东
12	Stichopodidae		*Apostichopus japonicus*	仿刺参	刺参	辽宁
13	刺参科	*Stichopus*	*Stichopus horrens*	糙刺参	黄玉参	南太平洋
14			*Stichopus chloronotus*	绿刺参	方刺参	印度尼西亚

续表

编号	拉丁科名	拉丁属名	拉丁名称	中文名称	商品名称	产地
15	Stichopodidae 刺参科	*Parastichopus*	*Parastichopus californicus*	加州拟刺参	红海参	加拿大
16		*Thelenota*	*Thelenota ananas*	梅花参	梅花参	斐济
17	Cucumariidae 瓜参科	*Athyonidium*	*Athyonidium chilensis*	智利瓜参	智利海参	秘鲁
18		*Cucumaria*	*Cucumaria frondosa*	大西洋瓜参	西洋参	冰岛

2.2.2 主要设备

Nano Drop ONE（美国赛默飞世尔科技公司）；PCR 仪（美国应用生物系统公司）；Qubit® 3.0 核酸荧光蛋白定量仪（美国赛默飞世尔科技公司）；ABI 3500 测序仪（美国应用生物系统公司）；基因分析仪 2100（安捷伦科技有限公司）。

2.2.3 实验方法

（1）样品前处理

取干海参样品冲洗干净，无菌纸吸干后将样品在液氮中迅速冷冻，放入组织研磨器中研磨成粉末，收集到干净的离心管中。深加工海参洗去表面的盐、油等杂质，用无菌剪刀将样品剪碎并收集到干净密封袋中进行干燥处理，然后在液氮中迅速冷冻研磨成粉末。

（2）海参基因组基因提取

使用 CTAB 法或基因提取试剂盒进行海参基因组的提取。

（3）PCR 扩增

选择 *COI* 基因片段的 3 对引物，*16S rRNA* 基因片段的 1 对引物进行 PCR 扩增。引物信息如表 2-2 所示。

表 2-2　海参基因条形码扩增所需的通用引物

基因	引物名称	引物序列（5'-3'）	扩增产物长度	参考文献
COI 基因	COIe-F	ATAATGATAGGAGGRTTTGG	690bp	Arndt et al.，1996
	COIe-R	GCTCGTGT RTCTACRTCCAT		
	COIce-F	ACTGCCCACGCCCTAGCAATGATATTTTTTATGGTN ATGCC	730bp	Hoareau and Boissin，2010
	COIce-R	TCGTGTGTCTAGGTCCATTAATACTCTRAACATRTG		
	PLCOI-F	TATGGCTTTYCCACGKATG	520bp	Gubili et al.，2016
	PLCOI-R	AAGTTTCTTGCTTTCCTCTRT		
16S rRNA	16Sar	CGCCTGTTTATCAAAAACAT	560bp	Kerr et al.，2004
	16Sbr	CTCCGGTTTGAACTCAGATCA		

PCR 反应体系总体积为 25μL：上、下游引物各 1μL（引物浓度 10μmol/L），2×PCR 预混液 12.5μL，基因模板 10ng，用灭菌双蒸水补足体积至 25μL。4 对引物除退火温度

不同，其他扩增程序一致：94℃预变性 5min；35 个循环，每个循环包括 94℃ 50s，退火温度 1min，72℃ 1min；最后 72℃延伸 10min；4℃保存。引物 COIe-F/R、COIce-F/R、PLCOI-F/R、16Sar/Sbr 的 PCR 退火温度分别为 46℃、50℃、52℃、52℃。采用 PCR 热循环仪进行基因扩增。扩增产物利用 2%琼脂糖凝胶进行凝胶电泳，通过凝胶成像系统分析 PCR 扩增产物，以观察扩增目的条带的长度，并初步评估引物的特异性及扩增产物的质量和数量。

（4）Sanger 测序

将纯化后的 PCR 产物进行双向测序，测序反应体系总体积 10μL：PCR 纯化产物 1μL，5×测序缓冲液 1μL，BigDye 3.1 1μL，引物 1.6μL（1μmol/L），无菌水 5.4μL。PCR 扩增反应条件为 96℃ 2min；96℃ 30s，50℃ 40s，60℃ 4min，30 个循环；4℃保存。采用测序产物纯化试剂盒进行纯化，每管吸取 10μL 上清液于 96 孔板中，于 ABI 3500 基因测序仪进行测序。

（5）序列比对及分析

将样品测序得到的序列使用 DNASTAR 7.0 软件中的 SeqMan 程序进行双向拼接，去除序列两端的低质量区，对拼接后质量好的序列保存进行下一步。拼接好的序列采用 MEGA 6.0 软件进行多重序列比对，删除两端引物序列。将处理过的 *COI* 基因序列分别在生命条形码数据系统（生命数据系统条形码，BOLD）和美国国家生物技术信息中心网站（生物信息技术国际中心，NCBI）的 GenBank 数据库进行序列比对。*16S rRNA* 基因序列在 NCBI 网站的基因数据库进行序列比对。

（6）系统发育树分析

根据序列比对结果，从 NCBI 网站下载相关海参物种的 *COI* 基因参考序列与 *16S rRNA* 基因序列。将样本序列与下载的基因序列采用 MEGA6.0 软件进行多重序列比对后，基于 K-2-P（Kimura-2-parameter）模型分别构建邻接法（NJ 法）系统发育树，Bootstrap自展检测 1000，验证基因条形码鉴定结果的准确性。

（7）市售海参样品的物种鉴定

为了验证所建立的基因长条形码方法在市售海参样品中的适用性，对购买的 24 份市售干海参样品采用建立的基因长条形码方法进行物种鉴定。PCR 扩增所需引物来自前面研究所筛选出的 *COI* 基因的最适通用引物和 *16S rRNA* 基因的通用引物。

2.2.4　结果与分析

（1）PCR 扩增结果

用紫外分光光度计检测提取的海参基因组基因纯度较好，可进行普通 PCR。PCR扩增成功率是评价基因条形码的重要标准之一，扩增产物电泳条带明亮则判为成功扩增。在扩增 *COI* 基因的 3 对引物中，引物 COIe-F/R 的扩增效率最高，引物 COIce-F/R 和引物 PLCOI-F/R 对不同品种的海参存在部分样品扩增失败（图 2-1），说明引物 COIe-F/R 比其他两对引物的通用性更好，因此选择引物 COIe-F/R 对 *COI* 基因进行扩增。引物 16Sar/Sbr 对海参 *16S rRNA* 基因均扩增成功，说明此引物通用性好。扩增出的 *16S rRNA* 基因序列可作为待筛选靶序列用于下一步的物种鉴定分析。

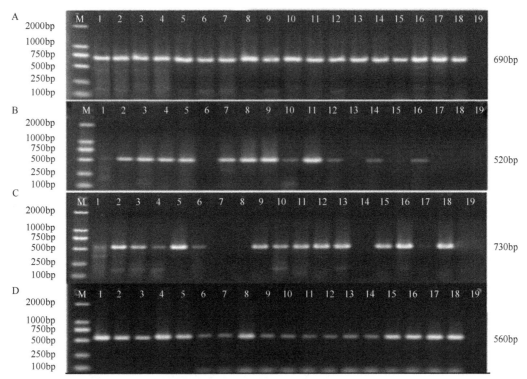

图 2-1 不同引物对海参样品的 *COI* 基因和 *16S rRNA* 基因的 PCR 电泳

A. 引物 COIe-F/R；B. 引物 COIce-F/R；C. 引物 PL COI-F/R；D. 引物 16Sar/16Sbr；

M. DL 2000 分子量标准；1. 玉足海参；2. 糙海参；3. 墨西哥海参；4. 墨西哥海参（哥伦比亚）；5. 短刺乌爪参；6. 长刺乌爪参；7. 黑海参；8. 黄乳海参；9. 图纹白尼参；10. 蛇目白尼参；11. 山东仿刺参；12. 辽宁仿刺参；13. 糙刺参；14. 绿刺参；15. 加州拟刺参；16. 梅花参；17. 智利海参；18. 大西洋瓜参；19. 空白对照

（2）基因条形码技术对海参的物种鉴定能力

本研究基于基因条形码技术，以收集到的 18 份已知海参为标准样品，用筛选出的引物分别扩增线粒体 *COI* 基因和 *16S rRNA* 基因，通过数据库比对确定海参的物种信息，评价 *COI* 基因与 *16S rRNA* 基因对食用海参的物种鉴别能力。

18 份海参样品经 Sanger 测序，删除上下游引物序列后分别得到长度为 652bp 的 *COI* 基因序列。研究表明基于 *COI* 基因和 *16S rRNA* 基因的海参种内遗传距离均低于 2% （Uthicke et al.，2010），因此在数据库进行序列比对时相似度≥98%的可判定为同一物种，低于 95%的认定为不同种，而相似度为 95%~98%的需结合其他方法进一步验证。根据 *COI* 基因序列在 BOLD（Ratnasingham and Hebert，2007）和 GenBank 数据库（Benson et al.，1999）的比对结果，18 份海参除糙刺参（*Stichopus horrens*）外，其余 17 份海参样品均得到准确鉴定。其中，10 份海参的 *COI* 基因序列在两个数据库鉴定结果一致且物种序列相似度大于 99%。7 份海参因 BOLD 数据库 *COI* 基因序列信息不全而无匹配序列，经 GenBank 数据库鉴定与已知海参物种名称一致。

18 份海参样品的 *16S rRNA* 基因片段删除上下游引物序列后分别得到 503～545bp 的序列。基于 *16S rRNA* 基因序列 16 份样品可得到准确鉴定，黄乳海参（*Holothuria fuscogilva*）和糙刺参（*Stichopus horrens*）无法鉴别出明确物种（表 2-3）。8 号黄乳海参

表 2-3　基于 *COI* 基因和 *16S rRNA* 基因的海参样品的物种鉴定结果

编号	样品名称	拉丁学名	产地	COI基因					16S rRNA 基因			两个靶序列鉴定结果一致性
				BOLD 鉴定结果	NCBI 鉴定结果				NCBI 鉴定结果			
				与样品名称一致性（序列相似度）	与已知物种名称一致性（序列相似度）	NCBI 号	长度/bp		与样品名称一致性（序列相似度）	NCBI 号	长度/bp	
1	玉足海参	*Holothuria leucospilota*	海南琼海	/	一致（99%）	FJ971394.1	652		一致（99%）	FJ589211.1	519	+
2	糙海参	*Holothuria scabra*	海南陵水	一致（99.85%）	一致（99%）	KP257577.1	652		一致（100%）	KP257577.1	503	+
3	墨西哥海参	*Holothuria mexicana*	墨西哥	/	一致（99%）	FJ971397.1	652		一致（99%）	GQ240831.1	514	+
4	墨西哥海参	*Holothuria mexicana*	哥伦比亚		一致（99%）	EU220821.1	652		一致（99%）	EU822443.1	512	+
5	短刺乌爪参	*Holothuria poli*	希腊	一致（99.67%）	一致（99%）	JN207607.1	652		一致（99%）	LC176660.1	510	+
6	长刺乌爪参	*Holothuria tubulosa*	希腊	一致（100%）	一致（99%）	KJ719531.1	652		一致（100%）	GU797606.1	511	+
7	黑海参	*Holothuria atra*	印度尼西亚	一致（99.84%）	一致（99%）	JN207609.1	652		一致（99%）	KF479397.1	511	+
8	黄乳海参	*Holothuria fuscogilva*	印度尼西亚	一致（99.85%）	一致（100%）	EU848240.1	652		*Bohadschia cousteaui*（84%）	JN543401.1	526	−
9	图纹白尼参	*Bohadschia marmorata*	印度尼西亚	/	一致（99%）	JN543456.1	652		一致（99%）	AY574875.1	531	+
10	蛇目白尼参	*Bohadschia argus*	非洲		一致（99%）	JN543443.1	652		一致（100%）	FJ589210.1	534	+
11	仿刺参	*Apostichopus japonicus*	山东	一致（100%）	一致（100%）	AB525437.1	652		一致（100%）	GU557148.1	532	+
12	仿刺参	*Apostichopus japonicus*	辽宁	一致（100%）	一致（100%）	JN836336.1	652		一致（99%）	GU557148.1	532	+
13	糙刺参	*Stichopus horrens*	南太平洋	*Stichopus monotuberculatus*（99.85%）　*Stichopus horrens*（99.69%）	*Stichopus monotuberculatus*（99%）　*Stichopus horrens*（99%）	JQ290021.1　KY986418.1	652　652		*Stichopus hermanni*（99%）　*Stichopus horrens*（99%）	FJ589203.1　JQ657263.1	534	−
14	绿刺参	*Stichopus chloronotus*	印度尼西亚	一致（100%）	一致（100%）	KX874352.1	652		一致（99%）	FJ589204.1	537	+
15	加州拟刺参	*Parastichopus californicus*	加拿大	/	一致（99%）	JN836339.1	652		一致（99%）	KP398509.1	534	+
16	梅花参	*Thelenota ananas*	斐济	一致（100%）	一致（100%）	EU848261.1	652		一致（99%）	FJ589205.1	536	+
17	智利海参	*Athyonidium chilensis*	秘鲁	/	一致（99%）	EU848226.1	652		一致（99%）	EU822438.1	545	+
18	大西洋瓜参	*Cucumaria frondosa*	冰岛	一致（100%）	一致（99%）	HM542145.1	652		一致（100%）	KF479389.1	519	+

注："+"表示两个靶序列鉴定结果一致；"−"表示两个靶序列鉴定结果不一致

样品通过 *16S rRNA* 基因序列鉴定为 *Bohadschia cousteaui*，但物种序列相似度为 84%（<98%），主要是因为 GenBank 数据库缺乏黄乳海参的 *16S rRNA* 基因参考序列，导致 8 号黄乳海参无法通过 *16S rRNA* 基因序列得到有效鉴定。这也说明仍然需要大量的研究工作才能建立一个完善、可靠的海参基因条形码数据库。

比较 *COI* 基因和 *16S rRNA* 基因的鉴定结果发现，两种靶基因均能较好地鉴别出海参物种，18 份海参样品中 16 份海参两个靶基因的鉴定结果一致。两个例外是 8 号黄乳海参（*Holothuria fuscogilva*）和 13 号糙刺参（*Stichopus horrens*），基于 *COI* 基因可准确鉴定出黄乳海参（*Holothuria fuscogilva*）但通过 *16S rRNA* 基因无法有效鉴定；13 号糙刺参（*Stichopus horrens*）单独根据 *COI* 基因序列或 *16S rRNA* 基因序列无法明确海参种名。糙刺参通过 *COI* 基因序列鉴定为糙刺参或单疣刺参（*Stichopus monotuberculatus*），物种序列相似度均达 99%；其 *16S rRNA* 基因序列与糙刺参（*Stichopus horrens*）和花刺参（*Stichopus hermanni*）的物种序列相似度均达 99%。结合两个基因的鉴定结果可把糙刺参鉴别出来。此结果说明将 *COI* 基因序列或 *16S rRNA* 基因作为单一靶基因只能实现对大部分海参的物种鉴定，对于亲缘关系较近的部分海参物种无法实现准确鉴定。

（3）市售海参样品的物种鉴定

用紫外分光光度计检测波长 260nm 和波长 280nm 处的吸光度，A_{260nm}/A_{280nm} 在 1.6～1.8，证明所提取的海参基因组基因纯度较好，可进行普通 PCR。PCR 产物凝胶电泳结果显示被检测的 24 个市售常见海参样品均扩增出长度为 690bp 的 *COI* 基因片段及长度为 560bp 的 *16S rRNA* 基因目的片段（图 2-2）。

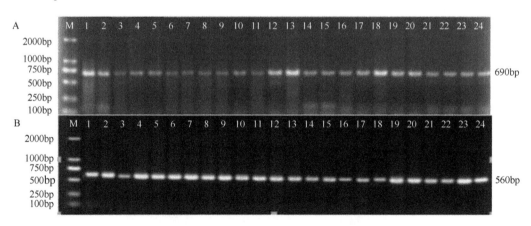

图 2-2　不同市售海参样品的 *COI* 基因和 *16S rRNA* 基因的扩增结果
A. *COI* 基因；B. *16S rRNA* 基因
M. DL2000 分子量标准；1～24. 不同市售海参样品

24 份市售海参样品的 *COI* 基因和 *16S rRNA* 基因目的片段均测序成功，经序列比对删除上下游引物序列得到长度为 652bp 的 *COI* 基因序列及 503～545bp 的 *16S rRNA* 基因序列。根据 *COI* 基因序列在 BOLD 和 GenBank 数据库的比对结果，在 24 份被测的市售海参样品中有 21 份可鉴别出明确物种名称且物种序列相似度均≥98%（3 号小有刺参、9 号猪婆参、18 号刺参除外）。除 9 号猪婆参和 10 号黑香参样品外，其余 22 份海参基

于 *16S rRNA* 基因序列可鉴别出明确的物种名称（物种序列相似度均≥98%）（表 2-4）。

表 2-4　市售海参样品的基因长条形码鉴定结果

| 编号 | 标签名称（对应的中文名称） | *COI* 基因序列 | | | *16S rRNA* 基因序列 | | 两个靶基因鉴定结果是否一致 |
| | | BOLD 鉴定结果 | NCBI 鉴定结果 | | NCBI 鉴定结果 | | |
		物种拉丁名（序列相似度）	物种拉丁名（序列相似度）	NCBI 收录号	物种拉丁名（序列相似度）	NCBI 收录号	
1	秃参（/）	无匹配序列	*Holothuria mexicana*（99%）	EU220821.1	*Holothuria mexicana*（99%）	EU822443.1	+
2	小有刺参（/）	无匹配序列	*Holothuria mexicana*（99%）	KU317742.1	*Holothuria mexicana*（99%）	GQ240831.1	+
3	小有刺参（/）	无匹配序列	*Holothuria inornata*（93%）	JN207577.1	*Holothuria grisea*（99%）	EU220800.1	−
4	小黑刺参（/）	*Holothuria tubulosa*（100%）	*Holothuria tubulosa*（99%）	KJ719543.1	*Holothuria tubulosa*（100%）	GU797606.1	+
5	短乌爪（短刺乌爪参）	*Holothuria poli*（100%）	*Holothuria poli*（100%）	JN207607.1	*Holothuria poli*（99%）	LC176660.1	+
6	长乌爪（长刺乌爪参）	*Holothuria tubulosa*（100%）	*Holothuria tubulosa*（99%）	KJ719543.1	*Holothuria tubulosa*（99%）	GU797606.1	+
7	米刺参（/）	*Holothuria tubulosa*（99.26%）	*Holothuria tubulosa*（99%）	KJ719550.1	*Holothuria tubulosa*（100%）	GU797624.1	+
8	黑海参（黑海参）	*Holothuria forskali*（99.69%）	*Holothuria forskali*（99%）	FN562582.1	*Holothuria forskali*（99%）	FN562582.1	+
9	猪婆参（黄乳海参）	*Holothuria fuscogilva*（87.71%）	*Holothuria fuscogilva*（88%）	FJ971396.1	*Holothuria nobilis*（85%）	EU822441.1	+
10	黑香参（/）	*Holothuria isuga*（97.77%）	*Holothuria isuga*（98%）	GU480571.1	*Holothuria leucospilota*（87%）	KY986423.1	−
11	靴参（白底辐肛参）	*Actinopyga agassizi*（99.23%）	*Actinopyga agassizi*（99%）	EU848228.1	*Actinopyga agassizi*（99%）	JN207496.1	+
12	海参丝（/）	*Cucumaria frondosa*（100%）	*Cucumaria frondosa*（100%）	HM543005.1	*Cucumaria frondosa*（100%）	KF479389.1	+
13	刺参（仿刺参）	*Apostichopus japonicus*（99.68%）	*Apostichopus japonicus*（99%）	KP170618.1	*Apostichopus japonicas*（100%）	KP170618.1	+
14	山东刺参（仿刺参）	*Apostichopus japonicas*（100%）	*Apostichopus japonicus*（100%）	AB525437.1	*Apostichopus japonicus*（100%）	GU557148.1	+
15	刺参（仿刺参）	*Apostichopus japonicus*（99%）	*Apostichopus japonicus*（99%）	FJ986223.1	*Apostichopus japonicus*（100%）	AY852279.1	+
16	辽宁刺参（仿刺参）	*Apostichopus japonicas*（100%）	*Apostichopus japonicus*（100%）	KP170618.1	*Apostichopus japonicus*（100%）	GU557148.1	+
17	俄罗斯参（仿刺参）	*Apostichopus japonicus*（99.85%）	*Apostichopus japonicus*（100%）	KP170616.1	*Apostichopus japonicus*（100%）	GU557148.1	+
18	山东刺参（仿刺参）	*Stichopus horrens*（99.84%）*Stichopus monotuberculatus*（99.69%）	*Stichopus horrens*（99%）*Stichopus monotuberculatus*（99%）	JQ815220.1 KC424501.1	*Stichopus horrens*（98%）	HQ000092.1	−
19	黑方刺参（绿刺参）	*Stichopus chloronotus*（100%）	*Stichopus chloronotus*（100%）	KX874352.1	*Stichopus chloronotus*（100%）	FJ589204.1	+
20	花刺参（花刺参）	*Apostichopus japonicus*（99.85%）	*Apostichopus japonicus*（100%）	KP170616.1	*Apostichopus japonicus*（100%）	GU557148.1	+
21	白刺参（花刺参）	*Parastichopus tremulus*（99.85%）	*Parastichopus tremulus*（99%）	KX874359.1	*Parastichopus tremulus*（100%）	KX856752.1	+
22	福建刺参（仿刺参）	*Apostichopus japonicus*（100%）	*Apostichopus japonicus*（100%）	AB525437.1	*Apostichopus japonicus*（100%）	GU557148.1	+
23	梦贝海参（/）	无匹配序列	*Isostichopus badionotus*（100%）	KX874354.1	*Isostichopus badionotus*（99%）	EU822435.1	+
24	梅花参（梅花参）	*Thelenota ananas*（100%）	*Thelenota ananas*（100%）	FJ971403.1	*Thelenota ananas*（99%）	FJ589205.1	+

注："/"表示对应的中文名称未知，"+"表示 *COI* 基因和 *16S rRNA* 基因的鉴定结果一致，"−"表示 *COI* 基因和 *16S rRNA* 基因的鉴定结果不一致

在被测的 24 份市售海参样品中，20 份样品的 *COI* 基因序列和 *16S rRNA* 基因序列的物种鉴定结果一致，4 份样品除外，可分为 4 种情况：基于 *COI* 基因无法得到种名，但通过 *16S rRNA* 基因可鉴别，如 3 号墨西哥小有刺参，与数据库缺乏相关海参物种的 *COI* 基因参考序列有关；基于 *COI* 基因可鉴别但通过 *16S rRNA* 基因无法得到种名，如 10 号黑香参（数据库缺乏相关海参物种的 *16S rRNA* 基因参考序列）；需结合两个基因的鉴定结果确定海参物种信息，如标注为刺参的 18 号样品结合 *COI* 基因和 *16S rRNA* 基因的鉴定结果最终确定为糙刺参（*Stichopus horrens*）；通过 *COI* 基因和 *16S rRNA* 基因无法鉴定海参物种，如 9 号猪婆参其 *COI* 基因和 *16S rRNA* 基因序列的相似度均小于 90%，可能两个数据库中与此样品种属相似的海参 *COI* 基因序列和 *16S rRNA* 基因序列缺乏。

综上所述，结合 *COI* 基因和 *16S rRNA* 基因的鉴定结果，基于基因长条形码对 24 份市售海参进行鉴定，除了 9 号猪婆参样品无法得到鉴定，其余 23 份海参可以得到明确的物种鉴定结果。

在市售海参样品中，大部分海参均只标注俗名。基于崔桂友和赵廉（2000）、赵欣涛（2016）和书籍《中国海洋生物种类与分布》（黄宗国，1994）、《世界重要经济海参种类》（斯蒂文·柏塞尔等，2017）中海参的拉丁学名及中文名称，评估基因条形码鉴定结果与市售海参标签符合性。在 24 份市售海参中，10 份市售海参基因条形码鉴定结果与标签名称一致；6 份样品基因条形码鉴定结果与标签名称不符（8 号黑海参、9 号猪婆参、11 号靴参、18 号刺参、20 号花刺参、21 号白刺参）；8 份海参按照形态、产地、颜色、销售品牌等信息贴标，通过标签无法得到海参明确物种信息（1 号秃参、2 号和 3 号小有刺参、4 号小黑刺参、7 号米刺参、10 号黑香参、12 号海参丝、23 号梦贝海参），利用基因条形码对其鉴定可得到明确的物种信息。此结果说明市售海参标签混乱，使得消费者在购买时并不了解海参产品的明确物种信息。这也在客观上为一些不法商家掺假、造假提供了可乘之机。

在上述 6 份标签名称不符的样品中，有 1 份海参（9 号猪婆参）购自电子商务平台，5 份海参（8 号黑海参、11 号靴参、18 号刺参、20 号花刺参、21 号白刺参）购自水产市场，表明应加强对电子商务平台销售的海参标签符合性监管。市售海鲜标签错误可分为无意和有意两种类型。无意的标签错误，一般是指由于商家不清楚海产品的明确物种信息，缺乏专业的海产品分类知识导致贴标不明确或没有标明商品正确的物种名称（Armani et al.，2017）。例如，20 号样品标签为花刺参（*Stichopus variegatus*），但基因条形码鉴定结果为经济价值较高的仿刺参（*Apostichopus japonicus*），可能是由于经销商缺乏专业的海参形态学鉴定知识错将外部形态类似的仿刺参贴为花刺参。有意的标签错误是指不法商人为了谋求暴利，通过贴错标签用价格相对便宜的低值物种替代高值物种来欺骗消费者，或者滥用海鲜的通用名称和方言名称迷惑消费者的行为。由于大部分消费者对海参品种的认识较少，加之海参市场规范化的不完善，经销商可能故意将低值海参物种贴上高值海参物种标签，通过不同海参间的价格差获取巨大的经济利益。例如，本研究中的 11 号样品将阿氏辐肛参（*Actinopyga agassizi*）标为价格更高的白底辐肛参（*Actinopyga mauritiana*）；18 号样品将经济价值较低的、形态类似的糙刺参（*Stichopus horrens*）标记为经济价值较高的仿刺参（*Apostichopus japonicus*）；21 号样品将挪威拟刺参（*Parastichopus tremulus*）标为花刺参（*Stichopus herrmanni*）。随着海参消费市场的需求增大，经济价值较高的海参物种被大量捕捞导致资源匮乏。例如，本研究中的仿刺参（*Apostichopus japonicus*）、糙海参（*Holothuria scabra*）和梅花参（*Thelenota ananas*）就被世界自然保护联盟，IUCN 濒危物种红色名录列为濒危物种，处于灭绝高风险中；白底辐肛参（*Actinopyga mauritiana*）、黄乳海参（*Holothuria fuscogilva*）、多刺刺参（*Stichopus herrmanni*）被列为易危物种。由于高值海参数量越来越少，在经济利益驱使下，也可能会导致商家故意用低值海参假冒高值海参品种。

鉴于上述原因，海产品正确的标签对海鲜贸易的经销商、消费者和食品监管部门来说都是必不可少的，因此必须要加强海参的标签符合性监管，促进标签制度的有效实施。本研究基于基因条形码技术评估市售海参的标签情况，证明基因条形码技术可为食品真实属性鉴别提供有效的工具，对促进标签制度的实施、保护消费者免受欺诈方面起着重要作用。

2.2.5　小结

本研究基于基因条形码技术，建立了海参及制品的鉴别方法。以线粒体细胞色素氧化酶 I（*COI*）基因和 16S 核糖体 RNA（*16S rRNA*）基因作为分子标记用于食用海参的物种鉴定。结果表明 *COI* 基因或 *16S rRNA* 基因均能实现大部分海参的物种鉴定，部分样品需结合两个靶基因才能鉴定出来。因此建立一种以 *COI* 基因为主，*16S rRNA* 基因为补充靶标的食用海参基因长条形码鉴别方法。将所建立的基因长条形码方法用于市售海参样品的物种鉴定，24 份市售海参样品中有 16 份样品的标签中含有明确的物种信息，经鉴定 10 份市售海参样品的物种鉴定结果与标签名称一致，6 份样品与标签名称不一致，存在将低价海参品种标为高价海参的现象；其余 8 份样品的标签只有商品名但没有明确的物种信息，利用基因条形码技术对其鉴定可得到明确的海参种名。

2.3　基于基因条形码技术的食品中鲑科鱼类物种成分鉴别研究

鲑科（Salmonidae），属硬骨鱼纲脊索动物门，包括 3 个亚科 7 个属 36 个种，分布于亚洲、欧洲、大洋洲等，是世界上第三大养殖鱼类（Esin and Markevich，2018）。鲑科鱼类因富含不饱和脂肪酸（ω-3 脂肪酸）、蛋白质和维生素等而受到消费者喜爱。近年来鲑科鱼类在全球范围内消费量持续增加，其中的许多物种已被引入休闲渔业和水产养殖之中（陈林兴和周井娟，2011）。鲑科鱼类（如大西洋鲑、大鳞大麻哈鱼等）因具有红白相间的肌肉纹理而被通称为"三文鱼"。事实上，三文鱼并不是鱼类在系统分类学上的名称，而是由英语"salmon"音译而来。目前国内外对三文鱼定义不一，市场上销售的各种所谓的"三文鱼"，并不是一类鱼。例如，挪威三文鱼主要是指大西洋鲑（*Salmo salar*）；芬兰三文鱼主要是红肉虹鳟（*Oncorhynchus mykiss*）；而美国三文鱼则主要是红鲑（*Oncorhynchus nerka*）。它们之间因为口感、营养价值的差异而价格相差巨大，但均以"三文鱼"作为商品名称进行出售，导致市场上三文鱼标签混乱，因此建立高效准确的鲑科鱼类物种鉴别方法对规范市场秩序具有重要的意义。

2.3.1 材料来源

冰鲜鲑科鱼样品包括大西洋鲑（*Salmo salar*）、驼背大麻哈鱼（*Oncorhynchus gorbuscha*）、大鳞大麻哈鱼（*Oncorhynchus tshawytscha*）、虹鳟（*Oncorhynchus mykiss*）、大麻哈鱼（*Oncorhynchus keta*）。

市售鲑科鱼样品包括 2 份商品标识为挪威的三文鱼冰鲜样品、2 份商品标识分别为北京怀柔和青海三文鱼冰鲜样品及 13 份鲑科鱼制品（鱼片、罐头、鱼松、鱼干、烟熏鱼和鱼卵）。

2.3.2 主要设备

同 2.2.2 节。

2.3.3 实验方法

（1）PCR 扩增

同 2.2.3 节。引物信息如表 2-5 所示。*COI* 区域和 *16S rRNA* 区域引物的退火温度分别为 54℃和 53℃。

表 2-5　PCR 扩增引物

扩增区域	引物名称	引物序列 5′-3′	比例	参考文献
COI	FishF1	**TGTAAAACGACGGCCAGT**CAACCAACCACAAAGACATTGGCAC	1	Ward et al.，2005
	FishF2	**TGTAAAACGACGGCCAGT**CGACTAATCATAAAGATATCGGCAC	1	
	FishR1	**CAGGAAACAGCTATGAC**TAGACTTCTGGGTGGCCAAAGAATCA	1	
	FishR2	**CAGGAAACAGCTATGAC**ACTTCAGGGTGACCGAAGAATCAGAA	1	
16S rRNA	16SF	AYAAGACGAGAAGACCC	1	Sarri et al.，2014
	16SR	GATTGCGCTGTTATTCC	1	

注：表格中加粗序列分别为 M13F（5′-TGTAAAACGACGGCCAGT-3′）和 M13R（5′-CAGGAAACAGCTATGAC-3′）标签，比例表示混合引物 cocktail 中各引物的含量比

（2）Sanger 测序及数据分析

同 2.2.3 节。

2.3.4 结果与分析

（1）PCR 扩增结果

通过 Nanodrop One 超微量分光光度计测得各样品的基因提取浓度均大于 10ng/μL，

A_{260}/A_{280} 和 A_{230}/A_{260} 值均为 1.7～2.2，可满足后续 PCR 扩增的要求。以稀释至 10ng/μL 的基因为模板对共 22 种样品基因进行 *COI* 和 *16S rRNA* 区段的 PCR 扩增得到电泳图如图 2-3 所示。对于扩增长度为 255bp 的 *16S rRNA* 短片段，所有样品均得到清晰明亮的单一目的条带，可用于后续的基因测序分析。对于扩增长度为 658bp 的 *COI* 片段，除烟熏食品和罐头制品（12～14 号样品）外，其余样品均得到单一明亮的目的条带。12～14 号样品虽扩增得到目的条带，但相比于其他样品，亮度明显较低。这是由于烟熏和罐头制品经过高温烘烤及油炸或高温高压灭菌等加工工艺，使得样品基因断裂降解严重，因此较难扩增出相对较长的基因片段（658bp）。

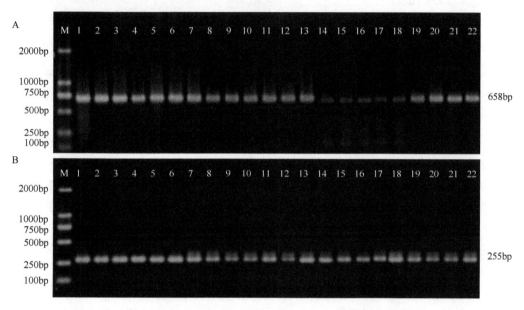

图 2-3 不同鱼样品 *COI* 和 *16S rRNA* 片段的扩增结果
A. *COI* 扩增片段；B. *16S rRNA* 扩增片段；
M. DL 2000 分子量标准；1. 大西洋鲑；2. 驼背大麻哈鱼；3. 大鳞大麻哈鱼；
4. 大麻哈鱼；5. 虹鳟；6～7. 挪威三文鱼；8～9. 青海虹鳟鱼；10～22. 鲑科鱼类加工制品

（2）真实鲑科鱼样品的 Sanger 测序结果分析

将测序得到的 *COI* 序列和 *16S rRNA* 序列在 NCBI 的 GenBank 数据库中进行检索比对，发现测得的不同鱼类的 *COI* 和 *16S rRNA* 序列与 GenBank 数据库中序列匹配度和覆盖度均在 95% 以上。根据文献，扩增长度为 655bp 的 *COI* 鱼类通用引物在物种间的遗传距离低于 2%（Barbuto et al.，2010）；Sarri 研究团队（2014）针对不同的动物类群确定了不同的遗传距离：鱼类 3.4%、鸟类 2.9%、哺乳动物 2.5%。因此分别选择匹配度 ≥98% 的 *COI* 序列和 ≥96.6% 的 *16S rRNA* 序列鉴定信息以保证鉴定结果的准确性。

利用基因条形码技术对收集的 5 种已知鲑科鱼类的鉴定结果表明，建立的基因条形码方法对鲑科鱼类的鉴定结果与已知物种信息一致。且以 *COI* 或 *16S rRNA* 作为单一靶标均能成功将物种鉴定至种水平（表 2-6）。相比于 *COI* 序列，部分物种的 *16S rRNA* 序列的最高匹配度相对较低，这主要是因为目标片段长度较短（约 255bp），个别碱基的缺失、插入及突变将对整体的覆盖度产生很大影响所致。

表 2-6   5 种鲑科鱼样品的基因条形码技术物种鉴定结果

序号	COI 鉴定结果 （序列相似度）	16S rRNA 鉴定结果 （序列相似度）	结合两个靶基因的鉴定结果
a	*Salmo salar* （大西洋鲑）（100%）	*Salmo salar* （大西洋鲑）（100%）	*Salmo salar* （大西洋鲑）
b	*Oncorhynchus gorbuscha* （驼背大麻哈鱼）（100%）	*Oncorhynchus gorbuscha* （驼背大麻哈鱼）（99%）	*Oncorhynchus gorbuscha* （驼背大麻哈鱼）
c	*Oncorhynchus tshawytscha* （大鳞大麻哈鱼）（100%）	*Oncorhynchus tshawytscha* （大鳞大麻哈鱼）（97%）	*Oncorhynchus tshawytscha* （大鳞大麻哈鱼）
d	*Oncorhynchus keta* （大麻哈鱼）（100%）	*Oncorhynchus keta* （大麻哈鱼）（98%）	*Oncorhynchus keta* （大麻哈鱼）
e	*Oncorhynchus mykiss* （虹鳟）（100%）	*Oncorhynchus mykiss* （虹鳟）（99%）	*Oncorhynchus mykiss* （虹鳟）

（3）市售鲑科鱼食品的 Sanger 测序结果分析

在鉴定的 17 份市售鲑科鱼商品（表 2-7）中，有 9 份样品（1~8 号和 12 号样品）的 COI 序列和 16S rRNA 序列通过测序均成功获得单一物种序列，且 COI 基因和 16S rRNA 基因鉴定结果一致，可准确将样品鉴定至物种水平。有 3 份样品[9~11 号样品（三文鱼罐头）]的 COI 序列经 GenBank 数据库进行序列比对发现其物种匹配度均小于 90%，但 3 份样品的 16S rRNA 序列测序成功，可通过其扩增序列鉴别出物种成分。推测罐头制品经高温高压等加工工艺基因降解断裂严重，采用扩增长度为 658bp 的 COI 引物难以有效扩增出完整长度的靶序列，因此通过其扩增序列鉴别失败。剩余 5 份样品（13~17 号）扩增得到的 COI 和 16S rRNA 序列均出现双峰无法完成序列的拼接，推测这 5 份样品中不止含有一种物种，单纯通过 Sanger 测序无法获得这些物种的有效可拼接序列。

表 2-7   市售鲑科鱼制品的基因条形码技术物种鉴定结果

序号	标签名称	配料表中标识的物种名称	COI 鉴定结果 （序列相似度）	16S rRNA 鉴定结果 （序列相似度）	结合两个靶基因的鉴定结果
1	挪威三文鱼	挪威三文鱼	*Salmo salar* （大西洋鲑）（100%）	*Salmo salar* （大西洋鲑）（99%）	*Salmo salar* （大西洋鲑）
2	挪威三文鱼	挪威三文鱼	*Salmo salar* （大西洋鲑）（100%）	*Salmo salar* （大西洋鲑）（97%）	*Salmo salar* （大西洋鲑）
3	青海三文鱼	青海三文鱼	*Oncorhynchus mykiss* （虹鳟）（100%）	*Oncorhynchus mykiss* （虹鳟）（100%）	*Oncorhynchus mykiss* （虹鳟）
4	青海三文鱼	青海三文鱼	*Oncorhynchus mykiss* （虹鳟）（100%）	*Oncorhynchus mykiss* （虹鳟）（100%）	*Oncorhynchus mykiss* （虹鳟）
5	阿拉斯加野生三文鱼 （粉鲑）	三文鱼（粉鲑）	*Oncorhynchus gorbuscha* （驼背大麻哈鱼） （100%）	*Oncorhynchus gorbuscha* （驼背大麻哈鱼） （100%）	*Oncorhynchus gorbuscha* （驼背大麻哈鱼）
6	新西兰帝王鲑 King Salmon	三文鱼（帝王鲑）	*Oncorhynchus tshawytscha* （大鳞大麻哈鱼） （100%）	*Oncorhynchus tshawytscha* （大鳞大麻哈鱼） （100%）	*Oncorhynchus tshawytscha* （大鳞大麻哈鱼）

续表

序号	标签名称	配料表中标识的物种名称	COI 鉴定结果（序列相似度）	16S rRNA 鉴定结果（序列相似度）	结合两个靶基因的鉴定结果
7	浅腌太平洋鲑鱼卵	虹鳟鱼卵	*Oncorhynchus mykiss*（虹鳟）（99%）	*Oncorhynchus mykiss*（虹鳟）（99%）	*Oncorhynchus mykiss*（虹鳟）
8	烟熏黑椒三文鱼	三文鱼	*Oncorhynchus gorbuscha*（驼背大麻哈鱼）(99%)	*Oncorhynchus gorbuscha*（驼背大麻哈鱼）(99%)	*Oncorhynchus gorbuscha*（驼背大麻哈鱼）
9	野生三文鱼罐头	三文鱼	测序失败	*Oncorhynchus mykiss*（虹鳟）（100%）	*Oncorhynchus mykiss*（虹鳟）
10	沙拉酱红三文鱼罐头	三文鱼	测序失败	*Oncorhynchus keta*（大麻哈鱼）（99%）	*Oncorhynchus keta*（大麻哈鱼）
11	三文鱼片罐头（橄榄油浸）	三文鱼	测序失败	*Oncorhynchus gorbuscha*（驼背大麻哈鱼）(99%)	*Oncorhynchus gorbuscha*（驼背大麻哈鱼）
12	深海三文鱼酥	三文鱼	*Salmo salar*（大西洋鲑）（100%）	*Salmo salar*（大西洋鲑）（100%）	*Salmo salar*（大西洋鲑）
13	豆豉三文鱼罐头	三文鱼	双峰无法拼接	双峰无法拼接	/
14	茄汁三文鱼罐头	三文鱼	双峰无法拼接	双峰无法拼接	/
15	三文鱼营养肉酥	三文鱼	双峰无法拼接	双峰无法拼接	/
16	三文鱼松（鲑鱼松）	三文鱼（鲑）	双峰无法拼接	双峰无法拼接	/
17	阿拉斯加野生三文鱼干	三文鱼	双峰无法拼接	双峰无法拼接	/

注："/"为无法鉴定出物种成分

　　在两对靶序列的鉴别能力方面，针对由单一物种组成的鲑科鱼食品，除三文鱼罐头因过度深加工（高压高温）造成基因断裂降解严重之外，单一通过 COI 基因和 16S RNA 基因均可准确鉴别样品的物种成分。其中，1～4 号冰鲜鲑科鱼商品于海鲜市场购买，没有具体的商品包装，商品标签均采用"产地+三文鱼"形式标识；5～6 号冰鲜样品于线上收集，以物种俗名作为商品标签；7 号样品为鲑科鱼的初级加工制品，且在商品的配料表中标明鱼的具体物种名称，标签较为规范；8～12 号样品为鲑科鱼的深加工制品，均以"三文鱼"作为商品名称，单纯通过商品标签无法获得其明确的物种信息。但以上12 份样品以 COI 基因为靶标，以 16S rRNA 基因为辅助靶标，经 Sanger 测序技术可获得鲑科鱼商品的物种信息，为鲑科鱼的市场监管提供理论和技术支撑。13～17 号样品经Sanger 测序其峰图出现多峰与杂峰，无法完成序列的拼接。推测这些样品中含有不止一种物种，其 PCR 产物在凝胶电泳中重叠积累在同一区段，难以进行有效的纯化，因此单一通过 Sanger 测序技术无法获得每个物种的可拼接序列。

　　综上，鲑科鱼商品的标签规范性有待于进一步提高，其中 2 份样品（11.8%）仅标注物种俗名，12 份样品（70.6%）单纯以"三文鱼"作为商品标签，缺乏具体物种信息。基于基因条形码技术对鲑科鱼商品的 COI 基因和 16S rRNA 基因鉴定结果表明，针对由单一物种组成的鲑科鱼样品，通过建立的基因条形码方法可准确将其鉴定至种属，效率高，特异性强，可用于市售鲑冰鲜及加工制品的物种鉴定。

2.3.5 小结

针对单一物种组成的样品，建立了以 *COI* 为靶标，以 *16S rRNA* 为辅助靶标的基因条形码技术，并将该技术用于 17 份市售鲑科鱼食品的物种鉴别。研究结果表明，该技术可成功将鲑科鱼类区分至种属，具有足够的灵敏度和准确性供监管机构用于监测世界各地鲑科鱼产品标识正确与否，同时为加强我国对市售"三文鱼"的市场监管提供技术支撑，以提高商品标签的规范化程度。

2.4 基于高通量测序的食品中动物源性物种成分鉴别研究

高通量测序技术的出现为生命科学研究提供了全新的高效平台和巨大推动力。采用高通量测序技术，可以非特异性地将所有主要物种及杂质物种都检测出来。因其革命性的技术进步，高通量测序技术革新了以基因为研究对象的分子生物学及相关学科研究，策略上实现了高通量、快速、准确地鉴定样品中所有物种成分的目的。本研究建立了一套基于高通量测序技术的 DNA 宏条形码技术对食品中的动物源性物种成分进行鉴别的技术体系，可以为不同加工类型的动物源性食品的真伪鉴别、种类鉴定、品质评价、溯源检测等提供理论依据和技术支撑，并为以后类似的工作树立可参考的规范准则。

2.4.1 材料来源

猪肉和鸡肉标准样品均为实验室留存样品。市售畜禽类食品包括：鲜肉、肉片、肉干、肉酱、卤肉、肉松、肉串、肉馅、肉罐头、肉丸、宠物食品等。

2.4.2 主要设备

Miseq 高通量测序仪（美国因美纳公司）。其他同 2.2.2 节。

2.4.3 实验方法

（1）DNA 提取和 PCR 扩增

提取样品 DNA。针对肉类物种鉴别筛选的扩增子为 *16S rRNA*（Sarri et al.，2014），引物为 16SF：5'-AYAAGACGAGAAGACCC-3'；16SR：5'- GATTGCGCTGTTATTCC-3'。PCR 扩增同 2.2.3 节。退火温度 58℃。

（2）PCR 产物纯化

用胶回收纯化试剂盒进行 PCR 产物纯化。用 2100 毛细管电泳生物分析仪进行分析纯化后的 DNA 长度和质量。采用 Qubit® 3.0 荧光定量仪测定 PCR 纯化产物的浓度。

（3）高通量测序文库制备

对于标准添加的畜禽类混合样品，共构建了 6 个测序文库（表 2-8）。对于多物种按照不同比例混合的样品，共构建了 5 个测序文库（表 2-9）。对于加工肉制品，共构建了 27 个测序文库（表 2-10）。PCR 产物的 DNA 末端修复、DNA 片段选择、3′端加 A 尾、加接头桥式扩增和纯化。利用生物分析 2100 毛细管电泳仪和 Qubit® 3.0 进行测序文库的质量检验。

表 2-8　畜禽肉混合样品测序文库构建信息

样品编号	原料	物种组成
S1-1	肉	50%猪肉+50%鸡肉
S1-2	肉	50%猪肉+50%鸡肉
S2-1	肉	90%猪肉+10%鸡肉
S2-2	肉	90%猪肉+10%鸡肉
S3-1	DNA	90%猪 DNA+10%鸡 DNA
S3-2	DNA	90%猪 DNA+10%鸡 DNA

表 2-9　鱼和畜禽肉多物种混合样品测序文库构建信息

样品编号	原料	物种组成
H1	肉	20%鸭肉+20%大麻哈鱼+59%大西洋鲑+1%鸡肉
H2	肉	20%鸭肉+20%大麻哈鱼+50%大西洋鲑+10%鸡肉
H3	肉	20%鸭肉+20%大麻哈鱼+30%大西洋鲑+30%鸡肉
H4	肉	20%鸭肉+20%大麻哈鱼+60%鸡肉
H5	肉	12.5%鸭肉+12.5%大麻哈鱼+12.5%大西洋鲑+12.5%鸡肉+12.5%虹鳟+12.5%猪肉+12.5%粉鲑+12.5%罗非鱼

表 2-10　市售样品测序文库构建信息

样品编号	原料	物种组成
M1	牛肉馅	安格斯牛
M2	羊肉卷	羊
M3	羊肉	羊
M4	烤骆驼肉	骆驼
M5	熏马肉	马
M6	孜然羊肉粒	羊
M7	酱羊蹄	羊
M8	羊肉串	羊
M9	水饺	牛
M10	羊肉片	羊
M11	羔羊肉串	羊
M12	羊肉片	羊
M13	羊肉肠	羊
M14	羔羊腿肉片	羊

续表

样品编号	原料	物种组成
M15	羊肉串	羊
M16	羊肉串	羊
P1	鹅肝切片	鹅
P2	鸡肉松	鸡
P3	午餐肉罐头	鸡
P4	冷切肠	鸡
Mix1	狗指挥棒	鸭、鸡、牛、羊、鹿
Mix2	牛肉午餐肉罐头	牛、鸡
Mix3	香肠	牛、鸡
Mix4	跃华真牛王肠	牛、鸡
Mix5	香辣肠	牛、鸡
Mix6	烤肉王肠	牛、鸡
Mix7	羊肉馄饨	羊、牛

（4）高通量测序及数据分析

采用高通量测序仪进行高通量测序。测序平台产出的原始测序数据是 fastq 格式，存在一定的干扰数据。为使生物信息分析的结果更加准确、可信，首先采用 FLASH 软件对序列文件进行拼接、采用 QIIME 软件进行数据过滤，然后采用 UCHIME 算法软件进行嵌合的去除，得到有效数据（effective tags）。而后基于有效数据进行分类单元（operational taxonomic unit，OTU）聚类和物种分类分析。物种注释所用的数据库包括两个：①数据库 A 只包含 Sanger 测序所得的猪和鸡的 *16S rRNA* 序列；②数据库 B 下载自 NCBI 核酸数据库（www.ncbi.nlm.nih.gov）。采用 QIIME 软件，针对标准样品（S1-1、S1-2、S2-1、S2-2、S3-1 和 S3-2）利用数据库 A 以 100% 的相似度阈值，利用数据库 B 以 97% 的相似度阈值将序列聚类成为可操作分类单元。针对 27 种市售畜禽类样品和 11 种市售鱼类样品，在现有比对数据库的基础上，根据经验，以 97% 的相似度阈值将序列聚类成为可操作分类单元，然后对可操作分类单元的代表序列进行物种注释。

2.4.4 结果与分析

（1）高通量测序数据处理

以猪（*Sus scrofa*）和鸡（*Gallus gallus*）的肌肉组织及其 DNA 的混合物作为标准样品进行分析。通过 Sanger 测序技术验证猪（*Sus scrofa*）和鸡（*Gallus gallus*）的 *16S rRNA* 的扩增片段，然后将其作为参考序列用以构建本地数据库 A。

（2）基于高通量测序的标准混合样品物种鉴别

根据可操作分类单元分析结果和物种注释结果，生成物种相对丰度柱形累加图。图 2-4 展示了注释到不同物种的 *16S rRNA* 序列片段的相对丰度。可以看出，利用两个不同的数据库进行分析得出的结果基本相似。通过对标准添加的畜禽类样品的分析，可以总结为三点：①利用本地数据库 A 和公共数据库 B 进行分析得到的结果基本一致；②利用宏条形码技术对已知含量的畜禽类样品进行分析，可以对物种组成进行定性，但是无法对不同物种所占的比例进行定量，不过可以对含量的高低给出一定的参考；③混合已知比例的基因相比混合原料肉得到的测序结果中显示的不同物种的相对丰度更接近初始添加比例，这是不同原料的基因提取效率不同导致的。

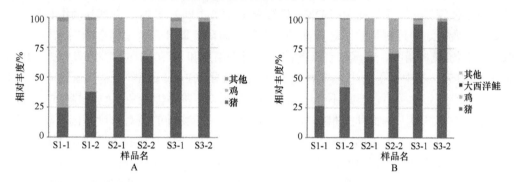

图 2-4　标准混合样品在种水平上的物种相对丰度柱形图（彩图请扫封底二维码）
A. 数据库 A，以 100%的一致性将序列聚类成为可操作分类单元；B. 数据库 B，以 97%的一致性将序列聚类成为可操作分类单元

为了验证基于高通量测序的宏条形码技术在混合食品的物种成分鉴定中的准确性、灵敏度和通量，将不同种类的畜禽和鱼类样品按照不同的比例进行混合。图 2-5 展示了不同物种的 *16S rRNA* 序列片段的相对丰度。可以看出，样品中添加的所有物种均可检出，对于样品中不存在的物种，其扩增得到的 *16S rRNA* 序列的相对丰度均在 1.5%以下。

H1～H4 号样品中均包含 4 种不同动物物种，其中绿头鸭与大麻哈鱼以等比例混合，但绿头鸭的相对丰度均在 70%之间浮动，大麻哈鱼相对丰度在 10%之间浮动，表明绿头鸭的基因提取效率和/或对 *16S rRNA* 引物对的扩增效率远高于大麻哈鱼。在方法检测限方面，H1 样品中原鸡的质量添加比例为 1%，经高通量测序分析均检测到原鸡序列，相对物种丰度为 3%，远高于其他阴性检出样品。证明该方法对质量比例低至 1%的动物物种仍能进行定性分析。

H5 样品中包含 8 种不同种类的动物物种，高通量测序结果显示 8 种物种扩增得到的 *16S rRNA* 相对丰度均在 1.5%以上，高于其他阴性检出样品。证明当混合样品中包含多达 8 种动物物种时，此方法仍然可以在种水平上鉴定出所有的动物物种（图 2-5）。

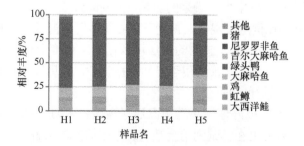

图 2-5　多物种标准混合样品在种水平上的物种相对丰度柱形图（彩图请扫封底二维码）

通过对多物种成分混合的畜禽鱼类样品的分析发现，利用宏条形码技术对已知含量的混合动物样品进行分析，可以对物种组成进行定性，但是无法对不同物种所占的比例进行定量。这是因为在应用此技术的过程中，由于 PCR 偏差、基因的多拷贝性及实验流程的不同等原因造成测得序列的数量与实际样品中物种数量的相关性不强，因此难以利用该技术对样品中的物种成分进行定量分析。目前的研究普遍认为定量困难主要是 PCR 过程中引物和模板错配及纯粹的随机效应而造成的。在利用宏条形码技术时，需要设计特异性探针，然后与基因组 DNA 进行杂交，经过 PCR 扩增后得到基因组目标区域的基因片段。这个过程导致了该方法的一个较大缺陷，即 PCR 过程会产生偏差。PCR 偏差与引物-模板错配、寡聚核苷酸的浓度、退火温度和 PCR 循环数等因素有关（Piñol et al.，2015）。其中，引物-模板错配起最主要的作用（Piñol et al.，2015）。这与通用引物的选择有一定的关系，但是不管选择何种通用引物，都不能避免引物与模板的错配发生，最终都会导致一些物种的相对丰度增加，另外一些物种的相对丰度降低，甚至还会出现目标片段得不到扩增的现象。就算是某种通用引物能够将所有的物种都扩增出来，但是由于不同物种间出现错配的情况不可能完全相同，所以也不能解决扩增效率不一致的问题。这也提示我们，在接下来的研究工作中，应该寻找通用性和特异性较强的基因片段作为标准基因条形码。同时，为了减少由于条形码选择不当而带来的误差，多个条形码的联合使用是非常有必要的。大量的研究结果表明，使用多个条形码可以更全面地鉴定到样本中所包含的物种，更准确地区分不同物种（宋飚，2015；Bertolini et al.，2015；Carew et al.，2013）。尤其当样本中包含的物种类型十分广泛时，如同时包含动物、植物、真菌等，由于每个条形码能够鉴定到的物种类群不同，联合使用多个条形码有助于更好地达到研究目的。

之前针对宏条形码技术实验过程中出现的偏差因素进行改善的措施主要集中在改变单个物种产生的偏差，或者是改善实验步骤方面（Lundberg et al.，2013）。最近也有一些针对偏差修正的研究开始考虑到不同物种间模板基因的拷贝数或者基因的浓度不同可能造成一些物种过量扩增，而另外一些物种扩增量较低的现象（Angly et al.，2014；Kembel et al.，2012）。通过修正拷贝数和优化实验方法可以在一定程度上提高宏条形码技术对物种定量的能力。此外，还可以通过设置对照组来修正单个样品在实验过程中产生的偏差（Thomas et al.，2014）。通过设置对照样品，就有可能修正基因拷贝数、基因提取、PCR 扩增、基因测序和生物信息学分析等过程造成的偏差。但是，除此之外还存在其他的技术因素阻碍了研究人员利用测定序列数的比例来判断样品中各物种的量或者比例。为了控制实验过程中偏差带来的影响，Thomas 等（2015）通过将目标物种和对照物种按照 50/50 的比例进行混合，得到可以修正多种来源偏差的修正因子。这种通过计算修正因子来降低实验偏差影响的方法可以在一定程度上评估和修正宏条形码研究中出现的偏差。但是，此方法仅适用于已知目标物种，且目标物种种类有限的情况下对混合物中的物种成分进行定量。

鉴于以上方法都不能很好地解决利用高通量测序技术对食品中的物种成分进行定量分析的问题，一些研究也在尝试利用全基因组测序的方法来解决这一难题。2014 年，Ripp 等利用 Illumina 公司的 HiSeq 2000 测序平台对包含哺乳动物（猪、牛、马、羊）

和禽类（鸡、火鸡）动物源性食品的肉肠进行了全基因组深度测序，随后对测定的序列进行生物信息学分析。其所建立的方法一方面可以从复杂的物种中准确地鉴别出特定物种，另一方面也可以实现对复杂食品中的主要成分和未知成分进行定量分析。但是，这项研究仅仅实现了对已知物种成分的定量分析，所建立的参考数据库也仅包含少数几种物种。而且到目前为止，全基因组测序的成本仍然很高，且参考基因组的数量有限。因此，如果想要对复杂食品中的所有未知物种成分进行全基因组测序，不管是从成本还是数据分析方面来说，都有很大的挑战。

虽然基于高通量测序的宏条形码技术在食品物种鉴定的实际应用中还需要不断改进，但其仍然具有快速、经济、准确等特点。随着测序读长的增加，理论与技术的不断完善，宏条形码技术的应用将使复杂食品的物种鉴定研究变得更加快速简便。尤其是在过去的十年中，技术的不断发展已经大大降低了测序的成本，显著增加了测序的通量，而且全（半）自动的生物信息学分析软件也已开发出来。所有这些技术进步都预示着高通量测序技术的成本在未来会不断降低至可接受水平。

（3）高通量测序技术在食品中动物源性物种鉴别中的应用

所分析的 27 种市售畜禽类样品中所包含的动物物种在本实验中均得到有效鉴定。根据前面针对标准样品的分析结果，当以数据库 B 作为数据库对样品中的物种成分进行分析时，发现存在相对丰度为 0.5%～0.75% 的 *16S rRNA* 序列注释为大西洋鲑（*Salmo salar*），而大西洋鲑本不应该出现在所测样品中。根据可操作分类单元分析结果和物种注释结果，选取每种畜禽类食品样品在种水平（species）上最大丰度排名前 10 的动物物种，生成物种相对丰度柱形累加图，以便直观查看相对丰度较高的动物物种及其所占比例（图 2-6）。由于不同动物源性食品的加工工艺不同、原料不同，从样品中提取的基因质量和浓度也有很大差别。此外，考虑到 PCR 扩增的偏好性，不同物种的相对丰度很难作为定量的标准，即不能根据相对丰度对其中的物种成分进行绝对定量，但丰度和主要物种成分含量依然能够体现出正比关系，可在一定程度上表征该样品的真实性。所测的 27 种市售畜禽类食品中，按照标签所示物种名称与高通量测序结果得到的物种之间的关系，可以分为 4 类。

1）27 种市售畜禽类食品中，共有 9 个（33%）样品测序得到的物种信息与标签所示相符（图 2-6，M3、M8、M9、M10、M11、M12、P1、P4、Mix7）。这 9 个畜禽类食品中，除了样品 Mix7（羊肉馄饨）标签中标注的物种包括羊和牛两个物种外，其他 8 个样品均只包含单一的动物物种，高通量测序分析结果得到的物种信息与标签信息相符。例如，样品 M3（羊肉）标签中标注的动物物种仅为羊，高通量测序分析结果显示该样品中仅检测到 *Ovis aries* 这一物种，与标签相符。

2）有 10 个（37%）样品的标签中仅列出一种动物物种，但是测序得到的物种数量大于 1，测序分析结果得到的物种信息与标签不符（图 2-6，M1、M2、M5、M6、M7、M14、M15、M16、P2、P3）。例如，样品 M1（牛肉馅）标签中列出的动物物种为牛，但是高通量测序的序列信息显示该样品中存在 4 种动物物种的 *16S rRNA* 序列：牛（*Bos taurus*）、鸡（*Gallus gallus*）、野牦牛（*Bos mutus*）和羊（*Ovis aries*）。牛（*Bos taurus*）

16S rRNA 扩增序列的相对丰度在所有物种中最大（76.93%），因此牛是该样品中的优势物种。样品 P3 品名为午餐肉罐头，标签中标识的物种信息为鸡，但是检测结果显示该样品中包含多个物种，并且标签所示物种并非样品中的优势物种。通过对该样品扩增得到的 *16S rRNA* 序列的分析，发现该样品中存在 3 种动物物种：金枪鱼（*Thunnus tonggol*）（44.75%）、鸡（*Gallus gallus*）（14.87%）、羊（*Ovis arieso*）（14.05%）。

3）有 6 个（22%）样品（图 2-8，Mix1、Mix2、Mix3、Mix4、Mix5、Mix6）标签中标示包含多个动物物种，但是检测结果与标签标识并不一致。例如，样品 Mix1 为宠物食品狗指挥棒，标签中标识的动物物种为鸭、鸡、牛、羊、鹿。高通量测序分析结果显示该样品中有 97.52% 的 *16S rRNA* 序列注释为鸡（*Gallus gallus*），1.52% 的 *16S rRNA* 序列注释为牛（*Bos taurus*）。

4）有 2 个（7%）样品（图 2-6，M4、M13）检测到的物种信息与标签标识完全不一致。对样品 M4（烤骆驼肉）的检测结果发现该样品中有 90.35% 的物种序列注释为牛（*Bos taurus*），9.29% 的物种序列注释为羊（*Ovis aries*），而没有检测到标签标示的骆驼成分。样品 M13 为羊肉肠，标签标识的物种为羊，但是检测结果发现该样品中的优势物种为猪（*Sus scrofa*），其 *16S rRNA* 扩增序列的相对丰度为 99.5%。这些结果表明这类样品中存在以低值物种替换高值物种的嫌疑，存在明显的标签造假现象。

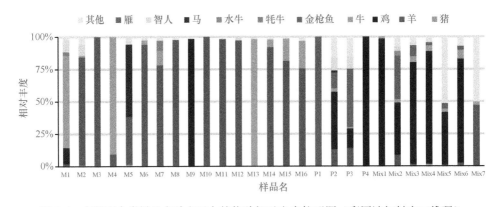

图 2-6　市售畜禽类样品在种水平上的物种相对丰度柱形图（彩图请扫封底二维码）

每个柱子代表不同的样品，不同的图案代表不同的物种，"其他"代表除了相对丰度排名前 10 位的物种以外的其他物种

总体来说，在所检测的 27 个市售畜禽动物源性食品中，我们发现有 9 个（33%）样品是正确标识的，16 个（59%）样品标签错误有产品欺诈的嫌疑，2 个（7%）样品物种信息完全不符。进一步分析发现，标签正确的 9 个样品全部都是新鲜或者冷冻食品。相反，绝大多数标签错误的样品都是深加工食品。因此，食品类型可能是掺假率不同的原因之一。

2.4.5　小结

基于高通量测序技术，以 *16S rRNA* 作为分子标记，建立了适用于动物源性食品中物种成分鉴定的技术。在此基础上，进行了实际样品的分析。研究结果初步证实了高通量测序技术在动物源性食品的物种组成分析方面具有明显的优势。它可以同时非定向地鉴别动物源性食品中所有的主要物种和杂质物种，在动物源性食品物种鉴定方面具有巨大的发展潜力，可用于动物源性食品原材料来源真实性保障及生产过程和最终产品的污染控制指导。从本次对市售动物源性食品的调查结果推断，动物源性食品中广泛存在有意或无意掺假、物种名称混乱、无商品标签、生产污染等现象。这不仅侵害了消费者的利益，也违反水产业公平贸易。因此，从法律规范上，我国应尽快出台动物源性食品规范化标识相关制度；从技术上，应加快建立多种方法相结合的动物源性食品真伪鉴别体系，将有助于更全面地评价动物源性食品的质量。

2.5　基于基因条形码技术的食用香辛料物种鉴别研究

作为调味料的重要组成部分，食用香辛料品种多样并多有混杂，其掺假造假问题不容忽视，近年时有爆出如用假八角茴香（红茴香、地枫皮和大八角等）冒充真八角茴香（Galvin-King et al.，2018），在花椒面和辣椒粉中掺入麦麸皮、玉米面等。长期以来，我国既是香辛料消费大国，又是香辛料出口大国，年进出口总量超 200 万 t。尤其是近年来，随着火锅产业的发展，食用香辛料的种类和数量也不断增加。但是由于我国目前对食用香辛料还没有统一的产品质量标准，这就给食用香辛料的掺假行为创造了机会。由于不同的食用香辛料具有不同的经济价值，因此其价格也存在较大差异。在经济利益的驱动下，一些不法商人利用价廉的材料全部或部分替代高值的食用香辛料产品，以达到以假乱真的目的，使得市场上食用香辛料的掺假造假现象十分严重。为了规范市售食用香辛料的商品情况，合理制定食用香辛料的质量标准，迫切需要一种准确快速的食用香辛料表征识别方法。

2.5.1　材料来源

香辛料均为道地药材，所有样品经过形态学鉴定。

2.5.2　主要设备

同 2.2.2 节。

2.5.3　实验方法

1）PCR 扩增

选用 *ITS2* 基因和 *psbA-trnH* 基因片段作为食用香辛料物种鉴定的通用基因条形码（表 2-11）。利用通用引物进行 PCR 扩增。扩增方法同 2.2.3 节。

2）Sanger 测序及数据处理

使用 ABI 3500 测序仪进行双向测序。测序及数据处理步骤同 2.2.3 节。

表 2-11 食用香辛料样品检测的引物

扩增区域	引物名称	引物序列 5'→3'	参考文献
ITS2	S2F	ATGCGATACTTGGTGTGAAT	Sarri et al.，2014
	S2R	GACGCTTCTCCAGACTACAAT	
psbA-trnH	psbA F	GTTATGCATGAACGTAATGCTC	Sang et al.，1997
	trnH R	CGCGCATGGTGGATTCACAATCC	

2.5.4 结果与分析

（1）食用香辛料 *ITS2* 和 *psbA-trnH* 基因片段扩增结果分析

PCR 扩增效率和测序成功率是评价基因条形码的重要指标之一（王柯等，2011）。以 TIAGEN 植物基因组 DNA 提取试剂盒所提的食用香辛料基因为模板，对其 *ITS2* 和 *psbA-trnH* 基因片段进行 PCR 扩增，并采用凝胶电泳对序列进行检验。电泳结果表明，在选用的 2 个基因条形码中，*ITS2* 的扩增成功率为 78.9%（15/19）、测序成功率为 100%（15/15），*psbA-trnH* 的扩增成功率为 89.5%（17/19），测序成功率为 100%（17/17）。其中，草果（*Amomum tsao-ko*）和丁香（*Syzygium aromaticum*）未能扩增出 *psbA-trnH* 目的条带，但能扩增出长度约为 500bp 的 *ITS2* 条带。而高良姜（*Alpinia galanga*）、肉桂（*Cinnamomum cassia*）、肉豆蔻（*Myristica fragrans*）和八角（*Illicium verum*）未能扩增出 *ITS2* 条带，但可以扩增出 *psbA-trnH* 目的片段（图 2-7）。因此，结合两个基因条形码可将 19 种食用香辛料基因成功扩增及测序。

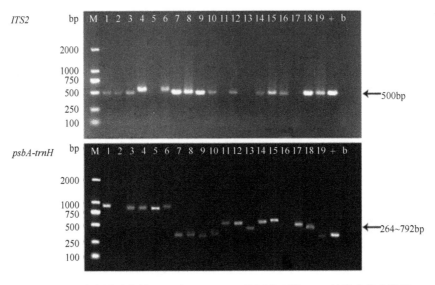

图 2-7 19 种食用香辛料 *ITS2* 和 *psbA-trnH* 基因序列的 PCR 扩增产物电泳图

M. DL 2000 Marker；+. 阳性对照；b. 空白对照；1. 砂仁；2. 草果；3. 白豆蔻；4. 干姜；5. 高良姜；6. 山柰；7. 孜然；8. 小茴香；9. 芫荽子；10. 白芷；11. 肉桂；12. 月桂叶；13. 肉豆蔻；14. 青花椒；15. 陈皮；16. 丁香；17. 八角；18. 甘草；19.胡椒

（2）*ITS2* 和 *psbA-trnH* 基因对食用香辛料的物种鉴别能力分析

基于基因条形码技术，以 *ITS2* 和 *psbA-trnH* 基因分别作为靶基因，通过序列比对得到食用香辛料的物种信息，评价 *ITS2* 和 *psbA-trnH* 基因对食用香辛料的物种鉴别能力。食用香辛料大多数可以作为中草药使用，因此结合 GenBank 数据库和中草药基因条形码鉴定系统确定食用香辛料的物种来源，使鉴定结果更加可靠。

比对结果显示（表 2-12），根据 *ITS2* 基因序列，可鉴定出 14 种食用香辛料的物种来源。除干姜（*Zingiber officinale*）外，剩余 13 种食用香辛料在 GenBank 数据库和中草药基因条形码鉴定系统中的物种相似度均＞99%，且与形态学鉴定结果一致。白豆蔻（*Amomum kravanh*）和爪哇白豆蔻（*A. compactum*）的 *ITS2* 基因序列相似度高，利用 *ITS2* 基因序列不能将两者区分开。另外，基于 *ITS2* 基因序列，在 GenBank 数据库和中草药基因条形码鉴定系统中无法确定月桂叶的物种来源，而利用 *psbA-trnH* 基因则可以准确鉴定，这与数据库中缺乏月桂叶的 *ITS2* 基因参考序列有关。根据 *psbA-trnH* 基因序列，

表 2-12 19 种食用香辛料的基因条形码技术物种鉴定结果

物种名称	拉丁名	*ITS2* 基因		*psbA-trnH* 基因	
		GenBank 数据库（序列相似度）	中药材基因条形码鉴定系统（序列相似度）	GenBank 数据库（序列相似度）	中药材基因条形码鉴定系统（序列相似度）
砂仁	*Amomum villosum*	*A. villosum*（100%）	*A. villosum*（100%）	N	N
草果	*Amomum tsao-ko*	*A. tsao-ko*（100%）	*A. tsao-ko*（100%）	—	—
白豆蔻	*Amomum kravanh*	*A. compactum*（100%） *A. kravanh*（99.2%）	*A. compactum*（100%） *A. kravanh*（99%）	*A. compactum*（99.86%） *A. kravanh*（99.49%）	*A. compactum*（99.9%）
干姜	*Zingiber officinale*	*Z. officinale*（99.25%）	*Z. officinale*（98.5%）	*Z. officinale*（100%）	*Z. officinale*（100%）
高良姜	*Alpinia galanga*	—	—	*A. galanga*（99.84%）	*A. galanga*（99.7%）
山奈	*Kaempferia galanga*	*K. galanga*（100%）	*K. galanga*（100%）	*K. galanga*（99.33%）	*K. galanga*（99.3%）
孜然	*Cuminum cyminum*	*C. cyminum*（100%）	*C. cyminum*（99.6%）	*C. cyminum*（100%）	N
小茴香	*Foeniculum vulgare*	*F. vulgare*（100%）	*F. vulgare*（100%）	*F. vulgare*（99.57%）	*F. vulgare*（100%）
芫荽子	*Coriandrum sativum*	*C. sativum*（100%）	*C. sativum*（100%）	*C. sativum*（99.35%）	N
白芷	*Angelica dahurica*	*A. dahurica*（100%）	*A. dahurica*（100%）	*A. anomala*（100%） *A. dahurica*（98.8%）	*A. dahurica*（100%）
肉桂	*Cinnamomum cassia*	—	—	*C. cassia*（100%）	*C. cassia*（100%）
月桂叶	*Laurus nobilis*	N	N	*L. nobilis*（98.89%）	*L. nobilis*（99.2%）
肉豆蔻	*Myristica fragrans*	—	—	*M. fragrans*（99.11%）	*M. fragrans*（100%）
青花椒	*Zanthoxylum schinifolium*	*Z. schinifolium*（100%）	*Z. schinifolium*（100%）	*Z. schinifolium*（100%）	—
陈皮	*Citrus reticulata*	*C. reticulata*（100%）	*C. reticulata*（100%）	*C. reticulata*（99.37%） *C. aurantium*（99.56%）	*C. reticulata*（99.8%） *C. aurantium*（99.3%）
丁香	*Syzygium aromaticum*	*S. aromaticum*（100%）	*S. aromaticum*（100%）	—	—
八角	*Illicinm verum*	—	—	*I. verum*（99.51%）	*I. verum*（99.7%）
甘草	*Glycyrrhiza uralensis*	*G. uralensis*（100%）	*G. uralensis*（100%）	*G. glabra*（100%） *G. inflata*（99.77%） *G. uralensis*（99.77%）	*G. pallidiflora*（100%） *G. uralensis*（100%）
胡椒	*Piper nigrum*	*P. nigrum*（99.24%）	*P. nigrum*（99.3%）	*P. nigrum*（100%）	*P. nigrum*（100%）

注："—"代表未扩增出相应条带；"N"代表在该数据库中无匹配物种

共确定 16 种食用香辛料的物种来源，其中利用中草药基因条形码鉴定系统仅鉴定出 13 种，这与该数据库参考序列不全有关。陈皮（*Citrus reticulata*）的扩增片段序列与柑橘（*C. reticulata*）和酸橙（*Citrus urantium*）的序列相似度分别为 99.37%和 99.56%，因此利用 *psbA-trnH* 基因片段无法将两者区分开。另外，在 GenBank 数据库中，甘草（*Glycyrrhiza uralensis*）的扩增片段序列与洋甘草（*Glycyrrhiza glabra*）、胀果甘草（*Glycyrrhiza inflata*）、甘草（*G. uralensis*）的序列相似度分别为 100%、99.77%、99.77%，而在中草药基因条形码系统中与刺果甘草（*Glycyrrhiza pallidiflora*）和甘草（*G. uralensis*）的相似度均为 100%。

总体上，利用 *ITS2* 基因序列，白豆蔻（*A. kravanh*）、高良姜（*A. galanga*）、肉桂（*C. cassia*）、月桂叶（*L. nobilis*）、肉豆蔻（*M. fragrans*）和八角（*I. verum*）不能被准确鉴定，但基于 *psbA-trnH* 序列则能将它们成功鉴别。而利用 *ITS2* 基因片段，砂仁（*Amomum villosum*）、草果（*A. tsao-ko*）和丁香（*S. aromaticum*）的物种来源可被准确确定，而利用 *psbA-trnH* 基因序列则不可确定。综上，利用基因条形码技术，将 *ITS2* 和 *psbA-trnH* 基因作为靶基因，并结合 GenBank 数据库和中草药基因条形码鉴定系统可准确鉴定 19 种食用香辛料的物种来源。

（3）系统发育树分析

基于 K-2-P 模型分别得到 19 种香辛料 *ITS2* 和 *psbA-trnH* 序列的 NJ 系统发育树（图 2-8），其中隐去自展值低于 50%的支。由于孜然（*C. cyminum*）、小茴香（*F. vulgare*）

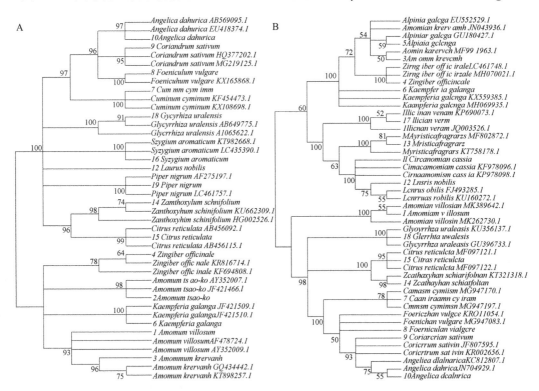

图 2-8 基于 *ITS2* 和 *psbA-trnH* 基因构建的食用香辛料物种 NJ 系统发育树

A. 基于 *ITS2* 基因构建的食用香辛料物种 NJ 系统发育树；B. 基于 *psbA-trnH* 基因构建的食用香辛料物种 NJ 系统发育树

和芫荽子（*C. sativum*）的 *psbA-trnH* 基因序列与其余食用香辛料序列差异较大，因此在构建 NJ 系统发育树时将其舍去。两个靶基因的系统发育树均显示基于 *ITS2* 和 *psbA-trnH* 序列构建的系统发育树均可分为两大支。*ITS2* 序列系统发育树中，孜然（*C. cyminum*）、小茴香（*F. vulgare*）、芫荽子（*C. sativum*）、白芷（*A. dahurica*）、月桂叶（*L. nobilis*）、青花椒（*Z. schinifolium*）、陈皮（*C. reticulata*）、丁香（*S. aromaticum*）、甘草（*G. uralensis*）和胡椒（*P. nigrum*）聚为一支，其余 5 种聚为一支。在 *psbA-trnH* 序列的 N-J 系统发育树中，砂仁（*A.villosum*）、孜然（*C. cyminum*）、小茴香（*F. vulgare*）、芫荽子（*C. sativum*）、白芷（*A. dahurica*）、青花椒（*Z. schinifolium*）、陈皮（*C. reticulata*）和甘草（*G. uralensis*）聚为一支，其余 8 种聚为一支。两个靶基因的系统发育树中，孜然（*C. cyminum*）、小茴香（*F. vulgare*）、芫荽子（*C. sativum*）、白芷（*A. dahurica*）、青花椒（*Z. schinifolium*）和陈皮（*C. reticulata*）均在同一支中，验证了基因条形码鉴定结果的准确性。

2.5.5　小结

通过基因的完整性、基因纯度和 PCR 扩增成功率，比较了 4 种商业基因提取试剂盒、改良 CTAB 法和 SDS-CTAB 法用于食用香辛料的基因提取。TIAGEN 植物基因组 DNA 提取试剂盒法去除次生代谢物和 PCR 抑制剂的能力最强，且所得基因的 PCR 扩增成功率高，适合含多糖、多酚及其他次生代谢物含量较高的食用香辛料基因提取。另外，针对常见的 19 种食用香辛料，选择 *ITS2* 和 *psbA-trnH* 基因作为靶基因，建立了基于基因条形码技术的食用香辛料物种鉴别体系，可以为市场上食用香辛料的物种鉴别提供技术支撑。

2.6　基于基因条形码技术的有毒鹅膏菌物种鉴别研究

鹅膏菌属（*Amanita*）隶属于真菌界（Fungi）担子菌亚门（Basidiomycotina）层菌纲（Hymenomycetes）伞菌目（Agaricales）鹅膏菌科（Amanitaceae），是大型真菌中分布较广的大属，物种丰富多样。全世界报道且被验证的鹅膏菌有近 500 种，其中我国报道了 130 多种（亚种、变种及变型）（戴玉成等，2010），在这些鹅膏菌中，既有可食用的鹅膏菌，也有含鹅膏肽类毒素的鹅膏菌。有毒鹅膏菌多分布于林地边缘或林中透光多的地方，在灌木丛或者树木茂密的地方则分布较少，在我国主要分布于亚热带地区，如致命鹅膏（*Amanita exitialis*）、黄盖鹅膏（*Amanita subjunquillea*）、拟灰花纹鹅膏（*Amanita fuligineoides*）、假淡红鹅膏（*Amanita subpallidorosea*）主要分布于广州、湖南、云南、山东等地；少数局限于我国温带或热带，如海南的灰盖粉褶鹅膏（*Amanita griseorosea*）等。部分有毒鹅膏菌因形态与可食用野生菌相似，且生长环境相似，常常会发生误采误食的情况，是我国危害最为严重的毒蘑菇之一。为解决长久存储及加工食用所导致的样品基因组 DNA 发生的降解及质量低等问题，本研究对常见的、易误食的有毒鹅膏菌属，开发基于基因条形码的有毒鹅膏菌属精准鉴别技术。

2.6.1 材料来源

鹅膏菌属蘑菇样本名称见表 2-13。其中，假淡红鹅膏由中国疾病预防控制中心赵云峰老师提供，其余鹅膏菌样品由湖南师范大学陈作红教授提供并作形态学鉴定，所有鹅膏菌均为子实体。

表 2-13 收集的鹅膏菌属样品信息

序号	分类地位	样品编号	物种名称	拉丁名	是否有毒
1	伞菌目鹅膏菌科鹅膏菌属	CAIQ12001	杵柄鹅膏	*Amanita sinocitrina*	是
2	伞菌目鹅膏菌科鹅膏菌属	CAIQ12002	小毒蝇鹅膏	*Amanita melleiceps*	是
3	伞菌目鹅膏菌科鹅膏菌属	CAIQ12003	红托鹅膏	*Amanita rubrovolvata*	是
4	伞菌目鹅膏菌科鹅膏菌属	CAIQ12004	草鸡枞	*Amanita caojizong*	否
5	伞菌目鹅膏菌科鹅膏菌属	CAIQ12005	草鸡枞	*Amanita caojizong*	否
6	伞菌目鹅膏菌科鹅膏菌属	CAIQ12006	草鸡枞	*Amanita caojizong*	否
7	伞菌目鹅膏菌科鹅膏菌属	CAIQ12007	异味鹅膏	*Amanita kotohiraensis*	是
8	伞菌目鹅膏菌科鹅膏菌属	CAIQ12008	欧氏鹅膏	*Amanita oberwinklerana*	是
9	伞菌目鹅膏菌科鹅膏菌属	CAIQ12009	欧氏鹅膏	*Amanita oberwinklerana*	是
10	伞菌目鹅膏菌科鹅膏菌属	CAIQ12010	灰花纹鹅膏	*Amanita fuliginea*	是
11	伞菌目鹅膏菌科鹅膏菌属	CAIQ12011	灰花纹鹅膏	*Amanita fuliginea*	是
12	伞菌目鹅膏菌科鹅膏菌属	CAIQ12012	灰花纹鹅膏	*Amanita fuliginea*	是
13	伞菌目鹅膏菌科鹅膏菌属	CAIQ12013	球基鹅膏	*Amanita subglobosa*	是
14	伞菌目鹅膏菌科鹅膏菌属	CAIQ12014	假黄盖鹅膏	*Amanita pseudogemmata*	是
15	伞菌目鹅膏菌科鹅膏菌属	CAIQ12015	锥鳞白鹅膏	*Amanita virgineoides*	是
16	伞菌目鹅膏菌科鹅膏菌属	CAIQ12016	锥鳞白鹅膏	*Amanita virgineoides*	是
17	伞菌目鹅膏菌科鹅膏菌属	CAIQ12017	拟卵盖鹅膏	*Amanita neoovoidea*	是
18	伞菌目鹅膏菌科鹅膏菌属	CAIQ12018	鹅膏一种	*Amanita* sp.	是
19	伞菌目鹅膏菌科鹅膏菌属	CAIQ12019	致命鹅膏	*Amanita exitialis*	是
20	伞菌目鹅膏菌科鹅膏菌属	CAIQ12020	土红鹅膏	*Amanita rufoferruginea*	是
21	伞菌目鹅膏菌科鹅膏菌属	CAIQ12021	刻鳞鹅膏	*Amanita sculpta*	是
22	伞菌目鹅膏菌科鹅膏菌属	CAIQ12022	裂皮鹅膏	*Amanita rimosa*	是
23	伞菌目鹅膏菌科鹅膏菌属	CAIQ12023	裂皮鹅膏	*Amanita rimosa*	是
24	伞菌目鹅膏菌科鹅膏菌属	CAIQ12024	东方褐盖鹅膏	*Amanita orientifulva*	是
25	伞菌目鹅膏菌科鹅膏菌属	CAIQ12025	黄柄鹅膏	*Amanita flavipes*	是
26	伞菌目鹅膏菌科鹅膏菌属	CAIQ12026	假淡红鹅膏	*Amanita subpallidorosea*	是
27	伞菌目鹅膏菌科鹅膏菌属	CAIQ12027	假淡红鹅膏	*Amanita subpallidorosea*	是
28	伞菌目鹅膏菌科鹅膏菌属	CAIQ12028	灰鹅膏	*Amanita vaginata*	是
29	伞菌目鹅膏菌科鹅膏菌属	CAIQ12029	灰鹅膏	*Amanita vaginata*	是
30	伞菌目鹅膏菌科鹅膏菌属	CAIQ12030	圆足鹅膏	*Amanita sphaerobulbosa*	是
31	伞菌目鹅膏菌科鹅膏菌属	CAIQ12031	格纹鹅膏	*Amanita fritillaria*	是
32	伞菌目鹅膏菌科鹅膏菌属	CAIQ12032	淡红鹅膏	*Amanita pallidorosea*	是
33	伞菌目鹅膏菌科鹅膏菌属	CAIQ12033	淡红鹅膏	*Amanita pallidorosea*	是
34	伞菌目鹅膏菌科鹅膏菌属	CAIQ12034	隐花青鹅膏	*Amanita manginiana*	否

序号	分类地位	样品编号	物种名称	拉丁名	是否有毒
35	伞菌目鹅膏菌科鹅膏菌属	CAIQ12035	赤脚鹅膏	*Amanita gymnopus*	是
36	伞菌目鹅膏菌科鹅膏菌属	CAIQ12036	中华鹅膏	*Amanita sinensis*	否
37	伞菌目鹅膏菌科鹅膏菌属	CAIQ12037	中华鹅膏	*Amanita sinensis*	否
38	伞菌目鹅膏菌科鹅膏菌属	CAIQ12038	爪哇鹅膏	*Amanita javanica*	是
39	伞菌目鹅膏菌科鹅膏菌属	CAIQ12039	暗盖淡鹅膏	*Amanita sepiacea*	是
40	伞菌目鹅膏菌科鹅膏菌属	CAIQ12040	东方褐盖鹅膏2	*Amanita orientifulva*	是
41	伞菌目鹅膏菌科鹅膏菌属	CAIQ12041	东方褐盖鹅膏3	*Amanita orientifulva*	是
42	伞菌目鹅膏菌科鹅膏菌属	CAIQ12042	长柄鹅膏	*Amanita altipes*	是
43	伞菌目鹅膏菌科鹅膏菌属	CAIQ12043	小豹斑鹅膏	*Amanita parvipantherina*	是

2.6.2 主要设备

同 2.2.2 节。

2.6.3 实验方法

（1）鹅膏菌样品 PCR 扩增

用通用引物［ITS4/ITS5（White and Lee，1990）、LSU-ROR/LSU-LR5（Vilgalys and Hester，1990）、bRPB2-6F/bRPB2-7R（Matheny，2005）、β-tubulin F/R（Cai et al.，2014）］对鹅膏菌样品进行扩增，引物序列信息见表 2-14。用 2%的琼脂糖凝胶电泳检测 PCR 扩增产物后，将条带单一且明亮的 PCR 产物进行纯化回收，进行下一步 Sanger 测序。

表 2-14　扩增基因片段引物信息及扩增程序

扩增基因	引物名称	引物序列（5'-3'）	片段长度/bp
ITS	ITS4	TCCTCCGCTTATTGATATGC	600～750
	ITS5	GGAAGTAAAAGTCGTAACAAGG	
LSU	LROR	GTACCCGCTGAACTTAAGC	850～1000
	LR5	ATCCTGAGGGAAACTTC	
RPB2	6F	TGGGGYATGGTNTGYCCYGC	750～800
	7-1R	CCCATRGCYTGYTTMCCCATDGC	
β-tubulin	F	AAGCGGAGCRGGTAACAAYTGG	420～500
	R	ACRAGYTGGTGRACRGAGAGYG	

（2）Sanger 测序及数据分析

同 2.2.3 节。

2.6.4 结果与分析

（1）基因提取与 PCR 扩增

提取鹅膏菌属样品的基因组，用 Nanodrop 超微量分光光度计测定浓度及纯度，各样品基因的浓度在 40～584.8ng/μL，表明基因浓度较高，A_{260nm}/A_{280nm} 的值在 1.60～2.06，表明基因纯度较好，符合后续实验要求。利用通用引物对 *ITS*、*LSU*、*RPB2*、*β-tubulin* 4 条序列进行 PCR 扩增，电泳结果表明（图 2-9），引物 ITS4/ITS5、LSU-LROR/LR5、RPB2-6F/7-1R、β-tubulinF/R 扩增成功率分别为 89.47%（34/38）、89.47%（34/38）、84.21%（32/38）、97.37%（37/38），表明引物 β-tubulinF/R 的通用性较引物 ITS4/ITS5、LSU-LROR/LR5、RPB2-6F/7-1R 更好。刻鳞鹅膏（*Amanita sculpta*）、格纹鹅膏（*Amanita fritillaria*）未能扩增出 *RPB2* 目的条带，爪哇鹅膏（*Amanita javanica*）未能扩增出 *RPB2*、*β-tubulin* 目的条带，圆足鹅膏（*Amanita sphaerobulbosa*）、隐花青鹅膏（*Amanita*

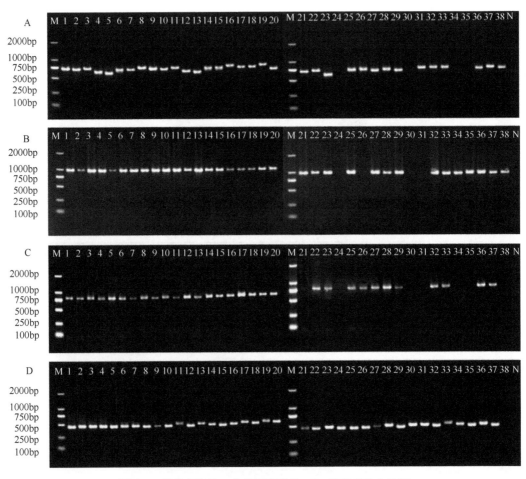

图 2-9　鹅膏菌样品 4 条基因序列的 PCR 扩增产物电泳图

A. *ITS* 扩增产物电泳图；B. *LSU* 扩增产物电泳图；C. *RPB2* 扩增产物电泳图；D. *β-tubulin* 扩增产物电泳图；
M. 分子量标准；1～38. 1～38 号鹅膏菌属样品；N. 阴性对照

manginiana)、赤脚鹅膏（*Amanita gymnopus*）未能扩增出 *ITS*、*LSU*、*RPB2* 目的条带，但能扩增出长度约为 425bp 的 *β-tubulin* 目的条带，其原因是实验样品存放时间太长，基因被降解成短片段，因而扩增片段大于 600bp 的长片段 *ITS*、*LSU*、*RPB2* 等基因难以成功扩增出相应片段（Jensen-Vargas and Marizzi，2018）。因此结合引物 *ITS4/ITS5* 与 *β-tubulin*F/R 则可将本研究中所有鹅膏菌物种扩增出来。

（2）PCR 产物测序与序列比对分析

将纯化后的 PCR 产物用 ABI 3500 基因分析仪进行双向测序，对符合标准的测序序列进行拼接和校对。共获得 *ITS* 序列 34 条，*LSU* 序列 34 条，*RPB2* 序列 32 条，*β-tubulin* 序列 37 条，测序成功率均为 100%，不同候选序列在序列长度上存在明显差异，由高至低依次为 *LSU*、*RPB2*、*ITS*、*β-tubulin*。将拼接后的序列提交 NCBI 的 GenBank 数据库（http://blast.ncbi.nlm.nih.gov）进行序列比对鉴别物种来源。比对结果显示（表 2-15），33 种鹅膏菌的 *LSU*、*RPB2*、*ITS*、*β-tubulin* 序列与 NCBI 数据库中的参考序列相似度在 99% 及以上，与形态学鉴定结果一致；5 种鹅膏菌比对结果与形态学鉴定结果不一致，其中，形态学鉴定结果为草鸡枞（*Amanita caojizong*）的 CAIQ12004 和 CAIQ12006 样品，其序列比对鉴定结果分别为假褐云斑鹅膏（*Amanita pseudoporphyria*）和袁氏鹅膏（*Amanita yuaniana*）；样品编号为 CAIQ12018 的样品，形态学鉴定为鹅膏菌属一种（*Amanita* sp.），而序列比对鉴定为 *Amanita minutisquama*；样品编号为 CAIQ12008 和 CAIQ12037 的样品，其扩增片段序列与裂皮鹅膏（*Amanita rimosa*）和白鹅膏（*Amanita aspericeps*）的同源性分别为 100% 和 99%，与形态学鉴定的欧式鹅膏（*Amanita oberwinklerana*）、中华鹅膏（*Amanita sinensis*）不一致。整体而言，4 条基因条形码的鉴别能力从高至低分别为 *β-tubulin*、*ITS*、*LSU*、*RPB2*，且 4 条基因序列在比对结果上具有很好的一致性，表明所得到的序列准确度较高。

表 2-15 基因条形码扩增序列比对结果

编号	样品编号	物种名称	拉丁名	*LSU* 序列	*ITS* 序列	*RBP2* 序列	*β-tubulin* 序列
1	CAIQ12001	杵柄鹅膏	*Amanita sinocitrina*	+	+	+	+
2	CAIQ12002	小毒蝇鹅膏	*Amanita melleiceps*	+	+	+	+
3	CAIQ12003	红托鹅膏	*Amanita rubrovolvata*	+	+	+	+
4	CAIQ12004	草鸡枞	*Amanita caojizong*	*Amanita pseudoporphyria*（99%）	*Amanita pseudoporphyria*（99%）	*Amanita pseudoporphyria*（100%）	*Amanita pseudoporphyria*（100%）
5	CAIQ12005	草鸡枞	*Amanita caojizong*	+	+	+	+
6	CAIQ12006	草鸡枞	*Amanita caojizong*	*Amanita yuaniana*（99%）	*Amanita yuaniana*（100%）	*Amanita yuaniana*（100%）	*Amanita yuaniana*（99%）
7	CAIQ12007	异味鹅膏	*Amanita kotohiraensis*	+	+	+	+
8	CAIQ12008	欧氏鹅膏	*Amanita oberwinklerana*	*Amanita rimosa*（99%）	*Amanita rimosa*（100%）	*Amanita rimosa*（100%）	*Amanita rimosa*（100%）
9	CAIQ12009	欧氏鹅膏	*Amanita oberwinklerana*	+	+	+	+
10	CAIQ12010	灰花纹鹅膏	*Amanita fuliginea*	+	+	+	+
11	CAIQ12011	灰花纹鹅膏	*Amanita fuliginea*	+	+	+	+

续表

编号	样品编号	物种名称	拉丁名	LSU 序列	ITS 序列	RBP2 序列	β-tubulin 序列
12	CAIQ12012	灰花纹鹅膏	*Amanita fuliginea*	+	+	+	+
13	CAIQ12013	球基鹅膏	*Amanita subglobosa*	+	+	+	+
14	CAIQ12014	假黄盖鹅膏	*Amanita pseudogemmata*	+	+	+	+
15	CAIQ12015	锥鳞白鹅膏	*Amanita virgineoides*	+	+	+	+
16	CAIQ12016	锥鳞白鹅膏	*Amanita virgineoides*	+	+	+	+
17	CAIQ12017	拟卵盖鹅膏	*Amanita neoovoidea*	+	+	+	+
18	CAIQ12018	鹅膏菌属一种	*Amanita* sp.	*Amanita minutisquama*（99%）	*Amanita minutisquama*（99%）	*Amanita minutisquama*（99%）	*Amanita minutisquama*（100%）
19	CAIQ12019	致命鹅膏	*Amanita exitialis*	+	+	+	+
20	CAIQ12020	土红鹅膏	*Amanita rufoferruginea*	+	+	+	+
21	CAIQ12021	刻鳞鹅膏	*Amanita sculpta*	+	+	–	N
22	CAIQ12022	裂皮鹅膏	*Amanita rimosa*	+	+	+	+
23	CAIQ12023	裂皮鹅膏	*Amanita rimosa*	+	+	+	+
24	CAIQ12024	东方褐盖鹅膏	*Amanita orientifulva*	–	–	–	+
25	CAIQ12025	黄柄鹅膏	*Amanita flavipes*	+	+	+	+
26	CAIQ12026	假淡红鹅膏	*Amanita subpallidorosea*	+	+	+	+
27	CAIQ12027	假淡红鹅膏	*Amanita subpallidorosea*	+	+	+	+
28	CAIQ12028	灰鹅膏	*Amanita vaginata*	+	+	N	N
29	CAIQ12029	灰鹅膏	*Amanita vaginata*	+	+	N	N
30	CAIQ12030	圆足鹅膏	*Amanita sphaerobulbosa*	–	–	–	+
31	CAIQ12031	格纹鹅膏	*Amanita fritillaria*	+	+	+	+
32	CAIQ12032	淡红鹅膏	*Amanita pallidorosea*	+	+	+	+
33	CAIQ12033	淡红鹅膏	*Amanita pallidorosea*	+	+	+	+
34	CAIQ12034	隐花青鹅膏	*Amanita manginiana*	–	–	–	+
35	CAIQ12035	赤脚鹅膏	*Amanita gymnopus*	–	–	–	+
36	CAIQ12036	中华鹅膏	*Amanita sinensis*	+	+	+	+
37	CAIQ12037	中华鹅膏	*Amanita sinensis*	*Amanita aspericeps*（99%）	*Amanita aspericeps*（99%）	*Amanita aspericeps*（99%）	*Amanita aspericeps*（99%）
38	CAIQ12038	爪哇鹅膏	*Amanita javanica*	+	+	–	–

注："+"代表序列在 NCBI 上比对结果与所给物种名称一致（相似度≥99%）；"–"代表未扩增出相应条带或测序失败；"N"代表 NCBI 上无该菌基因序列（比对相似度<95%）

（3）遗传距离分析

采用 K-2-P 参数模型计算了所用鹅膏菌的种内和种间遗传距离（Shen et al.，2016）。表 2-16 显示，*ITS*、*RPB2*、*β-tubulin* 基因序列的种间最小遗传距离均远大于种内最大遗传距离，存在明显的条码间隔，不存在种内和种间的交叉重叠，这一结果表明 *ITS*、*RPB2*、 *β-tubulin* 片段适合作为基因条形码。其中，*ITS*、*β-tubulin* 表现出最高的种间序列差异，可作为优选条形码。*LSU* 序列的种间最小遗传为 0.03，种内最大遗传距离为 0.034，种间平均遗传距离是种内平均遗传距离的 244 倍，但在 0.030～0.034 存在种内和种间遗传距离的交叉重叠，这会造成部分物种的鉴定错误，表明此基因序列在一定程度上能够鉴定物种，不适合用于鉴定鹅膏菌属的基因条形码。

表 2-16　4 种候选序列信息比较

候选序列	*ITS*	*LSU*	*RPB2*	*β-tubulin*
通用引物	是	是	是	是
扩增成功率	89.47%	89.47%	84.21%	97.37%
测序成功率	100%	100%	100%	100%
序列长度/bp	600～713	850～953	764～784	421～437
种间最小遗传距离	0.102	0.03	0.073	0.067
种间平均遗传距离	2.036	1.269	1.809	1.918
种内最大遗传距离	0.095	0.034	0.014	0.007
种内平均遗传距离	0.0128	0.0052	0.0049	0.001

将 *ITS*、*LSU*、*RPB2*、*β-tubulin* 扩增基因序列进行比对对齐，通过建立 NJ 树以评价候选基因条形码对鹅膏菌属物种的鉴别效率。NJ 树结果显示（图 2-10），基于鹅膏菌 *ITS*、*LSU*、*RPB2*、*β-tubulin* 序列构建的系统发育树均可分为两大支。*ITS* 序列系统发育树中草鸡枞（*Amanita caojizong*）、球基鹅膏（*Amanita subglobosa*）、爪哇鹅膏（*Amanita javanica*）、格纹鹅膏（*Amanita fritillaria*）、假淡红鹅膏（*Amanita subpallidorosea*）、裂皮鹅膏（*Amanita rimosa*）聚为一支，其余 16 种鹅膏菌聚为一支；*LSU* 序列系统发育树的两大支分别是：草鸡枞（*Amanita caojizong*）、假淡红鹅膏（*Amanita subpallidorosea*）、爪哇鹅膏（*Amanita javanica*）、球基鹅膏（*Amanita subglobosa*）、小毒蝇鹅膏（*Amanita melleiceps*）、黄柄鹅膏（*Amanita flavipes*）聚为一支，其余 16 种鹅膏菌聚为一支；*RPB2* 序列系统发育树的一支为草鸡枞（*Amanita caojizong*）、球基鹅膏（*Amanita subglobosa*）、假淡红鹅膏（*Amanita subpallidorosea*）、灰鹅膏（*Amanita vaginata*）、黄柄鹅膏（*Amanita flavipes*）、土红鹅膏（*Amanita rufoferruginea*），其余 15 种鹅膏菌聚为一支。*β-tubulin* 序列系统发育树中淡红鹅膏（*Amanita pallidorosea*）、假黄盖鹅膏（*Amanita pseudogemmata*）、土红鹅膏（*Amanita rufoferruginea*）、赤脚鹅膏（*Amanita gymnopus*）、草鸡枞（*Amanita caojizong*）、*Amanita minutisquama* 聚为一支，其余 22 种鹅膏菌聚为一支。在 NJ 树中，如果绝大多数物种都能聚集成单系，且具有较高的节点支持率，则表明所选择的基因条形码在上述物种鉴定的适用性和可行性较高。

当基因条形码基因区域遗传变异较少、进化速率较慢时，则易出现不同物种的序列形成内聚性聚类的现象（Bingpeng et al.，2018）。*LSU* 作为 *28S r* 基因上保守区和可变区中片段较长的基因，其遗传变异比较少，在 *LSU* 序列构建的 NJ 树中，草鸡枞（*Amanita caojizong*）、假淡红鹅膏（*Amanita subpallidorosea*）、爪哇鹅膏（*Amanita javanica*）聚为一支，表明上述鹅膏菌亲缘关系较近；在 *RPB2* 序列构建的 NJ 树中，土红鹅膏（*Amanita rufoferruginea*）、球基鹅膏（*Amanita subglobosa*）、黄柄鹅膏（*Amanita flavipes*）聚为一

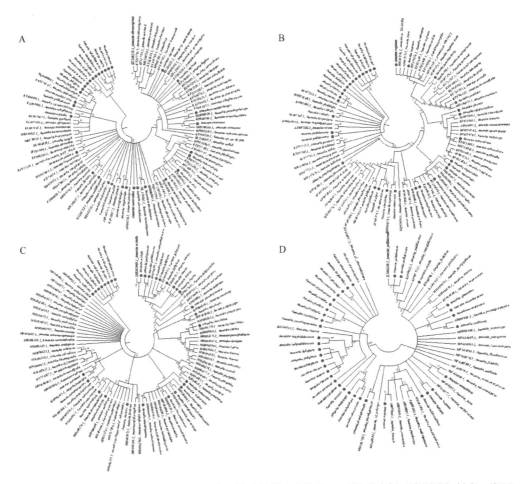

图 2-10　基于 *ITS*、*LSU*、*RPB2*、*β-tubulin* 序列构建的鹅膏菌物种 NJ 系统发育树（彩图请扫封底二维码）
A. *ITS*；B. *LSU*；C. *RPB2*；D. *β-tubulin*；● 为本研究中的样品序列

支，分析原因可能是由于 *RBP2* 序列单拷贝和进化速率慢，较其他基因相对保守，当物种亲缘关系较近时，*RBP2* 基因具有相似性（王碧涵等，2016）。这也表明了所选择的基因条形码能够在一定程度上鉴别遗传变异较小的物种。

序列比对分析与系统发育分析结果显示，出现有毒的鹅膏菌与无毒的鹅膏菌鉴别错误的现象。编号为 CAIQ12004、CAIQ12006 的无毒草鸡枞（*Amanita caojizong*）鉴定为有毒的假褐云斑鹅膏（*Amanita pseudoporphyria*）及无毒的袁氏鹅膏（*Amanita yuaniana*），以 *ITS*、*LSU*、*RPB2*、*β-tubulin* 4 种序列分析，三者遗传距离分别为 0.502～1.567、0.212～1.019、0.287～1.412、0.326～0.923，其遗传距离较小，亲缘关系相对较近，且在形态学上草鸡枞（*Amanita caojizong*）与假褐云斑鹅膏（*Amanita pseudoporphyria*）、袁氏鹅膏（*Amanita yuaniana*）极为相似，菌盖幼时半球形，后近平展，褐灰色，中部色深，光滑，这也解释了为什么形态学鉴定会出现误判。编号为 CAIQ12037 的中华鹅膏（*Amanita sinensis*）为无毒鹅膏菌，而鉴定为有毒的白鹅膏（*Amanita aspericeps*），以 *ITS*、*LSU*、*RPB2*、*β-tubulin* 4 种序列分析，两者遗传距离分别为 1.279、1.084、1.160、0.914，亲缘关系较近。中华鹅膏（*Amanita sinensis*）与白鹅膏（*Amanita aspericeps*）在形态上相似度也较高，其子实体边缘有棱纹，灰白色至浅灰色，中部深灰色，表面有泥灰疣状至颗粒状菌幕残余。

另外，编号为 CAIQ12004 的样品与假褐云斑鹅膏（*Amanita pseudoporphyria*）聚为一支，且与样品编号为 CAIQ12005 的草鸡枞分为两支，结合序列比对结果表明该样品不是草鸡枞，而是假褐云斑鹅膏（*Amanita pseudoporphyria*），假褐云斑鹅膏与草鸡枞外观极其相似，常被认为是同一个物种，从系统发育树上则可证明 *Amanita pseudoporphyria* 与 *Amanita caojizong* 是两个不同的物种，而非同一物种不同名称；同理，样品编号为 CAIQ12006、CAIQ12008、CAIQ12018 和 CAIQ12037 样品的物种名称应分别为袁氏鹅膏（*Amanita yuaniana*）、裂皮鹅膏（*Amanita rimosa*）、白鹅膏（*Amanita aspericeps*）、*Amanita minutisquama*。形态学物种鉴定的参考库需要大量的标本，包括菌盖、菌柄、菌托及孢子，许多形态特征在不同的发育阶段也会发生一定的变化，因此，偶尔的错误识别是不可避免的，这也反映了基因条形码可以检测到形态学错误识别的情况，可以为大型真菌的物种鉴定提供更多证据。

2.6.5　小结

基因条形码作为一种基于基因层面上鉴别物种的工具，具有准确度高、操作简单的特点。通过 NCBI 序列比对、种内种间变异、系统发育树三个方面分析不同常规基因条形码对 27 种有毒鹅膏菌属物种的鉴别能力。研究结果表明，4 条常规基因条形码序列的扩增成功率从高至低分别为 *β-tubulin*、*ITS*、*LSU*、*RPB2*。*β-tubulin*、*ITS*、*RPB2* 3 个片段不存在种间和种内遗传距离的交叉重叠，物种分辨率较高，满足基因条形码的基本要求。鉴于 *β-tubulin*、*ITS* 两个基因结合可鉴别本研究中所有鹅膏菌，因此推荐将两者联合使用用于鹅膏菌属的物种鉴别，对有毒蘑菇诱发的食源性中毒风险进行预警。

2.7　羊肉及其制品中掺假动物源性成分数字 PCR 技术精准定量研究

肉羊是我国畜牧业的重要支柱产业之一，消费需求旺盛。然而，市场中存在用鸡肉、鸭肉和猪肉掺入甚至替代羊肉的现象。这些问题阻碍我国畜肉产业发展，制约肉品质量的提升，损害消费者的权益，甚至涉及宗教信仰等问题。因此，亟待建立一种精准、快速、高通量的定量方法，对羊肉及其加工品中不同动物源性掺假成分进行精准定量检测。

微滴式数字 PCR（droplet digital PCR，ddPCR）技术是一种绝对定量检测技术，不需要进行标准曲线的绘制，直接通过对反应体系的分割和泊松分布，就可以得到体系中目标分子的绝对拷贝数，具有很高的灵敏度、稳定性和重复性（Doi et al.，2015；Pinheiro et al.，2012；Hindson et al.，2011）。已有报道利用微滴式数字 PCR 对鲳鱼（Cao et al.，2020）、橄榄油（Scollo et al.，2016）及饲料（Morisset et al.，2013）进行精准定量检测。本研究采用微滴式数字 PCR 技术，针对不同肉制品建立了一种基于倍增系数的定量方法，通过研究两个物种间的倍增系数，进而得到某种肉成分的含量，为肉制品市场监管提供技术支撑。

2.7.1 材料来源

小尾寒羊、湖羊、阿勒泰羊、乌珠穆沁羊 4 个品种绵羊肉，沂蒙黑山羊、沧山黑羊肉 2 个品种山羊肉，鸡肉、猪肉、鸭肉、鹅肉、火鸡肉；羊肉馅、羊肉串、羊肉卷、羊肉肠等羊肉制品购自北京市场；狐狸肉、水貂肉、貉肉购自山东特种动物养殖基地；牛肉、马肉、驴肉、狗肉、兔肉实验室留存样品。

2.7.2 主要设备

QX200 ddPCR 微滴生成仪、读数仪、T100 PCR 仪（Bio-Rad，USA）。

2.7.3 实验方法

（1）样品的制备

猪肉、鸡肉、鸭肉各 20g 分别与 20g 羊肉混合，配制成猪肉、鸡肉、鸭肉系列百分比（80%、60%、50%、30%、10%、5%、1%）的混合样品。市售羊肉样品制备：称取羊肉串、羊肉馅和羊肉卷等各 20g，用绞肉机绞碎，从中称取 1g 备用。

（2）引物和探针的设计与筛选

从 GenBank 中下载绵羊（NC_019468.2）、山羊（NC_030826.1）、马（NC_009154.2）、猪（NC_010454.3）、鸡（NC_006106.4）、火鸡（NC_015031.2）、鸭（NW_004677611.1）、鹅（NW_013185758.1）、鸽子（NW_004973261.1）的 *RPA1* 单拷贝基因序列，采用 NCBI Blast 和 Clustal W 软件进行序列比对，选择差异序列作为靶序列用于设计引物和探针。

（3）羊肉及掺假物微滴式数字 PCR 的检测方法

1）微滴式数字 PCR 数据分析

体系中物种基因的绝对拷贝数可以通过以下公式进行计算：

$$N = -\ln\left(\frac{N-X}{N}\right) \times n$$

式中，N 为通过数字 PCR 测得的靶基因预期拷贝数；X 为体系中的数字 PCR 阳性微滴数；n 为有效总微滴数。

2）特异性检测

为了检验各引物和探针组合的数字 PCR 特异性，在同一批次 PCR 反应中同时对目标物种和其他参考物种进行数字 PCR 检测。

a. 羊肉成分特异性

以 4 个品种绵羊肉（小尾寒羊、湖羊、阿勒泰羊、乌珠穆沁羊）和 2 个品种山羊肉（沂蒙黑山羊、沧山黑羊肉）作为羊肉成分引物探针包容性检测物种；5 个鸡肉品种（三黄鸡、北京油鸡、文昌鸡、芦花鸡、白羽鸡）、2个狐狸品种（北极狐、红狐）、2个水貂品种（美国黑水貂、吉林白水貂）、2个貉品种（乌苏里貉、朝鲜貉）的11个肉样品及猪肉、鸭肉、牛肉、马肉、驴肉、狗肉、兔肉、鹅肉和火鸡肉作为羊肉成分引物探针特异性检测参考物种，以验证羊肉成分引物和探针的种内包容性和种间特异性。

b. 鸡肉、猪肉、鸭肉成分特异性

以三黄鸡、北京油鸡、文昌鸡、芦花鸡、白羽鸡、猪、鸭为目标物种，小尾寒羊及其他样品作为参考物种，分别对鸡肉、猪肉、鸭肉成分引物和探针的特异性进行验证。

（4）基于倍增系数法的定量检测

1）倍增系数（单位质量羊肉与掺入羊肉中其他动物源性成分基因拷贝数比值）的确定

肉的质量与样品DNA溶液中目标基因拷贝数及单位质量的基因拷贝数有关，即

$$M = \frac{Q}{C}$$

式中，M 为肉的质量；Q 为基因拷贝数；C 为单位质量肉的基因拷贝数。因此，不同肉种的质量比则应为

$$\frac{M_a}{M_s} = \frac{\dfrac{Q_a}{C_a}}{\dfrac{Q_s}{C_s}} = \frac{C_s}{C_a} \times \frac{Q_a}{Q_s}$$

式中，M_a 和 M_s 分别为掺入羊肉中的其他动物源性成分的质量和羊肉的质量；Q_a 和 Q_s 分别为混合样品中掺假物种和羊肉的基因拷贝数；C_a 和 C_s 分别为单位质量掺假物种和羊肉的基因拷贝数。

由于同一肉种的细胞密度和基因组大小是固定的，因此，对于任何肉种而言，其 $\dfrac{C_s}{C_a}$ 均为常数。只要测得混合样品中各成分的基因拷贝数，结合 $\dfrac{C_s}{C_a}$ 这一常数，即可计算出混合肉样中各组分的比例，将这一常数设为倍增系数 k。因此，$\dfrac{M_a}{M_s} = k \times \dfrac{Q_a}{Q_s}$。

为计算单位质量鸡肉、猪肉、鸭肉与羊肉基因拷贝数之比（k），采用数字PCR分别定量检测不同百分比鸡肉、猪肉、鸭肉（1%～80%）混合样品中两种肉的 *RPA1* 基因拷贝数，并计算 k 值和相对标准偏差（relative standard deviation，RSD）。

2）定量线性范围的验证

通过含有不同比例（1%、5%、10%、30%、50%、60%、80%）鸡肉、猪肉、鸭肉的混合样品进行线性范围的验证实验。以混合样品真实值和实际测量值百分比为横纵坐标，拟合标准曲线，确定检测拷贝数浓度与质量分数之间的偏差。

3）定量检测限和定量精密度验证

检测鸡肉、猪肉、鸭肉质量分数为10%、5%和1%的混合样品，分别检测鸡肉、猪

肉、鸭肉和羊肉靶基因拷贝数,按照拷贝数与质量分数的转化方法对检测结果进行分析。

（5）市售羊肉样品定量检测

利用所建立的数字 PCR 方法定量检测市售羊肉馅、羊肉串、羊肉肠等制品。以市售样品 DNA 为模板,分别采用鸡、猪、鸭引物和探针进行数字 PCR 扩增及定量检测。

2.7.4 结果与分析

（1）引物和探针的设计与筛选

选择绵羊和山羊的 *RPA1* 基因进行比对,将所得到的保守序列与马、猪和鸡物种序列进行比对,选择差异序列作为靶序列用于设计引物和探针;选择鸡的 *RPA1* 基因序列与火鸡、鸭、鹅、绵羊和山羊的序列进行比对,选择差异序列作为靶序列用于设计引物和探针;选择猪的 *RPA1* 基因序列与绵羊、马、鸡和山羊的序列进行比对,选择差异序列作为靶序列设计引物和探针;选择鸭的 *RPA1* 基因序列与鸡、火鸡、鸽子和猪的序列进行比对,选择差异序列作为靶序列用于设计引物和探针。具体信息见表 2-17。

表 2-17 不同肉类成分特异性引物和探针序列

成分	引物及探针序列（5′-3′）	靶基因	登录号
羊	F：CTGACACACGGGACACMTCTCC R：AAGCTAAACATGGACCCACAT P：FAM-TAAGCCAGCCTTGTGCGTGTGGTCC-BHQ1	*RPA1*	NC_019468.1
鸡	F：CAGAACCACACTCAACCTGTCTGA R：TCGGGGAAATGTCTTACTGCAAG P：FAM-CTCCTAGCAGCCTGTGCCAAGGCCA-BHQ1	*RPA1*	NC_006106.3
猪	F：ACCCAGACGAACTGCTCAA R：TGGCGTCACTGATAGGTAAAT P：FAM-TCACAGGCGTGGGCTTTCTGC-BHQ1	*RPA1*	NC_010454.3
鸭	F：GCAACAGGAACTGGCTGAGTG R：AATTACTGTTCCTCTTGTGTCAGAAA P：FAM-AGTCAGCAGCTCCAACGCATGCTG-BHQ1	*RPA1*	NW_004677611

（2）羊肉、鸡肉、猪肉及鸭肉成分数字 PCR 检测的特异性

以 4 种绵羊和 2 种山羊为目标物种,结果（图 2-11）显示羊的引物探针特异性良好,可以同时扩增出绵羊和山羊肉,其他 13 种肉类样品均没有扩增,空白对照未出现扩增,说明体系未污染。目标物种 5 个品种的鸡肉均有明显扩增,其余 14 种样品均没有出现扩增（图 2-11）,表明鸡肉的引物和探针特异性良好。猪肉成分的引物和探针也可以扩增出目标物种,其余 18 种样品均未出现扩增（图 2-11）。鸭肉成分的引物探针在目标物种鸭肉中产生明显的扩增,其他 18 个参考物种均未出现扩增（图 2-11）,表明体系特异性良好。

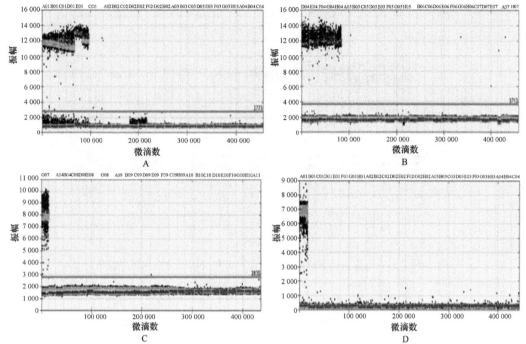

图 2-11　羊肉及其常见动物源性掺假成分数字 PCR 特异性扩增结果（彩图请扫封底二维码）

A. 羊肉成分引物和探针特异性扩增结果；B. 鸡肉成分引物和探针特异性扩增结果；
C. 猪肉成分引物和探针特异性扩增结果；D. 鸭肉成分引物和探针特异性扩增结果

（3）基于倍增系数法的羊肉及其掺假物成分数字 PCR 精准定量检测

1）羊肉中掺杂鸡肉成分

a. 倍增系数的确定

分别检测鸡肉含量为 1%、10%、50%、60% 和 80% 的 5 个样品中鸡肉、羊肉的 *RPA1* 基因拷贝数（图 2-12），并计算鸡肉与羊肉二者的质量比与基因拷贝数之比的比值（k_c）（表 2-18）。结果表明，5 个不同鸡肉含量样品的 k_c 平均值为 0.8，RSD 为 9.9%，单位质量羊肉与鸡肉拷贝数比值（k_c）的稳定性较高。

b. 定量线性范围、准确性和精密度

由于 $\dfrac{M_c}{M_s} = \dfrac{Q_c}{Q_s} \times \dfrac{C_s}{C_c}$，且 $K_c = \dfrac{C_s}{C_c} = 0.8$，因此鸡肉与羊肉的质量比 $\dfrac{M_c}{M_s} = 0.8 \times \dfrac{Q_c}{Q_s}$，

式中，M_c 为鸡肉质量，Q_c 为鸡肉 *RPA1* 基因拷贝数，C_c 为单位质量下鸡肉 *RPA1* 基因拷贝数。将用鸡肉含量为 80%、60%、50%、30%、10%、5% 和 1% 的鸡、羊混合样品的 DNA 作为模板，分别检测鸡、羊的 *RPA1* 基因的拷贝数。分别以鸡肉含量的测量值和实际值为 X、Y 轴作图（$n=3$），当鸡肉含量在 1%～80%，实际值与测量值呈线性响应，相关系数 $R^2=0.9998$（图 2-13），线性关系良好，鸡肉含量为 5%～80% 样品测量值的绝对误差均小于 ±2.9%，相对误差小于 ±8%。

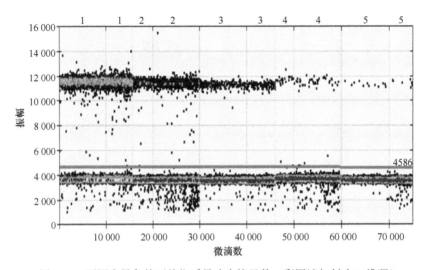

图 2-12　不同含量条件下单位质量鸡肉拷贝数（彩图请扫封底二维码）

1. 80%鸡肉含量样品中鸡基因拷贝数；2. 60%鸡肉含量样品中鸡基因拷贝数；3. 50%鸡肉含量样品中鸡基因拷贝数；
4. 10%鸡肉含量样品中鸡基因拷贝数；5. 1%鸡肉含量样品中鸡基因拷贝数

表 2-18　不同含量条件下单位质量羊肉与鸡肉拷贝数之比

鸡肉实际含量值/%	三次平行的鸡肉拷贝数 / （copies/μL）			三次平行的羊肉拷贝数 / （copies/μL）			k_c	平均值	RSD/%
80	770	769	768	160	159	160	0.8		
50	375	378	376	292	295	305	0.8		
20	163	157	161	484	472	476	0.7	0.8	9.9
10	103	100	99	714	718	721	0.8		
1	9.7	9.1	7.6	556	536	547	0.8		

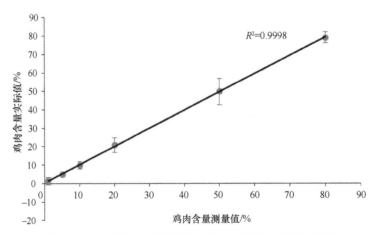

图 2-13　鸡、羊混合模拟样品中鸡肉含量的定量线性范围

　　选择鸡肉含量为 10%、5%、4%、3%、3%、2%和 1%的鸡、羊低浓度混合样品进行定量准确度和重复性实验，每个样品重复检测 6 次。实验结果表明，该检测方法精密度和准确度较高（表 2-19）。鸡肉含量为 10%~2%的样品相对误差低于 10%，鸡肉含量

为 1%的样品的相对误差低于 23%。此外，6 组低浓度样品的检测结果 RSD 值均小于 9%，远低于国际食品法典委员会关于食品定性和定量检测方法标准指导方针中所规定的标准（<25%）。

表 2-19 羊肉中掺杂鸡肉成分的定量准确度和精密度分析

鸡肉含量实际值/%	六次测量值/%						测量平均值/%	RSD/%	bias/%
10	9.22	9.26	9.03	9.19	9.39	9.01	9.18±0.14	1.56	−8.17
5	5.08	4.75	4.74	5.03	4.87	5.31	4.97±0.22	4.45	−0.70
4	4.24	3.72	3.85	4.1	3.80	4.23	3.99±0.23	5.75	−0.24
3	2.72	3.02	2.89	2.70	2.82	3.12	2.88±0.17	5.74	−4.08
2	2.14	2.22	2.10	2.13	2.33	2.11	2.17±0.09	4.08	8.60
1	1.30	1.32	1.14	1.13	1.08	1.36	1.22±0.11	9.71	22.10

2）羊肉中掺杂猪肉成分

a. 倍增系数的确定

通过对不同猪肉含量的羊肉样品（1%、10%、50%、60%和 80%）进行数字 PCR 检测（图 2-14），并计算单位质量猪肉与羊肉二者的质量比与 *RPA1* 基因的拷贝数之比，得到 k_p 值，5 个不同猪肉含量样品的 k_p 平均值为 1.8，RSD 为 3.5%，单位质量羊肉与猪肉拷贝数比值（k_p）的稳定性较高（表 2-20）。

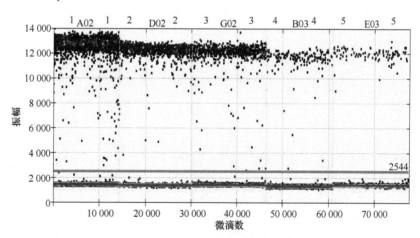

图 2-14 不同含量条件下单位质量猪肉拷贝数（彩图请扫封底二维码）

1. 80%猪肉含量样品中猪基因拷贝数；2. 60%猪肉含量样品中猪基因拷贝数；3. 50%猪肉含量样品中猪基因拷贝数；4. 10%猪肉含量样品中猪基因拷贝数；5. 1%猪肉含量样品中猪基因拷贝数

表 2-20 不同含量条件下单位质量羊肉与猪肉拷贝数之比

猪肉含量实际值/%	三次平行的猪肉拷贝数 /（copies/μL）			三次平行的羊肉拷贝数 /（copies/μL）			k_p	k_p 平均值	RSD/%
80	1130	1189	1161	530	526	525	1.82		
60	400	404	414	477	481	482	1.77		
50	200	198	211	364	365	369	1.80	1.8	3.50
10	40	39	38	663	661	656	1.88		
1	4.2	5.1	3.3	800	805	801	1.93		

b. 定量线性范围、准确性和精密度

当猪肉含量在 1%～80%，实际值与测量值呈线性相关，相关系数 R^2=0.9997，猪肉含量为 5%～80%样品测量值的绝对误差均小于±1.3%，相对误差小于±10%（图 2-15）。

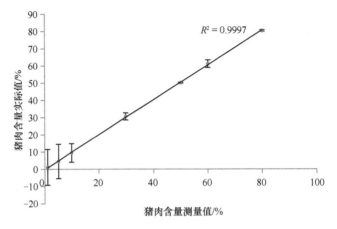

图 2-15　猪、羊混合模拟样品中猪肉含量的定量线性范围

选择猪肉含量为 10%、5%、4%、3%、2%和 1%的猪、羊低浓度混合样品进行定量准确度和精密度实验，猪肉含量为 10%的样品实际测量平均值为 10.0，相对误差为 −0.3%，相对标准差为 4.4%；5%样品猪肉含量实际测量平均值为 4.7%，误差为−7.0%，相对标准差为 6.3%；1%样品猪肉含量实际测量平均值为 1.2%，相对标准偏差为 18.3%（表 2-21）。此外，6 组低浓度样品中猪肉含量的 RSD 值均小于 16%，精密度良好。

表 2-21　羊肉中掺杂猪肉成分的定量准确度和重复性分析

猪肉含量实际值/%	6 次测量值/%						测量平均值/%	RSD/%	bias/%
10	10.2	9.8	9.5	10.2	9.5	10.6	10.0±0.4	4.4	−0.3
5	4.6	5.1	4.5	4.9	4.5	4.3	4.7±0.3	6.3	−7.0
4	3.3	2.6	3.5	2.6	3.1	3.4	3.1±0.4	12.8	−22.9
3	3.2	3.5	2.7	2.5	3.1	2.3	2.9±0.5	15.8	−3.9
2	2.5	2.2	2.4	2.3	2.2	2.4	2.3±0.1	5.2	16.7
1	1.2	1.1	1.3	1.1	1.3	1.1	1.2±1.0	8.3	18.3

3）羊肉中掺杂鸭肉成分

a. 倍增系数的确定

分别检测鸭肉含量为 1%、10%、20%、50%和 80%的 5 个样品中鸭、羊肉的 *RPA1* 基因拷贝数（图 2-16），并计算鸭肉与羊肉二者的质量比与基因拷贝数之比的比值（表 2-22）。结果表明，5 个不同鸭肉含量样品的 k_d 平均值为 0.9，相对标准差（RSD）为 8.6%，单位质量羊肉与鸭肉拷贝数比值（kd）的稳定性较高。

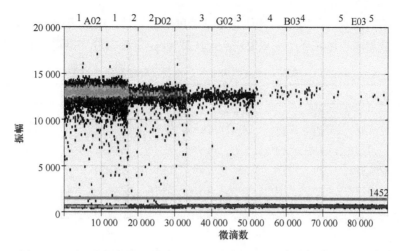

图 2-16 不同含量条件下单位质量鸭肉拷贝数（彩图请扫封底二维码）

1. 80%鸭肉含量样品中鸭基因拷贝数；2. 50%鸭肉含量样品中鸭基因拷贝数；3. 20%鸭肉含量样品中鸭基因拷贝数；
4. 10%鸭肉含量样品中鸭基因拷贝数；5. 1%鸭肉含量样品中鸭基因拷贝数

表 2-22 不同含量条件下单位质量羊肉与鸭肉拷贝数之比

鸭肉含量实际值/%	三次平行的鸭肉拷贝数 / (copies/μL)			三次平行的羊肉拷贝数 / (copies/μL)			K_d	K_d平均值	RSD/%
80	559	551	562	130	134	136	0.96		
50	281	286	282	275	271	267	0.96		
20	107	106	109	450	426	426	1.01	0.9	8.6
10	57.5	52	56.6	455	446	463	0.91		
1	9.7	8.3	8.8	710	711	714	0.80		

b. 定量线性范围、准确性和精密度

将鸭肉含量为 80%、50%、20%、10%、5%和 1%的鸭、羊混合样品的 DNA 作为模板，分别检测鸭、羊的 *RPA1* 基因的拷贝数。分别以鸭肉含量的测量值和实际值为 X、Y 轴作图（*n*=3），当鸭肉含量在 1%~80%，实际值与测量值呈线性响应，相关系数 R^2=0.9996，线性关系良好，鸡肉含量为 5%~80%范围内样品测量值的绝对误差均小于 ±2.9%，相对误差小于±8%（图 2-17）。

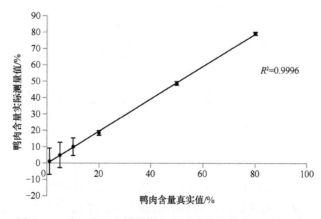

图 2-17 鸭、羊混合模拟样品中鸭肉含量的定量线性范围

选择低鸭肉含量的羊肉样品评估定量准确度和重复性。结果表明,羊肉中掺杂鸭肉的最低定量检测限也达到了1%,RSD值小于22%,定量精密度和准确度较高(表2-23)。

表2-23 羊肉中掺杂鸭肉成分的定量准确度和重复性分析

鸭肉含量实际值/%	6次测量值/%						测量平均值/%	RSD/%	bias/%
10	10.3	9.6	9.6	10.1	9.7	10.5	10.0±0.4	3.9	−0.3
5	5.2	5.4	5.1	4.8	4.8	5	5.1±0.23	4.6	1.0
4	4.1	3.5	4.2	3.6	4.5	3.2	3.9±0.49	12.8	−3.8
3	3.3	2.1	3.0	2.8	2.9	2.7	2.8±0.40	14.3	−6.7
2	2.2	1.5	1.8	2.1	2.3	2.2	2.0±0.30	15.2	0.83
1	0.9	0.8	0.8	0.8	0.7	0.6	0.8±0.1	13.5	−23.3

(4)市售羊肉样品的定量检测

数字PCR检测结果表明市售样品中均含有羊肉成分,8个样品中含有掺假物。为了验证所建立的基于倍增系数法数字PCR技术定量检测方法在实际样品中的应用价值,将8个含有掺假物的样品进行检测。

在不含添加剂和配料的样品中,羊肉串1号和羊肉馅饺子1号样品含有的鸡肉成分为30%~60%;羊肉馅1号、羊肉串2号和羊肉串4号含有猪肉成分,含量为0.9%~55.8%;羊肉串3中含有鸭肉成分,含量为87.4%。在含有添加剂和配料的样品中,一种羊肉肠中含有鸡肉成分,鸡肉成分占总肉成分(羊肉和鸡肉)的73.9%。另外一种羊肉肠中含有猪肉和鸭肉成分,定量结果分别为57.4%和30.8%(表2-24)。倍增系数法可以定量某种肉成分在肉制品中所占百分比含量。

表2-24 市售羊肉制品中羊肉和其他成分定量检测方法检测结果

样品类型	样品名称	各物种含量/%			
		羊肉	鸡肉	猪肉	鸭肉
新鲜样品	羊肉馅 1	69.4±4.3	—	30.6±2.1	—
	羊肉串 1	64.1±1.4	35.9±3.6	—	—
	羊肉串 2	44.2±2.2	—	55.8±3.3	—
	羊肉串 3	12.6±2.1	—	—	87.4±3.5
	羊肉串 4	99.1±3.1	—	0.9±2.3	—
加工制品	羊肉馅饺子 1	41.4±3.3	58.6±3.8	—	—
	羊肉肠 1	26.1±2.9	73.9±2.9	—	—
	羊肉肠 2	11.8±2.4	—	57.4±2.5	30.8±3.6

2.7.5 小结

通过 RPA1 基因,设计出适用于羊肉及3种常见掺假动物源性成分(鸡肉、鸭肉、猪肉)数字 PCR 检测的引物和探针,每组引物和探针不仅满足种内包容性要求,还具有较好的种间特异性;建立了基于倍增系数法的羊肉中掺假动物源性成分微滴式数字

PCR 定量检测方法，该方法通过理论推导和实验验证获得了单位质量两种肉基因拷贝数之比这一固定值，将样品中羊肉和掺假动物源性成分的基因拷贝数转化为肉的质量分数，可以定量到某种动物源性成分占总肉成分的含量，最低定量检测限均为 1%，具有较高的准确性和精密度。

2.8　适用于不同亚种大米精准定量的内源基因筛选研究

近年来，有许多采用数字 PCR 在转基因生物领域的绝对定量的报道（Bartsch et al.，2018）。与传统的实时 PCR 方法相比，ddPCR 有可能提供绝对定量，并克服实时 PCR 使用中背景基质引入的偏差、PCR 扩增效率和许多其他影响因素的缺陷。而鉴定合适的内源基因是转基因生物定量的第一步和关键步骤，只有具有稳定低拷贝遗传的基因才可以用作数字 PCR 定量的内源基因。到目前为止，暂无适用于大米 ddPCR 定量的内源基因的报道。此外，由于 ddPCR（在微环境中用很少的模板扩增）和实时 PCR（对混合模板进行扩增）之间的扩增环境不同，适用于实时 PCR 的内源参照基因可能不一定适用于 ddPCR（Yu et al.，2012）。此外，由于 ddPCR 定量的靶基因拷贝数采用终点计数法计数的，PCR 扩增效率对 ddPCR 定量结果的影响较小。因此，对于已报道的大米特异性内源基因（*gos9*、*PLD*、*SPS*、*RBE4*、*ppi-PPF* 和 *oriazain*），有必要进行全面的评估是否可用于 ddPCR。

2.8.1　材料来源

7 个非转基因粳米品种'吉粳 88'、'秋光粳'、'长白 9 粳'、'吉玉粳'、'通 35 粳'、'岳糯 6 号'、'连糯 1 号'，7 个非转基因籼米品种'风优 188'、'Y 两优 302'、'扬两优 6'、'早籼 615'、'丰两优 1 号'、'皖稻 386'及'镇糯 19'，进口非转基因大米泰国'茉莉'香米、印度'巴吞米'、野生型'明恢 63'大米（多个品系转基因大米的受体）及转基因大米'科丰 6 号'。

2.8.2　主要设备

数字 PCR 系统（BIO-RAD，QX200）。

2.8.3　实验方法

（1）样品前处理

样品材料分别放入样品研磨机中，研磨至 60 目左右粒度，提取基因组后稀释至相应浓度，−20℃保存备用。

（2）引物和探针的设计及合成

PLD-2、SPS-2 和'科丰 6 号'的引物探针通过 Primer Premier 5.0 设计，其他引物探针序列来源于文献（表 2-25）。

表 2-25 所有基因扩增所用引物探针信息表

靶基因	引物/探针	引物/探针序列（5'-3'）	拷贝数	参考文献
GOS9	GOS9-1	F-TTAGCCTCCCGCTGCAGA R-AGAGTCCACAAGTGCTCCCG P-（VIC）ATCTGCCCCAGCACTCGTCCG（TAMARA）	2	Hernández et al.，2005
	GOS9-2	F-TTAGCCTCCCGCTGCAGA R-AGAGTCCACAAGTGCTCCCG P-（VIC）CGGCAGTGTGGTTGGTTTCTTCGG（TAMARA）		JRC，2006
PLD	PLD-1	F- TGGTGAGCGTTTTGCAGTCT R-CTGATCCACTAGCAGGAGGTCC P-（VIC）TGTTGTGCTGCCAATGTGGCCTG（TAMARA）	3	Wang et al.，2010
	PLD-2	F- GGCGAAGAGGATCAATGCTGA R-GCATAGTCTGTGCCATCCAAAGG P-（VIC）CCTTCTTCTGCTTAGGGAACAGGGAAG （TAMARA）		自行设计
SPS	SPS-1	F- TTGCGCCTGAACGGATAT R-CGGTTGATCTTTTCGGGATG-30 P-（VIC）TCCGAGCCGTCCGTGCGTC（TAMARA）	1	ISO，2006
	SPS-2	F-GAGGTCACCAAGGCTGCCAGTG R-GCACTCCTGATTCTTCCAGGCTTC P-（VIC）TAGGCTTCCCAGCAGGCAACCAA（BHQ1）		自行设计
RBE4	RBE4	F-GTTTTAGTTGGGTGAAAGCGGTT R-CCTGTTAGTTCTTCCAATGCCCTTA P- VIC-TCTGGTTGGGAATAGATACT-MGBNFQ	1	Jeong et al.，2016
ppi-PPF	ppi-PPF	F-AATTCTGTCATGTATTTGAGCAGTTCA R-AATGACAACAAGCCCATCCAA P-（VIC）ACACTGTAAACAAAC-MGB	1	Chaouachi et al.，2007
oriazain	oriazain	F-CGCCGCGTTCCTGCT R-CGTTGTAGGAGATGATCGACATG P-（VIC）CTCATCGTCGTTGGTCACCGCG-TAMARA	1	Yuan et al.，2017
Kefeng-6 event specific gene	Kefeng-6	F-CGTAGTACGTACCGCCGTGTG R-TTAGTGCAGATGCATGAATCGC P-（FAM）AGCATGGTTCTCAGTACAACGCGCGA-BHQ1	1	自行设计
Lectin	Lectin	F-TCCACCCCCATCCACATTT R-GGCATAGAAGGTGAAGTTGAAGGA P-（FAM）-AACCGGTAGCGTTGCCAGCTTCG- （TAMARA）	1	ISO，2006

（3）大米内源基因种间特异性和种内保守性

选取了 9 组引物探针序列，利用受体大米'明恢 63'等 18 个亚种的大米基因和 17 种其他常见农食产品为模板，以 ddH₂O 为空白对照，分别验证每一组引物探针的有效性、种间特异性和种内保守性。

（4）采用不同的内参基因对转基因大米'科丰 6 号'品系进行定量分析

利用上述实验筛选得到的内参基因，对含量分别为 0.1%、1%、10%（m/m）的转基因大米'科丰 6 号'样品进行定量检测，每个样品 3 次重复定量试验，根据仪器自动给出的内外源基因拷贝数浓度，计算各个样品的实际含量及其相关参数。

2.8.4 结果与分析

（1）评估大米内源参考基因的物种特异性和种内包容性

首先使用所有大米样品和其他作物的基因组 DNA 对 9 对候选引物探针组的 ddPCR 扩增效率进行评估，结果表明GOS9-1 和 oriazain 的引物和探针没有显示阳性信号，PLD-2 只能扩增 16 个大米品种，样品'秋光粳'和'吉玉粳'则无扩增信号，其他 6 对引物和探针（GOS9-2、PLD-1、SPS-1、SPS-2、RBE4 和 ppi-PPF）可以扩增所有 18 种不同的大米。随后本研究进一步评估了这 7 对引物和探针（GOS9-2、PLD-1、PLD-2、SPS-1、SPS-2、RBE4 和 ppi-PPF）的特异性，发现 GOS9-2、SPS-1、SPS-2、RBE4 和 ppi-PPF 只能在大米样品中有扩增，其他农食产品均无阳性信号产生，表明这 5 对引物探针对大米具有高度特异性，可用于区分大米与其他作物。然而，*PLD* 基因的两组引物探针（PLD-1 和 PLD-2）在玉米和高粱基因样品中有非特异性扩增。由于内源性参照基因的交叉反应会导致 ddPCR 定量所得的 GM 含量变小，因此基于 *PLD* 基因的引物探针组（PLD-1 和 PLD-2）将不会用于后续研究。因此，GOS9-2、SPS-1、SPS-2、RBE4 和 ppi-PPF 引物探针具有种内包容性和物种特异性，将在后续研究中使用。

当定量检测 100%转基因大米品系'科丰 6 号'时，三种大米内源基因（*SPS-2*，*RBE4* 和 *ppi-PPF*）和'科丰 6 号'品系特异性基因的拷贝数无显著差异（表 2-26）。因此，在所有这 18 个大米样品中，*SPS-2*、*RBE4* 和 *ppi-PPF* 基因均为单拷贝基因，因为'科丰 6 号'品系特异性基因已被报道为单拷贝基因（Guertler et al.，2012）。与 Southern 印迹和实时 PCR 相比，ddPCR 是更方便、更新颖的有效测定靶基因拷贝数的方法。

表 2-26 实验室内可重复性验证

目的基因	基因浓度/（拷贝/反应）	A* 10 个平行的均值/（拷贝/反应）	RSDr/%	B* 10 个平行的均值/（拷贝/反应）	RSDr/%
SPS-2	40	42.4±3.75	8.84	44.11±5.42	12.28
	20	22.63±3.58	15.83	19.61±2.43	12.38
	10	12.34±2.97	24.08	9.26±2.30	24.88
	3	4.25±1.74	41.04	4.10±1.61	39.19%
RBE4	40	37.22±5.07	13.62	38.1±4.31	11.30
	20	22.24±3.25	14.61	20.77±2.13	10.25
	10	12.3±3.92	31.85	11.3±3.17	28.03
	3	3.64±1.27	34.79	2.26±1.76	78.04
ppi-PPF	40	43.8±4.37	9.97	44.7±5.91	13.22
	20	20.51±1.94	9.47	19.71±2.48	12.58
	10	12.83±6.54	51.00	16.41±12.39	75.52
	3	4.41±1.97	44.77	4.13±2.18	52.76

*A 和 B 代表实验室内相近的时间段里不同操作者的多次操作均值

（2）鲁棒性、定量检测限和定性检测限

通过建立的 ddPCR 方法分析含量从 0.125～5.0 pg/μL 的'明恢 63'基因系列稀释

液，并且基于靶基因的拷贝数计算其平均值和 RSDr 的平均值。结果显示，当 3 种基因的浓度高于 20 拷贝/反应时，*SPS-2*、*RBE4* 和 *ppi-PPF* 体系中的 RSD 值在 9.47%～15.83%，这 3 个实验的鲁棒性符合 GMO 标准化检测的要求。当浓度低于 10 拷贝/反应时，10 个重复的 *SPS-2* 基因的 RSDr 仅为 24.88%，*RBE4* 和 *ppi-PPF* 基因的 RSDr 高于 25%，表明只有当基因浓度高于 20 拷贝/反应时，*RBE4* 和 *ppi-PPF* 扩增体系能够重复和精确地定量转基因大米。然而，即使定量结果不够准确，当它们的靶基因浓度低至 3 拷贝/反应时，仍然可以在 95% 的置信区间内检测到这 3 种靶基因。这表明这 3 个体系的定性检测限可低至 3 拷贝/反应。

将本研究中的 ddPCR 结果与其他文献中的实时 PCR 和 ddPCR 的结果进行比较分析，在扩增相同的基因时，实时 PCR 的 LOQ 和 LOD 分别为 40 拷贝/反应和 5 拷贝/反应（表 2-27）。这表明 ddPCR 的定量结果比实时 PCR 的定量结果更灵敏。因此，与实时 PCR 相比，ddPCR 体系中这三种基因的 LOQ 和 LOD 中具有无可比拟的优势。

表 2-27　大米内源基因在实时荧光 PCR 和 ddPCR 中的检测限

检测限	实时荧光 PCR/（拷贝/反应）			ddPCR/（拷贝/反应）		
	SPS-2	*RBE4*	*ppi-PPF*	*SPS-2*	*RBE4*	*ppi-PPF*
LOD	10[a,b]	5[c], 10[b]	5[b]	3	3[b], 3	3
LOQ	60[b], 100[a], 800[c]	40[b]	60[b]	10	11[b], 20	20

a. Ding et al., 2004；b. Zhang et al., 2012；c. Wang et al., 2010

（3）定量检测转基因大米品系'科丰 6 号'

为确保能在实际应用中使用 *SPS-2*、*RBE4* 和 *ppi-PPF* 作为内参基因建立 ddPCR 定量分析方法，对含有 0.1%～100%（*m/m*）的转基因大米品系'科丰 6 号'的样品进行了定量分析，以评估其适用性。此外，还将 ddPCR 的结果与实时 PCR 的结果进行了比较。结果表明，使用 3 种内源基因定量得到的转基因含量都与实际结果基本一致（表 2-28）。根据定量要求，结果的精密度（偏差）应在可接受参考值的 ±25% 范围内，而多次重复的 RSDr 值则应在整个动态范围内 ≤25%。本研究中，dPCR 定量结果的偏差均在 ±15% 以内且 RSDr 均低于 15%，而实时 PCR 定量结果的偏差和 RSDr 则有部分参数不能满足上述基本要求，特别是 GM 含量低至 0.1% 时。而对含量为 0.1%（*m/m*）的'科丰 6 号'转基因大米进行 dPCR 定量分析时，*SPS-2*、*RBE4* 和 *ppi-PPF* 体系的定量结果分别为 0.115%、0.109% 和 0.110%，3 组数据均具有可接受的准确性和精密度。因此，转基因大米'科丰 6 号'的相对 LOQ 确定为 0.1%，低于欧盟和许多其他国家对已批准转基因产品的标签阈值水平（Brod et al., 2014；Yuan et al., 2017；Xu et al., 2019）。

2.8.5　小结

在本研究中，通过 ddPCR 比较和评估了 6 种大米基因（*gos9*、*PLD*、*SPS*、*RBE4*、*ppi-PPF* 和 *oriazain*）的标准。以大豆 *Lectin* 基因为内标基因，验证了 *SPS*、*RBE4* 和 *ppi-PPF* 基因的拷贝数在不同大米品种间具有稳定性。使用这三个内参基因建立的 ddPCR 定量

表 2-28　利用实时 PCR 和 ddPCR 方法定量检测转基因大米品系科丰 6 号

方法	样品质量分数 a/%	'科丰6号'品系特异性基因		SPS-2				RBE4				PPI			
		平均浓度(拷贝/反应) b	RSD/%	平均浓度(拷贝/反应)	RSD/%	转基因含量/% c	相对误差/%	平均浓度(拷贝/反应)	RSD/%	转基因含量/%	相对误差/%	平均浓度(拷贝/反应)	RSD/%	转基因含量/%	相对误差/%
实时 PCR	0	0	/	60 966.67	6.48	0	/	72 093.33	9.16	0	/	70 373.33	8.25	0	/
	0.1	81.40	20.42	62 086.67	4.35	0.13	29.77	77 886.67	6.41	0.1	19.16	60 293.33	6.18	0.14	41.07
	1	679.20	16.34	54 033.33	4.7	1.26	26.00	61 453.33	7.15	1.11	11.47	77 646.67	3.82	0.87	13.34
	5	3 471.20	11.73	65 800.00	2.51	5.28	5.60	74 906.67	2.91	4.63	−7.32	73 360.00	2.72	4.73	−5.31
	100	67 546.40	7.18	66 040.00	2.14	102.28	2.28	69 246.67	3.74	97.54	−2.46	66 253.33	3.48	101.95	1.95
ddPCR	0	0	/	68 200.00	1.78	/	/	73 086.67	1.89	/	/	71 273.33	5.28	/	/
	0.1	78.00	9.25	68 066.67	3.53	0.11	11.32	71 660.00	2.69	0.11	9.78	70 166.67	4.99	0.11.	10.21
	1	708.67	9.78	65 000.00	4.16	1.09	9.03	77 873.33	6.97	0.91	−9.25	67 806.67	3.7	1.05	4.77
	5	3 273.33	7.70	64 340.00	5.50	5.09	1.75	74 293.33	0.83	4.41	−11.87	71 853.33	3.88	4.56	−8.89
	100	72 133.33	4.01	71 266.67	2.78	101.22	1.22	74 906.67	1.47	96.30	−3.74	70 573.33	3.22	102.21	2.21

a. 样品质量分数表示转基因样品在实际样品中总的质量含量;
b. 平均浓度表示反应总体积中拷贝数的浓度均值;
c. 转基因含量表示通过内外源基因比值计算得到的转基因含量

系统精准可靠,其 LOQ 为 10～20 拷贝/反应。本研究建立的内参基因定量方法可用于转基因大米的 GM 含量分析,能精准对含量低至 0.1%(*m/m*)的转基因大米样品进行定量,其结果比使用相同引物和探针的实时 PCR 更为可靠。

2.9　用 RPA 技术快速检测转基因大米及其制品的方法研究

RPA 技术最大的特点是不需要通过高低温度循环实现核酸解链和退火,只需要 1 对引物即可在 37℃恒温进行模板核酸的扩增(Piepenburg et al., 2006a)。该方法是以 T_4 噬菌体基因复制机理系统为蓝本,系统中除了需要一种常温下能工作的基因聚合酶外,还包含一个噬菌体 uvsX 重组酶和一个单链基因结合酶(gp32),以及另外一个辅助 uvsX 重组酶的 uvsY 蛋白。

大米(*Oryza sativa*)是全世界最重要的粮食作物之一,是亚洲地区的主粮。为了在生产中降低由螟虫等鳞翅目害虫所造成的产量损失和减少化学农药的使用,抗虫转基因大米一直是许多亚洲国家的积极研发目标。其中转 *Bt* 毒素基因大米,尤其是转入 *Bt* 基因家族中 *Cry1Ab/c* 基因的大米研发最为广泛,转基因大米的大量研发及其潜在的商业化使得快速有效的检测方法的建立迫在眉睫。因此,基于 RPA 技术开发适用于基层实验室及现场快速检测转基因大米及其制品的方法具有重要的实际应用价值。

2.9.1　材料来源

转基因大米阳性材料'华恢 1 号'、'*Bt* 汕优 63'、'科丰 6 号'、克螟稻和'抗优

97'，转基因大豆 'GTS-40-3-2'，转基因玉米 'NK603'，转基因油菜 'RT73'，非转基因大米，市售米粉、米糊及米糕等。

RPA 引物由宝生物工程（大连）有限公司合成。

2.9.2 主要设备

无。

2.9.3 实验方法

（1）RPA 扩增

分别将 RPA 引物、模板基因组、乙酸镁溶液、重组酶、聚合酶及缓冲液等混合均匀，放置于 37℃水浴锅中温浴 60min。

（2）绝对灵敏度及相对灵敏度实验

将各样品基因组 DNA 溶液稀释成 $Cry1Ab/c$ 基因浓度为 10～2000 copies/μL 的溶液，作为反应模板进行 RPA 扩增，测定其绝对灵敏度。

分别制备 $Cry1Ab/c$ 基因含量为 0.05%～10 %（m/m）的样品，提取各梯度样品的基因并稀释至 10ng/μL，用于相对灵敏度的检测。

（3）胶体金免疫层析试纸条的制备及检测

胶体金及层析试纸条的制备、标记方法等均参考文献（Gill and Ghaemi，2008）进行。此试纸条结合垫上吸附有胶体金标记的兔抗生物素抗体，三条检测线分别包被异硫氰酸荧光素（fluorescein isothiocyanate，FITC）抗体、地高辛抗体及 Cy5 抗体，质控线包被通用抗体（羊抗兔 IgG）。SPS 基因 RPA 扩增引物 $F_3$5'端标记 FITC，P-$35S$ 基因 RPA 扩增引物 $F_2$5'端标记 Cy5，T-Nos 基因 RPA 扩增引物 $F_8$5'端标记地高辛。

（4）市售米制品检测

提取转基因大米 'Bt 汕优 63' 和非转基因大米、米粉、米糊、米糕等样品的基因，进行 RPA 扩增及产物鉴定，对市售米制品进行 RPA 检测分析及胶体金免疫层析检测。

2.9.4 结果与分析

（1）RPA 引物筛选结果

本研究收集了大量转基因大米品系中的 SPS 基因、P-$35S$ 基因、T-Nos 基因及 $Cry1Ab/c$ 基因序列，分别进行分析比对，同时结合文献（Piepenburg et al.，2006b；Mori et al.，2004），设计 RPA 引物 24 对，并从中筛选出各个基因中能在预期位置扩增出特异性条带的引物（图 2-18）。其中，SPS 基因扩增效果最好的引物为 F3/R3，$Cry1Ab/c$ 基因扩增效果最好的引物为 **F8/R8**，*P-35S* 基因扩增效果最好的引物为 **F2/R2**，*T-Nos* 基因扩增效果最好的引物为 **F8/R8**。

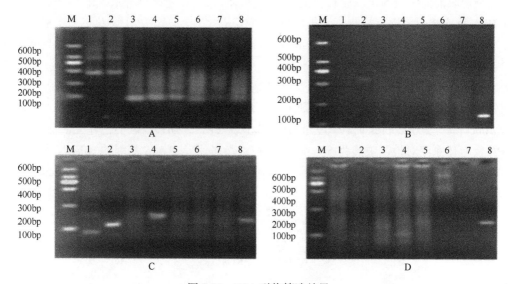

图 2-18 RPA 引物筛选结果

A. *SPS* 基因；B. *Cry1Ab/c* 基因；C. *P-35S* 基因；D. *T-Nos* 基因

M. marker；1. F1R1；2. F2R2；3. F3R3；4. F4R4；5. F5R5；6. F6R6；7. F7R6；8. F8R8

（2）RPA 特异性检测结果

'科丰 6 号'及克螟稻等含有目的基因的转基因大米均能在 78～200bp 扩增出预期长度的条带，非转基因大米及不含模板基因的空白对照（ddH$_2$O）无扩增条带，而其他不含有目的基因的样品均无扩增，表明整个操作过程无污染，此引物特异性较好（图 2-19）。

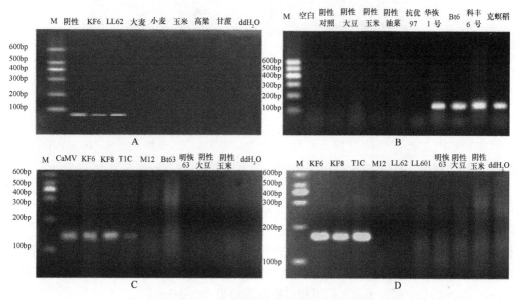

图 2-19 RPA 特异性扩增产物电泳检测结果

A. *SPS* 基因；B. *Cry1Ab/c* 基因；C. *P-35S* 基因；D. *T-Nos* 基因

（3）RPA 绝对灵敏度检测结果

分别取前面所述 5 个浓度梯度的转基因大米 *T1C-19* 基因稀释液 5μL 作为模板，进行 RPA 反应绝对灵敏度检测。当扩增模板中 *SPS*、*Cry1Ab/c*、*P-35S* 及 *T-Nos* 基因含量分别为 2000copies、1000copies 及 500copies 时，依次在各基因对应的位置出现亮度递减的扩增条带，当 *SPS* 基因为 100copies 及 50copies 时，仍能在对应位置出现扩增条带（图 2-20A），当 *Cry1Ab/c* 基因及 *P-35S* 基因为 100copies 时，仍能在对应位置出现扩增条带，而其含量递减到 50copies 则未能出现扩增条带（图 2-20B、C），当 *T-Nos* 基因为 100copies 及 50copies 时，均无扩增条带出现（图 2-20D），表明已建立的 *SPS* 基因 RPA 反应体系绝对检测限约为 50copies，*Cry1Ab/c* 基因及 *P-35S* 基因的 RPA 反应体系绝对检测限约为 100copies，*T-Nos* 基因的 RPA 反应体系绝对检测限约为 500copies。

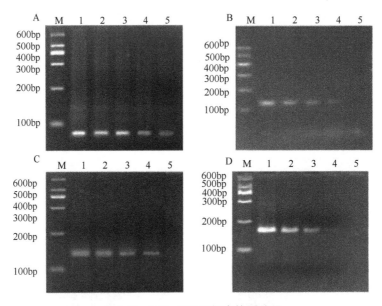

图 2-20　RPA 绝对灵敏度检测结果

A. *SPS* 基因；B. *Cry1Ab/c* 基因；C. *P-35S* 基因；D. *T-Nos* 基因

M. marker；1. 2000copies；2. 1000copies；3. 500copies；4. 100copies；5. 50copies

（4）RPA 相对灵敏度检测结果

以转基因大米 *T1C-19* 含量分别为 2%、1%、0.5%、0.1%和 0.05%（*m/m*）的基因稀释液 5μL 为模板，进行 RPA 方法的相对检测灵敏度测试。

当样品的转基因含量为 2%、1%及 0.5%时，依次在各基因相应位置处出现亮度递减的扩增条带，当模板基因为 0.1%时，*SPS* 基因及 *P-35S* 基因对应位置有单一的扩增条带（图 2-21A 和 C），*Cry1Ab/c* 基因及 *T-Nos* 基因反应无扩增条带（图 2-21B 和 D），当模板基因为 0.05%时，仅 *SPS* 基因对应位置有扩增条带，其他 3 个基因均无扩增条带，表明建立的 RPA 反应体系中 *SPS* 基因相对检测限约为 0.05%，*P-35S* 基因相对检测限约为 0.1%，*Cry1Ab/c* 基因及 *T-Nos* 基因相对检测限约为 500copies。

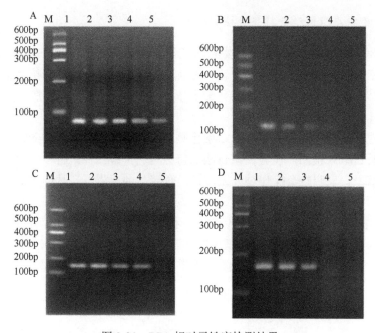

图 2-21　RPA 相对灵敏度检测结果

A. *SPS* 基因；B. *Cry1Ab/c* 基因；C. *P-35S* 基因；D. *T-Nos* 基因

M. marker；1. 2% KF6；2. 1% KF6；3. 0.5% KF6；4. 0.1% KF6；5. 0.05% KF6

（5）多重 RPA 扩增

多重 RPA 中的引物浓度比例等因素直接影响着 RPA 扩增效率，为了得到理想的 RPA 反应条件，分别对引物之间的浓度、模板量和退火温度等进行优化，经多次摸索得出 *SPS* 基因、*P-35S* 基因及 *T-Nos* 基因的最佳三重 RPA 扩增反应体系后，按优化的多重 RPA 反应条件进行扩增，结果显示均能在相应位置出现扩增条带。阴性大米样品只能扩增出 78bp 的 SPS 基因条带，而 ʻ*Bt* 汕优 63ʼ 由于不含 *P-35S* 基因，故扩增出了 78bp 的 *SPS* 基因和 165bp 的 *T-Nos* 基因条带，另外两个转基因大米由于含有这 3 个基因，故而能在 78bp、138bp 及 165bp 均出现扩增条带（图 2-22）。表明已建立的三重 RPA 扩增方法具有较好的特异性。

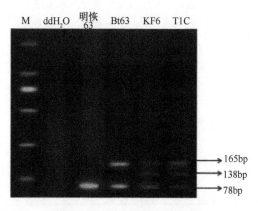

图 2-22　多重 RPA 扩增结果

（6）胶体金免疫层析试纸条特异性检测结果

以浓度为 0.2～10mL/cm 胶体金生物素抗体复合物及浓度为 0.1～0.7mg/mL 的检测抗体进行正交实验，同时记录检测条带的清晰度，以得到最佳胶体金抗体复合物浓度及最佳检测抗体浓度。测得的检测线抗体最小浓度为 0.7mg/mL，最佳胶体金生物素抗体复合物浓度 4.8mL/cm。

利用所建立的胶体金免疫层析试纸条检测方法，对各 RPA 产物的特异性进行了胶体金免疫层析试纸条检测，以验证该方法的特异性。如图 2-23 所示，空白对照中仅有质控点出现信号，表明整个操作过程无污染；对转基因玉米、转基因大豆及转基因油菜样品分别进行 3 个基因检测均呈阴性，表明该方法种间特异性较好；所有大米样品均能检测到 SPS 基因，非转基因大米及转基因大米'抗优 97'由于不含有目的外源基因，故检测结果为阴性,仅含有目的外源基因的转基因大米'科丰 6 号'、转基因大米'LL601'及克螟稻能检测到 P-35S 及 T-Nos 基因，表明该方法特异性较好。

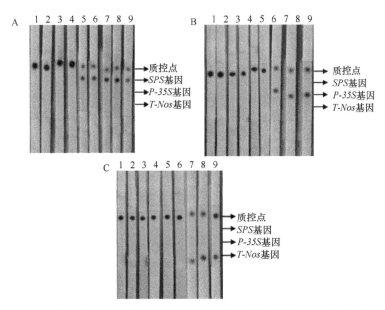

图 2-23　单重 RPA 特异性扩增产物胶体金免疫层析试纸条检测结果（彩图请扫封底二维码）
A. SPS 基因；1. 空白对照（ddH$_2$O）；2. 转基因玉米'NK603'；3. 转基因大豆'Mon89788'；
4. 转基因油菜'RT73'；5. 转基因大米'抗优 97'；6. 阴性对照（非转基因大米）；7. 转基因大米'科丰 6 号'；
8. 转基因大米'LL601'；9. 转基因大米'Bt 汕优 63'
B. P-35S 基因；1. 空白对照（ddH$_2$O）；2. 转基因玉米'GA21'；3. 转基因大豆'Mon89788'；4. 转基因油菜'RT73'；
5. 转基因大米'抗优 97'；6. 阴性对照（非转基因大米）；7. 转基因大米'科丰 6 号'；8. 转基因大米'LL601'；
9. 转基因大米'LL62'
C. T-Nos 基因；1. 空白对照（ddH$_2$O）；2. 转基因玉米'Bt176'；3. 转基因大豆'Mon89788'；4. 转基因油菜'RT73'；
5. 转基因大米'抗优 97'；6. 阴性对照（非转基因大米）；7. 转基因大米'科丰 6 号'；8. 转基因大米'LL601'；
9. 转基因克螟稻

（7）利用胶体金免疫层析试纸条进行多重 RPA 产物检测的特异性

为建立新型实用的快速检测方法，利用胶体金免疫层析试纸条检测方法对建立的多重 RPA 扩增产物进行了检测。空白对照（ddH$_2$O）、转基因大豆'DP305423'、'Mon89788'

及转基因油菜'RT73'由于既不含有大米内源基因 *SPS*，也不含有外源基因 *P-35S* 和 *T-Nos*，故只有质控点有信号；转基因大米'LL62'由于不含 *T-Nos* 基因，故只有质控点、*SPS* 及 *P-35S* 基因有信号；克螟稻不含基因 P-35S，故只有质控点、SPS 及 T-Nos 基因有信号；转基因大米'科丰 6 号'及'LL601'含有 *SPS*、*P-35S* 及 *T-Nos* 3 个基因，故可在已建立的多重胶体金免疫层析试纸条上呈现出包括质控点在内的 4 个信号点(图 2-24)。表明已建立的三重 RPA-胶体金免疫层析试纸条检测方法具有较好的特异性。

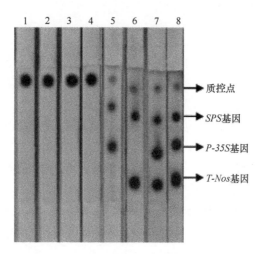

图 2-24 多重 RPA 产物胶体金免疫层析试纸条检测结果（彩图请扫封底二维码）
1. 空白对照（ddH₂O）；2. 转基因大豆 DP305423；3. 转基因大豆'Mon89788'；4. 转基因油菜'RT73'；
5. 转基因大米'LL62'；6. 转基因克螟稻；7. 转基因大米'科丰 6 号'；8. 转基因大米'LL601'

（8）胶体金免疫层析试纸条检测的灵敏度

以转基因大米 *T1C-19* 含量分别为 2%、1%、0.5%、0.1%和 0.05%（*m/m*）的基因稀释液 5μL 为模板，进行 RPA 扩增，并取 10μL 产物进行胶体金免疫层析试纸条检测，以验证该方法的相对灵敏度。如图 2-25 所示，当样品的转基因含量为 2%、1%及 0.5%时，

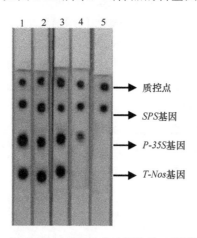

图 2-25 胶体金免疫层析试纸条灵敏度检测结果（彩图请扫封底二维码）
1. 2% T1C-19；2. 1% T1C-19；3. 0.5% T1C-19；4. 0.1% T1C-19；5. 0.05% T1C-19

依次在各基因相应位置处出现亮度递减的阳性信号;当模板转基因含量为 0.1% 时,*SPS* 及 *P-35S* 基因对应位置有信号而 *T-Nos* 基因已检测不到信号;当模板转基因含量仅为 0.05% 时,仅 *SPS* 基因对应位置有微弱的阳性信号,其他两个基因均无信号,表明建立的 RPA 产物检测体系中 *SPS* 基因相对检测限约为 0.05%,*P-35S* 基因相对检测限约为 0.1%,*T-Nos* 基因相对检测限约为 0.5%,这与图 2-22 中利用琼脂糖凝胶电泳检测 RPA 产物的结果相符。

2.9.5 小结

快速实用是转基因检测技术的核心之一,由于目前的常规检测方法都离不开 PCR 步骤或者其他用于芯片杂交的高端仪器,这大大限制了其应用范围,无法完全满足转基因大米及其加工产品的检测需要。

RPA 技术是通过重组酶将引物定位到双链模板基因,在基因聚合酶作用下延伸,最终得到特异基因片段的等温扩增技术。由于重组酶可以在 40℃ 左右时与双链基因模板进行结合并将引物定位到目的片段上,因此整个扩增过程不需要常规 PCR 所用的高温变性步骤,从而不需要依赖于任何高端仪器就能在短时间内(1~2h)得到大量目的片段。

通过结合 RPA 和 TCT 技术,旨在通过 RPA 这种新技术的应用在不借助高端仪器的情况下对转基因大米及其加工制品进行检测,为转基因现场检测提供一种新型实用的快速检测方法。

2.10 食品中常见坚果类过敏原成分 LAMP 检测方法研究

作为一个全球性的食品安全问题和公共健康问题,食物过敏越来越引起人们的关注。近年来,世界各国特别是西方发达国家对食品过敏原标签标识管理较为严格,相关的法律法规也趋于完善,食品标签已成为设置国际贸易技术壁垒的重要手段(Ansari et al.,2012)。食物过敏至今尚无特效疗法,极其少量的过敏原即可造成严重的后果。食品标签上标识出过敏原是避免过敏患者食入潜在的食品过敏原的最有效的途径,而食品过敏原检测分析技术是其中最关键的环节(Caubet and Wang,2011;Hochwallner,2014)。因此,建立快速简便、灵敏的食品过敏原检测方法是过敏原标签标识制度实施的重要技术保障。

环介导等温扩增(loop-mediated isothermal amplification,LAMP)技术是由日本的荣研化学株式会社建立的一种快速高效、特异性强的核酸扩增技术。该技术通过 4 条能够识别靶基因序列上 6 个特定区域的特异性引物的和具有链置换活性的 *Bst* 基因聚合酶,在恒温条件下(60~65℃)对靶标基因在 1h 内进行高效扩增,因此,LAMP 技术可作为一种有效的食品过敏原快速检测方法(Notomi et al.,2000;Tomita et al.,2008)。

2.10.1 材料来源

榛子、开心果、胡桃、美国山核桃、山核桃、腰果、松子、澳洲坚果、巴西坚果、扁桃仁、杏仁、大豆、花生、玉米、小麦、大米。

2.10.2 主要设备

LAMP 实时浊度仪（Loopamp，LA-320）。

2.10.3 实验方法

（1）LAMP 检测方法的建立

根据 GenBank 中公布的根据腰果叶绿体 *rbcL* 基因及过敏原基因（*Ana o 2*、*Ana o 3*），开心果过敏原基因（*Pis v 1*、*Pis v 2*），胡桃过敏原基因（*Jug r 1*、*Jug r 4*），榛子过敏原基因（*Cor a 14*），通过序列比对选择出基因序列的种特异性区域，扩增后进行克隆测序，根据序列信息设计 LAMP 引物。

在所选择的基因序列的种特异性区域，根据 LAMP 引物设计的基本原理分别设计了包括两条外引物 F3、B3，两条内引物 FIP、BIP 及两条环引物 FLP、BLP 的整套 LAMP 引物，引物均由上海英骏生物技术有限公司合成。

分别考察不同内引物浓度、不同反应温度对 LAMP 反应扩增效果的影响。内引物浓度分别为 0.2μmol/L、0.4μmol/L、0.6μmol/L、0.8μmol/L、1.0μmol/L、1.2μmol/L、1.4μmol/L、1.6μmol/L，反应温度分别为 59℃、61℃、63℃、65℃，通过实时浊度仪器的监测，确定最佳反应条件。

（2）LAMP 引物特异性实验

选择开心果、腰果、胡桃等常见坚果类及大米、玉米、大豆等常见农产品样品的基因，用所建立的 LAMP 检测体系进行特异性实验。以灭菌 ddH₂O 代替基因模板作为空白对照，用浊度仪进行实时监测，从而验证 LAMP 反应的特异性。

（3）LAMP 灵敏度实验

以大米为基质进行模拟添加实验。分别取 60℃过夜烘干的 5 种坚果仁 5g 加入 95g 同样烘干的大米粒中，用高速研磨机粉碎混匀制成坚果成分含量为 5%（*m/m*）的大米粉样品，用相同方法依次制备含有 1%、0.1%、0.02%和 0.01%坚果成分的大米粉样品，并用 CTAB 法提取基因。取上述各含量模拟样品的基因溶液 2μL 作为 LAMP 反应模板，用所建立的 LAMP 检测体系进行相对灵敏度实验，以灭菌 ddH₂O 为空白对照。

2.10.4 结果与分析

（1）开心果过敏原成分 LAMP 检测方法的建立

根据开心果过敏原基因（*Pis v 1*、*Pis v 2*）设计了 3 套 LAMP 引物。根据 LAMP 引物的扩增程度、特异性结果和起峰时间等方面对这 3 套引物进行筛选和比较，最终选择第 3 套引物进行后续试验，随后通过条件优化，确定开心果最适内引物浓度为 0.8μmol/L、最适反应温度为 65℃。

1）开心果特异性检测结果

以灭菌 ddH$_2$O 为空白对照，各取 2μL 10ng/μL 的花生、玉米、大米、大豆、扁桃仁、杏仁、巴西坚果、松子、榛子、澳洲坚果、山核桃、胡桃、碧根果、腰果和开心果样品的基因溶液作为模板进行 LAMP 扩增反应，每种样品 2 次重复。开心果的实时浊度曲线在 25min 时出现跃升，而空白对照及其他坚果及农作物样品的实时浊度曲线在 60min 反应时间内无显著变化，表明所建立的开心果过敏原成分 LAMP 检测方法具有良好的特异性（图 2-26）。

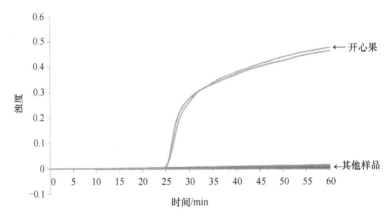

图 2-26　开心果 LAMP 特异性实验的实时浊度曲线

2）开心果灵敏度检测结果

以大米为基质进行模拟添加实验，用高速研磨机粉碎混匀制成开心果成分含量为 5%、1%、0.1%、0.02% 和 0.01% 的大米粉样品，提取基因后进行 LAMP 反应。

阳性对照和 5%、1%、0.1% 含量的样品分别在 23～33min 出现浊度峰，含量为 0.02% 开心果的样品在 55min 左右出现浊度峰，阴性对照（大米）和空白对照无扩增反应（图 2-27）。实验表明，该 LAMP 方法的相对灵敏度低于 0.1%（m/m）。

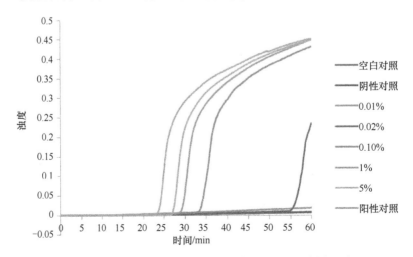

图 2-27　开心果 LAMP 检测方法的灵敏度（彩图请扫封底二维码）

（2）腰果过敏原成分LAMP检测方法的建立

根据腰果叶绿体 *rbcL* 基因及过敏原基因（*Ana o 2*、*Ana o 3*）设计了 3 套引物，根据LAMP引物的扩增程度、特异性结果和起峰时间等方面对这3套引物进行筛选和比较，并对其进行修改，最终得到腰果 LAMP 引物序列。随后通过条件优化，确定腰果最适内引物浓度为 1μmol/L、最适反应温度为 65℃。

1）腰果特异性检测结果

以灭菌 ddH_2O 为空白对照，各取 2μL 10ng/μL 的花生、玉米、大米、大豆、扁桃仁、杏仁、巴西坚果、松子、榛子、澳洲坚果、山核桃、胡桃、碧根果、腰果和开心果样品的基因溶液作为模板进行 LAMP 扩增反应，每种样品 2 次重复。只有腰果的实时浊度曲线在 17min 时出现跃升，而空白对照及其他坚果及农作物样品的实时浊度曲线在 60min 反应时间内无显著变化，表明所建立的腰果过敏原成分 LAMP 检测方法具有良好的特异性（图 2-28）。

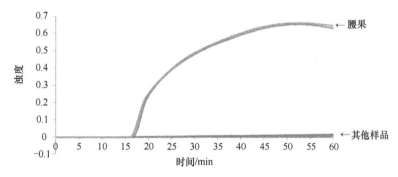

图 2-28　腰果 LAMP 特异性实验的实时浊度曲线

2）腰果灵敏度检测结果

以大米为基质进行模拟添加实验，用高速研磨机粉碎混匀制成腰果成分含量为 5%、1%、0.1%、0.05%和0.01%的大米粉样品，并用 CTAB 法提取基因。然后分别取上述各含量模拟样品的基因溶液 2μL 作为模板，并以灭菌 ddH_2O 为空白对照，进行 LAMP 反应。阳性对照、5%、1%、0.1%、0.02%和 0.01%含量的样品分别在 15～28min 出现浊度峰，阴性对照（大米）和空白对照无扩增反应。实验表明，该 LAMP 方法的相对灵敏度为 0.01%（*m/m*）（图 2-29）。

（3）榛子过敏原成分 LAMP 检测方法的建立

根据榛子过敏原基因（*Cor a 14*）设计了榛子 LAMP 引物，随后通过优化反应条件，确定最适宜的榛子内引物浓度为 1μmol/L，在 65℃条件下榛子 LAMP 反应扩增效果最佳。

1）榛子特异性检测结果

以灭菌 ddH_2O 为空白对照，各取 2μL 10ng/μL 的花生、玉米、大米、大豆、扁桃仁、杏仁、巴西坚果、松子、榛子、澳洲坚果、山核桃、胡桃、碧根果、腰果和开心果样品的基因溶液作为模板进行 LAMP 扩增反应，每种样品 2 次重复。榛子的实时浊度曲线在

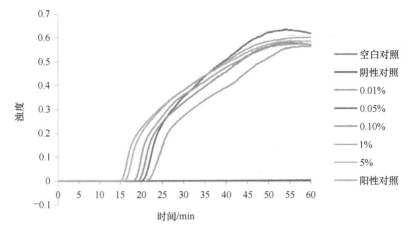

图 2-29 腰果 LAMP 检测方法的灵敏度（彩图请扫封底二维码）

18min 时出现跃升，而空白对照及其他坚果及农作物样品的实时浊度曲线在 60min 反应时间内无显著变化，表明所建立的榛子过敏原成分 LAMP 检测方法具有良好的特异性（图 2-30）。

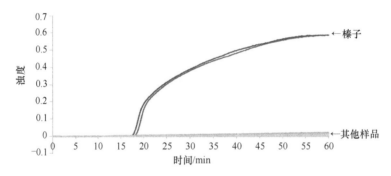

图 2-30 榛子 LAMP 特异性实验的实时浊度曲线

2）榛子灵敏度检测结果

以大米为基质进行模拟添加实验，用高速研磨机粉碎混匀制成榛子成分含量为 5%、1%、0.1%、0.05% 和 0.01% 的大米粉样品，并用 CTAB 法提取基因。然后分别取上述各含量模拟样品的基因溶液 2μL 作为模板，并以灭菌 ddH₂O 为空白对照，进行 LAMP 反应。阳性对照和 5%、1%、0.1% 含量的样品分别在 18～30min 出现浊度峰，阴性对照（大米）和空白对照无扩增反应。实验表明，该 LAMP 方法的相对灵敏度为 0.05%（*m/m*）（图 2-31）。

（4）胡桃等过敏原成分 LAMP 检测方法的建立

由于胡桃、碧根果和山核桃属近缘种，针对胡桃过敏原基因（*Jug r 1*、*Jug r 4*）序列设计能同时检测这 3 种坚果成分的引物。然而，GenBank 数据库中查询不到山核桃过敏原基因序列，对山核桃过敏原基因进行克隆测序，然后根据测序结果修改胡桃的 LAMP 引物。将测序结果与 NCBI 上公布的碧根果、胡桃和榛子序列利用 Clustal X 软件

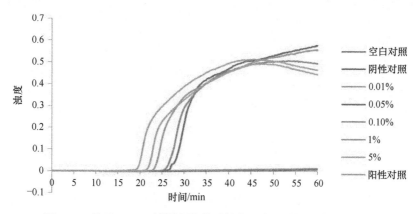

图2-31　榛子 LAMP 检测方法的灵敏度（彩图请扫封底二维码）

进行比对并设计了能同时检测这 3 种坚果成分的引物。随后通过条件优化，确定胡桃最适内引物浓度为 1.2μmol/L、最适反应温度为 65℃。

1）胡桃特异性检测结果

以灭菌 ddH$_2$O 为空白对照，各取 2μL 10ng/μL 的花生、玉米、大米、大豆、扁桃仁、杏仁、巴西坚果、松子、榛子、澳洲坚果、山核桃、胡桃、碧根果、腰果和开心果样品的基因溶液作为模板进行 LAMP 扩增反应，每种样品 2 次重复。胡桃、山核桃和碧根果的实时浊度曲线在 18～25min 时出现跃升，而空白对照及其他坚果及农作物样品的实时浊度曲线在 60min 反应时间内无显著变化，表明所建立的胡桃过敏原成分 LAMP 检测方法具有良好的特异性（图 2-32）。

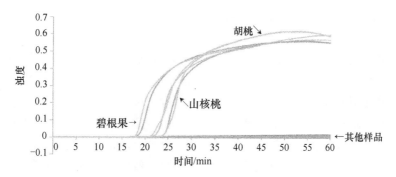

图2-32　胡桃 LAMP 特异性实验的实时浊度曲线

2）胡桃灵敏度检测结果

以大米为基质进行模拟添加实验，用高速研磨机粉碎混匀制成胡桃成分含量为 5%、1%、0.1%、0.05% 和 0.01% 的大米粉样品，提取基因进行 LAMP 反应（图 2-33）。阳性对照和 5%、1%、0.1% 和 0.05% 含量的样品分别在 18～30min 出现浊度峰，阴性对照（大米）和空白对照无扩增反应。实验表明，该 LAMP 方法的相对灵敏度为 0.05%（*m/m*）。

2.10.5　小结

以腰果、开心果、胡桃、榛子等作为主要研究材料，建立了食物中腰果、开心果、

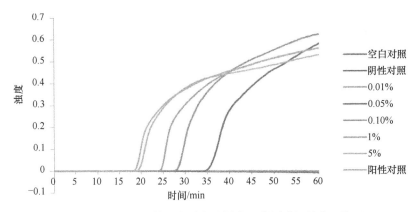

图 2-33　胡桃 LAMP 检测方法的灵敏度（彩图请扫封底二维码）

胡桃、榛子等的 LAMP 检测方法。根据腰果过敏原基因（*Ana o 2*）、开心果过敏原基因（*Pis v 1*）、胡桃过敏原基因（*Jug r 1*）、榛子过敏原基因（*Cor a 14*）设计和筛选特异性的 LAMP 引物，研究讨论了反应时间和内引物浓度对实验的影响程度，确定了引物的特异性和检测灵敏度，建立了腰果、开心果、胡桃、榛子等食品过敏原的 LAMP 检测方法，并将该方法应用于实际的样品检测中。结果显示 LAMP 检测方法对实验条件要求并不苛刻，同时具有较好的特异性和适用性，开心果、腰果、榛子、胡桃 LAMP 方法的相对灵敏度分别为 0.1%、0.01%、0.05%和 0.05%，均能满足实际检测要求。

2.11　基于新型可视薄膜传感芯片的食品过敏原高通量检测方法研究

食品过敏已成为全球关注的重大公共卫生热点问题和新兴食品安全问题。为了保障公众的健康安全，在整个食品产业链上，食品过敏原问题必须时刻加以关注。世界各国特别是西方发达国家都制定了针对食品过敏原标签、标识的法律、法规，对其进行相关标注已成为设置国际技术壁垒的重要手段及设立技术壁垒的新区域。食物过敏至今尚无特效疗法，预防食物过敏的重要途径是严防接触过敏原，而食品过敏原检测分析是其中最关键的环节，也是当今过敏原研究的焦点。但是，新型快速、高通量的多种过敏原同时检测方法仍是迄今食品过敏原检测的瓶颈。可视芯片技术作为一种基于基因的高通量检测技术，目前已被应用于食源性微生物和转基因作物的检测。与传统的生物芯片相比，可视芯片技术由于采用了特殊的杂交结果处理方法，可以产生肉眼即可观察的结果，另因其本质仍为特异性探针杂交产生信号的基因芯片技术，所以使其既具有基因芯片快速、准确、高效、高通量的特点，又可以摆脱昂贵的基因芯片实验设备的限制，广泛地在只有 PCR 仪之类基本分子生物学设备的个体实验室或研究站投入应用。本研究选择大豆、花生、小麦、牛、鱼、鸡、虾、芥末、羽扇豆、芹菜、燕麦、芝麻、腰果、杏仁、榛子和胡桃 16 种常见食品过敏原为对象，研究基于多重 PCR 方法的可视芯片技术在食品过敏原检测中的应用，建立了一套基于基因检测的快速、准确、特异、灵敏的常见食品过敏原高通量检测方法。

2.11.1 材料来源

市售食品包括花生酱、芝麻酱、焦糖榛仁白巧克力、香脆薄饼干、蛋糕预混粉、色拉调味酱等 12 种，含有大豆、花生、小麦、牛、鱼、鸡、虾、芥末、羽扇豆、芹菜、燕麦、芝麻、腰果、杏仁、榛子和胡桃等常见食品过敏原成分。引物序列见表 2-29，下游引物用生物素（biotin）进行标记。

表 2-29 16 种食品过敏原特异性扩增引物

样品	引物序列	靶基因	扩增长度/bp	NCBI 号
大豆	F：5'-GCCCTC TACTCCACCCCCA-3' R：5'-GCCCAT CTGCAAGCCTTTTT-3'	*Lectin* 基因	118	K00821
花生	F：5'-CGCAAAGTCAGCCTAGACAA -3' R：5'-CTTGTCCTGCTCGTTCTCT-3'	*Ara h 3* 基因	78	AF093541
腰果	F：5'-TGCCAGGAGTTGCAGGAAGT-3' R：5'-GCTGCCTCACCATTTGCTCTA-3'	*Ana o 3* 基因	67	AY081853
小麦	F：5'-TGGTCTCATCCCTCTGGTCAA-3' R：5'-GCTGCTGAGGAATCTGTGCTA-3'	*Gliadin* 基因	96	AF234648
牛	F：5'-GCCATATACTCTCCTTGGTGACA-3' R：5'-GTAGGCTTGGGAATAGTACGA-3'	线粒体 DNA	271	AY526085
鸡	F：5'-CCCTCCTCCTTTCATCCTCAT-3' R：5'-GTCATAGCGGAACCGTGGATA-3'	线粒体 DNA	62	AP003322
鱼	F：5'-ATAACAGCGCAATCCTCTCCC-3' R：5'-GCTGCACCATTAGGATGTCCT-3'	16S rRNA	86	EU621440
虾	F：5'-AAGTCTAGCCTGCCCACTG-3' R：5'-GTCCAACCATTCATACAAGCC-3'	16S rRNA	109	AY264916
芥末	F：5'-TGAGTTTGATTTTGAAGACGATATGG-3' R：5'-TGTTTAACGGCTTTGGATGCTC-3'	*Sin a 1* 基因	147	S54101
羽扇豆	F：5'-CCTCACAAGCAGTGCGA-3' R：5'-TTGTTATTAGGCCAGGAGGA-3'	*ITS*（18S~26S）基因	129	GU058035
胡桃	F：5'-CGCGCAGAGAAAGCAGAG-3' R：5'-GACTCATGTCTCGACCTAATGCT-3'	*Jug r 2* 基因	91	AF066055
榛子	F：5'-CCCCGCTGTTTGTGATAT-3' R：5'-ATGATAATAAGCGATACTGTGAT-3'	*Oleosin* 基因	67	AY224599
芹菜	F：5'-TTTGATCCACCGACTTACAGCC-3' R：5'-ACAGATAACGCTGACTCATCAC-3'	*Mtd* 基因	151	AF067082
杏仁	F：5'-TTTGGTTGAAGGAGATGGTC-3' R：5'-TAGTTGCTGGTGCTCTTTATG-3'	*Pru du 1* 基因	108	EU424251
燕麦	F：5'-CGGCGATGTGCGATGTATACG-3' R：5'-AGCCCTTGTAGTGTTCTTAGAAGC-3'	*Avenin* 基因	84	DQ370180
芝麻	F：5'-CCAGAGGGCTAGGGACCTTC-3' R：5'-CTCGGAATTGGCATTGCTG-3'	*2Salbumin mRNA* 基因	62	FJ222625

2.11.2 主要设备

生物芯片点样系统（AD3200，美国 Bio Dot 公司）。

2.11.3 实验方法

（1）可视芯片杂交反应

实验时将醛基标记探针固定在经过氨基化处理的芯片表面，然后使用生物素标记的引物进行 PCR 扩增，扩增产物与芯片上的探针进行特定的杂交反应；接着用辣根过氧化酶抗体（HRP-antibody）处理，然后洗去未杂交的基因链，加入四甲基联苯胺（TMB）

处理,这时生物素标记的杂交基因链在 HRP-antibody 和 TMB 的作用下产生沉淀而形成一层有机薄膜,这层薄膜改变了芯片表面的厚度导致反射光的颜色变化,从而产生肉眼可见的信号,而没有杂交成功的探针位点,无法结合抗体则无变化。

将大豆等 16 种食品过敏原(大豆、花生、腰果、小麦、牛、鱼、鸡、虾、芥末、芝麻、燕麦、杏仁、芹菜、榛子、胡桃和羽扇豆)探针分批次点样于芯片上,排列方案如图 2-34 所示。点样完毕后,固定探针置于芯片表面后,将其与 PCR 产物进行杂交并显色,通过肉眼观察结果并拍照。

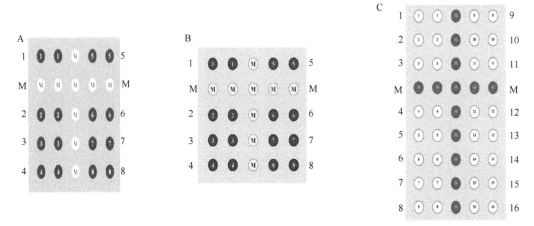

图 2-34　食品过敏原探针的芯片点样示意图(彩图请扫封底二维码)

A. M. 阳性对照;1. 腰果;2. 花生;3. 小麦;4. 大豆;5. 鸡;6. 鱼;7. 虾;8. 牛。

B. M. 阳性对照;1. 芝麻;2. 燕麦;3. 杏仁;4. 芹菜;5. 榛子;6. 胡桃;7. 羽扇豆;8. 芥末。

C. M. 阳性对照;1. 小麦;2. 大豆;3. 花生;4. 腰果;5. 鸡;6. 鱼;7. 虾;8. 牛;9. 芥末;10. 羽扇豆;

11. 胡桃;12. 榛子;13. 燕麦;14. 杏仁;15. 芝麻;16. 芹菜

(2)探针杂交温度的确定

分别将 16 种食品过敏原基因进行单重 PCR 扩增,将 PCR 扩增产物与芯片进行杂交反应,杂交温度梯度分别为 40℃、45℃和 50℃。通过芯片显色反应选择合适的探针杂交温度。杂交反应过程同前。

(3)探针点样浓度的确定

为了确定合适的探针浓度和了解探针杂交反应的灵敏度,本研究分别对 16 种食品过敏原探针进行点样浓度的优化。16 种食品过敏原探针分别会与各自 PCR 产物产生特异性结合,芝麻或者牛探针分别作为阴性对照。依次将两种探针稀释到 10μmol/L、1μmol/L 和 0.1μmol/L 3 个梯度,根据 16 种食品过敏原基因模板(10ng/μL～1pg/μL)的 PCR 产物与芯片杂交反应的显色情况,选择最佳的探针浓度。

(4)过敏原探针特异性实验

1)单组分过敏原特异性实验

为了验证食品过敏原探针的特异性,本研究采用表 2-29 中 16 对生物素标记的过敏原引物分别对 16 种食品过敏原的基因组基因进行单重 PCR 扩增,其 PCR 反应体系和反应参数同前。任意取前述所点的芯片 A 和 B 各 9 片,将 PCR 扩增产物分别与芯片 A 和 B 进行杂交反应,并用灭菌水进行空白对照实验。

2)多组分过敏原特异性实验

按照已建立的 4 组四重 PCR 反应体系,分别对食品过敏原单一基因模板和混合基因模板,进行多重 PCR 扩增。取前面所制备的芯片 A 和 B 各 9 片,分别将多重 PCR 扩增产物与芯片 A 和 B 进行杂交反应实验,并用灭菌水作为空白对照,以此来验证芯片食品过敏原多组分检测的特异性,并研究 PCR 扩增产物与目的探针的杂交是否受到反应体系内其他扩增产物或探针的干扰。杂交过程同前。

(5)可视芯片的灵敏度实验

由于各种食品过敏原所含有的蛋白质和脂类等物质组分不同,基因提取、PCR 扩增及核酸杂交的效果也不尽相同,为验证芯片的检测灵敏度,本研究分别选用操作难度较大的芯片 A 中的腰果和芯片 B 中的芝麻作为研究对象。

将腰果和芝麻基因组 DNA 浓度调至 0.01pg/μL~100ng/μL,经 PCR 扩增后的产物分别与芯片 A 和 B 进行杂交反应,以确定其绝对灵敏度。分别配制含量在 0.0001%~10% (*m/m*)的腰果(或芝麻)样品,提取 DNA 经 PCR 扩增后的产物与芯片 A 和 B 进行杂交反应,以确定其相对灵敏度。

(6)芯片技术在市售食品检测中的应用

利用已建立的食品过敏原多重 PCR 检测方法分别对 11 种市售食品进行多重 PCR 扩增,然后将多重 PCR 扩增产物分别与已制备的芯片 A 和 B 进行杂交反应,并与市售食品过敏原成分的标签标识进行比对。

2.11.4 结果与分析

(1)可视芯片特异性实验结果

1)单组分过敏原特异性实验结果

以与阳性对照亮度相当的信号点为特异性反应标志,通过芯片 A 和 B 上所有 16 种食品过敏原的杂交结果可视信号照片(图 2-35)可以看出,阳性对照点全部明确地显示出来,且都依照实验预先设计的排列成"十"字形图案,而每组实验中的目的探针也均都呈现出明显的信号,可以与背景明确清晰地区分开。同一张芯片上其他的非目的探针位点则完全与背景一致,没有任何信号。芯片 A 中 2~9 上探针位点的颜色变化,分别代表了本研究成功地检测出腰果、花生、小麦、大豆、鸡、鱼、虾、牛 8 种食品过敏原成分;芯片 B 中 2~9 上探针位点的颜色变化,则代表本研究特异地检测出芝麻、燕麦、杏仁、芹菜、榛子、胡桃、羽扇豆和芥末 8 种食品过敏原成分。

通过实验结果还可以看出,杂交反应后的芯片背景非常干净,没有发现能影响实验结果的背景污染,背景与杂交信号的反差异常明显,凭借肉眼可以轻易地区分杂交信号。

本研究所采用的探针都能有效地与对应的过敏原 PCR 产物杂交，杂交信号明显，与实验的预期完全符合。在 PCR 产物特异性和探针特异性的双重保障下，16 种食品过敏原都显示出较好的特异性，没有假阳性结果的出现。

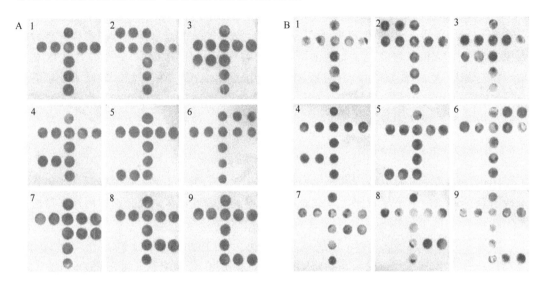

图 2-35　单组分食品过敏原的芯片特异性实验结果（彩图请扫封底二维码）

A. 1. 空白对照（ddH$_2$O）；2. 腰果；3. 花生；4. 小麦；5. 大豆；6. 鸡；7. 鱼；8. 虾；9. 牛

B. 1. 空白对照（ddH$_2$O）；2. 芝麻；3. 燕麦；4. 杏仁；5. 芹菜；6. 榛子；7. 胡桃；8. 羽扇豆；9. 芥末

2）多组分过敏原特异性实验结果

多组分食品过敏原的可视芯片特异性检测结果见图 2-36。从图中可以观察到，"十"字形图案的阳性对照位点的杂交信号非常清晰，目的探针位点的信号明显，可以与背景

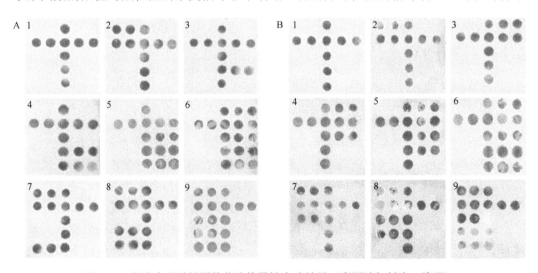

图 2-36　组分食品过敏原的芯片特异性实验结果（彩图请扫封底二维码）

A. 大豆等 8 种食品过敏原的多组分检测结果。1. 空白对照（ddH$_2$O）；2. 腰果；3. 虾；4. 牛和虾；5. 牛、虾和鱼；
6. 牛、虾、鱼和鸡；7. 大豆和腰果；8. 大豆、腰果和小麦；9. 大豆、腰果、小麦和花生

B. 芥末等 8 种食品过敏原的多组分检测结果。1. 空白对照（ddH$_2$O）；2. 芝麻；3. 榛子；4. 榛子和胡桃；5. 榛子、胡桃
和羽扇豆；6. 榛子、胡桃、羽扇豆和芥末；7. 芝麻和燕麦；8. 芝麻、燕麦和杏仁；9. 芝麻、燕麦、杏仁和芹菜

清晰地区分，而其他非目的探针位点则没有任何信号。芯片 A 和 B 中特异性探针杂交位点的颜色变化，显示出可视芯片能够实现对多组分食品过敏原的特异性检测。从该实验结果还可以得出，多重 PCR 扩增产物与芯片上目的探针的结合，与预期设想一致，杂交信号明显，未出现目的基因扩增产物和与特异性探针的杂交反应受到其他扩增产物或探针的干扰现象，这也保障了可视芯片高通量检测的准确性。

（2）可视芯片灵敏度实验结果

1）绝对灵敏度实验

本节研究可视芯片检测的绝对灵敏度，分别选用腰果和芝麻作为可视芯片 A 和 B 的研究对象。将提取的腰果和芝麻基因溶液用核酸蛋白分析仪测定浓度后，用灭菌水稀释成 7 个梯度。将腰果和芝麻 PCR 扩增产物分别与芯片 A 和 B 进行杂交反应，结果表现出与样品基因浓度梯度相对应的变化，即特异性结合位点信号随基因浓度的降低而不断变弱，颜色也依次由蓝色逐渐变为褐色。在腰果和芝麻基因浓度为 0.01pg/μL 时，特异性结合位点无杂交信号的产生；而在基因浓度为 0.1pg/μL 时，芯片产生了较弱的杂交信号；而当基因浓度大于 100pg/μL 时，芯片的杂交信号强度与阳性对照基本一致（图 2-37）。芯片检测腰果和芝麻的绝对灵敏度结果的检测限均可达到 0.1pg/μL。

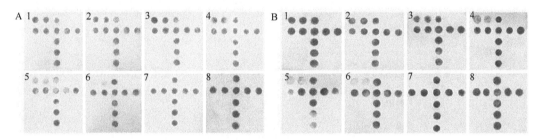

图 2-37 可视芯片的绝对灵敏度检测结果（彩图请扫封底二维码）

A. 腰果绝对灵敏度芯片检测结果。1. 10ng/μL；2. 1ng/μL；3. 100pg/μL；4. 10pg/μL；5. 1pg/μL；6. 0.1pg/μL；
7. 0.01pg/μL；8. 空白对照（ddH₂O）

B. 芝麻绝对灵敏度芯片检测结果。1. 10ng/μL；2. 1ng/μL；3. 100pg/μL；4. 10pg/μL；5. 1pg/μL；6. 0.1pg/μL；
7. 0.01pg/μL；8. 空白对照（ddH₂O）

通过对芯片检测和 PCR 检测两者之间的绝对灵敏度进行比较，结果发现芯片杂交反应的灵敏度高于常规 PCR 反应（1pg/μL）（图 2-38）。由于 PCR 扩增的特异性和探针的特异性，可视芯片杂交检测的可靠性也是电泳检测不能相比的。

2）实际灵敏度实验

将腰果和芝麻 PCR 扩增产物分别与可视芯片 A 和 B 进行杂交反应。图 2-39 显示，当腰果和芝麻的含量为 0.0001%（*m/m*）时，芯片上的特异性结合位点无杂交信号的产生；而在腰果和芝麻含量为 0.001%（*m/m*）时，芯片 A 和 B 仅产生微弱的杂交信号，芯片上杂交位点的颜色显示为褐色；而当腰果和芝麻的含量达到 0.1%（*m/m*）时，即可产生与阳性对照强度相当的杂交信号，杂交位点的颜色也相应地增强为蓝色。芯片检测腰果和芝麻的实际灵敏度结果的检测限均可达到 0.001%（*m/m*）。

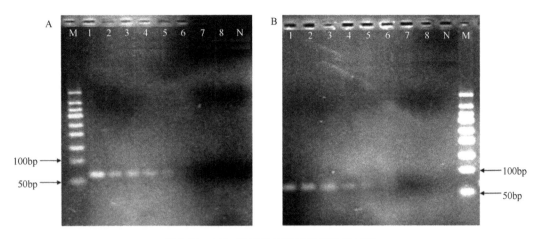

图 2-38　PCR 反应的绝对灵敏度检测结果

A. 腰果绝对灵敏度 PCR 检测结果。M. 50bp 基因分子量标准；1. 10ng/μL 基因；2. 1ng/μL 基因；3. 100pg/μL 基因；
4. 10pg/μL 基因；5. 1pg/μL 基因；6. 0.1pg/μL 基因；7. 0.01pg/μL 基因；8. 空白对照（ddH₂O）；N. 阴性对照（玉米）

B. 芝麻绝对灵敏度 PCR 检测结果。M. 50bp 基因分子量标准；1. 10ng/μL 基因；2. 1ng/μL 基因；3. 100pg/μL 基因；
4. 10pg/μL 基因；5. 1pg/μL 基因；6. 0.1pg/μL 基因；7. 0.01pg/μL 基因；8. 空白对照（ddH₂O）；N. 阴性对照（玉米）

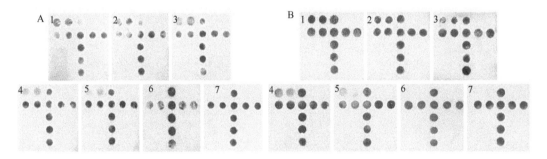

图 2-39　可视芯片的实际灵敏度结果（彩图请扫封底二维码）

A. 腰果实际灵敏度芯片检测结果。1. 10%腰果；2. 1%腰果；3. 0.1%腰果；4. 0.01%腰果；
5. 0.001%腰果；6. 0.0001%腰果；7. 空白对照（ddH₂O）

B. 芝麻实际灵敏度芯片检测结果。1. 10%芝麻；2. 1%芝麻；3. 0.1%芝麻；4. 0.01%芝麻；
5. 0.001%芝麻；6. 0.0001%芝麻；7. 空白对照（ddH₂O）

可视芯片检测的灵敏度主要由 PCR 和芯片杂交信号的灵敏度决定，通过比对芯片杂交与 PCR 检测的灵敏度时，发现芯片杂交反应的实际检测灵敏度高于常规 PCR 检测（0.01%）（图 2-39，图 2-40）。该方法的灵敏度足以满足实际食品检测的需要，从而能确保此方法可以在日常食品检验中的应用。

（3）市售食品的芯片检测结果

1）大豆等 8 种食品过敏原成分的检测结果

为验证市售食品中大豆等 8 种食品过敏原成分标签标识的准确性，利用已制备的芯片 A 分别对 11 种市售食品进行检测。将扩增 11 种市售食品中大豆等 8 种食品过敏原成分的多重 PCR 扩增产物分别与芯片 A 进行杂交反应。通过比对芯片检验结果与 11 种市售食品过敏原成分的标签标识后发现，芯片检测 11 种市售食品的结果与食品过敏成分的标签标识相符合（图 2-41）。

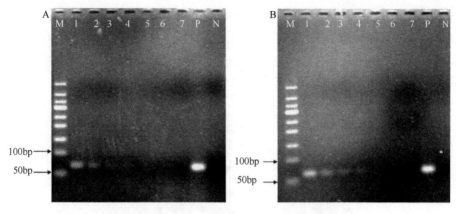

图 2-40　PCR 反应的实际灵敏度检测结果

A. 腰果实际灵敏度 PCR 检测结果。M. 50bp 基因分子量标准；1. 10%腰果；2. 1%腰果；3. 0.1%腰果；4. 0.01%腰果；
5. 0.001%腰果；6. 0.0001%腰果；7. 空白对照（ddH$_2$O）；P. 阳性对照（腰果基因）；N. 阴性对照（玉米）

B. 芝麻实际灵敏度 PCR 检测结果。M. 50bp 基因分子量标准；1. 10%芝麻；2. 1%芝麻；3. 0.1%芝麻；4. 0.01%芝麻；
5. 0.001%芝麻；6. 0.0001%芝麻；7. 空白对照（ddH$_2$O）；P. 阳性对照（芝麻基因）；N. 阴性对照（玉米）

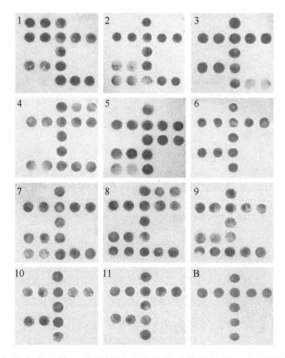

图 2-41　市售食品中大豆等 8 种过敏原成分的芯片检测结果（彩图请扫封底二维码）

1. 白巧克力草莓燕麦条（检出腰果、小麦和牛成分）；2. 香酥巧克力（检出小麦、大豆和牛成分）；3. 意大利面（检出小麦和牛成分）；4. 黑巧克力（检出大豆、鸡和牛成分）；5. 豆豉鲮鱼（检出小麦、大豆和鱼成分）；6. 芝麻菜香饼干（检出小麦成分）；7. 香脆燕麦饼干（检出小麦、大豆和牛成分）；8. 巧克力蛋卷（检出小麦、大豆、鸡和牛成分）；9. 全麦加钙营养饼（检出小麦、大豆和牛成分）；10. 榛子薄脆饼（检出小麦成分）；11. 棍形面包（检出小麦成分）；B. 空白对照（ddH$_2$O）

2）芥末等 8 种食品过敏原成分的检测结果

为验证市售食品中芥末等 8 种食品过敏原成分标签标识的准确性，利用已制备的芯片 B 分别对 11 种市售食品进行检测。将扩增 11 种市售食品中芥末等 8 种食品过敏原成分的多重 PCR 扩增产物分别与芯片 B 进行杂交反应。通过比对芯片检测结果与市售食品过敏原成分的标签标识后发现，芯片检测结果与 8 种食品的过敏原标签标识相同，而与其他 3 种食品的不同。例如，巧克力蛋卷中芹菜成分、榛子薄脆饼中芹菜和羽扇豆成分及棍形面包中羽扇豆成分未被予以标识（图 2-42）。

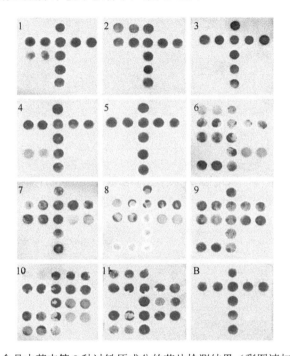

图 2-42　市售食品中芥末等 8 种过敏原成分的芯片检测结果（彩图请扫封底二维码）

1. 白巧克力草莓燕麦条（检出燕麦成分）；2. 香酥巧克力（检出芝麻成分）；3. 意大利面（未检出）；4. 黑巧克力（检出杏仁成分）；5. 豆豉鲮鱼（未检出）；6. 芝麻菜香饼干（检出芝麻、燕麦、芹菜和羽扇豆成分）；7. 香脆燕麦饼干（检出燕麦和胡桃成分）；8. 巧克力蛋卷（检出燕麦、芹菜和胡桃成分）；9. 全麦加钙营养饼（检出燕麦、芹菜和胡桃成分）；10. 榛子薄脆饼（检出芝麻、杏仁、芹菜、榛子、胡桃和羽扇豆成分）；11. 棍形面包（检出芝麻、杏仁、芹菜、胡桃和羽扇豆成分）；B. 空白对照（ddH$_2$O）

3）16 种食品过敏原成分的检测结果

为验证市售食品中多种食品过敏原成分的标签标识及可视芯片高通量检测的准确性和适用性，本研究进一步扩大实验样本数量，利用已制备的芯片 C 分别对 22 种市售食品进行检测。将芯片检测结果与食品过敏原标签标识比对后发现，22 种市售食品标签中标识的过敏原成分均能被芯片方法所检出，并且芯片方法在检测其中 10 种食品时还发现有一些过敏原成分并没有予以食品标签标识（图 2-43）。例如，巧克力蛋卷中芹菜成分，榛子薄脆饼中芹菜和羽扇豆成分，棍形面包中羽扇豆成分，花生酱中牛和燕麦成分，芝麻酱中小麦、大豆、腰果和牛成分，香滑奶茶中大豆、花生和腰果成分，奶酪风味通心粉中大豆和花生成分，香脆薄饼干中花生成分，白巧克力饼干中花生和芥末成分及黄梅果酱饼干中芥末成分没有被标识。究其原因，这可能是由于食品中过敏原含量未达到标签标识的规定阈值；或者是在食品的加工和处理过程中，环境污染、不同的食品使用同一条生产线，在转换产品时由于没有有效地做设备清洁，或在操作环境中带有过敏原尘粒、气溶胶等造成交叉污染等因素而造成。

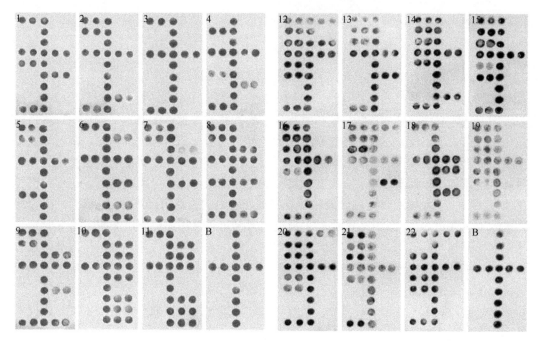

图 2-43 市售食品中 16 种过敏原成分的芯片检测结果（彩图请扫封底二维码）

1. 白巧克力草莓燕麦条（检出腰果、小麦、牛和燕麦成分）；2. 香酥巧克力（检出小麦、大豆、牛和芝麻成分）；3. 意大利面（检出小麦和牛成分）；4. 黑巧克力（检出大豆、鸡、牛和杏仁成分）；5. 豆豉鲮鱼（检出小麦、大豆和鱼成分）；6. 芝麻菜香饼干（检出小麦、芝麻、燕麦、芹菜和羽扇豆成分）；7. 香脆薄麦饼干（检出小麦、大豆、牛、燕麦和胡桃成分）；8. 巧克力蛋卷（检出小麦、大豆、鸡、牛、燕麦、芹菜和胡桃成分）；9. 全麦加钙营养饼（检出小麦、大豆、牛、燕麦、芹菜和胡桃成分）；10. 榛子薄脆饼（检出小麦、芝麻、杏仁、芹菜、榛子、胡桃和羽扇豆成分）；11. 棍形面包（检出小麦、芝麻、杏仁、芹菜、胡桃和羽扇豆成分）；12. 色拉调味酱（检出小麦、大豆、花生、腰果、牛、鸡、芥末和胡桃成分）；13. 花生酱（检出小麦、大豆、花生、牛和燕麦成分）；14. 芝麻酱（检出小麦、大豆、花生、腰果、牛和芝麻成分）；15. 巧克力曲奇饼干（检出小麦、大豆、花生、腰果、牛和鸡成分）；16. 香滑奶茶（检出小麦、大豆、花生、腰果和牛成分）；17. 奶酪风味通心粉（检出小麦、大豆、花生、牛、芥末和燕麦成分）；18. 焦糖榛仁白巧克力（检出小麦、牛、杏仁和榛子成分）；19. 香脆薄饼干（检出小麦、大豆、花生、腰果、牛和鸡成分）；20. 白巧克力饼干（检出小麦、大豆、花生、腰果、牛、鸡和芥末成分）；21. 蛋糕预混粉（检出小麦、大豆、花生、腰果和牛成分）；22. 黄梅果酱饼干（检出小麦、花生、腰果、牛、鸡和芥末成分）；B. 空白对照（ddH₂O）

为了进一步验证芯片检测结果的准确性，采用市面上已有的食品过敏原 ELISA 试剂盒和过敏原腰果快速检测条分别对 22 种市售食品中食品过敏原成分进行检测。通过比对芯片检测和免疫学检测结果可知，除去鱼和芹菜因无商业化 ELISA 检测试剂盒而未得到检测之外，两种方法在检测 14 种市售食品中其他过敏原成分时检测结果相同均呈阳性，而在检测其他 8 种市售食品时两者之间却存在着差异性。例如，巧克力蛋卷中胡桃成分、榛子薄脆饼中芝麻成分、花生酱中大豆成分、巧克力曲奇饼干中大豆成分、香滑奶茶中谷物和大豆成分、焦糖榛仁白巧克力中谷物成分、香脆薄饼干中大豆和腰果成分及色拉调味酱中大豆、花生和胡桃成分均未能被免疫学方法检出。此外，上述 8 种食品中未能被免疫学方法检测出的过敏原成分，除香滑奶茶中的大豆成分之外，其他食品过敏原成分在食品标签上均有标识。分析两者检测结果之间的差异性，主要原因可能是由于免疫学方法因自身具有较低复杂度的特异蛋白识别位点，易受到食物基质中所含糖、醛等物质的干扰，影响其检测结果。由大量的实际应用结果可见，本研究建立的可视芯片方法在食品过敏原成分高通量检测中具有较好的应用价值。

2.11.5 小结

本研究根据食品过敏原特异性或过敏原蛋白编码基因序列，设计和筛选出 16 种食品过敏原的特异性引物和探针。通过特异性引物和特异性探针的双重筛选作用，达到避免假阳性结果的出现。在考虑芯片杂交反应特异性及杂交信号强度的同时，将芯片杂交反应温度都控制在 45℃左右，检测时间约为 30min，这将大大地简化了实验操作步骤和提高了检测效率。通过芯片杂交温度优化和探针点样浓度优化等手段提高了芯片的检测灵敏度，可视芯片技术在检测腰果和芝麻样品时绝对灵敏度为 0.1pg/μL 基因；实际检测灵敏度也均可达到 0.001%（m/m）。通过对大量市售食品的检测，表明本研究所建立的可视芯片技术具有快速、稳定、高通量、高灵敏度和高特异性等优点，与现有的技术相比也更加节省、方便、快捷。不但可以满足过敏疾病的预防、进出口食品中过敏原的监测、预警工作的需求，也为我国食品安全法的顺利实施提供可靠的科学支持和技术保障；同时也为我国的进出口贸易，为政府决策和政策实施提供强有力的技术支持和技术保障。

2.12 应用可视芯片技术高通量鉴别 8 种鱼成分

受经济利益的驱动，全球鱼肉市场以次充好、掺假问题层出不穷。目前市面上各种鱼类制品存在商品标签标示错误、配料标注不明确等问题。鱼肉掺假问题不仅影响国际进出口贸易秩序，而且会降低社会诚信度，损害消费者利益。目前市场中的鱼肉产品，尤其是经绞碎、研磨、烘烤、油炸等深加工工艺处理的鱼肉食品，很难利用形态学鉴别。近年来科技人员采用光谱（Velioğlu et al.，2015；）、质谱（Maasz et al.，2017）、生物传感（赵紫霞等，2017）、PCR（Luekasemsuk et al.，2015）、基因条形码（Dhar and Ghosh，2017；）等现代分析技术在鱼肉真伪鉴别方面开展了广泛研究，取得了不错的成果。但光谱技术易受鱼类不同养殖环境、不同产地等因素的影响，且其数据库模型的构建需大量代表性样本（徐文杰等；2014）；而采用生物传感技术由于易吸附非特异基因进而影响结果的特异性（赵紫霞等，2017）。随着分子生物学技术的发展，以 PCR、等温扩增等技术为基础的基因分析技术已成为物种鉴定的主流方法，但这些方法一次扩增只能检测 1 个物种，通量较低；近几年，基因条形码技术在物种鉴别领域发展迅速，其准确率和通量高，但必须依赖 DNA 测序技术，步骤多，成本高。可视芯片技术作为一种利用特异探针杂交产生可见信号的基因芯片技术，具有操作简单、通量高和结果肉眼可见的特点，已在病原微生物（赵金毅等，2008）、食源性过敏原（Mazzeo et al.，2016）及转基因作物（Bai et al.，2010）检测中得到应用。

2.12.1 材料来源

大黄鱼（*Larimichthys crocea*）、青石斑鱼（*Epinephelus awoara*）、东星斑（*Plectropomus leopardus*）、暗纹东方鲀（*Takifugu obscurus*）、金枪鱼（*Thunnus thynnus*）、多宝鱼（*Psetta maxima*）、带鱼（*Benthodesmus elongatus*）、银鲳（*Pampus argenteus*）。

所有引物与探针均根据多宝鱼、银鲳、金枪鱼、暗纹东方鲀、青石斑鱼、带鱼、大黄鱼及东星斑的小清蛋白基因序列比对结果设计。为避免杂交反应出现假阴性，且作为探针阵列的定位点，实验中需要合成一段由 20 个腺嘌呤组成的阳性对照（5'-ALDAAAA AAAAAAAAAAAAAAAAA-3'-biotin）。其中，鱼肉通用-反向引物 5'端进行生物素（biotin）标记，在探针和阳性对照的 5'端进行醛基（ALD）修饰，以使探针和阳性对照能与芯片表面修饰的氨基结合固定。

2.12.2　主要设备

生物芯片点样系统 AD3200（美国 Bio Dot 公司）。

2.12.3　实验方法

（1）可视芯片的制备与杂交

芯片的制备与杂交程序参照文献（赵金毅等，2008）的方法，利用生物芯片点样仪将多宝鱼、银鲳、金枪鱼、暗纹东方鲀、青石斑鱼、带鱼、大黄鱼、东星斑及阳性对照等探针以"十"字形图案方式进行点样（图 2-44）。

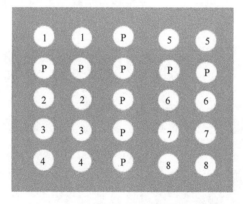

图 2-44　鱼类探针的可视芯片点样图

1. 多宝鱼；2. 银鲳；3. 金枪鱼；4. 暗纹东方鲀；5. 青石斑鱼；6. 带鱼；7. 大黄鱼；8. 东星斑；P. 阳性对照

（2）可视芯片特异性分析

单组分鱼肉特异性分析：为验证鱼类探针的特异性，采用鱼肉通用引物对分别扩增多宝鱼、银鲳、金枪鱼、暗纹东方鲀、青石斑鱼、带鱼、大黄鱼、东星斑等基因，扩增条件同上所述，将 PCR 产物分别与芯片进行杂交反应，用无菌水作空白对照。

多组分鱼肉特异性分析：将多宝鱼、银鲳、金枪鱼、暗纹东方鲀、青石斑鱼、带鱼、大黄鱼、东星斑 8 种鱼类基因进行等浓度（10ng/μL）混合，利用鱼肉通用引物进行扩增，扩增条件同上所述，将 PCR 产物与芯片进行杂交反应，用无菌水作空白对照。

（3）可视芯片灵敏度分析

将已测定浓度的多宝鱼、银鲳、金枪鱼、暗纹东方鲀、青石斑鱼、带鱼、大黄鱼、东星斑 8 种鱼肉基因，用无菌水稀释至 0.001～10ng/μL，并进行 PCR 扩增，扩增产物分别与芯片进行杂交反应，用无菌水作空白对照。

（4）市售样品检测

为确证可视芯片方法的准确性及适用性，选取 7 份市售鱼肉加工样品提取基因组 DNA 后按照前面条件进行扩增，PCR 产物分别与芯片进行杂交反应，将检测结果与样品标签进行比对。

2.12.4 结果与分析

（1）可视芯片特异性结果

1）单组分鱼肉特异性分析

依照实验预先设计的"十"字形芯片图案，阳性对照位点全部呈现明显的信号，多宝鱼、银鲳、金枪鱼、暗纹东方鲀、青石斑鱼、带鱼、大黄鱼、东星斑 8 种鱼的靶标探针位点也均呈现明显信号，与阳性对照的信号相当，且与背景信号明显区分，而同一张芯片上的其他非靶标探针位点则完全与背景一致，没有任何信号（图 2-45），说明已设计的探针可特异性检出多宝鱼、银鲳、金枪鱼、暗纹东方鲀、青石斑鱼、带鱼、大黄鱼及东星斑成分。

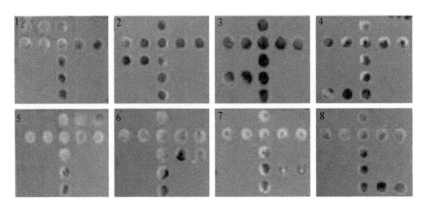

图 2-45　单组分鱼肉可视芯片特异性结果（彩图请扫封底二维码）

1. 多宝鱼; 2. 银鲳; 3. 金枪鱼; 4. 暗纹东方鲀; 5. 青石斑鱼; 6. 带鱼; 7. 大黄鱼; 8. 东星斑

2）多组分鱼肉特异性分析

芯片中阳性对照的信号全部清晰显现，所有鱼类探针位点的信号明显，均可与背景清晰地区分，说明该方法可同时检出 8 种鱼类成分（图 2-46）。实验也发现，不同鱼的探针位点杂交信号强度存在差异性，其原因可能是靶标基因扩增产物与特异探针的杂交反应受到其他扩增产物或探针的干扰，但检测信号与背景均可明显区分，不影响其高通量检测 8 种鱼类的准确性，且整个可视芯片检测过程仅需约 35min。相比一次扩增只能检测 1 个物种的实时荧光 PCR 方法、LAMP 方法等，该方法具有明显的通量优势；相较通量更高的测序技术，其优势在于结果肉眼可见，检测时间短，一般测序技术上机检测 1 个样本至少需 2～3h，且测序数据需经序列比对才能获得最终检测结果，耗时较长，数据分析专业性较强。

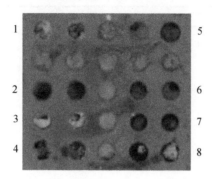

图 2-46　多组分鱼肉可视芯片特异性结果（彩图请扫封底二维码）

1. 多宝鱼；2. 银鲳；3. 金枪鱼；4. 暗纹东方鲀；5. 青石斑鱼；6. 带鱼；7. 大黄鱼；8. 东星斑

（2）可视芯片灵敏度结果

以多宝鱼为例，当基因浓度为 0.01ng/μL 时，芯片上特异结合位点产生微弱信号，当基因浓度为 0.001ng/μL 时，芯片上特异结合位点无信号产生，与背景颜色一致，表明该方法检测多宝鱼的灵敏度为 0.01ng/μL（图 2-47）。同样，得到银鲳、暗纹东方鲀、带鱼、东星斑的检测灵敏度为 0.01ng/μL，青石斑鱼、金枪鱼及大黄鱼的检测灵敏度为 0.1ng/μL。

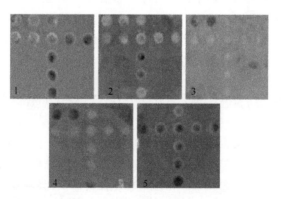

图 2-47　多宝鱼的可视芯片灵敏度检测结果（彩图请扫封底二维码）

1～5. 10ng/μL、1.0ng/μL、0.1ng/μL、0.01ng/μL、0.001ng/μL

（3）市售样品检测结果

为验证方法的可行性，利用已建立的可视芯片方法对 7 份市售样品开展多宝鱼、银鲳、金枪鱼、暗纹东方鲀、青石斑鱼、带鱼、大黄鱼及东星斑等成分的检测，结果见表 2-30。两份金枪鱼罐头均检出标识的金枪鱼成分，斑鱼肉检出标识的斑鱼成分，说明该检出结果与标签一致；黄花鱼罐头检出大黄鱼成分，石斑鱼肉检出青石斑鱼成分，但样品标签中未明确标识大黄鱼、青石斑鱼成分；三文鱼松及茄汁沙丁鱼两份样品标签中无上述 8 种鱼成分标识，且样品中也均未检出 8 种鱼类成分。以上说明，已建立的可视芯片方法可用于市售鱼肉样品中 8 种鱼源性成分的检测。

表 2-30　市售样品的检测结果

样品	暗纹东方鲀	大黄鱼	带鱼	多宝鱼	金枪鱼	银鲳	青石斑鱼	东星斑
金枪鱼罐头 1	−	−	−	−	+	−	−	−
金枪鱼罐头 2	−	−	−	−	+	−	−	−
黄花鱼罐头	−	+	−	−	−	−	−	−
三文鱼松	−	−	−	−	−	−	−	−
茄汁沙丁鱼	−	−	−	−	−	−	−	−
石斑鱼肉	−	−	−	−	−	−	+	−
斑鱼肉	−	−	−	−	−	−	−	+

注："＋"代表检测到；"－"代表未检测到

2.12.5　小结

针对鱼肉市场常见的鱼类品种掺假问题，以多宝鱼、银鲳、金枪鱼、暗纹东方鲀、青石斑鱼、带鱼、大黄鱼及东星斑 8 种鱼类为研究对象，根据小清蛋白基因序列设计了 8 种鱼的通用引物及特异性探针，利用可视芯片技术建立了一种快速、准确、灵敏、便捷的可同时检测 8 种鱼类的高通量检测方法。该方法特异性好、灵敏、通量高，可同时准确鉴别 8 种鱼成分，检测灵敏度均可达 0.1ng/μL，且结果肉眼可见，在鱼肉及其制品掺假现场快速筛查方面具有较大应用潜力，为我国鱼肉市场的安全监管及检验检疫口岸的现场快速通关提供了新的技术支撑。

2.13　基于 DNA 指纹图谱的松茸产地属性鉴定研究

松茸（*Tricholoma matsutake*）是一种外生菌根真菌类，由菌丝体、子实体和孢子组成。由于环境和人为污染，在检测过程中存在残留监控不合格的情况。越来越多的企业意识到产地原材料的选择问题，同时很多地方政府也意识到打造和维护地理性标志产品对提升松茸产品附加值的重要性和必要性，因此，需要能识别松茸的产地属性的技术手段作为支撑。为响应对加强出口松茸溯源监督管理工作的要求与需求，兼顾资源开发与经济利用的平衡点，基于松茸具有原产地属性的特点，构建云南、四川、吉林三大主产区的松茸产地属性 DNA 指纹图谱，并基于松茸各产地属性的 DNA 指纹图谱的特征，提炼出松茸原产地鉴定方法，达到区分松茸原产地的目的。

2.13.1　材料来源

本研究共收集 7 个松茸 DNA 样本及来自四川、云南和西藏等原产地的 143 个松茸新鲜子实体样本。

2.13.2　主要设备

QIAxcel 全自动 DNA 分析系统。

2.13.3　实验方法

（1）松茸基因组 DNA 的提取

将每个地区的鲜松茸样本取菌褶部分 500mg，放入一次性指套中捻碎，移入 Tissue DNA Purification Kit（Promega）的放样孔中，用 Promega Maxwell 16 核酸自动提取仪提取 DNA。

（2）PCR 扩增及产物检测

采用普通 PCR 扩增样品后，运用 QIAxcel 全自动 DNA 分析系统进行产物检测。pDGSL719-2/pS48 引物扩增的产物采用 DNA Screening Kit（QIAxcel）卡夹执行 AL300 程序进行核酸电泳；pL281/pS48 和 pDGSL313-1/pS48 引物扩增的产物采用 DNA High Resolution Kit 卡夹（QIAxcel）执行 OM500 程序（分辨率更高）进行核酸电泳。

（3）限制性酶切+pL281/pS48 引物体系

分别运用单酶、混合酶等限制性内切酶对其全基因组 DNA 进行酶切，再次进行 pL281/pS48 PCR 反应体系。

（4）数据分析

pDGSL719-2/pS48 引物扩增的产物，运用 QIAxcel ScreeningGel Software 分析数据；pL281/pS48 和 pDGSL313-1/pS48 引物扩增的产物，运用 QIAxcel BioCalculator Software 分析数据。

云南和四川的 pL281/pS48 PCR 扩增产物显示出稳定的可重复的多态性条带。条带在 0.1～1.0kb 可见的，根据有无，用"1"和"0"进行数值化，1 是指阳性片段；0 是指没有某个片段的扩增结果。基于 pL281/pS48 PCR 多态性产物构建云南和四川样本的系统发育树。

通过比较分析，将同一地理来源的居群共有的关键的 DNA 指纹图谱特征，以及限制性酶切前后的差异，作为区分不同地理来源的居群的标志，根据这些共有的特征总结为中国主产区松茸产地信息检索图。

（5）指纹图谱

松茸 DNA 图谱是分别运用 pDGSL719-2/pS48、pDGSL313-1/pS48 或/和 pL281/pS48 或/和限制性酶切+pL281/pS48 引物体系，扩增相同样本基因组 DNA 后，全部产物由全自动 DNA 分析系统进行电泳，并由分析软件呈现的一组电泳图谱。

（6）方法验证

在云南松茸主产区 YDLJCD 和 YKLQSS 的收集点一共购买 30 株新鲜样本，运用本研究方法进行地理来源验证。

2.13.4 结果与分析

（1）各引物 PCR 扩增结果

采用上述各对引物对所有样本进行 PCR 扩增，pDGSL719-2/pS48 引物体系中只有吉林地区的松茸样本拥有 457bp 条带，云南地区、四川地区和西藏地区的松茸样本都没有任何扩增产物。pDGSL313-1/pS48 引物体系中，493bp 及 337bp 是吉林地区松茸样本的共有条带（图 2-48A），273bp 是云南地区、四川地区和西藏地区松茸样本的共有条带（图 2-48B，C，E），60bp 是四川省甘孜藏族自治州稻城县日瓦乡亚丁村、四川省凉山彝族自治州西昌市磨盘乡的共有条带（图 2-48D）。由于 pDGSL719-2/pS48 和 pDGSL313-1/pS48 引物足以区分吉林地区与云南、四川和西藏的松茸，因此，不再运用 pL281/pS48 引物体系对吉林地区松茸样本进行 PCR 扩增，而云南、四川和西藏的所有松茸样本都进行了 pL281/pS48 的扩增。

（2）pDGSL313-1/pS48 引物的 PCR 扩增结果

对比各产地指纹图谱发现：云南、四川和西藏的所有样本都有 210bp；云南的 YDQXG、所有四川样本除了 SLXCM 外，即金沙江以北的样本，其 pL281/pS48 引物扩增的产物中 155bp、210bp 条带都会同时出现（图 2-49）；金沙江以南的云南样本有很多指纹图谱类型，例如：大多数云南样本中都是 100bp、210bp 条带同时出现（图 2-50A，C）；部分云南样本中在小于 250bp 的片段中只有 210bp 出现（图 2-50C，D）；在云南的 YDLJCD、YNJLP、YCNW（A）样本中同时出现 100bp、155bp、210bp（图 2-50B，E，F），其中 YCNW 样本中还出现其他产地没有的 330bp 的特有条带（图 2-50F），在 SLXCM 和 YNJLP 的样本中的遗传多态性较高，即相比较其他地区，出现一些多态性扩增片段，但是这些多态性扩增片段在同一地区样本间无共有性（图 2-50C，E）；金沙江以西的西藏地区的样本，多样性程度很高，样本中 140bp、160bp、170bp、250bp 及 500bp 以上大片段较丰富，但是由于每个地区的样本数量不足 5 个，没有进行共有条带的总结，仅作为数据积累。

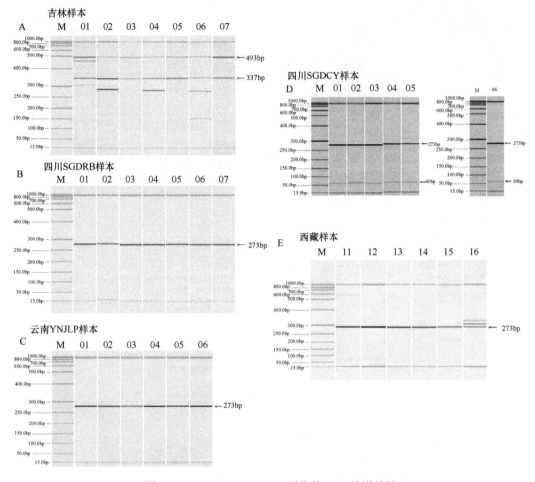

图 2-48　pDGSL313-1/pS48 引物的 PCR 扩增结果

M. DNA marker，箭头所指的条带为共有条带；数字为样本编号

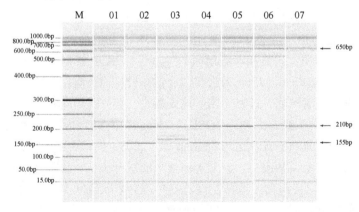

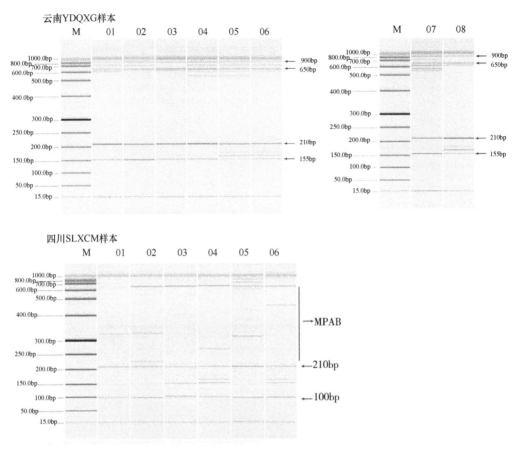

图 2-49 pL281/pS48 引物对金沙江以北的云南和四川样本的 PCR 扩增结果

M. DNA marker，箭头所指的条带为共有条带；MPAB. 多态性扩增片段，且这些多态性扩增片段并非样本共有；
数字为样本编号

（3）三套 PCR 引物的结果总结

运用 pDGSL719-2/pS48 引物对吉林、四川和云南地区的样本进行 PCR 扩增，发现吉林地区有 457bp 的条带，而四川、云南和西藏地区的样本没有扩增产物；运用 pDGSL313-1/pS48 引物对吉林、四川、云南和西藏地区的样本进行 PCR 扩增，发现吉林地区有多态性扩增条带，并且 493bp 和 337bp 为吉林共有的条带，而所有四川、云南和西藏地区的样本都没有多态性扩增产物，只有 273bp 这条条带，部分四川样本还具有 60bp 的条带；因此，运用 pDGSL719-2/pS48 和 pDGSL313-1/pS48 两套 PCR 引物就能够区分吉林地区与四川、云南和西藏的松茸，这与 Murata 等（2008）的研究结论一致。由于只有极少数的吉林样本会辗转至云南出口，7 个吉林地区的松茸 DNA 是由云南农业科学院提供的，基于本研究目的，应用前人方法就能够简单区分东北地区吉林与西南地区四川、云南和西藏地区的松茸，因此，吉林地区的松茸不作为研究重点。

为了便于分析、表述研究信息，同时兼顾统计学意义，将样本数量为 5 个以上的原产地的样本（西藏地区的样本数据被扣除）的三套引物的 PCR 扩增结果，即 DNA 指纹图谱，进行对比分析，对共有和差异特征进行了总结。比较发现：同一个地理来源的居

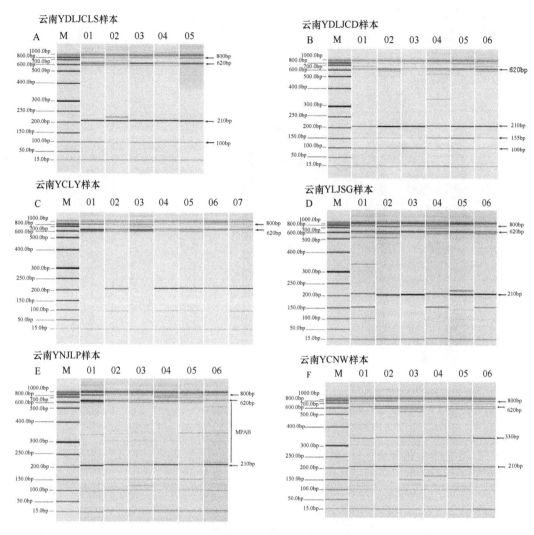

图 2-50　pL281/pS48 引物对金沙江以南的云南样本的 PCR 扩增结果

M. DNA marker；箭头所指的条带为共有条带；MPAB. 多态性扩增片段，且这些多态性扩增片段并非样本共有；数字为样本编号

群中存在几种不同类型的指纹图谱情况［如图 2-51 中 SLM（A），SLM（B）］；同时也有不同的行政区共享某种相似指纹图谱的情况，即这些归属不同行政区的原产地松茸的指纹图谱很相似（图 2-51 中的彩色填充框中的突出显示）。

（4）相似 DNA 指纹图谱样本之间的遗传关系解析

　　四川和云南样本的多个指纹仪图谱都很相似，利用聚类分析研究其遗传关系，分析发现：指纹图谱越相似，对应样本间的遗传距离基本上也很相近，而且聚类分析显示出两大区域类群：一类是分布在金沙江以北，一类分布在金沙江以南；值得关注的是 YDQXG 在行政划分上隶属云南，但是地理分布位于金沙江以北，与 SGXCN 、SGDRB 、SGDCY 遗传距离更近，即遗传亲缘关系更近，这也印证了 YDQXG 、SGXCN 、SGDRB 、SGDCY 间指纹图谱相似、不易区分的结果。由于样本数量小于 5 的原产地没有统计学意义，所以没有纳入此部分分析的范围，作为参考数据积累。

分析系统显示轮廓PCR扩增片段长度/bp																						
P7	P3		P2																			GO
457	493	337	273	60	100	155	210	330	550	600	620	650	800	900	130	140	160	170	250	500	750	
			0	0	/	/	/	/	/	/	/	/	/	/	/	/	/	/	/	/	/	JL
0	0	0	1	1	0	1	1	0	v	0	v	v	0	v	0	0	v	0	v	0	v	SGDCY
0	0	0	1	1	1	v	1	0	0	0	v	0	0	v	0	0	v	0	v	0	v	SLXCM(1)
0	0	0	1	0	0	1	1	0	v	0	v	0	0	0	v	0	v	0	0	0	v	SGXCN
0	0	0	1	0	0	1	1	0	v	0	v	0	1	0	0	v	0	0	0	0	v	SGDRB
0	0	0	1	0	0	1	1	0	0	0	v	0	0	1	0	0	v	0	0	0	v	YDQXG
0	0	0	1	0	0	1	1	0	0	0	v	1	0	0	0	0	0	0	v	0	v	SLM(A)
0	0	0	1	0	0	1	1	0	1	0	1	0	1	0	0	0	0	0	0	0	0	SLM(B)
0	0	0	1	0	0	1	1	1	0	v	0	v	0	0	0	0	0	0	0	0	0	YDLJCD
0	0	0	1	0	1	1	1	1	0	v	0	v	0	0	v	0	0	0	0	0	0	YCNW(A)
0	0	0	1	0	1	1	1	1	0	v	0	v	0	0	0	0	0	0	0	0	0	YCNW(B)
0	0	0	1	0	0	1	1	1	0	v	0	v	0	0	0	0	1	0	0	0	0	YCNW(C)
0	0	0	1	0	0	1	1	0	v	0	v	0	0	0	0	0	v	0	0	0	0	YDLXZ(A)
0	0	0	1	0	v	1	1	0	v	0	v	0	0	0	v	0	0	0	0	0	0	YLJSG(A)
0	0	0	1	0	1	1	1	0	0	0	v	0	0	0	0	0	0	0	0	0	0	YLJSG(B)
0	0	0	1	0	0	1	1	0	0	0	0	0	0	0	0	0	0	0	0	0	0	YKLQSS(A)
0	0	0	1	0	0	1	1	0	0	0	0	0	0	0	0	0	0	0	0	0	0	YDLWS(A)
0	0	0	1	0	0	1	1	0	0	0	0	0	0	0	0	0	0	0	0	0	0	YCLY(A)
0	0	0	1	0	1	1	1	0	0	0	0	0	0	0	0	0	0	0	0	0	0	YCDS(A)
0	0	0	1	0	1	1	1	0	0	0	0	0	0	0	0	0	0	0	0	0	0	YCDS(B)
0	0	0	1	0	v	v	1	0	0	0	0	0	0	0	0	0	0	0	0	0	0	YNJLP(2)
0	0	0	1	0	0	1	1	0	0	0	0	0	0	0	0	0	0	0	0	0	0	YCLY(B)
0	0	0	1	0	0	1	1	0	0	1	0	0	0	0	0	0	0	0	0	0	0	YKLQSS(B)
0	0	0	1	0	0	1	1	0	0	1	0	0	0	0	0	0	0	0	0	0	0	YDLXZ(B)
0	0	0	1	0	0	1	1	0	0	0	0	0	0	0	0	0	0	0	v	0	0	YDLXY
0	0	0	1	0	0	1	1	0	0	0	0	0	0	0	0	0	0	0	0	0	0	YDLBC(A)
0	0	0	1	0	0	1	1	0	0	0	0	0	0	0	0	0	0	0	v	0	0	YDLJCLS
0	0	0	1	0	0	1	1	0	0	0	0	0	0	0	0	0	0	0	v	0	0	YDLWS(B)
0	0	0	1	0	0	0	0	0	1	1	v	1	0	0	0	0	0	0	0	0	0	YDLBC(B)
0	0	0	1	0	0	0	0	0	1	1	v	1	0	0	0	0	0	0	0	0	0	YCLY(C)

图 2-51　三套 PCR 引物得到的指纹图谱的总结（彩图请扫封底二维码）

P7. pDGSL719-2/pS48 PCR 体系；P3. pDGSL313-1/pS48 PCR 体系；P2. pL281/pS48 PCR 体系；GO. geographical origin，地理来源。同一地理来源的样本的 PCR 产物中，共有的条带用阿拉伯数字 "1" 表示，共同没有的条带用 "0" 表示，同一个地理来源的个别样本出现的条带用 "v" 表示；（1）在 210～650bp 有其他的多态性扩增条带，但同一地区样本间无共有性；（2）210～620bp 有其他的多态性扩增条带，但同一地理来源样本间无共有性；（A）、（B）、（C）：同一个地理来源的具有不同指纹图谱的居群类型；"/" 没有进行 PCR 扩增。为了便于区分，吉林、四川、云南样本的指纹图谱的名称字体分别用绿色、橙色、紫色突出显示，YDQXG 样本用浅橙色底纹显示；彩色填充框中突出显示的是相似度高、难以区分的指纹图谱

（5）限制性内切酶+pL281/pS48 引物体系的扩增结果

由 pDGSL719-2/pS48、pDGSL313-1/pS48 和 pL281/pS48 三套 PCR 引物得到各产地的指纹图谱中有些相似度较高，即图 2-51 彩色填充框中突出显示的类型，为了尽可能地挖掘这些样本的遗传信息的不同或者进一步确认其指纹图谱特征的稳定性，运用限制性内切酶，先处理这些样本的全基因组 DNA，对酶切产物再次进行 pL281/pS48 PCR 反应。

通过 *Eco*R V + pL281/pS48 或者 *Eco*R V + *Sph* I + pL281/pS48 处理以后，一些新共有的变化产生后，并能够作为新的产地溯源的辨认标志（图 2-52）。以溯源 SLM（A）为例：若经 pDGSL719-2/pS48PCR 扩增没有产物，经 pDGSL313-1/pS48 PCR 扩增只具有 273bp 的产物，经 pL281/pS48 PCR 扩增 155bp、210bp、650bp 同时出现，指纹图谱的类型可能就是 SGXCN、SGDRB、YDQXG 和 SLM（A）的任一地区；为了进一步区分 SLM（A）与 SGXCN、SGDRB 和 YDQXG 的不同，运用 *Eco*R V + pL281/pS48 进行扩增，若 100bp 出现，那么指纹图谱类型就是 SLM（A），即说明样本的地理来源是 SLM（图 2-52A，B）；若 100bp 始终没有出现，样本的指纹图谱类型及对应的地理来源可能是 SGXCN、SGDRB 和 YDQXG 中的一个（图 2-52C，D）。

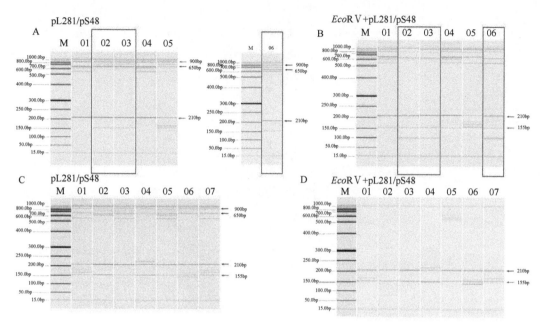

图 2-52　限制性酶切前后处理的指纹图谱的对比例子

A. 运用 pL281/pS48 得到的 SLM（四川样本）的指纹图谱；B. 运用 EcoR V + pL281/pS48 处理后得到的 SLM 的指纹图谱；
C. 运用 pL281/pS48 得到的 SGDRB（四川样本）的指纹图谱；D. 运用 EcoR V + pL281/pS48 处理后得到的 SGDRB 的指
纹图谱；SLM（A）的指纹图谱用黑框突出显示

（6）实际样品验证试验

为了评价鉴定方法的可靠性，从云南的松茸主产区共购买了 30 株新鲜子实体作为样品进行验证。验证结果：1～30 号样品经 pDGSL719-2 / pS48 扩增都没有产物（图 2-53）；1～30 号样品经 pDGSL313-1 / pS48 扩增都仅有 273bp 的条带（图 2-54）；1～12 号样品经 pL281/pS48 扩增，产物中具有 100bp、155bp、210bp 和 620bp 的共有条带（图 2-55）；13-30 号样品经 pL281 / pS48 扩增，产物中具有 100bp、210bp、620bp 和 800bp 的共有条带（图 2-56）；YDLJCD 地区的样品经 pL281 / pS48 扩增后已经得到了符合原产地特征的指纹图谱（图 2-54），且能明显区别于其他产地的指纹图谱，所以无须再进行 EcoR V + pL281/pS48 处理；YKLQSS 地区的样品经 EcoR V + pL281/pS48 处理基因组 DNA 后，只有 155bp 和 210bp 条带存在，符合 YKLQSS（A）的指纹图谱特征（图 2-56）。综上得出的指纹图谱的地理溯源的结果与原产地完全一致。

另外，3 份分别标注产地为"宾川、剑川和香格里拉"的松茸样本有时存在产地重叠，从珍稀样本的原则出发，将所能收集到的新鲜样本全部进行 PCR 实验及所需的酶切实验，发现即使是由不同公司提供的松茸样本共同特征一致，且实验数据也具有重复稳定性。

2.13.5　小结

根据指纹图谱关键特征提炼了一种中国主产区松茸的原产地鉴定方法。运用引物

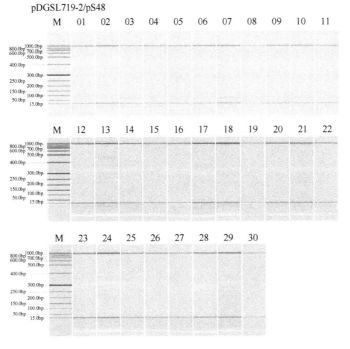

图 2-53　pDGSL719-2/pS48 对云南松茸主产区 YDLJCD 和 YKLQSS 的 30 株样品的扩增结果
M. DNA marker；1～11. 来源于 YDLJCD 的样品；12～30. 来源于 YKLQSS 的样品

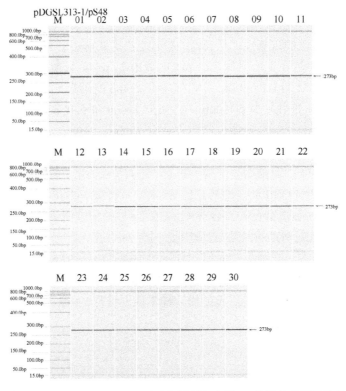

图 2-54　pDGSL313-1/pS48 对云南松茸主产区 30 株样品的扩增结果
M. DNA marker；1～11. 来源于 YDLJCD 的样品；12～30. 来源于 YKLQSS 的样品；箭头所指的条带为共有条带

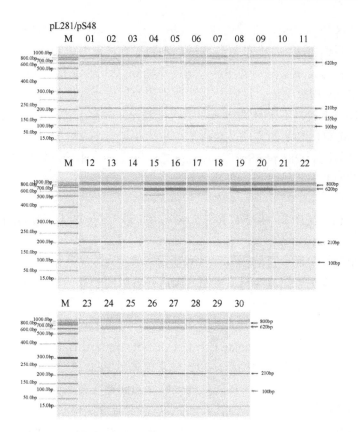

图 2-55 pL281 / pS48 对云南松茸主产区 YDLJCD 和 YKLQSS 的 30 株样品的扩增结果

M. DNA marker；1～11. 来源于 YDLJCD 的样品；12～30. 来源于 YKLQSS 的样品；箭头所指的条带为共有条带

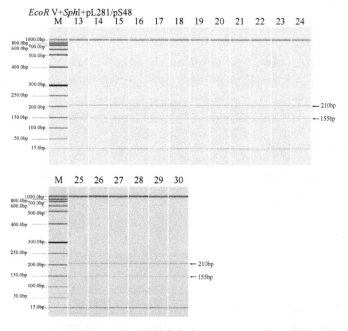

图 2-56 *EcoR* V + pL281/pS48 对云南松茸主产区 YKLQSS 的 18 株样品的扩增结果

M. DNA marker，13～30. 箭头所指的条带为共有条带

pDGSL719-2/pS48 和 pDGSL313-1/pS48 对吉林、四川、云南和西藏的松茸样本进行 PCR 反应，获得了一系列相应的 DNA 指纹图谱，判断松茸样品是来自东北的吉林还是西南的四川和云南；若为云南或四川的样品，运用引物 pL281/pS48 进行 PCR 反应，获得了一系列相应的 DNA 指纹图谱，比较分析图谱中的地域性指纹图谱特征；由于有些图谱很相似，为了进一步找到不同产地样本间的遗传差异，建立了 *Eco*R V + pL281/pS48 或 *Eco*R V + *Sph* I+ pL281/pS48 的方法，获得了相应的酶切与 pL281/pS48 PCR 结合的 DNA 指纹图谱，将之与纯 pL281/pS48 PCR 反应的指纹图谱进行比较，把酶切前后的差异作为此原产地松茸的补充地域性指纹图谱特征。

2.14　Ge XP 多重 PCR 技术鉴别多个鹿种的方法研究

我国是一个鹿类资源丰富的国家，以梅花鹿、马鹿为主的高值鹿类产品的开发及应用较多，如鹿茸、鹿鞭等高值药材。然而，国内外各类鹿产品的真假难辨、质量参差不齐等问题，对消费者的经济、安全及特殊的宗教信仰造成干扰和威胁。因此，建立科学、特异、准确、高通量的鹿种间鉴别方法十分必要。

Ge XP 多重分析表达仪（Genome Lab TM Ge XP）是美国 BACKMAN COULTER 公司多重基因表达定量分析系统的简称，相比较常规多重 PCR 而言，Ge XP 多重 PCR 有效克服了常规多重 PCR 及荧光 PCR 的扩增偏好性的问题，体系无须过多优化即可稳定扩增，大大提高了通量。此外，Ge XP 多重 PCR 高灵敏度实验只需消耗极微量的样本，特别适合于珍贵样品的分析检测（Zhang et al.，2015；Zhou et al.，2013）。

2.14.1　材料来源

梅花鹿（*Cervus nippon*）、马鹿（*Cervus elaphus*）、驯鹿（*Rangifer tarandus*）、水鹿（*Rusa unicolor*）、麋鹿（*Elaphurus davidianus*）、黇鹿（*Dama dama*）、白唇鹿（*Cervus albirostris*）鹿肉。梅花鹿和马鹿鹿茸。市售鹿产品包括：鹿茸片、鹿茸粉、鹿心血、鹿血粉、鹿角帽、鹿肉酱、鹿心、鹿鞭膏、鹿血粉冲剂和鹿肝。

2.14.2　主要设备

Ge XP 多重基因表达分析系统、Eppendorf BioPhotometer Plus 核酸蛋白测定仪、VersaDoc 分子凝胶成像系统。

2.14.3　实验方法

（1）引物设计

以鹿种线粒体 D-loop，*cytb* 基因为目标，根据梅花鹿（GenBank ID：AB500006.1）、马鹿（GenBank ID：AF016979.1）、驯鹿（GenBank ID：AY970667.1）、水鹿（GenBank ID：FJ850136.1）、麋鹿（GenBank ID：AF291894.1）、黇鹿（GenBank ID：AF291895.1）、

白唇鹿（GenBank ID：HM049636.1）线粒体 D-loop 基因序列，梅花鹿（GenBank ID：AB021093.1）、马鹿（GenBank ID：JF489133.1）、驯鹿（GenBank ID：AY726678.1）、水鹿（GenBank ID：AF423201.1）、麋鹿（GenBank ID：AF423194.1）、黇鹿（GenBank ID：AJ000022.1）、白唇鹿（GenBank ID：AY044863.1）线粒体 *cytb* 基因序列，梅花鹿（GenBank：GU457433.1）、马鹿（GenBank：AB245427.2）、驯鹿（GenBank：AB245426.1）、水鹿（Gen Bank：EF035448.1）、麋鹿（GenBank：JN399997.1）、黇鹿（GenBank：JN632629.1）、白唇鹿（Gen Bank：HM049636.1）核糖体 *16S rRNA* 基因，以 Clustal X 和 Gene Doc 进行序列比对，选择各鹿种相互特异的基因区段设计该鹿种的特异性引物，在进化速率适中的基因中选取差异性较大的区域设计引物。运用 NCBI-BLAST 软件进行序列的同源性分析比对，初步验证所设计引物的特异性。真核生物质控引物来自 Martín 等（2009），鹿源性通用引物来自 GB/T 21106—2007。

（2）反应条件优化及引物特异性验证

1）单重 PCR 退火温度优化

反应采用 Hot Star *Taq* DNA Polymerase 标配体系，以 7 种鹿 DNA 为模板，对每对引物进行单重 PCR 扩增，选择退火温度为 52～62℃进行梯度筛选，确定各引物对最适 T_m 值。

2）Ge XP 单重 PCR 与 Ge XP 片段分析验证引物特异性

将所筛得引物的上下游 5′端分别连接上通用标签 F-Tag（5′-AGGTGACACTATAGAATA-3′）、R-Tag（5′-GTACGACTCACTATAGGGA-3′）形成特异嵌合引物。依据 Ge XP 单重 PCR 标配体系，以单引物混合模板进行单重 PCR 反应。该标签不影响实际扩增的特异性，但使得片段分析检测长度增长 37bp。扩增总体积为 10μL，包括：5×PCR Buffer 25mmol/L MgCl$_2$ 和 PCR Fwd Primer Plex 各 2μL，Thermo-start *Taq* Polymerase 0.35μL，模板 DNA 10～50ng。反应条件：95℃预变性 10min；94℃变性 30s，60℃退火 30s，68℃延伸 1min，共 35 个循环；4℃保存。扩增产物上机 Ge XP 多重分析表达仪进行片段分析。

3）Ge XP 多重 PCR 体系建立与优化

参照 Ge XP 单重 PCR 的反应体系及条件，以马鹿、驯鹿、麋鹿、黇鹿、白唇鹿 DNA 为模板，采用单因素分析法对 Ge XP 多重 PCR 体系进行优化。

4）灵敏度检测

将马鹿、驯鹿、麋鹿、黇鹿、白唇鹿 DNA 样本稀释至 4 个梯度，即 1ng、0.1ng、0.01ng、0.001ng 进行试验。按照 Ge XP 单重 PCR 反应体系和条件，分别以梯度稀释后的 DNA 为模板进行多重检测体系单模板灵敏度和多重检测体系混合模板灵敏度试验。

5）实际样品检测

依据市场不同占有份额随机抽选品牌共 16 份市售鹿产品，对满足 PCR 条件的样品基于所建立的 Ge XP 多重 PCR 技术进行鹿源性成分鉴定，结合其标签成分判别其掺伪掺杂情况。

2.14.4 结果与分析

（1）引物设计及反应条件优化

依据各物种基因序列比对结果，所设计的特异性马鹿、驯鹿、麋鹿、驼鹿、白唇鹿、马鹿/梅花鹿 6 对引物序列、扩增片段大小等信息见表 2-31。采用常规梯度退火温度 PCR 对 6 对特异性引物不同退火温度的试验结果如表 2-32 所示。

表 2-31　特异性引物及其相关信息

鹿种	名称	引物序列（5'-3'）	目的基因	片段长度/bp	来源
马鹿	CE-F	CATGTATAACAGTACATGAGTTAGCG.	D-loop	246	本研究
	CE-R	CATGGTAATTAAGCTCGTGATCTA.			
驯鹿	RT-F	GTAGGCATGAGCATGGCAGT	D-loop	70	本研究
	RT-R	AAGATTGTGGGGTTGAACCGT			
梅花鹿	CN-F	CATTCACACTAAACTATCAATGTAAT	16S rRNA	316	本研究
	CN-R	GGGCGTTTCACCTCTACTTAC			
麋鹿	ED-F	AAAATCAAGAACTTTATCAG	D-loop	120	本研究
	ED-R	CATTATGTGTCTTGTTGTATAGC			
驼鹿	DD-F	AAAATCAAGAACTTTATCAG	D-loop	130	本研究
	DD-R	AAGCGTAGGGTTGTATCACA			
白唇鹿	CA-F	CATCGCAGCACTTGCCATAG	cytb	150	本研究
	CA-R	GAAGAGTACCAGAAGTAGGATGCC			
真核生物	Euk-F	AGGATCCATTGGAGGGCAAGT	18S rRNA	99	Martín 等（2009）
	Euk-R	TCCAACTACGAGCTTTTTAACTGCA			
鹿类动物	Cervus-F	TCATCGCAGCACTCGCTATAGTACACT	cytb	194	GB/T 21106—2007
	Cervus-R	ATCTCCAAGCAGGTCTGGTGCGAATAA			

表 2-32　特异性引物适宜退火温度

鹿种	适宜 T_m 值/℃
马鹿	56～62
驯鹿	54～62
梅花鹿	54～62
麋鹿	52～60
驼鹿	54～60
白唇鹿	56～62

（2）Ge XP 单重 PCR 引物特异性验证结果

所筛得引物的上下游 5'端分别连接上通用标签 F-Tag（5'-AGGTGACACTATAGAATA-3'）、R-Tag（5'-GTACGACTCACTATAGGGA-3'）形成特异嵌合引物。由 Ge XP 单重 PCR 反应结合毛细管电泳片段对引物特异性验证可知（图 2-57），6 对引物扩增产物检测片段为各自特异靶序列加引物上下游 5'端通用标签共 37bp，即马鹿片段长度应为

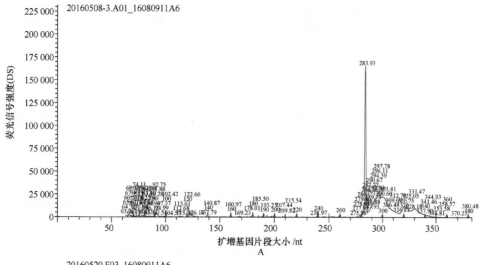

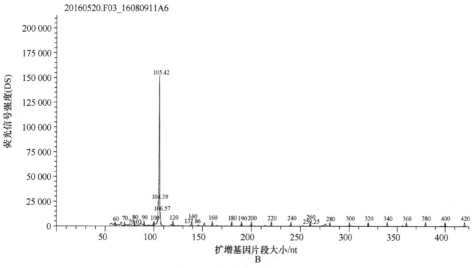

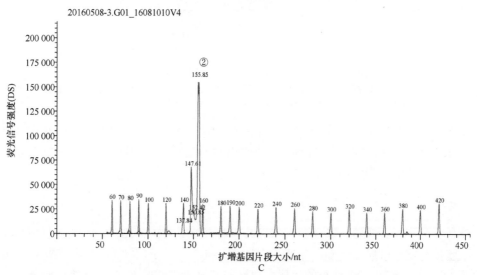

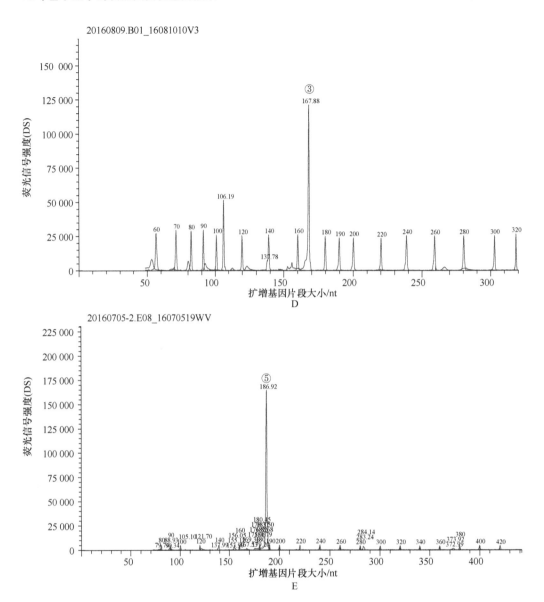

图 2-57　Ge XP 单重 PCR 验证引物特异性结果图

A. 剔除马鹿 DNA；B. 剔除驯鹿 DNA；C. 剔除麋鹿 DNA；D. 剔除骅鹿 DNA；E. 剔除白唇鹿 DNA；
①驯鹿特征峰；②麋鹿特征峰；③骅鹿特征峰；④马鹿特征峰；⑤白唇鹿特征峰

283bp，驯鹿为 107bp，麋鹿为 157bp，骅鹿为 167bp，白唇鹿为 187bp，梅花鹿与马鹿引物为 351bp。6 对引物混合模板扩增产物均仅出现特征峰，片段分析结果均与目标长度一致，特征峰信号强度均大于 125 000。

（3）Ge XP 多重 PCR 体系建立与优化

以马鹿、驯鹿、麋鹿、骅鹿、白唇鹿为目标初步建立 Ge XP 五重 PCR 反应体系。引物浓度为马鹿：驯鹿：麋鹿：骅鹿：白唇鹿 ＝1.5∶1∶1∶2∶1，初步建立 Ge XP 五重体系。Ge XP 五重 PCR 体系的优化主要针对特异性引物的 T_m 值、体系中特异性引物含量尤其是驼鹿引物浓度进行，结果如图 2-58 所示。采用退火温度 60℃，引物浓度比为马鹿：驯鹿：麋鹿：驼鹿：白唇鹿 ＝1：1：1：3：1 时，各特征峰有清晰较强扩增信号，杂峰较少且无干扰。说明此多重体系较优。

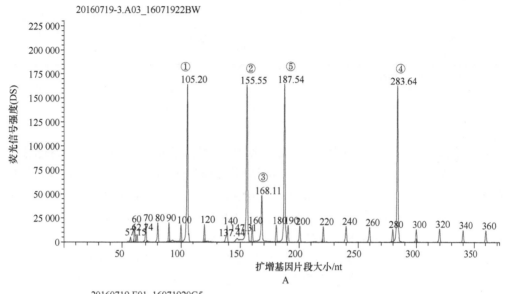

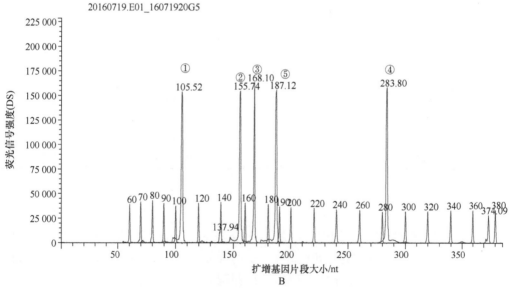

图 2-58 Ge XP 五重 PCR 建立和优化

①驯鹿特征峰；②麋鹿特征峰；③驼鹿特征峰；④马鹿特征峰；⑤白唇鹿特征峰

（4）特异性交叉验证检测

为验证各引物对交叉特异性，在原本的五重 PCR 体系中分别剔除马鹿、驯鹿、麋鹿、驼鹿、白唇鹿其一 DNA 进行扩增，各目标特征峰出峰情况如表 2-33 所示，说明这 5 对引物特异性较好。

表 2-33　五重 PCR 特异性交叉验证

剔除 DNA 信号特征峰	马鹿	驯鹿	麋鹿	黇鹿	白唇鹿
马鹿	—	√	√	√	√
驯鹿	√	—	√	√	√
麋鹿	√	√	—	√	√
黇鹿	√	√	√	—	√
白唇鹿	√	√	√	√	—

注："√"阳性；"—"阴性

（5）灵敏度检测

对五重体系混合模板灵敏度试验可知，各 DNA 模板含量在 1～0.01ng 时，五重特征峰均有呈现，且峰值信号强度随模板浓度稀释而逐渐下降，其中黇鹿特征峰下降幅度最显著。当模板含量在 0.01～0.001ng 时，黇鹿特征峰无扩出，其余 4 种存在。结合五重体系单模板灵敏度试验结果可知，白唇鹿在单模板试验中含量为 0.001ng 时无扩出，而在五重体系中有明显特征峰，推测原因可能为白唇鹿引物在单重体系和多重体系中的扩增效率不同，多重体系的竞争性扩增有助于白唇鹿特异性引物的扩增使其扩增效率提高。表明五重体系目前最低可检出量为马鹿：0.001ng；驯鹿：0.001ng；麋鹿：0.001ng；黇鹿：0.01ng；白唇鹿：0.01～0.001ng（表 2-34）。

表 2-34　五重 PCR 灵敏度检测

鹿种	目前最低可检出量/ng
马鹿	0.001
驯鹿	0.001
麋鹿	0.001
黇鹿	0.01
白唇鹿	0.01～0.001

（6）实际样品检测

采用所建立的 Ge XP 多重 PCR 方法对 1～16 号鹿产品样本的鹿源性成分进行检测，检测结果显示：其中标签均为梅花鹿的 1～12 号样品中，1 号、5 号、8 号样品仅马鹿/梅花鹿特征峰有扩出；2 号、4 号、9 号、12 号样品除马鹿/梅花鹿特征峰有扩出外，还有其他鹿类成分扩出；3 号、7 号、11 号样品结果显示均无马鹿/梅花鹿特征峰扩出，有其他鹿成分扩出；6 号、10 号样品无扩出。另实验室搜集 13～16 号鹿茸样本均有马鹿/梅花鹿特征峰，其中 14 号、15 号还有马鹿特征峰。具体信息见表 2-35。

市售鹿产品检测结果显示：10 份明确标识为梅花鹿成分的样本中总共有 70%（7/10）的样品检出马鹿/梅花鹿成分，其中，42.9%（3/7）的样品检出只有马鹿/梅花鹿成分，其余 57.1%（4/7）的样品均不同程度地掺杂了麋鹿、黇鹿、驯鹿等非药用鹿种；另有30%（3/10）的市售样本未检出梅花鹿成分，全部为其余鹿类成分。4 份实验室搜集鹿茸片样品检测结果显示均有马鹿或梅花鹿成分扩出,其中2份样品确定为梅花鹿鹿茸片,另2份可以确定含有马鹿成分。此外,2个标签未标识具体鹿源成分的鹿肉样本均未检出任何鹿类成分。16份样品均未检出白唇鹿。

表 2-35　基于 Ge XP 多重 PCR 技术的市售鹿产品检测结果一览表

序号	名称	标签	市售价	检测特征峰
1	鲜鹿茸片	梅花鹿	82 元/30g	马鹿/梅花鹿
2	鹿茸粉	梅花鹿	58.8 元/60g	马鹿/梅花鹿,马鹿
3	鹿心血	梅花鹿	50 元/50g	麋鹿
4	干梅花鹿血	梅花鹿	98 元/75g	马鹿/梅花鹿,黇鹿
5	鹿角帽	梅花鹿	198 元/60g	马鹿/梅花鹿
6	蘑菇鹿肉酱	未注明	14 元/瓶(19g)	未检出
7	梅花鹿心	梅花鹿	168 元/个(约 100g)	麋鹿
8	鹿鞭膏	梅花鹿	198 元/180g	马鹿/梅花鹿
9	鹿血粉冲剂	梅花鹿	210 元/3g×7	马鹿/梅花鹿,麋鹿
10	麻辣鹿肝	梅花鹿	48 元/200g	未检出
11	鹿肉酱	未注明	48 元/180g	黇鹿
12	梅花鹿托粉	梅花鹿	115 元/150g	马鹿/梅花鹿,驯鹿
13	鹿茸片	未注明	本实验室收集样品	马鹿/梅花鹿
14	鹿茸片	未注明	本实验室收集样品	马鹿/梅花鹿,马鹿
15	鹿茸片	未注明	本实验室收集样品	马鹿/梅花鹿,马鹿
16	鹿茸片	未注明	本实验室收集样品	马鹿/梅花鹿

2.14.5　小结

基于 Ge XP 多重 PCR 技术分别建立了用于马鹿产品鉴伪的马鹿、麋鹿、驯鹿、黇鹿 Ge XP 四重 PCR 体系和包含国家Ⅱ级重点保护野生动物白唇鹿在内的马鹿、麋鹿、驯鹿、黇鹿、白唇鹿的 Ge XP 五重 PCR 体系,另外还建立了用于梅花鹿和马鹿产品鉴伪的 Ge XP 六重 PCR 体系;所建立的体系可以准确鉴定马鹿、麋鹿、驯鹿、黇鹿、白唇鹿,以及无马鹿成分条件下的梅花鹿成分。本研究建立的多重 PCR 技术灵敏特异,可对鹿类动物种间、特定鹿种成分、鹿类产品中鹿源性成分实行有效可靠的鉴定。

参 考 文 献

陈福生, 高志贤, 王建华. 2004. 食品安全检测与现代生物学技术. 北京: 化学工业出版社.
陈丽梅, 李琪, 李赟. 2008. 4 种海参 16S rRNA 和 COI 基因片段序列比较及系统学研究. 中国水产科学, 15(6): 935-942.
陈林兴, 周井娟. 2011. 世界三文鱼生产现状与发展展望. 农业展望, 7(8): 41-44.

陈颖, 葛毅强, 等. 2015. 食品真实属性表征分子识别技术. 北京: 科学出版社.

陈颖, 吴亚君. 2011. 基因检测技术在食品物种鉴定中的应用. 色谱, 29(7): 594-600.

陈颖, 吴亚君, 王斌, 等. 2012. 用于阿胶真伪鉴别的组合物、试剂盒、方法及应用. 专利号: ZL 2010 10526977.9, 2012-2-29.

陈颖, 吴亚君, 徐宝梁, 等. 2004a. 食品及饲料中马属动物源性成分的 PCR 检测研究. 中国生物工程杂志, 24(5): 78-83.

陈颖, 吴亚君, 徐宝梁, 等. 2004b. 根据线粒体保守序列检测鹿属动物源性成分. 畜牧与兽医, 36(5): 1-3.

陈颖, 张九凯, 葛毅强, 等. 2016. 基于文献计量的食品真伪鉴别研究态势分析. 中国食品学报, 16(6): 174-186.

崔桂友, 赵廉. 2000. 食用海参的名称与种类鉴别. 扬州大学烹饪学报, 17(3): 13-18.

戴玉成, 周丽伟, 杨祝良, 等. 2010. 中国食用菌名录. 菌物学报, 29(1): 1-21.

邓小红, 任海芳. 2007. PCR 技术详解及分析. 重庆工商大学学报(自然科学版), 24(1): 29-33, 37.

韩建勋, 陈颖, 王斌, 等. 2018. 应用可视芯片技术高通量鉴别 8 种鱼成分. 分析测试学报, 37(2): 174-179.

胡冉冉, 邢冉冉, 张九凯, 等. 2019. 海参鉴别技术研究进展. 食品科学, 40(07): 304-313.

黄文胜, 韩建勋, 邓婷婷, 等. 2011. FINS 方法鉴定鱼翅和鲨鱼软骨的鲨鱼种类. 食品科技, 20(11): 265-271.

黄娅琳. 2008. 一种简便的 DNA 提取方法在动物毛发检验中的应用. 中国司法鉴定, (2): 25-27.

李梅阁, 吴亚君, 杨艳歌, 等. 2018. 浆果基因组 DNA 提取方法比较及 PCR 优化. 中国食品学报, 18(6): 60-67.

凌胜男, 吴亚君, 韩建勋, 等. 2017. 基因条形码技术在深加工动物制品源性成分鉴定中的应用研究进展. 肉类研究, 31(1): 48-54.

潘艳仪, 邱德义, 陈健, 等. 2018. 基于微型基因条形码的多种动物源性成分的鉴定. 食品科学, 39: 326-332.

石林春, 刘金欣, 魏妙洁, 等. 2018. 基于 DNA metabarcoding 技术的如意金黄散处方成分鉴定研究. 中国科学: 生命科学, 48(4): 490-497.

斯蒂文·柏塞尔, 耶依夫·萨摩, 商塔尔·康南德, 等. 2017. 世界重要经济海参种类. 北京: 中国农业出版社.

宋飔. 2015. 应用 DNA 复合条形码技术研究太白山中小型土壤动物多样性. 陕西师范大学硕士学位论文.

汪维鹏, 倪坤仪, 周国华, 等. 2006. 一种基于适配器连接介导的等位基因特异性扩增法测定多重 SNP. 遗传, 28(1): 219-225.

王碧涵, 李宗菊, 左奎, 等. 2016. 红菇属分子生物学的研究进展. 中国食用菌, 35(2): 1-6.

王柯, 陈科力, 刘震, 等. 2011. 锦葵科植物基因条形码通用序列的筛选. 植物学报, 46(3): 276-284.

文菁, 胡超群, 张吕平, 等. 2011. 16 种商品海参 16S rRNA 的 PCR-RFLP 鉴定方法. 中国水产科学, 18(2): 451-457.

文思远. 2003. 单核苷酸多态性基因分型技术原理与进展. 生物技术通讯, 14(3): 211-218.

邢冉冉, 吴亚君, 陈颖. 2018. 宏条形码技术在食品物种鉴定中的应用及展望. 食品科学, 39(13): 280-288.

徐文杰, 刘茹, 洪响声, 等. 2014. 基于近红外光谱技术的淡水鱼品种快速鉴别. 农业工程学报, 30(1): 253-261.

叶剑. 2017. 常见柔鱼科鱿鱼品种的分子鉴定技术研究. 浙江工商大学硕士学位论文.

张海亮, 吴亚君, 陈银基, 等. 2010. 食用油中 DNA 提取方法的研究进展. 食品与发酵工业, 36(11): 128-133.

赵金毅, 白素兰, 黄文胜, 等. 2008. 应用可视芯片技术检测食品中常见致病菌的方法研究. 食品与发酵工业, 34(8): 141-144.

赵玲云, 范东颖, 李燕芳, 等. 2016. 枝干树皮宏基因组 DNA 的提取. 生物技术通报, 32(1): 74-79.

赵欣涛. 2016. 世界渔业中现有商品海参的生物分类学名称归类概述. 农业开发与装备, (12): 38.

赵紫霞, 徐桂彩, 李炯棠, 等. 2017. 用于鉴别大西洋鲑和虹鳟的生物传感检测方法. 生物技术通报, 33(6): 54-61

Angly F E, Dennis P G, Skarshewski A, et al. 2014. Copyrighter: a rapid tool for improving the accuracy of microbial community profiles through lineage-specific gene copy number correction. Microbiome, 2(1): 1-11.

Ansari P, Stoppacher N, Baumgartner S. 2012, Marker peptide selection for the determination of hazelnut by LC–MS/MS and occurrence in other nuts. Analytical and Bioanalytical Chemistry, 402(8): 2607-2615.

Armani A, Tinacci L, Lorenzetti R, et al. 2017. Is raw better? A multiple DNA barcoding approach(full andmini)based on mitochondrial and nuclear markers reveals low rates of misdescription in sushi products sold on the Italian market. Food Control, 79: 126-133.

Arndt A, Marquez C, Lambert P, et al. 1996. Molecular phylogeny of eastern Pacific sea cucumbers (*Echinodermata*: *Holothuroidea*) based on mitochondrial DNA sequence. Molecular Phylogenetics and Evolution, 6(3): 425.

Bai S L, Zhang J, Li S C, et al. 2010, Detection of　six genetically modified maizes on optical thin-film Biosensor Chips. J. Agric. Food Chem．, 58(15): 8490-8494.

Barbuto M, Galimberti A, Ferri E, et al. 2010. DNA barcoding reveals fraudulent substitutions in shark seafood products: the Italian case of "palombo" (*Mustelus* spp.). Food Research International, 43(1): 376-381.

Bartsch C, Höper D, Mäde D, et al. 2018. Analysis of frozen strawberries involved in a large norovirus gastroenteritis outbreak using next generation sequencing and digital PCR. Food Microbiology, 76: 390-395.

Benson d A, Karschmizrachi I, Lipman D J, et al. 2011. GenBank. Nucleic Acids Research, 24(1): 1.

Bertolini F, Ghionda M C, D'alessandro E, et al. 2015. A next generation semiconductor based sequencing approach for the identification of meat species in DNA mixtures. PLoS One, 10(4): 1-16.

Bingpeng X, Heshan L, Chunguang Z, et al. 2018. DNA barcoding for identification of fish species in the Taiwan Strait. PLoS One, 13(6): e0198109.

Borevitz J O, Liang D, Plouffe D, et al. 2003. Large scale identification of single feature polymorphisms in complex genomes. Genome Research, 13: 513-523.

Brod F C A, Van Dijk J P, Voorhuijzen M M, et al. 2014. A high-throughput method for GMO multi-detection using a microfluidic dynamic array. Analytical and Bioanalytical Chemistry, 406(5): 1397-1410.

Cai Q, Tulloss L P, Tolgor B, et al. 2014. Multi-locus phylogeny of lethal amanitas: Implications for species diversity and historical biogeography. BMC Evolutionary Biology, 14(01): 143.

Cao W, Li Y, Chen X, et al. 2020. Species identification and quantification of silver pomfret using the droplet digital PCR assay. Food Chemistry, 302: 125331.

Carew M E, Pettigrove V J, Metzeling L, et al. 2013. Environmental monitoring using next generation sequencing: rapid identification of macroinvertebrate bioindicator species. Frontiers in Zoology, 10(1): 45.

Caubet J C, Wang J. 2011, Current understanding of egg allergy. Pediatric clinics of North America, 58(2): 427.

Chaouachi M, Giancola S, Romaniuk M, et al. 2007. A strategy for designing multi-taxa specific reference gene systems. Example of application—*ppi* phosphofructokinase (*ppi*-PPF) used for the detection and quantifycation of three taxa: maize (*Zea mays*), cotton (*gossypium hirsutum*) and rice (*oryza sativa*), J. Agric. Food Chem., 55(20): 8003-8010.

Chapela M J, Sotelo C G, Perez-Martin r I, et al. 2007. Comparison of DNA extraction methods from muscle of canned tuna for species identification. Food Control, 18(10): 1211-1215.

Chen S Y, Liu Y P, Yao Y G, et al. 2010. Species authentication of commercial beef jerky based on PCR-RFLP analysis of the mitochondrial *12S rRNA* gene. Journal of Genetics and Genomics, 37(11): 763-769.

Chen Y, Wu Y J, Wang J, et al. 2009. Identification of cervidae DNA in feedstuff using a real-time polymerase chain reaction method with the new fluorescence intercalating dye evagreen. Journal of AOAC International, 92(1): 175-180.

Chen Y, Wu Y J, Xu B L, et al. 2005. Species-specific polymerase chain reaction amplification of Camel (Camelus) DNA extracts. Journal of AOAC International, 88(5): 1394-1398.

Comesana A S, Abella P, Sanjuan A. 2003. Molecular identification of five commercial flatfish species by PCR-RFLP analysis of a *12S rRNA* gene fragment. J Sci Food Agric, 83: 752-759.

Costa J, Mafra I, Amaral J S, et al. 2010. Detection of genetically modified soybean DNA in refined vegetable oils. Eur Food Res Technol, 230(6): 915-923.

Deagle B E, Jarman S N, Coissac E, et al. 2014. DNA metabarcoding and the cytochrome c oxidase subunit I marker: not a perfect match. Biology Letters, 10(9): 20140562.

Demmel A, Hupfer C, Hampe E I, et al. 2008. Development of a real-time PCR for the detection of lupine DNA (*Lupinus species*) in foods. Journal of Agricultural and Food Chemistry, (56): 4328-4332.

Dhar B, Ghosh S K. 2017. Mini-DNA barcode in identification of the ornamental fish: A case study from Northeast India. Gene, 627: 248.

Ding J, Jia J, Yang L, et al. 2004. Validation of a rice specific gene, sucrose phosphate synthase, used as the endogenous reference gene for qualitative and real-time quantitative PCR detection of transgenes. J Agric Food Chem, 52(11): 3372-3377.

Doi H, Uchii K, Takahara T, et al. 2015. Use of droplet digital PCR for estimation of fish abundance and biomass in environmental DNA surveys. PLoS One, 10(3): 1-11.

Esin E V, Markevich G N. 2018. Evolution of the charrs, genus *Salvelinus*, (Salmonidae). 1. Origins and expansion of the species. Journal of Ichthyology, 58(2): 187-203.

Finkeldey R, Leinemann L, Gailing O. 2010. Molecular genetic tools to infer the origin of forest plants and wood. Applied Microbiology and Biotechnology, 85(5): 1251-1258.

Galvin-King P, Haughey S A, Elliott C T, et al. 2018. Herb and spice fraud; the drivers, challenges and detection. Food Control, 88: 85-97.

Germini A, Scaravelli E, Lesignoli F, et al. 2005. Polymerase chain reaction coupled with peptide nucleic acid high-performance liquid chromatography for the sensitive detection of traces of potentially allergenic hazelnut in foodstuffs. Eur Food Res Technol, 220: 619-624.

Gill p, Ghaemi A. 2008. Nucleic acid isothermal amplification technologies: a review. Nucleosides, Nucleotides & Nucleic Acids, 27: 224-243.

Group C P W. 2009. A DNA barcode for land plants. Proceedings of the National Academy of Ences of the United States of America, 106(31): 12794-12797.

Gubili C, Ross E, Billett D S M, et al. 2016. Species diversity in the cryptic abyssal holothurian Psychropotes longicauda (*Echinodermata*). Deep Sea Research Part II: Topical Studies in Oceanography, 137.

Guertler P, Huber I, Pecoraro S, et al. 2012. Development of an event-specific detection method for genetically modified rice Kefeng 6 by quantitative real-time PCR. J. Verbrauch. Lebensmi, 7(1): 63-70.

Guo L L, Wu Y J, Liu M C et al. 2014. Authentication of edible bird's nests by *Taq*Man-based real-time PCR. Food Control, 44(10): 220-226.

Han J X, Wu Y J, Huang W S, et al. 2012. PCR and DHPLC methods used to detect juice ingredient from 7 fruits. Food Control, 25(2): 696-703.

Hayden M J, Nguyen T M, Waterman A, et al. 2008. Application of multiplex-ready PCR for fluorescence-based SSR genotyping in barley and wheat. Mol Breeding, 21: 271-281.

Hernández M, Esteve T, Pla M, et al. 2005. Real-time polymerase chain reaction based assays for quantitative detection of barley, rice, sunflower, and wheat, J. Agric. Food Chem., 53(18): 7003-7009.

Hindson B J, Ness K D, Masquelier D A, et al. 2011. High-throughput droplet digital PCR system for absolute quantitation of DNA copy number. Analytical Chemistry, 83(22): 8604-8610.

Hoareau T B, Boissin E. 2010. Design of phylum-specific hybrid primers for DNA barcoding: addressing the need for efficient *COI* amplification in the Echinodermata. Molecular Ecology Resources, 10(6): 960-967.

Hochwallner H, Schulmeister U, Swoboda I, et al. 2014.Cow's milk allergy: From allergens to new forms of diagnosis, therapy and prevention. Methods, 66(1): 22-33.

Huber M, Losert D, Hiller R, et al. 2001. Detection of single base alterations in genomic DNA by solid phase polymerase chain reaction on oligonucleotide microarrays. Analytical Biochemistry, 299: 24-30.

ISO 21570. 2005. Foodstuffs—nucleic acid based methods of analysis for the detection of genetically modified organisms and derived products-quantitative nucleic acid based methods. (ISO 21570: 2005/Cor 1: 2006). http://www.iso.org/iso/iso_catalogue/catalogue_tc/catalogue_detail.htm?csnumber= 45305. [2021-8-31]

Jensen-Vargas E, Marizzi C. 2018. DNA barcoding for identification of consumer-relevant fungi sold in New York: A powerful tool for citizen scientists. Foods, 7(6).

Jeong S C, Pack I S, Cho E Y, et al. 2007. Molecular analysis and quantitative detection of a transgenic rice line expressing a bifunctional fusion TPSP, Food Control, 18(11): 1434-1442.

JRC. 2006. Event-specific Method for the quantitation of rice line LLRICE62 using real-time PCR. http: //gmo-crl.jrc.ec.europa. eu/summaries/LLRICE62_val_report.pdf 2006. [2021-8-31]

Kembel S W, Wu M, Eisen J A, et al. 2012. Incorporating 16S gene copy number information improves estimates of microbial diversity and abundance. Plos Computer Biology, 8(10): e1002743.

Kerr A M, Janies D A, Clouse R M, et al. 2004. Molecular phylogeny of coral-reef sea cucumbers (holothuriidae: aspidochirotida) based on 16S mitochondrial ribosomal DNA sequence. Marine Biotechnology, 7(1): 53-60.

Luekasemsuk T, Panvisavas n, Chaturongakul S. 2015. *Taq*Man qPCR for detection and quantification of mitochondrial DNA from toxic pufferfish species. Toxicon, 102: 43-47.

Lundberg D S, Yourstone S, Mieczkowski P, et al. 2013. Practical innovations for high-throughput amplicon sequencing. Nature Methods, 10(10): 999-1002.

Maasz G, Takács P, Boda p, et al. 2017. Mayfly and fish species identification and sex determination in bleak (Alburnus alburnus) by MALDI-TOF mass spectrometry. Sci Total Environ, 601 /602: 317.

Macher J N, Macher T H, Leese F. 2017. Combining NCBI and BOLD databases for OTU assignment in metabarcoding and metagenomic data: The BOLD_NCBI _Merger. Metabarcoding and Metagenomics, 1: e22262.

Martín I, García T, Fajardo V, et al. 2009. SYBR-Green real-time PCR approach for the detection and quantification of pig DNA in feedstuffs. Meat Science, 82(2): 252-259.

Matheny P B. 2005. Improving phylogenetic inference of mushrooms with RPB1 and RPB2 nucleotide sequences (Inocybe; *Agaricales*). Molecular Phylogenetics and Evolution, 35(1): 1-20.

Mazzeo M F, Siciliano R A, Proteom J. 2016. Proteomics for the authentication of fish species. Journal of Proteomics, 147: 119-124.

Mori Y, Kitao M, Tomita N, et al. 2004. Real-time turbidimetry of LAMP reaction for quantifying template DNA. J Biochem Biophys Methods, 59: 145-157.

Morisset D, Štebih d, Milavec M, et al. 2013. Quantitative analysis of food and feed samples with droplet digital PCR. PLoS One, 8(5): 1-9.

Murata H, Babasaki K, Saegusa T, et al. 2008. Traceability of Asian Matsutake, specialty mushrooms produced by the ectomycorrhizal basidiomycete Tricholoma matsutake, on the basis of retroelement-based DNA markers. Applied & Environmental Microbiology, 74(7): 2023-2031.

Mustrop S, Engdaho-Axelsson C, Svensson U, et al. 2008. Detection of celery (*Apium graveolens*), mustard (Sinapis alba, Brassica juncea, Brassica nigra) and sesame (*Sesamum indicum*) in food by real-time PCR. European Food Research and Technology, (226): 771-778.

Nemedi E, Ujhelyi G, Gelencser E. 2007. Detection of gluten contamination with PCR method. Acta Alimentaria, 36: 241-248.

Notomi T, Okayama H, Masubuchi H, et al. 2000. Loop-mediated isothermal amplification of DNA. Nucleic Acids Research, 28(12): e63-e63.

Peter C, Brunen N C, Cammann K, et al. 2004. Differentiation of animal species in food by oligonucleotide microarray hybridization. Eur Food Res Technol, 219: 286-293.

Piepenburg O, Williams C H, Stemple D L, et al. 2006b. DNA detection using recombination proteins. PLoS Biology, 4: 204-207.

Piepenburg O, Williams C H, Stemple D L. 2006a. DNA detection using recombination proteins. PLoS Biology, 4(7)1115-1121.

Pinheiro L B, Coleman V A, Hindson C M, et al. 2012. Evaluation of a droplet digital polymerase chain reaction format for DNA copy number quantification. Analytical Chemistry, 84(2): 1003-1011.

Piñol J, Mir G, Gomez-Polo P, et al. 2015. Universal and blocking primer mismatches limit the use of high-throughput DNA sequencing for the quantitative metabarcoding of arthropods. Molecular Ecology Resources, 15(4): 819-830.

Pompanon F, Deagle B E, Symondson W O C, et al. 2012. Who is eating what: Diet assessment using next generation sequencing. Molecular Ecology, 21(8): 1931-1950.

Purcell S, Choo P S, Akamine J, et al. 2014. Alternative product forms, consumer packaging and extracted derivatives of tropical sea cucumbers. SPC Beche-de-mer Information Bulletin, 34: 47-52.

Ratnasingham S, Hebert P D N. 2007. BOLD: The barcode of life data system (www.barcodinglife.org). Molecular Ecology Notes, 7(3): 355-364.

Ren J N, Deng T T, Huang W S, et al. 2017. A digital PCR method for identifying and quantifying adulteration of meat species in raw and processed food. PLoS ONE, 12(3): 1-17.

Ripp F, Krombholz C F, Liu Y, et al. 2014. All-Food-Seq (AFS): a quantifiable screen for species in biological samples by deep DNA sequencing. BMC Genomics, 15(1): 639.

Robinson G, Lovatelli A. 2015. Global sea cucumber fisheries and aquaculture FAO's inputs over the past few years. FAO Aquaculture Newsletter, 53: 55.

Russell V J, Hold G L, Pryde S E, et al. 2000. Use of restriction fragment length polymorphism to distinguish between salmon species. J Agric Food Chem, 48: 2184-2188.

Saha P, Majumder P, Dutta I, et al. 2006. Transgenic rice expressing Allium sativum leaf lectin with enhanced resistance against sap-sucking insect pests. Planta, 223(6): 1329-1343.

Sarri C, Stamatis C, Sarafidou T, et al. 2014. A new set of 16S rRNA universal primers for identification of animal species. Food Control, 43(5): 35-41.

Scollo F, Egea L A, Gentile A, et al. 2016. Absolute quantification of olive oil DNA by droplet digital-PCR (ddPCR): Comparison of isolation and amplification methodologies. Food Chemistry, 213: 388-394.

Shen Y, Guan L, Wang D, et al. 2016. DNA barcoding and evaluation of genetic diversity in Cyprinidae fish in the midstream of the Yangtze River. Ecology and Evolution, 6(9): 2702-2713.

Sonnante G, Montemurro C, Morgese A, et al. 2009. DNA microsatellite region for a reliable quantification of soft wheat adulteration in durum wheat-based foodstuffs by real-time PCR. J Agric Food Chem., 57(21): 10199-10204.

Swetha V P, Parvathy V A, Sheeja T E, et al. 2014. Isolation and amplification of genomic DNA from barks of Cinnamomum spp. Turkish Journal of Biology, 38(1): 151-155.

Taberlet P, Coissac E, Pompanon F, et al. 2012. Towards next‐generation biodiversity assessment using DNA metabarcoding. Molecular Ecology, 21(8): 2045-2050.

Thomas A C, Deagle B E, Eveson J P, et al. 2015. Quantitative DNA metabarcoding: improved estimates of species proportional biomass using correction factors derived from control material. Molecular Ecology Resources, 16(3): 714-726.

Thomas A C, Jarman S N, Haman K H, et al. 2014. Improving accuracy of DNA diet estimates using food tissue control materials and an evaluation of proxies for digestion bias. Molecular Ecology, 23(15): 3706-3718.

Tomita N, Mori Y, Kanda H, et al. 2008, Loop-mediated isothermal amplification (LAMP) of gene sequences and simple visual detection of products. Nature Protocols, 3(5): 877-882.

Uthicke S, Byrne M, Conand C. 2010. Genetic barcoding of commercial beche-de-mer species

(Echinodermata: Holothuroidea). Molecular Ecology Resources, 10(4): 634-646.

Varshney R K, Thiel T, Sretenovic-Rajicic T, et al. 2008. Identification and validation of a core set of informative genic SSR and SNP markers for assaying functional diversity in barley. Mol Breeding, 22: 1-13.

Velioğlu H M, Temiz H T, Boyaci I H. 2015. Differentiation of fresh and frozen-thawed fish samples using Raman spectroscopy coupled with chemometric analysis. Food Chem, 172: 283-290.

Vilgalys R, Hester M. 1990. Rapid genetic identification and mapping of enzymatically amplified ribosomal DNA from several Cryptococcus species. Journal of Bacteriology, 172(8): 4238.

Wang C, Jiang L, Rao J, et al. 2010. Evaluation of four genes in rice for their suitability as endogenous reference standards in quantitative PCR. Journal of Agricultural and Food Chemistry, 58(22): 11543-11547.

Wang Y Q, Johnston S. 2007. The status of transgenic rice R & D in China. Nature Biotechnology, 25(7): 717-718.

Ward R, Zemlak T, Innes B, et al. 2005. DNA barcoding Australia's fish species. Philosophical Transactions of the Royal Society of London, 360(1462): 1847-1857.

White T, Lee T D M Y. 1990. Amplification and direct sequencing of fungal ribosomal RNA genes for phylogenetics. In: Lee S B, Taylor J W. PCR protocols: a guide to methods and applications. San Diego: Academic Press: 315-322.

Wu Y J, Chen Y, Ge Y Q, et al. 2008. Detection of olive oil using the evagreen real-time PCR method. European Food Research and Technology, 227(4): 1117-1124.

Wu Y J, Chen Y, Wang B, et al. 2006. RAPD analysis of jasmine rice-specific genomic structure. Genome, 49(6): 716-719.

Wu Y J, Chen Y, Wang B, et al. 2010a. SYBR green real time PCR used to detect celery ingredient in food. Journal of AOAC International, 93(5): 1530-1536.

Wu Y J, Chen Y, Wang B, et al. 2010b. Application of SYBR green PCR and 2DGE methods to authenticate edible bird's nest food. Food Research International, 43(8): 2020-2026.

Wu Y J, Yang Y G, Liu M C, et al. 2016. A 15-Plex/xMAP method to detect 15 animal ingredients by suspension array system coupled with multifluorescent magnetic beads. Journal of AOAC International, 99(3): 750-759.

Wu Y J, Zhang Z M, Chen Y, et al. 2009. Authentication of thailand jasmine rice using RAPD and SCAR methods. European Food Research and Technology, 229(3): 515-521.

Xin Z, Yiyuan L, Shanlin L, et al. 2013. Ultra-deep sequencing enables high-fidelity recovery of biodiversity for bulk arthropod samples without PCR amplification. Gigascience, 2(1): 1-12.

Xu X, Chen X, Lai Y, et al. 2019. Event-specific qualitative and quantitative detection of genetically modified rice G6H1. Food Analytical Methods, 12(2): 440-447.

Young J M, Weyrich L S, Cooper A. 2014. Forensic soil DNA analysis using high-throughput sequencing: a comparison of fourmolecular markers. Forensic Science International: Genetics, 13: 176-184.

Yu X B, Cui H F, Yu X P, et al. 2012. Studies on rice starch branching enzyme(RBE4)as endogenous reference gene for the matrix reference material of transgenic rice (Oryza sativa L.). Journal of Agricultural Biotechnology, 20: 1234-1243.

Yuan J, Fan M, Zhang F, et al. 2017. Amine-functionalized poly(ionic liquid)brushes for carbon dioxide adsorption. Chemical Engineering Journal, 316(Supplement C): 903-910.

Zhang L, Cao Y, Liu X, et al. 2012. In-depth analysis of the endogenous reference genes used in the quantitative PCR detection systems for rice. Eur Food Res Technol, 234(6): 981-993.

Zhang L, Wu G, Wu Y J, et al. 2009. The gene MT3-B can differentate palm oil from other oil samples. Journal of Agricultral and Food Chemistry, 57(16): 7227-7232.

Zhang M, Xie Z, Xie L, et al. 2015. Simultaneous detection of eight swine reproductive and respiratory pathogens using a novel GeXP analyser-based multiplex PCR assay. Journal of Virological Methods, 224: 9.

Zhao P, Zhuang W Y, Bau T, et al. 2017. DNA barcoding of the economically important leucocalocybe mongolica to prevent mushroom mislabeling. Chiang Mai Journal of Science, 44(4): 1201-1209.

Zhao W A, Gao Y, Srinivas A, et al. 2006. DNA polymerization on gold nanoparticles through rolling circle amplification: Towards novel scaffolds for three-dimensional periodic nanoassemblies. Angewandte Chemie International Edition, 45(15): 2409-2413.

Zhou B, Xiao J, Liu S, et al. 2013. Simultaneous detection of six food-borne pathogens by multiplex PCR with a GeXP analyzer. Food Control, 32(1): 198-204.

Zhou P P, Zhang J Z, You Y H, et al. 2008. Detection of genetically modified crops by combination of multiplex PCR and low-density DNA microarray. Biomedical and Environmental Sciences, 21(1): 53-62.

Zhou Y, Pan F G, Li Y S, et al. 2009. Colloidal gold probe based immune chromate graphic assay for the rapid detection of breve toxins in fishery product samples. Biosensors and Bioelectronics, 24(8): 2744-2747.

3 基于蛋白质组学的食品真实性鉴别技术

3.1 导　论

蛋白质组学（proteomics）作为后基因组时代的一个新研究方向和前沿技术，近几年得以迅速发展，目前已应用于多个领域，在食品品质检测和安全控制方面成为有力的研究工具。蛋白质组学为食品科学的相关研究打开了新思路，不仅可以鉴定蛋白质种类，还可进行蛋白质定量，为食品在物种类别、产地溯源、成熟阶段等不同条件下蛋白质组分和含量的动态分析提供了可能。尤其在各类功能性食品或高附加值食品的真伪鉴别和品质控制中，利用蛋白质组学相关技术对蛋白质组分进行分析，获得对食品蛋白质各种特征的真实认识，具有其他研究方法不可取代的优势，并成为食品功能研究、品质评价、营养分析、安全检测、真伪甄别、新型食品开发的新的研究领域（赵方圆等，2012；田尉婧等，2018）。

3.1.1 蛋白质组学概况

蛋白质组（proteome）由澳大利亚科学家 Marc Wilkins 和 Keith Williams 于 1994 年提出，1995 年首次报道于 *Electrophoresis* 杂志，是一个基因组、一种生物或一种细胞、组织在某一特定时期所表达的全套蛋白质。蛋白质组会随着环境、时间、地点等因素的改变而改变。蛋白质组的提出标志着蛋白质组学（proteomics）的诞生：研究特定条件下蛋白质整体水平的存在状态及活动规律。它从蛋白质水平上对蛋白质的作用模式、功能机理、调节控制及蛋白质间的相互作用进行了探索。自从人类基因组计划完成后，科学研究已转入了后基因组时代——蛋白质组的研究，蛋白质组研究越来越受到国内外科学工作者的密切关注，它成为目前国际上的前沿和热点领域。

根据研究目的的不同，蛋白质组学的研究内容主要包括：鉴定特定细胞、组织或器官的蛋白质种类（定性蛋白质组学）、探究特定条件下蛋白质表达量变化（定量蛋白质组学）、揭示蛋白质间的复杂相互作用机制（互作蛋白质组学）、明确蛋白质在生命活动中执行的功能（功能蛋白质组学）及描绘蛋白质的二维、三维或四维结构（结构蛋白质组学）和蛋白质翻译后的修饰研究（修饰蛋白质组学）。

蛋白质组学研究的核心技术：蛋白质组分分离技术，蛋白质组分鉴定技术及利用蛋白质信息学对蛋白质结构、功能进行分析及预测。目前，蛋白质组学研究方法主要采用两种策略，即基于凝胶的方法和基于质谱的方法，主要有 4 种常用的蛋白质组学技术，即电泳技术、色谱技术、质谱技术及新兴的蛋白质芯片技术。双向电泳技术与质谱结合是目前最经典也是应用最广泛的方法。

（1）电泳技术

在蛋白质组研究中，主要的电泳技术包括十二烷基硫酸钠-聚丙烯酰胺凝胶电泳（sodium dodecyl sulfate-polyacrylamide gel electrophoresis，SDS-PAGE）、双向电泳（two-dimensional gel electrophoresis，2-DE）、毛细管电泳（capillary electrophoresis，CE）等。

SDS-PAGE 是蛋白质分析中最常用的方法，可用于检测蛋白质纯度、评估蛋白质分子质量等，此法具有特异性强、操作简单及干扰因素少等优点。缺点是只能将不同分子质量的蛋白质分离开，对于相同分子质量的蛋白质则无法区分。

2-DE 是研究蛋白质组的重要技术之一，双向凝胶电泳的第一向基于蛋白质的等电点不同采用等电聚焦电泳（IEF）分离，第二向则按分子质量的不同用 SDS-PAGE 进行分离，把复杂蛋白质混合物中的蛋白质在二维平面上分开。2-DE 在数小时内可同时分离大量蛋白质，应用大面积胶，一次可鉴定多达 10 000 个蛋白质点。虽然 2-DE 技术在过去的 30 年中得到了不断的应用和发展，但是仍有许多需要解决的问题，如对于低拷贝低丰度蛋白质、极酸或极碱蛋白质、难溶蛋白质的分离及电泳图谱的重复性和分辨率等问题都需要进一步提高，且难以实现规模化和自动化。

CE 将经典电泳技术与现代微柱分离有机结合，目前已广泛应用于蛋白质的高效分离分析。与经典电泳相比，CE 由于其侧面积/截面积大，散热快，能克服焦耳热引起的谱带展宽，且可承受高电压，因此分离效率得到提高。此外 CE 还具有灵敏度高、速度快、样品需求少、成本低、种类多、分离范围广等优点。缺点在于复杂样品的分离尚不完全。

（2）色谱技术

高效液相色谱因具有分离效率高、分析速度快、检测灵敏度高和应用范围广等特点，广泛应用于生产实践中。色谱技术按照不同的分离模式，可以分为一维、二维和多维。在一维分离系统中不能完全分离的组分，可能在二维系统中得到更好的分离，分离能力、分辨率得到极大的提高。多维液相色谱与串联质谱联机可以用来分离鉴定双向凝胶电泳技术容易丢失的低丰度蛋白质和膜蛋白质。

（3）质谱技术

质谱技术是一种鉴定生物大分子的技术，在蛋白质组学研究中主要用于蛋白质的鉴定，是近年来蛋白质组学研究迅速发展和应用的一个关键因素。质谱具有快速、灵敏、准确的优点，可应用于蛋白质的识别鉴定（定性和定量）、翻译后修饰、表达差异分析、功能及互作分析等。质谱无须纯化蛋白，可同时鉴定多个蛋白质，具有灵敏度高、准确度高、易自动化的特点，是蛋白质组学的一个重大突破。

（4）蛋白质芯片技术

新发展起来的蛋白质芯片技术为蛋白质的检测和研究提供了新的技术平台。蛋白质芯片技术主要应用于差异显示蛋白质组学和蛋白质间相互作用的研究。蛋白质芯片技术就是将一系列"诱饵"蛋白（如抗体），以阵列方式固定在经过特殊处理的底板上，然后将其与待分析的样品杂交，只有那些与"诱饵"结合的蛋白质才被保留在芯片上。这种方法实质上是大规模的酶联免疫吸附测定。

SELDI-TOF-MS（surface-enhanced laser desorption/ionization-time of flight-mass spectrometry，SELDI-TOF-MS）蛋白质芯片技术，全称为表面增强激光解吸离子化飞行时间质谱，是将蛋白质芯片与飞行质谱相结合，使它既具有芯片的高通量、高效率的特点，又具有飞行质谱的高灵敏度飞级（fg，1×10^{-15}）水平检测的功能。可用于对血清及组织粗样品中的各种蛋白质直接进行检测，特别适于以往蛋白质分析的盲区，即低分子量、低丰度和疏水的蛋白质进行研究。因此，在蛋白质组学的研究中与目前常规方法比较具有较显著的优势。

3.1.2 蛋白质组学的研究重点

（1）研究流程

根据质谱分析水平是基于完整蛋白质还是多肽碎片，蛋白质组学研究流程分为 bottom-up（自下而上）型和 top-down（自上而下）型（图 3-1）。在 bottom-up 型研究流程中，蛋白质经胰蛋白酶等酶水解，所得肽段用以质谱分析，这种方法也被称为肽蛋白质组学。Bottom-up 型可根据蛋白质是否进行分离而分为两类，第一类流程中利用凝胶电泳分离获得目标蛋白质，并对其进行酶解；另一类方法是"鸟枪法"（shotgun），对未经分离的蛋白质混合物进行酶解，肽段混合物经色谱及质谱进行分析，在这个过程中需根据肽段混合物的复杂度而选择恰当的色谱分离体系，如液相色谱、多维色谱等。Bottom-up 型应用广泛，可对蛋白质进行定性及定量分析。在 Top-down 型研究流程中，蛋白质不经酶水解，直接被质谱解离为碎片而进行分析，该方法受限于仪器设备，目前应用相对较少。

蛋白质组学研究流程包括样品制备、蛋白质分离、蛋白质鉴定或定量及生物信息学分析等主要步骤（图 3-1），其中蛋白质的分离、定性或定量及结构、功能分析是蛋白质组学研究的核心和关键。

样品在进入质谱前，需在蛋白质或多肽水平上进行分离，往往要求分辨率高、可重复性好，以保证蛋白质较好地分离和数据的可靠。蛋白质组分离多采用凝胶电泳和液相色谱的方法。

（2）蛋白质组学的定性和定量研究

蛋白质的定性和定量研究作为蛋白质组学的两个研究方向，是表达差异分析、相关性分析、品质比较等工作开展的基础与前提。

1）蛋白质定性

蛋白质定性是确定蛋白质本质属性的研究，基于质谱的蛋白质定性研究技术主要有肽质量指纹图谱（peptide mass fingerprint，PMF）和鸟枪法。

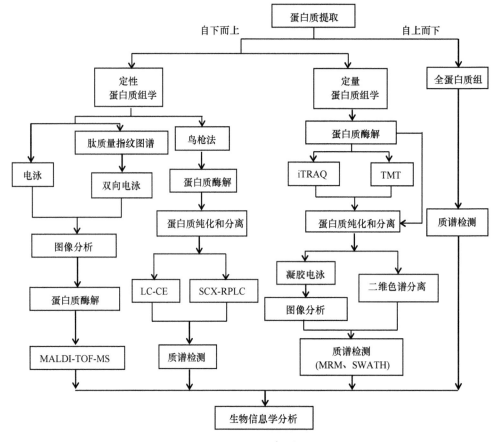

图 3-1 蛋白质组学研究流程

基质辅助激光解吸电离飞行时间质谱（matrix-assisted laser desorption/ionization time of flight mass spectrometry，MALDI-TOF-MS）；液相色谱-毛细管电泳联用（liquid chromatography-capillary electrophoresis，LC-CE）、强阳离子交换柱-反相液相色谱联用（strong cation exchange and reversed-phase liquid chromatography，SCX-RPLC）；同位素标记相对和绝对定量（isobaric tags for relative and absolute quantification，iTRAQ）；串联质谱标记（tandem mass tags，TMT）；所有理论碎片离子的顺序窗口化获取技术（sequential windowed acquisition of all theoretical fragment ions，SWATH）；多反应监测（multiple reaction monitoring，MRM）

　　PMF 的原理是：蛋白质的氨基酸序列不同，当蛋白质被分解为肽段后产生的肽段质量数也不同，这些肽段的质量即为指纹图谱。PMF 核心技术是 2-DE 和基质辅助激光解吸电离飞行时间质谱（matrix-assisted laser desorption/ionization time of flight mass spectrometry，MALDI-TOF-MS）。2-DE 将蛋白质分离，选择蛋白质胶点并水解为多肽片段，经 MALDI-TOF-MS 检测获得分子量，通过 PMF 数据库分析以鉴定蛋白质（图 3.1）。

　　鸟枪法是指样品经酶水解为肽段混合物，利用串联质谱（MS/MS）检测，计算机预测每个肽段在蛋白质的位置，得到蛋白质序列并进行数据库搜索，实现蛋白质的鉴定（Yates，1998）。鸟枪法的关键步骤是实现肽段混合物的高度分离，液相色谱-毛细管电泳联用（liquid chromatography-capillary electrophoresis，LC-CE）、强阳离子交换柱-反相液相色谱联用（Strong cation exchange and reversed-phase liquid chromatography，SCX-RPLC）等分离效果较好的二维色谱技术在鸟枪法中应用广泛。

蛋白质定性还可通过其他技术实现,如 *De novo* 测序和肽段碎片离子鉴定法(peptide fragments identification,PFI)等。*De novo* 测序即从头测序,是指在不需要任何参考序列的情况下,利用串联质谱或 MALDI-TOF-MS 等技术对肽段测序,将所得序列进行拼接、组装,绘制蛋白质序列图谱。目前 *De novo* 测序在生命研究中有一定的应用(Vyatkina et al.,2015),在食品真伪鉴别及品质识别方面的应用前景仍旧广阔。

2)蛋白质定量

常用蛋白质定量技术包括 iTRAQ、串联质谱标记(tandem mass tag,TMT)、多反应监测(multiple reaction monitoring,MRM)技术、SWATH 技术(sequential window acquisition of all theoretical fragment ions)、细胞培养条件下稳定同位素标记技术(stable isotope labeling with amino acids in cell culture,SILAC)、非标记技术(lable-free)等。

iTRAQ 技术是研究蛋白质表达差异、发现生物标志物的常用技术,是应用最广泛的体外标记技术。该技术利用多种同位素标记蛋白质多肽 N 端或赖氨酸侧链基团,经质谱分析可同时比较 4 个或 8 个样品之间的蛋白质表达量。iTRAQ 试剂包括 3 个化学基团,分别是报告基团、平衡基团和反应基团,反应基团通过与肽段特异性结合连接到肽段上。报告基团和平衡基团的总质量数不变,因此被标记的不同样品同一蛋白质的同一肽段在一级质谱中表现为一个峰;平衡基团在质谱仪碰撞室内丢失,报告基团产生相应的报告离子,代表相应蛋白质或肽段进而定量。

TMT 是由 Thermo 公司研发的多肽体外标记定量技术,利用等压定量标记试剂在单一实验中可以分析多达 10 个样本。TMT 定量原理类似于 iTRAQ 技术,2 重、6 重及 10 重 TMT 技术分别通过加入 1 个 ^{13}C、5 个 ^{13}C 或 ^{15}N 及 8 个 ^{13}C 或 ^{15}N 的稳定同位素对样品进行定量。TMT 技术在食品真伪鉴别及品质识别方面的应用不如 iTRAQ 广泛,有待进一步地发展。

MRM 技术是基于三重四级杆质谱仪的串联质谱法,多用于小分子定量。质谱仪通过 MRM 模式进行扫描,监测样品的多肽母离子和碎片离子信息,若出现符合规则的母离子/子离子对,仪器将切换至串联质谱模式,符合规则的母离子进入碰撞室发生碰撞,符合规则的子离子信号被记录,进行分子鉴定分析。MRM 通过对母离子、子离子的两次筛选,减小了化学背景,降低了化学干扰,提高了灵敏度。此外,MRM 技术具有高通量、重复性好、准确度高的特点,与其他技术结合使用,可使复杂目标物的定性、定量更加可靠。

SWATH 是 SCIEX 公司推出的新型蛋白质全景定量技术,具有灵敏度高、分辨率高、扫描速度快、线性动态范围广、外标校正准确度高等特点。SWATH 工作流程大体分为数据采集、蛋白质鉴定、质谱峰提取及数据分析。在设置的扫描范围内 Q1 以 25 Dalton 的间隔连续将母离子传输到 Q2 内解离,碎片离子经飞行管道被检测器捕获,获得不同肽段的质谱图谱。SWATH 技术可用于定量分析及鉴定蛋白质复合体、蛋白质翻译后修饰,发展前景广阔。

Lable-free 常用于分析大量蛋白质的质谱数据,利用蛋白质相应肽段的质谱峰强度或蛋白质的二级谱图数定量蛋白质。Lable-free 定量技术无须同位素标签作内标,耗费较低。SILAC 是一种体内标记,利用同位素标记培养基中的必需氨基酸,并随着氨基酸进入细胞，进而对细胞进行定量分析（Ong et al.，2002）。SILAC 法只适用于体外培养的细胞标记，成本较高。

（3）生物信息学的应用

20 世纪 90 年代人类基因组计划的实施引发了生物信息学（bioinformaties）的发展，使蛋白质分析发生了革命性的变化，为高通量蛋白质组学的发展铺平了道路。生物信息学以生物数据为研究材料，以计算机为研究工具，利用统计学、应用信息学等方法研究生物学问题，从而更加直观地阐述实验结果及结论。它是生命科学和信息科学等学科相结合的交叉学科，涉及数据库搜索、数据处理及软件等。

1）数据库及鉴定工具

通过蛋白质数据库，利用鉴定工具对蛋白质进行鉴定是蛋白质组学研究的重要内容。一些常见蛋白质数据库及常用质谱鉴定数据库如表 3-1 所示。

蛋白质数据库涵盖了蛋白质的诸多信息，包括名称、序列、空间结构、功能、分类、转录后修饰、互作位点及代谢途径等，可分为综合性数据库、序列数据库、结构数据库、通路分析数据库、互作数据库及蛋白质鉴定数据库（表 3-1）。综合性数据库涵盖较全面。UniProt 是目前信息最丰富、资源最广的蛋白质数据库之一，由 UniProtKB（含 SWISS-Prot 及 TrEMBL）、UniRef、UniParc 及 Proteomes 四大模块组合而成，其蛋白质序列主要来源于基因组测序（The UniProt Consortium，2015）。ExPASy 也是常用的综合性数据库，由瑞士生物信息学研究所创建，涉及基因组、蛋白质组、转录组等领域，涵盖了 SWISS-PROT、PROSITE 和 TrEMBL 等数据库，提供了 AACompIdent、TagIdent 和 ProtParam 等多个鉴定工具。

随着蛋白质组学的发展，利用蛋白质鉴定数据库可以确定蛋白质种类、名称、功能等信息，成为蛋白质研究中的常用手段。MASCOT 是目前使用最广泛的蛋白质鉴定数据库之一，是基于质谱数据的蛋白质鉴定系统，可输入肽质量指纹图谱、肽段序列、氨基酸组成、串联质谱原始数据等内容进行检索。BLAST 和 FASTA 是常用的对比程序，可在数据库中搜索相似的序列，其中 FASTA 比 BLAST 敏感度高、耗时长。此外，TagIdent、PepMapper 和 Pep-tideSearch 等均是常用的蛋白质鉴定数据库（表 3-1）。

表 3-1　常见蛋白质数据库及质谱鉴定工具

数据库	搜索网页	特征描述
综合数据库		
UniProt	http://www.uniprot.org	目前信息最丰富、资源最广的蛋白质数据库之一，由 UniProtKB（含 SWISS-Prot 及 TrEMBL）、UniRef、UniParc 及 Proteomes 四大模块组合而成
ExPASy	http://ca.expasy.org/tools	常用的综合性数据库，涵盖了 SWISS-PROT、PROSITE 和 TrEMBL 等数据库，提供了 AACompIdent、TagIdent 和 ProtParam 等多个鉴定工具
NCBI	https://www.ncbi.nlm.nih.gov/protein	提供物种源性、名称、长度和蛋白质序列信息
EBI	http://www.ebi.ac.uk	覆盖 EMBL 和 TrEMBL 数据库，提供 PRIDE、FASTA 和 WU-BLAST 等鉴定工具

续表

数据库	搜索网页	特征描述
序列数据库		
SWISS-PROT	http://www.gpmaw.com/html/swiss-prot.html	经过注释的蛋白质序列数据库，由蛋白质序列条目构成，每个条目包含蛋白质序列、引用文献信息、分类学信息、注释等
PIR	http://pir.georgetown.edu	集成了蛋白质功能预测数据的公用数据库，是世界上最早的蛋白质序列分类与功能注释数据库
Prosite	http://prosite.expasy.org	序列分析的有效工具，主要用于收集具有显著生物学意义的蛋白质位点和序列
Pfam	http://pfam.xfam.org	蛋白质家族的数据库，根据多序列比对结果和隐马尔可夫模型（HMM），将蛋白质分为不同的家族
结构数据库		
PDB	http://www.rcsb.org	目前最主要的收集生物大分子（蛋白质、核酸和糖）2.5 维（以二维的形式表示三维的数据）结构的数据库
SCOP	http://scop.mrc-lmb.cam.ac.uk/scop	根据不同蛋白质的氨基酸组成及三级结构的相似性，对已知结构蛋白质进行分类的数据库
iSARST	http://140.113.15.73/iSARST	用于寻找结构相似蛋白质
通路数据库		
KEGG	http://www.kegg.jp/kegg/pathway.html	世界上应用最广的生物信息学数据库之一，用于鉴定目标蛋白质的通路
COG	https://www.ncbi.nlm.nih.gov/COG	一个基因组规模蛋白质功能和进化分析工具
PID	http://pid.nci.nih.gov	提供细胞信号、信号调控和蛋白质代谢通路的相互作用的数据库
互作数据库		
STRING	http://string-db.org	通过文献内容管理，来提取实验数据得出蛋白质-蛋白质相互作用关系。此外，还存储一些计算预测的相互作用关系
EndoNet	http://endonet.bioinf.med.uni-goettingen.de	细胞通信网络数据库，提供激素及激素受体信息
3DID	http://3did.irbbarcelona.org	搜集 3D 结构已知的蛋白质的互作信息，可通过结构域名称、基序名称、蛋白质序列、GO 编码、PDB ID、Pfam 编码进行检索
DOMINE	http://domine.utdallas.edu	用于寻找蛋白质结构域互作的数据库
鉴定工具		
MASCOT	http://www.matrixscience.com	目前使用最广泛的蛋白质鉴定数据库之一，是基于质谱数据的蛋白质鉴定系统，可输入肽质量指纹图谱、肽段序列、氨基酸组成、串联质谱原始数据等内容进行检索
BLAST	http://www.ncbi.nlm.nih.gov/blast	常用的对比程序，可在数据库中搜索相似的序列
FASTA	http://www.ebi.ac.uk/fasta	类似 BLAST，但更灵敏和耗时
PepMapper	http://wolf.bms.umist.ac.uk/mapper	用于映射表位肽段的联合网络工具
PeptideSearch	http://www.mann.embl-heidelberg.de/ GroupPGroupPages/PageLink/peptidesearchpage.html	肽段质谱鉴定工具，包括肽段序列和肽段分子量

2）数据处理及软件

蛋白质组学质谱数据具有关系复杂、数据量大、查询方式多样等特点，在研究蛋白质组学质谱数据时需要进行大数据处理及软件分析。常用的蛋白质组学生物数据处理包括质控、筛选、同源映射、功能分析、选择方向和模型构建等，分别由不同的处理软件完成。

质控是指为达到规范或规定对数据质量的要求采取的技术和措施，可用于验证生物学重复或实验重复数据的可靠性。MeV 等软件进行的聚类分析、SIMCA 软件进行的主成分分析等无监督分析及偏最小二乘法判别分析、正交偏最小二乘法判别分析等有监督分析均属于质控分析。蛋白质原始数据的筛选分为可信蛋白质的筛选和差异蛋白质的筛选，前者常用分析标准有 FDR 标准、Unused 标准和肽段标准，后者常用分析标准有倍数标准、P 值标准和双标准。

利用同源映射分析方法，未知蛋白质通过与近缘模式物种的已知蛋白质氨基酸序列进行对比可确定其分类，目前 NCBI 在线 BLAST 是最常用方法。蛋白质功能分析包括基因本体（gene ontology，GO）分析、途径分析和蛋白质-蛋白质互作分析。基因本体涉及细胞组分、分子功能、生物过程，利用 DAVID 等软件通过基因本体分析可对蛋白质进行生物学分类。类似地，蛋白质经途径分析、蛋白质-蛋白质互作分析可分别确定其参与的生物体代谢途径及蛋白质互作成员和方式，常用工具分别是 KEGG 和 STRING。

实验中所得的差异蛋白质数据往往多且散，需依据功能分析结果及研究目的进行重点分析，如利用 Powerpoint、VennDiagrams 或 Winvenn 等软件绘制文氏图，选择组内特有蛋白质或者组间共有蛋白质进行重点分析，又如根据 MeV、Cluster、R 语言等软件绘制的热图，选择具有相同或特有表达模式的蛋白质进行重点分析。利用 Pathway Builder、Cytoscape 等工具对选择的重点内容进行模型构建，可直观描述机理机制。

3.1.3 蛋白质组学在食品真伪鉴别中的应用

目前，蛋白质组学已在物种鉴别、产地溯源、品质识别、掺假鉴定等多个领域得以应用，涉及肉制品、水产品、乳制品、果蔬制品、谷物及其制品、高附加值食品及保健食品等多类食品。研究中常利用 2-DE、SDS-PAGE 等凝胶电泳技术或液相色谱等分离技术，及 MALDI-TOF-MS、LC-ESI-MS/MS 等质谱技术，或进一步结合 iTRAQ、免疫印迹等定性/定量技术，通过对研究对象的特定蛋白质或蛋白质组进行分离、鉴定或/和定量，达到真伪鉴别或品质识别的目的（表 3-2）。

（1）物种鉴别

利用蛋白质组学可对农作物、营养品、肉类等进行物种鉴别。Fang 等（2010）发现意大利工蜂和东方蜜蜂蜂王浆蛋白质组均以蜂王浆主蛋白（major royal jelly protein，MRJP）为主，意大利工蜂 MRJP 表达丰度较高，且专一性表达过氧化物还原酶 2540、谷胱甘肽巯基转移酶 S1 及蜂王浆主蛋白 5（MRJP5），表明意大利工蜂蜂王浆营养价值较高。Liu 等（2012）利用 MALDI-TOF-TOF/MS 对 15 种燕窝样品进行分析，发现主要差异蛋白质是酸性几丁质酶的同源物，为生物标志物的筛选提供了基础。Montowska 等（2014）首次应用常压解吸附电喷雾电离质谱（DESI-MS）和液萃取表面分析质谱（LESA-MS）鉴定了牛肉、猪肉、马肉等 5 种肉类的骨骼肌蛋白质，发现 5 种肉类具有

表 3-2　基于质谱的蛋白质组学在食品真伪鉴别和品质检测的应用

应用	食品	主要技术	检测对象
物种鉴定	大豆	2-DE，MALDI-TOF-MS，MALDI-TOF-TOF/MS，HPLC-QTOF-MS	差异表达蛋白质
	蜂王浆	2-DE，Western blot，MALDI-TOF-MS，LC-Chip/ESI-QTOF-MS	全蛋白质组
	燕窝	LIEF，2-DE，MALDI-TOF-TOF/MS	差异表达蛋白质
	肉制品	DESI-MS，LESA-MS，PMF	肌肉蛋白质
	虾	RP-HPLC，SMIM	特征标识肽段
	比目鱼	LC-MS/MS	全蛋白质组
	饼干中过敏原	SDS-PAGE，nanoUPLC-QTOF-MS/MS，SRM	花生过敏原蛋白质及肽段
	大麦	2-DE，MALDI-TOF-TOF/MS	差异表达蛋白质
产地溯源	蜂王浆	2-DE，MALDI-TOF-MS	主要蜂王浆蛋白质
	贻贝	2-DE，MALDI-TOF-MS，nESI-IT	差异表达蛋白质
	九孔鲍	2-DE，MALDI-TOF-MS	肌肉蛋白质
	金枪鱼	SDS-PAGE，2-DE，MALDI-TOF-MS	差异表达蛋白质
	蜂蜜	SDS-PAGE，MALDI-TOF，PMF	主要蜂王浆蛋白质
品质识别	桃	LC-ESI-MS/MS	差异表达蛋白质
	草莓	OFFgel，LC-MS/MS，SRM	全蛋白质组
	辣椒	SDS-PAGE，MALDI-TOF-TOF/MS	线粒体羰基化蛋白质
	蜂王浆	2-DE，MALDI-TOF-MS，Western blot	差异表达蛋白质
	黄牛	2-DE，MALDI-TOF-TOF/MS	差异表达蛋白质
	羊肉	SDS-PAGE，nanoUPLC-MS/MS	肌肉蛋白质
	果汁	LC-MS/MS，fingerprinting	全蛋白质组
	柑橘	iTRAQ，MS/MS	差异表达蛋白质
	猕猴桃	2-DE，nanoLC-MS/MS，Protein protein interaction network（PPI）	差异表达蛋白质
	香蕉	2-DE，LC-MS/MS，PMF	差异表达蛋白质
掺假鉴定	鸡肉	OFFgel，SDS-PAGE，nanoLC-MS/MS	血红蛋白质亚基、肌球蛋白质
	加工马肉和牛肉	SDS-PAGE，HPLC-MS/MS	种间特异肽段
	肉制品	2-DE，MALDI-TOF-MS，ELISA，peptide fingerprint	肌钙蛋白质
	乳制品	SDS-PAGE	全蛋白质组

各自特有的蛋白质，表明蛋白质组在不同肉类间存在差异。此外，调控蛋白质、代谢酶、肌纤维蛋白质、血清白蛋白质、热激蛋白 27（HSP27）、ATP 合成酶等蛋白质可能成为肉类标志物，仍需进一步研究（Montowska and Pospiech，2013）。蛋白质组学在海鲜产品物种鉴定中也得到广泛应用。利用鸟枪法及 RPHPLC 结合选择性串联质谱离子监测（SMIM）技术，通过检测物种专一性肽段，可区分 7 种小虾米。Nessen 等（2016）通过 LC-MS/MS 进行非靶标数据采集及谱库匹配数据分析，成功区分欧鲽、石斑鱼等 5 种比目鱼样品，并证明此体系具有较强的实用性，可在比目鱼亲缘关系识别中推广应用。

（2）产地溯源

食品地源分布会影响其品质和营养价值，是食品真伪鉴别和品质检测的指标之一。蛋白质标志物可应用于地源识别，具有简单、快速的优点。Wang 等（2009）利用 MALDI-TOF MS 和蛋白质指纹技术来鉴别来自不同国家、不同地区的商品化蜂蜜的产地，证明该方法是一种快速、简单、实用的鉴定蜂蜜的地理来源的方法。Wang 等（2009）以 16 种夏威夷蜂蜜为材料，利用 MALDI-TOF-MS 获得蛋白质指纹图谱，经比对发现其与数据库中同产区的蜂蜜间有较好的同源性，与其他产区的蜂蜜间存在差异，表明指纹图谱可用于鉴别商业蜂蜜产品的地理起源。Di 等（2016）利用 2-DE、MALDI-TOF-TOF/MS 及生物信息学手段发现 3 个不同产地的九孔鲍的足肌蛋白质组间存在表达差异，且差异蛋白质参与了能量的产生、储存及应激反应；分层聚类分析显示台湾鲍鱼与越南鲍鱼关系相近，与日本鲍鱼关系较远，这与地理分布表现一致。可见蛋白质组学分析具有较高的精确性和可靠性。Pepe 等（2010）利用简易蛋白质组学手段，发现地中海的金枪鱼特异性地具有一种分子质量约为 70kDa 的蛋白质，可区分厄瓜多尔及巴勒莫的金枪鱼。

（3）品质识别

食品品质研究多以果品和农作物为材料，涉及发育阶段、采后储藏及外源处理等方面。营养品、肉类等食品品质在储藏过程中发生的变化引起了广泛关注。蛋白质是肌肉的重要组成部分，肌肉的蛋白质的变化与肉品质存在很大程度的相关性。利用蛋白质组学技术可以寻找、筛选并鉴定与肉质有关的标记蛋白，研究肉品质的形成机制与持水性、嫩度等之间的相关性并最终进行肉质控制。Lametsch 和 Bendixen（2001）首次利用双向凝胶电泳技术分析对比屠宰后猪肌肉的变化情况。通过比较屠宰后 0h、4h、8h、24h 和 48h 的肌肉样品双向电泳图谱发现，共有 15 处蛋白质在储藏过程中发生了显著的变化（这些肌肉蛋白质从 5～200kDa 不等，pH 在 4～9），其分辨率远远超过常规的一维 SDSPAGE。Aslam 等（1994）用 2-DE 技术研究荷兰奶牛在不同泌乳期牛乳中各种蛋白质的变化，发现在整个干奶期酪蛋白的比例有所下降，并检测出由酪蛋白降解产生的许多多肽。Zhao 等（2013）利用质谱技术及免疫印迹法对不同储藏环境下的蜂王浆进行分析，发现 MRJP5 在常温储藏 30 天时水解，75 天时完全水解，因此可作为标志物用于蜂王浆的品质评估。可见，蛋白质组学的应用延伸了食品品质相关研究的深度、广度和精度。

（4）掺假鉴定

食品产业中掺假现象频发，肉类食品是主要领域之一。利用蛋白质组学对标志物进行分析是鉴定肉类食品掺假的重要手段。Surowiec 等（2011）对生鸡肉进行提取、分离和鉴定，发现血红蛋白亚基可作为机械回收鸡肉的标志物用以掺假检验。以商业肉类产品为实验材料建立了 2min 快速蛋白质提取法，并利用 HPLC-MS/MS、MRM 及 MRM3 对具有物种专一性且高度稳定的胰蛋白酶标志肽进行快速检测，判定马肉或猪肉在牛肉中是否存在，此方法灵敏度高，可检测到 0.24%的掺假含量（von Bargen et al.，2014）。肌钙蛋白 I（TnI）可作为动物性肉类食品稳定的标记物，Zvereva 等（2015）利用基于 MALDI-TOF 的蛋白质组学和酶联免疫法对 TnI 蛋白质进行定量，可对哺乳动物的肉类食品进行简便、高效的检测。Wu 等（2010）利用双向电泳等技术对来自不同国家的 14 种燕窝进行检测，证明利用此方法可以根据燕窝中含有的独特蛋白质检测出下限为 10% 银耳的掺假燕窝。市场需求导致乳品掺假现象严重，真蛋白质是乳品质量的重要指标之一，利用 SDS-PAGE 分离乳品中的蛋白质，对其进行定性和定量分析，建立了真蛋白质鉴定图谱库用于掺假检测。

3.1.4　小结与展望

目前，基于核酸的分子生物学方法和免疫分析方法广泛应用于食品真伪鉴别研究中，尤其在物种鉴别方面取得了很大突破，但也存在许多瓶颈问题急需解决，如分子生物学方法所面临的食品处理加工过程中 DNA 的降解问题；酶联免疫吸附法只能检测单个蛋白质，不能同时检测多个物种，且反应特异性较差；不能有效解决食品真伪鉴别的产地溯源问题等。而基于质谱技术的蛋白质组学具备高稳定性、高灵敏度、多重性及高通量的特点，具有其他方法无可比拟的优越性，如可对加工过程中的特征标记肽段、氨基酸序列的修饰进行监控，利用热稳定蛋白质对标志物进行筛选，利用 PMF 技术在序列水平上区分近缘物种等。此外，基于质谱技术的蛋白质组学可以同时检测多种生物物种，远好于 ELISA 的研究效率。因此，基于质谱技术的蛋白质组学日益成为食品真伪鉴别研究中的核心技术，与其他技术互相补充，成为食品打假的有效工具，有力保障食品安全和消费者利益。

3.2　基于鸟枪蛋白质组学的燕窝真实性鉴别技术研究

燕窝是由爪哇金丝燕（*Aerodramus fuciphagus*）及多种同属燕类所筑的巢窝，自古以来一直被视为一种名贵中药和珍稀食品。近年来，燕窝在我国的消费量呈逐年上升趋势，与此同时，燕窝的进口价格也在逐渐攀升。受巨额经济利益的驱使，市场中燕窝质量良莠不齐、真假难辨，这极大地打击了消费者的信心。本节利用鸟枪蛋白质组学技术挖掘燕窝及其 4 种常见掺假物油炸猪皮、银耳、蛋清和鱼鳔的特异性肽段标志物，建立了基于 LC-MS/MS 的 MRM 方法，以实现对燕窝及其 4 种常见掺假物的精准定性、定量检测。

3.2.1 材料来源

本研究在全国城市农贸中心联合会燕窝市场专业委员会的帮助下，分别从马来西亚和印度尼西亚搜集了 4 盏燕窝，其中包括 2 盏屋燕和 2 盏洞燕（表 3-3）。干木耳、鸡蛋、油炸猪皮、鱼鳔样品购自当地一家超市。

表 3-3 燕窝样品信息

序 号	名 称	样品编号	来 源	
			位 置	采收方式
1	燕窝	EBN-1	马来西亚山打根的石灰岩洞	洞燕
2		EBN-2	马来西亚马兰市	屋燕
3		EBN-3	北苏门答腊的棉兰的石灰岩洞	洞燕
4		EBN-4	印度尼西亚 Negara	屋燕
5	干木耳	WF-1	购自超市	
6		WF-2		
7		WF-3		
8	蛋清	EW-1	鸡蛋购自超市	
9		EW-2		
10		EW-3		
11	油炸猪皮	FPS-1	购自超市	
12		FPS-2		
13		FPS-3		
14	鱼鳔	SB-1	草鱼鱼鳔（*Ctenopharyngodon idellus*）购自超市	
15		SB-2	鲤鱼鱼鳔（*Cyprinus carpio*）购自超市	
16		SB-3	鲫鱼鱼鳔（*Carassius auratus*）购自超市	
17		SB-4	青鱼鱼鳔（*Mylopharyngodon piceus*）购自超市	
18		SB-5	武昌鱼鱼鳔（*Megalobrama amblycephala*）购自超市	
19		SB-6	油发鱼鳔购自超市	
20		SB-7		

3.2.2 主要设备

Qubit 3.0 荧光仪（美国 Thermo Fisher 公司）；真空离心浓缩仪（德国 Eppendorf 公司）。Nano-LC-MS/MS 高分辨串联质谱仪、LC-MS/MS 三重四极杆串联质谱仪。

3.2.3 实验方法

（1）蛋白质的提取

用电子天平准确称量 0.2g 液氮研磨成粉末状的样品，加入到 40mL 高速离心管中，加入 10mL 含 7mol/L 尿素和 2mol/L 硫脲的水溶液，涡旋混匀后密封，并置于冰浴中，在超声波辅助下提取蛋白质 2h。粗蛋白质提取后,将提取液在 12 000g 4℃条件下离心 10min,收集滤液,用 Qubit 法测蛋白质浓度。

(2)胰蛋白酶酶切肽段的制备

取 200μg 蛋白质于 1.5mL 棕色离心管中,加入 10μL 的 120mmol/L 二硫苏糖醇(DTT)涡旋后 37℃水浴还原 1h,冷却后加入 10μL 的 600mmol/L 碘乙酰胺(IAA)涡旋后室温烷基化反应 15min。将烷基化后的蛋白质溶液全部转移到 10kDa 超滤离心管中,12 000g 离心 20min 弃去收集管内的溶液,再向超滤管中加入 100μL 50mmol/L 碳酸氢铵溶液 12 000g 离心 20min 弃去收集管内的溶液(重复此操作 2 次)。将超滤膜上的溶液全部离心下去后加入 100μL 50mmol/L 碳酸氢铵溶液,按 1∶50 的比例加入 1μg/μL 的胰蛋白酶溶液(溶解于 50mmol/L 乙酸中),37℃酶切 4h。酶切完成后,合并滤液,全部滤液置于真空离心浓缩仪中,干燥后加入 200μL 超纯水真空离心干燥(重复 1 次),以除去挥发性盐类碳酸氢铵。除盐后的肽段用 100μL 含 2%乙腈和 0.1%甲酸的水溶液溶解后,12 000g 离心 5min 后,取 90μL 用于质谱分析。

(3)Nano-LC 高分辨串联质谱鉴定蛋白质

质谱采用 Q3-IDA-EPI 扫描方式。流动相 A:2%乙腈,0.1%甲酸,98%水;流动相 B:98%乙腈,0.1%甲酸,2%水;流速 0.3μL/min,进样体积 4μL,流动相洗脱梯度见表 3-4。流速 2μL/min,10min。ESI 离子源,正离子模式,离子喷雾电压:2.4kV;GS1:6psi;气帘气:30psi;DP:100psi;Q1 扫描范围:350~1250m/z。IDA 数为 30,EPI 扫描范围:100~1500m/z,动态排除时间:20s,滚动碰撞能量:启用,CES:5。

表 3-4 Nano-LC 流动相及梯度洗脱条件

时间/min	流速/(μL/min)	流动相 A/%	流动相 B/%
0	0.3	95	5
0.1	0.3	91	9
30	0.3	75	25
40	0.3	65	35
45	0.3	20	80
50	0.3	20	80
51	0.3	95	5
60	0.3	95	5

(4)蛋白质鉴定

从 UniProt KB 数据库中将雨燕科 Apodidae(3935 条蛋白质信息)、猪 Sus(77 483 条蛋白质信息)、银耳 Tremella(1735 条蛋白质信息)、鸡 Gallus(42 416 条蛋白质信息)和硬骨鱼纲 Osteichthyes(109 376 条蛋白质信息)的 Fasta 数据库下载到本地(数据截至 2017 年 3 月 17 日)。采用 AB SCIEX 公司的 ProteinPilot 5.0 软件对燕窝及其 4 种常见掺假物中的蛋白质进行搜库鉴定。

（5）LC-Q-Trap 5500 操作条件

Waters 公司的 XBridge peptide BEH C18 液相色谱柱（4.6mm×150mm，粒径 3.5μm，孔径 300Å），流速 0.6mL/min，柱温 40℃。流动相 A：含 0.1%甲酸、2%乙腈的水溶液；流动相 B：含 0.1%甲酸的乙腈溶液。LC 流动相梯度洗脱程序如表 3-5 所示。

表 3-5　LC 流动相及梯度洗脱条件

时间/min	流速/（mL/min）	流动相 A/%	流动相 B/%
0.1	0.6	98	2
0.5	0.6	92	8
25	0.6	78	22
31	0.6	65	35
33	0.6	20	80
36	0.6	20	80

注：AB SCIEX 公司 Q-TRAP 5500 串联质谱仪，ESI⁺离子源，MRM 扫描模式，气帘气：40psi；离子源温度：600℃；Gas1：60psi；Gas2：60psi；喷雾电压：5500V；DP 值：100

（6）定量标准曲线的制备

根据掺杂物与掺杂物和燕窝之和的比例，将磨碎的猪皮、银耳、蛋清和鱼鳔与燕窝粉末混合 [1%、5%、10%、20%、40%、50%、60%、70%和 80%（重量百分比）]。将固体混合物溶解于提取溶液中，并将提取的蛋白质制备成胰蛋白酶酶切肽段，用于 Scheduled MRM 方法分析。以掺假物与燕窝的质量比（$m_{掺假物}/m_{燕窝}$）为纵坐标、以掺假物定量离子对与燕窝校正离子的 MRM 峰面积之比（$A_{掺假物}/A_{燕窝}$）为横坐标，用 Origin 9.0 软件绘制燕窝掺假物精准定量的标准曲线。

3.2.4　结果与分析

（1）燕窝中鉴定到的蛋白质

选择雨燕科的数据库进行燕窝的蛋白质鉴定。在错误发现率 FDR 小于 1%的条件下，利用鸟枪法在 4 个不同来源燕窝（EBN1~4）中鉴定到 11~21 个蛋白、47~54 个肽段（图 3-2），利用韦恩图分析得到了 4 个不同来源燕窝中的 6 个同源于烟囱雨燕（*Chaetura pelagica*）的共有蛋白质（图 3-3）：赖氨酰氧化酶 3（LOX3）、酸性哺乳动物几丁质酶（AMCase）、肌动蛋白胞质 5 型、铁调素调节蛋白（HJV）、脑恶性肿瘤缺失基因 1 蛋白（DMBT1）和 γ-肠道平滑肌肌动蛋白等。

（2）燕窝常见掺假物中鉴定到的蛋白质

以"硬骨鱼纲 *Osteichthyes*"为关键词，由 Uniprot KB 数据库中下载该物种的 Fasta 数据库。鸟枪法在两个油发鱼鳔中搜库鉴定到 107~121 个蛋白质、193~198 个肽段，而在 5 种新鲜的鱼鳔中鉴定到 659~772 个蛋白质、1866~2508 个肽段（Global

FDR<1%），在 7 个鱼鳔中均发现了 β-肌动蛋白、Ⅰ型胶原蛋白和 4-2α-原肌球蛋白 3 种共有蛋白质。

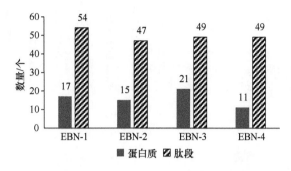

图 3-2　鸟枪法鉴定的 4 个燕窝中的蛋白质和肽段数目

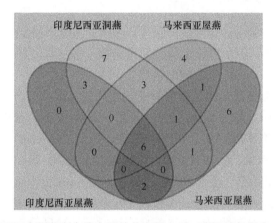

图 3-3　不同来源燕窝中鉴定到的共有蛋白质（彩图请扫封底二维码）

在油炸猪皮、银耳和蛋清中，银耳的蛋白质含量最低，在银耳中鉴定到 159～164 个蛋白质、464～627 条肽段。蛋清和油炸猪皮中分别鉴定到 104～130 个蛋白质、491～598 条肽段和 367～547 个蛋白质、1766～2124 条肽段（图 3-4）。本研究利用鸟枪法在银耳的蛋白质提取物种中鉴定到了 BP 醛缩酶、微管蛋白 α 链、FBP 醛缩酶 ⅡA、丙酮酸羧化酶、微管蛋白 β 链、TIM 磷酸盐结合蛋白、磷酸丙糖异构酶、ACBP 超家族蛋白、ATP 合酶、肽酶等多种酶类。蛋清中蛋白质含量虽然高，但蛋白质的种类比较单一，如卵清蛋白、卵转铁蛋白和溶菌酶、Hep21 蛋白等，其中占蛋清总蛋白质 54% 的卵白蛋白（45kDa）是蛋清中最主要的蛋白质。猪皮中胶原蛋白的三螺旋结构的维持主要依靠其氨基酸链中的羟脯氨酸的存在，因此在油炸猪皮蛋白质鉴定过程中，除将半胱氨酸的烷基化设为固定修饰外还将脯氨酸的羟基化或氧化设置为可变修饰，在 ProteinPilot 5.0 上进行蛋白质的鉴定。鸟枪法在油炸猪皮中不仅鉴定到了以 Ⅰ 型胶原蛋白为主的多种类型胶原蛋白，还鉴定到了皮肤蛋白、血清转铁蛋白、核纤层蛋白前体和血清白蛋白等。

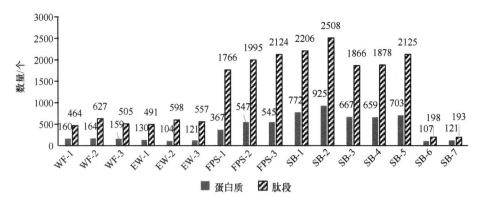

图 3-4 燕窝 4 种常见掺假物中鉴定到的蛋白质和肽段情况

（3）理论特异肽段的筛选

在燕窝及其常见掺假物油炸猪皮、银耳、蛋清、鱼鳔中鉴定到的肽段中，筛选出各自的特异性肽段候选物，用于理论上的特异性分析，特征肽段有如下特点：无漏切、无修饰、氨基酸数目应在 6～25 个、响应高等。

根据上述规则在燕窝及其常见掺假物中油炸猪皮、银耳、蛋清、鱼鳔中筛选出 72 条肽段（表 3-6），其中，燕窝 9 条、猪皮 16 条、银耳 19 条、蛋清 19 条和鱼鳔 9 条。燕窝中的 LTIIFK、TLFTVLVK、FSTMVSTPENR、TLLAIGGWNFGTAK、EMVAA FEQEAR、LLVGFPTYGR、SLWSCPYR、SSEWGTICDDR 和 IWLDNVNCAGGEK 主要来于 LOX3、AMC 和 HJV。通过 NCBI 的 blastp 在 Apodidae（taxid：8893）、Tremellales（taxid：5234）、*Gallus gallus*（taxid：9031）、*Sus*（taxid：9822）和 Actinopterygii（taxid：7898）的非冗余蛋白质序列数据库中进行序列比对。结果显示 HJV 肽（LTIIFK）和 3 种 AMC 肽（FSTMVSTPENR，TLLAIGGWNFGTAK 和 LLVGFPTYGR）在 *Gallus*、Actinopterygii 或 *Sus* 的数据库中也有序列 100%匹配的肽段。因此，在燕窝 9 个特异肽段候选物中，仅 AMC 肽（TLFTVLVK 和 EMVAAFEQEAR）和 LOX3 肽（SLWSCPYR、SSEWGTICDDR 和 IWLDNVNCAGGEK）是燕窝理论上特异性的。

表 3-6 燕窝及其常见掺假物中鉴定到的候选特异性肽段

类别	蛋白质名称	Uniprot 登录号	氨基酸序列
油炸猪皮	alpha 1 chain of type I collagen	A0A1S7J210	GETGPAGPAGPVGPVGAR**
			TGETGASGPPGFAGEK**
	serotransferrin	P09571	YYGYTGAFR
	dermatopontin	F1RPV5	GATTTFSAVER*
	uncharacterized protein (GN= COL1A2)	F1SFA7	GIPGEFGLPGPAGPR**
			EGPAGLPGIDGRPGPIGPAGAR*
			IGPPGPSGISGPPGPPGPAGK**
			GDGGPPGATGFPGAAGR**
			GAAGLPGVAGAPGLPGPR
	uncharacterized protein	I3LVD5	SYELPDGQVITIGNER
	uncharacterized protein	F2Z5U0	TLSDYNIQK

续表

类别	蛋白质名称	Uniprot 登录号	氨基酸序列
油炸猪皮	ATP synthase subunit beta	Q0QEM6	FTQAGSEVSALLGR
	78 kDa glucose-regulated protein	F1RS36	VEIIANDQGNR
	tubulin alpha chain	F2Z5T5	TIQFVDWCPTGFK
	elongation factor 1-alpha	Q0PY11	IGGIGTVPVGR
	uncharacterized protein	I3LBW6	VNIIPVIAK
银耳	ATP synthase subunit beta	R7SAC8	IPVGPATLGR**
			TVLIQELINNIAK
			IGLFGGAGVGK
			SIAELGIYPAVDPLDSK*
			FTQAGSEVSALLGR
			FMSQPFAVAQVFTGIEGR*
			TGQIVDVPVGPGLLGR**
	ATP synthase subunit alpha	D5KY30	VVDALGNPIDGK
			VIEAHVADFVA*
			IAGASVGGDVQETGR*
			GVRPAINVGLSVSR*
	tubulin beta chain	E7EAS6	AVLIDLEPGTMDSIR*
	ACBP superfamily protein	D5KY11	LQEAGAGEAAPAATA*
			YVELLEAMLQK*
	peptidase M16	D5KY46	ETELYGGTLSAALGR*
	actin	D5KY61	SYELPDGQVITIGNER
	triosephosphate isomerase	D5KY63	LITQLIEQLNAAK**
	tubulin alpha chain	E3VSK6	SLYVDLEPNVIDEVR*
	Rab GDP dissociation inhibitor	R7S8D6	FILSSGELTR*
蛋清	ovalbumin	P01012	VASMASEK**
			LYAEER
			GGLEPINFQTAADQAR**
			HIATNAVLFFGR*
			DILNQITKPNDVYSFSLASR**
			ISQAVHAAHAEINEAGR*
			EVVGSAEAGVDAASVSEEFR**
			ADHPFLFCIK**
			LTEWTSSNVMEER**
			GTDVQAWIR**
	lysozyme	B8YK79	FESNFNTQATNR**
			GYSLGNWVCAAK**
			TDERPASYFAVAVAR**
	ovotransferrin	Q4ADJ6	SAGWNIPIGTLIHR**
			GAIEWEGIESGSVEQAVAK**
			GDVAFVQHSTVEENTGGK

续表

类别	蛋白质名称	Uniprot 登录号	氨基酸序列
蛋清	ovalbumin-related	R9TNA6	ALHFDSIAGLGGSTQTK*
			ADHPFLFLIK*
	Hep21 protein	E6N1V2	VTLYYQQGCTSALNCGR*
鱼鳔	tropomyosin 4-2alpha	A0A1L6UW65	LVILEGELER
			IQLVEEELDR
	collagen type I alpha 1	E2GK07	GESGPAGPAGAAGPAGPR**
			APDPFR**
			GFPGLPGPSGEPGK
	collagen type I alpha 2	E2IPR2	VGPSGPAGAR*
			GLEGNAGR**
		A9CM08	DLTDYLMK
			SYELPDGQVITIGNER
燕窝	hemojuvelin	A0A093DLJ1	LTIIFK
			TLFTVLVK**
			FSTMVSTPENR
	acidic mammalian chitinase	A0A093BFV9	TLLAIGGWNFGTAK
			EMVAAFEQEAR**
			LLVGFPTYGR
			SLWSCPYR**
	lysyl oxidase 3	A0A093BIT2	SSEWGTICDDR**
			IWLDNVNCAGGEK**

注:*标注的肽段是理论上特异的肽段,**标注的肽段是特异性肽段标志物
P 是羟基化的脯氨

在 7 个鱼鳔样品中均鉴定到的肽段有 9 条,主要来自鱼鳔中的 β 肌动蛋白、α1 链 I 型胶原蛋白、I 型胶原蛋白的 α2 链和 4-2α 的原肌球蛋白。通过 5 个物种之间的 Blast-P 序列比对发现,IQLVEEELDR、LVILEGELER、DLTDYLMK、SYELPDGQVITIGNER 和 GFPGLPGPSGEPGK 5 条肽段的氨基酸序列不仅在鱼中有,还在鸡、猪的数据库中鉴定到同样的肽段,因此来自鱼鳔 I 型胶原蛋白的 4 条肽段(VGPSGPAGAR、GLEGNAGR、GESGPAGPAGAAGPAGPR 和 APDPFR)是鱼鳔理论上特异的。同样地,在油炸猪皮中鉴定到 7 条理论上特异的肽段:GETGPAGPAGPVGPVGAR、EGPAGLPGIDGRP GPIGPAGAR、TGETGASGPPGFAGEK、GATTTFSAVER、GIPGEFGLPGPAGPR、IGPPGP SGISGPPGPPGPAGK 和 GDGGPPGATGFPGAAGR(表 3-6)。

在蛋清的 19 条特异肽段候选物中,只有卵清蛋白肽 LYAEER 和卵转铁蛋白肽 GDVAFVQHSTVEENTGGK 不是蛋清特异的,余来自卵清蛋白、溶菌酶、卵转铁蛋白和 Hep21 蛋白的 17 条肽段都是蛋清理论上特异的。对于银耳来说,其来自 ATP 合成酶亚基、微管蛋白、肽酶、磷酸丙糖异构酶等的 14 条肽段都是银耳理论上特异的肽段(表 3-6)。

综上所述,在燕窝及其常见掺假物油炸猪皮、银耳、蛋清和鱼鳔的 72 条特异性肽

段候选物中，通过理论上的特异性分析共筛选出 47 条理论上特异的肽段，其中，燕窝 5 条、油炸猪皮 7 条、银耳 14 条、蛋清 17 条、鱼鳔 4 条。

（4）理论特异性肽段标志物的 MRM 验证

利用 SKYLINE 软件为 47 条理论特异性肽段设计了 3 个离子对和推荐的碰撞能量（CE 值），建立了 MRM 检测方法。当同一肽段的至少 3 个离子对同时被检测到才能认为该肽段存在于对应物种中。如果理论上特异肽段同时出现在两个及以上物种中则认为该肽段因不具有物种特异性而不能作为特异肽段标志物。基于此，共有 28 条理论上特异性肽段得到了验证（图 3-5），其中，燕窝 5 条、银耳 3 条、蛋清 12 条、鱼鳔 3 条和油炸猪皮 5 条（表 3-6，用 ** 标注）。

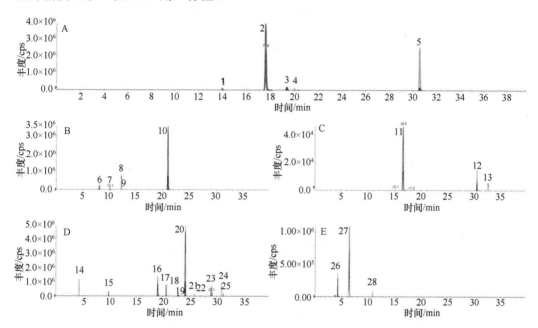

图 3-5　燕窝及其 4 种掺假物 28 条特异肽段的 MRM 提取离子流图

A. 燕窝；B. 油炸猪皮；C. 银耳；D. 蛋清；E. 鱼鳔

1～5：SSEWGTICDDR、EMVAAFEQEAR、SLWSCPYR、IWLDNVNCAGGEK 和 TLFTVLVK；6～10：TGETGASGPPGFAGEK、GDGGPPGATGFPGAAGR、IGPPGPSGISGPPGPPGPAGK、GETGPAGPAGPVGPVGAR 和 GIPGEFGLPGPAGPR；11～15：IPVGPATLGR、TGQIVDVPVGPGLLGR、LITQLIEQLNAAK、VASMASEK 和 FESNFNTQATNR；16～20：LTEWTSSNVMEER、GTDVQAWIR、TDERPASYFAVAVAR、EVVGSAEAGVDAASVSEEFR 和 GGLEPINFQTAADQAR；21～28：GYSLGNWVCAAK、GAIEWEGIESGSVEQAVAK、ADHPFLFCIK、DILNQITKPNDVYSFSLASR、SAGWNIPIGTLIHR、GLEGNAGR、GESGPAGPAGAAGPAGPR 和 APDPFR

（5）Scheduled MRM 方法的建立

分别对燕窝、油炸猪皮、银耳、蛋清和鱼鳔样品进行分析重复（n=7），以计算 32 条肽段的平均保留时间（表 3-7）。同时，基于 Skyline 软件推荐的 CE 值，以 2volts 为步长将碰撞能从 CE−10 增加到 CE+10，考查了表 3-7 中所列的 MRM 离子对响应值随 CE 值的变化趋势，并将最高响应值对应的 CE 值被认为是该离子对的最佳 CE 值（表 3-7）。

表 3-7　燕窝及其常见掺假物特异肽段的 Scheduled MRM 参数

序号	物种	特异性肽段标志物	MRM 离子对	碎片离子	碰撞能/V	保留时间/min	RSD/%
1			773.9>752.3[ab]	y8+	38.7		1.74
2		GETGPAGPAGPVGPVGAR	773.9>977.7[a]	y11+	38.7	12.25	3.67
3			773.9>1034.6[ab]	y12+	38.7		2.78
4			740.1>721.5	y7+	37.5		7.38
5		TGETGASGPPGFAGEK	740.1>818.3	y8+	37.5	8.06	6.77
6			740.1>875.5	y9+	37.5		5.45
7			727.4>667.4[a]	y7+	37.0		1.47
8	油炸猪皮	GIPGEFGLPGPAGPR	727.4>780.4[a]	y8+	39.0	21.00	2.39
9			727.4>837.5[a]	y9+	37.0		1.91
10			921.5>906.5	y10+	52.0		9.37
11		IGPPGPSGISGPPGPPGPAGK	921.5>963.5	y11+	52.0	12.63	8.43
12			921.5>1050.5	y12+	44.0		11.88
13			729.3>748.4	y8+	39.1		6.21
14		GDGGPPGATGFPGAAGR	729.3>849.4	y9+	37.1	10.04	6.31
15			729.3>920.5	y10+	39.1		9.67
16			490.8>517.3	y5+	28.5		20.40
17		IPVGPATLGR	490.8>614.4	y6+	22.5	16.51	10.06
18			490.8>671.4[ab]	y7+	28.5		2.99
19			789.5>713.4	b7+	35.3		25.91
20	银耳	TGQIVDVPVGPGLLGR	789.5>865.5	y9+	29.3	30.28	13.50
21			789.5>669.4	y7+	47.3		25.47
22			727.9>403.2	y4+	43.1		29.70
23		LITQLIEQLNAAK	727.9>773.4	y7+	27.1	32.49	22.06
24			727.9>886.5	y8+	29.1		24.61
25			411.7>565.3	y5+	19.7		5.05
26		VASMASEK	411.7>652.3	y6+	19.7	4.26	6.22
27			411.7>723.3	y7+	19.7		5.96
28			844.4>631.3[ab]	y6+	39.3		1.26
29		GGLEPINFQTAADQAR	844.4>732.4[ab]	y7+	41.3	24.12	1.23
30			844.4>666.3[ab]	y12++	35.3		1.21
31			761.1>680.4	y6+	29.0		6.60
32		DILNQITKPNDVYSFSLASR	761.1>767.4	y7+	31.0	30.82	5.62
33			761.1>930.5	y8+	29.0		5.55
34			1005.0>1110.5	y10+	47.0		6.68
35	蛋清	EVVGSAEAGVDAASVSEEFR	1005.0>1209.6	y11+	47.0	22.98	7.36
36			1005.0>1014.5	b11+	35.0		6.22
37			624.3>680.4	y5+	33.3		5.48
38		ADHPFLFCIK	624.3>827.4[a]	y6+	31.3	29.00	2.39
39			624.3>924.5[a]	y7+	31.3		2.28
40			791.4>864.4[ab]	y7+	39.3		2.53
41		LTEWTSSNVMEER	791.4>951.4[ab]	y8+	39.3	18.95	2.40
42			791.4>1052.5	y9+	39.3		9.42
43			523.3>673.4[a]	y5+	27.7		2.59
44		GTDVQAWIR	523.3>772.4	y6+	29.7	20.54	5.28
45			523.3>887.5	y7+	27.7		8.66

续表

序号	物种	特异性肽段标志物	MRM 离子对	碎片离子	碰撞能/V	保留时间/min	RSD/%
46			714.8>804.4 [a]	y7+	34.6		1.58
47		FESNFNTQATNR	714.8>951.5	y8+	36.6	9.74	7.66
48			714.8>1065.5	y9+	40.6		5.25
49			663.3>734.4	y6+	32.7		7.46
50		GYSLGNWVCAAK	663.3>848.4	y7+	32.7	25.87	10.03
51			663.3>905.4	y8+	32.7		6.95
52			551.6>515.3	y5+	28.6		5.13
53	蛋清	TDERPASYFAVAVAR	551.6>586.4	y6+	28.6	22.83	5.64
54			551.6>733.4	y7+	28.6		5.37
55			767.9>809.5	y7+	46.5		6.67
56		SAGWNIPIGTLIHR	767.9>906.6 [a]	y8+	36.5	31.20	2.55
57			767.9>1019.6	y9+	38.5		5.85
58			980.5>1104.6	y11+	44.2		5.63
59		GAIEWEGIESGSVEQAVAK	980.5>1217.6	y12+	44.2	27.00	6.27
60			980.5>985.5	b9+	36.2		5.74
61			738.9>753.4 [ab]	y9+	41.5		1.38
62		GESGPAGPAGAAGPAGPR	738.9>824.4 [a]	y10+	45.5	6.34	2.35
63			738.9>921.5 [a]	y11+	35.5		2.14
64			351.7>419.2 [a]	y3+	23.5		1.88
65	鱼鳔	APDPFR	351.7>534.3 [a]	y4+	15.5	10.73	2.79
66			351.7>631.3 [a]	y5+	19.5		2.44
67			387.2>417.2	y4+	18.8		5.99
68		GLEGNAGR	387.2>474.2	y5+	18.8	4.18	6.99
69			387.2>603.3	y6+	18.8		6.92
70			460.8>559.4	y5+	21.4		6.29
71		TLFTVLVK	460.8>706.4 [a]	y6+	17.4	30.55	2.79
72			460.8>819.5	y7+	19.4		6.11
73			640.8>850.4 [ac]	y7+	27.9		2.04
74		EMVAAFEQEAR	640.8>921.4 [ac]	y8+	31.9	17.56	1.85
75			640.8>1020.5 [a]	y9+	31.9		2.64
76			534.7>595.3	y4+	27.1		5.36
77	燕窝	SLWSCPYR	534.7>682.3	y5+	27.1	19.32	8.53
78			534.7>868.4 [a]	y6+	23.1		2.34
79			738.4>735.3 [a]	y7+	37.4		2.80
80		IWLDNVNCAGGEK	738.4>834.4	y8+	37.4	19.99	5.66
81			738.4>948.4	y9+	37.4		7.61
82			663.3>779.3 [a]	y6+	34.7		2.42
83		SSEWGTICDDR	663.3>836.4 [a]	y7+	28.7	13.92	1.96
84			663.3>1022.4 [a]	y8+	32.7		3.20

注："a"标注的是稳定的 MRM 离子对，"b"标注的是可量化的 MRM 离子对

（6）定量离子对筛选

为了获得良好的重现性，我们首先评估了在低能 CID 条件下特异性肽段标志物碎片

离子的稳定性。首先，我们在1%~80%不同含量的动态范围内，考察了源自28种特异性肽段标记物的84个碎片离子的稳定性。当所用浓度下的RSD均小于5%时，该MRM离子对被认为是稳定的。在低能量CID条件下，发现32个稳定的y离子（表3-7，以a标注的MRM离子对），其中只有一个490.8>671.4来自银耳（IPVGPATLGR），10个来自蛋白质，6个来自鱼鳔，6个来自油炸猪皮，9个来自燕窝。根据移动质子模型，具有双或三正电荷的质子化胰蛋白酶肽通常产生两类碎裂离子：y离子，包括C端肽；b离子，包括N端。y离子之所以比b离子更稳定的原因在于b离子可进一步失去CO以产生α系列亚胺离子。

随后，我们进一步考察了32个稳定的MRM离子对的可量化特征。以燕窝或其掺假物的质量为纵坐标，以相应MRM离子对的提取离子峰面积为横坐标，拟合线性曲线。图3-6A显示，在1%~80%的动态范围内，所有32个稳定的MRM离子对都是可量化的（线性相关系数$R^2>0.91$）。

在燕窝及其掺假物的32个定量离子对中，9个是燕窝的定量离子对。将燕窝视为内标（ISR），以4种常见掺假物与燕窝的质量比为纵坐标、以二者定量离子对的MRM峰面积比为横坐标制备标准曲线，其线性相关系数R^2得到了极大的改善。通过分析发现，分别使用燕窝的9个定量离子对其余23个掺假物的定量离子对进行校正后，4种掺假物的23条线性拟合曲线的R^2增加了2.8%~8.4%。特别是来自4种掺假物的9个MRM离子对，经过燕窝定量离子对校正后的R^2均达到了0.995以上，最高的达到了0.9997（图3-6B）。490.8>671.4作为银耳唯一的一个定量离子对，经过燕窝的640.8>850.4离子对校正后的R^2仍小于0.9990（$R^2=0.9977$）的原因可能与银耳中蛋白质含量低有关系。尽管如此，仍能满足精准定量的要求。因此，这9个MRM离子对被筛选为相应掺假物的定量离子对。

对于燕窝的9个定量离子对来说，只有640.8>850.4和640.8>921.4能够将掺假物的标准曲线R^2校正到最大。本研究选择640.8>850.4作为844.4>666.3、844.4>732.4、844.4>631.3、791.4>951.4、791.4>864.4和490.8>671.4的校正离子，而640.8>921.4作为773.9>752.3、773.9>1034.6和738.9>753.4的校正离子。掺假物的定量离子对和燕窝的校正离子主要来自6条肽段，即GETGPAGPAGPVGPVGAR、GESGPAGPAGAAGPAGPR、IPVGPATLGR、GGLEPINFQTAADQAR和LTEWTSSNVMEER。通过比较发现，定量离子对通常来自具有以下特征的肽：（I）C端是精氨酸R；（II）没有漏切。

（7）燕窝掺假物的定量准确度

以掺假物与燕窝的质量比（$m_{掺假物}/m_{燕窝}$）为纵坐标、以掺假物定量离子对与燕窝校正离子的MRM峰面积之比（$A_{掺假物}/A_{燕窝}$）为横坐标，用Origin 9.0软件绘制燕窝掺假物精准定量的标准曲线（图3-7）。

本研究制备了5种不同掺假水平（约10%、20%、40%、50%和60%）的盲样品，以考察该定量方法的准确度（以回收率表示）。由表3-8可以看出，掺假物9个定量离子对的回收率均在58.96%~131.94%。通过比较蛋清的5个定量离子对在这5个掺入水平的回收率可以看出，844.4>666.3离子对的回收率为99.13%~118.55%，在不同掺入水

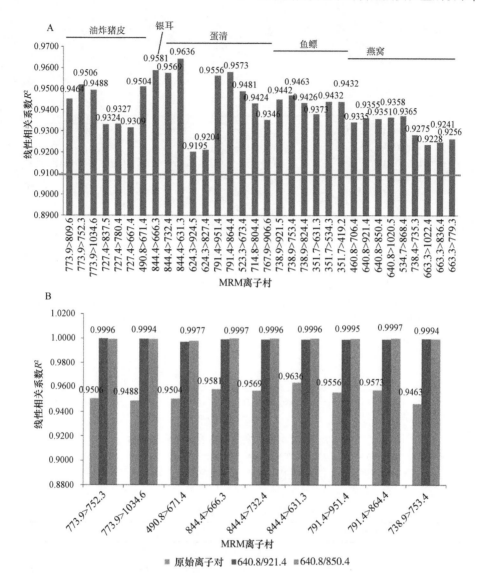

图 3-6　32 个稳定离子对的可定量性考察

平的测量准确度均较高。对于油炸猪皮的 2 个定量离子对来说，773.9>752.3 的回收率为 92.06%～112.04%，而 773.9>1034.6 的回收率为 91.72%～120.32%。773.9>752.3 在 5 个不同掺入水平的准确度均高于 773.9>1034.6。而对于蛋白质含量较低的银耳来说，当银耳掺入比例超过 50%时，唯一的定量离子对 490.8>671.4 的回收率为 101.74%～103.49%，能够精准定量燕窝中掺入银耳的量。因此，基于特异性肽段标志物的 Scheduled MRM 方法能够准确定量燕窝中掺入的油炸猪皮、银耳（掺入量>50%）、蛋清和鱼鳔。

3.2.5　小结

利用鸟枪蛋白质组学技术挖掘了燕窝及其 4 种常见掺假物油炸猪皮、银耳、蛋清和鱼鳔的特异性肽段标志物。通过 SKYLINE 软件构建了特异肽段的 MRM 离子对，利用

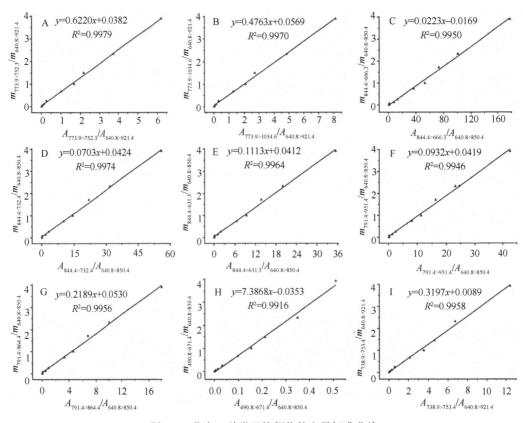

图 3-7 燕窝 4 种常见掺假物的定量标准曲线

油炸猪皮：A（773.9>752.3）和 B（773.9>1034.6）；蛋清：C（844.4>666.3）、D（844.4>732.4）、
E（844.4>631.3）、F（791.4>951.4）和 G（791.4>864.4）；银耳：H（490.8>671.4）

鱼鳔：I（738.9>921.4）

表 3-8 回收率结果

掺假物	定量离子对	理论值/%	测量值/%	回收率/%
银耳	490.8>671.4	9.88	5.83	59.03
		19.91	15.51	77.92
		39.89	23.52	58.96
		49.74	50.61	101.74
		60.07	62.16	103.49
鱼鳔	738.9>753.4	10.00	10.83	108.24
		20.08	20.20	100.61
		39.53	36.42	92.12
		49.83	52.18	104.73
		60.13	56.32	93.66
油炸猪皮	773.9>752.3	9.77	10.94	112.04
		20.07	18.93	94.33
		39.80	36.96	92.85
		49.90	49.15	98.49
		60.14	55.36	92.06

续表

掺假物	定量离子对	理论值/%	测量值/%	回收率/%
油炸猪皮	773.9>1034.6	9.77	11.75	120.32
		20.07	19.35	96.41
		39.80	36.84	92.56
		49.90	48.45	97.09
		60.14	55.16	91.72
蛋清	844.4>666.3	10.20	12.10	118.55
		21.67	23.43	108.12
		40.39	43.23	107.01
		50.61	53.87	106.45
		61.65	61.11	99.13
	844.4>732.4	10.20	13.31	130.49
		21.67	22.06	101.81
		40.39	40.93	101.32
		50.61	50.76	100.30
		61.65	60.04	97.40
	844.4>631.3	10.20	13.18	129.16
		21.67	22.18	102.39
		40.39	40.67	100.68
		50.61	50.65	100.09
		61.65	60.11	97.51
	791.4>951.4	10.20	13.23	129.67
		21.67	21.54	99.44
		40.39	36.35	90.00
		50.61	48.84	96.50
		61.65	78.48	127.31
	791.4>864.4	10.20	13.46	131.94
		21.67	21.83	100.76
		40.39	35.96	89.02
		50.61	48.73	96.29
		61.65	61.34	99.50

LC-Q-Trap 5500 系统对 MRM 离子对进行确证。建立了燕窝中掺入油炸猪皮、银耳、蛋清和鱼鳔的 MRM 定性检测方法。通过对燕窝及其 4 种常见掺假物 MRM 离子对的稳定性、可量化性的考察，筛选了掺假物（油炸猪皮、银耳、蛋清和鱼鳔）的定量离子对和燕窝的校正离子。建立了一种基于 Scheduled MRM 技术的燕窝中常见掺假物猪皮、银耳、蛋清和鱼鳔的精准定量方法。

3.3 基于鸟枪蛋白质组学的阿胶真实性鉴别技术研究

针对阿胶中掺入低价胶类药材,如新阿胶(猪皮胶)、黄明胶(牛皮胶)和近缘胶(马皮胶)的现象,采用鸟枪蛋白质组学方法,通过比对驴和猪、牛、马的蛋白质酶解后的肽段序列,发现了三个物种中不含羟脯氨酸的热稳定特异性肽段在Ⅰ型胶原蛋白α1序列中的相似位置。通过对胶原蛋白源物种特异肽段的序列特征的研究,推测了制胶过程中胶原蛋白的裂解规律。同时,获得了2条马皮特征肽,分别来源于马源角蛋白和未命名的马源蛋白,可用于鉴定阿胶中马皮胶。

3.3.1 材料来源

阿胶(n=3)、黄明胶(n=3)、新阿胶(n=2)、马皮胶(按药用阿胶工艺制得,n=2)、生驴皮(n=2)、生牛皮(n=2)、生猪皮(n=2)、生马皮(n=2)均由北京同仁堂(集团)有限责任公司提供。阿胶对照药材,购自中国食品药品检定研究院。96孔板(美国 Thermo公司);滤纸(美国 Whatman 公司)。

3.3.2 主要设备

LC-20AD XR 液相色谱仪(日本 SHIMADZU 公司);TripleTOF® 5600 质谱(美国 AB SCIEX 公司);QTRAP® 5500 质谱(美国 AB SCIEX 公司);Concentrator plus 型真空浓缩仪(德国 Eppendorf 公司);SB5200D 型超声清洗仪(宁波新芝生物科技股份有限公司);Multiskan GO 型酶标仪(美国 Thermo Scientific 公司)。

3.3.3 实验方法

(1)蛋白质提取与酶解

取约 2g 样品制成粉末,称取 0.50g 皮胶粉末,加入 5mL 蛋白质提取液,离心后测定上清液中蛋白质浓度,取约含 200μg 蛋白质浓度的上清液并转移到超滤管中,12 000r/min 离心 10min,加入 100μL50mmol/mL 碳酸氢铵溶液,12000r/min 离心 10min,重复 3 次,加入 100μL 含有胰蛋白酶的 50mmol/mL 碳酸氢铵溶液振荡混匀,37℃酶解4h(胶原蛋白因不含半胱氨酸而未涉及烷基化处理)。将下层超滤离心管取下放入冷冻干燥机中旋干滤液,加入去离子水,12 000r/min 离心 10min,重复 3 次,最后加入 100μL2%乙腈(含 0.1%甲酸)溶液定容。采用 Bradford 法测定蛋白质浓度。

(2)液相色谱高分辨质谱检测

1)纳升液相色谱与四级杆飞行时间串联质谱(Nano-HPLC-QTOF-MS)条件
在线 Nano-HPLC 液相色谱条件:色谱柱:Chrom XP Eksigent C18 反相色谱柱,(75μm×15cm,3μm);上样流速:2μL/min,10min;柱温:40℃;流动相 A 为 2%乙腈(含 0.1%甲酸)溶液;流动相 B 为 98%乙腈(含 0.1%甲酸)溶液;流速:0.3μL/min;

进样体积：4μL；梯度洗脱程序：0~0.1min，5%B→9%B；0.1~30min，9%B→25%B；30~40min，25%B→35%B；40~45min，35%B→80%B；45~50min，80%B；50~51min，5%B；51~60min，5%B。

AB SCIEX Triple TOF®5600 质谱条件：ESI 正离子扫描模式；喷雾电压（Ion spray voltage）：2.4kV；雾化气（GAS1）：41.4kPa；气帘气（curtain gas）：207kPa；质谱扫描模式：信息依赖型采集工作模式（IDA）；TOF MS 模式：350~1500m/z，250ms；IDA TOF MS/MS 模式：100~1500m/z，30MS/MS，100ms，信息依赖采集阈值：120cps，母离子电荷选择范围为+2~+5；滚动碰撞能量；启用动态排除时间：20s；运行时间：60min。

2）高效液相色谱和三重四极杆质谱条件

高效液相色谱条件：色谱柱为 ACQUITY UPLC BEH C18（4.6mm×150mm，3.5μm），流动相 A 为 2%乙腈（含 0.1%甲酸）溶液，流动相 B 为 98%乙腈（含 0.1%甲酸）溶液。流速 0.6mL/min，柱温 40℃，进样量：5μL。梯度洗脱程序：0~0.1min，2%B；0.1~0.5min，2%B→8%B；0.5~25min，8%B→22%B；25~31min，22%B→35%B；31~33min，35%B→80%B；33~36min，80%B；36~36.5min，80%B→2%B；36.5~39.9min，2%B。

AB QTRAP®5500 质谱条件：ESI 正离子扫描参数：气帘气（CUR）：2.76×10^{5}Pa，碰撞气（CAD）：Medium，IS 电压：5500V，离子源温度：600℃，雾化器（GAS1）：414kPa，辅助气（GAS2）：414kPa；正离子扫描 Scheduled MRM 模式：MRM 检测窗口：60s；扫描时间：3s。

（3）特征肽段的挖掘与验证鉴定

以奇蹄目（Perissodactyla）、偶蹄目（Artiodactyla）为关键词，在 Uniprot 数据库检索相关蛋白数据库并导入 ProteinPilot 5.0 软件进行蛋白质的鉴定，参数设定如下：样本类型：鉴定；半烷基化：碘乙酸；消化：胰蛋白酶；搜索工作：快速 ID；ID 焦点：生物修饰；FASTA 文件：芝麻 (来自于 Uniprot 数据库)。选取响应高、得分>20、氨基酸个数 6~20、可信度>95%、无漏切的肽段作为预选特征肽段。

利用 Skyline 软件构建马皮特征肽多反应监测（multiple reaction monitoring，MRM）离子对，将特征肽段转化为三重四级杆串联质谱能够识别的离子对信息。同时对离子对的碰撞能量和驻留时间进行优化。

3.3.4 结果与分析

（1）阿胶及掺假胶蛋白鉴定

通过 Nano-HPLC-QTOF-MS 分别对阿胶、新阿胶、黄明胶和马皮胶样品进行了鉴定，并采用 ProteinPilot 软件进行数据处理（表 3-9）。结果显示，阿胶（驴源）、新阿胶（猪源）和黄明胶（牛源）鉴定到丰度最高、有效肽段总数最多的蛋白质分别为驴源、猪源、牛源的 I 型胶原蛋白 α1 链，而马皮胶丰度最高的蛋白质为驴源 I 型胶原蛋白 α1 链，说明驴和马的胶原蛋白有很强的亲缘性，此外在马皮胶的鉴定结果中并没有找到与马源 I 型胶原蛋白 α1 链具有较高匹配度的蛋白质。I 型胶原蛋白是动物源性皮类胶原蛋白重要组成,约占胶原蛋白总量的 80%~90%,陆生哺乳动物Ⅰ型胶原蛋白主要分为 α1、α2 两种亚型(Gallardo et al.,2013)。除胶原蛋白以外,还鉴定到核层蛋白、肌球蛋白、角蛋白、血影蛋白等,仅在阿胶样品中检测到血红蛋白。

表 3-9　高分辨质谱鉴定结果统计

样品	蛋白质数量	肽段数量	代表性蛋白质
阿胶	7	281	胶原蛋白(collagen)
			肌球蛋白(myosin)
			血红蛋白(hemoglobin)
			血影蛋白(spectrin)等
马皮胶	25	390	胶原蛋白(collagen)
			核(纤)层蛋白(lamin A/C)
			磷脂结合蛋白(annexin)
			普列克底物蛋白(pleckstrin)
			纤连蛋白(fibronectin)
			血影蛋白(spectrin)
			微管蛋白(tubulin)等
新阿胶	26	468	胶原蛋白(collagen)
			肌球蛋白(myosin)
			血影蛋白(spectrin)
			角蛋白(keratin)、血红蛋白(hemoglobin)
			核(纤)层蛋白(lamin A/C)
			微管蛋白(tubulin)
			纤连蛋白(fibronectin)
			固醇载体蛋白质(sterol carrier protein)
			脂肪酸结合蛋白(fatty acid-binding protein)等
黄明胶	14	265	胶原蛋白(collagen)
			组蛋白(histones)
			丙酮酸激活酶(pyruvate kinase)
			金属硫蛋白(metallothionein)
			骨形态发生蛋白(bone morphogenetic protein)
			磷脂结合蛋白(annexin)
			核(纤)层蛋白(lamin A/C)等

(2)不同物种来源胶类特征肽段挖掘

利用 GENtle 软件对驴、猪、牛的Ⅰ型 α1 胶原蛋白序列进行多序列比对,通过模拟胰蛋白酶酶切分别获得 3 种胶原蛋白的理论特征肽段。采用高效液相色谱-三重四极杆质谱联用仪 MRM 方法对 3 种胶原蛋白的理论特征肽进行了验证,证实了 4 条理论特征肽的存在,受试的驴皮胶(含阿胶对照药材)及生驴皮、新阿胶及生猪皮、黄明胶及生牛皮的酶解溶液中均验证到各自物种的特征肽段,而不同物种样品间各特征肽互不检出。马皮胶、生马皮的酶解溶液中验证到驴的特征肽段(表 3-10)。

表 3-10　特异肽段的 MRM 参数

动物皮胶来源	特征肽	母离子 Q1（m/z）	子离子 Q3（m/z）	碰撞能量 CE/eV	保留时间 RT/min
驴、马	GEAGPAGPAGPIG PVGAR[2+]	765.9	1216.7	33	15.437
			1119.6	35	
			1048.6	29	
			991.6	37	
			823.5	37	
			766.5	25	
猪	GETGPAGPAGPVG PVGAR[2+]	773.9	1105.6	34	11.684
			1034.6	32	
			977.6	34	
			880.5	34	
			809.5	32	
			752.4	32	
牛	GETGPAGPAGPIG PVGAR[2+]	780.9	1216.7	34	14.512
			1048.6	34	
			991.6	34	
			894.5	34	
			823.5	34	
			766.5	34	
牛	GEAGPSGPAGPTG AR[2+]	641.3	1024.5	30	4.642
			967.5	30	
			870.4	30	
			783.4	34	
			726.4	30	
			501.3	30	

（3）驴、猪和牛来源胶类特征肽段挖掘

3 个物种胶原蛋白 COL Ⅰ 型 α1 序列差异比对见图 3-8。在证实的 4 条特征肽中，阿胶特征肽 [1066]GEAGPAGPAGPIGPVGAR[1083]、新阿胶特征肽 [1069]GETGPAGPAGPVGPVGAR[1086] 和黄明胶特征肽 [1066]GETGPAGPAGPIGPVGAR[1083] 具有很强的相似性：①3 条肽段所在序列位置相近，前 12 个氨基酸残基位于序列中的非三螺旋结构域，其余 6 个则位于最后一段三螺旋结构域的起始位置（图 3-8）；②3 条肽段均由 18 个氨基酸组成，氨基酸排列顺序极为相似，仅有两处氨基酸残基存在差异；③序列中氨基酸均未发生修饰。由于三螺旋结构是胶原蛋白的特有结构，胶原蛋白所特有的羟脯氨酸是胶原三螺旋结构形成氢键的必需氨基酸，由此推断，在胶原蛋白非螺旋域附近更容易获得未经过修饰的氨基酸序列。

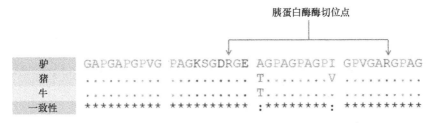

图3-8 三物种胶原蛋白COL I 型 α1 序列差异比对（彩图请扫封底二维码）

由于在驴、猪、牛的 I 型胶原蛋白 α1 序列相似位置都验证到具有物种专属性的特征肽，因此通过考察不同动物模拟酶切后的 I 型胶原蛋白 α1 序列，发现很多动物在此相似序列位置均可找到符合上述规律，且适合三重四级杆串联质谱测定的差异肽段。这一发现得到相关文献印证，驴、马同属马科，亲缘性强，GEAGPAGPAGPIGPVGAR 为驴和马共有特征肽；GETGPAGPAGPIGPVGAR 为牛（哺乳纲偶蹄目牛科牛属）的特征肽段，GETGPAGPAGPVGPVGAR 为猪（哺乳纲偶蹄目猪科猪属）的特征肽段，GETGPAGPAGPPGPAGAR（Mamone et al.，2013）为鸡（哺乳纲鸡形目雉科原鸡属）特征肽段，GESGPAGPAGAMGPAGPR（李莹莹等，2016）为鱼（软骨鱼纲、硬骨鱼纲）特征肽段。因此初步推断，分属不同科或更高生物分类级别的动物在此序列位置容易找到差异肽段，这一点为今后探索胶原蛋白物种差异性及建立相关食品、药品真伪鉴别方法提供了启发和思路。

模拟胰蛋白酶酶切 3 条特征肽所在的非螺旋域序列，选取长度适合三重四级杆串联质谱分析的肽段，利用 MRM 方法对酶切肽段进行验证，结果表明有个别肽段在酶切后没有验证到（表 3-11），因此推断此区域肽链很可能在加工过程中就已发生断裂。肽段①和肽段⑩在制胶后仍然能验证到（驴、猪、牛胶原蛋白的肽段⑩位置均为各自的特征肽），这说明非酶切断裂处虽然靠近螺旋域的两端，但并不是发生在三螺旋域和非三螺旋结构交界处，而是位于交界处向非三螺旋域延伸 10～25 个氨基酸残基处，非螺旋区域中段的肽段基本保持完整（图3-9）。大部分蛋白质中脯氨酸含量极低，而胶原蛋白中含有大量脯氨酸和羟脯氨酸，这两种氨基酸都是环状结构，因此胶原蛋白具有微弹性和很强的拉伸强度。

表3-11 制胶过程中非三螺旋域源肽段裂解情况

样品来源	肽段①	肽段②	肽段③	肽段④	肽段⑤	肽段⑥	肽段⑦	肽段⑧	肽段⑨	肽段⑩
驴	+	−	−	+	+	+	+	−	+	+
猪	+	−	+	+	+	+	+	+	−	+
牛	+	−	+	+	+	+	+	+	−	+

（4）马皮胶特征肽的挖掘

由于驴和马同为马科（Equidae）马属（*Equus*），胶原蛋白亲缘性太强，因此马皮胶、

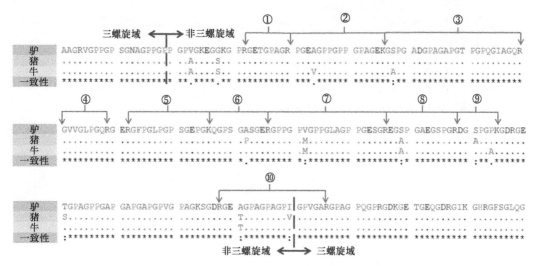

图 3-9 制胶过程中非三螺旋域裂解位点的比较分析（彩图请扫封底二维码）

生马皮的胶原蛋白的酶切溶液中可验证到驴的特征肽 GEAGPAGPAGPIGPVGAR。利用
Nano-UPLC-QTOF-MS 鉴定结果寻找马皮胶的特征肽,采用 ProteinPilot 软件搜索 Uniprot
数据库中物种蛋白序列信息,在置信度 99% 条件下,获得了 2 条来自马源特征肽,其中
一条 LSVEADIN*GLR（*表示脱酰胺修饰）来源于马源角蛋白。角蛋白是构成表皮、毛
皮及毛囊的主要蛋白质,由此可以分析得知这条肽段是皮类原料中残留的毛发或毛囊所
带入的。但由于这条肽段丰度不高,在实际应用中需要对样品进行一定程度的浓缩处理。
毛发和毛囊在生皮原料中很难完全去除,因此,从角蛋白角度寻找不同物种间的差异肽
段实现溯源具备理论可行性。另一条马的专属特征肽 ISGEWYSIFLASDVK,数据库信
息尚不完全,目前肽段所属蛋白质和源基因都未经命名,有待进一步研究。两条肽段经
过深加工过程仍能检测到,说明特征肽段稳定性良好,适合作为马皮特征肽（表 3-12）。

表 3-12 马皮胶特征肽段的 MRM 参数

蛋白来源	特征肽	母离子 Q1(m/z)	子离子 Q3(m/z)	碰撞能量 CE/eV	保留时间 RT/min
角蛋白（马源）	LSVEADIN*GLR^{2+} （Deamidated@8）	594.3	1074.5	34	23.154
			987.5	36	
			888.4	36	
			759.4	36	
			688.4	36	
			573.3	36	
未命名蛋白（马源）	ISGEWYSIFLASDVK^{2+}	857.9	1142.6	37	33.238
			979.5	39	
			779.4	39	
			632.4	39	
			519.3	39	
			448.2	39	

利用 Skyline 软件构建马皮特征肽 MRM 方法离子对，通过高效液相色谱-三重四极杆质谱联用仪，在生马皮酶解溶液、马皮胶酶解溶液中均检测到马皮特征肽离子，进一步证实了马皮特征肽的存在，且这两条特征肽在阿胶、新阿胶、黄明胶样品中均未发现，即证明此两条肽段为马皮胶的专属特征肽段。马皮胶特征肽二级质谱图见图 3-10，驴、马、牛、猪皮源特征肽段 XIC 图见图 3-11。

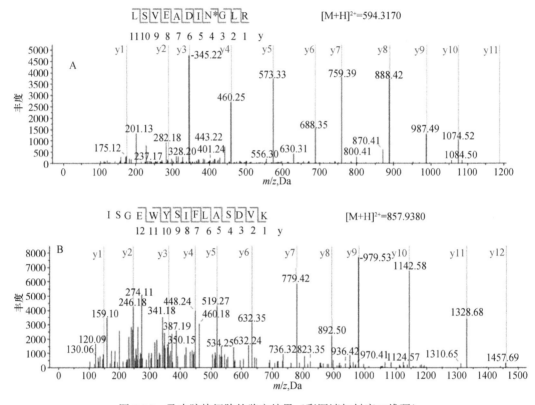

图 3-10 马皮胶特征肽的鉴定结果（彩图请扫封底二维码）

A. 马皮胶的特征肽 LSVEADIN*GLR（*表示脱酰胺修饰）；B. 马皮胶的特征肽 ISGEWYSIFLASDVK

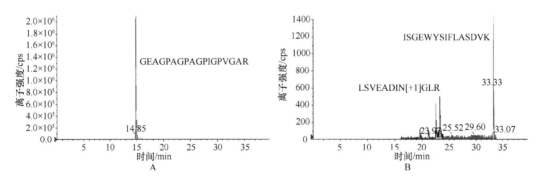

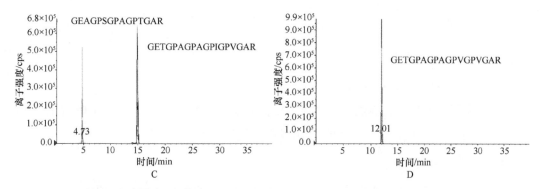

图 3-11　高效液相色谱-三重四极杆质谱联用仪对特征肽的鉴定结果（彩图请扫封底二维码）

A. 阿胶和马皮胶的共有特征肽 GEAGPAGPAGPIGPVGAR；B. 马皮胶的特征肽 LSVEADIN*GLR（*表示脱酰胺修饰）和 ISGEWYSIFLASDVK；C. 黄明胶的特征肽 GETGPAGPAGPIGPVGAR 和 GEAGPSGPAGPTGAR；D. 新阿胶的特征肽 GETGPAGPAGPVGPVGAR

3.3.5　小结

针对阿胶中掺入新阿胶（猪皮胶）、黄明胶（牛皮胶）等低价胶类药材及阿胶原料皮混杂马皮的现象，本研究从肽段层面解决阿胶中异源性物种的鉴别问题。首先利用鸟枪蛋白质组学技术在Ⅰ型胶原蛋白中分别挖掘到驴、牛和猪的特征肽段共 4 条，可用于鉴别阿胶中掺入的新阿胶及黄明胶。其次在马源角蛋白和未命名蛋白质中获得了 2 条马皮特征肽段，可用于鉴别阿胶驴皮原料中混杂的马皮。

3.4　基于鸟枪蛋白质组学的三文鱼物种鉴别技术研究

本节采用高分辨质谱对大西洋鲑、大麻哈鱼和虹鳟 3 种三文鱼样品中的多肽进行了分离鉴定，通过进一步筛选，找出 3 个物种的潜在特征肽段。然后采用三重四极杆质谱，在多反应监控（MRM）模式下进行进一步分析验证，以找到对大西洋鲑、大麻哈鱼和虹鳟进行准确区分的特征肽段。

3.4.1　材料来源

本实验共收集了大西洋鲑（*Salmo salar*）、大麻哈鱼（*Oncorhynchus keta*）和虹鳟（*Oncorhynchus mykiss*）3 个物种样品，其中大西洋鲑有 4 份，产地为法国、丹麦和智利；大麻哈鱼有 1 份，产地为黑龙江佳木斯；虹鳟有 4 份，分别由青海省共和县龙羊峡水库、北京顺通虹鳟养殖中心、邯郸涉县的清泉冷水鱼养殖场和湖南资兴的东江湖优品养殖场提供。

3.4.2　主要设备

LC-20AD XR 液相色谱仪；Triple-TOF 6600 质谱仪、Q-Trap 5500 质谱仪。

3.4.3 实验方法

（1）蛋白质提取与定量

样品取出后经组织研磨仪研磨后进行匀浆，准确称取混合均匀的鱼糜 1g，加入 15 倍体积的尿素裂解液，涡旋混匀后冰浴震荡提取 1h，结束后于 4℃、12 000g 条件下离心 20min，收集上清液。利用 Qubit 试剂盒测定蛋白质浓度。

（2）蛋白质的酶解

蛋白质定量后，利用胰蛋白酶进行蛋白质酶解。首先根据浓度测定结果，准确吸取 200μg 蛋白质溶液于棕色离心管中，加入 DTT 溶液，37℃反应 1h，冷却至室温，再加入 IAA 溶液，室温条件下避光反应 15min，完成还原烷基化过程；将溶液转移至超滤管中，离心除去过量的 DTT、IAA 和部分杂质，并用 50mmol/L 的 NH_4HCO_3 溶液洗 3 次；然后按照酶与底物 1∶40 的比例向超滤膜中分别加入 5μg 浓度为 1μg/μL 的胰蛋白酶，37℃条件反应 6h，12 000g 离心 20min，得到酶解后的肽段。

（3）大西洋鲑、大麻哈鱼和虹鳟潜在特征肽段的筛选

超高效液相色谱条件：色谱柱：Xbridge Peptide BEH C18 色谱柱（4.6mm×150mm，3.5μm，300Å）；进样量：5μL；流速：0.25mL/min；流动相 A：0.1%甲酸和 2%乙腈的水溶液；流动相 B：0.1%甲酸和 2%水的乙腈溶液；洗脱程序：B 相初始浓度为 2%，0.5min 上升至 8%，到 25min 时，上升至 22%，31min 升至 35%，33min 升至 80%，并保持 5min，然后立刻降至 2%并保持 5min，整个洗脱时间为 44min。

高分辨质谱条件：离子源为 ESI 源，雾化气（GS1）：50psi[①]；辅助加热气（GS2）：50psi；气帘气（CUR）：35psi；离子源温度（TEM）：550℃；去簇电压（DP）：80V；离子碰撞能量叠加（CES）：5eV；一级扫描范围：350～1250m/z，二级扫描范围：100～1500m/z。使用 ProteinPilot 5.0.2 软件，进行数据分析和潜在特征肽段的筛选，利用 Skyline 工具构建所有潜在特征肽段的 MRM 离子对。

（4）质谱多反应监控（MRM）特异肽段验证

液相色谱条件：色谱柱：Xbridge Peptide BEH C18 色谱柱（2.1mm×150mm，3.5μm，300Å）；流动相 A：0.1%甲酸和 2%乙腈的水溶液；流动相 B：0.1%甲酸和 2%水的乙腈溶液；进样量：10μL；流速：0.6mL/min；洗脱程序：0～0.1min，2%B；0.1～0.5min，2%～8%B；0.5～25min，8%～22%B；25～31min，22%～35%B；31～33min，35%～80%B；33～36min，80%B；36～36.5min，80%～2%B；36.5～39.9min，2%B。

三重四级杆质谱条件：使用 ESI 电喷雾离子源，离子源温度为 600℃，喷雾电压为 5500V；离子源气体 1：60psi；离子源气体 2：50psi；DP：100V；预定窗口 80s，循环时间 2s，数据用 Analyst 1.6 软件处理。

---

① 1psi=6.894 76×10³Pa

3.4.4　结果与分析

（1）大西洋鲑、大麻哈鱼和虹鳟肽段鉴定结果

通过超高效液相色谱-串联飞行时间质谱的 Full Scan 扫描模式，对酶解后的大西洋鲑、大麻哈鱼和虹鳟样品全蛋白质进行鉴定，3 个物种的总离子流图如图 3-12 所示。采用 ProteinPilot 软件结合蛋白质检索数据库 Uniprot，对采集的数据和肽段理论碎片的匹配度进行验证。进行数据转换后发现，在大西洋鲑中共鉴定到 271 个蛋白质，包含 5270 条肽段；在大麻哈鱼中共鉴定到 435 个蛋白质，包含 6676 条肽段；在虹鳟中有 262 个蛋白质，包含 5354 条肽段。然后通过比较 3 个物种肌肉中鉴定的蛋白质和肽段列表，找到只在大西洋鲑、大麻哈鱼或虹鳟样品中的特征肽段，进一步筛选出响应高、得分>20、氨基酸个数 6~20、可信度>95%的肽段作为预选特征肽段，这些特征肽段可作为大西洋鲑、大麻哈鱼或虹鳟的特异标志物。

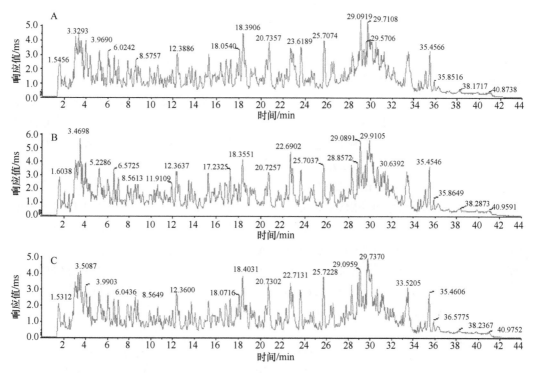

图 3-12　大西洋鲑（A）、大麻哈鱼（B）和虹鳟（C）酶解肽段总离子流图

多肽碎片离子的二级质谱鉴定主要考察备选的特征肽段碎片离子检测结果与理论推测的吻合性。二级质谱鉴定中，多肽经过电喷雾电离主要产生 N 端碎片离子（b 离子）和 C 端碎片离子（y 离子）。以大西洋鲑特征肽段 NGLMIAEIEELR（m/z 694.3）为例，如图 3-13 所示，图中红色和绿色谱线分别代表理论 y 离子和 b 离子的碎片峰，蓝色谱线代表实验获得的离子碎片峰，可以看出，实验获得的谱图和预测的碎裂模式之间有良好的对应关系，证明该肽段可用于进一步分析。最终经过蛋白质数据库鉴定筛选及

BLAST 分析，大西洋鲑、大麻哈鱼和虹鳟的特征肽段信息见表 3-13。本实验鉴定到的大西洋鲑、大麻哈鱼和虹鳟的特征肽段主要来源于小清蛋白、肌球蛋白结合蛋白、烯醇化酶、肌球蛋白重链和肌钙蛋白 I。

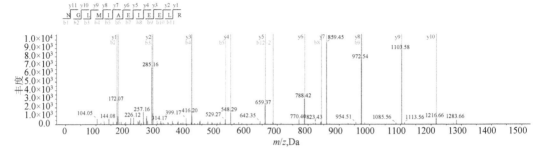

图 3-13　大西洋鲑特征肽段 NGLMIAEIEELR（m/z 694.3）的碎片离子排布实验结果与理论对比图

（彩图请扫封底二维码）

（2）大西洋鲑、大麻哈鱼和虹鳟特征肽段筛选

以肌球蛋白为例，证明本方法中特征蛋白质和多肽鉴定的准确性和可靠性。3 种肉类的肌球蛋白鉴定结果如图 3-14 所示，从上至下分别为大西洋鲑、大麻哈鱼和虹鳟的肌球蛋白部分氨基酸序列。在此条件下，获得大西洋鲑、大麻哈鱼和虹鳟的肌球蛋白的氨基酸覆盖率分别为 64.3%、78.2% 和 55.5%。大西洋鲑中的快速骨骼肌肌球蛋白重链 A0A1S3M1A4、大麻哈鱼中的肌球蛋白重链 Q8JIP5 和虹鳟中的肌球蛋白 A0A060Y5W1 同源性极高，经过对这 3 个蛋白质的氨基酸序列及酶切肽段的质谱鉴定结果进行对比分析后发现，肽段 NGLMIAEIEEL（694.3 m/z）可以作为大西洋鲑潜在特征肽段。而具有相似氨基酸序列的肽段 NGLMVAEIEEL（687.3 m/z）在同属太平洋鲑属的大麻哈鱼和虹鳟中均能找到，因此考虑这两个肽段，可以作为区分这两个属的关键肽段。另外大麻哈鱼肌球蛋白重链 Q8JIP5 中的肽段 LLATLYPAAPPEDK 在大西洋鲑和虹鳟中的氨基酸序列有所差异，因此判断该肽段属于大麻哈鱼的特征肽段。同理，找到了大西洋鲑中其余 3 条特征肽段 AADTFNFK、YIIESVGNIR、AAVPSGASTGIHEALELR 和虹鳟的 2 条特征肽段 AADSFNFK、ISALDLSGDQAALMEMLK。

tr| A0A1S3M1A4| A0A1S3M1A4_SALSA
[551]TTFKNKLNDQ HLGKTKAYEK PKPAKGKAEA HFSLVHYAGT VDYNITGWLE KNKDPLNESV ILMYGKASVK
LLAALYPAAP PEDTTKKGGK KKGGSMQTVS SQFRENLGKL MTNLRSTH ⋯ LLKDAQLHLD DAVRASEDMK
EQVAMVERRN GLMIAEIEEL RVALEQTERG RKVAETELVD ASERVGLLHS QNTSLLNTKK KLETDLVQVQ[1740]

tr| Q8JIP5| Q8JIP5_ONCKE
[551]TTFKNKFYDQ HLGKTKAFEK PKPAKGKPEA HFSLVHYAGT VDYNITGWLD KNKDPLNESV ILMYGKASVK
LLATLYPAAP PEDKAKKGGK KKGGSMQTVS SQFRENLHKL MTNLRSTH ⋯ QLKDAQLHLD DAVRVAEDMK
EQAAMVERRN GLMVAEIEEL RVALEQTERG RKVAETELVD ASERVGLLHS QNTSLLNTKK KLETDLVQVQ[1740]

tr| A0A060Y5W1| A0A060Y5W1_ONCMY
[553]TTFKDKLYAQ HLGKTKAFEK PKPAKGKPEA HFSLVHYAGT VDYNITGWLE KNKDPLNDSV IQLYGKSTVK
LLAALYPAAP PEDTTKKGGK KKGGSMQTVS SQFRENLHKL MTNLRSTH ⋯ QGQLKDAQLH LDDAVRASED
MKEQAAMVER RNGLMVAEIE ELRVALEQTE RGRKVAETEL VDASERVGLL HSQNTSLLNT KKKLETDLVQVQ[1740]

图 3-14　大西洋鲑、大麻哈鱼和虹鳟（自上而下）的肌球蛋白部分氨基酸序列图

（彩图请扫封底二维码）

（3）大西洋鲑、大麻哈鱼和虹鳟特征肽段的特异性验证

利用 Skyline 软件构建目标肽段的母子离子对，然后采用超高效液相色谱四极杆/线性离子阱串联质谱建立了 MRM-IDA-EPI 检测方法，在众多的离子对中，选择响应最高的 5~6 对母离子和子离子，作为 MRM 的特异性验证离子。然后根据同一肽的 MRM 离子对具有相同的保留时间，进一步判断潜在特征肽段的特异性。多离子对及保留时间的确认有效消除了假阳性的 MRM 峰，增加了检测结果的准确性。另外，由于生长环境和饲养方式的差异，相同物种之间的蛋白质也会出现差异，因此本研究选取多个不同产地的大西洋鲑、大麻哈鱼和虹鳟样品，对筛选出来的 3 个物种的特征肽段进行了验证，结果发现这 7 条特征肽段均被验证出来，证明筛选出的特征肽段具有良好的稳定性和重现性。利用鸟枪蛋白质组学技术筛选出的大西洋鲑、大麻哈鱼和虹鳟特征肽段之间不存在互相干扰，该方法可以实现三文鱼常见物种掺假的鉴别。

（4）大西洋鲑、大麻哈鱼和虹鳟特征肽段检测结果

本研究最终在大西洋鲑肌肉中筛选并确认了 4 条特征肽段（表 3-13），分别属于小清蛋白、肌球蛋白结合蛋白 C、烯醇化酶和肌球蛋白重链；在大麻哈鱼中确认 1 条特征肽段，来自肌球蛋白重链；在虹鳟中找到 2 条特异肽段，分别来自小清蛋白和肌钙蛋白。这 7 条特征肽段的 MRM 提取离子色谱图如图 3-15 所示。本研究中未针对特定蛋白质进行分析，而是采用了高分辨率、高扫描速度的质谱 3 个物种肉中的全蛋白质进行了分析鉴定，极大丰富了分析结果中的蛋白质和多肽的信息。另外，从实际样品中寻找特征肽段，增加了目标肽段的可靠性，另外，结合 UniProt 蛋白质数据库信息及 BLAST 分析，简化了肽段特异性验证工作，为依赖鸟枪蛋白质组学和质谱技术进行物种鉴定的实验研究提供了一定的理论参考。

表 3-13　大西洋鲑、大麻哈鱼和虹鳟特征肽段的 MRM 参数

物种	蛋白质名称	Uniprot ID	肽段	母离子 m/z	子离子 m/z	保留时间 /min	碰撞能量 /eV
大西洋鲑	小清蛋白	E0WD98	AADTFNFK	457.22	842.4/771.3/ 656.3/555.2/ 408.2/294.1	15.1	25.3
	肌球蛋白结合蛋白 C	A0A1S3NGD5	YIIESVGNIR	582.32	459.2/558.3/ 645.3/774.4/ 887.4/1000.5	21.0	29.8
	烯醇化酶	A0A1S2X522	AAVPSGASTGIHEALELR	593.65	288.2/601.3/ 730.4/867.4/ 1037.5	22.0	40.9
	肌球蛋白重链	A0A1S3M1A4	NGLMIAEIEELR	694.36	546.2/659.3/ 788.4/859.4/ 972.5/1103.5	31.3	33.9
大麻哈鱼	肌球蛋白重链	Q8JIP5	LLATLYPAAPPEDK	749.91	1100.5/987.4/ 824.4/656.3/ 585.2/488.2	23.8	35.9
虹鳟	小清蛋白	E0WDA4	AADSFNFK	450.21	828.3/757.3/ 642.3/555.2/ 408.2/294.1	14.1	25.1
	肌钙蛋白 I	B2DBF2	ISALDLSGDQAALMEMLK	953.48	1206.5/906.4/ 835.4/764.4/ 651.3/520.2	33.6	43.2

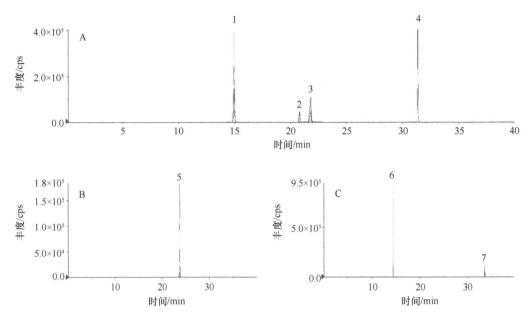

图 3-15　高效液相色谱-三重四级杆质谱仪对大西洋鲑（A）、大麻哈鱼（B）和虹鳟
（C）特征肽段鉴定结果（彩图请扫封底二维码）

1～4. 大西洋鲑特征肽段 AADTFNFK、YIIESVGNIR、AAVPSGASTGIHEALELR、NGLMIAEIEELR；
5. 大麻哈鱼特征肽段 LLATLYPAAPPEDK；6～7 虹鳟特征肽段：ISALDLSGDQAALMEMLK. AADSFNFK

3.4.5　小结

本研究采用 TripleTOF-MS 系统对大西洋鲑、大麻哈鱼和虹鳟 3 个物种全蛋白质进行了鉴定，并利用 Proteinpilot 软件进行数据转化，最终确认了大西洋鲑中的 4 条特征肽段，大麻哈鱼中的 1 条特征肽段，虹鳟中的 2 条特征肽段，这 7 条特征肽段为准确区分大西洋鲑及其掺伪品大麻哈鱼和虹鳟提供了理论依据。

3.5　基于 iTRAQ 定量蛋白质组学技术的三文鱼新鲜度鉴别技术研究

同位素标记相对和绝对定量（isobaric tags for relative and absolute quantification，iTRAQ）技术是一种多肽体外标记技术。该技术利用多种同位素试剂标记蛋白质多肽 N 端或赖氨酸侧链基团，经高分辨率质谱仪分析，可同时比较多达 8 个样品之间的蛋白质表达量，是近年来定量蛋白质组学常用的高通量筛选技术。本节采用 iTRAQ 定量蛋白质组学技术，对 0℃条件下不同储存时间三文鱼蛋白质进行对比分析，为揭示三文鱼新鲜度变化机理提供理论依据。

3.5.1　材料来源

冰鲜三文鱼（物种：大西洋鲑，重量：6.5kg±0.2kg，原产国：挪威），于挪威当地捕捞后立即宰杀，去除内脏，冰鲜空运至北京海关，然后于 3h 内运至实验室。

3.5.2 主要设备

Nexera X2 液相色谱仪、Triple-TOF 6600 高分辨质谱仪、Concentrator plus 型真空浓缩仪、TissueLyser II 型组织研磨仪等。

3.5.3 实验方法

（1）样品预处理

样品运至实验室，去皮、去刺、切成均匀小块（平均长 5.0cm±0.5cm，宽 5cm±0.5cm），随机分为 4 份装入密封袋中，置于冰上（0℃±1℃）保存，分别于第 0 天、5 天、10 天和 15 天取样，用于 iTRAQ 蛋白质定量分析。新鲜对照组（0 天）和不同储存时间的实验组（5 天、10 天、15 天）分别做两组平行，依次标记为 0d-1、0d-2、5d-1、5d-2、10d-1、10d-2、15d-1 和 15d-2。

（2）蛋白质提取与定量

样品取出后经组织研磨仪研磨后进行匀浆，准确称取混合均匀的鱼糜 1g，加入 15 倍体积的尿素裂解液，涡旋混匀后冰浴振荡提取 1h，结束后于 4℃、12 000g 条件下离心 20min，收集上清液。利用 Qubit 试剂盒测定蛋白质浓度。

（3）蛋白质酶解

蛋白质定量后，结合 iTRAQ 试剂盒说明书进行蛋白质酶解。即分别取含有 80μg 蛋白质的提取液置于离心管中，分别加入 4μL iTRAQ 试剂盒中的 Reducing Reagent 溶液，37℃水浴反应 1h，加入 2μL 的 Cysteine-Blocking Reagent，室温避光放置 10min，将还原烷基化后的蛋白质溶液转移至 10K 的超滤管中，12 000g 离心 20min，弃掉收集管底部溶液。然后按照酶与底物 1∶40 的比例向超滤膜中分别加入 2μg 胰蛋白酶，37℃条件反应 6h，12 000g 离心 20min，得到酶解后的肽段。

（4）iTRAQ 标记

从冰箱中取出 iTRAQ 试剂，平衡到室温，向 8 管 iTRAQ 试剂中分别加入 200μL 异丙醇稀释，然后与对应的样品混合（113 和 114 分别标记 0d-1 和 0d-2；115 和 116 标记 5d-1 和 5d-2；117 和 118 标记 10d-1 和 10d-2；119 和 121 标记 15d-1 和 15d-2），室温反应 2h，然后加入 100μL 水终止反应。混合标记后的样品，涡旋振荡混匀，取出 20μL 混合标记肽段，用 Ziptip 脱盐后进行 Triple-TOF6600 质谱鉴定，以检测标记效率和质量，其余混合液旋转真空干燥后冷冻保存待用。

（5）高 pH 反相色谱分级

将干燥后的标记肽段溶解在 100μL 流动相 A（20mm/mL 甲酸铵，pH10.0）中，用

Durashell-C18（4.6mm×250mm，5μm100Å）色谱柱进行洗脱。对洗脱条件进行优化，具体为流速 0.8mL/min，流动相 B 为 20mmol/L 甲酸铵，80%ACN，pH10.0，梯度洗脱程序如下：0～5min，5%B；5～30min，5%～15%B；30～45min，15%～38%B；第46min，上升至90%B，并持续至55min；55～65min，5%B。总洗脱时间65min，将前60min的洗脱液接入 60 个 1.5mL 离心管中，按极性合并成 16 管肽段复合物，真空干燥备用。

（6）反相液相色谱 LC-MS/MS 分析

高效液相色谱条件：色谱柱为 Xbridge Peptide BEH C18 柱（2.1mm×150mm，3.5μm，300Å），流动相 A 为加有 0.1%（*V/V*）甲酸的水溶液，流动相 B 为加有 0.1%（*V/V*）甲酸和2%（*V/V*）水的乙腈溶液。将 16 管分级后的肽段分别用流动相 A 复溶后进行后续分析。设定流速 0.25mL/min，梯度洗脱程序：0～1min，2%～5%B；1～30min，5%～20%B；30～54min，20%～42%B；54.5～62min，80%B；62.1～68min，2%B。

Triple-TOF6600 高分辨质谱条件：采用正离子扫描模式，扫描范围 350～1500*m/z*。雾化器（GS1）：50psi；辅助加热气（GS2）：50psi；气帘气（CUR）：35psi；离子源温度（TEM）：550℃；去簇电压（DP）：80V；离子碰撞能量（CE）：10eV。

（7）蛋白质鉴定

使用 ProteinPilot 5.0.2 软件对分级后的 16 管肽段质谱鉴定结果进行合并和数据转换，利用 Excel 对蛋白可信肽段数和覆盖率进行统计和展示说明。三文鱼物种原始蛋白库于 Uniprot（http://www.uniprot.org）上进行下载，共含有 88995 条目标肽段序列。在数据库搜索中，条件参数设定如下：样本类型：iTRAQ 8plex（肽标记）；半胱氨酸烷基化：吲哚乙酸；消化：胰蛋白酶；仪器：Triple-TOF6600；特殊因素：尿素变性；ID 焦点：生物修饰；数据库：uniprot-salmo salar.fasta；置信度：>0.05 (10.0%)。

（8）差异蛋白质分析

差异表达蛋白质筛选标准：$P<0.05$，即对两次重复数据进行 t 检验，P 值小于 0.05 的蛋白质被认为差异显著；差异倍数（Fold change）>1.2 或<0.83，即倍数变化大于 1.2（上调）或小于 0.83（下调）被认为是差异蛋白质，利用 Origin 9.0 软件对目标蛋白质进行火山图绘制，并用颜色进行标注（红色代表上调，绿色代表下调），进行后续分析。

（9）生物信息学分析

利用欧洲生物信息研究所（European Bioinformatics Institute，EMBL-EBI）维护的QuickGO（http://www.ebi.ac.uk/QuickGO/）注释工具对差异蛋白质进行基因本体（gene ontology，GO）功能注释，然后利用在线分析工具 Omicshare（https://www.omicshare.com/tools）对每个 GO 条目下富集的差异蛋白质进行统计和计算，随后采取超几何检验方法确定出差异蛋白质中显著富集的 GO 条目。利用京都基因和基因组百科全书（KEGG）数据库（http://www.genome.jp/kegg/）对差异蛋白质进行代谢通路分析。

3.5.4 结果与分析

（1）三文鱼肌肉蛋白质基本信息

质谱数据经过 ProteinPilot 5.0.2 软件的搜索和筛选后共获得 10 828 个二级谱图，匹配到 3355 个肽段，对应 257 个蛋白质，其中可信蛋白质 150 个。对 iTRAQ 数据进行进一步整理分析发现这 150 个蛋白质中，有 8 个只含有 1 条可信肽段，其余 142 个蛋白质至少含有 2 条可信肽段（图 3-16A）。此外，如图 3-16B 所示，有 42% 的蛋白质序列覆盖率即质谱检测出的肽段氨基酸序列占整个蛋白质序列的比率超过 50%，这些结果表明蛋白质组学分析是可靠的。

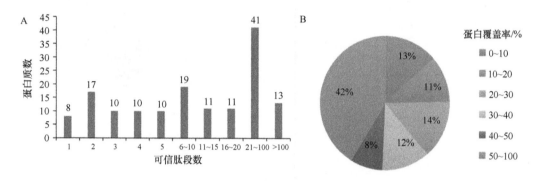

图 3-16　三文鱼蛋白质包含的可信肽段数量统计（A）和蛋白序列覆盖度（B）（彩图请扫封底二维码）

（2）差异蛋白质筛选与分析

差异蛋白质的筛选条件为 "Fold-change>1.2 或<0.83，$P<0.05$"。由差异蛋白质火山图（图 3-17）可以直观地看出上调蛋白质（红色点）和下调蛋白质（绿色点）分布情况。与 0 天冰鲜三文鱼样品相比，在 3 个不同储存时间的处理组中共找到 62 个差异蛋白质，其中有 29 个蛋白质是在储存 5 天后发生了显著变化，22 个储存 10 天后发生了变化，52 个在储存 15 天后发生了变化，结果表明随着储存时间的延长，蛋白质变化速率加快。另外，利用韦恩图（图 3-17）对这些蛋白质进行分析发现，有 12 个差异蛋白质在 3 个处理组中都被筛选出来；有 6 个蛋白质在储存前 5 天没有明显变化，但储存 10 天后开始出现上调或下调，随着生化过程的进行，有 24 个蛋白质直到储存 15 天后才发生明显变化，可能是由于储存过程中，一些代谢产物积累而诱发了新的生物反应过程；10 个蛋白质随着储存时间的延长出现了先增多后减少或先减少后增多的变化趋势，进一步证明了蛋白质变化与储存时间具有密切联系。这些蛋白质可能是与冰鲜三文鱼品质密切相关的潜在蛋白质生物标志物。

（3）差异蛋白质生物信息学分析

通过基因本体（gene ontology，GO）注释分析可以对差异蛋白行使的主要生物学功能进行分类，对 3 个比较组的差异蛋白质进行 GO 注释（图 3-18）发现，3 组差异蛋白质主要参与的生物学过程（biological process）均为代谢过程（metabolic process）、细

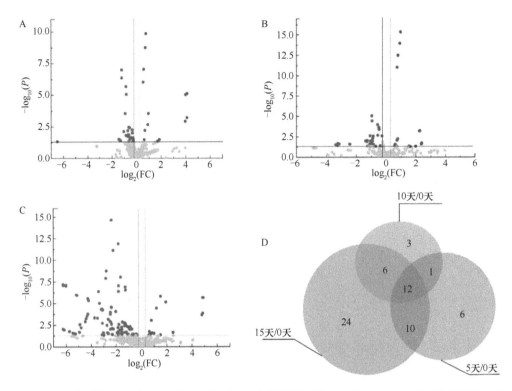

图 3-17 0℃条件下储存 5 天、10 天和 15 天后三文鱼差异蛋白质火山图（A，B，C）和韦恩图（D）
（彩图请扫封底二维码）

胞过程（cellular process）和单有机体过程（single-organism process）；在细胞组分（cellular component）分类中，主要参与细胞（cell）、细胞部分（cell part）、大分子复合物（macromolecular complex）及细胞器（organelle）组成。在分子功能（molecular function）方面，5 天/0 天比较组中的 29 个差异蛋白质主要具有催化活性（catalytic activity），然后依次为离子结合（ion binding）和 ATP/GTP 结合（ATP/GTP binding）；10 天/0 天比较组中的 22 个差异蛋白质前三大功能依次为催化活性（catalytic activity）、ATP/GTP 结合（ATP/GTP binding）和核苷酸结合（nucleotide binding）；15 天/0 天比较组的 52 个差异蛋白质中，主要参与离子结合（ion binding），其次 ATP/GTP 结合（ATP/GTP binding）、催化活性（catalytic activity）和核苷酸结合（nucleotide binding）也占较大比例。

利用 KEGG 数据库分析了不同蛋白质的代谢途径，发现 62 个差异蛋白质共参与了 56 个代谢途径。其中 5 天/0 天和 15 天/0 天比较组中的差异蛋白质主要富集在代谢途径（metabolic pathway）、糖酵解/糖异生途径（glycolysis/gluconeogenesis）、碳代谢（carbon metabolism）和氨基酸生物合成途径（biosynthesis of amino acid）；10 天/0 天比较组中的差异蛋白重点参与代谢途径（metabolic pathway）、糖酵解/糖异生途径（glycolysis/gluconeogenesis）、碳代谢（carbon metabolism）和紧密连接（tight junction）（表 3-14）。

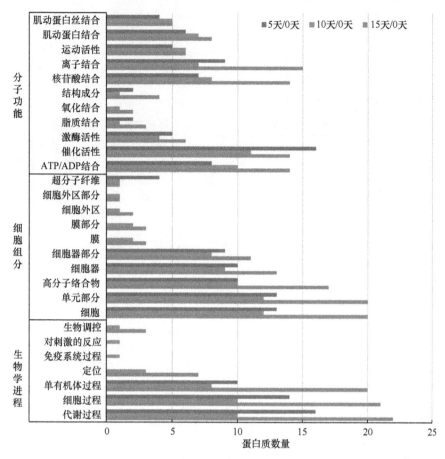

图 3-18　0℃条件下储存 5 天、10 天和 15 天后三文鱼差异蛋白质 GO 功能注释图
（彩图请扫封底二维码）

表 3-14　0℃条件下储存 5 天、10 天和 15 天后三文鱼差异蛋白质显著富集的 KEGG 通路

通路	参与的差异蛋白质数/个			通路编号
	5 天/0 天	10 天/0 天	15 天/0 天	
氨基酸生物合成（biosynthesis of amino acids）	6	3	4	sasa01230
碳代谢（carbon metabolism）	7	4	3	sasa01200
细胞的焦点粘连（focal adhesion）	/	/	3	sasa04510
果糖和甘露糖代谢（fructose and mannose metabolism）	3	/	4	sasa00051
糖酵解/糖异生（glycolysis / gluconeogenesis）	8	4	16	sasa00010
胰岛素信号途径（insulin signaling pathway）	/	/	3	sasa04910
代谢途径（metabolic pathways）	11	5	10	sasa01100
磷酸戊糖途径（pentose phosphate pathway）	3	/	4	sasa00030
嘌呤代谢（purine metabolism）	3	/	3	sasa00230
淀粉和蔗糖代谢（starch and sucrose metabolism）	/	/	11	sasa00500
紧密连接（tight junction）	/	4	8	sasa04530

注：“/”表示该比较组内的差异蛋白质未参与此代谢途径

（4）差异蛋白质与新鲜度相关性分析

对 3 个比较组的差异表达蛋白质进行了综合分析，共筛选出 28 个与三文鱼储存期间品质变化相关的蛋白质（表 3-15），分别与糖代谢、肌肉收缩、骨架蛋白、能量代谢及脂肪代谢和肽链延伸等功能相关。

表 3-15　0℃条件下储存 5 天、10 天和 15 天后三文鱼差异蛋白质信息

蛋白名称	蛋白质 ID	等电点 pI	差异倍数		
			5 天/0 天	10 天/0 天	15 天/0 天
糖代谢					
果糖二磷酸醛缩酶（fructose-bisphosphate aldolase）	A0A1S2WZE0	8.61	0.604	0.485	0.210
葡萄糖-6-磷酸异构酶（glucose-6-phosphate isomerase）	A0A1S3PV75	7.06	0.724	0.788	0.179
甘油醛-3-磷酸脱氢酶（glyceraldehyde-3-phosphate dehydrogenase）	B5DGR3	8.62	/	/	0.319
磷酸甘油酸激酶（phosphoglycerate kinase）	B5DFX8	8.31	/	0.789	0.099
磷酸甘油酸变位酶（phosphoglycerate mutase）	B5DGT9	8.95	0.786	/	0.515
磷酸丙糖异构酶（triosephosphate isomerase）	B5DGL3	0.675	0.675	/	0.669
α-1,4-葡聚糖磷酸化酶（alpha-1,4 -glucan phosphorylase）	B5DG55	6.72	0.568	/	0.336
肌肉收缩					
肌钙蛋白-T（fast myotomal muscle troponin-T-1）	B5DH00	9.66	/	/	0.327
肌球蛋白调节轻链（myosin regulatory light chain 2-2）	Q7ZZN0	4.69	/	/	0.111
肌球蛋白重链（myosin heavy chain，fast skeletal muscle-like）	A0A1S3M1A4	5.52	0.359	0.086	0.106
肌球蛋白轻多肽（myosin，light polypeptide 3-1）	B5DGT1	4.67	/	/	0.028
肌球蛋白轻链（myosin light chain 1-1）	B5DH12	4.66	/	/	0.022
肌球蛋白轻链亚型 3（myosin light chain 3，skeletal muscle isoform）	B5DGT2	4.35	/	/	0.116
肌球蛋白-6（myosin-6-like）	A0A1S3R4R2	5.01	0.360	0.181	0.201
LDB3 蛋白（Enigma LIM domain protein-like）	B5DGH1	6.66	/	/	0.448
LDB3 蛋白亚型（LIM domain-binding protein 3 isoform X1）	A0A1S3N253	7.55	/	0.832	0.345
骨架蛋白					
角蛋白（keratin，type II cytoskeletal 8-like）	A0A1S3LJL5	5.22	1.586	1.307	0.611
肌原调节蛋白（myozenin 1-like）	B5DFZ6	6.15	/	/	0.030
肌联蛋白亚型（titin-like isoform X13）	A0A1S3PNJ9	6.18	0.715	/	0.742
能量代谢					
ATP 合酶 α 亚基（ATP synthase subunit alpha）	A0A1S3NPS0	9.06	/	/	0.533
ATP 合酶 β 亚基片段（ATP synthase subunit beta Fragment）	B5RI36	4.87	/	/	0.520
ADP/ATP 转位酶（ADP/ATP translocase）	B5DGZ1	9.79	/	0.464	0.559
线粒体型肌酸激酶（creatine kinase，mitochondrial 2）	B5DFT9	7.59	0.633	0.442	0.508
腺苷酸激酶同工酶（adenylate kinase isoenzyme）	B5DGM6	8.36	/	/	0.516
AMP 转氨酶（AMP deaminase）	B5DFU7	6.53	1.248	/	/
脂肪代谢					
载脂蛋白 A-I（Λpolipoprotein A-I precursor）	B5XBH3	5.17	/	/	0.790
肽链延长与分解					
泛素（ubiquitin）	C0H7C3	9.87	/	/	0.195
真核细胞延长因子（eEF1A2 binding protein-like）	B5RI29	5.76	0.386	0.447	0.037

注："/"表示该蛋白质在此比较组内没有显著性变化

3.5.5 小结

本实验采用 iTRAQ 技术对 0℃条件下储存不同时间的三文鱼新鲜度进行了研究,筛选出 28 个可能与三文鱼储存期间品质变化相关的差异蛋白质,可作为研究三文鱼新鲜度变化的潜在差异蛋白质。

3.6 基于鸟枪蛋白质组学技术的芝麻过敏原蛋白质检测研究

芝麻是常见的食物过敏原之一,目前成功被鉴定出 7 种过敏原 Ses i 1~Ses i 7,近年来引起各国广泛关注。因此,准确、可靠的芝麻过敏原检测方法显得尤为重要。本节将基于 MS 技术结合蛋白质组学的方法建立针对不同的基质和加工方式食品中"隐藏的"痕量芝麻主要过敏原蛋白质的检测方法。

3.6.1 材料来源

选择国内外 13 种非转基因商品芝麻品种(ZZ13、ZZ20、ZZ34、ZFZ1、WB78、PJ08、KS1、KS2、US1、US2、CD1、CD2、GE1),详细信息如表 3-16 所示,由中国农业科学院油料作物研究所提供。阴性对照样品:杏仁、大豆、开心果、杏子、澳洲坚果、腰果、葵花籽、松子、核桃、山核桃、燕麦、玉米、小麦、大米和花生,购自中国北京华联超市。

表 3-16 芝麻品种信息

样品编号	品种	来源	颜色
ZZ13	Zhongzhi 13	中国	白
ZZ20	Zhongzhi 20	中国	白
ZZ34	Zhongzhi 34	中国	白
ZFZ1	Zhongfengzhi 1	中国	白
WB78	WB78	中国	白
PJ08	PJ08	中国	白
KS1	Suwon 117	韩国	白
KS2	Daeduk	韩国	黑
US1	u.C.R/82NO205shat	美国	白
US2	u.C.R/82NOINS	美国	白
CD1	White youma	中国	白
CD2	Black youma	中国	黑
GE1	ALNATURA	德国	白

3.6.2 主要设备

液相色谱系统(LC-20A,日本 Shimadzu 公司;Eksigent NanoLC-Ultra 2D plus,美

国 AB Sciex 公司），质谱系统（TripleTOF5600，Q-Trap 5500，美国 AB Sciex 公司），蛋白质凝胶成像系统成像（Verso-Doc MP 4000，美国 Bio-rad 公司）。

3.6.3 实验方法

（1）蛋白质提取

芝麻样品及阴性对照样品用液氮冷冻后组织粉碎后，以 1∶5（m/V）的比例在预冷丙酮中充分混匀，4℃环境中磁力搅拌 30min。抽滤搅拌后的混合物，将粉末转移至干净滤纸上，通风橱中分散并自然风干去除残留溶剂。重复 3 次，得到脱脂芝麻粉及脱脂阴性对照样品。脱脂后的样品粉末研磨机中研磨 30s，在−80℃下保存备用。

称取 1g 研磨后的样品粉末至合适大小离心管中，向样品粉末加入 10 体积（1mL/g）酚抽提液混合。等体积加入饱和酚溶液，4℃条件下多次摇晃混合，5000g 离心 30min，收集酚界面及上层部分。预冷 0.1mol/L 乙酸铵-甲醇溶液，加入 5 倍体积的该溶液，−20℃沉淀 2h。12 000g 离心 10min，收集沉淀。预冷甲醇，加入 5 倍体积用于清洗，轻轻混匀。12 000g 离心 10min，收集沉淀。以丙酮代替甲醇重复清洗、离心两遍，充分去除甲醇。12 000g 离心 10min，收集沉淀，真空干燥。将干燥后的粉末溶解于 10mL7mol/L尿素+2mol/L 硫脲缓冲液中，30℃恒温水浴溶解 1h，充分溶解蛋白质。将溶液在室温下12 000g 离心 15min，取上清，重复一次，充分去除杂质。所有离心均在 4℃条件下进行。采用 Bradford 法测定蛋白质浓度。

（2）Bradford 法测定蛋白浓度

将 0.01g BSA 溶于 0.15mol/L NaCl 溶液中，定容至 10mL，室温下充分混合溶解1h，10 000rpm 离心 30s，取上清液，配制成为浓度为 1mg/mL 的 BSA 标准母液。将母液用 1×PBS 缓冲液梯度稀释得到 1.0mg/mL，0.8mg/mL，0.6mg/mL，0.4mg/mL，0.2mg/mL，0.1mg/mL 的 BSA 溶液，如表 3-17 所示。称取 0.05g G250 于烧杯中，加入 25mL 95%乙醇，磁子搅拌 10min，加入 50mL 85%的磷酸溶液，去离子水定容至 500mL，配好后用 Whatman 1 号滤纸过滤得到 Bradford 工作液。取适度稀释的蛋白提取液及标准品溶液30μL，分别加入 1mL Bradford 工作液中，轻轻颠倒混匀，静止 5min。将反应好的溶液取 300μL 加入到 96 孔板中的样品孔中，三次平行。酶标仪测定 A_{595nm} 吸光度，根据标准曲线计算出样品的蛋白浓度。

表 3-17 BSA 标准溶液配制

溶液	BSA 浓度/（mg/mL）						
	1.0	0.8	0.6	0.4	0.2	0.1	0
BSA 体积/μL	100	80	60	40	20	10	0
PBS 体积/μL	0	20	40	60	80	90	100

（3）SDS-PAGE 分析

采用 SDS-PAGE 分析实验方法（1）中各种提取方式的提取效果。具体操作步骤为配胶、上样、电泳、染色、成像。其中配胶按照表 3-18 的配方配制。

表 3-18   SDS-PAGE 配方

各组分名称	各组分取样量/mL	
	分离胶（12%）	浓缩胶（5%）
水	4.9	4.1
30%丙烯酰胺溶液	3.8	1.0
Tris-HCl 缓冲液	6.0	0.75
10%SDS	0.15	0.06
10%过硫酸铵	0.15	0.06
TEMED	0.06	0.006

（4）酶切处理

蛋白质还原烷基化：根据实验方法（2）中测定的蛋白质浓度，取 200μg 蛋白质于棕色离心管中，补足体积至 30μL，加入 10mmol/L 二硫苏糖醇（DTT）120μL，经 37℃水浴中还原 1h；加入 50mmol/L 的碘乙酰胺（IAA）室温避光，烷基化处理 15min。将反应液全部转移至超滤膜上。12 000g 离心 20min。加入缓冲液（8mol/L 尿素，0.1mol/LTris-HCl，pH8.0）100μL，离心 10min。加入 50mmol/L ABC 溶液 100μL，12 000g 离心 10min，并重复 2 次。弃掉收集管中的废液，并加入去离子水清洗 3 次。胰酶酶切并收集酶切肽段，加入 100μL 液相流动相 A（2%乙腈-98%水-0.1%甲酸）复溶肽段。

（5）高分辨质谱分析

将"酶切处理"中得到的净化酶切肽段进行高分辨质谱分析，参数设定如下：

液相条件：采用 Eksigent NanoLC-Ultra 2D plus + cHiPLC nanoflex 液相色谱系统；上样条件：流速 2μL/min，10min。肽段分离色谱条件，色谱柱：（75μm×15cm，C18，3μm120Å，ChromXP；Eksigent Technologies），流速 300nL/min，柱温 40℃，洗脱条件如表 3-19 所示。

质谱条件：TripleTOF®5600 系统，离子源：Nanospray III 源。ESI⁺正离子模式；喷雾电压（ion spray voltage）：2500V；雾化气（GAS1）：6psi；气帘气（curtain gas）：30psi；温度：150℃；质谱扫描模式：信息依赖型采集工作模式（information dependent acquisition，IDA）；TOF MS 模式：350～1500m/z，250ms；IDA TOF MS/MS 模式：100～1500m/z，30MS/MS，100ms，信息依赖采集阈值：120cps，母离子电荷选择范围为+2～+5；动态排除时间：20s；循环时间：2.0s。滚动碰撞能量：启用；运行时间：60min。

（6）过敏原蛋白质搜库鉴定

在 Uniprot 库中现在芝麻蛋白质数据库，搜索词为 Sesamum indicum。将高分辨质谱分析中得到的质谱数据导入 Proteinpilotv.5.0 软件，对质谱结果进行搜库鉴定。

表 3-19　酶切肽段纳升液相色谱洗脱条件

洗脱时间/min	流动相 A （2% ACN-98%水-0.1%甲酸）	流动相 B （98% ACN-2%水-0.1%甲酸）
0	95	5
0.1	91	9
30	75	25
40	65	35
45	20	80
50	20	80
51	95	5
60	95	5

（7）特征肽段筛选

从中选取响应高、打分>20、氨基酸个数 10～20、m/z<1250、可信度>95%（unused1.3）、无漏切位点、无可变修饰的肽段作为预选特征肽段。将预选的特征肽段进行 BLAST 比对，参数设置：Target database：UniProtKB plus Swiss-Prot；matrix：PAM 30，选择数据库中特异的肽段。使用 ProtParam（一种基于 web 的工具，用于计算蛋白质或肽的物理和化学参数，http://web.expasy.org/protparam/）计算肽的属性。

（8）肽段 LC-MS/MS-MRM 方法构建

构建 MRM 方法将特征肽段筛选中鉴定到的芝麻过敏原（Ses i 1～Ses i 7）预选特征肽段序列导入 Skyline（v. 2.5，https://skyline.ms）软件，结合高分辨质谱的过敏原蛋白质的二级质谱信息，构建肽段 MRM 方法的母子离子对及碰撞能量。每个肽段筛选出二级碎片（y 或者 b 离子）强度前 6 个的母子离子对。

液相条件 LC-20A 岛津 Prominence 液相系统；色谱柱：Waters XBridge peptide BEH（C18，3.5μm，4.6mm×150mm，300Å）；流速：400μL/min，柱温 40℃，洗脱条件如表 3-20 所示。

表 3-20　酶切肽段反向高效液相色谱洗脱条件

洗脱时间/min	流动相 A （2% ACN-98%水-0.1%甲酸）	流动相 B （98% ACN-2%水-0.1%甲酸）
0.1	98	2
0.5	92	8
25	78	22
31	65	35
33	20	80
36	20	80
36.5	98	2
39.9	98	2

质谱条件 QTRAP 5500 LC-MS/MS 系统（AB SCIEX）；ESI⁺正离子模式；碰撞气 CAD：Medium；喷雾电压：5500V；源温度：600℃；气帘气：20psi；雾化气 GAS1：60psi；辅助气 GAS2：50psi；扫描方式：多离子反应监测（MRM）；MRM 离子对参数详见后文表 3-22 所示。

（9）特异性与稳定性验证

1）阴性样品验证

选择扁桃仁、大豆、开心果、杏仁、夏威夷果、腰果、葵花籽、松子、核桃、碧根果、燕麦、玉米、小麦、大米、花生为阴性样品，表 3-16 中收集到的 13 种样品作为阳性样品，按照蛋白质提取中优化后的提取方法进行蛋白质提取、酶切及净化处理后，采用 QTRAP 5500 LC-MS/MS 系统的 MRM-scheduled 方法进行，按照 b 和 c 中的参数设置进行质谱分析。

2）稳定性验证

通过服务器（http://www.cbs.dtu.dk/services/NetNGlyc）NetNGlyc 1.0 预测糖基化位点，避免该类位点从而消除糖基化对胰蛋白酶消化的潜在影响。将芝麻种子在 120℃或 180℃下干燥焙烤 5min、10min、20min，冷却后按上述步骤提取、酶切，MRM-scheduled 方法质谱分析筛选肽段的响应。

（10）灵敏度测定

本实验选择原料为无芝麻的曲奇饼干作为基质，模拟焙烤食品，按照比例添加脱脂芝麻粉，设置比例范围为 1：0.1%、0.2%、0.4%、0.6%、0.8%、1%；2：0.01%、0.02%、0.04%、0.06%、0.08%、0.1%；3：0.01%、0.001%、0.0001%（质量比），按照上述的前处理方式处理样品。根据肽段"LC-MS/MS-MRM 方法构建"的检测方法分析酶切肽段样品，统计分析芝麻各个过敏原蛋白的特征肽段的信号响应。降低芝麻的比例范围，根据检测限（LOD）采用离子流提取峰信噪比值 3 进行评估。

（11）数据统计和分析

实验测定都包括 3 次技术重复，所得数据使用 IBM SPSS Statistics 19.0 软件进行统计分析，结果以平均值±标准差的形式表示。方差分析（ANOVA）中 $P<0.05$ 表示有显著性差异。

3.6.4 结果与分析

（1）前处理优化结果

实验采用了 4 种蛋白质组学中常用的植物蛋白质的提取缓冲液，通过 SDS-PAGE 分析它们的提取效果，采用 Bradford 法测定蛋白质浓度，分析蛋白质提取效率。通过提取蛋白质酶切后的肽段总离子流图分析不同方法提取蛋白质的酶切效果。

SDS-PAGE 分析中，在上样浓度相同的情况下，方法 A、B、C 所提蛋白质条带全面、清晰，相比而言，方法 D 条带较少，结果如图 3-19 所示。根据 Bradford 法蛋白质浓度测定结果显示，提取方法 B 的提取效率最高（82.94mg/mL），与其他 3 种方法存在显著性差异。因此，选择缓冲液 7mol/L 尿素+2mol/L 硫脲+4% CHAPS 作为最终的蛋白质提取溶液。

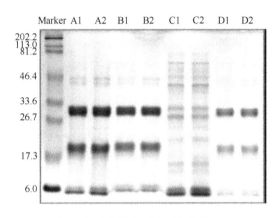

图 3-19 不同提取方法的芝麻蛋白质粗提物 SDS-PAGE 分析

A. 7mol/L 尿素+2mol/L 硫脲；B. 7mol/L 尿素+2mol/L 硫脲+4%CHAPS；
C. 50mmol/L NH_4HCO_3，pH=8.0；D. 酚抽提法；1. 白芝麻；2. 黑芝麻

（2）搜库鉴定结果

采用 Proteinpilot 软件进行搜库，根据 Accession number 从中找出芝麻过敏原蛋白质 Ses i 1～7，软件鉴定中可得到各个肽段的二级质谱峰，可以用于接下来质谱 MRM 方法中母子离对的构建。

（3）特征肽段预选结果

选择质谱鉴定结果中筛选响应高、打分>20、氨基酸个数 10～20、m/z<1250、可信度>95%、无漏切位点、无可变修饰的肽段作为预选特征肽段。结果如表 3-21 所示，共计 18 条肽段，其中 Ses i 6 和 Ses i 7 蛋白质氨基酸序列较长，可选择的特征肽段较多，约为 5 条，而 Ses i 1、Ses i 2 和 Ses i 5 蛋白质的氨基酸序列较短，酶切位点较少，各筛选出 1 条符合条件的肽段。

通过 NetNGlyc 1.0 服务器预测过敏原蛋白的 N-糖基化位点，结果表明，只有 Ses i 3（Q9AUD0）有两个预测到的 N-糖基化位点，这两个位点都不在所选的特征肽中，从而减少了肽段自然条件下发生翻译后修饰的可能性。过敏原 Ses i 2 共 148 个氨基酸，其中只有 5 条肽段被鉴定到，其中 3 个因为序列短（少于 6 个氨基酸）缺乏特异性而被排除。另外 1 条序列响应较低，序列较长（24 个氨基酸），由于合成成本高，且离子电流容易在较多的多电荷离子上分布，因此排除此肽段作特征肽段。MCGMSYPTECR（氨基酸编号 132-142，图 3-20）酶切产生 MC[CAM]GMSYPTEC[CAM]R，游离半胱氨酸巯基被 IAA 氨基甲酰化。CAM 是对半胱氨酸的固定修饰，修饰能力强大，在适当的条件下与半胱氨酸发生特异性且完全的反应。因此，选择 MC[CAM]GMSYPTEC[CAM]R 作为 Ses i 2 的特征肽段。

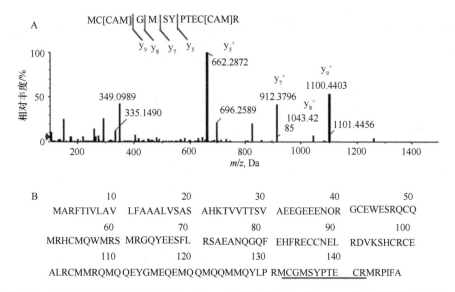

图 3-20　MC[CAM]GMSYPTEC[CAM]R 二级质谱图（A）及 Ses i 1 的氨基酸序列（B）

（4）LC-MS/MS-MRM 方法构建

高分辨质谱鉴定结果中提供了肽段的一级和碎片离子信息，根据二级质谱图中碎片离子的响应，筛选出响应较高的 6 对母子离子对，并根据离子响应进行排序，结果如表 3-21 所示的 Q1 和 Q3，其中 CE 值借助软件 Skyline 进行初步设置，初步构建 LC-MS/MS-MRM 方法。

（5）特异性验证结果

将初步筛选到的肽段，在收集到的 13 个不同阳性品种之间进行验证。按照所建立的 LC-MS/MS-MRM 方法分析结果表明，尽管筛选肽段在不同芝麻品种中含量不同，但在不同芝麻品种中均存在（图 3-21）。

（6）稳定性验证

用于过敏原检测的肽段需要是在加工后稳定存在的，因为食品的热处理往往引起精氨酸 R 和亮氨酸 L 残基的糖基化或蛋白质的变性，美拉德反应产生的肽段聚集，导致酶切肽段的质量转移，引起检测的假阴性结果。我们分析了 120℃ 或 180℃ 下干燥焙烤 5min、10min、20min 后的肽段稳定性。大部分肽段在烘烤之后含量变化较小，Ses i 4-ATGQGPLEYAK、Ses i 5-APHLQLPR、Ses i 7- AMPEEVVMQVSR 等在经过 180℃烘焙之后，肽段有明显减少。剩余的其他肽段，如 Ses i 1- QQQQEGGYQEGQQQVYQR 的含量在焙烤前后含量并未减少，热稳定性较好。

（7）LC-MS/MS-MRM-scheduled 芝麻过敏原蛋白质定性检测方法建立

根据初步筛选的特征肽段的响应强度、特异性及稳定性的考察结果，针对每个蛋白质选择 1~3 个肽段作为特征肽段，可保证更好的蛋白质覆盖率。对于 Ses i 1、Ses i 2

表 3-21　芝麻过敏原蛋白质肽段及 MRM 离子对

ID	肽段序列	Q1	Q3	CE	RT/min	响应排名
1-Ses i 6-11S	AFYLAGGVPR	525.790	556.320	28.2	25.0	1
		525.790	485.283	20.2	25.0	2
		525.790	669.404	28.2	25.0	3
		525.790	832.468	24.2	25.0	4
		525.790	428.262	20.2	25.0	5
		350.863	485.283	13.9	25.0	6
2-Ses i 6-11S	IQSEGGTTELWDER	810.879	242.150	37.8	20.9	1
		810.879	605.268	37.8	20.9	2
		810.879	718.352	40.0	20.9	3
		810.879	1163.533	39.8	20.9	4
		810.879	948.442	40.0	20.9	5
		810.879	1106.511	40.0	20.9	6
3-Ses i 6-11S	SPLAGYTSVIR	582.325	795.436	30.1	24.0	1
		582.325	866.473	30.1	24.0	2
		582.325	738.414	30.1	24.0	3
		582.325	979.557	30.1	24.0	4
		388.552	474.303	19.0	24.0	5
		388.552	575.351	19.0	24.0	6
4-Ses i 6-11S	QTFHNIFR	523.264	549.314	32.1	27.1	1
		523.264	322.187	32.1	27.1	2
		523.264	686.373	32.1	27.1	3
		523.264	469.219	32.1	27.1	4
		523.264	435.271	32.1	27.1	5
		523.264	833.442	32.1	27.1	6
5-Ses i 6-11S	ISGAQPSLR	464.764	728.405	22.1	9.5	1
		464.764	815.437	26.1	9.5	2
		464.764	472.288	26.1	9.5	3
		464.764	600.346	22.1	9.5	4
		464.764	671.383	26.1	9.5	5
		310.179	472.288	12.7	9.5	6
6-Ses i 7-11S	FESEAGLTEFWDR	793.860	853.384	35.3	32.5	1
		793.860	1023.489	37.3	32.5	2
		793.860	623.294	37.3	32.5	3
		793.860	1094.527	40.0	32.5	4
		793.860	966.468	37.3	32.5	5
		793.860	1223.569	37.3	32.5	6
7-Ses i 7-11S	AMPEEVVMTAYQVSR	855.913	754.874	31.4	30.9	1
		855.913	955.467	40.0	30.9	2

ID	肽段序列	Q1	Q3	CE	RT/min	响应排名
7-Ses i 7-11S	AMPEEVVMTAYQVSR	570.945	652.341	22.4	30.9	3
		855.913	1054.535	40.0	30.9	4
		570.945	723.378	26.4	30.9	5
		855.913	1153.603	40.0	30.9	6
8-Ses i 7-11S	ASQDEGLEWISFK	755.365	809.419	34.0	32.8	1
		755.365	979.525	34.0	32.8	2
		755.365	1108.567	34.0	32.8	3
		503.912	680.377	20.4	32.8	4
		755.365	922.503	34.0	32.8	5
		503.912	809.419	18.4	32.8	6
9-Ses i 7-11S	EGQLIIVPQNYVVAK	835.977	918.504	34.7	30.9	1
		835.977	1017.573	34.7	30.9	2
		557.654	459.756	20.0	30.9	3
		835.977	1243.741	38.7	30.9	4
		557.654	918.504	22.0	30.9	5
		557.654	693.393	26.0	30.9	6
10-Ses i 7-11S	FQVVGHTGR	500.770	725.405	27.3	9.5	1
		500.770	626.337	27.3	9.5	2
		334.182	527.268	19.4	9.5	3
		500.770	527.268	29.3	9.5	4
		334.182	470.247	23.4	9.5	5
		500.770	853.464	31.3	9.5	6
11-Ses i 5-Ole	APHLQLQPR	530.307	641.373	32.3	13.4	1
		530.307	754.457	32.3	13.4	2
		530.307	494.788	28.3	13.4	3
		530.307	891.516	28.3	13.4	4
		353.873	641.373	24.0	13.4	5
		530.307	988.569	32.3	13.4	6
12-Ses i 4-Ole	GVQEGTLYVGEK	640.330	333.177	38.1	15.4	1
		640.330	866.462	30.1	15.4	2
		640.330	708.393	30.1	15.4	3
		640.330	809.440	26.1	15.4	4
		640.330	1123.563	26.1	15.4	5
		427.222	432.245	18.1	15.4	6
13-Ses i 5-Ole	ATGQGPLEYAK	567.793	777.414	27.6	13.9	1
		567.793	720.393	27.6	13.9	2
		567.793	962.494	23.6	13.9	3
		567.793	360.700	33.6	13.9	4

续表

ID	肽段序列	Q1	Q3	CE	RT/min	响应排名
13-Ses i 5-Ole	ATGQGPLEYAK	567.793	623.340	33.6	13.9	5
		567.793	905.473	23.6	13.9	6
14-Ses i 3-7S	IPYVFEDQHFITGFR	623.649	740.409	33.9	33.0	1
		623.649	593.341	33.9	33.0	2
		623.649	480.257	33.9	33.0	3
		623.649	877.468	33.9	33.0	4
		623.649	1005.526	33.9	33.0	5
		623.649	1120.553	31.9	33.0	6
15-Ses i 3-7S	SFSDEILEAAFNTR	800.386	679.352	29.5	34.2	1
		800.386	808.395	37.5	34.2	2
		800.386	921.479	40.0	34.2	3
		533.926	679.352	25.3	34.2	4
		800.386	1034.563	40.0	34.2	5
		800.386	1163.606	40.0	34.2	6
16-Ses i 3-7S	INAGTTAYLINR	653.859	678.393	32.5	20.7	1
		653.859	850.478	32.5	20.7	2
		653.859	749.430	36.5	20.7	3
		653.859	1079.584	32.5	20.7	4
		653.859	1008.547	32.5	20.7	5
		653.859	951.526	36.5	20.7	6
17-Ses i 1-2S	QQQQEGGYQEGQSQQVYQR	757.012	908.458	35.8	7.6	1
		757.012	821.426	35.8	7.6	2
		757.012	1093.538	35.8	7.6	3
		757.012	814.377	25.8	7.6	4
		757.012	1222.581	35.8	7.6	5
		757.012	1036.517	35.8	7.6	6
18-Ses i 2-2S	MC[CAM]GMSYPTEC[CAM]R	696.264	662.293	34.0	14.0	1
		696.264	912.388	34.0	14.0	2
		696.264	1100.450	34.0	14.0	3
		464.512	331.650	17.2	14.0	4
		696.264	1043.428	34.0	14.0	5
		464.512	662.293	21.2	14.0	6

注：RT. retention time，保留时间；CE. collision energy，碰撞能量

和 Ses i 5，由于蛋白质序列较短，只筛选到了 1 条特征肽段。如表 3-22 所示，7 个过敏原蛋白质共计 12 条肽段。根据响应高低，筛选 3 对最强的母子离子对作为特征离子对，选出最佳的 CE 值，优化的最终条件如表 3-22 所示。过敏原特征肽段的总离子流图如图 3-22 所示。

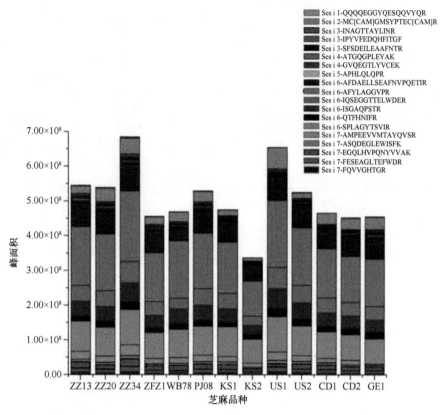

图 3-21　不同阳性样品主要过敏原蛋白质特异酶切肽段分布（彩图请扫封底二维码）

表 3-22　芝麻过敏原的特征肽利用优化的 LC 和 MS/MS 参数获得

过敏原蛋白质	蛋白质编号	肽段序列	*m/z* 母离子	*m/z* 子离子	CE	保留时间/min
Ses i 1	2S albumin Q9AUD1	QQQQEGGYQEGQSQQVYQR	757.012	908.458/821.426/1093.538	35.8/35.8/35.8	7.6
Ses i 2	2S albumin Q9XHP1	MC[CAM]GMSYPTEC[CAM]R	696.264	662.293/912.388/1100.450	34.0/34.0/34.0	14.0
Ses i 3	7S vicilin-like globulin Q9AUD0	IPYVFEDQHFITGFR	623.649	740.409/593.341/480.257	33.9/33.9/33.9	33.0
		SFSDEILEAAFNTR	800.386	679.352/808.395/921.479	29.5/37.5/41.5	34.2
Ses i 4	Oleosin Q9FUJ9	GVQEGTLYVGEK	640.330	333.177/866.462/708.393	38.1/30.1/30.1	15.4
		ATGQGPLEYAK	567.793	777.414/720.393/962.494	27.6/27.6/23.6	13.9
Ses i 5	Oleosin Q9XHP2	APHLQLQPR	530.307	641.373/754.457/494.788	32.3/32.3/28.3	13.4
Ses i 6	11S globulin Q9XHP0	AFYLAGGVPR	525.790	556.320/485.283/669.404	28.2/20.2/28.2	25.0
		IQSEGGTTELWDER	810.879	242.150/605.268/718.352	37.8/37.8/41.8	20.9
		ISGAQPSLR	464.764	728.405/815.437/472.288	22.1/26.1/26.1	9.5
Ses i 7	11S globulin Q9AUD2	FESEAGLTEFWDR	793.860	853.384/1023.489/623.294	35.3/37.3/37.3	32.5
		EGQLIIVPQNYVVAK	835.977	918.504/1017.573/1243.741	34.7/34.7/38.7	30.9

注：CE. collision energy，碰撞能量

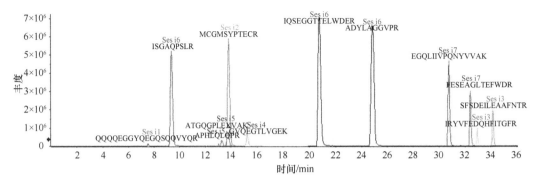

图 3-22　采用 LC-MS/MS MRM scheduled 分析芝麻过敏原特征肽的离子流图（彩图请扫封底二维码）

（8）灵敏度

检测限（LOD）确定为信号：噪声（S/N）=3∶1 时的浓度，LOD 约为 10ppm（芝麻/基质）。肽段的 LOD（7 芝麻过敏原 AQUA 肽）为 0.1～140.0fmol/μL 可换算为蛋白质水平的检测灵敏是为 ppb 级别，如表 3-23 所示。

表 3-23　标准曲线验证方法灵敏度验证

AQUA 肽	线性方程	R^2	LOQ /（fmol/μL）	LOD /（fmol/μL）
Ses i 1-QQQQEGGYQEGQSQQVYQR	$y = 0.036\,42+0.014\,35x$	0.996 42	0.4	0.1
Ses i 2-MC（CAM）GMSYPTEC（CAM）R	$y = -0.332\,42+0.014\,84x$	0.998 68	40.0	15.0
Ses i 3-SFSDEILEAAFNTR	$y = -5.070\,95+0.021\,03x$	0.997 46	400.0	140.0
Ses i 4-GVQEGTLYVGEK	$y = -0.038\,58+0.013\,49x$	0.999 75	0.4	0.1
Ses i 5-APHLQLQPR	$y = -0.012\,69+0.01\,05x$	0.998 30	4.0	1.0
Ses i 6-AFYLAGGVPR	$y = -0.006\,32+0.011\,62x$	0.999 55	0.4	0.1
Ses i 7-EGQLIIVPQNYVVAK	$y = -0.603\,64+0.019\,78x$	0.997 60	4.0	1.0

注：AQUA. 绝对定量；LOQ. 定量限；LOD. 检测限

（9）实际样品检测

表 3-24 的数据显示了在当地市场购买的几种可能含有芝麻的产品（火锅蘸酱、辣酱、饼干、蛋糕、糖果）中芝麻过敏原蛋白质的含量。虽然芝麻产品种类较多，但多为烘焙后进行添加或者再加工，烘焙为芝麻常见的加工方式。本研究可以检测经热处理的芝麻产品中的过敏蛋白质，所选的特征肽具有热稳定性。但由于添加（或污染）的芝麻品种不同，不同产品中 Ses i 1～7 的比例也不同。

3.6.5　小结

利用靶向蛋白质组学结合 LC-MS/MS-MRM 技术，挖掘了 7 种过敏原蛋白质中的 12 条稳定的特征肽段，建立了芝麻过敏原蛋白质多重的定性定量检测方法。

表 3-24 不同芝麻制品中芝麻过敏原的含量

过敏原	含量/（nmol/g 基质重量）				
	火锅蘸料	牛肉辣椒酱	饼干	蛋糕	糖果
Ses i 1	28.7 ± 0.9	20.9 ± 0.6	7.8 ± 0.2	5.2 ± 0.2	14.2 ± 0.4
Ses i 2	3284.0 ± 46.0	2644.0 ± 37.0	921.2 ± 12.9	542.8 ± 7.6	1673.2 ± 23.4
Ses i 3	1034.0 ± 22.7	829.0 ± 18.2	308.7 ± 6.8	195.3 ± 4.3	560.7 ± 12.3
Ses i 4	586.0 ± 11.1	402.0 ± 7.6	156.8 ± 3.0	79.2 ± 1.5	284.8 ± 5.4
Ses i 5	146.8 ± 4.3	97.8 ± 3.8	37.2 ± 1.5	25.6 ± 1.0	67.6 ± 2.6
Ses i 6	9913.6 ± 3271.5	7720.6 ± 2547.8	2916.5 ± 962.4	1800.1 ± 594.0	5280.3 ± 1742.5
Ses i 7	4202.8 ± 96.7	3160.8 ± 72.7	1168.5 ± 26.9	768.3 ± 17.7	2186.9 ± 50.3

注：数据以平均值表示，相对标准差小于 5%（$n=6$）

3.7 基于鸟枪蛋白质组学技术的大豆过敏原蛋白质检测研究

大豆是八大食物致敏原之一，世界范围内约有 0.4% 的儿童罹患大豆过敏症，成年人中大豆过敏的患病率为 0.3%～0.4%，因此，为督促食品生产者自觉遵守致敏原标识相关法规，帮助消费者判断标签标识的真实性，研发高灵敏度、快速准确的食物致敏原检测方法至关重要。本节采用基于 LC-MS 的蛋白质组学技术对大豆中致敏原性最强且含量最高的两类致敏原蛋白质，即大豆球蛋白和 β-伴大豆球蛋白进行准确定性和精确定量分析。

3.7.1 材料来源

24 份产地来源及名称已知的大豆种质样品（表 3-25），所有样品均由中国农业科学院作物科学研究所国家大豆种质资源库提供；15 个产地或生产方式不明的食品原料样

表 3-25 实验中的已知来源的大豆样品

序号	统一编号	品系	来源地	序号	统一编号	品系	来源地
1	ZDD00076	绥农 1 号	黑龙江绥化地区	13	ZDD02159	大黑豆	山西代县
2	ZDD00294	青豆	黑龙江阿城	14	ZDD02400	夏黑豆	陕西
3	ZDD00603	长春满仓金	吉林长春	15	ZDD08124	焉耆黄豆	新疆焉耆
4	ZDD00638	薄地高	吉林九站	16	ZDD08125	昌吉黄豆 1	新疆昌吉
5	ZDD04429	泰兴黑豆	江苏泰兴	17	ZDD06067	粗豆	浙江平湖
6	ZDD05494	洪湖六月爆	湖北洪湖	18	ZDD06461	上饶八月白	江西上饶
7	ZDD06378	同安紫红豆	福建同安	19	ZDD06803	大乌豆	广西合浦
8	ZDD02921	青 6 号	山东益都	20	ZDD06438	沙县乌豆	福建沙县
9	ZDD03153	泌阳小籽黄	河南泌阳	21	ZDD06501	瑞金青皮豆	江西瑞金
10	ZDD17647	西藏大豆 12	西藏墨脱	22	WDD00467	peking	美国
11	ZDD24630	中黄 28	北京	23	WDD01945	hobbit 87	美国
12	ZDD24601	蒙豆 14	内蒙古呼伦贝尔	24	WDD01579	Jack	美国

品，包括荞麦、燕麦、小麦、大麦、大米、玉米、花生、巴旦木、芝麻、葵花籽、核桃、腰果、开心果、杏仁和松子，购自北京华联超市（中国）；人工合成定量肽段（AQUA肽）、稳定同位素标记肽（SIIS 肽）和翼肽（表 3-26），购自安徽省国平药业有限公司（中国）。

表 3-26　实验中的人工合成肽段样品信息

序号	肽段属性	肽段序列	序号	肽段属性	肽段序列
1	AQUA 肽	NPFLFGSNR	13	SIIS 肽	NLQGENEEEDSGAIVTVK*
2	AQUA 肽	SQSESYFVDAQPQQK	14	SIIS 肽	FYLAGNQEQEFLQYQPQK*
3	AQUA 肽	NPIYSNNFGK	15	SIIS 肽	YEGNWGPLVNPESQQGSPR*
4	AQUA 肽	NLQGENEGEDK	16	SIIS 肽	HFLAQSFNTNEDTAEK*
5	AQUA 肽	NLQGENEEEDSGAIVTVK	17	翼肽	RRHKNKNPFLFGSNRFETLFK
6	AQUA 肽	FYLAGNQEQEFLQYQPQK	18	翼肽	IENLIKSQSESYFVDAQPQQKEEGNKG
7	AQUA 肽	YEGNWGPLVNPESQQGSPR	19	翼肽	FNLRSRNPIYSNNFGKFFEITP
8	AQUA 肽	HFLAQSFNTNEDTAEK	20	翼肽	DKQIAKNLQGENEGEDKGAIVTV
9	SIIS 肽	NPFLFGSNR*	21	翼肽	NMQIVRNLQGENEEEDSGAIVTVKGGLRVT
10	SIIS 肽	SQSESYFVDAQPQQK*	22	翼肽	DQMPRRFYLAGNQEQEFLQYQPQKQQGGTQ
11	SIIS 肽	NPIYSNNFGK*	23	翼肽	QVSELKYEGNWGPLVNPESQQGSPRVKVA
12	SIIS 肽	NLQGENEGEDK*	24	翼肽	LSGFSKHFLAQSFNTNEDTAEKLRSPDD

*代表该肽段为稳定同位素标记的内标肽，*处的氨基酸残基为同位素标记位点，所有肽段纯度均>98%

3.7.2　主要设备

多功能酶标仪，三重四极杆串联质谱仪、高分辨质谱仪，垂直板电泳仪，凝胶成像分析系统，电子分析天平，超声波清洗器，脱色摇床。

3.7.3　实验方法

（1）大豆水溶性蛋白质组提取方法的优化

用天平准确称取 1g 过筛大豆粉末置于 50mL 超滤离心管中，编号，以 1g∶10mL的料液比加入提取液（分别为 a：H₂O，pH 9.0；b：0.03mol/L Tris-HCl，pH 9.0；c：0.1mol/L NH₄HCO₃，pH 9.0），用 1mol/L NaOH 溶液调节混合液 pH 至 10.0，充分溶解后置于摇床中，50℃下振荡提取 60min；充分提取后，在 4℃下，4500r/min 离心 20min后取上清；将沉淀重悬于 10 倍体积的蒸馏水中，50℃下振荡提取 60min 后重复上述步骤；分别按编号将 2 次收集的上清液合并，混合均匀；过 3 层 400 目滤布即得大豆全蛋白质提取液。然后用适量体积的提取缓冲液在室温下稀释大豆蛋白质样品，利用Bradford 法对所提取到的大豆蛋白质含量进行测定，以便对后续电泳时的上样量进行调整和控制。

（2）已知来源大豆样品的 SDS-PAGE 电泳及条带分析

SDS-PAGE 电泳的分离胶浓度为 12%，浓缩胶浓度为 5%；每孔上样体积 15μL，上样量 15μg。SDS-PAGE 电泳条件为 80V 30min；120V 至溴酚蓝前沿距胶底约 0.5cm。电泳结束后小心将凝胶取下并置于专用胶盒中，经固定后用考马斯亮蓝法染色，脱色完成后用凝胶成像系统拍照，比较各提取条件下的蛋白质条带特征。每个提取条件重复提取 3 次。

（3）已知来源大豆样品胰蛋白酶消化

根据 Bradford 法测定的蛋白质含量计算，量取约 200μg 的样品总蛋白质提取物于棕色 EP 管中，用 Buffer A 补足 100mL；向棕色 EP 管中加入 10μL 10mmol/L DTT 溶液，混匀后将样品置于水浴锅中 37℃ 孵育 1h 以还原蛋白质；随后，向其中加入 10μL 50mmol/L IAA 溶液于室温避光放置 15min，将蛋白质烷基化；将棕色 EP 管内的溶液转移至 10kDa 超滤离心管中，并将后者置于离心机上，在室温下以 12 000r/min 离心 10min；加入 50μL Buffer1 洗涤样品，12 000r/min 离心 10min；加入 100μL 50mmol/L NH_4HCO_3 溶液，12 000r/min 离心 10min，该步骤重复 3 次，至超滤膜上没有残留液体，弃掉收集管中的废液；向超滤膜上加入 100μL 50mmol/L NH_4HCO_3，接着向膜上溶液中加入 4μL 1μg/μL 胰蛋白酶溶液，涡旋混匀后，于水浴锅中 37℃ 过夜孵育；将蛋白酶解液转移至离心机上，12 000r/min 离心 10min；用 100μL 25mmol/L NH_4HCO_3 溶液洗涤 3 次，将小分子肽段收入滤液中；将滤液于悬干机内旋转干燥，期间加入 3 次 MS 水以除盐；最后加入 100μL 流动相 A 复溶，将得到的酶解多肽储备液存放于 4℃ 冰箱备用。

（4）UPLC-QTOF-MS 检测

色谱条件：色谱分离采用 Waters XBridge®Peptide C18 色谱柱（4.6mm×150mm，3.5μm）；柱温 40℃；进样量 10μL；流速 0.25mL/min；梯度洗脱程序见表 3-27；运行时间 44min。

表 3-27 超高效液相色谱梯度洗脱程序

时间/min	流动相 A/%	流动相 B/%
0.0	98	2
0.5	92	8
25	78	22
31	65	35
33	20	80
39	20	80
39.5	98	2
44.0	98	2

质谱条件：Triple TOF®6600 质谱检测采用电喷雾离子源正离子扫描模式，离子化电压 5000V，离子源温度 550℃，雾化气压力 50psi，辅助气压力 50psi，气帘气压力 35psi。

质谱扫描模式为信息依赖型采集工作模式，TOF MS 模式扫描范围 m/z 350～1500，TOF MS/MS 扫描范围 m/z 350～1500，IDA 阈值为 100cps，母离子电荷选择范围为+2～+5；动态排除时间设置为 12s，滚动碰撞能量设置应用于所有前驱体离子，以进行 CID。

（5）HPLC-MS/MS 检测

色谱条件：色谱柱为 Waters XBridge®Peptide C18（4.6mm×150mm，3.5μm），柱温 40℃，进样体积 10μL，流速 0.4mL/min，梯度洗脱程序如表 3-28 所示，运行时间：40min。

表 3-28　高效液相色谱梯度洗脱程序

时间/min	流动相 A/%	流动相 B/%
0.1	98	2
0.5	92	8
25	78	22
31	65	35
33	20	80
36	20	80
36.5	98	2
40	98	2

质谱条件：Q TRAP®5500 质谱检测采用 ESI 正离子扫描模式，ESI 参数设置如下：气帘气压力 35psi，碰撞气 Medium，离子化电压 4500V，离子源温度 500℃，雾化气压力 65psi，辅助气压力 50psi。数据采集采用 Scheduled MRM 模式：MRM 检测窗口设置为 120s，扫描时间 2s。

（6）数据处理

利用高分辨质谱和计算机对胰蛋白酶酶解肽的 m/z、保留时间和响应强度等原始数据进行 IDA 采集，生成 wiff 文件。从 Uniprot 知识库（UniprotKB，http://www.uniprot.org）中检索并下载大豆蛋白质数据库并导入 AB SCIEX 公司的 ProteinPilot v.5.0 软件，对原始数据进行搜库检索。ProteinPilot v.5.0 软件参数设定如下：样品类型：鉴定；Cys 烷基化：IAA；消化：胰蛋白酶；搜索工作：完整 ID；ID 焦点：生物学修饰；检测到的蛋白质阈值 [unused protscore（Conf）：>0.05（10.0%）]；运行错误发现率分析。

（7）方法学验证

1）建立标准曲线

将 AQUQ 肽标准品储备液依次稀释成浓度为 2000.0fmol/μL、1600.0fmol/μL、1200.0fmol/μL、800.0fmol/μL、400.0fmol/μL、200.0fmol/μL、160.0fmol/μL、120.0fmol/μL、80.0fmol/μL、40.0fmol/μL、20.0fmol/μL、16.0fmol/μL、12.0fmol/μL、8.0fmol/μL、4.0fmol/μL、2.0fmol/μL、1.6fmol/μL、1.2fmol/μL、0.8fmol/μL 和 0.4fmol/μL 的溶液；将 SIIS 肽标准品，即 NPFLFGSNR*、SQSESYFVDAQPQQK*、NPIYSNNFGK*、NLQGENEGEDK*、NLQGENEEDSGAIVTVK*、FYLAGNQEQEFLQYQPQK*、YEGN

WGPLVNPESQQGSPR*和 HFLAQSFNTNEDTAEK*分别稀释至浓度为 50fmol/μL、100fmol/μL、100fmol/μL、150fmol/μL、40fmol/μL、100fmol/μL、150fmol/μL 和 50fmol/μL；分别量取 50μL 各 SIIS 肽与 50μL AQUA 肽梯度稀释样混匀，真空旋转干燥，用 200μL A 相复溶后上机检测；对峰面积进行整合，并根据需要进行手动检查和调整；将 3 个离子对的峰面积比率相加，以产生肽段比率；通过 AQUA 肽与 SIIS 肽的峰面积比对 AQUA 肽绝对浓度进行线性回归分析来构建标准曲线。所有试验均设置 2 个平行和 3 个重复，以评估误差和可重复性，数据表示为平均值±标准差。

2）检测限和定量限

以信噪比分别为 3 和 10 时所对应的 AQUA 肽浓度作为方法的 LOD 和 LOQ。

3）加标回收试验

由于大豆蛋白质常用于添加制作燕麦片，因此本试验选用燕麦基质作为空白基质，进行添加回收试验。将等体积的翼肽和 SIIS 肽的标准品溶液添加其中，翼肽的添加量分别为 80fmol/μL、400fmol/μL 和 2000fmol/μL，8 个标准品 NPFLFGSNR*、SQSESYFVDAQPQQK*、NPIYSNNFGK*、NLQGENEGEDK*、NLQGENEEEDSGAIVTVK*、FYLAGNQEQEFLQYQPQK*、YEGNWGPLVNPESQQGSPR*和 HFLAQSFNTNEDTAEK*中 SIIS 肽的添加浓量分别为 50fmol/μL、100fmol/μL、100fmol/μL、150fmol/μL、40fmol/μL、100fmol/μL、150fmol/μL 和 50fmol/μL，每个浓度的添加量均设置 3 个平行，进一步对上述混合样品进行胰蛋白酶消化 6h，将经 NH$_4$HCO$_3$ 溶液洗脱后得到的多肽溶液进行上机检测，这些试验在一天中不同的时间段内重复 6 次，在不同的日子里共重复 30 次，考察方法的回收率及精密度。

3.7.4 结果与分析

（1）大豆水溶性蛋白质提取方法的优化

从提取缓冲液的组成与 pH、提取料液比及提取温度和时间五方面对大豆中水溶性蛋白质的提取方法进行了优化，图 3-23 结果表明，选择了 pH 10.0 的水溶液作为大豆蛋白质提取缓冲液。料液比为 1g：10mL 时大豆蛋白质提取效果最佳。为增加大豆蛋白质的溶解度，需辅助进行加热和振荡处理。结果显示，最佳提取温度为 50℃。在该条件下，大豆蛋白质的最佳提取时间为 60min。

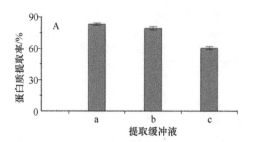
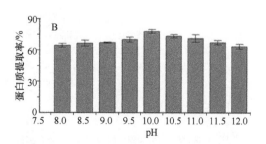

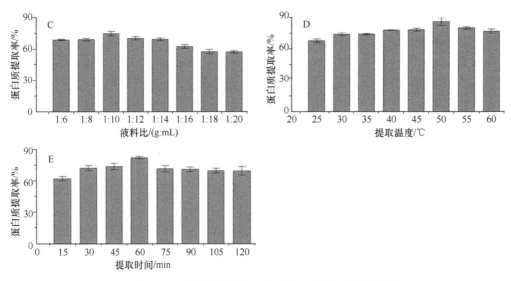

图 3-23　不同提取条件对大豆蛋白质提取效果的影响

（2）已知来源大豆样品的 SDS-PAGE 电泳

利用 SDS-PAGE 技术对 24 个大豆样品的全蛋白质提取液进行分析，通过与已知的致敏原蛋白质各组分相对分子质量进行比对，即可准确判断其特征条带在凝胶中的相应位置。其中，大豆球蛋白包含酸性多肽链 A（34～44kDa）和碱性多肽链 B（18～20kDa）条带，β-伴大豆球蛋白包含 α′（72kDa）、α（68kDa）和 β（52kDa）3 个亚基条带。由图 3-24 可知，利用本方法提取的大豆全蛋白质包含了大豆球蛋白和 β-伴大豆球蛋白的所有亚基，各致敏原条带清晰可见，未发生降解，且不同品种间大豆蛋白质的亚基组成及含量存在差异。

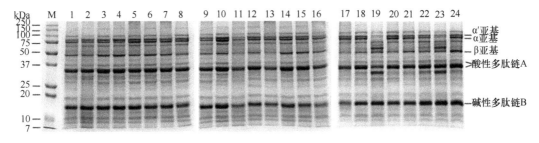

图 3-24　已知来源大豆样品的 SDS-PAGE 图谱

M. 蛋白质标准分子量；1. 绥农 1 号；2. 青豆；3. 长春满仓金；4. 薄地高；5. 大黑豆；6. 夏黑豆；7. 焉耆黄豆；8. 昌吉黄豆1；9. 泰兴黑豆；10. 洪湖六月爆；11. 同安紫红豆；12. 青 6 号；13. 泌阳小籽黄；14. 粗豆；15. 上饶八月白；16. 大乌豆；17. 沙县乌豆；18. 瑞金青皮豆；19. 西藏大豆 12；20. 中黄 28；21. 蒙豆 14；22. peking；23. hobbit 87；24. Jack

（3）UPLC-MS/MS 分析

采用 Waters XBridge®Peptide C18 色谱柱（4.6mm×150mm，3.5μm）对大豆蛋白胰蛋白酶消化产物进行分离，为确保各肽段在色谱柱上得到有效分离，本试验采用梯度洗脱方式，并对流动相的组成、流速和柱温等条件进行优化。图 3-25 是'绥农 1 号'大豆种质的酶解肽段混合物在全扫描模式下具有代表性的总离子流色谱图。从图中可以看出，大豆蛋白酶解肽在色谱柱上分离情况较好，谱峰尖锐，响应强度较高，峰形对称且重现性好，数据采集情况良好。

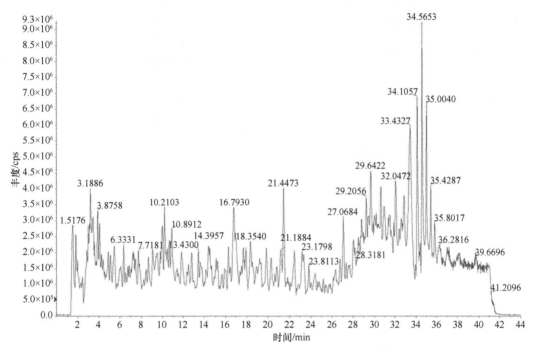

图 3-25 大豆蛋白酶解产物在全扫描模式下的总离子流色谱图

（4）特征肽段的筛选

利用 ProteinPilot 软件将经 UPLC-QTOF-MS 分析采集的肽段信息与 Uniprot 大豆蛋白数据库进行比对，得到蛋白质鉴定信息。在 95%置信度下，针对性地鉴定出 8 种大豆主要致敏原，即大豆球蛋白的 G1、G2、G3、G4 和 G5 亚基及 β-伴大豆球蛋白的 α′、α 和 β 亚基。为确定质谱检测的标志物，对经 Uniprot 数据库比对后得到的一系列肽段进行筛选。筛选原则如下：长度在 7~21 个氨基酸；m/z<1250；不含任何修饰氨基酸、半胱氨酸（C）与蛋氨酸（M）；不含内部胰蛋白酶切割位点；在酶切位点处不含连续的精氨酸（R）或赖氨酸（K）残基。根据上述原则，为每个目标致敏原筛选得到 2~3 条预选特征肽段，共计 21 条（表 3-29），其中 10 条为本试验首次挖掘得到。

（5）HPLC-MS/MS 验证

利用 Skyline 软件对所选特征肽段进行模拟酶解，获得各肽段适用于 MRM 采集分析的理论传输离子对（母离子 Q1 和子离子 Q3）、RT、碰撞能量、去簇电压等参数信息，每条特征肽段至少选择 3 个子离子进行监测，其中响应值最高的离子可作为定量离子，其余 2 个离子辅助定性分析。以 β-伴大豆球蛋白 α 亚基的特征肽段 NPFLFGSNR 为例，在 $m/z526.272^+$ 处观察到该肽段的双质子化离子信号强度最高，因此本试验选择 $m/z526.272^+$ 作为母离子。该离子在 C 端 y 系列产物离子中，y4 子离子（$m/z433.22^+$）、

表 3-29　大豆中 8 种主要致敏原及其预选特征肽段相关信息

蛋白质序列号	致敏原名称	特征肽段	氨基酸数目
tr|O22120	β-伴大豆球蛋白 α 亚基	EQQQEQQQEEQPLEVR*	16
		NPFLFGSNR	9
		ESYFVDAQPK	10
tr|Q9FZP9	β-伴大豆球蛋白 α′亚基	SQSESYFVDAQPQQK*	15
		DSYNLQSGDALR	12
		SSNSFQTLFENQNGR*	15
sp|P25974	β-伴大豆球蛋白 β 亚基	NPIYSNNFGK*	10
		DSYNLHPGDAQR	12
sp|P04776	大豆球蛋白 G1 亚基	YQQEQGGHQSQK*	12
		NLQGENEGEDK*	11
		QQEENEGSNILSGFAPEFLK*	21
sp|P04405	大豆球蛋白 G2 亚基	NLQGENEEEDSGAIVTVK	18
		NNNPFSFLVPPQESQR*	16
sp|P11828	大豆球蛋白 G3 亚基	FYLAGNQEQEFLQYQPQK	18
		NNNPFSFLVPPK	12
sp|P02858	大豆球蛋白 G4 亚基	YEGNWGPLVNPESQQGSPR*	19
		HFLAQSFNTNEDIAEK	16
		AIPSEVLAHSYNLR	14
sp|P04347	大豆球蛋白 G5 亚基	HFLAQSFNTNEDTAEK	16
		QFGLSAQYVVLYR	13
		QGQHQQQEEEGGSVLSGFSK*	20

*表示该肽段尚未有任何文献报道，为本研究首次发现

y5 子离子（$m/z580.29^+$）和 y6 子离子（$m/z693.37^+$）处的片段碎裂效果最佳，其中 y5 子离子的响应强度最高，适用于 MRM 监测，而 y6 子离子和 y4 子离子分别具有第二、第三高的响应强度。因此，本试验选择 $m/z526.272^+$～$m/z433.22$、$m/z526.272^+$～$m/z580.29^+$、$m/z526.272^+$～$m/z693.37^+$ 的离子跃迁用于该特征肽段的鉴定。同上述方法，获得其余预选特征肽段用于 MRM 监测的离子对信息，每个特征肽段选择 3 个信号最强的产物（y 或 b）离子作为候选 MRM 离子对。最终确定的各致敏原特征肽段的 MRM 参数如表 3-30 所示。

表 3-30　特征肽段的 MRM 参数

序号	肽段序列	Q1（m/z）	Q3（m/z）	片段类型	RT/min	CE/eV	去簇电压/eV
1	EQQQEQQQEEQPLEVR	675.99	613.37/870.47/999.51	y5/y7/y8	6.22	28.4	80
2	NPFLFGSNR	526.27	433.22/580.29/693.37	y4/y5/y6	16.94	26.8	70
3	ESYFVDAQPK	592.29	558.29/657.36/804.43	y5/y6/y7	8.86	24.0	80
4	SQSESYFVDAQPQQK	871.41	500.28/699.38/814.41	y4/y6/y7	8.71	39.7	90
5	DSYNLQSGDALR	669.82	531.29/618.32/746.38	y5/y6/y7	8.76	29.8	60
6	SSNSFQTLFENQNGR	576.94	588.29/717.33/864.40	y5/y6/y7	19.34	27.7	70

续表

序号	肽段序列	Q1（m/z）	Q3（m/z）	片段类型	RT/min	CE/eV	去簇电压/eV
7	NPIYSNNFGK	577.29	579.29/829.39/942.47	y5/y7/y8	7.74	25.3	60
8	DSYNLHPGDAQR	458.21	374.22/643.32/780.38	y3/y6/y7	3.34	38.0	60
9	YQQEQGGHQSQK	473.22	627.32/684.34/741.36	y5/y6/y7	1.19	38.7	60
10	NLQGENEGEDK	616.77	691.29/877.35/1005.41	y6/y8/y9	2.28	25.2	80
11	QQEEENEGSNILSGFAPEFLK	789.38	633.36/704.40/995.52	y5/y6/y9	30.25	39.9	90
12	NLQGENEEEDSGAIVTVK	644.65	347.23/559.38/687.44	y3/y5/y7	10.01	24.9	100
13	NNNPFSFLVPPQESQR	937.46	841.42/940.49/1053.57	y7/y8/y9	28.92	40.9	70
14	FYLAGNQEQEFLQYQPQK	1116.04	372.22/663.35/791.41	y3/y5/y6	23.47	49.7	110
15	NNNPFSFLVPPK	687.36	244.17/341.22/440.29	y2/y3/y4	29.06	32.7	60
16	YEGNWGPLVNPESQQGSPR	705.67	544.28/759.37/1099.51	y5/y7/y10	18.39	33.9	80
17	HFLAQSFNTNEDIAEK	621.97	347.19/818.39/1033.48	y3/y7/y9	14.42	31.9	60
18	AIPSEVLAHSYNLR	785.42	652.34/789.40/860.44	y4/y5/y6	17.69	43.1	60
19	HFLAQSFNTNEDTAEK	617.96	563.27/806.35/1021.44	y5/y7/y9	10.33	23.7	80
20	QFGLSAQYVVLYR	772.42	812.47/1011.56/1098.59	y6/y8/y9	26.93	40.8	60
21	QGQHQQQEEEGGSVLSGFSK	720.67	737.42/881.47/938.49	y7/y9/y10	11.40	34.6	50

　　由于扫描速度、色谱峰宽、软件局限性和其他考虑因素，一次 MRM 分析只能监测几种肽，而使用检测窗口执行的 Scheduled MRM 可以在单个分析中增加肽段数量。因此，设置 MRM 的检测窗口为 120s 保留时间和 2s 目标扫描时间，可以最大限度地实现所鉴定肽段的多路复用。同时，自动优化循环时间，使得最终的 MRM 监测可以收集足够的数据点（≥10），用于色谱峰的平均底宽为 30s。图 3-26 显示了正离子采集模式下'绥农 1 号'大豆样品中大豆球蛋白和 β-伴大豆球蛋白各致敏原亚基的特征肽段提取离子色谱图，各特征肽段在 MRM 模式下均得到较好的检测结果，对应的色谱峰分离效果良好、峰形对称且响应强度高。

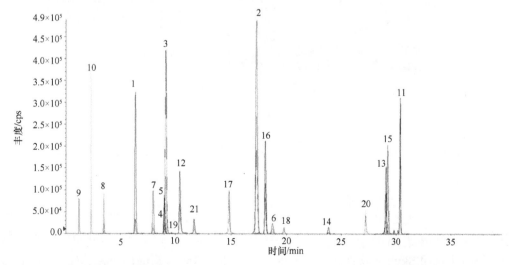

图 3-26　大豆主要致敏原特征肽段的 HPLC-MRM 分析提取离子色谱图（彩图请扫封底二维码）

（6）特异性验证

1）阴性对照

本试验选择一些常与大豆混合制成加工食品的其他常见食物致敏原（包括荞麦、燕麦、小麦、大麦、大米、玉米、花生、巴旦木、芝麻、葵花籽、核桃、腰果、开心果、杏仁和松子）作为阴性对照，采用基于 MRM 模式的 HPLC-MS/MS 方法对选定的特征肽段进行分析。结果表明，所选择的特征肽段均未在其他食物致敏原基质中检出，特异性较强。

2）阳性对照

用于检测的特征肽段应具有序列保守性，覆盖绝大多数大豆品种，因此进一步利用 24 个代表性大豆品种对所选特征肽段进行阳性样品验证。如图 3-27 所示，同一条特征肽段在不同大豆品种中的响应强度存在差异，如 β-伴大豆球蛋白 α 亚基的特征肽段 ESYFVDAQPK 在'焉耆黄豆'中的响应强度最高，而在'瑞金青皮豆'中的响应强度最低；大豆球蛋白 G1 亚基的特征肽段 NLQGENEGEDK 在'Jack'大豆中的响应强度与在'绥农 1 号'大豆中的响应强度相差一个数量级等。虽然不同大豆品种的肽段/蛋白质的组成和含量不同，但所选择的 21 条特征肽段均存在于参与测试的 24 个大豆品种中，体现出良好的特异性。

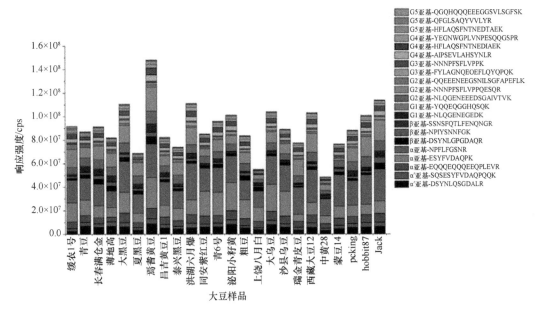

图 3-27　不同大豆品种中特征肽段的 HPLC-MS/MS 检测结果（彩图请扫封底二维码）

（7）定量肽段的确定

在所有参数优化后，针对每个致敏原亚基选择一条稳定性强且响应值较高的特征标志肽作为该致敏原 AQUA 分析的靶肽，并对其进行稳定同位素标记以获得相应的 SIIS 肽。进一步利用 Skyline 软件获得各 SIIS 肽适用于 MRM 分析的母子离子对信息，其与相应的AQUA肽使用相同的CE和DP值。表3-31中列出了各致敏原亚基SIIS肽的MRM参数信息，其中子离子按照响应强度由高至低依次排列。使用优化的MRM方法分析合成的AQUA肽与SIIS肽标准品，相应的提取离子色谱图如图3-28所示。

表 3-31 SIIS 肽的 MRM 参数

致敏原	氨基酸序列	Q1（m/z）	Q3（m/z）	RT/min	CE/eV	DP/eV
α 亚基	NPFLFGSNR*	531.27	590.29/703.38/443.22	8.95	26.8/26.8/26.8	60
α'亚基	SQSESYFVDAQPQQK*	583.94	508.30/822.42/707.40	6.79	17.9/23.9/23.9	60
β 亚基	NPIYSNNFGK*	581.30	837.40/587.30/950.48	6.53	31.3/25.3/27.3	60
G1 亚基	NLQGENEGEDK*	620.78	885.37/1013.43/699.31	2.82	25.2/25.2/35.2	70
G2 亚基	NLQGENEEEDSGAIVTVK*	647.32	695.45/355.24/567.40	6.92	24.9/24.9/24.9	60
G3 亚基	FYLAGNQEQEFLQYQPQK*	1116.04	380.24/671.36/799.42	9.48	49.7/47.7/47.7	60
G4 亚基	YEGNWGPLVNPESQQGSPR*	709.00	769.39/554.29/1109.52	8.80	33.9/33.9/33.9	60
G5 亚基	HFLAQSFNTNEDTAEK*	620.63	814.37/1029.46/571.29	7.06	23.7/23.7/23.7	50

*代表该肽段为稳定同位素标记的内标肽

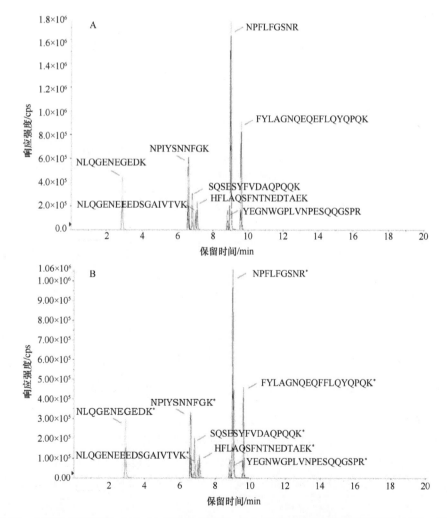

图 3-28 AQUA 肽标准品（A）与 SIIS 肽标准品（B）的 MRM 色谱图（彩图请扫封底二维码）

（8）方法性能的验证

1）HPLC-MS/MS 检测的线性范围

针对 AQUA 肽开发的 HPLC-MS/MS 分析方法产生的线性浓度范围在 0.4～2000fmol/μL，其中掺有恒量的 SIIS 肽。利用 Origin 软件对所有目标肽段经 HPLC-MS/MS-MRM 分析产生的色谱峰面积比（AQUQ/SIIS）与其绝对浓度进行线性回归分析（图 3-29）。8 种致敏原亚基的 AQUA 肽与 SIIS 肽的峰面积比值均呈线性相关，相应的线性回归方程如表 3-34 所示，线性拟合因子 $R^2 > 0.99$，变异系数均在 15%以下。通过计算 AQUA/SIIS 峰面积比，确定相应的特征肽段含量，根据 AQUA 肽与其所属致敏原亚基间的摩尔当量关系，可以计算出待测样品中目标大豆致敏原的含量。

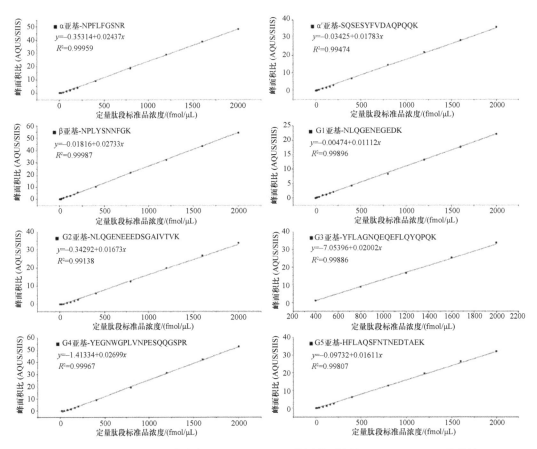

图 3-29 不同 AQUA 肽浓度下 HPLC-MS/MS 检测峰面积比（AQUA/SIIS）的线性

2）检测限和定量限

方法的灵敏度验证如表 3-32 所示，LOD 被确定为信噪比为 3，即 $S/N=3$ 时的 AQUA 肽浓度；LOQ 为 $S/N=10$ 时的 AQUA 肽浓度，并尽可能接近标准曲线上的最低点。8 种大豆致敏原 AQUA 肽的 LOD 和 LOQ 分别为 0.4～200.0fmol/μL 和 0.8～400.0fmol/μL。

表 3-32　标准曲线的线性验证和方法灵敏度验证

AQUA 肽	线性方程	R^2	LOQ/（fmol/μL）	LOD/（fmol/μL）
α 亚基-NPFLFGSNR	$y=-0.353\,14+0.024\,37x$	0.999 59	0.8	0.4
α′亚基-SQSESYFVDAQPQQK	$y=-0.034\,25+0.017\,83x$	0.994 74	2	0.4
β 亚基-NPIYSNNFGK	$y=-0.018\,16+0.027\,33x$	0.999 87	0.8	0.4
G1 亚基-NLQGENEGEDK	$y=-0.004\,74+0.011\,12x$	0.998 96	0.8	0.4
G2 亚基-NLQGENEEEDSGAIVTVK	$y=-0.342\,92+0.016\,73x$	0.991 38	2	0.4
G3 亚基-FYLAGNQEQEFLQYQPQK	$y=-7.053\,96+0.020\,02x$	0.998 86	400	200
G4 亚基-YEGNWGPLVNPESQQGSPR	$y=-1.413\,34+0.026\,99x$	0.999 67	16	4
G5 亚基-HFLAQSFNTNEDTAEK	$y=-0.097\,32+0.016\,11x$	0.998 07	2	1.2

3）回收率

向燕麦基质中添加不同浓度的翼肽与 SIIS 肽标准品，翼肽添加量的设定是根据其所属致敏原亚基的标准曲线范围，从低、中和高浓度范围分别选择一个浓度水平进行添加，最终选择 80fmol/μL、400fmol/μL 和 2000fmol/μL 3 个 QC 浓度水平进行添加，以评估 HPLC-MS/MS 分析的准确性。通过将测得值代入目标定量肽段的标准曲线中进行计算，以获得各致敏原亚基的回收率。结果显示，加标到麸质蛋白质溶液（无大豆）中的 80fmol/μL、400fmol/μL 和 2000fmol/μL 定量特征肽段的检测准确度范围为 98.75%～110.23%（表 3-33），符合方法学回收率的要求，由此证明方法的灵敏度良好。

表 3-33　大豆定量特征肽段的平均回收率

定量特征肽段	回收率/%		
	QC-低 80fmol/μL	QC-中 400fmol/μL	QC-高 2000fmol/μL
α 亚基-NPFLFGSNR	104.41	98.75	110.23
α′亚基-SQSESYFVDAQPQQK	101.26	100.49	101.44
β 亚基-NPIYSNNFGK	102.00	100.27	101.43
G1 亚基-NLQGENEGEDK	101.03	104.62	101.62
G2 亚基-NLQGENEEEDSGAIVTVK	105.38	101.22	101.71
G3 亚基-FYLAGNQEQEFLQYQPQK	103.89	100.08	104.96
G4 亚基-YEGNWGPLVNPESQQGSPR	108.35	101.48	100.61
G5 亚基-HFLAQSFNTNEDTAEK	99.83	100.98	100.24

4）精密度

方法的精密度主要通过样品添加回收试验来评估。本试验向燕麦基质中添加一定浓度的翼肽与恒定浓度的 SIIS 肽标准品，经胰蛋白酶消化后，通过在同一天内进行 6 次 HPLC-MS/MS 分析获得方法的日内变异系数，并通过在不同的日子重复 30 次 HPLC-MS/MS 分析来评估方法的日间变异系数。试验结果表明（表 3-34），该方法的日内变异系数在 2.1%～4.8%，日间变异系数在 2.6%～3.8%，可重复性较高，能够满足实际样品的检测需求。

表 3-34 大豆定量特征肽段的平均回收率

致敏原	天数	浓度/（nmol/g）	变异系数/%	次数	致敏原	天数	浓度/（nmol/g）	变异系数/%	次数
α 亚基	1	100.1	4.8	6	G2 亚基	1	583.2	4.3	6
	2	101.2	3.0	6		2	587.3	2.8	6
	3	98.5	3.1	6		3	577.9	2.7	6
	4	96.7	2.5	6		4	568.8	3.8	6
	5	97.3	4.4	6		5	569.8	4.8	6
	1～5	98.8	3.6	30		1～5	577.4	3.7	30
α′亚基	1	294.5	4.7	6	G3 亚基	1	602.4	3.0	6
	2	304.1	3.3	6		2	601.9	2.2	6
	3	301.7	2.4	6		3	596.8	2.3	6
	4	297.7	2.3	6		4	594.2	2.5	6
	5	293.7	3.9	6		5	600.3	2.9	6
	1～5	298.3	3.3	30		1～5	599.1	2.6	30
β 亚基	1	151.3	3.3	6	G4 亚基	1	255.7	3.4	6
	2	153.2	4.1	6		2	253.5	3.1	6
	3	156.4	2.7	6		3	246.3	3.7	6
	4	155.1	3.0	6		4	238.1	2.9	6
	5	152.1	2.8	6		5	246.4	4.6	6
	1～5	153.6	3.2	30		1～5	248.0	3.5	30
G1 亚基	1	168.6	2.8	6	G5 亚基	1	341.6	3.3	6
	2	167.0	2.7	6		2	337.9	2.8	6
	3	165.4	3.0	6		3	327.9	4.8	6
	4	166.3	2.1	6		4	319.0	3.6	6
	5	169.7	2.6	6		5	334.0	4.6	6
	1～5	167.4	2.6	30		1～5	332.1	3.8	30

3.7.5 小结

本研究优化了大豆全蛋白质提取条件（包括提取缓冲液的组成、pH、料液比、提取时间与提取温度），鉴定出大豆球蛋白的 G1、G2、G3、G4 和 G5 亚基及 β-伴大豆球蛋白的 α′、α 和 β 亚基的多肽片段，并成功筛选到可用于表征上述 8 种大豆主要致敏原的特征肽段共计 21 条，建立了基于 HPLC-MS/MS-MRM 方法的 8 种大豆主要致敏原定性检测方法。进一步从定性分析所挖掘的特征肽段中为每种大豆致敏原筛选出一条稳定性强且响应强度高的 AQUA 肽，共计 8 条定量特征肽段，并对其进行同位素标记得到 SIIS 肽，建立了一种高效、灵敏、准确测定大豆球蛋白和 β-伴大豆球蛋白中 8 种致敏原亚基的精确定量方法。

3.8 基于双向电泳的燕窝真实性鉴别技术研究

市售燕窝产品的种类繁多，主要是按照生产方式（金丝燕筑巢的地点，可分为屋燕和洞燕两种）、颜色、出产形态等进行分类，此外，产地也是构成燕窝产品价值的一个重要因素。由于不同种类和不同产地燕窝的价格悬殊，为了牟取额外利润，不法商人刻意混淆燕窝的产地和生产方式，致使市场中的燕窝以次充好现象严重，影响着燕窝产品的质量及安全状况。本节将采用基于 SDS-PAGE 和双向电泳的蛋白质组学技术对燕窝产品的产地及生产方式进行鉴别。

3.8.1 材料来源

17 个产地来源及生产方式已知的纯正燕窝样品（表 3-35），其中马来西亚屋燕 MH1 由暨南大学提供，其余样品均由全国城市农贸中心联合会燕窝市场专业委员会（简称"国燕委"）提供；26 个产地或生产方式不明的纯燕窝样品（表 3-36），由广东出入境检验检疫局提供，编号依次为 EBN01～EBN26。

表 3-35　实验中的已知来源燕窝样品

序号	样品编号	产地	颜色	生产方式	序号	样品编号	产地	颜色	生产方式
1	MH1	马来西亚	白色	屋燕	10	IH4	印度尼西亚	白色	屋燕
2	MH2	马来西亚	白色	屋燕	11	IH5	印度尼西亚	白色	屋燕
3	MH3	马来西亚	白色	屋燕	12	MC1	马来西亚	白色	洞燕
4	MH4	马来西亚	白色	屋燕	13	MC2	马来西亚	黄色	洞燕
5	MH5	马来西亚	白色	屋燕	14	MC3	马来西亚	黄色	洞燕
6	MH6	马来西亚	白色	屋燕	15	MC4	马来西亚	红色	洞燕
7	IH1	印度尼西亚	白色	屋燕	16	IC1	印度尼西亚	黄色	洞燕
8	IH2	印度尼西亚	白色	屋燕	17	IC2	印度尼西亚	红色	洞燕
9	IH3	印度尼西亚	白色	屋燕					

表 3-36　实验中的未知信息燕窝样品

序号	样品编号	产地	生产方式	序号	样品编号	产地	生产方式
1	EBN01	—	—	14	EBN14	马来西亚	—
2	EBN02	—	—	15	EBN15	印度尼西亚	—
3	EBN03	—	—	16	EBN16	马来西亚	—
4	EBN04	—	—	17	EBN17	—	—
5	EBN05	马来西亚	—	18	EBN18	—	—
6	EBN06	—	—	19	EBN19	—	—
7	EBN07	马来西亚	—	20	EBN20	—	—
8	EBN08	印度尼西亚	—	21	EBN21	—	—
9	EBN09	—	—	22	EBN22	—	—
10	EBN10	—	—	23	EBN23	—	—
11	EBN11	印度尼西亚	—	24	EBN24	—	—
12	EBN12	—	—	25	EBN25	—	—
13	EBN13	印度尼西亚	—	26	EBN26	—	—

3.8.2 主要设备

全波长酶标仪，蛋白质电泳仪，水平摇床，凝胶成像系统（自带 Quantity One 软件）。

3.8.3 实验方法

（1）燕窝水溶性蛋白质组提取方法的优化

取经液氮研磨并去净表面羽毛的燕窝样品粉末 500mg 置于 50mL 离心管中，加入约 1/4 的蛋白酶抑制剂，用 10mL 提取液[分别为 a：超纯水；b：50mmol/L Tris-HCl 缓冲液（pH8.0）；c：超纯水+0.5%CHAPS+50mmol/L DTT；d：50mmol/L Tris-HCl 缓冲液（pH8.0）+0.5% CHAPS+50mmol/L DTT]溶解，分别在 4℃静置提取 12h、25℃静置提取 12h 和 60℃ 静置提取 6h 3 个提取条件下提取燕窝蛋白质；提取结束后将提取液在 12 000g 下离心 10min 后取上清，用真空旋转浓缩仪将蛋白质溶液浓缩至 100μL；利用蛋白质纯化试剂 盒去除蛋白质浓缩样品中的盐离子并将其沉淀，从而最终获得燕窝蛋白质。然后用适量 体积的 SDS-PAGE 上样缓冲液在 20℃下重溶燕窝蛋白质样品 1～2h，12 000g 离心 5min 后取上清。利用 BCA 蛋白质定量试剂盒对所提取到的燕窝蛋白质含量进行测定，以便 对后续电泳时的上样量进行调整和控制。

（2）已知来源燕窝样品的 SDS-PAGE 电泳及条带分析

SDS-PAGE 电泳中的分离胶浓度为 10%，浓缩胶浓度为 5%；每孔上样体积 20μL，上样量 10μg。SDS-PAGE 电泳条件为 10mA 30min；20mA 至溴酚蓝前沿距胶底约 0.5cm。电泳结束后小心将凝胶取下并置于专用胶盒中，经固定后用考马斯亮蓝法染色，脱色完 成后用凝胶成像系统拍照，比较各提取条件下的蛋白质条带特征。每个提取条件均重复 提取 3 次。采用 Quantity One 软件将所得的各样品蛋白质条带图谱进行分析。

（3）已知来源燕窝样品蛋白质条带数据的多变量分析

采用数理统计软件 SPSS 对所得的 Quantity One 分析数据进行聚类分析、主成分分 析及判别分析，为了消除上样量不同等因素引起的误差，在进行多变量分析前对数据进 行了归一化处理，即将原始的"条带浓度"数据转化为"条带相对含量（%）"，然后再 基于条带相对含量的数据进行各项分析。采用的数据转化公式为

条带相对含量（%）=该条带的条带浓度/该条带所在泳道所有条带的条带浓度 ×100%。

（4）市售燕窝样品的 SDS-PAGE 电泳及条带分析

对 26 个市售未知燕窝样品（产地或生产方式不明）进行 SDS-PAGE 电泳、凝胶电 泳图像分析及数据的多变量分析，具体操作同（2）和（3），将所得的条带相对含量数 据直接代入（3）中所建立的判别分析模型，从而确定未知样品的产地及生产方式。

3.8.4　结果与分析

（1）燕窝水溶性蛋白质提取方法的优化

从提取液成分、提取温度及提取时间三方面对燕窝中水溶性蛋白质的提取方法进行了优化，图 3-30 结果表明，在 3 个不同提取条件下（分别为 4℃静置提取 12h、25℃静置提取 12h、60℃静置提取 6h），均以超纯水为提取液所得的燕窝蛋白质提取量最高（分别可达 107.29μg、98.07μg、304.57μg），且电泳图谱重复性良好；其中又以 60℃静提 6h条件下所得的蛋白质条带最清晰、蛋白质种类最丰富。相比之下，50mmol/L Tris-HCl缓冲液（pH8.0）所得的蛋白质提取量则偏低（分别仅为超纯水的 1/2、3/5 和 2/5）；其电泳图谱中条带的清晰度随提取温度的升高而减低，在 4℃时条带较清晰，25℃下较弱，60℃时条带几乎不可见。含 0.5% CHAPS、50mmol/L DTT 的超纯水及含 0.5% CHAPS、50mmol/L DTT 的 50mmol/L Tris-HCl 缓冲液（pH8.0）提取所得的蛋白质提取量与50mmol/L Tris-HCl 缓冲液（pH8.0）相当，且蛋白质条带不清晰、杂质较多。最终选取60℃静置水提取 6h 作为最佳的燕窝水溶性蛋白质提取方法。

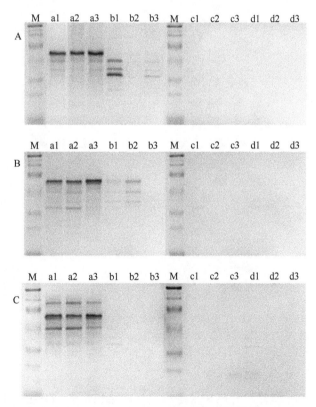

图 3-30　4 种提取液成分在不同提取条件下 3 次重复提取所得燕窝蛋白质的 SDS-PAGE 电泳

A. 4℃静置提取 12h；B. 25℃静置提取 12h；C. 60℃静置提取 6h；M. 预染蛋白质分子量标准（分子量从上到下依次为 201kDa、114kDa、74kDa、48kDa、34kDa、27kDa）；a1~a3. 超纯水提取蛋白质样品的 3 次重复；b1~b3. 50mmol/L Tris-HCl 缓冲液（pH8.0）提取蛋白质样品的 3 次重复；c1~c3. 含 0.5% CHAPS、50mmol/L DTT 的超纯水提取蛋白质样品的 3 次重复；d1~d3. 含 0.5% CHAPS、50mmol/L DTT 的 50mmol/L Tris-HCl 缓冲液（pH8.0）提取蛋白质样品的 3 次重复

（2）已知来源燕窝样品的 SDS-PAGE 电泳及图像分析

1）SDS-PAGE 电泳

从燕窝样品的电泳图谱（图 3-31）可以观察到燕窝中的蛋白质条带数目为 7～13 条，其中屋燕样品（A 或 C）的蛋白质条数明显多于洞燕样品（B 或 D）。燕窝蛋白质在分子量 20～170kDa 均有分布，其中屋燕样品中的高分子量蛋白质条带数目明显多于洞燕样品，且屋燕样品与洞燕样品的电泳图谱差异均较大，这说明屋燕与洞燕在蛋白质组成上有较大区别。而对于屋燕样品而言，不同产地样品（A 与 C）之间的电泳条带分布较相似，但在某些条带，尤其是高丰度蛋白质的含量比例上有所不同。对于洞燕样品而言，同一产地不同颜色的洞燕样品（B 中 1～4 或 D 中 1～2）之间也具有不同的电泳图谱，且洞血燕的电泳条带分布明显不同于洞白燕与洞黄燕。

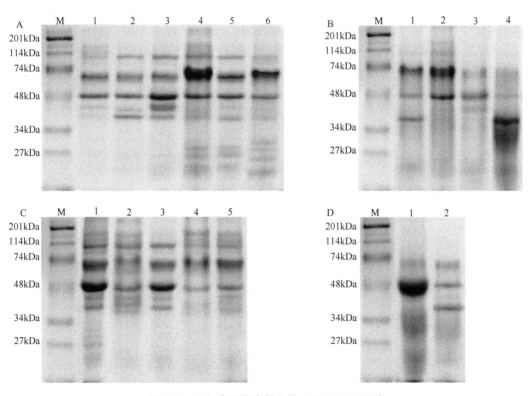

图 3-31　已知来源燕窝样品的 SDS-PAGE 图谱

M. 预染蛋白质分子量标准；A. 马来西亚屋燕（1～6 分别为 MH1～MH6）；B. 马来西亚洞燕（1～4 分别为 MC1～MC4）；
C. 印度尼西亚屋燕（1～5 分别为 IH1～IH5）；D. 印度尼西亚洞燕（1～2 分别为 IC1～IC2）

2）图像分析

采用 Quantity One 软件对各已知来源燕窝样品蛋白质的 SDS-PAGE 电泳图谱进行分析，并得到了各样品各条带的分子量和条带浓度数据。根据分子量设置了 11 个列变量（V1～V11），分别代表不同的分子量范围：V1（160～170kDa），V2（140～150kDa），V3（130～140kDa），V4（110～120kDa），V5（100～110kDa），V6（60～70kDa），V7（40～50kDa），V8（35～40kDa），V9（30～35kDa），V10（25～30kDa）和 V11（20～

25kDa），对各样品在各列变量中的蛋白质条带浓度数据进行统计后，将原始数据转化为"条带相对含量"，并计算出每个样品3次平行电泳所得条带相对含量分析数据的平均值，将此数据用于后续的多变量分析。

（3）已知来源燕窝样品的蛋白质条带数据多变量分析及判别模型的建立

1）聚类分析

以各样品为行变量，11个不同的分子量范围为列变量，输入蛋白质条带相对含量数据，采用SPSS软件进行离差平方和法（Ward's method）聚类分析，距离的计算采用欧式距离的平方（squared Euclidean distance）。聚类结果表明（图3-32），当将聚类距离设为8.5时，可将17个已知来源的燕窝样品明显地分为3类：马来西亚屋燕（cluster I，MH1～MH6），印度尼西亚屋燕（cluster II，IH1～IH5）和洞燕（cluster III，MC1～MC4，IC1～IC2）。说明对于屋燕来说，SDS-PAGE电泳条带可将两个不同产地的燕窝区分开来（cluster I&II）；但对于洞燕样品来说，未观察到明显的产地之间的区别，表明两种生产方式不同的燕窝产品在蛋白质方面表现出较大差异。

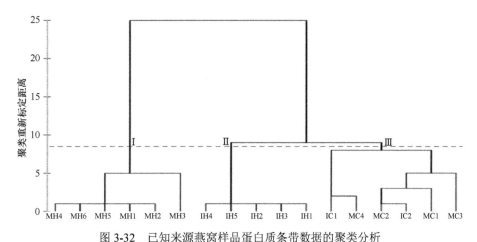

图3-32 已知来源燕窝样品蛋白质条带数据的聚类分析

MH1～MH6. 马来西亚屋燕；IH1～IH5. 印度尼西亚屋燕；MC1～MC4. 马来西亚洞燕；IC1～IC2. 印度尼西亚洞燕

2）主成分分析

主成分分析中共得到3个特征值大于1.0的主成分（表3-37），其中，主成分1（PC1）解释了总方差的41.885%，主成分2（PC2）解释了总方差的28.374%，主成分3（PC3）解释了总方差的16.467%，3个主成分累积解释了总方差的86.727%。同时，通过PC1和PC2，3类燕窝（马来西亚屋燕、印度尼西亚屋燕及洞燕）可被明显地区分开来（图3-33）。

其中，不同产地屋燕（马来西亚屋燕和印度尼西亚屋燕）的区别及马来西亚屋燕（MH1～MH6）与马来西亚洞燕（MC1～MC4）的区别主要是由PC1来解释，而印度尼西亚屋燕（IH1～IH5）与印度尼西亚洞燕（IC1～IC2）的区别则主要是由PC2来解释。通过分析成分矩阵表（表3-38），得知PC1主要解释了列变量V1～V4及V6～V8，这

表 3-37　已知来源燕窝样品主成分分析的总方差

成分	初始特征值		
	合计	方差百分比/%	累积/%
1	**4.607**	**41.885**	**41.885**
2	**3.121**	**28.374**	**70.260**
3	**1.811**	**16.467**	**86.727**
4	0.741	6.740	93.467
5	0.307	2.787	96.254
6	0.169	1.535	97.788
7	0.119	1.081	98.869
8	0.080	0.729	99.598
9	0.039	0.352	99.950
10	0.005	0.047	99.996
11	0.000	0.004	100.000

注：成分 1～3 为提取到的主成分

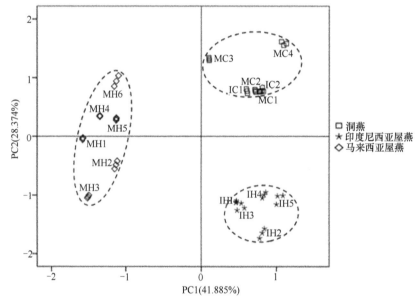

图 3-33　已知来源燕窝样品蛋白质条带的主成分分析
MH1～MH6. 马来西亚屋燕；IH1～IH5. 印度尼西亚屋燕；
MC1～MC4. 马来西亚洞燕；IC1～IC2. 印度尼西亚洞燕

些变量总体上代表了高分子量蛋白质（110～170kDa）及高丰度的中低分子量蛋白质（35～70kDa）；而 PC2 则主要解释了列变量 V5、V9 及 V11，这些变量总体上代表了另一组高分子量蛋白质（100～110kDa）及较低分子量蛋白（20～25kDa & 30～35kDa）。这表明在鉴别不同产地的屋燕及马来西亚的屋燕和洞燕中，主要高分子量蛋白质（110～170kDa）及高丰度的中低分子量蛋白质发挥了重要作用，而这些蛋白质在这两类燕窝中的含量大不相同；而印度尼西亚的屋燕和洞燕的主要差别则在于另一组高分子量蛋白质（100～110kDa）及低分子量蛋白质含量的不同。以上结果均表明，SDS-PAGE 电泳所得的蛋白质条带可用于鉴别不同产地的屋燕及不同生产方式的燕窝。

表 3-38 已知来源燕窝样品主成分分析的成分矩阵

列变量	主成分	
	1	2
V1	0.963	−0.140
V2	−0.931	0.162
V3	0.778	−0.454
V4	−0.961	0.019
V5	−0.140	−0.870
V6	0.694	0.459
V7	−0.614	−0.588
V8	0.784	−0.305
V9	0.430	0.803
V10	−0.270	0.154
V11	0.076	0.891

3）判别分析

将所得的分析数据输入 SPSS 中，同时根据聚类分析及主成分分析的结果对 17 个已知来源的燕窝样品进行分类，将马来西亚屋燕设为第一类（group 1），印度尼西亚屋燕设为第二类（group 2），洞燕设为第三类（group 3），并将此分类结果作为一个分类列变量输入 SPSS 中，对由此组成的数据矩阵进行费舍尔线性判别分析（Fisher's linear discriminant analysis）。所得的 2 个线性判别函数可将 3 类燕窝样品明显地区分开来（图 3-34），且类间距离较大而类内较紧凑，区分效果较理想。其中 DF1（判别函数 1）解释了总方差的 60.8%，DF2 解释了总方差的 39.2%。另外，所得的 Wilks 检验的 λ 值为 0.001，表明该判别分析模型具有很好的分辨率。

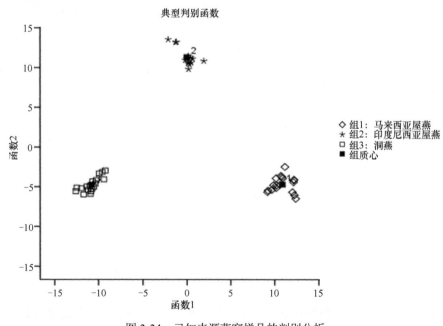

图 3-34 已知来源燕窝样品的判别分析

（4）市售燕窝样品的SDS-PAGE电泳及产地来源的鉴别

对所收集的 26 个纯燕窝样品（产地或生产方式不明）中的水溶性蛋白质进行SDS-PAGE 电泳（图 3-35），以探究该模型在实际燕窝样品中的适用性。

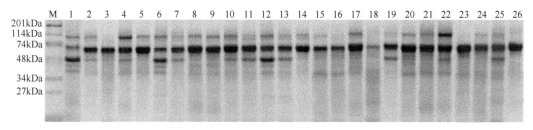

图 3-35　未知来源燕窝样品的 SDS-PAGE 电泳图谱
M. 预染蛋白质分子量标准；1～26. 分别对应于表 3-38 中的 EBN01～EBN26 样品

采用 Quantity One 软件对电泳图像进行分析后得到相应的分析数据，将此数据与已知来源燕窝样品的分析数据一起输入 SPSS 中进行判别分析，判别结果表明（图 3-36 和表 3-39），26 个未知来源燕窝样品是由 10 个马来西亚屋燕（group 1），10 个印度尼西亚屋燕（group 2）及 6 个印度尼西亚洞燕（group 3）组成。而根据样品标签，这 26 个燕窝样品中有 4 个样品（EBN05，EBN07，EBN14，EBN16）为马来西亚燕窝，而预测结果表明这 4 个样品为 3 个马来西亚屋燕及 1 个洞燕（EBN14）；另 4 个燕窝样品（EBN08，EBN11，EBN13，EBN15）的产地被标识为印度尼西亚，预测结果表明其中 3 个为印度尼西亚屋燕，另 1 个样品（EBN11）为洞燕。

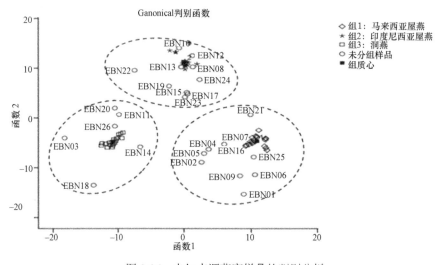

图 3-36　未知来源燕窝样品的判别分析

3.8.5　小结

本节以燕窝中的水溶性蛋白质为研究对象，通过蛋白质分离的经典方法 SDS-PAGE 电泳得到了燕窝蛋白质条带，然后将经 Quantity One 软件分析所得的蛋白质条带数据采

表 3-39 26 个未知燕窝样品的预测结果

序号	样品编号	实际组	预测组	到质心的平方 Mahalanobis 距离
1	EBN01	未分组	1	86.534
2	EBN02	未分组	1	68.763
3	EBN03	未分组	3	44.914
4	EBN04	未分组	1	2.843
5	EBN05	未分组	1	7.804
6	EBN06	未分组	1	30.356
7	EBN07	未分组	1	2.960
8	EBN08	未分组	2	1.289
9	EBN09	未分组	1	24.209
10	EBN10	未分组	2	29.114
11	EBN11	未分组	3	29.777
12	EBN12	未分组	2	42.316
13	EBN13	未分组	2	18.398
14	EBN14	未分组	3	10.196
15	EBN15	未分组	2	9.665
16	EBN16	未分组	1	117.168
17	EBN17	未分组	2	55.120
18	EBN18	未分组	3	54.920
19	EBN19	未分组	2	0.315
20	EBN20	未分组	3	54.437
21	EBN21	未分组	1	18.894
22	EBN22	未分组	2	50.706
23	EBN23	未分组	2	38.257
24	EBN24	未分组	2	85.543
25	EBN25	未分组	1	45.633
26	EBN26	未分组	3	58.231

用 SPSS 数理统计软件进行多变量分析，从而初步建立了燕窝产地及生产方式的鉴别模型。

3.9 基于双向电泳的蜂王浆新鲜度指示蛋白质应用初探

蜂王浆的品质和保健功效易受其储存条件和时间的影响。若储存温度过高或储存时间过长，蜂王浆的物理性状、化学组成会发生显著变化，其保健功效也会降低甚至丧失。与新鲜度有关的蜂王浆质量问题已成为近年来蜂王浆产业关注的焦点。本节以蜂王浆的蛋白质为研究对象，采用优化后的双向电泳技术和质谱技术研究蜂王浆在不同储存条件、不同储存时间下蛋白质组的变化规律，并结合 Western blot 免疫学方法初步建立了以检测蛋白质为目标的蜂王浆新鲜度评价方法。

3.9.1 材料来源

新鲜蜂王浆样品由中国农业科学院蜜蜂研究所实验蜂场提供，为 2011 年 5 月采集的由意大利蜜蜂（*Apis mellifera*）生产的油菜浆。蜂王浆从台基中取出立即装入无菌 Eppendorf 管中，并冷藏于−80℃。不同蜜源不同产地的蜂王浆样品共 6 份，其中 5 个样品为 2011 年 5～7 月搜集，分别为油菜（重庆）、椴树（东北地区）、洋槐（宁夏）、荔枝（福建）、向日葵（新疆）蜂王浆，荆条（北京）蜂王浆为 2012 年春季收集，收集后均储存于−20℃。市售蜂王浆样品均购自北京超市，购买时样品均冷冻（−18℃左右）储存，且商标中标注生产日期均在保质期内，购买后进行分装，并冷藏于−80℃。

3.9.2 主要设备

全波长酶标仪、水平电泳系统、中型垂直电泳槽、成像系统、水浴锅、离心机、核酸蛋白质分析仪、基质辅助激光解吸附电离飞行时间质谱仪、小型蛋白质转印槽。

3.9.3 实验方法

（1）蜂王浆总蛋白质的提取

将 100mg 的蜂王浆和 1mL 的裂解缓冲液充分混合，4℃下 15 000g 离心 10min。取上清液并分装于 1.5mL 离心管，每管 100μL，然后加入 3～5 倍体积的丙酮（预先放置于−20℃），冰浴 30min 后 8000g 离心 10min，去上清。待丙酮完全挥发后，沉淀用 100μL 的裂解缓冲液再次溶解。所得蛋白质样品均采用 Bradford 法进行浓度测定。

（2）双向电泳

将等电聚焦的胶条先后放在胶条平衡缓冲液 I 和胶条平衡缓冲液 II 中各平衡 15min，采用聚丙烯酰胺胶浓度分别为 10%的均一胶进行第二向电泳，将融化的琼脂糖封胶液置于第二向胶上，高约 1cm。取平衡好的 IPG 胶条，先在电泳缓冲液中进行快速冲洗，然后放在第二向胶上。在 18℃的恒温下进行电泳，起始电流 10～15mA，待蛋白质从 IPG 胶条进入第二向胶后，恒流 20～30mA 条件下进行电泳 3～4h。每个实验条件做 3 次重复。

（3）染色和图像扫描分析

电泳结束后用固定液固定 30min，CBB G-250 染色 1h，去离子水脱色直至背景为无色透明、蛋白质点清晰为止。脱色后凝胶使用凝胶成像仪透射模式进行扫描成像，所得图像使用 PDQuest V 7.3.0（Bio-Rad）进行斑点检测和匹配分析。

（4）蛋白质的胶内酶解

用手术刀片切下胶上目标蛋白点，置于 EP 管中（胶块切成约 1mm³ 大小），同时切下空的胶块作为对照。向管中加入 200～400μL 100mmol/L NH₄HCO₃/30%CAN 并置于恒温均匀器上进行脱色，待凝胶脱色至透明，吸去上清。再加入 500μL100% ACN，使凝胶脱水，待凝胶变为乳白色后，将乙腈吸干。装有吸干水分的凝胶的试管中加入 5μL 的 10ng/μL 胰蛋白酶溶液，置于 4℃冰箱 30~60min，使胶块充分吸胀。再加入 20~30μL 的 25mmol/L NH₄HCO₃ 缓冲液（无胰蛋白酶），37℃反应过夜。吸出酶解液，转移至新的 EP 管中，原管加入 100μL 60% ACN/0.1%TFA，超声振荡 15min 后吸出溶液并与前面酶解液合并，并置于真空离心浓缩仪中干燥至无液体残余。用 5μL 的 0.1% TFA 充分溶解管壁上的肽段，−20℃保存或点靶进行质谱分析。

（5）质谱鉴定

取 0.5~1μL 制备好的待测蜂王浆蛋白质样品或标准品点靶到不锈钢靶板上，自然干燥结晶，再吸取 1μL 基质溶液覆盖在样品上（标准品不需要此步骤），自然干燥结晶。将靶板放入 MALDI-TOF 质谱仪中，进行质谱鉴定。设定参数如下：反射模式，正离子谱测定，离子源加速电压为 20kV，外标采用多肽校准用标准 II（peptide calibration standard II）进行校正，内标采用胰蛋白酶的自切峰（MH⁺：842.51Da、2211.10Da、2283.18Da 或 2299.18Da）进行两点或单点校正。

（6）数据比对

使用国际互联网上的免费 Mascot 蛋白质分析资料库程序，网址为 http://www.matrix-science.com/search_form_select.html。检索参数设置如下：数据框：NCBInr；类别：后生动物（animals）；酶：胰蛋白酶；缺失裂解：1；氨基甲基化（C）：定量修饰；氧化（M）：非定量修饰；仪器：MALDI-TOF-TOF；肽质量误差：100ppm；串联质谱误差：0.6Da。搜库结果若蛋白质得分大于 77 即可信度大于 95%（$P<0.05$）。

（7）多克隆抗体的制备

将 NCBI 上提供的意蜂（*Apis mellifera*）的 MRJP 的氨基酸序列（GenBank accession no. NM_001011599.1）与其他意蜂的 MRJP 的氨基酸序列进行比对发现，MRJP5 蛋白质含有一段 165 个氨基酸的特异区（No.377~541，用红色字体标出），在其 165 个氨基酸的特异区设计 2 条特异多肽序列：DRMDRMDRMDTMDTMDR 和 MDTMDTMDRTDK。在其非特异区（与其他 MRJP 同源性较高）设计一条多肽序列：GSDERRQAAMQSGEYD。合成设计多肽，并以多肽为半抗原与载体蛋白——钥孔血蓝蛋白（mcKLH）偶联成完全抗原（多肽-mcKLH）来免疫兔。两条特异区的多肽抗原作为共同免疫原免疫同一只兔子，另外一条非特异区多肽抗原免疫另一只兔子。

（8）Western blot 半定量方法检测蜂王浆新鲜度

利用多肽免疫兔获得的 MRJP1 的多克隆抗体（anti-MRJP）及 MRJP5（anti-MRJP5pAb）的多克隆抗体对蜂王浆中的 MRJP1 和 MRJP5 进行 Western blot 测定，待图像保存后，使用 Bio-rad 公司的 Quantity-one 软件测定免疫印迹条带的平均灰度值（mean value intensity，MVI），蜂王浆新鲜度利用 MRJP5/MRJP1 的比值衡量，公式为

MVI（MRJP5）/MVI（MRJP1）=[MVI（MRJP5）–MVI（泳道背景）]/[MVI（MRJP1）–MVI（泳道背景）]。每个样品都做 3 次重复，并求出 MRJP5/MRJP1 的平均值与标准偏差。

3.9.4 结果与分析

（1）新鲜蜂王浆中蛋白质含量的测定

以系列稀释浓度的牛血清白蛋白（BSA）为横坐标，蛋白质在 595nm 处的吸光值为纵坐标绘制标准曲线并做线性回归分析。根据编制的标准曲线，计算样品中的蛋白质含量，定量上样。通过图 3-37 可知，BSA 在 0～0.33mg/mL 呈线性关系，线性方程为 $y=1.1975x–0.0066$，相关系数为 0.9981。采用该标准曲线测定蜂王浆新鲜样品，每个样品重复 3 次，测得的新鲜蜂王浆的蛋白质浓度为（10.5±0.5）mg/mL。

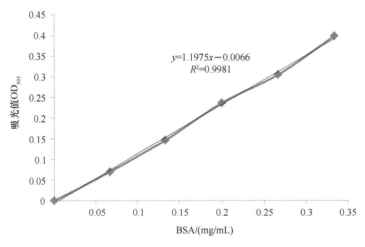

图 3-37　牛血清白蛋白标准曲线

（2）蜂王浆蛋白质组双向电泳方法的建立

采用 pH 3～10、pH 4～7 及 pH 5～8 的 IPG 胶条对蜂王浆蛋白质样品分别进行双向电泳，结果如图 3-38 所示，利用 pH 5～8 的 IPG 胶条获得的图谱其蛋白质点数最多（66 个）且蛋白质分离效果明显，蛋白质点清晰，因此，进行蜂王浆蛋白质的双向电泳实验选择 pH 5～8 的 IPG 胶条，电泳效果最好。同时，优化蛋白质上样量、聚焦时间、丙烯酰胺浓度、垂直电泳丙烯酰胺浓度，结果表明，蛋白质上样量为 150μg 时，蛋白质点清晰，可检测到 66 个点，聚焦效果好，分辨率高，图谱的质量最佳。蜂王浆蛋白质在聚焦达到 32 000V·h 的情况下能充分地聚焦，得到较为理想的图谱。分离蜂王浆蛋白质的第二向分离胶最适丙烯酰胺浓度为 10%。

（3）新鲜蜂王浆蛋白质组的分析及质谱鉴定

通过优化建立的双向电泳方法对蜂王浆的新鲜样品进行分离，得到的双向电泳图谱

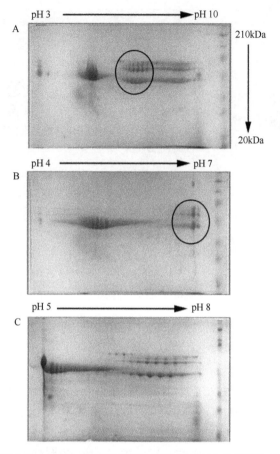

图 3-38 不同 pH 范围的 IPG 胶条的双向电泳图谱比较
A. pH3～10；B. pH4～7；C. pH5～8

清晰度和分辨率较好（图 3-39），从图中可以看出，蛋白质点的分布和聚焦效果比较理想，蛋白质点的形状较为规则。通过图像扫描和 PDquest 软件分析后，可以检测到超过（74±6）个较为明显的蛋白质点，它们主要分布在等电点 pH5～8，分子量在 30～100kDa。同时也可以发现，在 50～80kDa 的蛋白质点达到了 68 个，占整张图谱中蛋白质点数的 90%以上，且等电点比较接近的蛋白质点呈串珠状分布。在偏酸性区（pH5～6）分布着含量相对比较丰富的一串蛋白质点。实验经过了 3 次重复，发现图谱具有较好的重复性，满足了蜂王浆蛋白质分离鉴定和蜂王浆蛋白质组比较分析的需要。

　　实验从新鲜蜂王浆双向电泳胶中选取了 65 个较为明显的蛋白质点，胶内酶解后利用 MALDI-TOF 对其进行二级质谱鉴定，并利用 MASCOT 数据库对这些蛋白质点进行检索。结果发现，通过考马斯亮蓝法染色得到的较为明显的蛋白质点，在利用二级质谱鉴定时，95%以上都可以得到较好的信噪比和质量精度，满足了进行数据检索的需要。在 65 个被分析的蛋白质点中，59 个蛋白质点通过在线的 Mascot 数据库得到了成功的鉴定，成功率大于 90%。图 3-40A 为标记的蛋白质点 1 的一级质谱，即肽质量指纹图谱（peptide mass fingerprinting，PMF）。从肽指纹图谱中选择信噪比比较高、信号比较强的

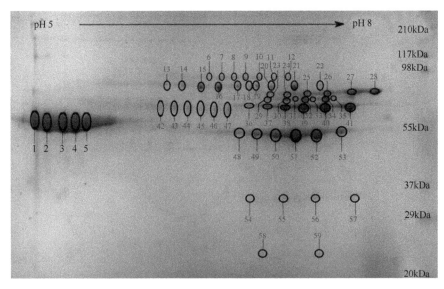

图 3-39　新鲜蜂王浆样品的双向电泳图谱（彩图请扫封底二维码）

肽段作为母离子（m/z=1293.689、1534.869、1630.831、1762.740）进行母离子破碎，获得的二级质谱图列于图 3-40B~E。将从一级、二级质谱中获得的各断裂肽段的质荷比数据输入 Mascot 数据库进行蛋白质的鉴定。

通过质谱鉴定，59 个蛋白质点中，大部分蛋白质都属于蜂王浆主蛋白（MRJP）家族。蛋白质点 1~5 为 MRJP1 前体（Mr=49.31kDa，pI=5.10）；蛋白质点 13~22 为 MRJP5 前体（Mr=70.53kDa，pI=5.95）或 MRJP5（Mr=70.47kDa，pI=6.11）；蛋白质点 23~41 为 MRJP3 前体（Mr=61.97kDa，pI=6.47）；蛋白质点 42~47 为 MRJP4 前体（Mr=53.23kDa，pI=5.89）；蛋白质点 48~59 为 MRJP2 前体（Mr=51.44kDa，pI=6.83）。除此之外，蛋白质点 6~12 为 GOD（Mr=68.35kDa，pI=6.48）。本研究鉴定的 59 个蛋白质点，分子量和等点范围分别为 49.31~70.53kDa 和 5.10~6.83，与 Li 等（2008）的研究数据（分子量范围 48.86~70.24kDa，等电点范围 5.1~6.9）和 Furusawa 等（2008）的研究结果（分子量范围 30~100kDa，等电点范围 4.5~7）基本一致。

（4）不同储存条件下的蜂王浆蛋白质组分析

将储存于–20℃、4℃及常温下 6 个月及 12 个月的蜂王浆进行双向电泳，每个储存条件的双向电泳重复 3 次，得到的图谱与新鲜蜂王浆图谱进行比较，在完全相同的电泳条件下，双向电泳后经过考马斯亮蓝染色和图像扫描后，发现–20℃储存 6 个月、12 个月的蜂王浆图谱中的蛋白质点都较为清晰，且两张图谱的蛋白质点与新鲜蜂王浆图谱的蛋白质点相比存在着极为相似的分布模式（图 3-41），且分子量和等电点的分布较为一致。

对–20℃储存的蜂王浆样品中的蛋白质点进行了质谱鉴定，鉴定结果如表 3-40 所示：–20℃储存 6 个月的蜂王浆中检测到 51 个蛋白质点，比新鲜蜂王浆的总蛋白质数减少 8 个。6 种蛋白质组分 MRJP1~5 和 GOD 均检测到，包括 5 个 MRJP1、10 个 MRJP2、14

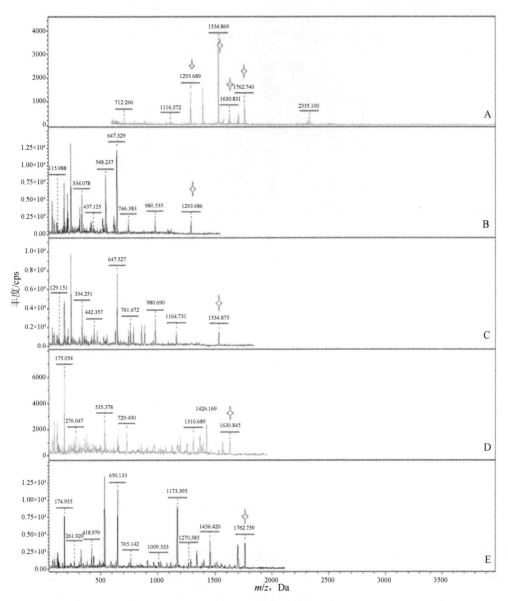

图 3-40 新鲜蜂王浆中蛋白质点 1（MRJP1）的质谱图（彩图请扫封底二维码）

A. 一级质谱图（PMF）；B~E. 二级质谱图；

红色星号标注的峰代表从一级质谱中筛选的进行二级质谱的母离子

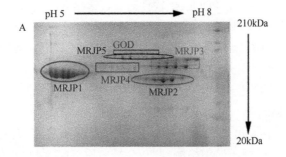

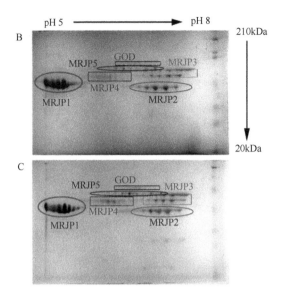

图 3-41 –20℃储存后蜂王浆与新鲜蜂王浆的双向电泳图谱比较(彩图请扫封底二维码)

A. 新鲜蜂王浆;B. –20℃储存 6 个月;C. –20℃储存 12 个月

表 3-40 储存后蜂王浆与新鲜蜂王浆中蛋白质点的比对结果

储存条件	蛋白质点数	MRJP1	MRJP2	MRJP3	MRJP4	MRJP5	GOD
新鲜未储存	59	5	12	19	6	10	7
–20℃储存 6 个月	51	5	10	14	6	10	6
–20℃储存 12 个月	47	5	10	14	5	9	4
4℃储存 6 个月	30	4	8	15	0	3	0
4℃储存 12 个月	29	4	11	14	0	0	0
常温储存 6 个月	25	3	8	14	0	0	0
常温储存 12 个月	9	3	3	3	0	0	0

个 MRJP3、6 个 MRJP4、10 个 MRJP5 和 6 个 GOD。而–20℃储存 12 个月的蜂王浆中检测到 47 个蛋白质点,比新鲜蜂王浆的总蛋白质数减少 12 个。6 种蛋白质组分 MRJP1～5 和 GOD 也均检测到,包括 5 个 MRJP1、10 个 MRJP2、14 个 MRJP3、5 个 MRJP4、9 个 MRJP5 和 4 个 GOD。采用 PDQuest 软件对新鲜蜂王浆、–20℃储存 6 个月及 12 个月图谱进行对比,选取分子量和等电点一致的蛋白质点作为参照点对 3 张图谱的蛋白质点进行匹配,结果发现三者匹配的蛋白质点有 45 个,匹配率达到 76%。

通过上述同样的方法利用 PDQuest 软件对 4℃储存 6 个月及 12 个月的蜂王浆二维图谱与新鲜蜂王浆进行分析比对(图 3-42),发现与新鲜蜂王浆相比,4℃储存蛋白质点的清晰度明显降低,对 4℃储存的蜂王浆样品中的蛋白质点进行质谱鉴定结果(表 3-42)表明:4℃储存 6 个月的蜂王浆中检测到 30 个蛋白质点,比新鲜蜂王浆的蛋白质点数(59 个蛋白质点)少一半,只检测到 4 个蛋白组分:MRJP1～3 和 MRJP5(分别为 4 个 MRJP1、8 个 MRJP2、15 个 MRJP3、3 个 MRJP5),未检测到 MRJP4 和 GOD。说明 MRJP4 和 GOD 是蜂王浆中对储存温度最敏感的两个蛋白质,在蜂王浆 4℃储存 6 个月时已经降解完全。4℃储存 12 个月的蜂王浆中检测到 29 个蛋白质点,与 4℃储存 6 个月的蜂王浆相差不大，但是只检测到 3 个蛋白组分：MRJP1～3（分别为 4 个 MRJP1、11 个 MRJP2、14 个 MRJP3），未检测到 MRJP5，说明在 4℃储存 6～12 个月 MRJP5 蛋白质也降解完全，即 MRJP5 也是对储存温度较敏感的蛋白质，但是其敏感度低于 MRJP4 和 GOD。此外，在 4℃储存 12 个月的蜂王浆中的 MRJP2 的蛋白质点个数（11 个）反而多于 4℃储存 6 个月的 MRJP2 蛋白质点个数（8 个），分析原因可能是一个蛋白质点在储存过程中发生降解从而生成 2 个甚至更多的含有该蛋白质部分多肽的不完整蛋白质，从而导致该蛋白质点的数量增多。

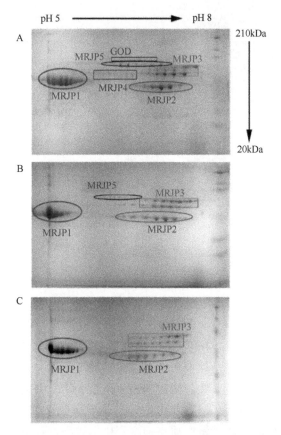

图 3-42　4℃储存后蜂王浆与新鲜蜂王浆的双向电泳图谱比较（彩图请扫封底二维码）

A. 新鲜蜂王浆；B. 4℃储存 6 个月；C. 4℃储存 12 个月

将在常温下储存 6 个月和 12 个月的蜂王浆与新鲜蜂王浆相比，发现常温储存的蜂王浆中的蛋白质大部分已经降解（图 3-43），蛋白质点数急剧减少，且蛋白质点较模糊。经质谱鉴定，在常温储存 6 个月的蜂王浆蛋白质点数减少为 25 个，仍可检测到 3 个蛋白质组分 MRJP1～3（分别为 3 个 MRJP1、8 个 MRJP2 和 14 个 MRJP3）。当储存时间延长至 12 个月时，可辨的蛋白质点数仅有 9 个（3 个 MRJP1、3 个 MRJP2 和 3 个 MRJP3）。此外，在常温储存蜂王浆的双向电泳图谱中发现了较低分子量的 MRJP3（图 3-43B 和 C 中黄色框标示），这在新鲜蜂王浆及 –20℃、4℃储存蜂王浆的双向电泳图谱中均未发现，推测也是 MRJP3 蛋白质在常温储存时发生降解产生的部分 MRJP3 片段。

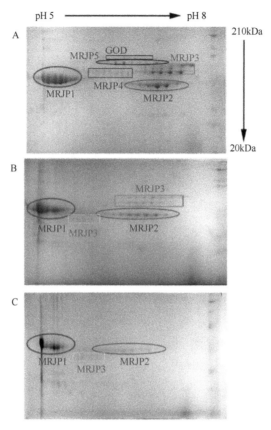

图 3-43　常温储存后蜂王浆与新鲜蜂王浆的双向电泳图谱比较（彩图请扫封底二维码）
A. 新鲜蜂王浆；B. 常温储存 6 个月；C. 常温储存 12 个月

　　研究结果表明，MRJP1～3 含量较多，相对也比较稳定，在 3 种储存温度下储存 1 年以后仍可以检测到。而 MRJP4 和 GOD 则仅在–20℃储存条件下能检测到，在 4℃和常温下都没有检测到，说明这两种蛋白质对温度是最敏感的，必须提供较低的储存温度（–20℃及以下）储存才能维持其在一定时间内（至少一年）稳定存在。而对不同储存条件下的蜂王浆中 MRJP5 的检测发现，MRJP5 在–20℃下储存 12 个月后，仍可检测到 10 个蛋白质点，与新鲜样品相比其蛋白质点强度变化也较小，而在常温储存条件下 6 个月内即完全降解消失；在 4℃储存条件下，当储存时间为 6 个月时仍可以检测到，但蛋白质含量较–20℃储存时明显下降，当储存时间延长至 1 年时，MRJP5 降解完全。从筛选蜂王浆新鲜度指示蛋白质的角度考虑，既不能筛选对温度太敏感的蛋白质，也不能选择稳定性较高的蛋白质，而 MRJP5 蛋白质的稳定性和对温度的敏感性介于 MRJP4、GOD 和 MRJP1～3 之间，因此可作为蜂王浆新鲜度指示蛋白质。

（5）不同蜜源、不同产地蜂王浆样品的蛋白质组分析

　　研究选取了蜜源和产地分别为椴树（吉林）、荆条（北京）、荔枝（福建）、油菜（重庆）、洋槐（宁夏）、向日葵（新疆）的 6 个蜂王浆样品进行双向电泳，所得图谱如图 3-44 所示。利用 PDQuest 软件与新鲜蜂王浆图谱进行比对，发现 6 个不同蜜源、不同产地的

蜂王浆与新鲜蜂王浆（产地：北京，蜜源：油菜）的二维图谱均有很好的匹配度且蛋白质组分基本相同，均含有 MRJP1～3 和 MRJP5，荆条蜂王浆样品中还检测到 MRJP4 和 GOD。分析其原因是荆条蜂王浆为 2012 年春季收集后于–20℃储存不到 12 个月时间的样品，因此仍可检测到 MRJP4 和 GOD，这与不同储存条件下的蜂王浆蛋白质组分析的结论一致。其他蜂王浆样品均为 2011 年春夏季收集，在–20℃条件下储存时间均超过 20 个月。

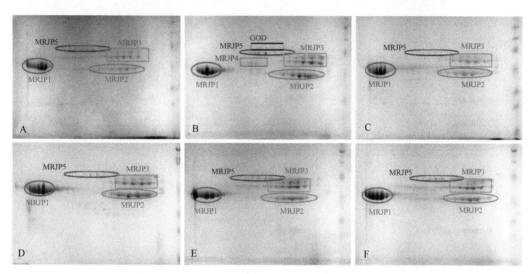

图 3-44　不同产地、不同蜜源蜂王浆的 2-DE 图谱（彩图请扫封底二维码）
A. 椴树（吉林）；B. 荆条（北京）；C. 荔枝（福建）；D. 油菜（重庆）；E. 洋槐（宁夏）；F. 向日葵（新疆）

（6）蜂王浆新鲜度免疫学检测方法的建立

1）制备多克隆抗体

利用 MRJP5 特异区多肽抗原免疫兔的方法制备了 MRJP5 的多克隆抗体（anti-MRJP）经 Western blot 验证，该抗体与新鲜蜂王浆中的 MRJP5 蛋白质有很好的、特异的免疫反应（图 3-45），可作为 MRJP5 的特异抗体。以 anti-MRJP5pAb 为第一抗体对重组表达的 AmMRJP5 也进行 Western blot 鉴定，发现重组蛋白也能与 anti-MRJP5pAb 特异性结合而显色，两个结果都证明成功制备出 MRJP5 多克隆抗体。而以非特异区多肽为抗原免疫兔获得的抗体经验证，并不是与所有 MRJP 有免疫反应，而只与 MRJP1 有特异的免疫反应，从而该抗体可以作为 MRJP1 的特异多克隆抗体（anti-MRJP）。

2）不同储存条件下的蜂王浆中 MRJP5 的 Western blot 分析

利用制备的 MRJP1 和 MRJP5 的多克隆抗体，将新鲜蜂王浆和不同储存条件下的蜂王浆的一维和二维蛋白质凝胶进行转膜并进行 Western blot 实验后（图 3-46）。与 MRJP5 相比，蜂王浆中 MRJP1 的含量最多且变化较缓慢，相对较稳定，且制备的 anti-MRJP1pAb 检测的不同储存条件下 MRJP1 的蛋白质含量也证明了 MRJP1 的相对稳定性。为了使 Western blot 检测结果更准确，设定 MRJP1 蛋白质作为 MRJP5 的 Western blot 检测过程中的内参蛋白。

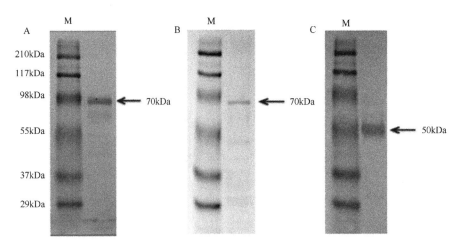

图 3-45 多克隆抗体的特异性验证及重组蛋白 AmMRJP5 的 Western blot 鉴定
M. 标准分子量蛋白质 marker；A. 新鲜蜂王浆总蛋白质（加 anti-MRJP5pAb）；
B. AmMRJP5 重组蛋白质（加 anti-MRJP5pAb）；C. 新鲜蜂王浆总蛋白质（加 anti-MRJP1pAb）

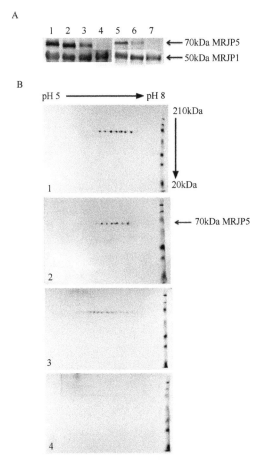

图 3-46 新鲜蜂王浆及储存蜂王浆中 MRJP5 的 Western blot 检测
A. 一维电泳（SDS-PAGE）-Western blot；B. 二维电泳（2-DE）-Western blot；
1. 新鲜 RJ；2. –20℃储存 6 个月；3. 4℃储存 6 个月；4. 常温储存 6 个月；
5. –20℃储存 12 个月；6. 4℃储存 12 个月；7. 常温储存 12 个月

在 SDS-PAGE 的免疫印迹（图 3-46A）中，新鲜蜂王浆、–20℃和 4℃储存 6 个月蜂王浆（图 3-46A 泳道 1～3）中在 70kDa 处均检测出一蛋白质可以与 anti-MRJP5pAb 发生免疫反应，证明该蛋白质即是 MRJP5（50kDa 处的 MRJP1 蛋白质作为 Western blot 实验中的内参蛋白）。肉眼可观察到 MRJP5 条带的灰度与新鲜蜂王浆相比，在–20℃储存 6 个月后变化较小，储存时间增至 1 年时，MRJP5 有一定的降解。比起新鲜蜂王浆，在 4℃条件下储存 6 个月后蜂王浆中 MRJP5 含量急剧下降，当储存期延长至 12 个月后，仍可检测出痕量 MRJP5，而利用双向电泳检测不出 4℃储存 12 个月后的蜂王浆中的 MRJP5，这是由于 Western blot 检测方法比双向电泳的方法的灵敏度高。常温储存 6 个月和 12 个月的蜂王浆中均检测不出与 anti-MRJP5pAb 的免疫反应（图 3-46A 泳道 4 和泳道 7），从而证明 MRJP5 已完全降解。双向电泳的免疫印迹图（图 3-46B）则显示出一连串 MRJP5 的免疫印迹点，这些点随着储存温度的不同而发生的变化规律与一维的免疫印迹的结果一致。

为了找出 MRJP5 在常温储存过程中消失的准确时间，将常温储存时间缩短为 5 天、10 天、15 天、30 天、45 天、60 天、75 天进行 Western blot 检测，结果如图 3-47A 所示，常温储存 15 天内的蜂王浆中仍可见较明显的 MRJP5 的免疫印迹条带，推测在常温储存 15 天内 MRJP5 降解速率较缓慢。当蜂王浆常温储存到 30 天时，则仅检测到非常弱的免疫印迹条带，证明 MRJP5 蛋白质的大量降解发生在常温储存 15～30 天。随着储存时间的延长，残存的 MRJP5 继续降解，当储存至 75 天时，无法检测到 MRJP5 与其抗体的免疫反应，从而证明 MRJP5 蛋白质最终降解完全。

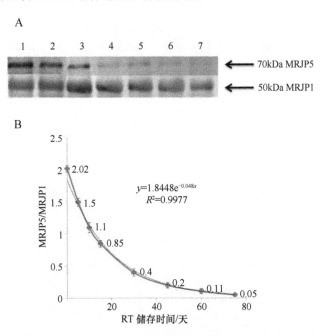

图 3-47　常温储存蜂王浆中 MRJP5 的 Western blot 检测及常温储存时间与 MRJP5/MRJP1 的回归曲线
A. MRJP5 的 Western blot 检测；B. 常温储存时间与 MRJP5 相对含量的回归曲线
1～7 分别代表 5 天、10 天、15 天、30 天、45 天、60 天、75 天

使用 Bio-rad 公司的 Quantity-one 软件测定各蜂王浆中 MRJP5 和 MRJP1 的免疫印迹条带的平均灰度值 MVI 和各泳道背景值,利用 MVI(MRJP5)/MVI(MRJP1)=[MVI(MRJP5)−MVI(泳道背景)]/[MVI(MRJP1)−MVI(泳道背景)]的值来衡量蜂王浆新鲜度。以常温储存天数为横坐标[0 天(新鲜蜂王浆)、5 天、10 天、15 天、30 天、45 天、60 天、75 天],以常温不同储存时间的蜂王浆的 MRJP5/MRJP1 值为纵坐标得到一个指数函数(图 3-47B),线性回归方程为 $y=1.8448e^{-0.048x}$,$R^2>0.99$,说明该回归曲线拟合优度较好,从而说明 MRJP5/MRJP1 值与蜂王浆储存时间具有一定相关性,因此可以用 MRJP5/MRJP1 衡量蜂王浆的新鲜度。

3)市售蜂王浆中 MRJP5 的 Western blot 分析及新鲜度免疫学检测方法的建立

对 12 个市售样品中的 MRJP5 进行 Western blot 分析,并分别计算新鲜蜂王浆,−20℃、4℃及常温储存 6 个月和 12 个月的蜂王浆样品及 12 个市售样品的 MRJP5/MRJP1 值,每个样品重复 3 次(图 3-48)。结果表明新鲜蜂王浆含有最高的 MRJP5/MRJP1 值(2.02),经过−20℃储存 6 个月后,比值略微下降至 1.89,−20℃储存 12 个月时,比值下降到 1.32,因为蜂王浆商品的冷冻(−18～−20℃)保质期一般为 12～18 个月,因此本研究初步确定−20℃储存 12 个月的蜂王浆的 MRJP5/MRJP1 的值 1.32 作为判断蜂王浆新鲜度评价的阈值。若在 4℃条件下储存 6 个月,MRJP5/MRJP1 值则降为新鲜蜂王浆该比值的一半左右(1.05),储存 12 个月后 MRJP5/MRJP1 值降为 0.43。常温下储存 6 个月和 12 个月蜂王浆样品的 MRJP5/MRJP1 值最小分别为 0.05 和 0.03。

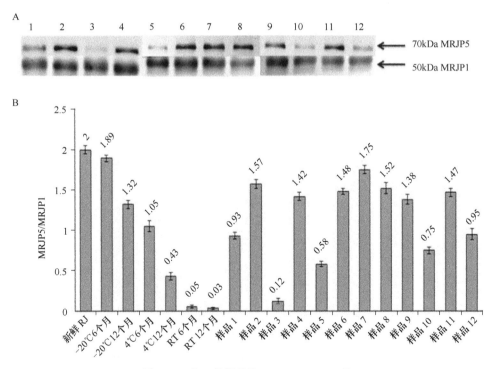

图 3-48 蜂王浆样品的 MRJP5/MRJP1 值

A. 12 个市售样品的 Western blot 免疫印迹图;B. 储存蜂王浆和市售蜂王浆的 MRJP5/MRJP1

对市售样品的 Western blot 检测发现，12 个市售样品的 MRJP5/MRJP1 值从 0.12～1.75 不等，预示着这些样品经历了不同的储存期（图 3-48）。其中 7 个样品（样品 2、4、6～9 和 11）的 MRJP5/MRJP1 的值较高，在 1.38～1.75，低于–20℃储存 6 个月的比值（1.89）但高于–20℃储存 12 个月的比值（1.32），即这 7 个市售样品的 MRJP5/MRJP1 值均高于可以保证蜂王浆新鲜度的阈值 1.32，从而可以认为这 7 个样品的品质较好，其新鲜度可以保证。其他 4 个样品（样品 1，5，10，和 12）的比值在 0.5～1.0，介于 4℃储存 6 个月的比值（1.05）和 4℃储存 12 个月的比值（0.43）之间；在样品 3 中检测到最低的 MRJP5/MRJP1 值，只有 0.12，略高于常温储存 6 个月的比值（0.05）。这 5 个市售样品的 MRJP5/MRJP1 远低于蜂王浆新鲜度评价的阈值 1.32，因此判定这些蜂王浆是不新鲜的，其质量已无法保证。

3.9.5 小结

本节利用双向电泳技术和质谱技术筛选到了适用于蜂王浆新鲜度检测的指示蛋白质 MRJP5，通过 Western blot 半定量方法，初步建立了一个通过检测蜂王浆样品中 MRJP5/MRJP1 值来鉴定蜂王浆新鲜度的免疫学方法，并将其初步应用到蜂王浆市售样品新鲜度的检测。该方法以抗原抗体的免疫反应为基础，从检测蛋白质的角度来评价蜂王浆新鲜度，丰富了蜂王浆新鲜度检测指标，也为如实评价和有效监控蜂王浆质量、规范蜂王浆市场提供理论依据。

3.10 基于毛细管电泳的燕窝中掺假银耳成分的检测研究

本节采用蛋白质分析技术，探索了毛细管电泳在定性和定量检测燕窝掺杂物外源性蛋白质组分方面的可行性，以期为今后燕窝中掺入银耳等掺假物的检测提供有效方法。

3.10.1 材料来源

干燕窝，包括苏岛毛燕、印度尼西亚爪哇金丝燕、印度尼西亚白燕、马来西亚屋燕；干银耳购自市场。

3.10.2 主要设备

PA800 毛细管电泳仪（美国 Beckman 公司）；真空旋转浓缩仪（德国 Eppendorf 公司）；Thermomixer comfort 舒适型恒温混匀仪（德国 Eppendorf 公司）。

3.10.3 实验方法

（1）蛋白质提取

称取去净表面羽毛经液氮研磨后的燕窝粉末样品和经液氮研磨后的银耳粉末样品

500mg 各两组,分别置于 4 个 50mL 离心管中,每管依次加入半片蛋白酶抑制剂和 12mL 去离子水,涡旋混匀;采用两个不同提取条件对燕窝和银耳蛋白质进行提取,分别为 4℃下静置提取 24h（第一组）和 60℃下 750r/min 振荡提取 3h（第二组）。

将提取液分装至 5 个 2mL 离心管中,12 000g 离心 10min,吸取约 8mL 上清分装至 4 个 2mL 离心管中,采用真空旋转浓缩仪将每管液体均浓缩至 150μL 后,利用蛋白质纯化试剂盒去除蛋白质浓缩样品中的盐离子并将其沉淀,获得风干于离心管底部的燕窝和银耳蛋白质各 4 管。

（2）毛细管电泳

取 1 管上述纯化的蛋白质,加入 100μL SDS 样品缓冲液,于舒适型恒温混匀仪上 2000r/min 混匀 15min,得到浓度约为 0.5mg/mL 的蛋白质溶液;加入 5μL 0.1mol/L DTT 溶液,盖紧瓶盖并充分混合,于 100℃水浴中加热 3min;将样品瓶置于水浴中冷却 5min 后,采用 50μm×30.2cm 的非涂层石英毛细管进行电泳分析。

电泳步骤:50psi 下 0.1mol/L NaOH 碱洗 5min,50psi 下 0.1mol/L HCl 酸洗 2min,50psi 下去离子水冲洗 2min,40psi 下 SDS 凝胶灌注 10min,5.0kV 电压上样 20s,5.0kV 电压分离 30min,采用光电二极管阵列（PDA）检测器,在 4℃条件下检测,得到结果。

（3）SDS-PAGE

实验参照《蛋白质技术手册》中相关内容进行,配制分离胶浓度为 10%、浓缩胶浓度为 5%的聚丙烯酰胺凝胶;每孔上样体积 20μL,上样量 10μg。10mA 下电泳 30min,随后调节为 20mA 至溴酚蓝前沿距胶底约 0.5cm。凝胶经固定后用考马斯亮蓝法染色,脱色完成后用 Bio-Rad Versa Doc 成像系统拍照。

3.10.4 结果与分析

（1）蛋白质提取条件的筛选

为了确定蛋白质提取条件,分别对燕窝和银耳在 60℃和 4℃条件进行蛋白质提取。毛细管电泳结果显示（图 3-49）,对照分子量标准发现银耳主蛋白质有 3 个峰,分别为 10kDa、20kDa、35kDa 左右（图 3-49A 中 1、2、3）。燕窝主蛋白质为 5 号峰,分子量大于 50kDa。另外,观察到一个小峰 4 号峰,分子量介于 35kDa 与 50kDa。对比 60℃和 4℃提取条件,4℃条件下提取的银耳和燕窝的蛋白质量均明显高于 60℃条件下。因此,选择 4℃静置 24h 作为蛋白质提取条件。

（2）特征蛋白质峰的确定

将燕窝和银耳蛋白质的电泳图谱进行对比,以确定燕窝和银耳的特征蛋白质峰。结果显示所有燕窝都含有分子量大于 50kDa 的主蛋白,苏岛毛燕在 35kDa 处有小峰。但银耳的蛋白质峰与燕窝的蛋白质峰无重复,因此银耳 3 个蛋白质峰可以作为银耳成分特征蛋白质峰（图 3-50）。为验证毛细管电泳结果,对上述 7 种燕窝样品进行传统 SDS-PAGE

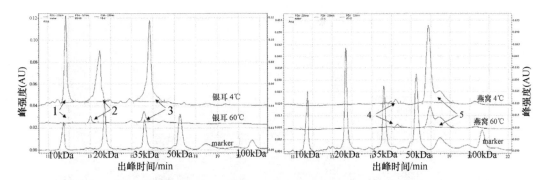

图 3-49　60℃和4℃条件下提取的燕窝和银耳蛋白质毛细管电泳图（彩图请扫封底二维码）

1. 银耳水解蛋白质标志峰 1；2. 银耳水解蛋白质标志峰 2；3. 银耳水解蛋白质标志峰 3；
4. 燕窝水解蛋白质标志峰 1；5. 燕窝水解蛋白质标志峰 2

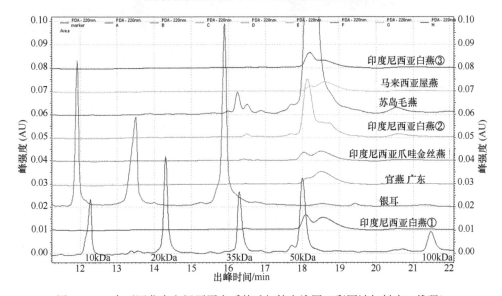

图 3-50　7 个不同燕窝和银耳蛋白质的毛细管电泳图（彩图请扫封底二维码）

检测，结果发现 7 个不同燕窝样品的蛋白质种类和组成略有差异，所有样品的高丰度蛋白质主要集中在 48～74kDa，且 SDS-PAGE 条带明显多于毛细管电泳峰（图 3-51），说明传统 SDS-PAGE 在分辨率上更好。但总体上，两者结果相似，毛细管电泳中 50kDa 主蛋白质峰对应 SDS-PAGE 中 48～70kDa 的两个主带，苏岛毛燕毛细管电泳中的 35kDa 处蛋白质峰对应于 SDS-PAGE 中 34～48kDa 的两条主带。因此，毛细管电泳能够正确反映样品的蛋白质组分，虽然在分辨率上低于 SDS-PAGE 从而导致蛋白质峰数量减少，但主蛋白质明显，在一定程度上更有利于掺假物的识别。

（3）燕窝水溶性蛋白质毛细管电泳图谱重复性

为考察所建立的方法对蛋白质组分的定量重复性，对同一份燕窝样品进行 3 次重复提取后进行毛细管电泳，如图 3-52 所示，3 次重复试验的 4 号峰和 5 号峰均在相同出峰时间，对应的分子量重现性良好。表 3-41 是蛋白质峰的定量结果。4 号峰和 5 号峰的峰

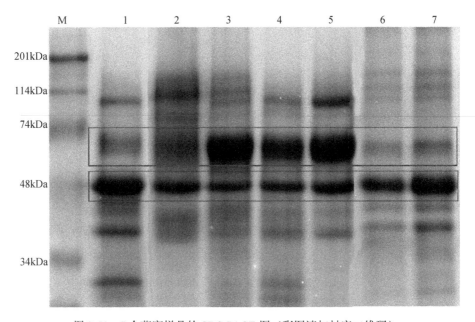

图 3-51　7 个燕窝样品的 SDS-PAGE 图（彩图请扫封底二维码）

M. 预染蛋白质分子量标准；1. 苏岛毛燕；2. 印度尼西亚爪哇官燕；3. 印度尼西亚白燕①；4. 马来西亚屋燕；
5. 印度尼西亚爪哇金丝燕；6. 印度尼西亚白燕②；7. 印度尼西亚白燕③

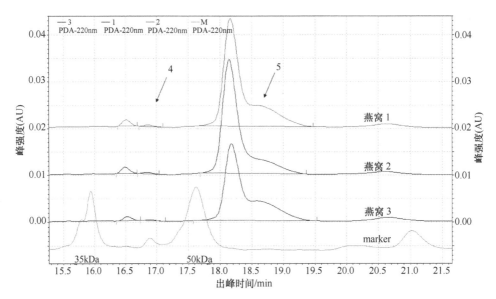

图 3-52　3 次提取实验燕窝蛋白质组分毛细管电泳图（彩图请扫封底二维码）

4. 燕窝水解蛋白质标志峰 1；5. 燕窝水解蛋白质标志峰 2

面积在 3 次重复的 RSD 分别为 0.1672 和 0.1241，相对峰面积的 RSD 分别为 0.0498 和 0.0014，说明毛细管电泳定量精密度较好，相对峰面积重复性优于绝对峰面积。

（4）燕窝中掺杂银耳的定量准确性

　　为考察方法对测定燕窝中掺杂银耳量的准确性，提取银耳蛋白质并进行梯度稀释。

表 3-41　3 次提取实验燕窝蛋白质组分峰面积

样品	4	5	峰面积和	4 号峰相对面积	5 号峰相对面积
燕窝 1	14574	506709	521283	0.028	0.972
燕窝 2	14898	531015	545913	0.0273	0.9727
燕窝 3	10852	416751	427603	0.0254	0.9746
RSD	0.1672	0.1241		0.0498	0.0014

注：表中 4、5 为毛细管电泳仪结果中的 4 号峰和 5 号峰

分别取 1000μL、500μL、100μL、50μL、10μL 银耳蛋白质上清液，加入相应体积的双蒸水，使每个浓度梯度的总体积达 1000μL。将 6 个梯度样品进行毛细管电泳，图 3-53 是银耳蛋白质含量和银耳峰面积的关系图，显示 3 个峰的峰面积与银耳含量均呈现较好的线性关系，R^2 分别为 0.998、0.999、0.998，说明通过测定银耳蛋白质峰峰面积可以对样品中银耳含量进行定量。

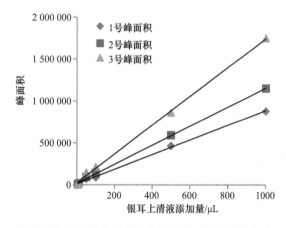

图 3-53　不同配比银耳蛋白质各组分峰面积（彩图请扫封底二维码）

（5）银耳蛋白质的检测

将不同比例的银耳掺入燕窝中模拟掺假燕窝，提取蛋白质后，考察银耳和燕窝蛋白质峰值的线性情况，探讨后续采用该方法进行掺假物定量的可能性。如表 3-42 所示，共选取燕窝基质 3 种，分别为白燕、印度尼西亚金丝燕、马来西亚屋燕。添加的银耳比例为 0.5%、1%、5%、10%、50%。1～3 号峰为银耳蛋白质峰，5 号为燕窝蛋白质峰。各个峰的相对面积与银耳含量呈现较好的线性关系，如白燕中银耳 1～3 号峰的相对含量 R^2 值分别为 0.974、0.999、0.999，燕窝 5 号峰 R^2 值为 0.998。说明根据蛋白质峰的相对含量可以对掺杂到燕窝的银耳含量进行准确定量。另外，针对印度尼西亚爪哇金丝燕和马来西亚屋燕基质，银耳 3 个蛋白质峰峰面积总和的相对量计算得到的 R^2 值优于 1 号、2 号、3 号峰自身的值，说明在实际检测中也可以采用蛋白质峰加合的方式来测量银耳含量。

表 3-42　三种燕窝中掺杂不同比例的银耳毛细管电泳结果

燕窝品种	含银耳比例/%	相对峰面积			
		1	2	3	5
白燕	0.5	0.0023	0.0022	0.0066	0.9889
	1	0.0043	0.0034	0.0095	0.9829
	5	0.0221	0.0173	0.0194	0.9412
	10	0.0494	0.0384	0.0412	0.8710
	50	0.1376	0.1637	0.2042	0.4945
相对峰面积的线性系数		0.974	0.999	0.999	0.998
		0.998			
印度尼西亚爪哇金丝燕	0.5	0.0021	0.0030	0.0145	0.9803
	1	0.0155	0.0235	0.0401	0.9209
	5	0.0218	0.0266	0.0254	0.9262
	10	0.0461	0.0467	0.0298	0.8774
	50	0.1111	0.2916	0.2267	0.3706
相对峰面积的线性系数		0.958	0.992	0.962	0.990
		0.990			
马来西亚屋燕	0.5	0.0028	0.0023	0.0079	0.9870
	1	0.0038	0.0039	0.0093	0.9830
	5	0.0309	0.0075	0.0087	0.9528
	10	0.0730	0.0074	0.0149	0.9046
	50	0.1267	0.1942	0.2768	0.4023
相对峰面积的线性系数		0.856	0.974	0.974	0.997
		0.997			

3.10.5　小结

本节探索了毛细管凝胶电泳技术在燕窝掺假物检测方面的应用，结果显示燕窝主蛋白质峰大于 50kDa，相对含量 97%，次蛋白质峰在 35kDa 与 50kDa 之间。银耳主蛋白质峰有 3 个，分别在 10kDa、20kDa、35kDa 左右。通过分子量可以准确区分燕窝和银耳成分。采用蛋白质峰相对面积法可以对掺杂的组分进行定量，3 种燕窝基质掺杂的银耳含量与银耳蛋白质峰相对面积线性关系为 0.99。

3.11　基于 ELISA 的胡桃过敏原蛋白质检测研究

胡桃（walnut，*Juglans regia*），也称为核桃，与扁桃、榛子、腰果并称为世界四大干果，被广泛地应用于各类食品中，是引起食物过敏的主要食品之一。到目前为止，已经初步得到确认的胡桃过敏原主要有 4 个，分别为 Jug r 1，是一个 2S 清蛋白（2S albumin）前体（Teuber et al.，1998）；Jug r 2，是一个 vicilin 样球蛋白前体（Teuber et al.，1999）；Jug r 3，是一个脂质转运蛋白（lipid-transfer proteins，LTP）；Jug r 4，是一个 11S 球蛋白（globulin）前体（Wallowitz et al.，2006）。本节利用 pGEX-6P-1 原核表达载体系统，表达了以包涵体形式存在的胡桃过敏原蛋白 Jug r 1，本研究中利用该表达蛋白质制备的多克隆抗体建立的竞争 ELISA 检测方法，操作步骤简单，特异性强，检测灵敏度高（定量检测限可达 2.2ng/mL），可用于食品中过敏原胡桃蛋白质成分的检测。

3.11.1　材料来源

山核桃（hickory，*Carya cathayensis*）、胡桃（又名核桃，walnut，*Juglans regia*）、美国山核桃（又名长寿果，pecan，*Carya illinoensis*）、开心果（学名阿月浑子，pistachio nut，*Pistacia vera*）、腰果（cashew 或 Jackfruit，*Anacardium ouidentalie*）、花生（学名落花生，peanut，*Arachis hypogaea*）、芝麻（sesame，*Sesamum indicum*）松子（Korean pine seed，*Pinus koraiensis*）、巴西坚果（Brazil nut，*Bertholletia excelsa*）、榛子（hazelnut，*corylus* spp.）、杏仁（almond，*Amygdalus lommunis*）和小麦粉（common wheat 或 bread wheat，*Triticum aestivum*）均购自北京地区超市。

3.11.2　主要设备

ELISA 96 孔板（美国 Corning Incorporated 公司）。Multiskan Ascent 酶标仪（上海 Thermo labsystems 公司）。

3.11.3　实验方法

（1）胡桃粉及其他植物样品粉的制备

对于烤焙的胡桃、山核桃、美洲山核桃、开心果、腰果、花生、芝麻、松子、巴西坚果、榛子、杏仁用研磨器研碎后，用丙酮洗 4～5 次后用滤纸过滤，于室温干燥过夜。脱脂的植物样品再用粉碎机研磨成细粉。

（2）可读框的选择与引物设计合成

根据 GenBank 发布的胡桃过敏原蛋白 *Jug r 1* 基因序列（登录号为 U66866），选取其中 3～419 部分序列，上游加起始密码子 ATG 和限制性内切酶 *Eco*R I 酶切位点，下游加 *Xho*I I 限制性内切酶酶切位点，序列全长 432bp，委托上海基康生物技术有限公司进行全序列合成。根据序列利用 Oligo6 软件设计了扩增胡桃过敏原蛋白基因 *Jug r 1* 的一对鉴定引物，上游引物为 5′-GAA TTC ATG GCA GCT CTC CTT GTA G-3′，下游引物为 5′-CTC GAG GAA CCA GCT TCT GCG AAT T -3′，引物由上海英俊生物有限公司合成。

（3）表达载体的构建及鉴定

将合成序列经 *Eco*R I /*Xho*I I 双酶切后回收目的片段，将其定向连接到经 *Eco*R I /*Xho*I I 双酶切的 pGEX-6p-1 表达载体中并转化到表达菌株 BL21（DE3）Plys 细胞中，提取质粒经 PCR 鉴定和酶切鉴定正确后选取阳性菌进行测序将重组质粒命名为

pGEX-6p-1-jug r1。PCR 鉴定反应体系为 Ex *Taq*（5U/μL）0.5μL、10×Ex *Taq* Buffer 5μL、dNTP（2.5mmol/L）5μL、上下游引物（25nmol/μL）各 1μL、质粒 0.5μL，加水至 50μL。PCR 反应条件为 94℃1min 94℃ 45s，54℃ 30s，72℃1min，30 个循环；72℃5min。酶切鉴定反应体系为 10×Buffer for *Eco*R I 2μL，*Eco*R I 和 *Xho*l I 酶各 0.5μL，BSA 0.5μL，质粒 7μL，加水至 20μL。

（4）pGEX-6p-1-jug r1 重组蛋白质不同时间的诱导表达及 SDS-PAGE 电泳分析

用阳性重组质粒 pGEX-6p-1-jug r1（或空质粒 pGEX-6p-1）转化表达菌株 BL21（DE3）Plys 感受态细胞，挑取单菌落，加入到 10mL 含氨苄青霉素的液体 LB 中，37℃培养过夜增菌。取 3mL 细菌培养物接种到 50mL 含氨苄青霉素的 LB 中，37℃继续培养至 OD$_{600}$ 为 0.6～1.0 时加诱导剂 IPTG 至终浓度为 1.0mmol/L。37℃继续培养，分别于 1h、2h、3h、4h、5h、6h、7h 后各取 1.5mL 菌液离心收集细菌沉淀，PBS 洗 2 次，加入 150μL 1×SDS-PAGE 凝胶加样缓冲液，煮沸 10min，冰浴 5min 后取 15μL 经 15%分离胶的 SDS-PAGE 电泳分析。同时将未加入诱导剂的细菌培养液培养 6h 作空白对照。

（5）pGEX-6p-1-jug r1 重组蛋白质的 Western blot 分析

将细菌裂解物经 SDS-PAGE 后再转移到硝酸纤维素膜上，5%脱脂奶室温封闭 2h（或 4℃过夜），PBST 洗 3 次，加 GST 单克隆抗体（1∶1000 倍稀释）室温作用 1h，PBST 缓冲液洗 3 次，加入羊抗鼠 IgG 辣根过氧化物酶（HRP）标记抗体（1∶2500 倍稀释），37℃作用 30min，PBST 缓冲液洗 3 次，四甲基联苯胺（TMB）缓冲溶液中显色 1min。

（6）多克隆抗体的制备和纯化

将 Jug r1 蛋白质大量表达并用蛋白质纯化柱进行纯化。基础免疫以 500μg 蛋白质抗原溶于 2mL 弗氏完全佐剂（CFA）中，使之充分乳化，皮下多点注射。加强免疫时用弗氏不完全佐剂（IFA），抗原剂量为首次的 1/4。每 2～3 周加强免疫 1 次。在第 1 次加强免疫之后 2 周，从耳缘静脉取血 2～3mL，分离血清，间接 ELISA 法检测抗体效价，至抗体效价达到 1∶10 000 以上。2 周后取血约 50mL，室温凝固后，4℃冷藏 4h，10 000r/min 离心 10min 分离血清，按照以下步骤进行抗体纯化。抗原亲和交联柱制备：将 GST 蛋白质和表达蛋白质分别交联到 Sepharose 4B 柱介质，旋摇过夜。抗原交联柱依次用 100mL 1×PBS，100mL 1×甘氨酸（pH2.5）洗，然后用 1×PBS 中和至 pH7.5 左右。将过滤后的兔血清用等量 1×PBS 稀释，混匀后慢速通过 GST 亲和交联柱，重复 2 次，以充分去除 GST 蛋白质产生的抗体。收集流穿的血清，立即上抗原亲和交联柱，重复 2 次，以充分吸附表达蛋白质产生的抗体。用 100mL 1×PBS 洗柱子，待核酸检测仪上数值稳定后，用 20mL 1×甘氨酸（pH2.5）洗脱抗体，收集的抗体马上用 1mol/L Tris 中和至中性，加入终浓度为 0.02% NaN$_3$ 保存于 4℃。

（7）多克隆抗体的 Western blot 分析

将细菌裂解物和胡桃蛋白质提取液经 SDS-PAGE 后再转移到硝酸纤维素膜上，5%

脱脂奶室温封闭 2h（或 4℃过夜），PBST 洗 3 次，加制备的抗过敏原蛋白 jug r 1 多克隆抗体（1∶100 倍稀释）室温作用 1h，PBST 缓冲液洗 3 次，加入羊抗兔 IgG 辣根过氧化物酶（HRP）标记抗体（1∶2500 倍稀释），37℃作用 1h，PBST 缓冲液洗 3 次，四甲基联苯胺（TMB）缓冲溶液中显色 2min。

（8）检测样品蛋白质的提取

将 10g 植物样品粉剂加入到 100mL 抽提缓冲液中，均质后于 45℃水浴剧烈摇动 1h。于 3000g 离心 5min 后，移取上清液至一新的试管中，再于 20 000g、4℃离心 30min，将上清液用滤纸过滤后，用蛋白质定量试剂盒定量后 10 倍稀释后用于 ELISA 检测（如果样品过浓也可再进行稀释）或分装成小份于−20℃储存备用。

（9）间接竞争 ELISA 的测定程序

抗原包被—封闭—竞争结合—加酶标二抗—显色。

（10）最佳包被抗原浓度和抗体稀释度的选择（方阵法）

①抗原包被—②封闭—③抗原抗体反应。

（11）标准曲线的建立

根据吸光度值计算各个抗原浓度的抑制率。各浓度的竞争抑制率（%）=（各浓度孔的吸光值/零标准时的吸光值）×100，零标准时的吸光值即胡桃蛋白质抗原的浓度为零时的吸光值。以各浓度孔的竞争抑制率为纵坐标，抗原浓度的对数为横坐标，绘制标准曲线。

（12）特异性试验

在竞争结合步骤中将提取的山核桃、美洲山核桃、开心果、腰果、花生、芝麻、松子、巴西坚果、榛子、杏仁和小麦粉蛋白质抗原分别以原液和 10 倍梯度稀释后取 100μL 与前面确定的 100μL 最适稀释度的抗体加入酶标板。

（13）人工污染样品中胡桃蛋白质的回收率试验

在竞争结合步骤中将不同浓度的胡桃蛋白质添加到小麦粉蛋白质提取液中搅拌均匀后取 100μL 与前面确定的 100μL 最适稀释度的抗体加入酶标板。以小麦粉蛋白质提取液作空白对照检测。回收率=测量浓度/实际浓度×100%。

3.11.4 结果与分析

（1）表达载体的构建及鉴定结果

将合成序列定向克隆到 pGEX-6p-1 表达载体中并转化到表达菌株 BL21（DE3）Plys 细胞中，选取的阳性质粒经 PCR 鉴定可扩增出 500bp 左右的片段，酶切鉴定结果也与预期结果相符，测序结果与提供的序列完全一致，分别见图 3-54。

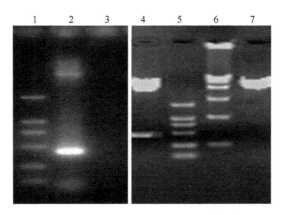

图 3-54　阳性质粒 PCR 鉴定结果和酶切鉴定结果

1. DL2000 Marker；2. 阳性质粒 PCR；3. 空质粒 PCR；4. 阳性质粒酶切结果；5. DL2000 Marker；
6.DL15000 Marker；7.空质粒酶切结果对照

（2）表达蛋白质的 SDS-PAGE 电泳分析及 Western blot 分析结果

结果表明胡桃过敏原蛋白质 Jug r 1 在体外获得了高效表达，表达融合蛋白质分子量约 42kDa，诱导 6h 后表达量最高，占菌体总蛋白质的 30%左右；并且表达蛋白质能与胡桃总蛋白质多克隆抗体发生免疫印迹反应，证明所表达的蛋白质具有良好的免疫原性，见图 3-55。

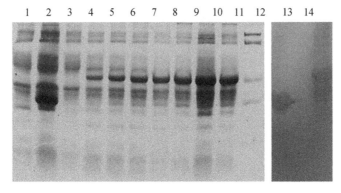

图 3-55　诱导表达蛋白质的 SDS-PAGE 电泳及 Western blot 鉴定结果（彩图请扫封底二维码）

1～10. SDS-PAGE 电泳结果：1. 空载体未诱导细菌裂解液；2. 空载体诱导细菌裂解液；3. 重组载体未诱导细菌裂解液；
4～10. 诱导 1～7h 电泳结果；11. 分子量 marker，从上到下大小分别为 97.4kDa、66.2kDa、45kDa、31kDa；
12～14. Western blot 结果：12. 空载体诱导结果；13. 重组载体未诱导结果；14. 重组载体诱导结果

（3）多克隆抗体的 Western blot 分析结果

利用表达蛋白质制备的多克隆抗体经免疫印迹检测，结果表明该多克隆抗体与重组蛋白质和天然蛋白质均能发生反应（图 3-56）。

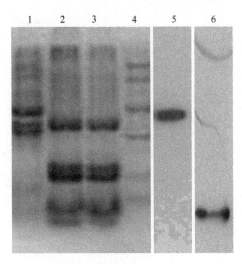

图 3-56 多克隆抗体的 Western blot 分析结果

1～3. SDS-PAGE 电泳结果：1. 表达蛋白质细菌裂解液；2 和 3. 天然胡桃蛋白提取液；4. 分子量 marker，
从上到下大小分别为 97.4kDa、66.2kDa、45kDa、31kDa、21kDa、14kDa。5 和 6. Western blot 结果：
5. 表达蛋白质细菌裂解液结果；6. 天然胡桃蛋白提取液结果

（4）最佳包被抗原工作浓度和抗体稀释倍数的确定

用矩阵法确定最佳包被抗原工作浓度和抗体稀释倍数，一般来说，在 OD 值为 1.0 时，误差相对最小，所以选择 OD 值为 1.0 左右、阴性对照（N）小、阳性对照/阴性对照（P/N）值大的抗原包被物和抗体的稀释度作为工作浓度，结果见表 3-43 和图 3-57。包被浓度过高或过低都会影响反应的灵敏度，浓度过低，抗原包被量不足，微孔内吸附的抗原少，可供抗体结合的抗原决定簇少；包被浓度过高，微孔内吸附的抗原多，产生空间位阻，同样可供抗体结合的抗原决定簇少，从而影响包被抗原进一步与抗体的结合，降低灵敏度。因此确定本实验的最适包被浓度和抗体工作浓度分别是 1∶320 和 31ng/mL。

表 3-43　最佳包被抗原工作浓度和抗体稀释倍数的确定

抗原浓度/ (ng/mL)	抗体稀释倍数							
	1/40	1/80	1/160	1/320	1/640	1/1280	1/2560	阴性对照
125	3.355	3.377	3.101	2.343	1.469	0.875	0.48	0.054
62.5	3.338	3.234	2.609	1.649	0.975	0.54	0.309	0.052
31	3.13	2.579	1.668	1.191	0.538	0.307	0.186	0.08
15	2.697	1.67	1.018	0.57	0.311	0.187	0.133	0.089
7.5	1.779	0.997	0.588	0.322	0.212	0.126	0.096	0.064
3.7	1.155	0.65	0.398	0.231	0.15	0.126	0.087	0.057
1.8	0.721	0.384	0.253	0.176	0.118	0.081	0.067	0.049
0	0.124	0.162	0.081	0.071	0.064	0.061	0.051	0.06

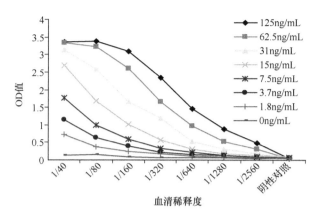

图 3-57　最佳包被抗原工作浓度和抗体稀释倍数的确定（彩图请扫封底二维码）

（5）标准曲线的建立

在上述最佳抗体工作浓度和抗原包被浓度下，通过间接竞争 ELISA 程序以抗原包被浓度的对数为横坐标，以各浓度孔的竞争抑制率为纵坐标，作图得竞争抑制曲线即为标准曲线（图 3-58）。根据标准曲线公式算得半数抑制浓度（IC_{50}）为 9.7ng/mL（相当于 1.94μg/g），定量检测限（IC_{80}）为 2.2ng/mL（相当于 0.44μg/g），检测下限（IC_{90}）为 1.1ng/mL（相当于 0.22μg/g）。根据标准曲线可知线性检测范围为 1.8～62.5ng/mL。

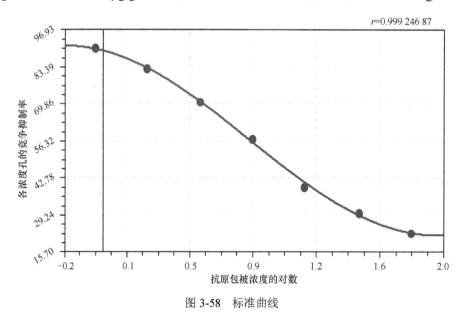

图 3-58　标准曲线

（6）特异性试验

12 种植物样品提取蛋白质后按照本实验建立的方法程序进行交叉反应检测，结果表明其他植物与胡桃的交叉反应率均小于 0.01%，表明该检测方法的特异性很强。

（7）人工污染样品中胡桃蛋白质的回收试验

将不同浓度的胡桃蛋白质标准品添加到小麦粉蛋白质提取液中，制备不同污染程度的样品，以间接竞争 ELISA 检测样品中胡桃蛋白质的回收率，每个浓度重复 8 次，见表 3-44。从表 3-44 可以看出，当添加胡桃蛋白质的浓度在 0.9～50ng/mL（相当于 0.18～10μg/g）时，污染样品随着样品中胡桃蛋白质浓度的增加，回收率变异系数减小，准确度提高。

表 3-44　间接竞争抑制 ELISA 测定小麦粉蛋白中胡桃蛋白的回收率

胡桃蛋白的添加浓度/(ng/mL)	样本数	平均回收率/%	变异系数/%
0.9	8	76	11.2
1.8	8	74	7.2
20	8	83	5.6
50	8	95	4.1

3.11.5　小结

本研究选取胡桃过敏原蛋白质 *Jug r 1* 基因可读框的部分基因序列，克隆到表达载体 pGEX-6p-1 中进行原核表达，并用表达蛋白质制备多克隆抗体建立检测胡桃过敏原蛋白质成分的间接竞争 ELISA 检测方法，通过特异性试验和样品回收试验对该方法进行了验证。

参 考 文 献

柴爽爽, 马有, 高欢, 等. 2018. 基于不同提取方法的水稻叶片蛋白质组的二维液相色谱分离及高分辨质谱分析. 色谱, 36(2): 107-113.

陈慧慧, 冯明建, 朱海芳, 等. 2014. 阿胶药理研究进展. 中国药物评价, 31(1): 23-26.

陈玲凡, 单亦初, 张丽华, 等. 2017. 蛋白质组末端肽富集策略研究进展. 色谱, 35(3): 229-236.

程君, 芮耀诚. 2012. 真核延长因子 eEF1A 功能研究进展. 药学实践杂志, 30(2): 89-91.

邓林, 李华, 江建军. 2012. 挪威三文鱼的营养评价. 食品工业科技, 33(8): 377-379.

丁健, 刘淑艳, 苏旺, 等. 2018. 利用实时荧光 PCR 鉴定小体鲟物种的快速方法. 分子科学学报, 34(2): 144-148.

房芳, 张九凯, 马雪婷, 等. 2019. 基于特征肽段的阿胶中异源性物种鉴别. 食品科学, 40(16): 267-273.

冯强, 何晋浙, 孙培龙. 2011. 我国蜂产品质量安全问题分析. 中国蜂业, 6(62): 28-31.

冯婷玉, 薛长湖, 孙通, 等. 2010. 燕窝中唾液酸的 DAD/FLD 串联 HPLC 测定方法研究. 食品科学, 31(8): 233-236.

高玲玲, 侯成立, 高远, 等. 2018. 胶原蛋白热稳定性研究进展. 中国食品学报, 5(18): 195-203.

巩丽萍, 杭宝建, 迟连利, 等. 2018. 马皮特征肽的发现及其在阿胶中马皮源成分检测中的应用. 药物分析杂志, 38(2): 364-369.

古淑青, 詹丽娜, 赵超敏, 等. 2018. 基于液相色谱-串联质谱法的肉类特征肽段鉴别及掺假测定. 色谱, 36(12): 1269-1278.

杭宝建, 田晨颖, 陈晓, 等. 2018. 超高效液相色谱-串联质谱法测定阿胶中马、牛、羊、猪、骆驼、鹿皮源成分. 色谱, 4(36): 408-412.

侯新琚. 2017. 浅析中医补肾健脾生血法治疗贫血的疗效. 光明中医, 32(12): 1695-1696.

胡琴, 李隆贵. 2003. PPAR 信号通路对心肌能量代谢的调控作用. 心脏杂志, 15(2): 175-177.

胡雅妮, 李峰, 康廷国. 2003. 燕窝的研究进展. 中国中药杂志, 28(11): 1003-1005.

华永有, 杨艳, 林美华. 2010. 高效液相色谱法测定燕窝类保健品中唾液酸. 中国卫生检验杂志, 20(2): 2454-2456.

黄秀丽, 赖心田, 林霖, 等. 2011. 液相等电聚焦电泳纯化燕窝蛋白质. 食品科学, 32(12): 10-13.

李婷婷. 2013. 大黄鱼生物保鲜技术及新鲜度指示蛋白研究. 浙江工商大学博士学位论文: 112-150.

李莹莹, 张颖颖, 丁小军, 等. 2016. 液相色谱-串联质谱法对羊肉中鸭肉掺假的鉴别. 食品科学, 37(6): 204-209.

林洁茹, 周华, 赖小平. 2006. 燕窝研究概述. 中药材, 29(1): 85-90.

刘谷全. 2014. 中药阿胶的临床应用及药理作用. 临床合理用药杂志, (35): 74-75.

马雪婷, 张九凯, 陈颖, 等. 2019. 燕窝真伪鉴别研究发展趋势剖析与展望. 食品科学, 40(7): 304-311.

孟佳, 古淑青, 方真. 2019. 高效液相色谱-串联质谱法测定肉制品和调味料中 7 种水产品过敏原. 色谱, 37(7): 712-722.

宁亚维, 刘茵, 范素芳, 等. 2018. 超高效液相色谱-串联质谱法检测食品中鸡蛋过敏原卵白蛋白. 食品科学, 39(20): 343-347.

石吉勇, 李文亭, 邹小波, 等. 2019. 基于近红外光谱特征的三文鱼品质多指标快速检测. 光谱学与光谱分析, 39(7): 2244-2249.

史伯伦. 1992. 王浆营养价值及保鲜. 养蜂科技, (4): 21-23.

史伯伦. 2006. 再议"蜂王浆新鲜度指标研究浅析". 蜜蜂杂志, (4): 35.

唐朝忠, 原有禄. 1999. 温度对王浆超氧化物歧化酶活力的影响. 中国养蜂, 50(3): 10-13.

田尉婧, 张九凯, 程海燕, 等. 2018. 基于质谱的蛋白组学技术在食品真伪鉴别及品质识别方面的应用. 色谱, 36(7): 588-598.

王桂云, 苏庆, 王粉琴, 等. 2013. 我国蜂产品食品安全问题及其对策. 蜜蜂杂志, (2): 15-16.

王慧, 王玉, 倪坤仪. 2006. 气相色谱法测定燕窝中醛糖的含量. 中国药学杂志, 41(14): 1108-1110.

王继隆, 刘伟, 李培伦, 等. 2019. 野生和养殖大麻哈鱼肌肉营养成分与品质评价. 广东海洋大学学报, 39(2): 126-132.

乌日罕, 陈颖, 吴亚君, 等. 2007. 燕窝真伪鉴别方法及国内外研究进展. 检验检疫科学, 17(4): 60-62.

吴慈, 陈溪, 刘健慧, 等. 2017. 基于高分辨质谱技术的婴幼儿食品中过敏原蛋白质的高灵敏检测. 色谱, 35(10): 1037-1041.

吴粹文, 张复兴. 1990. 贮藏温度和时间对王浆葡萄糖氧化酶(GOD)活性影响的研究. 中国养蜂, (5): 4-6.

吴黎明. 2008. 蜂王浆新鲜度指标和评价方法研究. 浙江大学博士学位论文.

杨国武, 张世伟, 黄秀丽, 等. 2010. 唾液酸检测研究现状及其用于燕窝产品质控评析. 检验检疫学刊, 20(2): 70-73.

詹丽娜, 陈沁, 古淑青, 等. 2017. 超高效液相色谱-四极杆/静电场轨道阱高分辨质谱检测食品中的牛奶过敏原酪蛋白. 色谱, 35(4): 405-412.

张晓梅, 张鸿伟, 王凤美, 等. 2015. 利用高分辨质谱鉴定鱼胶原蛋白粉中的鱼源性成分. 食品安全质量检测学报, 3(6): 906-913.

赵方圆, 吴亚君, 韩建勋, 等. 2012. 蛋白组学技术在食品品质检测及鉴伪中的应用. 中国食品学报, 12(11): 128-135.

周蕾, 顾建新. 2011. N-糖基化位点鉴定方法和非经典 N-糖基化序列. 生命科学, 23(6): 605-611.

祝子铜, 黄雪, 雷美康, 等. 2019. 基于蛋白组学和液相色谱-三重四级杆/线性离子阱串联质谱测定鱼糜制品中的大豆过敏原蛋白. 分析仪器, 03: 118-124.

邹丽, 李欣, 佟平, 等. 2016. 欧盟、澳大利亚和新西兰食物过敏原标识管理及对我国启示. 食品工业科技, 37(4): 365-369.

Abbatiello S E, Mani D R, Keshishian H, et al. 2010. Automated detection of inaccurate and imprecise transitions in peptide quantification by multiple reaction monitoring mass spectrometry. Clinical Chemistry, 56(2): 291-305.

Agger S A, Marney L C, Hoofnagle A N. 2010. Simultaneous quantification of apolipoprotein a-i and apolipoprotein b by liquid-chromatography-multiple-reaction-monitoring mass spectrometry. Clinical Chemistry, 56(12): 1804-1813.

Alonzi C, Campi P, Gaeta F, et al. 2011. Diagnosing IgE-mediated hypersensitivity to sesame by an immediate-reading "contact test" with sesame oil. Journal of Allergy and Clinical Immunology, 127(6): 1627-1629.

Aslam M, Jimenezflores R, Kim H Y, et al. 1994. 2-Dimensional Electrophoretic Analysis of Proteins of Bovine Mammary-Gland Secretions Collected During the Dry Period. Journal of Dairy Science, 77(6), 1529-1536.

Bai X, Zhao Y, Zhang H, et al. 2012. Differences study of water-soluble protein content in Ginseng from different origins. Chinese Journal of Modern Applied Pharmacy, 29(11): 980-983.

Blom N, Sicheritz-Pontén T, GUPTA R, et al. 2004. Prediction of post-translational glycosylation and phosphorylation of proteins from the amino acid sequence. Proteomics, 4(6): 1633-1649.

Boja E S, Rodriguez H. 2012. Mass spectrometry-based targeted quantitative proteomics: achieving sensitive and reproducible detection of proteins. Proteomics, 12(8): 1093-1110.

Bromilow S, Gethings L A, Buckley M, et al. 2017. A curated gluten protein sequence database to support development of proteomics methods for determination of gluten in gluten-free foods. Journal of Proteomics, 163: 67-75.

Bucchini L, Guzzon A, Poms R, et al. 2016. Analysis and critical comparison of food allergen recalls from the European Union, USA, Canada, Hong Kong, Australia and New Zealand. Food Additives & Contaminants, 33(5): 760-771.

But P P, Jiang R, Shaw P. 2013. Edible bird's nests—How do the red ones get red? Journal of Ethnopharmacology, 145(1): 378-380.

Cheng X L, Wei F, Xiao X Y, et al. 2012. Identification of five gelatins by ultra performanceliquid chromatography/time-of-flight mass spectrometry (UPLC/Q-TOF-MS) using principal component analysis. Journal of Pharmaceutical and Biomedical Analysis, 62: 191-195.

Chua K H, Hun L T, Nagandran K, et al. 2013. Edible Bird's nest extract as a chondro-protective agent for human chondrocytes isolated from osteoarthritic knee: in vitro study. BMC Complementary and Alternative Medicine. 13(1): 9.

Chua Y G, Chan S H, Bloodworth B C, et al. 2015. Identification of edible bird's nest with amino acid and monosaccharide analysis. Journal of Agricultural and Food Chemistry, 63(1): 279-289.

Cucu T, Meulenaer B D, Bridts C, et al. 2012. Impact of thermal processing and the Maillard reaction on the basophil activation of hazelnut allergic patients. Food and Chemical Toxicology, 50(5): 1722-1728.

Cucu T, Meulenaer B D, Devreese B. 2012. MALDI based identification of soybean protein markers - Possible analytical targets for allergen detection in processed foods. Peptides, 33(2): 187-196.

Dalal I, Binson I, Reifen R, et al. 2002. Food allergy is a matter of geography after all: sesame as a major cause of severe IgE-mediated food allergic reactions among infants and young children in Israel. Allergy, 57(4): 362-365.

Di G L, Miao X L, Ke C H, et al. 2016. Protein changes in abalone foot muscle from three geographical populations of Haliotis diversicolor based on proteomic approach. Ecology and Evolution, 6(11): 3645-3657.

Dziadosz M, Weller J P, Klintschar M, et al. 2013. Scheduled multiple reaction monitoring algorithm as a way to analyse new designer drugs combined with synthetic cannabinoids in human serum with liquid chromatography-tandem mass spectrometry. Journal of Chromatography. B: Analytical Technologies in the Biomedical and Life Sciences, 929: 84-89.

Fang Y, Feng M, Li J K. 2010. Royal Jelly Proteome Comparison between A. mellifera ligustica and A. cerana cerana. Journal of Proteome Research, 9(5): 2207-2215.

Furusawa T, Rakwal R, Nam H W, et al. 2008. Comprehensive royal jelly (RJ) proteomics using one- and two-dimensional proteomics platforms reveals novel RJ proteins and potential phospho/glycoproteins. J Proteome Res, 7(8): 3194-3229.

Gallardo J M, Ortea I, Carrera M. 2013. Proteomics and its applications for food authentication and food-technology research. Trends in Analytical Chemistry, 52(12): 135-141.

Goh D L M, Chua K Y, Chew F T, et al. 2001. Immunochemical characterization of edible bird's nest allergens. Journal of Allergy and Clinical Immunology, 107(6): 1082-1087.

Guo C T, Takahashi T, Bukawa W, et al. 2006. Edible bird's nest extract inhibits influenza virus infection. Antiviral Research, 70(3): 140-146.

Guo L, Wu Y, Liu M, et al. 2014. Authentication of Edible Bird's nests by TaqMan-based real-time PCR. Food Control, 44: 220-226.

Guo L, Wu Y, Liu M, et al. 2017. Determination of edible bird's nests by FTIR and SDS-PAGE coupled with multivariate analysis. Food Control, 80: 259-266.

He L, Han M, Qiao S Y, et al. 2015. Soybean antigen proteins and their intestinal sensitization activities. Current Protein & Peptide Science, 16(7): 613-621.

Heick J, Fischer M, Popping B. 2011. First screening method for the simultaneous detection of seven allergens by liquid chromatography mass spectrometry. Journal of Chromatography A, 1218(7): 938-943.

Heinonen I M. 2014. Scientific opinion on the evaluation of allergenic foods and food ingredients for labelling purposes. EFSA Journal, 12(11): 3894.

Hill R C, Oman T J, Wang X, et al. 2017. Development, validation, and interlaboratory evaluation of a quantitative multiplexing method to assess levels of ten endogenous allergens in soybean seed and its application to field trials spanning three growing seasons. Journal of Agricultural & Food Chemistry, 65(27): 5531-5544.

Hiroki N, Yoichiro H, Toshihisa S, et al. 2007. Occurrence of a nonsulfated chondroitin proteoglycan in the dried saliva of Collocalia swiftlets (edible bird's-nest). Glycobiology, 17(2): 157-164.

Hoffmann B, Münch S, Schwägele F, et al. 2017. A sensitive HPLC-MS/MS screening method for the simultaneous detection of lupine, pea, and soy proteins in meat products. Food Control, 71: 200-209.

Hou Y, XIan X, Liu J, et al. 2010. The effects of Edible birds' nest (Aerodramus) on ConA-induced rats' lymphocytes transformation. China Modern Medicine, 17(26): 9-11.

Huschek G, Bönick J, Löwenstein Y, et al. 2016. Quantification of allergenic plant traces in baked products by targeted proteomics using isotope marked peptides. LWT-Food Science and Technology, 74: 286-293.

Joseph L M, Hymowitz T, Schmidt M A, et al. 2015. Evaluation of glycine germplasm for nulls of the Iimmunodominant allergen P34/Gly m Bd 30k. Crop Science, 46(4): 1755-1763.

Junichi K, Sumio O, Ryo I, et al. 2008. Quantitative atlas of membrane transporter proteins: Development and application of a highly sensitive simultaneous LC/MS/MS method combined with novel in-silico peptide selection criteria. Pharmaceutical Research, 25(6): 1469-1483.

Kang N, Hails C J, Sigurdsson J B, et al. 1991. Nest construction and egg-laying in Edible-nest Swiftlets Aerodramus spp. and the implications for harvesting. IBIS, 133: 170-177.

Kim K C, Kang K A, Lim C M, et al. 2012. Water extract of edible bird's nest attenuated the oxidative stress-induced matrix metalloproteinase-1 by regulating the mitogen-activated protein kinase and activator protein-1 pathway in human keratinocytes. Journal of the Korean Society for Applied Biological Chemistry, 55(3): 347-354.

Kong Y C, Keung W M, Yip T T, et al. 1987. Evidence that epidermal growth factor is present in swiftlet's (Collocalia) nest. Comparative Biochemistry and Physiology, 87B(2): 221-226.

Kruger N J. 2002. The bradford method for protein quantitation. the protein protocols handbook. To towa: Humana Press: 15-21.

Kyte J, Doolittle R F. 1982. A simple method for displaying the hydropathic character of a protein. Journal of Molecular Biology, 157(1): 105-132.

Lanetsch R, Bendixen E. 2001. Proteome analysis applied to meat science: Characterizing post mortem changes in porcine muscle. Journal of Agricultural and Food Chemistry, 49(10): 4531-4537.

Latorre C H, Crecente R M P, Martín S G, et al. 2013. A fast chemometric procedure based on NIR data for authentication of honey with protected geographical indication. Food Chemistry, 141(4): 3559-3565.

Lau A S M, Melville D S. 1994. International trade in swiftlet nests with special reference to Hong Kong. Cambridge (UK): Traffic International.

Laursen K H, Schjoerring J K, Kelly S D, et al. 2014. Authentication of organically grown plants–advantages and limitations of atomic spectroscopy for multi-element and stable isotope analysis. Trends in Analytical Chemistry, 59: 73-82.

Lee H, Suhana M R E, Luan N, et al. 2011. Effects of edible bird's nest (EBN) on cultured rabbit corneal keratocytes. BMC Complementary and Alternative Medicine, 11(1): 94.

Lee T H, Wani W A, Koay Y S, et al. 2017. Recent advances in the identification and authentication methods of edible bird's nest. Food Research International, 100(Pt 1): 14-27.

Li J K, Feng M, Zhang L, et al. 2008. Proteomics analysis of major royal jelly protein changes under different storage conditions. Journal of Proteome Research, 7(8): 3339-3353.

Li J K, Wang T, Zhang Z H, et al. 2007. Proteomic analysis of royal jelly from three strains of western honeybees (Apis mellifera). Journal of Agricultural and Food Chemistry, 55(21): 8411-8422.

Lin J R, Zhou H, Lai X P, et al. 2009. Genetic identification of edible birds' nest based on mitochondrial DNA sequences. Food Research International, 42(8): 1053-1061.

Liu K, Zhang J, Wang J, et al. 2009. Relationship between sample loading amount and peptide identification and its effects on quantitative proteomics. Analytical Chemistry, 81(4): 1307-1314.

Liu X Q, Lai X T, Zhang S W, et al. 2012. Proteomic Profile of edible bird's nest proteins. Journal of Agricultural and Food Chemistry, 60(51): 12477-12481.

Lu M, Jin Y, Cerny R, et al. 2018. Combining 2-DE immunoblots and mass spectrometry to identify putative soybean (Glycine max) allergens. Food & Chemical Toxicology, 116: 207-215.

Ma F C, Liu D C. 2012. Sketch of the edible bird's nest and its important bioactivities. Food Research International, (48): 559-567.

Ma X, J Zhang, Liang J, et al. 2019. Authentication of edible bird's nest (EBN) and its adulterants by integration of shotgun proteomics and scheduled multiple reaction monitoring (MRM) based on tandem mass spectrometry. Food Research International, 125: 108639.

Ma Y, Zhou X, Gao Z, et al. 2014. The PpLTP1 primary allergen gene is highly conserved in peach and has small variations in other prunus species. Plant Molecular Biology Reporter, 32(3): 652-663.

Majtan J, Kovacova E, Bilikova K, et al. 2005. The immunostimulatory effect of the recombinant Apalbumin l-major honeybee royal jelly Protein-on TNF-alpha release. International Immunopharmacology, 6(2): 269-278.

Mamone G, Picariello G, Caira S, et al. 2009. Analysis of Food Proteins and Peptides by Mass Spectrometry-Based Techniques. Journal of Chromatography A, 1216: 7130-7142.

Mamone G, Picariello G, Nitride C, et al. 2013. The role of proteomics in the discovery of marker proteins of food adulteration. Food Microbiology and Food Safety, 2: 465-501.

Marcone M F. 2005. Characterization of the edible bird's nest the "Caviar of the East". Food Research International, 38(10): 1125-1134.

Marconi E, Caboni M F, Messia M C, et al. 2002. Furosine: A suitable marker for assessing the freshness of royal jelly. Journal of Agricultural and Food Chemistry, 50: 2825-2829.

Maria F M, Beatrice D G, Giulia G, et al. 2008. Fish authentication by MALDI-TOF mass spectrometry. Journal of Agricultural and Food Chemistry, 56(23): 11071-11076.

Martinez I, Slizyte R, Dauksas E, et al. 2007. High resolution two-dimensional electrophoresis as a tool to differentiate wild from farmed cod (*Gadus morhua*) and to assess the protein composition of klipfish. Food Chemistry, 102(2): 504-510.

Meira L, Costa J, Villa C, et al. 2016. EvaGreen real-time PCR to determine horse meat adulteration in processed foods. LWT-Food Science and Technology, 75: 408-416.

Minas I S, Tanou G, Karagiannis E, et al. 2016. Comparative physiological and proteomic analysis reveal distinct regulation of peach skin quality traits by altitude. Frontier in Plant Science, 7(316): 120-133.

Mishima S, Suzuki K M, Isohama Y, et al. 2005. Royal jelly has estrogenic effects *in vitro* and in vivo. Journal of Ethnopharmacology, 101(1-3): 215-220.

Monaci L, Angelis E D, Montemurro N, et al. 2018. Comprehensive overview and recent advances in proteomics MS based methods for food allergens analysis. Trends in Analytical Chemistry, 106: 21-36.

Montowska M, Fornal E. 2017. Label-Free quantification of meat proteins for evaluation of species composition of processed meat products. Food Chemistry, 237: 1092-1100.

Montowska M, Pospiech E. 2011. Authenticity determination of meat and meat products on the protein and DNA basis. Food Reviews International, 27(1): 84-100.

Montowska M, Pospiech E. 2013. Species-specific expression of various proteins in meat tissue: Proteomic analysis of raw and cooked meat and meat products made from beef, pork and selected poultry species. Food Chemistry, 136(3): 1461-1469.

Montowska M, Rao W, Alexander M R, et al. 2014. Tryptic digestion coupled with ambient desorption electrospray ionization and liquid extraction surface analysis mass spectrometry enabling identification of skeletal muscle proteins in mixtures and distinguishing between beef, pork, horse, chicken, and turkey meat. Analytical Chemistry, 86(9): 4479-4487.

Morita H, Kaneko H, Ohnishi H, et al. 2012. Structural property of soybean protein P34 and specific IgE response to recombinant P34 in patients with soybean allergy. International Journal of Molecular Medicine, 29(2): 153-158.

Nagalakshmi K, Annam P K, Venkateshwarlu G, et al. 2015. Mislabeling in indian seafood: an investigation using DNA barcoding. Food Control, 59: 196-200.

Nessen M A, Zwaan D V D, Grevers S, et al. 2016. Authentication of closely related fish and derived fish products using tandem mass spectrometry and spectral library matching. Journal of Agricultural and Food Chemistry, 64(18): 3669-3677.

Ong S E, Blagoev B, Kratchmarove I, et al. 2002. Stable isotope labeling by amino acids in cell culture, SILAC, as a simple and accurate approach to expression proteomics. Molecular & Cellular Proteomics, 1(5):376-386.

Ortea I, O'connor G, Maquet A. 2016. Review on proteomics for food authentication. Journal of Proteomics, 147: 212-225.

Pepe T, Ceruso M, Carpentieri A, et al. 2010. Proteomics analysis for the identification of three species of Thunnus. Veterinary Research Communications, 34(1): 153-155.

Qu N, Jiang J, Sun L X, et al. 2008. Proteomic characterization of royal jelly proteins in Chinese (*Apis ceranacerana*) and European (*Apis mellifera*) honeybees. Biochemistry, 73: 676-680.

Rauh M. 2012. LC-MS/MS for protein and peptide quantification in clinical chemistry. Journal of Chromatography B, 883-884: 59-67.

Sankaran R. 2001. The status and conservation of the Edible-nest Swiftlet (*Collocalia fuciphaga*) in the Andaman and Nicobar Islands. Biological Conservation, 97(3): 283-294.

Sano O, Kunikata T, Kohno K, et al. 2004. Characterization of royal jelly proteins in both Africanized and European honeybees (*Apis mellifera*) by two-dimensional gel electrophoresis. Journal of Agricultural and Food Chemistry, 52: 15-20.

Schauer R. 2004. Sialic acids: Fascinating sugars in higher animals and man. Zoology, (107): 49-64.

Schonleben S, Sickmann A, Mueller M J, et al. 2007. Proteome analysis of *Apis mellifera* royal jelly. Analytical and Bioanalytical Chemistry, 389(4): 1087-1093.

Scollo F, Egea L A, Gentile A, et al. 2016. Absolute quantification of olive oil DNA by droplet digital-PCR (ddPCR): Comparison of isolation and amplification methodologies. Food Chemistry, 213: 388-394.

Sealey-Voyksner J, Zweigenbaum J, Voyksner R. 2016. Discovery of highly conserved unique peanut and tree nut peptides by LC-MS/MS for multi-allergen detection. Food Chemistry, 194: 201-211.

Seow E, Ibrahim B, Muhammad S A, et al. 2016. Differentiation between house and cave edible bird's nests by chemometric analysis of amino acid composition data. LWT-Food Science and Technology, 65: 428-435.

Sha X M, Zhang L J, Tu Z C, et al. 2012. The identification of three mammalian gelatins by liquid chromatography-high resolution mass spectrometry. LWT-Food Science and Technology, (62): 191-195.

Shi J, Zhang L, Lei Y, et al. 2018. Differential proteomic analysis to identify proteins associated with quality traits of frozen mud shrimp (*Solenocera melantho*) using an iTRAQ-based strategy. Food Chemistry, 251: 25-32.

Simpson R J. 2003. Proteins and Proteomics: A Laboratory Manual. Beijing: Science Press.

Song J, Du L, Li L, et al. 2015. Targeted quantitative proteomic investigation employing multiple reaction monitoring on quantitative changes in proteins that regulate volatile biosynthesis of strawberry fruit at different ripening stages. Journal of Proteomics, 126: 288-295.

Srisuparbh D, Klinbunga S, Wongsiri S, et al. 2003. Isolation and characterization of major royal jelly cDNAs and proteins of the honey bee (*Apis cerana*). Journal of Biochemistry and Molecular Biology, 36(6): 572-579.

Sun H G, Cao F B, Wang N B, et al. 2013. Differences in grain ultrastructure, phytochemical and proteomic profiles between the two contrasting grain cd-accumulation barley genotypes. PLoS One, 8(11): e79158.

Sun L, Jiang P P, Wang X, et al. 2017. Establishment and application of imported bird's nest traceability system. Journal of Food Safety & Quality, 5: 382-386.

Surowiec I, Koistinen K M, Fraser P D, et al. 2011. Proteomic approach for the detection of chicken mechanically recovered meat. Meat Science, 89(2): 233-237.

Tamura S, Amano S, Kono T, et al. 2009. Molecular characteristics and physiological functions of major royal jelly 1 oligomer. Proteomics, 9(24): 5534-5543.

Teuber S S, Dandekar A M, Peterson W R, et al. 1998. Cloning and sequencing of a gene encoding a 2s albu min seed storage protein precursor from English walnut (*Juglans regia*), a major food allergen. Journal of Allergy and Clinical Immunology, 101(6): 807-814.

The Uniprot Consortium. 2015. UniProt: a hub for protein information. Nucleic Acids Research, 43: D204-212.

Thorburn C C. 2015. The edible nest swiftlet industry in southeast Asia: Capitalism meets commensalism. Human Ecology, 43(1): 179-184.

Tolin S, Pasini G, Curioni A, et al. 2012. Mass spectrometry detection of egg proteins in red wines treated with egg white. Food Control, 23(1): 87-94.

Tukiran N A, Ismail A, Mustafa S, et al. 2016. Determination of porcine gelatin in edible bird's nest by competitive indirect ELISA based on anti-peptide polyclonal antibody. Food Control, 59: 561-566.

Vimala B, Hussain H, Nazaimoon W M W. 2012. Effects of edible bird's nest on tumour necrosis factor-alpha secretion, nitric oxide production and cell viability of lipopolysaccharide-stimulated RAW 264.7 macrophages. Food and Agricultural Immunology, 23(4): 303-314.

Von Bargen C, Brockmeyer J, Humpf H U. 2014. Meat authentication: a new HPLC-MS/MS based method for the fast and sensitive detection of horse and pork in highly processed food. Journal of Agricultural and Food Chemistry, 62(39): 9428-9435.

Vucevic D, Melliou E, Vasilijic S, et al. 2007. Fatty acidsisolated from royal jelly modulatedendritic cell-mediated immune response *in vitro*. International Immunopharmacol, 7: 1211-1220.

Vyatkina K, Wu S, Dekker L J M, et al. 2015. *De novo* sequencing of peptides from top-down tandem mass spectra. Journal of Proteome Research, 14(11): 4450-4462.

Wang C, Chu J, FU L, et al. 2018. iTRAQ-based quantitative proteomics reveals the biochemical mechanism of cold stress adaption of razor clam during controlled freezing-point storage. Food Chemistry, 247: 73-80.

Wang J, Gao S, Feng Y. 2012. Study of water-soluble protein separated from four different origins of scorpion powder by SDS-PAGE. Shandong Journal of Traditional Chinese Medicine, 31(5): 349-350.

Wang J, Kliks M M, Qu W, et al. 2009. Rapid determination of the geographical origin of honey based on protein fingerprinting and barcoding using MALDI TOF MS. Journal of Agricultural and Food Chemistry, 57(21): 10081-10088.

Wang T, Qin G X, Sun Z W, et al. 2014. Advances of research on glycinin and β-conglycinin: a review of two major soybean allergenic proteins. Critical Reviews in Food Science & Nutrition, 54(7): 850-862.

Wilson S, Blaschek K, Mejia E D, et al. 2010. Allergenic proteins in soybean: Processing and reduction of P34 allergenicity. Nutrition Reviews, 63(2): 47-58.

Wisniewski J, Zougman A, Nagaraj N, et al. 2009. Universal sample preparation method for proteome analysis. Nature Methods, 6(5): 359-362.

Wolff N, Yannai S, Karin N, et al. 2004. Identification and characterization of linear B-cell epitopes of β-globulin, a major allergen of sesame seeds. J Allergy Clin Immunol, 114(5): 1151-1158.

Wong Z C F, Chan G K L, Wu L, et al. 2018. A comprehensive proteomics study on edible bird's nest using new monoclonal antibody approach and application in quality control. Journal of Food Composition and Analysis, 66: 145-151.

Wu Q, Zheng C, Ning Z X, et al. 2007. Modification of low molecular weight polysaccharides from tremella fuciformis and their antioxidant activity in vitro. International Journal of Molecular Sciences, 8(7): 670-679.

Wu W, Yu Q Q, Fu Y, et al. 2016. Towards muscle-specific meat color stability of Chinese Luxi yellow cattle: A proteomic insight into post-mortem storage. Journal of Proteomics, 147: 108-118.

Wu Y J, Chen Y, Wang B, et al. 2009. 2DGE-coomassie brilliant blue staining used to differentiate pasteurized milk from reconstituted milk. Health, 1(3): 146-151.

Wu Y J, Chen Y, Wang B, et al. 2010. Application of SYBRgreen PCR and 2DGE methods to authenticate edible bird's nest food. Food Research International, 43(8): 2020-2026.

Wulff T, Nielsen M E, Deelder A M, et al. 2013. Authentication of fish products by large-scale comparison of tandem mass spectra. Journal of Proteome Research, 12(11): 5253-5259.

Xu X P, Liu H, Tian L, et al. 2015. Integrated and comparative proteomics of high-oil and high-protein soybean seeds. Food Chemistry, 172: 105-116.

Yang M, Cheung S H, Li S C, et al. 2014. Establishment of a holistic and scientific protocol for the authentication and quality assurance of edible bird's nest. Food Chemistry, 151: 271-278.

Yannell K E, Ferreira C R, Tichy S E, et al. 2018. Multiple reaction monitoring (MRM)-profiling with biomarker identification by LC-QTOF to characterize coronary artery disease. Analyst, 143(20).

Yates J R. 1998. Mass spectrometry and the age of the proteome. Journal of Mass Spectrometry, 33(1): 1.

Yocum A K, Chinnaiyan A M. 2009. Current affairs in quantitative targeted proteomics: multiple reaction monitoring–mass spectrometry. Briefings in Functional Genomics, 8(2): 145-157.

You J, Huang L, Zhang J, et al. 2014. Species-specific multiplex real-time PCR assay for identification of deer and common domestic animals. Food Science and Biotechnology, 23(1): 133-139.

Zhang G, Liu T, Wang Q, et al. 2009. Mass spectrometric detection of marker peptides in tryptic digests of gelatin: A new method to differentiate between bovine and porcine gelatin. Food Hydrocolloids, 23(7): 2001-2007.

Zhang S, Lai X, Liu X, et al. 2012. Competitive enzyme-linked immunoassay for sialoglycoprotein of edible bird's nest in food and cosmetics. Journal of Agricultural and Food Chemistry, 60(14): 3580-3585.

Zhang X. 2011. SDS-polyacrylamide gel electrophoresis identified different habitats and different quality of Lycium. Guangming Journal of Chinese Medicine, 26(5): 917-918.

Zhang X, Xie J. 2019. Analysis of proteins associated with quality deterioration of grouper fillets based on TMT quantitative proteomics during refrigerated storage. Molecules, 24(14): 2641.

Zhao F Y, Wu Y J, Guo L L, et al. 2013. Using proteomics platform to develop a potential immunoassay method of royal jelly freshness. European Food Research and Technology, 236(5): 799-815.

Zhao Y, Zhang B, Chen G, et al. 2014. Recent developments in application of stable isotope analysis on agro-product authenticity and traceability. Food Chemistry, 145: 300-305.

Zhe W, Hu S, Gao Y, et al. 2017. Effect of collagen-lysozyme coating on fresh-salmon fillets preservation. LWT-Food Science and Technology, 75: 59-64.

Zvereva E A, Kovalev L I, Ivanov A V, et al. 2015. Enzyme immunoassay and proteomic characterization of troponin I as a marker of mammalian muscle compounds in raw meat and some meat products. Meat Science, 105: 46-52.

4 基于代谢组学的食品真实性鉴别技术

4.1 导　论

随着食品工业的快速发展、食品供应链的日益复杂及生活水平的不断提高，人们对食品的质量安全提出了更高的要求。食品掺假对全球经济的正常运行、消费者的健康和权益都带来了巨大的影响，市场上的食品掺假造假现象也日益受到社会的关注。目前，以经济利益为驱动的食品掺杂（economically motivated adulteration，EMA）正成为一个全球性话题。随着现代食品工业技术的迅猛发展，掺假手段已从早期的稀释勾兑、缺斤少两等简单手段向利用现代食品科学技术进行"去真存伪"等形式发展（John et al.，2015；俞邱豪等，2016）。食品掺假的手段主要包括假冒物种及品种、冒充或虚标原产地、原料品质以次充好、掺入杂劣质及违禁原料等。此外，食品基质除了本身具有复杂性的特点外，还因其产业发展迅速、种类繁多、检测技术手段相对滞后，导致掺假隐蔽，难以检测，真实属性识别往往"无从入手"。因此亟须建立切实有效的食品真实属性鉴别方法，尤其是具有可预测性和非目标性的检测技术对食品的真实属性进行有效鉴定。近几年来，国内外一些学者开始将代谢组学研究平台应用于解决食品安全问题的研究，对食品中尽可能多的代谢产物从整体角度进行定性定量分析，为食品真实属性鉴别研究提供了一种新的研究工具。现就基于代谢组学的食品物种及品种鉴别、产地溯源、品质分级和掺假掺杂识别等真实属性鉴别研究做一综述，旨在为食品真伪鉴别提供参考和借鉴，为进一步保证食品质量安全、保障消费者利益提供技术支撑。

4.1.1　代谢组学概述

代谢组学由英国伦敦大学帝国学院的 Nicholson 教授等（1999）首次提出，它与基因组学、蛋白质组学、转录组学共同构成了"系统生物学"。代谢组学是位于基因组学、转录组学和蛋白质组学下游研究生物系统的一种新兴组学。Fiehn 等（2000）提出代谢组学的另一种表述——metabolomics，指出代谢组学是对生物体内所有代谢产物的定性定量分析。代谢组学在疾病研究、药物开发及毒性评价、微生物代谢组学、植物育种和作物质量评估、毒理学、环境科学等研究领域都有所应用（许国旺和杨军，2003；刘思洁等，2014；Spratlin et al.，2009；Rochfort，2005）。代谢组学在食品科学领域起步较晚，Wishart（2008）对应用于食品科学相关领域的代谢组学研究进行了综述，阐述了代谢组学在食品科学领域的含义。此后 Cubero-Leon 等（2014）对蜂蜜、食用油、饮料、肉类等基于代谢组学的食品鉴伪研究进行了综述，提出该领域代谢组学是基于分析生物体系内所有小分子代谢产物（相对分子质量小于 1000），通过高通量、高灵敏度和高分辨率的现代仪器，结合模式识别等化学计量学方法分析生物体内代谢产物变化规律的一种新兴研究工具。它对非特定目标物的检测有着其他方法无法比拟的优势，因而能对掺假食品加以科学地区分和鉴别（许国旺和杨军，2003）。

根据研究方法、目的和对象等可将代谢组学进行不同的分类（图 4-1）。Fiehn 等（2000）根据代谢组学的研究方法，将其划分为 4 个层次：一是代谢物靶标分析，对一个或几个特定组分进行分析；二是代谢轮廓分析，针对预设的少量代谢产物进行定量分析；三是代谢物组学分析，针对特定条件下样品中的所有代谢产物进行定性和定量研究；四是代谢物指纹分析，无须分离鉴定样品的具体组分，只进行快速识别分类或判别分析。另外，代谢组学根据研究目标可分为 3 类（Cevallos-Cevallos et al.，2009）：一是信息型，对代谢物进行定性定量以获取信息；二是判别型，用于寻找不同样本间的差异；三是预测型，建立数据模型，用于对未知样品进行识别验证。代谢组学按研究对象的不同分为非靶标代谢组学分析和靶标代谢组学分析两种（Cevallos-Cevallos et al.，2009）。非靶标代谢组学是通过分析尽量多的代谢物，寻找具有统计学意义的特征标记物来反映生物状态的一种研究方法；靶标代谢组学则是预先提出假设，对样品进行选择性提取，去除无关代谢物的干扰，针对特定的标记物进行研究并验证假设的一种研究方法。

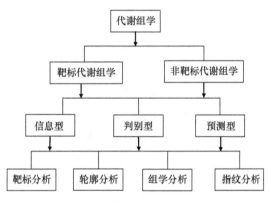

图 4-1　代谢组学基本框架

代谢组学所研究的代谢物位于生理、生化活动调控的末端，更能够反映生物体变化规律的整体性，与其他组学技术，如基因组学、转录组学及蛋白质组学相比，有如下优势：①基因和蛋白质表达的微量变化会引起代谢产物水平的明显变化，代谢组学分析更能揭示生物体的生理生化状态；②无须对全基因组测序和建立庞大的表达序列数据库；③代谢物在各个生物体中种类相似，且数目远远小于基因和蛋白质的数目，有利于建立代谢物的数据库和进一步研究分析（许国旺和杨军，2003）。

代谢组学的研究流程包含实验设计、样品采集、预处理、检测、数据处理和分析 6 个基本步骤（图 4-2）。对于不同的研究领域，研究流程的侧重点有所差异，样品采集、检测和数据处理是食品真实性鉴别研究的关键流程（Rubert et al.，2015）。实验设计是代谢组学研究最重要的环节。为了得到准确有效的数据，可以通过足够多的样品数量来减少技术性的偏差，样品的真实性及采集条件需要严格控制。代谢组学研究力求分析生物系统中所有的代谢产物，因此样品的制备过程应该尽量保留样品中代谢产物的所有信息。样品处理方法一般根据样品的性质进行设计，如虫草、枸杞等固体生物样品可以使

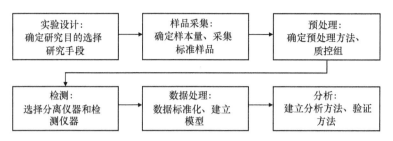

图 4-2　代谢组学研究的基本流程

用冻干处理来浓缩富集代谢产物，避免不同批次样品水分含量的差别，常用甲醇或乙腈水溶液通过超声波辅助提取尽量多的代谢产物（邱绪建等，2012）。而对于果汁、食用油、葡萄酒等液体样品，提取方法比较简单，只需要超声去掉气泡或离心除去固体颗粒即可，甚至可以过滤膜直接进样（Kusano et al.，2011）。此外分析流程中需包含质量控制组（QC）来保证数据的有效性。样品采集的多样性和真实性对结果的准确性和数据的代表性起着决定作用，样品的检测保证了数据的有效性和全面性，数据处理的效果决定了判别模型的预测能力和拟合能力，这些共同决定了对食品真实属性鉴定研究的结果（Rubert et al.，2015）。

4.1.2　代谢组学分析方法

代谢组学是基于食品中所有代谢产物的整体分析方法，需要高通量、高灵敏度、高分辨率的实验仪器来满足其检测要求。一般根据生物样品的性质、提取的手段等条件选择合适的分析技术。代谢组学常用的检测技术包括振动光谱技术、色谱-质谱联用技术、核磁共振技术等（Rochfort，2005）。

（1）振动光谱

振动光谱技术是一种具有快速无损、绿色环保等特点的非入侵性指纹图谱分析技术。近几年振动光谱技术已被广泛应用于食用油的掺假、茶叶的产地溯源及品质监控、蜂蜜蜜源鉴定等食品的真实属性快速鉴别中。该技术易受到水分的影响且不能鉴定特征标记物，较适合水分含量低的食品的模糊鉴别（De Luca et al.，2011）。振动光谱中的拉曼光谱技术和傅里叶变换红外光谱技术在食品真伪鉴别领域体现了巨大的优势。但是也存在着技术性的难题值得去突破，如拉曼光谱在检测时受水的影响较大，延长样品的暴露时间可以减少水分的干扰，但会对样品造成高温破坏，因此一般采用短时辐射、多次扫描来克服上述问题；中红外光谱区域对水的吸收也很强烈，因此水分会对实验结果造成影响，衰减全反射法能够减少水的影响。

（2）色质联用

色谱-质谱联用技术结合了色谱强大的分离能力和质谱的高分辨率、高灵敏度的检测效果。它能够对复杂样品中的大量代谢物精准分析，根据精度和分辨率选择合适的质谱，尽可能多地对复杂样品中代谢产物种类进行精准分析，提供相对分子质量和结构信息。其中 GC-MS 技术和 LC-MS 技术是代谢组学中常用的两种色质联用技术。GC-MS 技术针对低分子量挥发性非极性成分，利用硬电离方法，常用于精油、烃类和酯类等挥发性物质的检测，能检测到痕量（$10^{-11} \sim 10^{-13}$mg/L）的代谢产物，且拥有有利于特征标记物鉴定的全面数据库，适合橄榄油、绿茶等食品的鉴别（Rubert et al.，2015）。气相色谱和高分辨质谱联用技术的发展极大减少了复杂混合物的分析时间并提高了质核比的精度，优化了化合物的鉴定流程，大量 GC-MS 质谱数据库的存在极大地降低了化合物的鉴定难度（Kim et al.，2015）。但并非所有的化合物都适合使用 GC-MS 技术进行分析，尤其是不耐热的大分子代谢产物，同时样品衍生化过程也延长了预处理时间。LC-MS 技术针对非挥发性偏极性成分，利用软电离方法，如电喷雾电离、气压电离、大气压化学电离等。相对于 GC-MS 技术，LC-MS 技术对样品的挥发性和检测温度要求较低，无须复杂的前处理过程，多维液相色谱技术的引入增强了分离效果，在代谢组学研究中具有较好的应用前景。LC-MS 技术有着对样品挥发性和检测温度要求低、前处理方便等优势，适合于果汁、葡萄酒和功能食品（贝母、冬虫夏草）中特征代谢产物的鉴定及真实属性鉴定。但 LC-MS 技术尚没有一个全面广泛的数据库，这加大了图谱分析的难度（Rubert et al.，2015）。

（3）核磁共振

核磁共振（nuclear magnetic resonance，NMR）是一种基于原子核磁性、可用于快速无损分析检测样品的技术，该技术是通过分析核磁共振中原子核的松弛特性时间来分析检测分代谢产物结构的一种技术。氢谱、碳谱和磷谱是核磁共振技术中最常用的图谱。其中的 ^{1}H-NMR 是代谢组学主要的分析技术（陈利利等，2011）。核磁共振技术分析样品的效果取决于鉴定的代谢物数量，而不是所检测到的信号数目。核磁共振虽灵敏度不如其他技术高，但能够有效区分同分异构体，确定代谢物结构式。有学者通过 ^{1}H-NMR 技术鉴定大枣、咖啡和藏红花等食品中的代谢产物来有效评估其真实属性。这些技术的不断发展和完善都为代谢组学的研究提供了很好的分析研究平台（Ogrinc et al.，2003）。低温探头技术和 LC 技术的联用都有效提高了 NMR 的灵敏度。

4.1.3　代谢组学数据处理及分析

样品经分析检测后得到的是多维的数据信息，对于复杂而庞大的多维数据进行处理、分析和管理需要结合化学计量学工具进行处理。化学计量学分为数据预处理和数据分析两个步骤。数据预处理主要包括对原始数据进行提取、峰对齐、去噪、比对、标度和归一化等处理（Ellis et al.，2012）。数据分析包括非监督分析和有监督分析两种。无监督分析能够在未知样品信息的情况下将样品进行聚类分组，包括多变量数据分析（multivariate data analysis，MADA）、主成分分析（principal components analysis，PCA）、聚类分析（hierarchical cluster analysis，HCA）、非线性映射（nonlinear mapping，NLM）等（陈利利等，2011）。无监督分析方法不能忽略组内误差，且太关注细节，忽视整体性规律，不适合组间差异的鉴别和差异化合物的筛选（阿基业，2010）。有监督分析方法能够减少组内随机误差,突出组间系统误差,弥补无监督模型的缺陷(阿基业,2010)。主要包括偏最小二乘法-判别分析(partial least squares-discriminant analysis,PLS-DA)、正交偏最小二乘法-判别分析(orthogonal signal correction partial least squares-discriminant analysis,OPLS-DA)、软独立建模分类法(soft independent modeling of class analogy,SIM-CA)、支持向量机分析(support vector machine,SVM)和神经网络分析(artificial neural network,ANN)等(Berrueta et al.,2007)。此外,有监督分析方法的优势还在于能通过模型验证避免分类结果的过度乐观,通常通过参数 R^2(拟合率)和 Q^2(预测率)来评价模型,数值接近 1 表明预测模型的有效性高,且能准确预测未知样品。这些都为寻找样品之间或各组别之间的差异、确定标记代谢产物、建立鉴定方法提供很大帮助。

4.1.4 代谢组学在食品真实性鉴别中的应用

代谢组学自出现以来得到了较快发展,被广泛应用于各个研究领域,包括疾病研究、药物开发及毒性评价、植物育种和作物质量评估、微生物代谢、食品、毒理、环境等领域(许国旺和杨军,2003;刘思洁等,2014;Spratlin et al.,2009;Rochfort,2005)。在食品真伪鉴别领域,代谢组学在物种及品种鉴别、产地鉴别、品质识别、掺假掺杂鉴定等方面应用广泛(表 4-1)。目前,代谢组学技术虽然处于发展阶段,但在食品质量安全检测中体现了其他检测手段无法比拟的优势,对于食品真实属性鉴别等方面的研究具有重要意义(Cubero-Leon et al.,2014)。

表 4-1　代谢组学在食品真实性鉴别中的应用

应用	食品分类	检测技术	数据处理	特征标志物
物种或品种鉴别	食用油	GC-MS	PCA	linoleic, linolenic acid, oleic, total saturated fatty acids
	果汁	LC-QTOF-MS	PCA-3D S-Plot	hesperidine Synapiylgluthathione, phenylalanine
	川贝母	LC-QTOF-MS	HCA OPLS-DA	Verticinone, verticine, imperialine, zhebeinine, songbeinone
	蜂蜜	LC-QTOF-MS	PCA PLS-DA	phenyllactic acid, pinobanksin, leptosperin, methyl syringate
	黑种草	LC-QTOF-MS GC-MS	PCA	norargemonine, magnoflorine, nigellamine, dolaconine, kaemferol glycosidic conjugates, fatty acid
	烈酒	^{1}H-NMR	PCA	2-vinylethanol
	蓝蟹	^{1}H-NMR	PCA	glutamate, alanine, glycine, homarine, lactate, betaine, taurine
产地鉴别	红酒	LC-QTOF-MS	PLS-DA	cyanidin 3-O-glucoside
	枸杞	LC-QTOF-MS	PCA CA	glutamine hexose, chlorogenic acid isomer, rutin hexose, lyciumide
	咖啡	^{1}H-NMR	PLS-DA	fatty acids, acetate, caffeine
	蜂蜜	GC-MS	SVM PLS LDA	hexanal, furan-2-carbaldehyde, benzaldehyde, 2-phenylethanol
	龙井茶	electronic tongue	ROPCA PLS-DA	—
	铁观音茶	NIR	PLS-DA	—
	牛肉	^{1}H-NMR	PCA OPLS-DA	succinate, isoleucine, leucine, methionine, tyrosine, valine

续表

应用	食品分类	检测技术	数据处理	特征标志物
品质识别	燕窝	GC-MS LC-MS	OPLS-DA	fatty acids, myristamide, palmitoleamide, linoleamide
	枣	¹H-NMR	PCA	aceate, alanine, asparagine, choline, creatine, formate
	蔬菜	DART-TOF-MS	PCA LDA	lactate, pyruvic acid, phenylalanine, quinic acid
	橄榄油	GC-MS	PLS-DA	hexenyl acetate, acetic acid, dehydrated methanol, methyl acetate
	鲈鱼	NIR	PCA SIMCA	fatty acid
掺假掺杂鉴定	梨汁	CGC-FID HPAE-PAD	fingerprint	—
	蜂蜜	LC-QTOF-MS	—	polysaccharides, difructose anhydridea, 2-acetylfuran-3-glucopyranoside
		NIR	PLS	—
	亚麻油	GC-MS	PLS-DA	fatty acid
	冬虫夏草	LC-QTOF-MS	PCA	γ-glutamyl-glutamine, pipemidic acid, cordycepin, trehalose-6-phosphate
	藏红花	¹H-NMR	OPLS-DA	kaempferol glycosidic conjugates, cyanidin glycosidic conjugates, isococculidine, angoluvarin
其他	茶	LC-QTOF-MS	PCA PLS-DA	5-caffoyl quinic acid, kaempferol 3-O-rutinoside, gallocatechin, epicatechin
	人参	LC-QTOF-MS	PCA OPLS-DA	ginsenoside Rf, 24R-pseudo-ginsenoside F11, 20-gluco-ginsenoside Rf
	绞股蓝	FIMS	PCA PLS-DA	kaempferol-3-O-rutinoside, ginsenoside Rh1, gypenoside
	冬虫夏草	LC-QTOF-MS	PCA-DA	γ-glutamyl-glutamine, pipemidic acid, cordycepin, trehalose-6-phosphate

注: PCA: 主成分分析; HCA: 层次聚类分析; PLS: 偏最小二乘判别分析; OPLS: 正交信号校正偏最小二乘判别分析; SVM: 支持向量机; LDA: 线性判别分析; ROPCA: 稳健主成分分析; SMICA: 软独立建模类比; LC-QTOF-MS: 液相色谱-四极杆飞行时间质谱联用; GC-MS: 气相色谱-质谱法; NMR: 核磁共振; NIR: 近红外光谱; CGC-FID: 毛细管气相色谱-火焰离子化检测; HPAE-PAD: 脉冲安培检测高效液相色谱法; DART-TOF-MS: 实时荧光质谱直接分析; FIMS: 流动注射质谱法

（1）物种及品种鉴别

不同物种和品种制成的食品功效及价格往往有显著差异。由于不同物种价格差异大、外观口感差异小、传统鉴伪方法难以鉴别，导致掺假现象层出不穷。在物种和品种的鉴别中使用的化学计量学方法有所不同。无监督的 PCA 从整体角度出发，最大限度保留了数据的原始状态，适合组内差异较小的品种区分及异常样品的鉴别（阿基业，2010）。而监督型模型则适合于组间差异较大的物种的鉴别。Yang 等（2013）使用 GC-MS 技术分析橄榄油、玉米油、花生油、菜籽油和葵花籽油中 22 种脂肪酸和 6 种重要参数，使用 PLS-DA 模型能够检测出含有 1%其他油的橄榄油，预测能力达到 90%。液相色谱-质谱联用技术为液体食品及固体药食两用食品提供了一种高通量、高灵敏度的快速鉴别手段，结合化学计量学方法可快速有效鉴定不同物种或品种制成的产品。Jandrić 等（2014）使用 LC-QTOF-MS 技术结合三维主成分分析和 S-Plot 模型解决了凤梨汁、橙汁、葡萄柚汁、苹果汁、柑橘汁和柚汁相互掺杂的问题，该检测方法灵敏度高，检出限达到1%。他们还使用非靶标代谢组学分析得到橙皮苷、苯基丙氨酸等 21 种特征标记物用于鉴别果汁的物种类型。Li 等（2014）和 Jandrić 等（2015a，b）基于代谢组学技术，采用 LC-QTOF-MS 技术结合 PCA 分析对贝母、蜂蜜等保健食品的品种鉴别建立了检测方法。此外，也有学者用 GC-MS 技术和 ^{1}H-NMR 技术解决食品的品种鉴别问题。Farag 等（2014）基于代谢组学技术，用 LCQTOF-MS 和 GC-MS 结合 PCA 分析建立了黑种草子的品种鉴别方法，发现山柰酚糖苷结合物是区分 6 种不同品种黑种草子的特征标记物。Fotakis 和 Zervou（2016）利用代谢组学技术实现了对不同种类烈酒的鉴别，采用 ^{1}H-NMR 技术结合 PCA 分析可有效区分传统的齐普罗酒和白兰地酒。Zotti 等（2016）使用 ^{1}H-NMR 技术结合 PCA 和 PLS-DA 模型分析了意大利蓝蟹、疣菵妇蟹和黄道蟹，研究发现单不饱和脂肪酸信号区可以有效区分这 3 种蟹，意大利蓝蟹有更高含量的谷氨酸、丙氨酸和甘氨酸，而疣菵妇蟹和黄道蟹的龙虾碱、乳酸、甜菜碱和牛磺酸含量更高。

（2）产地鉴别

地理标志产品的市场价值（如知名度、质量、附加值、安全性）远高于其他同类产品，不同产地的食品功效往往也有差异。同时，一些传统的药食两用的食品具有地域文化的特定意义（如西藏的枸杞、青海的冬虫夏草等）。但随着地理标志产品的增多，假冒标识、以次充好等掺假现象也逐渐增多，极大地损害了市场贸易、品牌维护及消费者的权益（袁玉伟等，2013）。研究表明，代谢组学技术结合化学计量学方法，尤其是监督型模型 PLS 和 LDA（linear discriminat analysis，线性判别分析）等，可有效减少同一产地食品间的差异，找到地理标志产品的特征，进行有效预测（阿基业，2010）。Vaclavik 等（2011）基于代谢组学，使用 LC-ATOF-MS 技术结合化学计量学分析手段建立了葡萄酒的产地鉴别方法，通过 PLS-DA 模型可有效鉴别来自不同产地的'赤霞珠''梅鹿辄''黑皮诺'三大类共计 51 种地理标志葡萄酒，准确率达 96%。Bondia-Pons 等（2014）使用 LC-QTOF-MS 技术结合 PCA 和 CA（cluster analysis）分析建立了产自中国西藏地区、中国其他地区及蒙古国的枸杞产地鉴别方法。Arana 等（2015）采用 ^{1}H-NMR 检测了不同产地咖啡中的代谢产物，运用 PLS-DA 分析实现了对产自阿拉伯、哥伦比亚和其他地区咖啡的有效鉴定，研究发现脂肪酸、乙酸盐及有机酸是区分咖啡产地的三大类特征标记物。Jung 等（2010）使用 ^{1}H-NMR 技术结合 PCA 和 OPLS-DA 模型对产自澳大利亚、韩国、新西兰和美国 4 个国家的牛肉进行了鉴别。Stanimirova 等（2010）采用 GC-MS 技术分析了产自科西嘉的蜂蜜和 5 种其他产地的蜂蜜，使用 LDA、PLS 和 SVM 模型均能有效区分不同产地的蜂蜜。代谢组学结合电子鼻、电子舌技术及红外光谱技术的研究为产地溯源鉴别提供了快速无损的鉴别方法。Xu 等（2013）使用电子舌技术结合稳健主成分分析法（ROPCA）和 PLS-DA 模型鉴别产自西湖、杭州钱塘江、岳州的龙井茶，两种模型的灵敏度/特异性分别达到了 1.000/1.000 和 1.000/0.967。Yan 等（2014）使用近红外光谱技术结合 PLS-DA 模型建立了产自安溪和其他地区的乌龙茶的快速无损鉴别方法，并通过标准正态变量变换（standard normal variate，SNV）和红外二阶导数光谱（second-order derivatives，D2）优化模型，使灵敏度和特异性分别达到了 0.931 和 1.000。

（3）品质识别

食品的品质问题与消费者的健康、权益甚至安全直接相关，某些食品的功效会随着新鲜度等品质的降低而降低，因此对食品进行质量等级和品质鉴定具有重要意义。但影响食品品质的因素极多，采用靶向性的传统检测手段无法有效鉴别，代谢组学技术对食品中代谢产物全面而详细的分析能够有效解决食品品质鉴别问题。Chua 等（2014）基于代谢组学，使用 GC-MS 和 LV-MS 技术结合 OPLS-DA 模型建立了燕窝品质鉴别方法，该方法能够有效鉴别燕窝的颜色、产地及类别（洞燕或屋燕），且 GC-MS 对于加工后的燕窝鉴别效果更好。NMR 技术提供了代谢产物详细而确切的结构信息，能够有效鉴定出特征代谢产物的结构，通过代谢组学评价食品的品质。Chen 等（2015）使用 ^{1}H-NMR 技术结合 PCA 分析研究大枣的成熟度，评价其品质，研究发现未成熟的大枣黄酮含量更高，抗氧化活性更好，cAMP（环磷酸腺苷）含量更高，对神经表达有更好的效果。近年来也有不少将代谢组学应用于有机食品鉴别的研究。Novotna 等（2012）使用实时直接分析飞行时间质谱（direct analysis in real time of flight mass spectrometry，DART-TOF-MS）技术结合 PCA 和 LDA 模型分析了有机和普通栽培得到的 40 种番茄和 24 种辣椒，该方法对有机番茄和辣椒鉴别的准确率分别达到了 97.5% 和 100%，预测能力均达到 80%，研究表明栽培时间是造成有机食品和普通食品代谢产物差异的关键因素。Ruiz-Samblás 等（2012）基于代谢组学技术，根据 GC-MS 指纹图谱得到了特级橄榄油、初榨橄榄油、橄榄油和果渣油这 4 种不同等级橄榄油的三酰甘油图谱，研究发现 1-棕榈酸-2-硬脂酸-3-油酸甘油酯和 1，2-油酸甘油酯-3-硬脂酸是用于鉴定橄榄油质量等级的代谢产物。Trocino 等（2012）使用近红外光谱技术结合 PCA 和软独立模式分类（soft independent modelling class analogy，SIMCA）模型建立了有机及普通海鲈鱼肉品质的鉴别方法，该方法能有效鉴别新鲜切碎的海鲈鱼的个头大小及饲养情况，也能对冷冻干燥后的海鲈鱼的饲养情况进行鉴定。

（4）掺假掺杂鉴定

食品掺假掺杂等违法行为对消费者的切身利益其至生命安全造成巨大损害，主要掺假方式包括果蔬汁及饮料中掺入甜味剂和酸味剂、功能食品中掺入违禁化学物质或药物成分等。这些未标识成分不仅种类繁多、难以检测，而且某些劣质原料会对食用者的健康造成不可挽回的影响。传统方法检测目标单一，难以应对种类繁多的掺假物质。代谢组学技术基于全面分析食品中的代谢产物而对非目标添加成分的检测有着巨大优势。Willems 和 Low（2014）使用毛细管气相色谱-火焰离子化检测技术（capillary gas chromatography with flame ionization detection，CGC-FID）和高效液相色谱-脉冲电流检测技术（high-performance liquid chromatography with pulsed amperometric detection，HPAE-PAD）联用的方法对使用甜味剂和水调配的梨汁进行了鉴定，研究发现这两种技术的联用不仅能通过寡糖指纹图谱鉴定梨汁中掺有的 0.5%～5.0%（体积分数）的果葡糖浆、菊粉转化糖浆等 4 种商业甜味剂，还能通过熊果苷和纤维二糖的含量鉴定苹果汁与梨汁相互掺杂的问题。Stanimirova 等（2010）使用 LC-QTOF-MS 技术建立了针对掺有糖浆蜂蜜的鉴定方法，该方法能够在 30min 内鉴定出掺有 10%（体积分数）玉米糖浆、高果糖浆、转化糖浆和大米糖浆的掺假蜂蜜，为蜂蜜的掺杂提供了一种快速检测手段。Sun 等（2015）使用 GCMC 技术结合化学计量学分析法解决了亚麻油的掺假问题，该法通过检测亚麻油中的挥发性成分，筛选其中 28 种脂肪酸，建立了 OLS 模型，能够检测出含有 10%（体积分数）掺假物的亚麻油，准确度达到 95.6%。Zhang 等（2015）使用 LC-QTOF-MS 技术结合 PCA 分析建立了冬虫夏草的鉴伪方法，通过 P C A 分析及特征标记离子可有效区分冬虫夏草、草石蚕及虫草花。Petrakis 等（2015）使用 ^{1}H-NMR 技术解决了藏红花的掺假问题，通过对番红花、大红花、栀子花等常见掺假物中的姜黄素类化合物和糖类化合物等特征化合物的检测有效评估藏红花的真实属性，并运用非靶标代谢组学结合 OPLS-DA 模型成功预测出含有 20%掺假物的藏红花。

（5）其他方面真实属性鉴定

代谢组学在食品加工方式、原料属性及来源、功能食品的功效评价鉴别等方面也有所应用。不同加工方式的功能食品的功效及价格都有很大差别。Fraser 等（2013）使用 LC-QTOF-MS 技术结合 PCA 分析建立了茶叶发酵类型的鉴别方法，通过非靶标分析发现酚醛树脂是区分绿茶、乌龙茶和红茶的重要代谢产物。原料的不同部位、生长情况均会影响食品的功效和价格。Zhao 等（2013）基于代谢组学技术，采用快速流动注射质谱（flow-injection mass spectrometry，FIMS）指纹图谱法对绞股蓝不同部位的食材进行了有效鉴定，该方法通过分析单倍和双倍体绞股蓝的叶片及整株植物，使用 PCA 和 PLS-DA 模型，能够在 2min 内完成鉴定。代谢组学在保健食品功效评价中也有所应用。Zhang 等（2015）使用 LCQTOF-MS 技术结合 PCA 分析建立了虫草养殖方式的鉴别手段，并通过非靶标分析鉴定出吡啶酸、肌苷、虫草素等 18 种用于区分冬虫夏草和人工养殖的代谢产物。产自北美的西洋参药性甘凉，具有滋阴补肾、补气养血的功效，而产自亚洲的高丽人参药性平温，具有大补元气、补脾益肺的功效，两种功效截然不同。Park 等（2014）基于代谢组学技术，使用 LCQTOF-MS 技术结合 PCA、OPLS-DA 及 S-Plot 分析建立了西洋参和高丽人参的鉴别方法，研究发现皂苷 Rf 和 Ra1 是人参的特征标记物，皂苷 F2 是西洋参的特征标记物。

4.1.5 展望

为了保证食品质量安全、保障消费者利益，对食品进行真伪鉴别具有非常重要的意义。代谢组学的最大优势在于它的整体分析能力及外源性物质对生物的整体性效应，可以更好地反映外界环境对食品成分产生的微小差异。本节介绍了代谢组学的定义和基本研究思路，着重介绍了其在食品真实属性鉴别领域的应用，为代谢组学在该领域的研究提供了一定的参考依据。代谢组学研究需根据实验目的采集具有多样性和真实性的样品，在保留尽可能多的代谢产物的前提下进行简单预处理，选择合适的高分辨仪器检测，结合恰当的化学计量学技术进行分析。

不同品种的食品差异小，鉴别困难，需采集更多的代谢物数据才能有效地区分，常选择高通量的 LC-QTOF-MS 或 GC-MS 技术结合非监督 PCA 模型进行有效鉴定。产地鉴定需要忽略同一产地食品间的组内差异，放大不同产地的差异，适合采用监督型模型（PLS、LDA 等）进行预测鉴定。品质监控通常通过挥发性物质和关键代谢产物来鉴定，适合采用 GC-MS 技术和 ^{1}H-NMR 技术配合化学计量学方法进行品质监控。食品掺假掺杂物方式繁多，需根据食品特点选择合适的仪器方法，先用非监督模型区分，再用监督型模型预测，才能达到较好的效果。代谢组学技术也存在制约因素有待研究和突破，亟须开发价格适中、功能强大的仪器。此外，构建全面准确的代谢产物数据库，并与基因组、蛋白质组、转录组的数据库相互衔接，形成系统生物学数据链，对食品质量与安全研究有指导意义。

4.2　基于靶标代谢组学技术的不同产地玛咖代谢物差异分析

玛咖（*Lepidium meyenii*）是十字花科独行菜属一年生或两年生的草本植物，原产地位于海拔 3700～4500m 的秘鲁安第斯山脉。2002 年玛咖在我国云南引种成功，随后在四川、新疆、西藏、贵州和青海等地进行广泛引种，玛咖种植得到迅速发展。不同产地玛咖的品质相差甚大，秘鲁玛咖历史悠久，被视为"秘鲁国宝"，名气较大，所以不法商家为了谋取更多利益，通常利用国内云南和新疆等地玛咖冒充秘鲁玛咖进行销售，以新疆、西藏和四川玛咖等来冒充云南丽江玛咖出售。本研究通过基于代谢组学技术的 LC-MS 方法对不同产地的玛咖进行了全扫描分析，根据靶标和非靶标代谢组学方法筛查鉴定玛咖代谢物，分析各产地代谢物差异，旨在为玛咖的产地鉴别和质量评价提供参考。

4.2.1　材料来源

本研究共收集玛咖干根样品 13 种，分别来自于秘鲁、云南、西藏、四川和新疆 5 个产地，采集于 2017 年 11～12 月，生产年限均为 1 年。所有样品由云南省农业科学院药用植物研究所李晚宜研究员进行形态鉴定，并在实验室内采用实时荧光聚合酶链反应方法进行物种确证。样品编号及产地信息见表 4-2。

表 4-2　玛咖样品信息

编号	颜色	产地	数量
BL	黑色	秘鲁	9
YN1	黑色	云南丽江宁蒗彝族自治县	3
YN2	紫色	云南丽江宁蒗彝族自治县	3
YN3	黄色	云南丽江宁蒗彝族自治县	3
XZ1	黄色	西藏林芝	3
XZ2	黄色	西藏日喀则	3
XZ3	黄色	西藏拉萨	3
SC1	黄色	四川阿坝藏族羌族自治州	3
SC2	黄色	四川松潘县	3
SC3	黄色	四川稻城县	3
XJ1	黄色	新疆塔什库尔干县	3
XJ2	黄色	新疆且末县	3
XJ3	黑色	新疆且末县	3

4.2.2 主要设备

TripleTOF 5600 超高压液相色谱-四极杆飞行时间质谱仪（美国 AB SCIEX 公司）；高效液相色谱仪（日本岛津公司）；组织研磨仪[凯杰企业管理（上海）有限公司]；冷冻干燥机（美国 VIRTIS 公司）；离心机（德国贺利氏集团）；旋转蒸发仪（瑞士 Buchi 公司）。

4.2.3 实验方法

（1）样品制备

选取玛咖干果浸入液氮浸泡 1min，用研钵将其捣碎，真空冷冻干燥 48h。取出后尽快通过组织研磨仪研磨 30s，研磨频率为 30 次/s。称取 0.2g 样品加入 3mL 甲醇，在 30℃下超声提取 60min，在 4℃、8000r/min 的转速下离心 10min，收集上清液，残余物使用 2mL 的甲醇再次提取。合并 2 次上清液旋转蒸发浓缩至干，加入甲醇溶解定容到 2mL，使用微型冷冻离心机在转速为 12 000r/min 下离心 10min。将溶液用 0.22μm 滤膜过滤，稀释 4 倍储存于 4℃备用。

（2）样品色谱质谱条件

色谱柱选择 Phenomenex，Kinetex®C18（2.1mm×100mm，2.6μm），流动相 A 为含有 0.02%甲酸的 3mmol/L 乙酸铵水溶液，流动相 B 为含有 0.02%甲酸的 3mmol/L 乙酸铵乙腈溶液。洗脱梯度为 0～3min：10%B；3～14min：10%～40%B；14～17min：40%～100%B；17～17.1min：100%B；17.1～20min：10%B。整个洗脱过程时间为 20min。流速设置为 0.3mL/min，进样量 2μL，柱温 40℃。

质谱采用 ESI 离子源，正负离子扫描，正离子的喷雾电压：5500V，负离子的喷雾电压：4500V，去簇电压（DP）：80V。离子源温度：500℃。质谱数据通过信息依赖检索（information dependent acquisition，IDA）方法进行动态背景扣除。雾化气（GS1）：50psi，辅助加热气（GS2）50psi，气帘气（CUR）：35psi。离子碰撞能量（CE）：40ev，质谱采集范围为 50～1000m/z。每个循环包括一个一级质谱扫描（扫描时间为 250ms）和 10 个二级质谱扫描（每个扫描时间为 50ms）。

（3）数据处理及分析

为保证结果的有效性，每个样品设 3 个平行。利用 MarkerView 1.2.1 对质谱数据进行数据的挖掘、校准和归一化等预处理。数据挖掘的范围为 100～1000m/z，保留时间在 0.5～18min；峰检测的最小光谱的宽度为 25ppm，噪声阈值为 100；峰校准和筛选的质量数偏差为 10ppm，保留时间偏差为 0.5min。最大出峰数为 8000。将预处理后的数据信息导出到 SIMCA 14.0 软件中进行化学计量学分析。

（4）代谢物鉴定

根据在文献中查到的玛咖代谢物建立玛咖代谢物数据库，在 Peakview 的内置 XIC

manager 插件中输入数据库里的代谢物的信息，把样品数据导入软件，通过计算分子量和同位素匹配得到化合物的液相出峰时间和一级、二级质谱信息。通过不同的颜色来反映软件分析的误差情况，绿色表示质量误差≤5ppm，同位素比值误差≤10%；黄色表示质量误差≤10ppm，同位素比值误差≤20%；红色表示质量误差>10ppm，同位素比值误差>20%。本研究只筛选绿色的代谢物进行鉴定。另外设置其他参数，峰面积>1000，S/N>10，同位素峰的丰度应小于理论分布范围的20%。去除没有一级、二级质谱信息的代谢物，将其他化合物的一级和二级质谱信息在数据库 Metlin、PubChem 等匹配比对。另外也可以利用 Peakview 软件中 Fragment pane 功能对二级片段和代谢物理论得到的断裂片段进行比对，确定代谢物的结构，同时查找文献进一步确认。

4.2.4　结果与分析

（1）UPLC-QTOF-MS 代谢组学分析

利用 UPLC-QTOF-MS 技术得到了各产地玛咖的代谢组分。5 个不同产地玛咖的特征性基峰图（BPC）（图 4-3）中显示，各产地玛咖代谢物的出峰丰度和数量有所差异，而出峰的时间基本一致。代谢物出峰量相对而言较多的是四川、云南和秘鲁产地，四川产地的玛咖代谢物在 12～16min 出峰较为集中，出峰丰度较高，秘鲁产地玛咖代谢物的出峰丰度在 5～6min 较高，新疆和西藏产地的玛咖代谢物在 14～16min 出峰丰度较高，云南产地玛咖代谢物在 5～6min 和 13～15min 丰度较高。结果可以大致反映出玛咖代谢物种类和含量在不同产地存在差异。

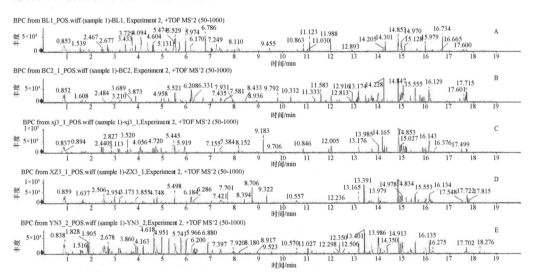

图 4-3　不同产地玛咖的 UPLC-QTOF-MS 基峰图（BPC）
A. 秘鲁；B. 四川；C. 新疆；D. 西藏；E. 云南

（2）化学计量学分析

本研究在正负离子扫描方式下获取数据，在正离子模式下共检测到 731 个峰，在负离子模式下共检测到 240 个峰。根据正负离子模式下的 OPLS-DA 得分图（图 4-4）可知，5 个产地的玛咖样本能够清晰地分成 5 组，四川组（n=9）、云南组（n=9）、秘鲁组（n=9）、西藏组（n=9）、新疆组（n=9）。正离子模式下的 OPLS-DA 模型验证的结果是 R^2X 为 0.879，R^2Y 为 0.964，Q^2 为 0.773，负离子模式下的 OPLS-DA 模型验证结果是 R^2X 为 0.884，R^2Y 为 0.856，Q^2 为 0.727。通过模型验证结果可以看出正负离子模式下的模型均有较好的预测性和可靠度，但相比于负离子模式，正离子模式下的 OPLS-DA 模型有更好的验证结果，另外，从 OPLS-DA 的得分图也可以看出，正离子模式下的各个产地的玛咖样品区分得更为清晰、明显，而且正离子模式下采集到的峰更多，因此接下来的代谢物鉴定部分采用正离子扫描数据。总之，本研究结果表明 UPLC-QTOF-MS 方法可以区分玛咖产地。

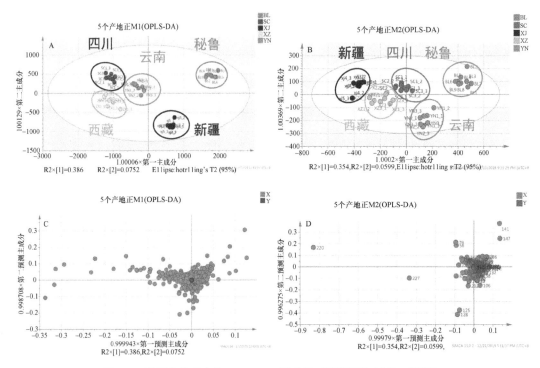

图 4-4　不同产地玛咖的 OPLS-DA 区分图（彩图请扫封底二维码）

A. OPLS-DA 得分图，正离子模式；B. OPLS-DA 得分图，负离子模式；C. OPLS-DA 载荷图，正离子模式；
D. OPLS-DA 载荷图，负离子模式

（3）代谢物鉴定

代谢组学原始的数据处理方法是通过数据预处理后，再进行质谱分析，这种方法很耗费时间，而且还有很多复杂未知的数据。因此本研究在代谢物鉴定部分采取了逆向的工作流程，首先查找关于玛咖中存在的代谢物的相关文献，根据代谢物的名称、分子式建立玛咖代谢物数据库。再利用 XIC manager 插件将实验数据和数据库的代谢物的质量数等进行匹配，鉴定得到玛咖代谢物。该方法的最大优势就是可以通过数据库与待测代谢物的匹配，快速鉴定得到靶标代谢物。本研究最终鉴定出了玛咖酰胺（13 种）、玛咖烯（3 种）、甾醇（3 种）、芥子油苷（3 种）、生物碱（2 种）、黄酮（3 种）和多酚（1

种）共 7 个不同种类的 28 种代谢物（表 4-3）。其中玛咖酰胺和玛咖烯是玛咖中主要存在的代谢物。

表 4-3　根据靶标代谢组学鉴定得到的玛咖代谢物

编号	代谢物	分子式	加和离子	*m/z* (MS)	*m/z* (MS/MS)	质量误差 /ppm	保留时间 /min
玛咖酰胺							
1	*N*-benzyl-octanamide	$C_{15}H_{23}NO$	[M+H]$^+$	234.185 24	65.0407/91.0566	0.1	8.91
2	*N*-benzyl-pentadecanamide	$C_{22}H_{37}NO$	[M+H]$^+$	332.294 79	91.0554/332.2954	−0.3	14.36
3	*N*-(m-methoxybenzyl)-hexadecanamide	$C_{24}H_{41}NO_2$	[M+H]$^+$	376.321 3	91.0545/121.0652	0	14.83
4	*N*-benzyl-5-oxo-6E, 8E-octadecadienamide	$C_{25}H_{37}NO_2$	[M+H]$^+$	384.289 71	91.0549/277.2159	0.5	11.98
5	*N*-benzyl-heptadecanamide	$C_{24}H_{41}NO$	[M+H]$^+$	360.327 0	91.0556/253.2526	0.3	15.55
6	*N*-benzyl-9-oxo-12Z-octadecenamide	$C_{25}H_{39}NO_2$	[M+H]$^+$	386.305 36	91.0550/108.0808	0.5	12.35
7	*N*-benzyl-octadecanamide	$C_{25}H_{43}NO$	[M+H]$^+$	374.342 5	73.0383/266.9991	0	16.13
8	*N*-benzyl-9Z-octadecenamide	$C_{25}H_{41}NO$	[M+H]$^+$	372.326 8	91.0566/266.9996	0.2	15.15
9	*N*-benzyl-15Z-tetracosenamide	$C_{31}H_{53}NO$	[M+H]$^+$	456.419 99	91.0551/108.0811	0.2	15.95
10	*N*-(m-methoxybenzyl)-9Z, 12Zoctadecadienamide	$C_{26}H_{41}NO_2$	[M+H]$^+$	400.320 7	91.0543/121.0642	−0.1	14.18
11	*N*-benzyl-hexadecanamide	$C_{23}H_{39}NO$	[M+H]$^+$	346.310 39	91.0543/239.2360	−0.1	14.96
12	*N*-benzyl-9Z,12Z, 15Z-octadecatrienamide	$C_{25}H_{37}NO$	[M+H]$^+$	368.294 8	81.0703/91.0548	0.2	13.52
13	*N*-(m-methoxybenzyl)-9Z, 12Z, 15Z-octadecatrienamide	$C_{26}H_{39}NO_2$	[M+H]$^+$	398.305 4	121.0650/136.0754	0.1	13.38
玛咖烯							
14	5-oxo-6E,8E-octadecadienoic acid	$C_{18}H_{30}O_3$	[M+H]$^+$	295.226 7	67.0556/81.0343	1.1	10.84
15	9E,12E,15E-octadecatrienoicacid	$C_{18}H_{30}O_2$	[M+H]$^+$	279.231 6	67.0559/81.0709	0.4	10.14
16	9E,12E-octadecadienoic acid	$C_{18}H_{32}O_2$	[M+H]$^+$	281.247 5	248.9884/281.0493	0	14.7
芥子油苷							
17	benzyl glucosinolate	$C_{14}H_{19}NO_9S_2$	[M+H]$^+$	410.057 3	91.0545/134.0592	−0.2	2.55
18	m-methoxy benzyl glucosinolate	$C_{15}H_{21}NO_{10}S_2$	[M+H]$^+$	440.067 97	121.0646/198.0580	−1	2.88
19	m-hydroxybenzyl glucosinolate	$C_{14}H_{19}NO_{10}S_2$	[M+H]$^+$	426.052 32	150.0589/184.0424	−0.3	1.58
生物碱							
20	1,3-dibenzyl-2,4,5-trimethylimidazolium chloride	$C_{20}H_{23}N_2Cl$	[M+H]$^+$	327.162 25	91.0535/121.0647	1	3.88
21	3-benzyl-1,2-dihydro-N-hydroypyridine-4-carbaldehyde	$C_{13}H_{13}NO_2$	[M+H]$^+$	216.101 91	65.0399/91.0549	0.9	5.2
甾醇							
22	stigmasterol	$C_{29}H_{48}O$	[M+H]$^+$	413.377 79	97.0649/109.0637	0.2	13.93
23	ergosterol	$C_{28}H_{44}O$	[M+H]$^+$	397.346 49	81.0710/147.1166	−0.5	16.2
24	brassicasterol	$C_{28}H_{46}O$	[M+H]$^+$	399.362 14	97.0639/109.0641	−0.7	17.19
多酚							
25	Catechins	$C_{15}H_{14}O_6$	[M+H]$^+$	291.086 31	70.0651/91.0545	0	1.45
黄酮							
26	quercetin-7-*O*-β-D-glucopyranoside	$C_{21}H_{20}O_{12}$	[M+H]$^+$	465.102 75	303.0493	−0.9	2.78
27	Isorhamine-7-*O*-β-D-glucopyranoside	$C_{22}H_{22}O_{12}$	[M+H]$^+$	479.118 4	302.0406/317.0655	−0.8	2.91
28	Quercetin	$C_{15}H_{10}O_7$	[M+H]$^+$	303.049 91	153.0177/229.0491	−0.1	3.39

（4）不同产地的玛咖酰胺和玛咖烯的差异分析

本研究共鉴定出 13 种玛咖酰胺和 3 种玛咖烯。玛咖酰胺和玛咖烯在各个产地所检测到的种类大体一致，秘鲁产地玛咖中 N-苄基-十六酰胺（N-benzyl-hexadecylamide）含量较高，3 种玛咖烯含量相对较高；云南产地玛咖中 9Z-N-苄基-十八碳烯酰胺（N-benzyl-9Z-octadecenamide）、N-苄基-十六酰胺（N-benzyl-hexadecanamide）和 9Z,12Z,15Z-N-苄基-十八碳三烯酰胺（N-benzyl-9Z,12Z,15Z-octadecatrienamide）含量较高；西藏产地玛咖中 9Z-N-苄基-十八碳烯酰胺（N-benzyl-9Z-octadecenamide）、N-苄基-十六酰胺（N-benzyl-hexadecanamide）、9Z,12Z-N-(间-甲氧基-苄基)-十八碳二烯酰胺（N-(m-methoxybenzyl)-9Z,12Z-octadecadienamide）、9Z,12Z,15Z-N-苄基-十八碳三烯酰胺（N-benzyl-9Z,12Z,15Z-octadecatrienamide）和 N-苄基十八碳酰胺（N-benzyl-octadecanamide）含量较高；四川产地玛咖中 12Z-9-羰基-N-苄基-十八碳烯酰胺（N-benzyl-9-oxo-12Z-octadecenamide）和 6E,8E-二烯-5-羰基-N-苄基-十八碳二烯酰胺（5-oxo-6E,8E-octadecadienoic acid）含量相对较高，新疆产地玛咖中所有玛咖酰胺和玛咖烯丰度相对其他产地都普遍较低（图 4-5）。总体而言，秘鲁玛咖的玛咖烯相比于其他产地含量较高，云南和西藏产地玛咖的玛咖酰胺含量较高，新疆产地玛咖的玛咖酰胺和玛咖烯含量均较低。上述研究结果表明不同产地的玛咖酰胺和玛咖烯含量存在差异。

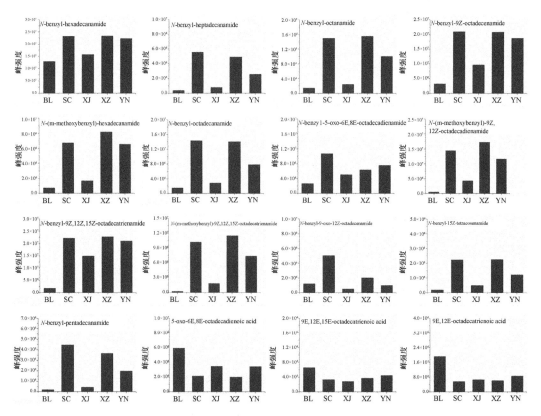

图 4-5　不同产地玛咖酰胺和玛咖烯类化合物比较

BL. 秘鲁；SC. 四川；XJ. 新疆；XZ. 西藏；YN. 云南

4.2.5 小结

本研究采用靶标代谢组学的方法对 5 个不同产地的玛咖进行了产地分析，采用基于 UPLC-QTOF-MS 技术结合 OPLS-DA 成功区分了玛咖产地，最终鉴定得到含有玛咖酰胺和玛咖烯等 28 种代谢物。通过代谢物的热图分析可知，各产地的玛咖代谢物差异明显。

4.3 基于靶标代谢组学的不同产地冬虫夏草代谢物差异分析

冬虫夏草是我国青藏高原地区的珍稀物种资源，在我国主要产自西藏、青海、四川、云南、甘肃 5 省（自治区）。不同来源的冬虫夏草由于受到当地土壤、气候及其他生长环境因素的影响，在虫体的大小、饱满度及有效成分的含量上存在较大差异，因而经济价值也不同。目前，市场上产于青海玉树、果洛，西藏那曲等地区的冬虫夏草由于虫体大而饱满，价格要高于其他产地的虫草，一些不法商家为谋取高额利润，常常以其他产地虫草冒充玉树、果洛或那曲虫草销售，严重损害了消费者利益，不利于冬虫夏草产业的健康有序发展。本研究采用靶标代谢组学的方法构建了不同产地冬虫夏草全组分鉴定的分析平台，共鉴定得到 56 种具有广泛代表性的代谢物，包括核苷类化合物、核苷酸、氨基酸、维生素、甘露醇和环二肽等，采用主成分分析-判别分析可成功区分 6 个不同产地的冬虫夏草。

4.3.1 材料来源

青海玉树、西藏那曲、云南香格里拉、云南德钦、云南兰坪和四川阿坝 6 个不同产区的冬虫夏草，均由云南大学云百草实验室提供。

4.3.2 主要设备

液相色谱-串联质谱仪：质谱为 AB Sciex TripleTOF 5600 型，配备 Duospay 双离子源（ESI 和 APCI）和四级杆-飞行时间（QTOF）联用质量分析器。液相为 Shimadzu，LC-20A UFLC 系统。

4.3.3 实验方法

（1）样品制备

样品经冷冻干燥后在组织研磨仪上以频率为 30 次/s 研磨 30s，称取 0.02g 试样（精确到 0.001g）放入 1.5mL 离心管中，加入 1mL 20%甲醇溶液，涡旋 20s，在室温下超声提取 90min，用微型冷冻离心机在 12 000r/min 转速下离心 10min，收集上清液。样品如此重复提取 2 次，合并上清液，用 0.22μm 的一次性滤器过滤，储藏于–80℃下备用。

（2）样品 LC-MS/MS 分析

色谱分离在 Shimadzu，LC-20A UFLC 系统上进行，柱温箱温度设为 40℃。色谱柱为 Phenomenex，C18，2.1mm×100mm，3μm，流动相包括 0.1%甲酸-水（A）和 0.1%甲酸-甲醇（B），两相中同时加入 5mmol/L 乙酸铵以平衡 pH，形成分子离子峰并降低基质效应的影响，梯度洗脱条件如前所述，进样量为 2μL。

质谱采用 ESI 离子源，雾化气为氮气，同时进行正离子和负离子扫描，正离子喷雾电压：5500V，负离子喷雾电压：4000V。去簇电压（DP）为 60V，离子源温度为 550℃。气帘气（CUR）、雾化气（GS1）和辅助加热气（GS2）分别为 25psi、50psi 和 50psi。质谱进行全组分扫描，扫描范围为 50～100m/z，在一个循环内可同时进行 1 个一级质谱 MS 扫描（150ms）和 10 个二级质谱 MS/MS 扫描（每个 50ms）。MS/MS 光谱数据的获取采取信息关联采集（information dependent acquisition，IDA）方法并进行自动动态背景扣除。为保证结果有效性，所有样品均检测 3 次，甲醇设为阴性对照以避免特征标记物的误判。

（3）数据处理和化学计量学分析

采用 MarkerView 软件（version 1.2.1）对 QTOF 获得的全组分扫描数据进行处理，包括数据挖掘、校准、归一化和组成分分析-判别分析（PCA-DA）。数据挖掘的范围为保留时间 0.5～17.5min，保留范围 100～1000m/z。峰检测：噪声阈值为 100 单位，最小色谱峰宽度为 6 扫描数，最小光谱宽度为 25ppm。峰校准和筛选：保留时间偏差为 0.5min，质量数偏差为 10ppm，最大出峰数为 8000。实验可同时获得正离子和负离子数据，包括样品的保留时间、m/z 值、丰度和电荷状态。样品数据经佩尔托标度（Pareto scaling）处理后进行 PCA-DA 分析。

（4）代谢物的鉴定

通过查找文献中虫草中可能存在的化合物，建立不同产地冬虫夏草的代谢物数据库。数据的挖掘通过 PeakView 软件中内置的 XIC manager 插件进行。将数据库中各化合物的分子式、离子加合方式输入到 XIC manager 插件中，软件会根据精确分子量和同位素类型的误差情况计算出样品中该化合物的质谱信息，并能匹配出液相的出峰时间及丰度。

通过软件还能获得每种代谢物的一级和二级质谱图，实验得到的质谱信息可与在线数据库（如 Metlin、MassBank 和 PubChem 等）中的信息进行比对确认。同时，也可通过网上数据库检索得到参考候选化合物，导入 PeakView 软件中，通过 Fragment pane 功能对二级碎片结果进行预测，将标记物的理论断裂方式与实验数据进行匹配，确定可能的分子结构式，并进一步通过参考文献进行确认。实验中，腺嘌呤、尿嘌呤、鸟嘌呤、胞嘧啶、胸腺嘧啶、次黄嘌呤、黄嘌呤、腺苷、尿苷、鸟苷、胞苷、胸苷、肌苷、虫草素 14 种核苷类化合物通过标准品进行验证，进一步确定实验结果的准确性。

4.3.4 结果与分析

（1）LC-QTOF-MS 代谢组学分析

本研究采用高通量的 LC-QTOF-MS 采集不同产地冬虫夏草的全代谢物组分，获取较广范围的非目标性化合物，整个洗脱时间为 20min。不同产地冬虫夏草的特征性基峰图（BPC）如图 4-6 所示，不同产地的冬虫夏草的 BPC 图表现出较好的一致性，出峰数量和出峰时间上都存在相似性，表明冬虫夏草种间存在着高度相似的化合物；而不同产地的冬虫夏草在出峰高度上有明显差异，表明不同产地的代谢物组分在含量上存在差异，其中阿坝产区的冬虫夏草的峰高明显低于其他产区。

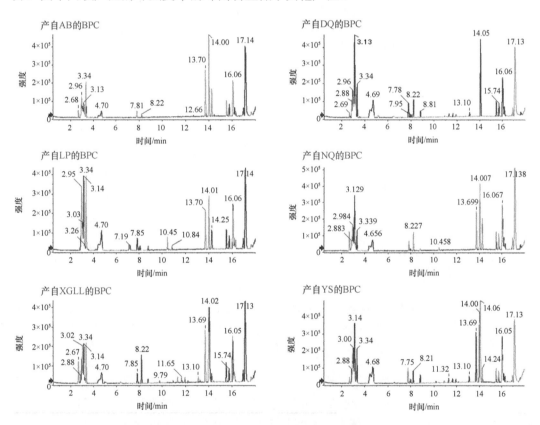

图 4-6　不同产地冬虫夏草全扫描的基峰图（BPC）

AB. 四川阿坝；DQ. 云南德钦；LP. 云南兰坪；NQ. 西藏那曲；XGLL. 云南香格里拉；YS. 青海玉树

（2）化学计量学分析

经过数据挖掘和比对后，正离子和负离子模式下，LC-QTOF-MS 均能检测到 8000个峰，为对数据进行降维并减少信号的冗余，只有代表单一同位素（同位素类型中 m/z 值最低的信号）的峰才被用来进行化学计量学分析（正离子模式下 380 个峰，负离子模式下 118 个峰）。

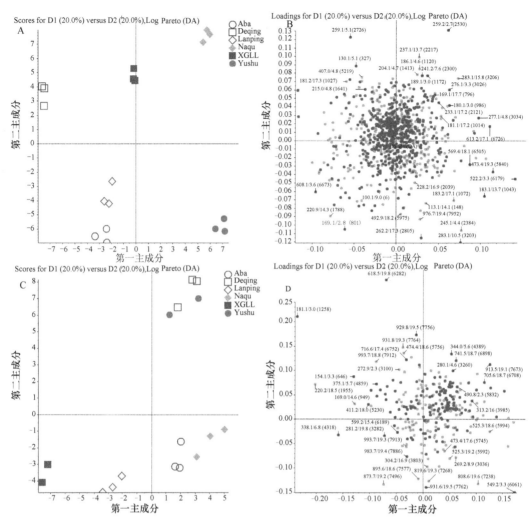

图 4-7 不同产地冬虫夏草主成分分析-判别分析（PCA-DA）图（彩图请扫封底二维码）

A. 正离子得分图；B. 正离子载荷图；C. 负离子得分图；D. 负离子载荷图空心圆圈：四川阿坝（Aba），空心方框：云南德钦（Deqing），空心菱形：云南兰坪（Lanping），实心圆圈：西藏那曲（Naqu），实心方框：云南香格里拉（XGLL），实心菱形：青海玉树（Yushu）

在正离子和负离子模式下，通过 PCA 分析，不同产地的冬虫夏草样品均能明显区分开（图 4-7），表明 LC-QTOF-MS 采集的数据可用于不同产地冬虫夏草的区分。本研究结果表明，相比于负离子模式，正离子模式下的 PCA 表现出较好的聚类和分组结果（图 4-7），同时由于正离子模式检测到更多化合物峰，因此只有正离子模式下采集的数据用于接下来的特征标记物的鉴定。

（3）代谢物的鉴定

利用精确质量数和同位素类型匹配峰挖掘方法，本研究从不同产地冬虫夏草中鉴定出了 56 种代谢物，包括 16 种核苷类化合物、9 种核苷酸、6 种维生素、18 种氨基酸、3 种碳水化合物、2 种环二肽和 2 种其他化合物（表 4-4）。

表 4-4　通过 IDA LC-QTOF-MS 峰挖掘技术鉴定出的冬虫夏草中的化合物

序号	代谢物	化学式	m/z（MS）	m/z（MS/MS）	误差/ppm	RT/min
核苷类化合物						
1	adenine	$C_5H_5N_5$	136.0617	119.0363，92.0271	−0.6	4.44
2	adenosine	$C_{10}H_{13}N_5O_4$	268.1037	136.0619，119.0368	−1	7.76
3	cytosine	$C_4H_5N_3O$	112.0509	95.0251，68.0269	3.3	3.59
4	cytidine	$C_9H_{13}N_3O_5$	244.0924	112.0519，95.0259	−1.7	3.59
5	guanine	$C_5H_5N_5O$	152.0570	135.0303，110.0366	1.5	7.94
6	guanosine	$C_{10}H_{13}N_5O_5$	284.0988	152.0567，135.0306	−0.6	7.94
7	hypoxanthine	$C_5H_4N_4O$	137.0462	119.0354，81.0735	2.1	7.90
8	inosine	$C_{10}H_{12}N_4O_5$	269.0876	137.0460，119.0355	−1.3	7.90
9	thymine	$C_5H_6N_2O_2$	127.0503	110.0231，84.0431	0.5	8.82
10	thymidine	$C_{10}H_{14}N_2O_5$	243.0971	127.0496，110.0267	−2	8.8
11	uracil	$C_4H_4N_2O_2$	113.0350	96.0112，70.0338	3.6	6.11
12	uridine	$C_9H_{12}N_2O_6$	245.0763	113.0365，96.0103	−1.5	6.11
13	cordycepin	$C_{10}H_{13}N_5O_3$	252.1088	136.0618，119.0361	−0.9	8.00
14	2′-deoxycytidine	$C_9H_{13}N_3O_4$	228.0968	112.0520，95.0258	−0.1	4.79
15	2′-deoxyinosine	$C_{10}H_{12}N_4O_4$	253.0931	137.0455，110.0375	−0.2	8.25
16	n6-methyladenosine	$C_{11}H_{15}N_5O_4$	282.1187	136.0620，119.0260	−4.8	3.12
核苷酸						
17	AMP	$C_{10}H_{14}N_5O_7P$	348.0701	136.0617，98.9859	0.6	4.31
18	TMP	$C_{10}H_{15}N_2O_8P$	323.0640	127.0556，81.0378	0.3	6.68
19	CMP	$C_9H_{14}N_3O_8P$	324.0588	112.0524，95.0277	−1	3.33
20	GMP	$C_{10}H_{14}N_5O_8P$	364.0652	152.0575，35.0322	−0.3	4.56
21	UMP	$C_9H_{13}N_2O_9P$	325.0425	112.0542，97.0303	1.2	3.36
22	3′,5′-cyclic AMP	$C_{10}H_{12}N_5O_6P$	330.0596	136.0617，98.9870	−0.2	6.34
23	3′,5′-cyclic CMP	$C_9H_{12}N_3O_7P$	306.0487	112.0525，98.9877	0.5	3.33
24	3′,5′-cyclic GMP	$C_{10}H_{12}N_5O_7P$	346.0545	152.0557，98.9858	−0.7	7.13
25	3′,5′-cyclic UMP	$C_9H_{11}N_2O_8P$	307.0325	220.1752，13.0364	−0.4	4.35
维生素						
26	riboflavin（B2）	$C_{17}H_{20}N_4O_6$	377.1451	243.0859，172.0857	−1.1	11.52
27	niacin（B3）	$C_6H_5NO_2$	124.0395	80.0522，78.0363	1.4	4.75
28	nicotinamide（B3）	$C_6H_6N_2O$	123.0552	80.0531，78.0379	−0.8	5.37
29	pantothenic acid（B5）	$C_9H_{17}NO_5$	220.1171	90.0567，72.0468	−3.1	9.23
30	pyridoxine（B6）	$C_8H_{11}NO_3$	170.0812	97.0639，93.0599	0.1	3.54
31	pyridoxal（B6）	$C_8H_9NO_3$	168.0655	119.0858，89.0631	0	4.60
氨基酸						
32	arginine	$C_6H_{14}N_4O_2$	175.1193	130.0968，70.0704	2.1	2.88
33	aspartic acid	$C_4H_7NO_4$	134.0451	88.0423，74.0284	2.1	2.93
34	citrulline	$C_6H_{13}N_3O_3$	176.1030	134.0790，116.0822	−0.1	3.42
35	glutamic acid	$C_5H_9NO_4$	148.0606	84.0476，56.0566	1.1	3.03
36	histidine	$C_6H_9N_3O_2$	156.0768	110.0728，93.0474	0	2.85

序号	代谢物	化学式	m/z（MS）	m/z（MS/MS）	误差/ppm	RT/min
37	isoleucine/ leucine	$C_6H_{13}NO_2$	132.1021	86.0994，69.0750	1.3	6.94
38	lysine	$C_6H_{14}N_2O_2$	147.1133	130.0862，84.0843	3	2.78
39	methionine	$C_5H_{11}O_2NS$	150.0582	133.0351，61.0154	−0.6	4.45
40	ornithine	$C_5H_{12}N_2O_2$	133.0979	116.0731，70.0703	5.2	2.76
41	phenylalanine	$C_9H_{11}NO_2$	166.0863	120.0818，103.0563	0.3	8.83
42	proline	$C_5H_9NO_2$	116.0712	70.0690，68.0542	4.7	3.26
43	serine	$C_3H_7NO_3$	106.0502	88.0396，60.0503	3.4	2.90
44	threonine	$C_4H_9NO_3$	120.0653	74.0634，56.0553	−1.7	3.00
45	tyrosine	$C_9H_{11}NO_3$	182.0809	136.0756，91.0573	−1.4	6.44
46	valine	$C_5H_{11}NO_2$	118.0868	59.0792，58.0716	4.7	3.16
47	asparagine	$C_4H_8N_2O_3$	133.0611	116.0329，74.0268	2	2.92
48	glutamine	$C_5H_{10}N_2O_3$	147.0694	130.0504，84.0480	1.5	3.00
49	4-aminobutyric acid	$C_4H_9NO_2$	104.1088	86.9525，69.0964	2.1	3.05
碳水化合物						
50	mannitol	$C_6H_{14}O_6$	183.0863	85.0312，69.0383	−0.2	3.03
51	trehalose	$C_{12}H_{22}O_{11}$	343.1235	112.0485	−0.1	3.31
52	trehalose-6-phosphate	$C_{12}H_{23}O_{14}P$	423.0895	243.0237，127.0390	−0.8	2.88
环二肽						
53	cyclo-(Leu-Pro)	$C_{11}H_{18}N_2O_2$	211.1437	149.0591，105.0347	−1.9	12.43
54	cyclo-(Val-Pro)	$C_{10}H_{16}N_2O_2$	197.1281	161.1061，134.0969	−1.7	9.04
其他						
55	cordysinin B	$C_{11}H_{15}N_5O_4$	282.1197	246.0982，144.0643	−1.3	3.11
56	vanillic acid	$C_8H_8O_4$	169.0495	141.0551，111.0092	−0.3	10.74

4.3.5 小结

采用靶标代谢组学的方法构建了不同产地冬虫夏草全组分鉴定的分析平台。采用主成分分析-判别分析可成功区分 6 个不同产地的冬虫夏草，56 种具有广泛代表性的代谢物被鉴定出来，包括核苷类化合物、核苷酸、氨基酸、维生素、甘露醇和环二肽等。56 种代谢物的峰面积以热度图的形式呈现，聚类分析结果表明不同产地的冬虫夏草能很好地分开。

4.4 基于靶标代谢组学的小浆果及其掺假果汁代谢物差异分析

以蓝莓和蔓越莓为代表的小浆果有着"第三代黄金水果"的美誉，果汁含有丰富的花色苷、酚酸、黄酮等生物活性物质，对预防疾病、促进人体健康等都有积极作用，因此越来越受到人们的青睐，果汁产量飞速增长。但是，由于该类果汁价值高、营养好，掺假现象也比较严重。在众多掺假手段中，低价果汁掺入高价果汁是较普遍且难以检测的一种掺假手段。本研究针对小浆果果汁中贸易量大、价格高的蓝莓和蔓越莓汁为研究对象,选择用于果汁调味的苹果汁和用于调色的葡萄汁,以这两种常见的相对廉价果汁作为掺假果汁原料,针对果汁中的非挥发性代谢产物,采用 LC-MS 技术,建立基于代谢组学的真伪鉴别方法。

4.4.1　材料来源

不同品种的新鲜蓝莓、苹果和葡萄各 10 种。不同产地的蔓越莓 9 种。蓝莓分别采摘于黑龙江伊春蓝莓种植基地,江苏昆山蓝莓种植基地和山东青岛蓝莓种植基地。蔓越莓、葡萄和苹果购于北京新发地农产品批发市场(表 4-5)。

表 4-5　果汁样品信息表

种类	编号	名称	品种/产地	缩写
蓝莓	1	蓝莓汁	杰兔	B1
	2	蓝莓汁	梯芙蓝	B2
	3	蓝莓汁	灿烂	B3
	4	蓝莓汁	顶峰	B4
	5	蓝莓汁	蓝丰	B5
	6	蓝莓汁	布里吉塔	B6
	7	蓝莓汁	蓝金	B7
	8	蓝莓汁	北陆	B8
	9	蓝莓汁	伯克利	B9
	10	蓝莓汁	比洛克西	B10
蔓越莓	11	蔓越莓汁	大兴安岭	C1
	12	蔓越莓汁	加拿大	C2
	13	蔓越莓汁	宁波	C3
	14	蔓越莓汁	土耳其	C4
	15	蔓越莓汁	黑龙江	C5
	16	蔓越莓汁	美国	C6
	17	蔓越莓汁	大兴安岭塔河县	C7
	18	蔓越莓汁	美国俄罗冈州	C8
	19	蔓越莓汁	北美	C9
苹果	20	苹果汁	金帅	A1
	21	苹果汁	青苹	A2
	22	苹果汁	加力果	A3
	23	苹果汁	嘎啦果	A4
	24	苹果汁	蛇果	A5
	25	苹果汁	富士/甘肃	A6
	26	苹果汁	天后/新西兰	A7
	27	苹果汁	红富士/烟台	A8
	28	苹果汁	红玫瑰/新西兰	A9
	29	苹果汁	阿克苏/新疆	A10
葡萄	30	葡萄汁	宾川夏黑葡萄	G1

种类	编号	名称	品种/产地	缩写
	31	葡萄汁	进口红提	G2
	32	葡萄汁	黑提	G3
	33	葡萄汁	玫瑰香葡萄	G4
	34	葡萄汁	国产红提	G5
葡萄	35	葡萄汁	青提	G6
	36	葡萄汁	乒乓葡萄	G7
	37	葡萄汁	美人指葡萄	G8
	38	葡萄汁	扎那葡萄	G9
	39	葡萄汁	巨峰葡萄	G10

4.4.2 主要设备

TripleTOF 5600 型质谱仪（美国 AB Sciex 公司）；LC-20A 型高效液相色谱仪（日本岛津公司）；超声波清洗仪（江苏超声仪器有限公司）；LC-IT-TOF 型质谱仪（日本岛津公司）。

4.4.3 实验方法

（1）样品制备

果汁制备：将水果去核后用榨汁机打浆，并分装于 50mL 离心管中，用微型冷冻离心机在 12 000r/min 转速离心 20min，去除果渣，收集上清液。使用 0.22μm 一次性滤膜过滤，使用去离子水稀释 20 倍后，储藏于–80℃备用。

质控果汁组制备：将稀释过后的蓝莓汁、蔓越莓汁、苹果汁和葡萄汁按 1∶1∶1∶1（$V/V/V/V$）的体积比混合，摇匀后冻藏于–80℃备用。

（2）样品 LC-MS/MS 分析条件

色谱分离在 Shimadzu，LC-20A UFLC 系统上进行，柱温箱温度设为 40℃。色谱柱为 Phenomenex，C18，2.1mm×100mm，3μm，柱温：40℃，进样量：2.0μL，流速：0.3mL/min，流动相：甲醇-0.1%甲酸（A），水-0.1%甲酸（B），梯度洗脱程序如表 4-6 所示，进样量为 2μL。

表 4-6　LC-MS 梯度洗脱条件

时间/min	流速/（μL/min）	流动相 A 体积比/%	流动相 B 体积比/%
0	500	98	2
2	500	98	2
14	500	5	95
17	500	5	95
17.1	500	98	2
20	500	98	2

果汁样品使用的是 TripleTOF 5600 型质谱仪进行采集数据，质谱采用 ESI 离子源，雾化气为氮气，同时进行正、负离子扫描，正离子喷雾电压：5500V，负离子模式的电压：4500V。离子源温度为 550℃。气帘气（CUR）、雾化气（GS1）和辅助加热气（GS2）分别为 25psi、50psi 和 50psi。质谱进行全组分扫描，扫描范围是 50～1000 m/z，在一个循环内可同时进行 1 个一级质谱 MS 扫描（150ms）和 10 个二级质谱 MS/MS 扫描（每个 50ms）。采用动态背景扣除（DBS）、实时多重质量亏损（MMDF），高分辨率 TOF MS 和 TOF MS/MS 数据通过软件 AnalystTF 1.6（AB SCIEX）的信息关联采集（information dependent acquisition，IDA）方法进行自动动态背景扣除。为保证结果有效性，所有样品均检测 3 次，并加入质控组。

（3）数据处理和化学计量学分析

采用 MarkerView 软件进行数据处理，包括数据采集、对齐、标准化、主成分分析，数据采集是将保留时间为 1～18min，50～1000 m/z 的数据通过自动算法得到，峰的检测参数：噪声阈值，100；最小峰宽，6；最小谱宽，25ppm；背景偏移消除，10；比例系数，1.3；峰的对齐和标准化，保留时间偏差，0.5；质量偏差，10ppm，最大出峰数，8000。实验可同时获得正离子和负离子数据，包括样品的保留时间、m/z 值、丰度和电荷状态。样品数据经过佩尔托标度（Pareto scaling）处理后进行 PCA-DA 分析。

（4）代谢产物的鉴定

果汁中代谢产物的鉴定采用 PeakView 软件中的内置插件 XIC manager。通过查找文献中蓝莓、蔓越莓、苹果和葡萄中可能存在的代谢产物，建立这 4 种果汁的代谢产物数据库，使用信息依赖性获取模式（IDA）对原始数据进行动态背景扣除（背景、同位素峰、多电荷），通过精确质量数、同位素匹配出相应的化合物。

（5）数据统计与分析

试验中所有样品均为 3 次平行，采集得到的数据使用 MarkerView 1.2.1（AB SCIEX）和 PeakView 软件进行数据处理，包括数据采集、对齐、标准化、主成分分析。此外，靶标代谢组学热图分析采用软件 MeV4.8 进行聚类分析。

4.4.4 结果与分析

（1）靶标代谢产物提取鉴定

本研究采用高通量的 LC-QTOF-MS 质谱仪采集鲜榨果汁的全代谢物组分，获取较广范围的目标性化合物，整个洗脱时间为 20min。利用精确质量数和同位素类型匹配峰挖掘方法，本研究从不同物种的果汁中鉴定出了 43 种代谢产物，包括 16 种花色苷、17 种黄酮、10 种其他类别的代谢产物。鉴定得到的化合物涵盖果汁中常见的代谢产物，能够较全面地反映每一类果汁的情况。本实验为了进一步提高代谢产物鉴定的准确性，对部分代谢产物使用标准品进行了验证。标准品通过 LC-IT-TOF 检测，记录 MS 精确质量数和丰度最高的 MS/MS 精确质量数，与 QTOF5600 检测得到的数值进行对比，确定靶标代谢产物。以槲皮素-3-O-阿拉伯糖（quercetin-O-arabinose）标准品为例，槲皮素-3-O-阿拉伯糖的一级质谱峰分别为 m/z 435.0857（M+H），m/z 435.0923（M+H）。槲皮素-3-O-阿拉伯糖失去阿拉伯糖苷后，得到的槲皮素苷元的离子 MS2 分别为 m/z 303.0444（M+H-$C_5H_8O_4$）和 m/z 303.0488（M+H-$C_5H_8O_4$）。此外，两种仪器测得的 MS/MS 的丰度及数值极度相近，因此可以确定，该物质为槲皮素-3-O-阿拉伯糖，见表4-7。同理可以鉴定其余靶标代谢产物。

表 4-7 LC-QTOF-MS 鉴定得到的化合物

编号	代谢物	分子式	加和离子	m/z (MS)	m/z (MS/MS)	误差/ppm	保留时间/min
花青苷							
1	delphinidin-3-O-galactoside	$C_{21}H_{20}O_{12}$	[M+H]$^+$	465.1031	303.0484	−1.2	9.1
2	delphinidin-3-O-glucoside	$C_{21}H_{20}O_{12}$	[M+H]$^+$	465.1726	303.0498	−0.3	9.2
3	delphinidin-3-O-arabinoside	$C_{20}H_{18}O_{11}$	[M+H]$^+$	435.0914	303.0493	1	9.6
4	cyanidin-3-O-galactoside	$C_{21}H_{20}O_{11}$	[M+H]+	449.1063	287.0561	2.1	7.1
5	cyanidin-3-O-glucoside	$C_{21}H_{20}O_{11}$	[M+H]+	449.1066	287.0545	0.6	9.5
6	cyanidin-3-O-arabinoside	$C_{20}H_{18}O_{10}$	[M+H]+	419.0971	287.0543	0.5	9.7
7	petunidin-3-O-galactoside	$C_{22}H_{22}O_{12}$	[M+H]+	479.1168	317.0645	1.6	7.3
8	petunidin-3-O-glucoside	$C_{22}H_{22}O_{12}$	[M+H]+	479.1195	317.0661	−0.2	9.8
9	petunidin-3-O-arabinoside	$C_{21}H_{20}O_{11}$	[M+H]+	449.1063	317.0653	−1.6	10.3
10	petunidin-3-O-xyloside	$C_{21}H_{20}O_{11}$	[M+H]+	449.1071	317.0656	−1.0	9.9
11	peonidin-3-O-galactoside	$C_{22}H_{22}O_{11}$	[M+H]$^+$	463.1238	301.0690	−0.2	7.2
12	peonidin-3-O-glucoside	$C_{22}H_{22}O_{11}$	[M+H]$^+$	463.0847	301.0690	−1.3	7.6
13	peonidin-3-O-arabinoside	$C_{21}H_{20}O_{10}$	[M+H]$^+$	433.1078	317.0647	1.2	9.5
14	malvidin-3-O-galactoside	$C_{23}H_{24}O_{12}$	[M+H]$^+$	493.1341	331.0803	0.9	6.7
15	malvidin-3-O-glucoside	$C_{23}H_{24}O_{12}$	[M+H]$^+$	493.1997	331.0823	−0.7	7.8
16	malvidin-3-O-arabinoside	$C_{22}H_{22}O_{11}$	[M+H]$^+$	463.1229	331.0808	−0.8	8.7
黄酮类化合物							
17	myricetin-pentosylhexoside	$C_{26}H_{28}O_{17}$	[M+H]+	613.1387	481.0992	0.3	1.6
18	myricetin-3-O-hexoside	$C_{27}H_{30}O_{15}$	[M+H]+	481.0969	319.0450	−0.4	6.7
19	quercetin-3-O-galatoside	$C_{21}H_{20}O_{12}$	[M+H]$^+$	465.0954	303.0523	1.2	9.2
20	quercetin-3-O-glucoside	$C_{21}H_{20}O_{12}$	[M+H]$^+$	465.0853	303.0640	0.2	14.5
21	quercetin-3-O-arabinoside	$C_{20}H_{18}O_{11}$	[M+H]$^+$	435.0923	303.0521	−0.5	15.1
22	kaempferol-3-O-galatoside	$C_{21}H_{20}O_{11}$	[M+H]$^+$	449.1079	287.0533, 449.1053	0.1	6.4
23	kaempferol-3-O-glucoside	$C_{21}H_{20}O_{11}$	[M+H]$^+$	449.1630	287.0533, 449.1630	0.1	7.0
24	kaempferol-3-O-arabinoside	$C_{20}H_{18}O_{10}$	[M+H]$^+$	419.0971	287.0543	−0.3	7.5
25	kaempferol-3-O-rutinoside	$C_{27}H_{30}O_{15}$	[M+H]$^+$	595.1638	287.0546	0.4	9.2
26	luteolin-3-O-glucoside	$C_{21}H_{20}O_{11}$	[M+H]$^+$	449.1006	287.0533,	1.4	6.9
27	luteolin-3-O-galatoside	$C_{21}H_{20}O_{11}$	[M+H]$^+$	449.1630	287.0533, 449.1630	−1.5	6.7
28	luteolin-3-O- arabinoside	$C_{20}H_{18}O_{10}$	[M+H]$^+$	419.0971	287.0543	−0.2	7.5
29	vitexin	$C_{21}H_{21}O_{10}$	[M+H]$^+$	433.1130	433.1130	−1.8	7.7

续表

编号	代谢物	分子式	加和离子	m/z（MS）	m/z（MS/MS）	误差/ppm	保留时间/min
30	laricitrin-3-O-hexoside	$C_{22}H_{23}O_{13}$	$[M+H]^+$	495.1126	333.0595	−0.1	10.1
31	procyanidin B	$C_{30}H_{26}O_{12}$	$[M+H]^+$	579.1502	287.0565	0.6	9.3
32	catechin	$C_{15}H_{14}O_6$	$[M+H]^+$	291.0868	165.0559, 147.0453, 139.0398	0.3	6.2
33	epicatechin	$C_{15}H_{14}O_6$	$[M+H]^+$	291.0868	165.0559, 147.0453, 139.0398	0.2	7.2
其他							
34	chlorogenic acid	$C_{16}H_{18}O_9$	$[M+H]^+$	355.1016	193.0554, 181.0347	1.1	18.5
35	coumaroylgucaric acid	$C_{15}H_{16}O_{10}$	$[M+H]^+$	357.0644	165.0560	0.8	6.7
36	coumaroylquinic acid	$C_{16}H_{18}O_8$	$[M+H]^+$	339.1074	165.0546	0.3	7.2
37	salicylic acid	$C_7H_6O_3$	$[M+H]^+$	171.1469	139.0317	1.2	5.0
38	m-coumaric acid	$C_9H_8O_3$	$[M+H]^+$	165.0474	147.0438, 119.0497, 91.0544	−1.2	6.5
39	caffeic acid	$C_9H_8O_4$	$[M+H]^+$	181.0423	117.0363, 89.0406	0.5	7.4
40	ferulic acid	$C_{10}H_{10}O_4$	$[M+H]^+$	195.0579	177.0544	0	12.9
41	sinapic acid	$C_{11}H_{12}O_5$	$[M+H]^+$	225.0685	207.0703, 147.0487, 119.0529	1.1	12.1
42	adenosine	$C_{10}H_{13}N_5O_4$	$[M+H]^+$	268.1032	136.0612	1.7	4.5
43	Santonin	$C_{14}H_{16}O_3$	$[M+H]^+$	247.1328	173.0962	0.7	8.6

（2）靶标代谢产物差异性分析

　　本研究通过采集蓝莓汁、蔓越莓汁、葡萄汁和苹果汁中具代表性的功能成分，将这些代谢产物的峰面积作为变量，进行 OPLS-DA 分析，结果如图 4-8 所示，可以将相对高值的蓝莓汁和蔓越莓汁与相对廉价的苹果汁和葡萄汁区分开来。

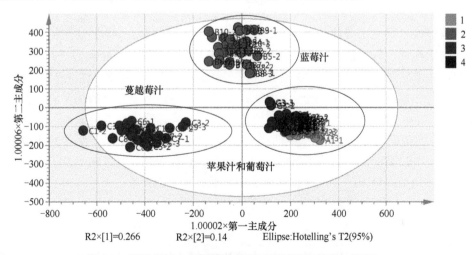

图 4-8　不同果汁中代谢物的热图（彩图请扫封底二维码）

1. 苹果；2. 蓝莓；3. 蔓越莓；4. 葡萄

花色苷是蓝莓和蔓越莓等特色高值小浆果中富含的一类功能活性物。本研究提取的靶标代谢产物中包含有 16 种常见的花色苷。蓝莓和蔓越莓果汁中花色苷的含量极高,而苹果和葡萄仅有少数几个品种含有少量的花色苷。苹果中仅有蛇果、新西兰天后苹果、红玫瑰苹果含有少量的 Delphinidin 和 Cyanidin 类花色苷,主要存在于苹果鲜红的表皮中,在榨汁过程中这一类花色苷溶出了一部分进入果汁。花色苷在葡萄中主要分布于葡萄皮和葡萄籽中,在榨汁过程中溶出了少量的花色苷进入了果汁中。

类黄酮化合物也是果汁中的功能活性成分,是普遍存在于水果中的次生代谢产物。而类黄酮物质常与植物体内的糖结合形成苷类,只有小部分以苷元形式存在。本研究选取的 17 种类黄酮,包含了槲皮素、山奈酚、杨梅素的苷元及常见形式的糖苷类化合物。Li 等(2020)研究发现蓝莓和蔓越莓中总类黄酮含量远高于苹果和葡萄。槲皮素、山奈酚、杨梅素的苷元及其糖苷是果汁中类黄酮化合物的重要组成部分。蓝莓和蔓越莓果汁中大部分类黄酮物质的丰度要远高于苹果汁和葡萄汁,通过热度图,可以直观快速地区分相对高值的蓝莓和蔓越莓汁与相对廉价的苹果和葡萄汁。为了比较全面地囊括果汁中的代谢产物,本研究中靶标代谢产物还包括了绿原酸、水杨酸、腺苷、肉桂醛等常见的果汁中的代谢产物。

4.4.5 小结

本研究采用靶标代谢组学的方法构建 4 种果汁的全组分鉴定分析平台,共鉴定得到了花色苷、类黄酮、酚酸等 43 种果汁中常见的功能活性物。将 43 种代谢产物作为变量构建 OPLS-DA 模型,可从整体上区分蓝莓汁、蔓越莓汁和其掺假果汁苹果汁和葡萄汁。其中蓝莓汁和蔓越莓汁中的花色苷类化合物和类黄酮化合物的丰度明显高于苹果汁和葡萄汁,而其他类靶标代谢产物的丰度区别不明显。

4.5 基于脂质组学的压榨和浸出油茶籽油甘油酯组成比较分析研究

油茶籽油,又名山茶油、茶树油、茶油,是山茶属(*Camellia*)油茶树种子经加工制得,与橄榄油、椰子油、棕榈油并列为世界四大木本植物油,在我国已有 2000 多年的历史。油茶籽油的生产工艺主要有压榨法和浸出法。市场上压榨油茶籽油的价格和品质都要比浸出油茶籽油要高。由于国内油茶籽油市场的消费量日渐增加及原料产量的限制等原因,导致将浸出油茶籽油冒充压榨油茶籽油出售以赚取巨额利润的违法现象时有发生。本研究基于超高效液相色谱-四极杆飞行时间-质谱技术的脂质组学,比较浸出油茶籽油和压榨油茶籽油的甘油酯组成。结合化学计量学分析,以甘油酯分子组成为变量参数,建立判别模型以区分压榨和浸出油茶籽油。

4.5.1 材料来源

山茶油样品由原赣州出入境检验检疫局从各大山茶油加工企业直接收集。为确保实验样品的完整性,得到准确可靠的实验结果,收集样品时尽量覆盖了不同产地和加工方式。所有山茶油和橄榄油样品避光储藏于室温[(20±2)℃]。

4.5.2 主要仪器

TripleTOF 6600 型质谱仪(美国 AB Sciex 公司);LC-20A 型高效液相色谱仪(日本岛津公司);超声波清洗仪(江苏超声仪器有限公司)。

4.5.3 实验方法

(1)样品及处理方法

8 种浸出油茶籽油和 9 种压榨油茶籽油均由赣州市产品质量监督检验所提供,避光储藏于室温。每个样品精确称取 0.1g(±0.1mg)溶解于 10mL 甲醇-异丙醇(1:1,V/V,5mmol/L 乙酸铵),稀释 10 倍,实验样品制备完成后,每个样品取等量混匀作为质控(QC)样品,以监测仪器的稳定性和重复性,并用来优化 UPLC-QTOF-MS 条件。

(2)脂质分离与检测

脂质分离采用配备有 2 个 ExionLC AD 泵、ExionLC AD 自动进样器和 ExionLC AC 柱温箱的 SCIEX ExionLC AD 系统,色谱柱为 Kinetex C18 column(2.1mm×100mm,2.6μm,100A,美国 Phenomenex 公司)。二元梯度洗脱,流动相 A 为甲醇-乙腈-水(1:1:3,$V/V/V$,5mmol/L 乙酸铵),流动相 B 为异丙醇(5mmol/L 乙酸铵)。梯度洗脱液比例:0.0~1.0min,20%B;1.0~3.0min,20%~70%B;3.0~13.0min,70%~98%B;13.0~15.0min,98%B;15.0~15.1min,98%~20%B;15.1~18.0min,20%B。流速:0.3mL/min。柱温 40℃,1μL 进样,每个样品重复进样 3 次。

使用串联 QTOF 质谱(TripleTOF 6600,美国 SCIEX)进行质谱检测,离子源参数如下:离子源温度,550℃;喷雾电压(ion spray voltage floating,ISVF),5500V;气帘气(curtain gas,CUR),30psi;雾化气(nebulizer,GAS1),50psi;辅助加热气(heater gas,GAS2),55psi;去簇电压(declustering potential,DP),80V。在全扫描 TOF MS 中,滞留时间为 250ms,扫描质量范围为 200~1200m/z。在 MS/MS 模式下,碰撞能量(collision energy,CE),35eV;扩展碰撞能量(collision energy spread,CES),15eV;滞留时间,50ms;扫描质量范围,150~1200m/z。此外,为了维持 TripleTOF 6600 在数据采集中保持高质量准确度,每隔 6 个实验样品,使用自动校准装置系统(calibration device system,CDS)对仪器进行校正。

(3)脂质的鉴定

采取 full-scan TOF MS 和 MS/MS 模式扫描获得精确的 MS 和 MS/MS 信息,使用 PeakView 2.2 软件(美国 SCIEX)结合 LIPIDMAPS 数据库,对甘油三酯和甘油二酯定性分析。采用 PeakView 软件鉴定脂质,将各脂质的分子式、离子加合方式输入到

MasterView 插件中，软件会算出一级精确质量数，根据精确质量数和同位素类型的误差情况计算出样品中该化合物的质谱信息，并能匹配出液相的出峰时间及丰度。质量误差范围设置为 0.02Da，保留时间窗口设置为 0.4min。

（4）统计与分析

每种脂质的峰面积除以样品中所有脂质峰面积的总和，归一化脂质丰度数据。使用 SIMCA 15.0（瑞典 Umetrics）软件进行化学计量学分析，采用佩尔托标度（Pareto scaling）的 PCA 和正交偏最小二乘法-判别分析（orthogonal partial least squares-discriminant analysis，OPLS-DA）建立模型。通过使用 SIMCA 软件的默认选项对数据进行 7 轮内部交叉验证。

4.5.4 结果与分析

（1）甘油酯的定性分析

采用 UPLC-QTOF-MS 技术，对油茶籽油中脂质进行分析。以 full-scan TOF MS 扫描以尽可能多地检测脂质，并且采用 MS/MS 模式得到脂质的二级质谱信息。甘油酯在反相液相色谱上的洗脱依据等效碳数（等效碳数=脂肪酰基总碳数-2×双键数）的大小，等效碳数越大，保留时间也就越长。植物油中脂质主要为甘油三酯和甘油二酯，其主要的离子加合方式有 3 种：$[M+NH_4]^+$、$[M+Na]^+$ 和 $[M+H]^+$。为增强质谱信号，在流动相和溶解试剂中添加改性剂乙酸铵。在 ESI 离子源模式下甘油酯以 $[M+NH_4]^+$ 加合的质谱响应最强，因此以 $[M+NH_4]^+$ 对 UPLC-QTOF-MS 数据提取甘油酯。二级谱图可以确定甘油酯的脂肪酰基链组成，在碰撞池内，前体离子 $[M+NH_4]^+$ 会产生碎片离子 $[M-FA+H]^+$，即中性丢失 $FA+NH_3$。因此可以基于中性丢失的质量，推测甘油酯的脂肪酰基链组成。甘油酯离子 $[M+NH_4]^+$ 的脂肪酰基链中性丢失质量见表 4-8。在浸出和压榨油茶籽油中均鉴定到 43 种甘油三酯和 12 种甘油二酯，UPLC-QTOF-MS 分析油茶籽油的甘油酯组成见表 4-9。

表 4-8　甘油酯离子$[M+NH_4]^+$的脂肪酰基链中性丢失质量

名称	CN：DB	分子式	中性丢失质量
乙酸	2：0	$C_2H_4O_2$	77.0
辛酸	8：0	$C_8H_{16}O_2$	161.1
月桂酸	12：0	$C_{12}H_{24}O_2$	217.2
肉豆蔻酸	14：0	$C_{14}H_{28}O_2$	245.2
肉豆蔻油酸	14：1	$C_{14}H_{26}O_2$	243.2
棕榈酸	16：0	$C_{16}H_{32}O_2$	273.3
棕榈油酸	16：1	$C_{16}H_{30}O_2$	271.3
十六碳二烯酸	16：2	$C_{16}H_{28}O_2$	269.2
十六碳三烯酸	16：3	$C_{16}H_{26}O_2$	267.2
硬脂酸	18：0	$C_{18}H_{36}O_2$	301.3
油酸	18：1	$C_{18}H_{34}O_2$	299.3

续表

名称	CN：DB	分子式	中性丢失质量
亚油酸	18：2	$C_{18}H_{32}O_2$	297.3
亚麻酸	18：3	$C_{18}H_{30}O_2$	295.3
花生酸	20：0	$C_{20}H_{40}O_2$	329.3
二十碳烯酸	20：1	$C_{20}H_{38}O_2$	327.3
二十碳二烯酸	20：2	$C_{20}H_{36}O_2$	325.3
山嵛酸	22：0	$C_{22}H_{44}O_2$	357.4
芥酸	22：1	$C_{22}H_{42}O_2$	355.3
二十四烷酸	24：0	$C_{24}H_{48}O_2$	385.4
二十四碳烯酸	24：1	$C_{24}H_{46}O_2$	383.4
二十六烷酸	26：0	$C_{26}H_{52}O_2$	413.4
二十六碳烯酸	26：1	$C_{26}H_{50}O_2$	411.4

注：CN：DB 为酰基碳数：双键数

表 4-9　UPLC-QTOF-MS 分析油茶籽油的甘油酯组成

序号	CN：DB	分子式	ECN	$[M+NH_4]^+$	RT/min	脂肪酰基链组成
1	DAG 32：0	$C_{35}H_{68}O_5$	32	586.5	7.2	16：0/16：0
2	DAG 34：1	$C_{37}H_{70}O_5$	32	612.6	7.3	16：0/18：1
3	DAG 34：2	$C_{37}H_{68}O_5$	30	610.5	6.9	16：0/18：2
4	DAG 34：3	$C_{37}H_{66}O_5$	28	608.5	6.6	16：0/18：3
5	DAG 36：1	$C_{39}H_{74}O_5$	34	640.6	7.8	18：0/18：1
6	DAG 36：2	$C_{39}H_{72}O_5$	32	638.6	7.4	18：1/18：1
7	DAG 36：3	$C_{39}H_{70}O_5$	30	636.6	7.0	18：1/18：2
8	DAG 36：4	$C_{39}H_{68}O_5$	28	634.5	6.6	18：2/18：2
9	DAG 36：5	$C_{39}H_{66}O_5$	26	632.5	6.4	18：2/18：3
10	DAG 36：6	$C_{39}H_{64}O_5$	24	630.5	6.1	18：3/18：3
11	DAG 38：3	$C_{41}H_{74}O_5$	32	664.6	7.5	18：2/20：1
12	DAG 40：1	$C_{43}H_{82}O_5$	38	696.7	8.9	18：1/22：0
13	TAG 38：2	$C_{41}H_{74}O_6$	34	680.6	7.8	18：1/2：0/18：1
14	TAG 38：3	$C_{41}H_{72}O_6$	32	678.6	7.4	18：1/2：0/18：2
15	TAG 42：1	$C_{45}H_{84}O_6$	40	738.7	9.1	8：0/16：0/18：1
16	TAG 44：2	$C_{47}H_{86}O_6$	40	764.7	9.5	8：0/18：1/18：1
17	TAG 48：0	$C_{51}H_{98}O_6$	48	824.8	11.2	16：0/16：0/16：0
18	TAG 48：1	$C_{51}H_{96}O_6$	46	822.8	10.9	14：0/16：0/18：1
19	TAG 48：2	$C_{51}H_{94}O_6$	44	820.7	10.5	14：0/16：0/18：2， 12：0/18：1/18：1
20	TAG 48：3	$C_{51}H_{92}O_6$	42	818.7	10.1	12：0/18：1/18：2
21	TAG 50：1	$C_{53}H_{100}O_6$	48	850.8	11.3	16：0/16：0/18：1
22	TAG 50：2	$C_{53}H_{98}O_6$	46	848.8	10.9	14：0/18：1/18：1， 16：0/16：0/18：2， 16：1/16：0/18：1

序号	CN：DB	分子式	ECN	[M+NH₄]⁺	RT/min	脂肪酰基链组成
23	TAG 50：3	$C_{53}H_{96}O_6$	44	846.8	10.6	16：0/18：3/16：0，16：1/16：1/18：1，14：0/18：2/18：1
24	TAG 50：4	$C_{53}H_{94}O_6$	42	844.7	10.2	14：0/18：2/18：2
25	TAG 50：5	$C_{53}H_{92}O_6$	40	842.7	9.9	14：0/18：2/18：3，14：1/18：2/18：2
26	TAG 52：1	$C_{55}H_{104}O_6$	50	878.8	11.7	18：0/18：1/16：0
27	TAG 52：2	$C_{55}H_{102}O_6$	48	876.8	11.3	16：0/18：1/18：1
28	TAG 52：3	$C_{55}H_{100}O_6$	46	874.8	11.0	16：0/18：1/18：2
29	TAG 52：4	$C_{55}H_{98}O_6$	44	872.8	10.7	16：1/18：2/18：1，16：0/18：2/18：2，16：0/16：1/18：3
30	TAG 52：5	$C_{55}H_{96}O_6$	42	870.8	10.4	16：0/18：3/18：2，16：1/18：3/18：1
31	TAG 52：6	$C_{55}H_{94}O_6$	40	868.7	10.0	16：3/18：2/18：1，16：2/18：3/18：1，16：1/18：3/18：2，16：0/18：3/18：3
32	TAG 54：1	$C_{57}H_{108}O_6$	52	906.9	12.1	16：0/18：1/20：0，18：0/18：1/18：0
33	TAG 54：2	$C_{57}H_{106}O_6$	50	904.8	11.7	18：0/18：1/18：1，16：0/18：1/20：1
34	TAG 54：3	$C_{57}H_{104}O_6$	48	902.8	11.4	18：1/18：1/18：1
35	TAG 54：4	$C_{57}H_{102}O_6$	46	900.8	11.1	18：0/18：2/18：2，18：1/18：1/18：2
36	TAG 54：5	$C_{57}H_{100}O_6$	44	898.8	10.8	18：1/18：2/18：2，18：1/18：1/18：3
37	TAG 54：6	$C_{57}H_{98}O_6$	42	896.8	10.4	18：1/18：3/18：2
38	TAG 54：7	$C_{57}H_{96}O_6$	40	894.8	10.1	18：2/18：2/18：3，18：1/18：3/18：3
39	TAG 56：1	$C_{59}H_{112}O_6$	54	934.9	12.4	16：0/18：1/22：0，18：0/18：1/20：0
40	TAG 56：2	$C_{59}H_{110}O_6$	52	932.9	12.1	18：1/18：1/20：0，18：0/18：2/20：0，16：0/18：2/22：0
41	TAG 56：3	$C_{59}H_{108}O_6$	50	930.9	11.8	18：1/18：1/20：1
42	TAG 56：4	$C_{59}H_{106}O_6$	48	928.8	11.5	18：1/18：2/20：1
43	TAG 56：5	$C_{59}H_{104}O_6$	46	926.8	11.2	18：2/18：2/20：1，18：1/18：3/20：1，18：2/18：1/20：2
44	TAG 56：6	$C_{59}H_{102}O_6$	44	924.8	10.9	18：3/18：2/20：1，18：1/18：3/20：2
45	TAG 58：1	$C_{61}H_{116}O_6$	56	962.9	12.7	16：0/18：1/24：0，18：1/18：1/22：0
46	TAG 58：2	$C_{61}H_{114}O_6$	54	960.9	12.4	18：1/18：1/22：0，16：0/18：2/24：0，16：0/18：1/24：1
47	TAG 58：3	$C_{61}H_{112}O_6$	52	958.9	12.1	18：1/18：1/22：1
48	TAG 58：4	$C_{61}H_{110}O_6$	50	956.9	11.9	18：1/18：2/22：1，18：2/18：2/22：0，18：2/20：1/20：1
49	TAG 60：2	$C_{63}H_{118}O_6$	56	988.9	12.8	18：1/18：1/24：0

续表

序号	CN：DB	分子式	ECN	[M+NH₄]⁺	RT/min	脂肪酰基链组成
50	TAG 60：3	$C_{63}H_{116}O_6$	54	986.9	12.5	18：1/18：1/24：1
51	TAG 60：4	$C_{63}H_{114}O_6$	52	984.9	12.2	18：2/18：1/24：1
52	TAG 60：5	$C_{63}H_{112}O_6$	50	982.9	11.9	18：2/18：2/24：1
53	TAG 62：2	$C_{65}H_{122}O_6$	48	1017.0	13.0	18：1/18：1/26：0
54	TAG 62：3	$C_{65}H_{120}O_6$	46	1014.9	12.7	18：1/18：1/26：1
55	TAG 62：4	$C_{65}H_{118}O_6$	44	1012.9	12.5	18：1/18：2/26：1

注：CN：DB，酰基碳数：双键数；TAG. 甘油三酯；DAG. 甘油二酯；ECN. 等效碳数；RT. 保留时间；表中 TAG 和 DAG 均以离子加合方式[M+NH₄]⁺鉴定得到

（2）甘油酯的相对含量

在压榨和浸出油茶籽油中均检测到这 55 种甘油酯分子（表 4-9），未观察到压榨和浸出油茶籽油中甘油酯分子组成的明显差异。同一类脂质之间的质谱离子化和质谱响应具有相似性和可比性，因此甘油酯分子的峰面积可代表其在食用油的含量。通过 PeakView 2.2 软件的 MasterView 插件提取每个甘油酯分子的峰面积，并计算甘油酯的相对含量，进一步比较压榨和浸出油茶籽油中甘油酯分子相对含量的差异。

在本实验中观察到无论是压榨油茶籽油还是浸出油茶籽油，甘油三酯都是主要成分，相对含量远高于甘油二酯。相比于浸出油茶籽油，压榨油茶籽油中甘油三酯的相对含量更高，而甘油二酯的相对含量要低。压榨和浸出油茶籽油中甘油三酯的相对含量存在极显著差异（$P<0.01$），分别为 98.58%±0.45%和 97.94%±0.45%，甘油二酯的相对含量存在极显著差异（$P<0.01$），分别为 1.42%±0.45%和 2.06%±0.45%。压榨和浸出油茶籽油中最主要的 5 种甘油酯相同，依次是 TAG 54：3、TAG 52：2、TAG 54：4、TAG 52：3 和 TAG 54：2，这些甘油酯的脂肪酰基链都有 1～3 条是油酸（C18：1）。而且脂肪酰基链均为油酸的 TAG 54：3 是压榨和浸出油茶籽油中最主要的甘油酯，相对含量均超过了 30%，压榨和浸出的相对含量差异不显著（$P>0.05$）。据报道油茶籽油中的油酸含量在 74%～87%，这从甘油酯的脂肪酰基链组成上反映了油茶籽油是一种油酸含量非常高的植物油。

（3）甘油酯的化学计量学分析

使用 UPLC-QTOF-MS 技术鉴定到 55 种甘油酯，首先将压榨油茶籽油和浸出油茶籽油的 55 种甘油酯用于无监督的 PCA 建模。依据甘油酯的组成，压榨油茶籽油和浸出油茶籽油在 PCA 模型的第一主成分和第二主成分上聚集成不同的 2 类（图 4-9A），所有样本都在 95%的置信区间内，R^2X 和 Q^2 分别为 0.964 和 0.861。所有 QC 样本在 PCA 得分图上紧密聚集在一起，而且同一个样本的 3 个重复也紧密聚集在一起，说明数据稳定可靠。Hotelling's T2 和 DMod 未观察到异常样本。这些结果表明压榨油茶籽油和浸出油茶籽油的 55 种甘油酯的组成差异，可以区分压榨和浸出油茶籽油。

采用有监督的 OPLS-DA 进行判别分析，以最大限度地提高组间差异，突出关键变量和潜在标志物。浸出油茶籽油和压榨油茶籽油在 OPLS-DA 得分图上聚集成 2 类

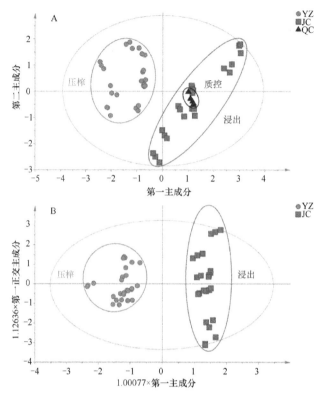

图 4-9　压榨油茶籽油（YZ）和浸出油茶籽油（JC）中 55 种甘油酯的化学计量学分析
（彩图请扫封底二维码）

A. PCA 得分图；B. OPLS-DA 得分图

（图 4-9B）。OPLS-DA 模型的 R^2X =0.643，R^2Y =0.942，Q^2=0.926，R^2Y 和 Q^2 差值为 0.016，表明模型的解释能力和预测能力非常优秀。OPLS-DA 模型经 200 次置换检验，R^2Y 截距为 0.132，Q^2 截距为–0.402（图 4-10），表明该模型拟合优秀未出现过拟合，可以准确预测压榨和浸出油茶籽油。

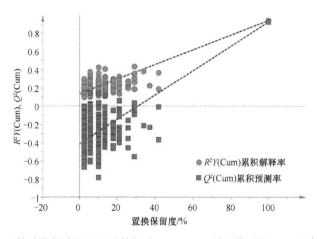

图 4-10　压榨油茶籽油和浸出油茶籽油 OPLS-DA 判别模型的 200 次置换检验结果
（彩图请扫封底二维码）

4.5.5 小结

本研究采用 UPLC-QTOF-MS 技术分离和检测油茶籽油中的甘油酯，分析了压榨油茶籽油和浸出油茶籽油中脂质的分子种类、脂肪酰基链组成、相对含量的差异，并结合化学计量学分析建立区分压榨和浸出油茶籽油的判别模型。共鉴定到 55 种甘油酯分子，包括 43 种甘油三酯和 12 种甘油二酯。结果表明采用 UPLC-QTOF-MS 技术的脂质组学分析方法，可快速和准确地分析食用油甘油酯分子组成，区分不同加工工艺油茶籽油。

4.6 基于非靶标代谢组学的玛咖真实性鉴别技术研究

玛咖（*Lepidium meyenii*）是十字花科独行菜属的草本植物，原产于安第斯山脉的高海拔地区，具有较高的营养价值和多种保健功效。玛咖粉在 2011 年被列为新资源食品以来，玛咖产业得到迅速发展，但是与此同时以次充好、以假乱真等掺假现象也频繁发生，严重影响了玛咖市场的正常发展，损害了消费者权益。为了解决上述问题，本研究以玛咖为研究对象，以常见的低价掺假物芜菁作为掺假对象，依据非靶标代谢组学技术，利用 UPLC-QTOF-MS 方法，结合化学计量学分析对玛咖及其掺假物进行了鉴别，筛查并鉴定得到了玛咖及其掺假物的标志代谢物，为玛咖的真伪鉴别提供方法。

4.6.1 材料来源

玛咖干果样品采收于新疆、西藏、秘鲁、四川和云南 5 个产地，样品经过了云南省农业科学院药用植物研究所的形态学鉴定，而且通过实时荧光 PCR 方法对玛咖进行了物种认证。芜菁干果样品为市售，包括新疆、河南和山东 3 个产地。

4.6.2 仪器和设备

TripleTOF 6600 型质谱仪（美国 AB Sciex 公司）；LC-20A 型高效液相色谱仪（日本岛津公司）；超声波清洗仪（江苏超声仪器有限公司）；旋转蒸发仪（瑞士 BUCHI 有限公司）。

4.6.3 实验方法

（1）样品制备

选取玛咖干果和芜菁干果样品浸入液氮浸泡 1min，用研钵将其捣碎，真空冷冻干燥 48h。取出后尽快通过组织研磨仪研磨 30s，研磨频率为 30 次/s。称取 0.2g（精确到 0.001g）样品加入 3mL 甲醇，在 30℃下超声提取 60min，在 4℃、8000r/min 的转速下离心 10min，收集上清液，残余物使用 2mL 的甲醇再次提取。合并 2 次上清液旋转蒸发浓缩至干，加入甲醇溶解定容到 2mL，使用微型冷冻离心机在转速为 12 000r/min 下离心 10min。将溶液用 0.22μm 滤膜过滤，稀释 4 倍储存于 4℃备用。

（2）样品色谱质谱条件

Phenomenex，Kinetex®C18 色谱柱（2.1mm×100mm，2.6μm），流动相 A：0.025% 甲酸的水溶液，流动相 B：0.025%甲酸+10%水的乙腈溶液，两相中都加入 2mmol/L 乙酸铵。向流动相中加入 CH_3COONH_4，利于产生$[M+NH_4]^+$离子，甲酸可以使得洗脱离子质子化，更利于检测到强度较弱的$[M+H]^+$离子。流速 0.3mL/min，进样量 2μL，洗脱梯度如表 4-10 所示，柱温 40℃。

表 4-10   LC-MS 洗脱条件

时间/min	流速/（mL/min）	流动相 A 体积比/%	流动相 B 体积比/%
0.1	0.3	90	10
1	0.3	90	10
3	0.3	60	40
14	0.3	0	100
17	0.3	0	100
17.1	0.3	90	10

质谱采用 ESI 电子源，离子源温度是 500℃，正离子的喷雾电压是 5500V，去簇电压（DP）是 80V。采用正离子扫描方式，扫描范围为 50～1000m/z。雾化气（GS1）：50psi，辅助加热气（GS2）50psi，气帘气（CUR）：35psi。离子碰撞能量（CE）：40eV。

（3）数据处理及分析

利用 MarkerView 1.2.1 对得到的质谱数据进行挖掘、校准和归一化等预处理。各项参数设置如下：数据挖掘的范围为 50～1000m/z，保留时间为 0～20min。峰校准和筛选：保留时间偏差为 0.5min，质量数偏差为 10ppm，最大出峰数为 8000。处理后的数据导入 SIMCA 14.0 软件，进行 PCA 分析和 OPLS-DA 分析。样品在有监督分析方法下区分后，可以根据变异权重系数（VIP）来筛选差异代谢物，一般要求是 VIP>1，$P<0.05$。差异代谢物筛选出后，可以与网上数据库 Metlin、HMDB 等进行比对，进一步对代谢物进行鉴定。

（4）特征标志物的鉴定

利用 SIMCA 14.0 软件分析得到载荷图，根据 VIP>1、$P<0.05$ 筛选出所有的差异离子。在 Peakview 中找到相应的标志离子，并提取该离子的一级、二级片段质荷比和相应的峰高。将质谱信息导入 MS-FINDER 和 SIRIUS 分子式和结构鉴定的软件中，与软件自带的数据库进行匹配，根据匹配得分、二级的匹配情况来预测玛咖和芜菁的标志物。标志物经 Metlin、MassBank 和 HMDB 等数据库检索得到二级质谱信息，与实验测得的二级质谱信息进行匹配，并进行确认。

4.6.4　结果与分析

（1）UPLC-QTOF-MS 代谢组学分析

　　采用 UPLC-QTOF-MS 方法采集玛咖及其掺假物芜菁的全部代谢成分，得到了较广范围的化合物。由玛咖及其掺假物芜菁的基峰色谱图（图 4-11）可以看到，玛咖和芜菁存在明显差异，主要体现在出峰时间和出峰数量，玛咖的出峰时间主要集中在 4～7.5min和 10～16.5min，芜菁主要集中在 3.5～8min，同时，芜菁的出峰数量较少而且丰度较低。两者的差异表明利用代谢指纹图谱对玛咖及其掺假物芜菁进行鉴别是可行的。

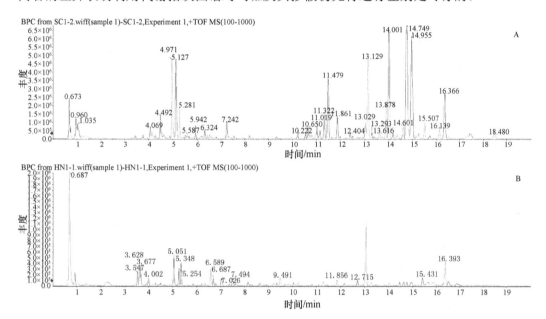

图 4-11　玛咖（A）及其掺假物芜菁（B）的 UPLC-QTOF-MS 基峰图（BPC）（彩图请扫封底二维码）

（2）化学计量学分析

　　经过数据挖掘和对比后，UPLC-QTOF-MS 能检测到 8000 个峰，对数据进行降维等预处理，选择单一同位素峰来进行化学计量学分析。首先进行了主成分分析，由 PCA得分图（图 4-12A）可以看到玛咖和芜菁不能明显地区分，芜菁样品整体紧凑，而玛咖样品分布较为分散，组内差异较大，这可能是玛咖样品共 5 个产地，并且各个产地的玛咖化学成分差异较大造成的。在此基础上进行了 OPLS-DA 分析，可以看到 OPLS-DA得分图（图 4-12C）相比于 PCA 的分组效果更好，两者可以清晰地区分，表明利用UPLC-QTOF-MS 可以进行玛咖及其掺假物芜菁的鉴别。

　　载荷图反映了变量的分布，与得分图是对应的。载荷图越靠近原点的变量对模型的贡献率越小，越是四周的贡献率越大。标志性离子可以通过载荷图（图 4-12 B、D），根据 VIP>1、$P<0.05$ 进行筛选，玛咖及芜菁代表性的标志性离子如图 4-13 所示，如（m/z 346.3，RT 14.8min）离子在玛咖中丰度较高，在芜菁中几乎没有检测到，表明该离子

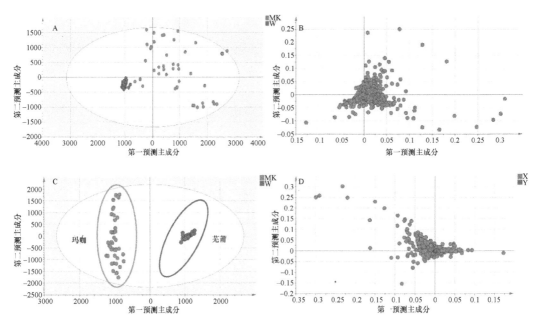

图 4-12　玛咖及其掺假物芜菁的 PCA 和 OPLS-DA 分析（彩图请扫封底二维码）

A. PCA 得分图；B. PCA 载荷图；C. OPLS-DA 得分图；D. OPLS-DA 载荷图

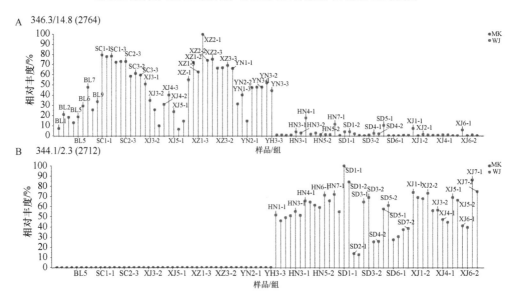

图 4-13　玛咖（A）及其掺假物芜菁（B）的代表性标志离子的丰度（彩图请扫封底二维码）

可能是玛咖的标志性离子。同样（m/z 344.1，RT 2.3min）离子在芜菁样品中丰度较高，在玛咖中没有，可能是芜菁的标志性离子。

（3）特征标记物的鉴定

根据 VIP>1、$P<0.05$ 筛选出玛咖和芜菁所有的差异离子，首先利用 MS-FINDER、SIRIUS 3.2 软件进行分子式预测以及结构式的预测，根据预测结果的得分及二级质谱信

息的匹配情况筛选出可能的标志物。为了提高预测结果的准确性，将标志物与 Metlin、MassBank 和 HMDB 等数据库中的二级质谱信息及文献资料中的信息进行比对确认。此外利用 Peakview 软件的 Formula Finder 也可以进行分子式的预测。通过这 2 种方法，本研究共鉴定到 15 种标志化合物（表 4-11），部分标志物经过标准品验证。玛咖的标志物鉴定得到 11 种，大多为玛咖酰胺，如标志离子 1、2、3、4、8、10 均为玛咖酰胺。芜菁鉴定得到 4 种标志物。代表性的玛咖及芜菁的标志物的二级质谱图如图 4-17 所示。

表 4-11 玛咖及其掺假物芜菁的标志物

编号	m/z（MS）	保留时间/min	加和离子	m/z（MS/MS）	分子式	质量误差/ppm	鉴定结果	样品类型
1	368.2940	13.117	[M+H]$^+$	91.0549, 106.0656, 108.0814	$C_{25}H_{37}NO$	−0.01	N-benzyl-(9Z,12Z,15Z)-octadecatrienamide [a]	MK
2	374.3409	16.376	[M+H]$^+$	267.2685, 374.3393	$C_{25}H_{43}NO$	0.80	N-benzyloctadecanamide [a]	MK
3	384.2892	11.476	[M+H]$^+$	91.0551, 108.0808, 277.2149	$C_{25}H_{37}NO_2$	0.42	N-benzyl-5-oxo-6E,8E-octadecadienamide	MK
4	346.3104	14.750	[M+H]$^+$	65.0415, 91.0555, 92.0588	$C_{23}H_{39}NO$	0.15	N-benzylpalmitamide [a]	MK
5	295.2276	10.231	[M+H]$^+$	151.1117, 277.2165	$C_{18}H_{30}O_3$	−0.20	(10E,12Z)-9-oxooctadeca-10,12-dienoic acid [a]	MK
6	309.2429	12.404	[M+H]$^+$	277.2155, 81.0349, 151.1114	$C_{19}H_{32}O_3$	0.06	methyl9,10-epoxy-12,15-octadecadienoate	MK
7	360.3260	15.515	[M+H]$^+$	91.0557, 360.3249	$C_{24}H_{41}NO$	0.13	5-decanoyl-2-nonylpyridine	MK
8	372.3255	14.940	[M+H]$^+$	91.0566, 372.3246, 190.1235	$C_{25}H_{41}NO$	0.59	N-benzyl-9Z-octadecenamide [a]	MK
9	277.2167	10.229	[M+H]$^+$	79.0555, 93.0706, 91.0550	$C_{18}H_{28}O_2$	−0.48	moroctic acid [a]	MK
10	370.3103	14.015	[M+H]$^+$	91.0548, 190.1221, 245.2255	$C_{25}H_{39}NO$	−0.1	N-benzyl-9,12Z-octadecadienamide [a]	MK
11	297.2425	10.644	[M+H]$^+$	95.0864, 135.1166, 261.2220	$C_{18}H_{32}O_3$	−0.08	alpha-dimorphecolic acid	MK
12	386.3	11.879	[M+H]$^+$	91.0554, 108.0813	$C_{25}H_{39}NO_2$	−0.9	未知	MK
13	376.3210	14.614	[M+H]$^+$	91.0556, 121.0652	$C_{24}H_{41}NO_2$	0	unknown	MK
14	273.1234	3.677	[M+H]$^+$	197.1071, 169.0763, 273.1232	$C_{15}H_{16}N_2O_3$	0.8	(2S,4R)-4-(9H-Pyrido[3,4-b]indol-1-yl)-1,2,4-butanetriol	WJ
15	178.0353	3.966	[M+H]$^+$	71.9929, 91.0568, 119.0488	$C_6H_{11}NOS_2$	−1	sulforaphane [a]	WJ
16	293.2112	5.050	[M+H]$^+$	275.2003, 107.0858, 133.1013	$C_{18}H_{28}O_3$	0.2	12-oxo-PDA	WJ
17	275.2004	5.054	[M+H]$^+$	105.0703, 133.1005, 119.0855	$C_{18}H_{26}O_2$	−0.6	apo-13-zeaxanthinone	WJ
18	399.1213	3.627	[M+H]$^+$	130.0646, 206.0507	$C_{17}H_{22}N_2O_7S$	−1.9	未知	WJ
19	346.2588	5.053	[M+H]$^+$	81.0708, 195.1370	$C_{18}H_{35}NO_5$	0	未知	WJ
20	344.1169	2.200	[M+H]$^+$	105.0702, 130.0654	$C_{15}H_{21}NO_6S$	1.9	未知	WJ

注：MK. 玛咖；WJ. 芜菁；a. 已用标准品验证

图 4-14 中，A、B 为玛咖的标志物，C、D 为芜菁的标志物。图 4-14A 的标志物经过 formula finder 软件确定分子式为 $C_{23}H_{39}NO$，在 HMDB 数据库检索到玛咖酰胺 B，其质子化的离子质荷比为 346.3104，主要的碎片离子为 91.0554m/z，通过与数据库的质谱信息比对及标准品的验证，该标志物鉴定为 N-benzylpalmitamide。

图 4-14B 标志物分子式为 $C_{18}H_{30}O_3$，其质子化的离子质荷比为 295.2276，保留时间 10.231min，主要碎片离子有 151.1117m/z，277.2165m/z。在 HMDB 数据库中搜索得到的

候选物 9-oxo-ODE 二级质谱信息与实验测得二级信息一致。该物质是含有 18 碳原子的不饱和脂肪酸，9 号碳原子处有一个羰基，10、12 位含有双键，符合玛咖烯的结构特征，并通过标准品进行了验证，鉴定为玛咖烯 9-oxooctadeca-10,12-dienoic acid。

图 4-14C 标志物分子式为 $C_{15}H_{16}N_2O_3$，在 HMDB 数据库只检索到一个结果：(2S,4R)-4-(9H-pyrido[3,4-b]indol-1-yl)-1,2,4-butanetriol（属于芸香类生物碱），二级质谱信息与实验测得的结果一致。质子化的离子质荷比为 273.1234，保留时间为 3.677min，主要碎片离子为 197.1071m/z、169.0763m/z。

图 4-14 D 标志物分子式为 $C_6H_{11}NOS_2$，质子化的离子质荷比为 178.0353，保留时间为 3.966min，在 HMDB 数据库只搜索到一种化合物 sulforaphane，该化合物二级信息与实验结果匹配一致，主要的片段离子为 71.9929m/z，119.0488m/z，通过标准品得到了验证。该标志物中文名称是萝卜硫素，多发现于十字花科植物，是较强的抗癌活性物质。

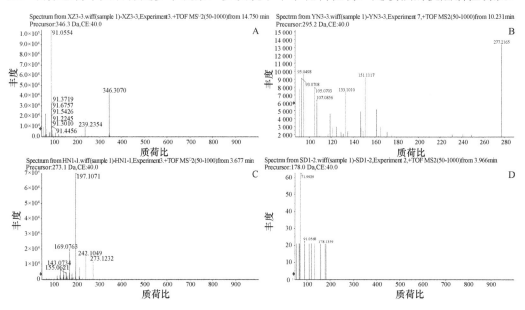

图 4-14　玛咖及芜菁的代表性标志物

A. N-benzylpalmitamide；B. 9-oxooctadeca-10,12-dienoic acid；C. (2S,4R)-4-(9H-pyrido[3,4-b]indol-1-yl)-1,2,4-butanetriol；D. sulforaphane

4.6.5　小结

本研究利用 UPLC-QTOF-MS 技术对玛咖及其掺假物芜菁进行了真伪鉴别研究，玛咖及其掺假物的基峰图显示两者在出峰时间和数量上存在明显差异。通过化学计量学分析，在无监督模式（PCA）下，无法区分玛咖和芜菁，原因可能是玛咖样本来自 5 个产地，组内差异较大，因此在此基础上进行了有监督分析（OPLS-DA），可以将玛咖和芜菁样本清晰地分为两组。根据全扫描得到的数据分析不同离子的丰度差异，筛选标志代谢物，最后共鉴定出玛咖及芜菁的标志代谢物 15 种，这些代谢物可以用于玛咖及芜菁的真伪鉴别。

4.7　基于非靶标代谢组学的冬虫夏草真实性鉴别技术研究

冬虫夏草（*Ophiocordyecps sinensis*）是线虫草科线虫草属中华虫草种真菌寄生在蝙蝠蛾科昆虫蝙蝠蛾幼虫的子座与幼虫尸体的复合体，在我国主要产自西藏、青海、四川、云南、甘肃 5 省（自治区）。作为珍贵的滋补中药材，冬虫夏草具有"补肾益肺、止咳化痰"之功效，并具有抗菌、抗癌、改善记忆力、增强免疫力及镇痛安宁的作用。天然冬虫夏草生长条件苛刻，自然寄生率低，加上人们的滥采，天然资源紧缺，巨大的经济利益导致冬虫夏草的掺假现象严重，常见的掺假方式包括以下几个方面：一是用其他种类的虫草（如亚香棒虫草等）作为冬虫夏草的替代品进行掺假；二是用人工培养的虫草菌丝体（如虫草花等）冒充野生冬虫夏草粉出售；三是用冬虫夏草的模仿物（如草石蚕等）辅以黏合剂、色素等填充制造出假冬虫夏草。本节采用基于 LC-MS 的代谢组学方法，通过全组分扫描并筛选特征标记物质，建立了冬虫夏草及其常见伪品的真伪鉴别质谱方法。

4.7.1　材料来源

不同产地的冬虫夏草、凉山虫草、罗伯茨虫草、古尼虫草、亚香棒虫草等样品由云南大学云百草实验室提供，新疆虫草采自新疆，虫草花分别购自北京、云南、广东药材市场，草石蚕分别购自广西、河北、云南药材市场。所有样品的信息如表 4-12 所示。

表 4-12　冬虫夏草及其常见掺假物的样品信息

样品类型	样品编号	样品名称	拉丁名	产地
冬虫夏草	1	冬虫夏草	*Ophiocordyceps sinensis*	青海玉树
	2	冬虫夏草	*Ophiocordyceps sinensis*	西藏那曲
	3	冬虫夏草	*Ophiocordyceps sinensis*	四川阿坝
	4	冬虫夏草	*Ophiocordyceps sinensis*	云南香格里拉
	5	冬虫夏草	*Ophiocordyceps sinensis*	云南德钦
	6	冬虫夏草	*Ophiocordyceps sinensis*	云南兰坪
虫草	7	凉山虫草	*Metacordyceps liangshanensis*	四川西昌
	8	新疆虫草	*Ophiocordyceps gracilis*	新疆
	9	罗伯茨虫草	*Ophiocordyceps robertsii*	云南昭通
	10	亚香棒虫草	*Cordyceps hawkesii*	湖南
	11	亚香棒虫草	*Cordyceps hawkesii*	云南兰坪
	12	古尼虫草	*Cordyceps gunnii*	贵州石阡
虫草花 [a]	13	虫草花	*Cordyceps militaris*	北京药材市场
	14	虫草花	*Cordyceps militaris*	云南药材市场
	15	虫草花	*Cordyceps militaris*	广东药材市场
草石蚕 [b]	16	草石蚕	*Stachys sieboldii.*	广西药材市场
	17	草石蚕	*Stachys sieboldii.*	河北药材市场
	18	草石蚕	*Stachys sieboldii.*	云南药材市场

a. 虫草花为人工培养的蛹虫草的菌丝体（只有"草"，没有"虫"）；b. 草石蚕又称为土虫草，是冬虫夏草的常见模仿物

4.7.2 主要设备

TripleTOF 6600 型质谱仪（美国 AB Sciex 公司）；LC-20A 型高效液相色谱仪（日本岛津公司）；超声波清洗仪（江苏超声仪器有限公司）；旋转蒸发仪（瑞士 BUCHI 有限公司）。

4.7.3 实验方法

（1）样品提取

样品经冷冻干燥后在组织研磨仪上以频率为 30 次/s 研磨 30s，称取 0.02g 试样（精确到 0.001g）放入 1.5mL 离心管中，加入 20% 甲醇溶液，涡旋 20s，在室温下超声提取 90min，用微型冷冻离心机在 12 000r/min 转速下离心 10min，收集上清液。样品如此重复提取 2 次，合并上清液，用 0.22μm 的一次性滤器过滤，储藏于 –80℃ 下备用。

（2）样品 LC-MS/MS 分析

色谱分离在 Shimadzu，LC-20A UFLC 系统上进行，自动进样器和柱温箱温度分别设为 10℃ 和 40℃。色谱柱为 Phenomenex，C18，2.1mm×100mm，3μm，流动相包括 0.1% 甲酸-水（A）和 0.1% 甲酸-甲醇（B），两相中同时加入 5mmol/L 乙酸铵以平衡 pH 并形成分子离子峰，梯度洗脱条件见表 4-13，进样量为 2μL。

表 4-13 流动相及梯度洗脱条件

时间	流速/（μL/min）	流动相 A/%	流动相 B/%
0	400	2	98
2	400	2	98
14	400	95	5
17	400	95	5
17.1	400	2	98
20	400	2	98

质谱采用 ESI 离子源，雾化气为氮气，同时进行正离子和负离子扫描，正离子喷雾电压：5500V，负离子喷雾电压：4000V。去簇电压（DP）为 60V，离子源温度为 550℃。气帘气（CUR）、雾化气（GS1）和辅助加热气（GS2）分别为 25psi、50psi 和 50psi。质谱进行全组分扫描，扫描范围为 $50\sim100m/z$，在一个循环内可同时进行 1 个一级质谱 MS 扫描（150ms）和 10 个二级质谱 MS/MS 扫描（每个 50ms）。MS/MS 光谱数据的获取采取信息关联采集方法并进行自动动态背景扣除。

（3）数据处理和化学计量学分析

采用 MarkerView 软件（version 1.2.1）对 QTOF 获得的全组分扫描数据进行处理，包括数据挖掘、校准、归一化和主成分分析（PCA）。数据挖掘的范围为保留时间 $0.5\sim17.5$min，$100\sim1000m/z$。峰检测：噪声阈值为 100 单位，最小色谱峰宽度为 6 扫描数，最小光谱宽度为 25ppm。峰校准和筛选：保留时间偏差为 0.5min，质量数偏差为 10ppm，最大出峰数为 8000。

实验可同时获得正离子和负离子数据矩阵，包括每个样品的保留时间、m/z 值、丰度和电荷状态。18 个样品（4 组）数据经佩尔托标度处理后进行 PCA 分析。每组样品中的离子响应都可以通过选择载荷图中的峰绘制轮廓图来表示，只出现在某组中的离子被判定为特征标记离子。

（4）特征标记物的鉴定

MarkerView 软件中经化学计量法分析得到的特征标记物信息进一步导入 PeakView 软件（version 1.2）中，该软件包含了配套软件工具，如 Formula Finder 和 Fragments Pane 等来辅助进行数据解析。

4.7.4　结果与分析

（1）LC-QTOF-MS 代谢组学分析

本研究采用高通量的 LC-QTOF-MS 采集冬虫夏草及其常见掺假物的全代谢物组分，获取较广范围的非目标性化合物，整个洗脱时间为 20min。在上述条件下，冬虫夏草及其常见掺假物的特征性总离子流（TIC）图如图 4-15 所示，不同产地的冬虫夏草的 TIC 图表现出较好的一致性，表明冬虫夏草种间存在着高度相似的化合物；而不同类别样品的代谢物组成，无论在出峰数量和出峰时间上都存在明显差异。同时，草石蚕和虫草花

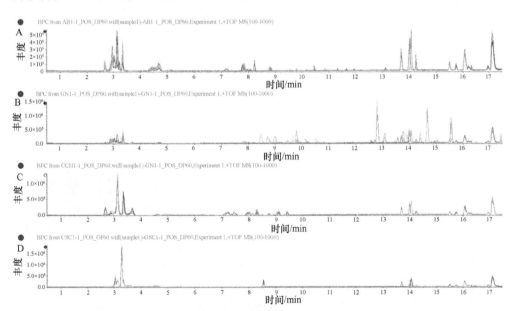

图 4-15　冬虫夏草及其掺假物正离子模式下的 LC-QTOF-MS 总离子流图（TIC）
（彩图请扫封底二维码）
A. 冬虫夏草；B. 虫草；C. 虫草花；D. 草石蚕

中所检测到的化合物种类较少，冬虫夏草和虫草的差异离子主要存在于 3～5min、8～10min 及 12～13min，表明采用代谢物指纹图谱进行冬虫夏草及其常见掺假物的鉴别具有可行性。

（2）化学计量学分析

正离子和负离子模式下，LC-QTOF-MS 分别检测到 4993 个和 1605 个峰，为对数据进行降维并减少信号的冗余，只有代表单一同位素（同位素类型中 *m/z* 值最低的信号）的峰才被用来进行化学计量学分析（正离子模式下 499 个峰，负离子模式下 200 个峰）。

如图 4-16 所示，在正离子和负离子模式下，PCA 都能将样品分成 4 组：冬虫夏草组（*n*=18）、虫草组（*n*=18）、虫草花组（*n*=18）、草石蚕组（*n*=18），表明 LC-QTOF-MS 采集的数据可用于冬虫夏草及其常见掺假物的鉴别。本研究结果表明，相比于负离子模

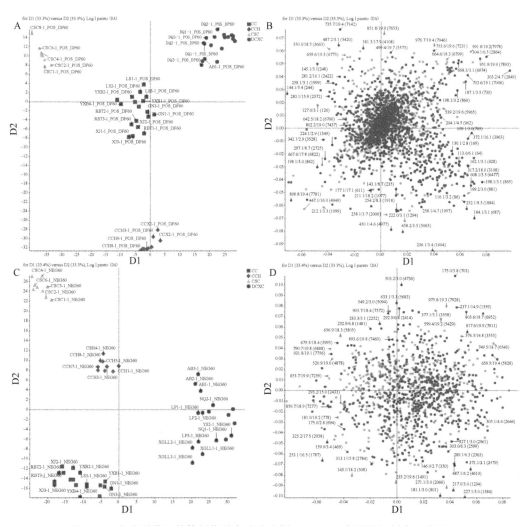

图 4-16　冬虫夏草及其掺假物的主成分分析（PCA）（彩图请扫封底二维码）

蓝色. 冬虫夏草；红色. 虫草；绿色. 虫草花；黄色. 草石蚕；A. 正离子得分图；B. 正离子载荷图；C. 负离子得分图；
D. 负离子载荷图

式，正离子模式下的 PCA 表现出较好的聚类和分组结果（图 4-16A），同时由于正离子模式检测到更多化合物峰，因此只有正离子模式下采集的数据用于接下来的特征标记物的鉴定。LC-QTOF-MS 中检测到的所有的离子峰都呈现在 PCA 载荷图中（图 4-16B），中间的点代表各组样品均能检测到的离子，而靠近四周的离子代表不同组的特异性离子。特征性离子的筛查可通过绘制不同离子在不同样品组的丰度图来进行，冬虫夏草、虫草、虫草花及草石蚕的代表性特征离子如图 4-17 所示，如离子 1（*m/z*303.2，RT 4.7min）在不同产地的冬虫夏草中均有较高丰度，而在其他 3 种样品中检测不到，表明该离子可能是冬虫夏草中的特征性化合物，同样也可以筛查出虫草、虫草花及草石蚕中的丰度较高的离子作为其特征性化合物。

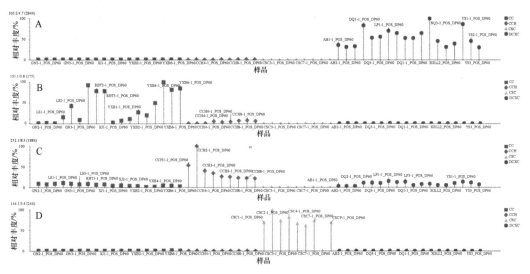

图 4-17 冬虫夏草及其掺假物中代表性特征离子的相应丰度（彩图请扫封底二维码）
蓝色. 冬虫夏草；红色. 虫草；绿色. 虫草花；黄色. 草石蚕；A. *m/z* 303.2，RT 4.7 min；B. *m/z* 131.1，RT 2.8min；C. *m/z* 252.1，RT 8.3min；D. *m/z* 144.1，RT 3.4min

（3）特征标记物的鉴定

首先通过 Formula Finder 软件进行特征标记物元素组成的确定，基于以下三个方面：母离子的精确 MS 质量数、母离子同位素组成及碎片离子的 MS/MS 信息。如图 4-18 所示，该软件能够根据"MS 排名"和"MS/MS 排名"对所推导的分子式进行排序，排名越靠前，分子式越准确。同时，该软件能够反映理论计算和实际测量的母离子和碎片离子 *m/z* 值的差异及理论和实验同位素组成的差异。实验中推测得到的分子式均具有较高的质量精度，其质量误差低于 5ppm，因此具有较高的可信度。

实验推测得到的分子式输入到在线数据库中进行候选参考化合物的筛选，所用到的数据库包括 ChemSpider、MassBank 及 Metlin 等。由于同一个分子式可能有大量的匹配结构，因此分子式的确定是非常复杂的。因此，本研究中用到的 Fragment Pane 软件能够获取每个候选分子可能的质谱破碎方式，增加了选择正确离子的可能性（图 4-19）。Fragment pane 软件能够通过基于化学智能的碎片峰匹配算法对鉴定的化合物进行确认。应用该程序，本研究从 18 个特征化合物中鉴定出了 15 种可能的分子结构（表 4-14）。

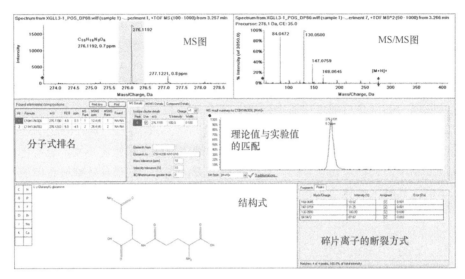

图 4-18　特征标记物分子式和结构式的确定（彩图请扫封底二维码）

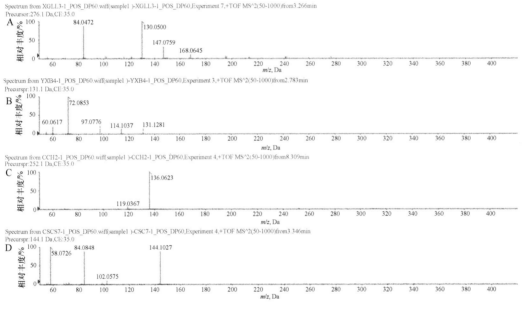

图 4-19　冬虫夏草及其常见掺假物中的 4 种选择性特征标记物（彩图请扫封底二维码）

A. m/z276.1，RT 3.1min；B. m/z131.1，RT 2.8min；C. m/z252.1，RT 8.3min；D. m/z144.1，RT 3.4min

（4）特征标记物的结构解析

4 种选择性特征标记物的精确二级质谱图如图 4-19 所示。图 4-19A 中是冬虫夏草中的某种特征标记物质，通过 Formula Finder 软件确定其分子式为 $C_{10}H_{17}N_3O_6$。上述分子式在 MassBank 数据库中只检索到一个结果：γ-glutamyl-glutamine（γ-谷酰基-谷氨酰胺）。在正离子模式下，其质子化的分子离子 m/z 为 276.1192，分子中酰胺键的断裂产生两个主要的碎片离子：m/z147.0759（$[M+H-C_5H_7NO_3]^+$）和 130.0500（$[M+H-C_5H_{10}N_2O_3]^+$），后者经进一步失去羟基和羧基后生成 m/z 为 84.0472（$[M+H-C_5H_{10}N_2O_3-CH_2O_2]^+$）的离子,通过分析理论上的碎片离子信息并与实际测定结果比对,该标记物推断为 γ-glutamyl-glutamine。

图 4-19B 中是虫草中的某种特征标记物质的二级质谱图,通过 Formula Finder 软件确定其分子式为 $C_5H_{14}N_4$。上述分子式在 MassBank 和 Metlin 数据库中均只检索到一个结果:agmatine(胍基丁胺,一种 L-精氨酸的代谢产物)。数据库中提供的参考二级质谱碎片信息和实验中所测得结果一致。Agmatine 也可以通过其离子破碎信息进行确认:在正离子模式下,其质子化的分子离子 m/z 为 131.1281,经连续的脱氨基作用后产生两个碎片离子 m/z114.1026($C_5H_{12}N_3^+$)和 97.0776($C_5H_9N_2^+$);同时,分子中仲胺键的断裂可产生两个主要的碎片离子:m/z72.0853($C_4H_{10}N^+$)和 60.0617($CH_6N_3^+$)。

图 4-19C 中是虫草花中的某种特征标记物质的二级质谱图,通过 Formula Finder 软件其分子式确定为 $C_{10}H_{13}N_5O_3$,并通过 Metlin 和 MassBank 数据库中检索到 3 个结果:2′-deoxyadenosine、3′-deoxyadenosine 和 5′-deoxyadenosine。上述 3 种化合物的参考二级质谱碎片信息均与实验中所测结果一致,但通过文献搜索发现,只有 3′-deoxyadenosine(也就是虫草素,cordycepin)据报道在虫草花中有较高含量。大量文献记录了蛹虫草(Cordyceps militaris)中富含虫草素的信息,而在冬虫夏草和其他虫草中含量却较低,这与本实验中图 4-19C 的结果一致。

图 4-19D 中是草石蚕中某种特征标记物质的二级质谱图,通过 Formula finder 软件其分子式确定为 $C_7H_{13}NO_2$,并通过 Metlin 数据库中检索到 6 个结果,其中只有第二个候选化合物,proline betaine(脯氨酸甜菜碱)的二级质谱碎片信息与实验中所测结果一致。前人的文献表明 proline betaine 的分子离子经重排后失去 C_3H_6 基团和一分子 H_2O 后破碎形成 m/z84.0848($C_4H_6NO^+$)的碎片离子。

同时,本实验中还检测到 5 种仅存在于冬虫夏草和其他虫草中的化合物(如表 4-14 所示),而在人工培养的虫草菌丝体中检测不到,表明天然虫草与人工培养的虫草在化学成分上会有区别,可应用于野生和人工虫草样品的真伪鉴别。

表 4-14 冬虫夏草及其常见掺假物种检测到的特征标记物质

编号	m/z (MS)	保留时间 /min	加和离子	m/z (MS/MS)	分子式	质量误差 /ppm	鉴定结果	样品类型
1	276.1192	3.27	[M+H]⁺	168.0645, 147.0759, 130.0500, 84.0472	$C_{10}H_{17}N_3O_6$	0.7	L-γ-glutamyl-L-glutamine	DCXC
2	304.1404	6.42	[M+H]⁺	286.1299, 268.1193, 258.1349, 188.0907	$C_{14}H_{17}N_5O_3$	−2.0	pipemidic acid	DCXC
3	303.1550	4.69	[M+H]⁺	285.1423, 257.1490, 188.0915, 116.0722	$C_{13}H_{22}N_2O_6$	−0.2	N,N′-(1,9-dioxo-1,9-nonanediyl)bis-glycine	DCXC
4	330.0552	6.34	[M+H]⁺	263.0631, 207.0300, 136.0618, 98.9871	$C_{10}H_{12}N_5O_6P$	0.4	3′,5′-cyclic AMP	DCXC
5	131.1298	2.80	[M+H]⁺	114.1029, 97.0766, 72.0853, 60.0614	$C_5H_{14}N_4$	5.2	agmatine	CC
6	398.2907	9.79	[M+NH₄]⁺	339.2172, 311.2224, 283.1546, 154.0979	$C_{23}H_{32}N_4O$	2.7	1-(4-butyl-2-methylphenyl)-3-[4-(4-methyl-1-piperazinyl)phenyl]urea	CC
7	282.1197	8.90	[M+H]⁺	136.0620, 129.0516, 119.0442	$C_{11}H_{15}N_5O_4$	−0.6	N₆-methyladenosine	CC

编号	m/z (MS)	保留时间 /min	加和离子	m/z (MS/MS)	分子式	质量误差 /ppm	鉴定结果	样品类型
8	252.1094	8.30	[M+H]$^+$	136.0623，119.0367	$C_{10}H_{13}N_5O_3$	1.1	cordycepin/2'-deoxyadenosine	CCH
9	423.0892	2.93	[M+H]$^+$	261.0367，243.0249，145.0499，127.0395	$C_{12}H_{23}O_{14}P$	−0.7	trehalose-6-phosphate	CCH
10	312.1290	9.10	[M+H]$^+$	180.0874，162.0775，135.0671，119.0363	$C_{12}H_{17}N_5O_5$	0.8	N_6-(2-hyhroxyethyl)adenosine	CCH
11	144.1027	3.37	[M+H]$^+$	102.0575，84.0848，72.0864，58.0726	$C_7H_{13}NO_2$	5.5	1-piperidinylacetic acid	CSC
12	542.2074	8.54	[M+NH$_4$]$^+$	165.0544，147.0446，137.0607，119.0510	$C_{18}H_{24}N_{10}O_9$	−0.1	未知	CSC
13	487.1663	3.11	[M+H]$^+$	325.1159，163.0599，145.0497，127.0389	$C_{20}H_{22}N_8O_7$	−4.4	未知	CSC
14	127.0508	8.80	[M+H]$^+$	110.0237，82.0365，54.0402	$C_5H_6N_2O_2$	4.7	thymine	DCXC，CC
15	269.0876	7.90	[M+H]$^+$	137.0460，119.0355，	$C_{10}H_{12}N_4O_5$	−1.7	inosine	DCXC，CC
16	276.1019	7.14	[M+H]$^+$	200.0842，141.0123，	$C_{18}H_{13}NO_2$	−2.2	3,5-diphenylpyridine-2-carboxylic acid	DCXC，CC
17	245.1491	3.39	[M+H]$^+$	227.1389，186.1125，168.1024，150.0922	$C_{11}H_{20}N_2O_4$	2.5	4-amino-1-boc-4-piperidinecarboxylic acid	DCXC，CC
18	698.2708	3.14	[M+NH$_4$]$^+$	357.1383，325.1113，195.0860，163.0595	$C_{39}H_{32}N_6O_6$	2.7	未知	DCXC，CC

注：DCXC. 冬虫夏草；CC. 虫草；CCH. 虫草花；CSC. 草石蚕

4.7.5 小结

本研究采用 LC-QTOF-MS 对冬虫夏草及其常见伪品进行真伪鉴别，通过全扫描得到不同样品的指纹图谱，表明冬虫夏草和其掺假物有明显不同，将所得数据进行 PCA 分析后能有效地区分野生冬虫夏草、常见伪品（其他种类虫草）、人工培养的虫草花及模仿品（草石蚕）。通过化学计量学分析可鉴定出 18 种特征标记物质，并根据精确的一级质谱和二级质谱结合在线数据库成功鉴定出了各化合物，可用于样品的快速真伪鉴别。

4.8 基于非靶标代谢组学的小浆果果汁真实性鉴别技术研究

非靶标代谢组学是从整体角度出发，分析样品中尽可能多的代谢产物。优势是可以找到特征标记代谢物，结合化学计量学分析方法，具有非目标性和可预测性的特点。目前，该研究方法已经在食品产地鉴别、物种及品种鉴定、掺假鉴别等领域有着广泛应用。该方法也为小浆果果汁的真伪鉴别提供了一种新思路。本研究针对小浆果果汁中贸易量大、价格高的蓝莓和蔓越莓汁为研究对象，选择常用于果汁调味调色的苹果汁和葡萄汁，以这两种常见的相对廉价果汁作为掺假对象，采用基于超高效液相色谱-四级杆串联飞行时间质谱（UFLC-QTOF-MS）代谢组学技术对小浆果果汁建立了真伪鉴别方法。

4.8.1　材料来源

见 4.4.1 节。

4.8.2　主要设备

TripleTOF 6600 型质谱仪（美国 AB Sciex 公司）；LC-20A 型高效液相色谱仪（日本岛津公司）；超声波清洗仪（江苏超声仪器有限公司）；旋转蒸发仪（瑞士 BUCHI 有限公司）。

4.8.3　实验方法

（1）样品制备

纯果汁和质控果汁制备见 4.4.3 节。

掺假混合果汁制备：将稀释 20 倍的纯蓝莓汁、蔓越莓汁、苹果汁和葡萄汁，配制不同体积比（100∶0；90∶10；80∶20；70∶30；60∶40；50∶50）的混合果汁，作为掺假果汁。

（2）样品 LC-MS/MS 分析条件

见 4.4.3 节。

（3）数据处理和化学计量学分析

见 4.4.3 节。

（4）特征标记物的鉴定

UFLC-QTOF-MS 可获得大量正离子数据矩阵，包括每个样品的保留时间、m/z 值、丰度和电荷状态。38 个样品 4 组分别为蓝莓汁、蔓越莓汁、苹果汁和葡萄汁经过佩尔托标度（Pareto scaling）处理后进行 PCA-DA 分析。每组样品中的离子响应都可以通过选择载荷图中的峰绘制轮廓图来表示，只出现在某组中的离子被判定为特征标记离子。PCA-DA 模型采用 QC 组来验证模型的有效性。

MarkerView 软件中经过化学计量学分析得到的特征标记物信息进一步导入 PeaView 软件（version 1.2）中，其中还包含了配套插件，Formula Finder 和 Fragments Pane 等来辅助进行数据解析。同时，购买了部分标准品进行进一步比对验证，确定实验的准确性。

（5）样品验证

配制掺假比例为 10%、20%、30%、40%、50% 的蓝莓汁和蔓越莓汁掺假果汁，通过 LC-QTOF-MS 进行全扫描。提取特征标记离子，构建 loading plot 图。通过特征标记离子在掺假果汁中的丰度验证掺假情况。

（6）数据统计分析

试验中所有样品均为 3 次平行，采集得到的数据使用 MarkerView Software 1.2.1（AB SCIEX）和 PeakView 软件进行数据处理，包括数据采集、对齐、标准化、主成分分析（PCA）。

4.8.4 结果与分析

（1）LC-QTOF-MS 代谢组学分析

本研究采用高通量的 LC-QTOF-MS 采集鲜榨果汁、掺假果汁、市售果汁的全代谢物组分，获取较广范围的目标性化合物，整个洗脱时间为 20min，如图 4-20 所示，是 4 种果汁的全扫描基峰图，可以看出相对高值蓝莓和蔓越莓果汁及相对廉价苹果汁和葡萄汁在出峰数量、出峰时间和出峰丰度均有明显的差异。蓝莓汁的代谢产物峰比较平均，主要分布在 5~16min。蔓越莓汁在 6~8min 处的丰度很高。苹果汁和葡萄汁的总离子流图比较相似，代谢产物主要集中在 9~15min 处。这些差异表明采用代谢产物指纹图谱进行果汁鉴别是有可行性的。

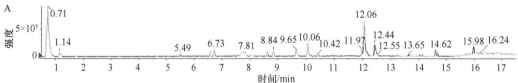

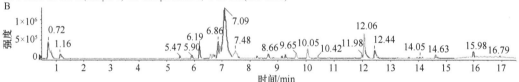

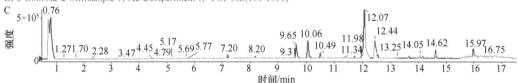

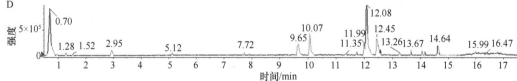

图 4-20 四种果汁的 UFLC-QTOF-MS 全扫描的基峰图（BPC）

A. 蓝莓汁；B. 蔓越莓汁；C. 苹果汁；D. 葡萄汁

（2）化学计量学分析

经过数据挖掘和对比后，正离子和负离子模式下，LC-QTOF-MS 均能检测到 8000 个峰，为对数据进行降维并减少信号的冗余，只有代表单一同位素（同位素类型中 m/z 值信号最低）的峰才能被用来进行化学计量学分析，正离子模式下 4088 个峰。

如图 4-21 所示，在正离子模式下，PCA 能够将样品分成 4 组：蓝莓汁组（$n=30$），蔓越莓汁组（$n=24$），苹果汁组（$n=30$）和葡萄汁组（$n=30$）。这可以表明 LC-QTOF-MS 采集的数据可用于果汁的区分。本研究表明选用 1～18min 进行进样，PCA-DA 的区分效果更好，原因是除去 0～1min 的溶剂峰与 18～20min 洗柱时的杂质峰，可以凸显 4 种果汁之间的差异性，除去重叠部分。因此采用该方法有利于接下来特征标记离子的筛选与鉴定。LC-QTOF-MS 中检测到的所有离子峰呈现在 PCA 载荷图中（图 4-21B），图中的靠近原点的点代表各组样品均能检测到的离子，而越靠外的点说明对模型的差异贡献效率越高。此外，为了验证模型的可靠性，本研究中设置了质控组（QC）来反映模型建立的效果，从图 4-21 可以看出 QC 组在原点附近，而 4 种果汁分别位于 4 个象限，说明模型良好，适合进一步特征标记离子的筛选。

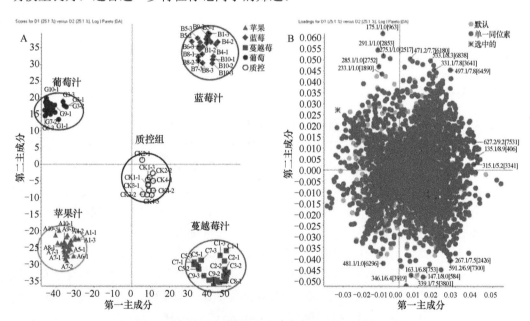

图 4-21　4 种果汁的主成分分析图（彩图请扫封底二维码）

A. 得分图，正离子模式；B. 载荷图，正离子模式

特征标记离子的筛查可以通过绘制不同离子在不同样品组中的丰度图来进行筛选，因为越靠外的特征标记离子对 4 种果汁的区分贡献值越大，因此从外向里依次对 4000 多个代谢产物进行筛选，得到蓝莓汁、蔓越莓汁、苹果汁和葡萄汁的特征标记离子。它们的丰度图如图 4-22 所示。其中有一部分特征标记离子在某一种果汁中丰度高，而在其他果汁中的丰度低或者检测不到，说明该特征标记离子可能是该种果汁的特征标记物。

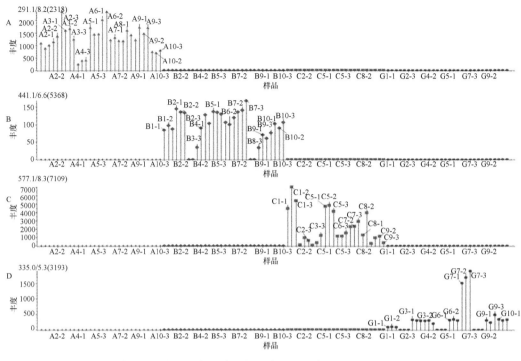

图 4-22　4 种果汁具有代表性的特征标记离子的丰度图（彩图请扫封底二维码）
A. 苹果；B. 蓝莓；C. 蔓越莓；D. 葡萄

（3）特征标记物鉴定

首先通过 Formula Finder 软件进行特征标记物元素组成的确定，基于以下三个方面：母离子的精确质量数、母离子同位素组成及碎片离子的 MS/MS 信息。按照此流程，如表 4-15 所示的 32 个特征标记物中，一共被鉴定出特征标记物 21 个。

在鉴定过程发现，蓝莓汁和蔓越莓汁的大部分特征标记物为花青苷，这些特征标记离子的丰度远远高于苹果汁和葡萄汁的。且这一类特征标记离子结构比较清晰，可人工合成，因此通过网路数据库可以查到相关质谱信息，相对比较容易解析。标记离子：10、12、13、14、15、16、17、18、19、20 均为花青苷，连接有一个葡萄糖、半乳糖、阿拉伯糖、木糖或者鼠李糖。通过 Formula Finder 软件确定其分子式，由于花色苷的糖苷键键能较低，容易断裂，二级质谱形成一个苷元加氢的破碎离子峰。因此，通过二级质谱图区分花色苷的苷元 petunidin（317.0658），cyanidin（287.0536），delphinidin（303.0498），peonidin（301.0690），malvidin（331.0808）。同一苷元的葡萄糖和半乳糖苷为同分异构体。本研究通过保留时间区分同分异构体，Ma 等（2013）研究发现对于花青苷连接有一个单糖时，使用反相 C18 柱洗脱的出峰时间为半乳糖小于葡萄糖，木糖小于阿拉伯糖。其中特征标记离子 10、14 为 Petunidin 的五碳糖苷，标记离子 10 的保留时间为 7.6min，标记离子 14 的保留时间为 10.3min。因此标记离子 10 为 petunidin-xyloside，标记离子 14 为 petunidin-arabinoside。同理，特征标记离子 16 和 17，分别为 peonidin-glucoside 和 peonidin-galactoside。特征标记离子 19 和 20，分别为 delphinidin-glucoside 和 delphinidin-

表 4-15　果汁中的特征标记物

序号	*m/z*（MS）	保留时间/min	加和离子	*m/z*（MS/MS）	化学式	鉴定结果	果汁类型
1	481.0977	8.6	[M+H]⁺	319.0429, 273.0355 245.0426, 153.0173	$C_{21}H_{20}O_{13}$	myricetin-3-glucoside	B
2	355.1024	5.5	[M+H]⁺	163.0385, 145.0281 135.0433	$C_{16}H_{18}O_9$	chlorogenic acid	B
3	171.0648	5.1	[M+CH₃OH+H]⁺	139.0382, 111.0446 93.0346, 65.0412	$C_7H_6O_3$	salicylic acid	B
4	449.1063	10.3	[M+H]⁺	317.0653	$C_{21}H_{20}O_{11}$	petunidin-arabinoside	C
5	481.1145	8.5	[M+H]⁺	319.0429, 273.0355 245.0426, 153.0173	$C_{21}H_{20}O_{13}$	myricetin-3-*O*-galactoside	C
6	395.0949	7.8	[M+H]⁺	395.0930, 219.0609	$C_{18}H_{18}O_{10}$	unknow	C
7	319.0812	6.3	[M+H]⁺	89.0407, 149.0608 193.0490, 301.0742	$C_{15}H_{10}O_8$	myricetin	G
8	335.0372	5.3	[M+K]⁺	163.0386, 185.0200 173.0048, 145.0288	$C_{10}H_{16}O_{10}$	2,-Di-*O*-carboxymethyl-D-glucose	G
9	385.1601	7.7	[M+NH₄]⁺	206.0812, 188.0700 118.0654	$C_{17}H_{21}NO_8$	unknow	G
10	133.0648	6.9	[M+H]⁺	133.0654, 105.0708 103.0548, 79.0560,	C_9H_8O	trans-Cinnamaldehyde	A
11	449.1079	7.0	[M+H]⁺	287.0533, 449.1053	$C_{21}H_{20}O_{11}$	kaempferol-3-*O*-glucoside	A
12	273.0869	8.2	[M+H]⁺	167.0557, 159.0932 185.0675, 200.0661	$C_{19}H_{12}O_2$	α-Naphthoflavone	A
13	419.0973	7.4	[M+H]⁺	287.0536, 241.0502 213.0530, 185.0603	$C_{20}H_{18}O_{10}$	cyanidin-arabinoside	B, C
14	449.1075	9.7	[M+H]⁺	303.0491	$C_{21}H_{20}O_{11}$	delphinidin-rhamnoside	B, C
15	463.0847	7.2	[M+H]⁺	301.0690	$C_{22}H_{22}O_{11}$	peonidin-galactoside	B, C
16	463.1229	8.7	[M+H]⁺	331.0808	$C_{22}H_{22}O_{11}$	malvidin-arabinoside	B, C
17	465.1726	9.1	[M+H]⁺	303.0498	$C_{21}H_{20}O_{12}$	delphinidin-galactoside	B, C
18	419.0971	7.5	[M+H]⁺	287.0536	$C_{20}H_{18}O_{10}$	cyanidin-glucoside	B, C

注：B. 蓝莓；C. 蔓越莓；A. 苹果；G. 葡萄

galactoside。特征标记离子 15 为 delphinidin-rhamnoside，特征标记离子 18 为 malvidin-pentoside。

特征标记离子 1，通过网路数据库 MASSBANK 查阅，发现分子式 $C_{10}H_{13}N_5O_4$ 仅有 adenosine 一种，并且网络数据库中的二级质谱信息与腺苷的二级质谱信息相符合，因此可以初度鉴定为 adenosine。

此外，特征标记离子 3、6、7 通过 Formula Finder 预测分析式分别为 C_9H_8O、$C_{16}H_{18}O_9$、$C_7H_6O_3$，通过网络数据库比对，发现它们的 MS 及 MS/MS 值与 trans-cinnamaldehyde、chlorogenic acid、salicylic acid 相似，可能是其同分异构体或者结构离子物，因此可以预测性地鉴定这 3 个特征标记物为 trans-cinnamaldehyde、chlorogenic acid、salicylic acid。

特征标记离子 22～32，它们的丰度非常好，有很强的区分性。但是，由于代谢组学还处于发展阶段，代谢产物的数据库还不够全面，通过网络数据库无法匹配到它们对应的结构式，因此该类特征标记离子无法鉴定出它们的结构。但是由于它们的质谱是已知且唯一的，不影响它们作为特征标记离子，进行掺假果汁的验证，因此保留这些待开发特征标记离子，标记为未知。

（4）混合果汁验证

在果汁实际生产中，苹果汁一般用于调味，而葡萄汁用于调色。因此这两种果汁常被用来作为低价果汁掺入高价的蓝莓汁和蔓越莓汁中。因此本实验配制含有 10%、20%、30%、40%、50%体积分数的共 5 个梯度的掺假果汁，验证特征标记物。通过 MarkerView 软件提取苹果汁和葡萄汁的特征标记离子，绘制特征标记物在不同样品组中的丰度图来进行筛选和鉴别。从丰度图中可以看出，当蓝莓汁或蔓越莓汁中掺有 10%以上的葡萄汁时，可以利用特征标记物 23 和 24 来鉴别果汁是否掺有葡萄汁。而特征标记物 22 能够有效鉴定出掺有 20%以上葡萄汁的掺假果汁。当蓝莓汁或蔓越莓汁中掺有 10%以上的苹果汁时，可以利用特征标记物 32 来鉴别果汁是否掺有苹果汁。当掺假含量大于 20%时，可以利用特征标记物 25 和 26 来鉴别。

4.8.5 小结

本研究采用基于超高效液相色谱-四级杆串联飞行时间-质谱（UFLC-QTOF-MS）的代谢组学技术对小浆果果汁建立真伪鉴别方法，采用 UFLC-QTOF-MS 指纹图谱表明相对高值的蓝莓和蔓越莓汁与相对廉价的苹果汁和葡萄汁存在较大的差异，采用主成分分析-判别分析（PCA-DA）可成功区分蓝莓汁、蔓越莓汁、苹果汁和葡萄汁。采用 QTOF-MS 全组分扫描并分析各个化合物在不同组间的丰度差异，筛选出小浆果果汁及常见掺假果汁的 32 种特征标记离子。

4.9　基于非靶标代谢组学的 NFC 果汁真实性鉴别技术研究

市面上的纯果汁分为非浓缩复原（not from concentrate，NFC）果汁和复原（from concentrate，FC）果汁两类。市面上 NFC 果汁的零售价格是 FC 果汁的 2～3 倍，一些商家为牟取巨额利润会使用低成本的 FC 果汁冒充 NFC 果汁。本研究采用超高效液相色谱-四级杆飞行时间-质谱联用技术（UPLC-QTOF-MS）结合化学计量学方法，对自制 NFC 和 FC 橙汁的小分子代谢物进行分析，旨在探明经过不同加工工艺后两种橙汁间的代谢差异，以期为 NFC 果汁鉴伪研究提供参考，为促进我国果汁饮料行业的稳定发展做出贡献。

4.9.1 材料来源

4 种加工用甜橙（*Citrus sinensis*），包括 2 个早熟甜橙品种'哈姆林'（Hamlin）、'早金'（Early-golden）和 2 个中熟品种'锦橙'（Jincheng）、'特罗维塔'（Trovita）。甜橙果实由重庆派森百橙汁有限公司提供，产自重庆忠县，于 2018 年 12 月采收。

4.9.2 主要设备

TripleTOF 6600 型质谱仪（美国 AB Sciex 公司）；LC-20A 型高效液相色谱仪（日本岛津公司）；超声波清洗仪（江苏超声仪器有限公司）；旋转蒸发仪（瑞士 BUCHI 有限公司）；1083 型恒温振荡水浴（德国 GFL 公司）。

4.9.3 实验方法

（1）NFC 和 FC 橙汁的制备

NFC 橙汁的制备：挑选饱满、无病害的甜橙鲜果，清洗干净后切瓣，剥去橙皮，果肉进行破碎和榨汁，使用干净纱布过滤除去果渣果籽，果汁进行均质和脱气操作后分为3 份，分别采用不同的热力杀菌条件进行处理，包括巴氏杀菌（中心温度 80℃，10min）、高温短时杀菌（中心温度 90℃，30s）和超高温瞬时杀菌（125℃，5s），杀菌灌装后迅速冷却至 20℃，然后测定和记录 NFC 橙汁的糖度值。

FC 橙汁的制备：将 NFC 橙汁置于真空旋转蒸发仪浓缩至（65±1）°Brix，再使用纯净水复配至原始糖度值，水浴加热杀菌（中心温度 80℃，10min）后进行热灌装。全部果汁样品灌装后迅速冷却至室温后冷藏，并于一周内完成样品制备和仪器分析，剩余样品置于–20℃条件下储存备用。

将 NFC 橙汁（n=12）和 FC 橙汁（n=12）以 12 000r/min 离心 20min，取上清液，使用纯净水稀释 10 倍，涡旋混合充分，经 0.22μm 聚四氟乙烯膜过滤器过滤，转移至1.5mL 进样小瓶中，等待上机检测。每个样品做三次平行重复。

（2）UPLC-QTOF-MS 分析条件

色谱条件：色谱柱使用美国 Phenomenex 公司的 Kinetex C18 反相色谱柱（2.1mm×100mm，2.6μm）；流动相 A 为水（含 0.1%甲酸），流动相 B 为甲醇（含 0.1%甲酸）；梯度洗脱程序：0～2min，2%B 相；2～14min，2%～95%B 相；14～17min，95%B相；17.1～20min，2%B 相；柱温 40℃，进样量 2μL，流速 0.3mL/min。

质谱条件：采用电喷雾电离源，在正离子和负离子模式下采集数据，喷雾电压分别为 5500V 和–4500V。工作气为氮气，雾化气（GS1）、辅助加热气（GS2）和气帘气（CUR）的压力分别为 50psi、55psi、35psi，离子源温度 550℃，碰撞能量（CE）为 35eV，碰撞能量范围±15eV。建立信息关联采集（IDA）方法结合动态背景扣除，设置一级质谱 MS质量扫描范围 100～1000m/z，二级质谱 MS/MS 质量扫描范围为 50～1000m/z，在每个循环内同时进行 10 个 MS/MS 扫描（每个 50ms）。

（3）数据处理与化学计量学分析

使用 MarkerView 1.3.1 软件进行数据预处理。使用自动算法对保留时间在 0.5～18min，m/z 范围在 100～1000 的数据进行挖掘，将得到的峰值数据集输出并导入 SIMCA

15.0 软件，进行无监督的主成分分析（PCA）和有监督的正交偏最小二乘判别分析（OPLS-DA）。Origin 9.0 软件用于箱形图绘制。

（4）差异化合物筛选与鉴定

根据 OPLS-DA 模型的变量投影重要性（variable importance in the project，VIP）筛选潜在差异化合物，将母离子精确质荷比输入 PeakView 1.2 软件中提取相应的离子峰，排除二聚体、加合峰和空白样品峰，结合 t 检验结果筛选出 $P<0.05$ 的差异化合物。

物质鉴定借助 PeakView 软件的 Formula Finder 功能和 MS-FINDER 3.16 软件，将未知化合物的一级和二级离子碎片信息输入软件中，对可能的分子式和化学结构进行预测和推导计算，将实验谱图与 HMDB（http://www.hmdb.ca/）、MoNA（https://mona.fiehnlab.ucdavis.edu/）和 Metlin（https://metlin.scripps.edu/）等网络数据库和相关文献记载进行对比，结合标准品验证，确定物质结构。

4.9.4 结果与分析

（1）NFC 和 FC 橙汁的 UPLC-QTOF-MS 代谢指纹图谱分析

基于高通量的 UPLC-QTOF-MS 方法分别在负离子和正离子模式下对 NFC 和 FC 橙汁样品进行检测，得到不同样品的总离子流图（图 4-23）。负离子模式下化合物的出峰时间主要集中在 0.5～1.5min 和 7～10min。由正离子模式扫描所得到的 TIC 图中离子峰的数量要多于负离子模式，主要在 0.5～2.0min、5.5～10min 和 14.5～17min 出峰。可以看出在负离子和正离子两种扫描模式下，NFC 和 FC 橙汁样品的峰形基本一致，但是有部分化合物离子峰的相对丰度存在差异。为了获得尽可能全面的橙汁样品代谢物信息，后续分析将围绕这两种模式的数据进行。

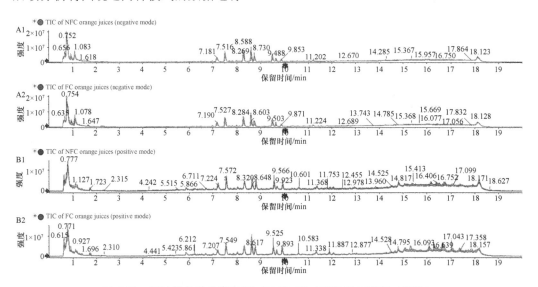

图 4-23　橙汁样品的总离子流（TIC）图（彩图请扫封底二维码）

A. 负离子模式；B. 正离子模式；1. NFC 橙汁；2. FC 橙汁

（2）NFC 和 FC 橙汁的化学计量学分析

使用 MarkerView 软件处理利用 UPLC-QTOF-MS 技术在正离子和负离子模式下采集的原始数据。进行峰识别和对齐后，得到一个包含母离子质荷比 m/z、保留时间和离子相对丰度的数据矩阵，选择矩阵中的单一同位素峰并去除空白离子峰后，分别在正离子和负离子模式下提取到 1705 个和 956 个峰，然后将数据集导入 SIMCA 软件进行主成分分析（PCA）和正交偏最小二乘判别分析（OPLS-DA）。

PCA 分析结果显示，在得分图中蓝色的 NFC 橙汁样品点和绿色的 FC 橙汁样品点分布有所离散，说明两者的代谢成分存在一定差异，但是不能实现完全分离。组内样本点分布较为分散，这可能是受到甜橙品种、成熟度、生长气候和杀菌条件等因素的影响。R^2 和 Q^2 是数据模型质量参数，数值越接近 1 说明模型的拟合效果和预测能力越好。本实验中，使用负离子模式数据生成的 PCA 模型的质量（$R^2=0.806$，$Q^2=0.524$）要优于正离子模式（$R^2=0.608$，$Q^2=0.331$），样品的聚类分离效果也相对更好（图 4-24）。

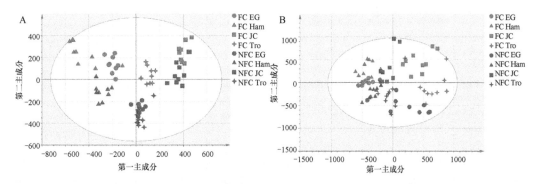

图 4-24 负离子（A）和正离子（B）模式下 NFC 和 FC 橙汁样品的 PCA 得分图
（彩图请扫封底二维码）

FC EG：复原果汁（早金）；FC Ham：复原果汁（早金）；FC JC：复原果汁（锦橙）；FC Tro：复原果汁（特罗维塔）；NFC EG：非浓缩复原果汁（早金）；NFC Ham：非浓缩复原果汁（早金）；NFC JC：非浓缩复原果汁（锦橙）；NFC Tro：非浓缩复原果汁（特罗维塔）

为充分提取两组样本间的差异信息，进一步采用有监督的正交偏最小二乘判别分析（OPLS-DA）分析数据。如图 4-25 所示，NFC 和 FC 橙汁的样品点分布在不同区域并且

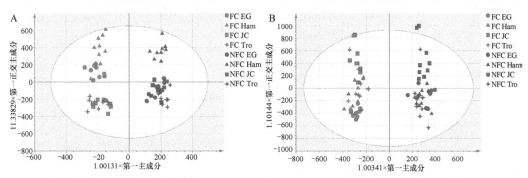

图 4-25 负离子（A）和正离子（B）模式下 NFC 和 FC 橙汁样品的 OPLS-DA 得分图
（彩图请扫封底二维码）

明显分为两簇，实现了对两类样品的完全区分，结果表明两种果汁样品在代谢物种类和（或）含量上存在差异。在 OPLS-DA 分析中，主要通过参数指标 R^2Y 和 Q^2 对模型质量进行评估，负离子模式下 R^2Y（cum）=0.959，Q^2（cum）=0.902；正离子模式下模型拟合参数 R^2Y（cum）=0.974，Q^2（cum）=0.921，说明根据两种采集模式所得数据建立的 OPLS-DA 模型都拟合了较多的变量信息，且具有良好的预测能力。

图 4-26 是 200 次循环迭代置换检验的结果，Q^2 的回归直线与 y 轴的交点在负半轴，负离子模式 R^2（0.0，0.522）和 Q^2（0.0，−0.654），正离子模式 R^2（0.0，0.668）和 Q^2（0.0，−0.574），说明建立的 OPLS-DA 模型是稳健可靠的，可以用于区分 NFC 和 FC 橙汁。

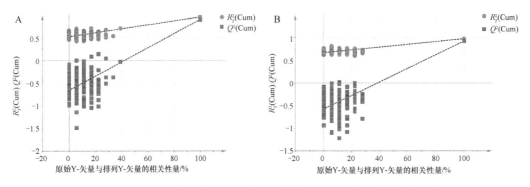

图 4-26　OPLS-DA 模型的 200 次循环置换检验结果（彩图请扫封底二维码）
A. 正离子模式；B. 负离子模式

（3）差异化合物的筛选与鉴定

变量投影重要性（VIP）反映了每个变量对各组样本分类判别的影响和解释能力，通常认为数值大于 1 时，变量对组间分离具有显著贡献。本研究以 VIP 值>1.3 为条件，根据 OPLS-DA 模型的 VIP 值筛选潜在差异化合物，然后对其进行 t 检验，将 $P<0.05$ 的物质认为是 NFC 和 FC 橙汁的差异化合物。在正离子和负离子模式下经过筛选和鉴定后共得到 16 种差异化合物，精确质荷比、保留时间、二级碎片离子和分子式等信息见表 4-16。

表 4-16　NFC 和 FC 橙汁的差异标记化合物信息表

序号	m/z (MS)	保留时间 /min	加和离子	m/z（MS/MS）	化学式	误差 /ppm	鉴定结果
M1	175.0236	1.12	[M+H]⁺	69，111，139，87，55	$C_6H_6O_6$	−0.63	dehydroascorbic acid
M2	193.0340	1.11	[M+H]⁺	69，111，139，87，55，129，115	$C_6H_8O_7$	−1.45	citric acid/isocitric acid
M3	303.0863	10.13	[M+H]⁺	153，177，117，67，145	$C_{16}H_{14}O_6$	−0.03	hesperetin[a]
M4	449.1439	8.61	[M+H]⁺	195，303，345，263，245，369，177，219，153，85	$C_{22}H_{24}O_{10}$	−0.71	isosakuranin
M5	465.1385	8.64	[M+H]⁺	303，177，153，179，195，145	$C_{22}H_{24}O_{11}$	−1.38	hesperetin-7-O-glucoside
M6	581.1871	8.31	[M+H]⁺	273，153，435，419，315，297，263，195，147，129，85	$C_{27}H_{32}O_{14}$	1.07	narirutin[a]
M7	595.2019	9.67	[M+H]⁺	287，397，153，415，263，195，129，85	$C_{28}H_{34}O_{14}$	−0.39	poncirin[a]
M8	611.1970	8.63	[M+H]⁺	303，413，449，153，345，265，177，129	$C_{28}H_{34}O_{15}$	−0.08	hesperidin[a]

续表

序号	*m/z* (MS)	保留时间 /min	加和离子	*m/z* (MS/MS)	化学式	误差 /ppm	鉴定结果
M9	262.0574	0.73	[M−H]⁻	142, 129, 158, 112, 115, 128, 140	$C_9H_{13}NO_8$	2.14	ascorbalamic acid
M10	593.1525	7.21	[M−H]⁻	473, 353, 383, 297, 575, 503	$C_{27}H_{30}O_{15}$	2.21	apigenin-6,8-di-*C*-glucoside[a]
M11	385.0771	5.36	[M−H]⁻	191, 134, 112, 193, 209, 147, 129	$C_{16}H_{18}O_{11}$	−1.40	2-(E)-*O*-feruloyl-d-galactaric acid
M12	205.0360	0.8	[M−H]⁻	125, 131, 143, 113	$C_7H_{10}O_7$	3.02	methylcitric acid
M13	165.0411	0.71	[M−H]⁻	129, 147, 105, 117	$C_5H_{10}O_6$	3.88	arabinonic acid
M14	306.0765	0.99	[M−H]⁻	143, 128, 179, 210, 272, 254	$C_{18}H_{13}NO_4$	−2.22	hallacridone
M15	637.1769	7.84	[M−H]⁻	133, 179, 295, 329, 115	$C_{29}H_{34}O_{16}$	−0.80	tricin-7-neohesperidoside
M16	683.2238	0.75	[M−H]⁻	341, 179, 119, 161, 143	$C_{37}H_{36}N_2O_{11}$	−1.21	citbismine C

a. 经过标准品验证

以几种黄酮糖苷化合物为例，对未知物的鉴定过程进行说明。黄酮苷具有典型的 MS/MS 碎裂模式，根据准分子离子所丢失片段的精确质量可以判断其结构组成。在正离子模式下检测到化合物 M6，保留时间为 8.31min，一级质谱中[M+H]⁺的精确质量数为 581.1871，计算得到分子式为 $C_{27}H_{32}O_{14}$，二级质谱图中准分子离子[M+H]⁺丢失鼠李糖或葡萄糖基碎片得到离子[M+H−146]⁺ *m/z*435 和[M+H−162]⁺ *m/z*419，以及同时失去二糖基团形成的柚皮素苷元离子[A+H]⁺ *m/z*273。结合色谱分离的保留时间可以实现对同分异构体的区分，在苷元相同的情况下，芸香糖苷化合物的极性大于新橙皮糖苷化合物，前者的出峰时间早于后者，最终结合标准品验证鉴定为芸香柚皮苷（柚皮素-7-*O*-芸香糖苷）。采用这种方法还鉴定出化合物 M7 为枸橘苷（异樱花素-7-*O*-新橙皮糖苷），M8 为橙皮苷（橙皮素-7-*O*-芸香糖苷）。

通过观察化合物 M10 的二级质谱图发现，在负离子模式下准分子离子峰[M−H]⁻失去一分子 H_2O 得到碎片[M−H−18]⁻ *m/z*575，同时还有一系列 *C*-糖苷类化合物的特征离子碎片[M−H−90]⁻ *m/z*503，[M−H−120]⁻ *m/z*473，[M−H−120−90]⁻ *m/z*383 和[M−H−240] *m/z*353，通过谱库检索匹配结合标准品验证，确定该化合物为芹菜素 6,8-二-*C*-葡萄糖苷（又称为维采宁-2），是柑橘类中常见的一种黄烷酮糖苷。

（4）NFC 和 FC 橙汁的代谢差异分析

FC 橙汁中各个差异化合物的相对丰度相比于 NFC 橙汁均呈现下降趋势，根据箱形图可以直观表达各化合物在 NFC 和 FC 橙汁样品中的丰度变化（图4-27）。综合鉴定结果发现，差异化合物以类黄酮、有机酸及其衍生物和生物碱为主。其中包括 8 种类黄酮物质，分别为橙皮素、异樱花苷、橙皮素-7-*O*-葡萄糖苷、芸香柚皮苷、枸橘苷、橙皮苷、芹菜素 6,8-二-*C*-葡萄糖苷和麦黄酮-7-*O*-新橙皮苷。类黄酮是甜橙中主要的生物活性成分之一，它具有很强的抗氧化活性，已被证明对人体的健康具有诸多益处。温度对类黄酮物质的稳定性和生物活性具有一定影响，影响程度的大小与化合物的结构有关，如羟

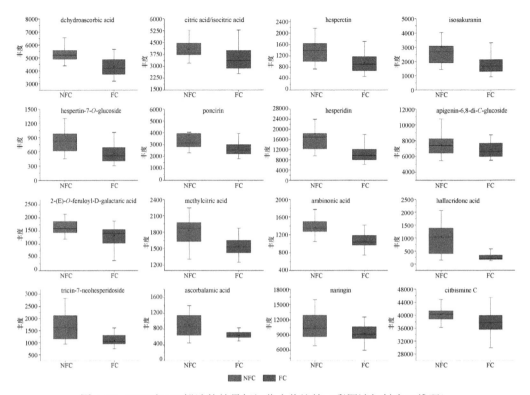

图 4-27　NFC 和 FC 橙汁的差异标记化合物比较（彩图请扫封底二维码）

基化程度和位置、取代基的存在。Lu 等（2018）研究发现经过长时间加热后血橙汁的总黄酮量降低了 22.06%，芹菜素-6,8-二-C-葡萄糖苷、橙皮苷和香蜂草苷等含量均下降10%以上，与本研究结果类似，说明加工过程中的热处理会对 FC 果汁中的类黄酮物质造成显著影响，降低果汁的营养价值。同时，一些黄烷酮（如橙皮苷）属于苦味化合物，其含量高低还影响着水果及果汁的感官品质。

citbismine C 和 hallacridone 为吖啶酮类生物碱，两者均是自芸香属植物的组织中分离得到的。吖啶酮类是含有氮元素的大环共轭化合物，已被证明具有抗肿瘤、抗癌、抗菌和酶抑制等生物活性。hallacridone 在 NFC 样品组内含量差异较大，这可能是受到甜橙品种和成熟度等因素的影响，在经过加热浓缩后 FC 橙汁中该物质的含量显著减少，成分损失较大。

另外一类重要的差异物是有机酸类，包括脱氢抗坏血酸、柠檬酸（或异柠檬酸）和阿拉伯糖酸等 6 种成分，它们在 FC 果汁加工工艺条件下受到的损失要高于 NFC。阿拉伯糖酸是含有羧酸基团的糖酸衍生物，KEGG 分析表明其参与抗坏血酸和醛糖代谢途径，被作为途径中 L-阿拉伯糖酸脱水酶的底物。此外，有研究指出阿拉伯糖酸是 D-葡萄糖在高氯酸介质中催化反应下的主要氧化产物。柠檬酸和异柠檬酸互为异构体，在 MS/MS 鉴定中没能对这两种物质做出区分，但这两种有机酸都是用于评估橙汁真实性和品质的重要标记物。相比于异柠檬酸，柠檬酸的化学性质更加稳定，是橙汁中含量最高的有机酸，显著影响着果汁的风味特征。不同于先前的文献报道主要围绕橙汁中抗坏血酸的热损失含量变化、降解动力学规律等进行研究，本研究发现脱氢抗坏血酸受加工操作的影响，在 FC 橙汁中含量出现明显降低。脱氢抗坏血酸由抗坏血酸氧化产生，与抗坏血酸具有相同的生理活性。根据抗坏血酸的降解途径可知，若可逆形成的脱氢抗坏血酸继续发生氧化，会使内酯环断裂产生 2,3-二酮古洛糖酸，而这一反应不可逆。因此，脱氢抗坏血酸含量的降低也从侧面反映了在浓缩和二次杀菌过程里抗坏血酸成分的流失。

4.9.5　小结

本研究使用高效液相色谱联用高分辨质谱技术测定 NFC 和 FC 橙汁样品中尽可能多的代谢组成分，利用 OPLS-DA 模型实现了对两种果汁的区分，以 OPLS-DA 的 VIP 值 >1.3 和 t 检验结果 $P<0.05$ 为条件，筛选和鉴定出包括类黄酮、有机酸类和生物碱类等在内，共 16 个丰度具有显著差异的化合物，经过对比发现，这些差异物在 FC 橙汁中的含量均低于 NFC 橙汁中。

4.10　基于非靶标代谢组学的山茶油真实性鉴别技术研究

山茶油是世界四大木本植物油之一，在我国有悠久的栽培和利用历史。山茶油中脂肪酸的组成和比例与橄榄油非常接近，被誉为"东方橄榄油"。山茶油易于被人体消化吸收，可降低胆固醇，长期食用对高血压、心脑血管和肥胖症等疾病有明显的保健功效。由于国内山茶油市场的消费量日渐递增及原料产量的限制等原因，山茶油价格不断攀升，受利益驱使的掺假现象特别严重。本研究采用基于 UPLC-QTOF-MS 技术的非靶标代谢组学方法，分析了山茶油与其常见掺假油（大豆油、花生油和菜籽油）中的代谢物，建立了山茶油真伪的鉴别方法。

4.10.1　材料来源

以江南大学馈赠、北京各大超市和互联网购买的菜籽油（$n=23$）、花生油（$n=16$）和大豆油（$n=16$）作为掺假样品，包括不同加工方式、精炼等级、原料产地和品牌，以保证实验样品的完整性。

4.10.2　主要设备

TripleTOF 6600 型质谱仪（美国 AB Sciex 公司）；LC-20A 型高效液相色谱仪（日本岛津公司）；超声波清洗仪（江苏超声仪器有限公司）；旋转蒸发仪（瑞士 BUCHI 有限公司）；1083 型恒温振荡水浴（德国 GFL 公司）。

4.10.3　实验方法

（1）样品制备

称取 0.1g 食用油，加入 0.3mL 甲醇-水（80∶20，V/V），剧烈振荡 10min，6000g

离心 10min，重复提取 3 次，收集混合上清供分析用。每个样本重复 3 次。

掺假混合山茶油的制备：以 5%、10%、20%、30%、40%和 50%比例的大豆油、花生油和菜籽油掺入山茶油中制备二元掺假食用油样本。

实验样品制备完成后，分别取等量混匀作为 QC 样本，以监测仪器的稳定性，并用来优化 LC-MS 条件。每隔 6 个实验样品分析一次 QC 样本以监测仪器的稳定性和重复性，并每隔 6 个样本使用自动校准装置系统（CDS）对仪器进行校正。

（2）LC-MS 条件

色谱分离采用二元梯度洗脱，流动相 A：水（0.025%甲酸，2mmol/L 乙酸铵），流动相 B：甲醇（0.025%甲酸，2mmol/L 乙酸铵）。二元梯度洗脱：0min，40%B；8min，95%B；12min，95%B；12.1min，40%B；15min40%B。流速：0.3mL/min。柱温 40℃，3μL 进样。质谱检测使用串联四级杆飞行时间（QTOF）质谱（TripleTOF，SCIEX），配备有 DuoSpray 离子源并采用正离子和负离子模式采集。数据采集由 Analyst TF 1.7.1 软件进行，并在 Full-Scan TOF MS 和 MS /MS 模式下操作，在单针注射中采用信息依赖采集（IDA）、动态背景扣除（DBS）和实时多重质量亏损（MMDF）。最佳离子源参数如下：离子源温度，550℃；喷雾电压（ISVF），正离子模式 5500V，负离子模式–4500V；气帘气（CUR），30psi；雾化器（GAS1），50psi；辅助加热气（GAS2），55psi；去簇电压（DP），正离子模式 80V，负离子模式–80V。在全扫描 TOF MS 中，滞留时间为 200ms，扫描质量范围为 $100\sim1000m/z$。在 MS/MS 模式下，碰撞能量（CE），正离子模式 35eV，负离子模式–35eV；扩展碰撞能量（CES），15eV；滞留时间，50ms；扫描质量范围，$50\sim1000m/z$。

（3）数据处理与化学计量学分析

使用 MarkerView 1.3 软件（美国 SCIEX 公司）对 UPLC-QTOF-MS 数据进行预处理，包括去噪和基线校正、峰检测和去卷积、对齐。参数设置如下：噪声阈值，100；最小峰宽，6；最小谱宽，25ppm；背景偏移消除，10；比例系数，1.3；保留时间偏差，0.5min；质量偏差，10ppm；最大出峰数，8000。使用自动算法生成正离子和负离子的数据，包含每个实验样品的质荷比、保留时间及相对应的峰强度数据矩阵。

将正离子模式数据和负离子模式数据分别导入 SIMCA 15.0（瑞典 Umetrics 公司）软件，进行化学计量学分析，包括主成分分析（PCA）和正交偏最小二乘法分析（OPLS-DA）。建立数学模型分析不同食用油样本的聚集和离散趋势，并依据 OPLS-DA 的载荷图筛选特征离子。

（4）特征离子的鉴定

代谢组学特征离子的鉴定使用 PeakView 2.2 软件（美国 SCIEX 公司）中的 FormulaFinder 和 Fragments Pan 工具，辅助解析数据。为保证鉴定的可靠性，本实验特征离子的定性分析，排除了没有二级质谱信息和源内碎裂所产生的特征离子。此外，MSFINDER 3.1 软件也被用来鉴定特征离子。将特征离子的一级和二级数据导入

MSFINDER 3.1 软件，自动匹配得到特征离子可能的结构式。设置如下：一级和二级质量偏差，10ppm；同位素偏差，3%（3～5ppm）。

4.10.4 结果与分析

（1）UPLC-QTOF-MS 分析

本研究采用了液-液萃取法提取食用油中的代谢物，使用超高效液相色谱洗脱和高分辨质谱检测，分离检测山茶油及其常见掺假食用油的全代谢物组分，获得较全面的代谢物质谱信息。图 4-28 和图 4-29 分别为山茶油及其常见掺假食用油的正离子和负离子

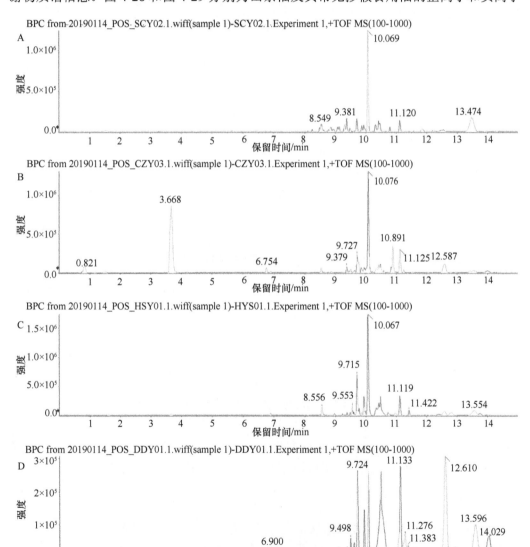

图 4-28　食用油代谢物正离子的基峰色谱图（BPC）

A. 山茶油；B. 菜籽油；C. 花生油；D. 大豆油

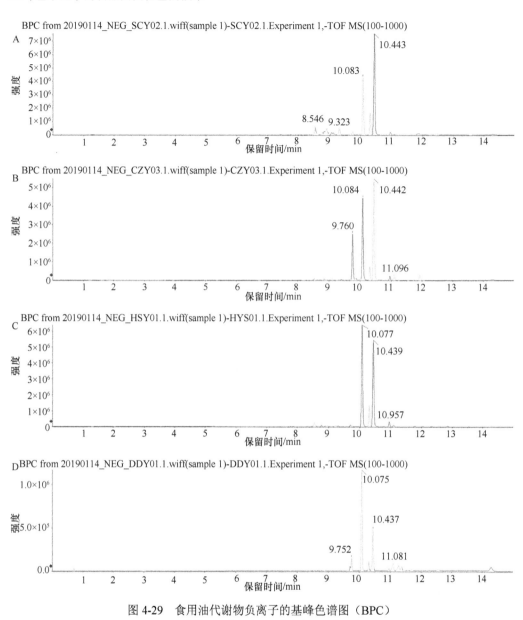

图 4-29　食用油代谢物负离子的基峰色谱图（BPC）

A. 山茶油；B. 菜籽油；C. 花生油；D. 大豆油

的基峰色谱图（BPC），展示了每个时间点最强的离子峰，每种食用油的峰强度、数量和保留时间都存在明显差异，说明依据化学计量学分析筛选特征离子的方法是可行的。

（2）代谢组的化学计量学分析

经 MarkerView 软件对数据挖掘和比对后，为减少数据冗余去除了同位素离子峰，最后在正离子和负离子模式下分别获得 3900 个和 2006 个峰，提交到 SMICA 15.0 软件进行化学计量学分析。无监督的 PCA 模型（图 4-30A、B）难以明显将山茶油和掺假食用油区分开，这可能是由于食用油的生产原料受到地理气候的影响，或加工工艺导致食用油中代谢物成分产生变化，因此需要有监督的判别模型筛选特征离子。

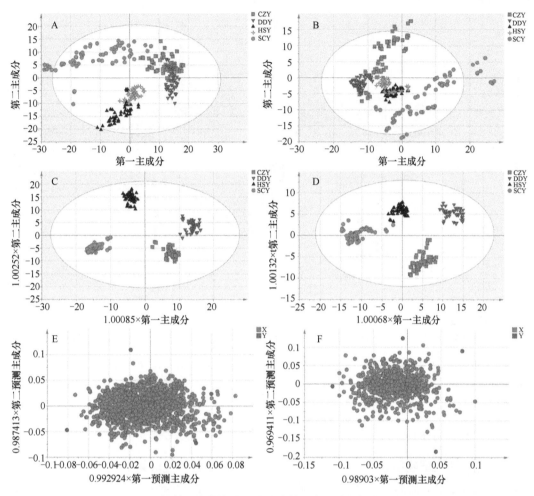

图 4-30 代谢组学的化学计量学分析（彩图请扫封底二维码）

CZY. 菜籽油；DDY. 大豆油；HSY. 花生油；SCY. 山茶油；A. 正离子 PCA 得分图；B. 负离子 PCA 得分图；C. 正离子 OPLS-DA 得分图；D. 负离子 OPLS-DA 得分图；E. 正离子 OPLS-DA 载荷图；F. 负离子 OPLS-DA 载荷图；圆形. 山茶油；正方形. 菜籽油；上三角形. 花生油；下三角形. 大豆油

　　质谱数据经佩尔托标度缩放之后，进行有监督的 OPLS-DA 提高组间差异，依据载荷图筛查特征离子。在正离子和负离子模式下，OPLS-DA 都能将山茶油、菜籽油、花生油和大豆油分成不同的 4 类（图 4-30C、D）。相比于负离子模式，正离子模式的聚集和离散趋势更明显。正离子模式下，R^2X =0.507，R^2Y =0.963，Q^2 =0.970；负离子模式下，R^2X =0.638，R^2X =0.927，Q^2 =0.961。表明正离子 OPLS-DA 模型的解释能力和预测能力优于负离子 OPLS-DA 模型。OPLS-DA 的载荷图（图 4-30E、F）展示了 UPLC-QTOF-MS 检测到的所有离子，离原点越远代表该离子对模型的贡献越大，可能是潜在特征离子。

　　由于在载荷图上离原点越远的离子是特征离子的可能性越大，因此依据离子在不同组间的丰度，由外向里分别对正离子和负离子进行筛查，图 4-31 为山茶油和掺假食用油的代表性特征离子的丰度。例如，离子：m/z 533.35，RT 7.77min（图 4-31A）仅在山茶油中有较高的丰度，而在其他 3 种掺假食用油中均检测不到，表明该离子可能是山茶

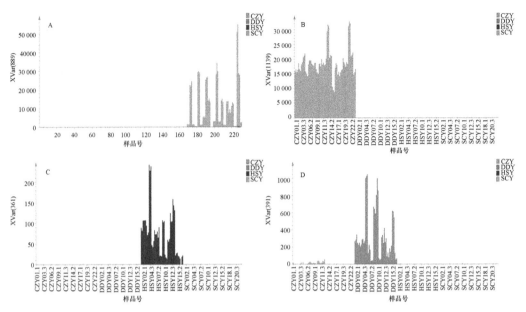

图 4-31　山茶油及其常见掺假食用油的 4 种代表性特征离子的丰度图（彩图请扫封底二维码）
A. *m/z*533.35，RT 7.77min；B. *m/z*413.34，RT 10.88min；C. *m/z*271.10，RT 5.36min；D. *m/z*283.10，RT 6.44min

油中的特征化合物。同样筛查到每种掺假食用油：菜籽油（图 4-31 B）、花生油（图 4-31C）和大豆油（图 4-31D）中所特有的特征离子，最终在山茶油和掺假食用油中筛查到 22 个特征离子。

（3）特征标记离子的鉴定

食用油中代谢物组分非常复杂，在一个给定的实验样本提取物中可能包含几千种结构复杂的化合物，同时还存在大量的同分异构体和未知的化合物，这些都对特征离子的鉴定构成巨大的挑战。本实验基于精确一级质量数和同位素丰度，结合二级碎片离子谱图和保留时间确定特征离子的结构式，最后通过部分可获得的标准品对标志物的结构式进行确证。本研究从筛选到的 22 个特征离子中，鉴定出 18 个特征离子的结构（表 4-17）。

表 4-17　食用油中的特征离子鉴定结果

序号	*m/z* (MS)	保留时间/min	*m/z* (MS/MS)	分子式	误差/ppm	加和离子	鉴定结果	类型
1	519.3690	8.59	407.3330, 473.3636	$C_{30}H_{50}O_4$	-1.8	[M+FA–H]⁻	camelliagenin A (theasapogenol D) [b]	SCY
2	533.3492	7.77	421.3115, 487.3452	$C_{30}H_{48}O_5$	-1.6	[M+FA–H]⁻	camelliagenin B[b]	SCY
3	551.3596	6.72	421.3127, 505.3551	$C_{30}H_{50}O_6$	-4.2	[M+FA–H]⁻	theasapogenol A[b]	SCY
4	535.3640	7.90	489.3600	$C_{30}H_{50}O_5$	-1.2	[M+FA–H]⁻	theasapogenol B / theasapogenol C[b]	SCY
5	549.3441	6.55	419.2958, 503.3392	$C_{30}H_{48}O_6$	-2.9	[M+FA–H]⁻	camelliagenin E (theasapogenol E) [b]	SCY
6	517.3532	8.97	405.3159, 471.3490	$C_{30}H_{48}O_4$	-1.7	[M+FA–H]⁻	basic sapogenin of oleiferasaponin B2[b]	SCY
7	361.1642	5.80	175.0753, 181.0862	$C_{20}H_{24}O_6$	0.6	[M+H]⁺	lariciresinol[a]	CZY

序号	m/z (MS)	保留时间/min	m/z (MS/MS)	分子式	误差/ppm	加和离子	鉴定结果	类型
8	223.0617	1.66	149.0238, 193.0131	$C_{11}H_{12}O_5$	0.0	[M–H]$^-$	sinapic acid[a]	CZY
9	413.3421	10.88	69.0728, 395.3304	$C_{28}H_{44}O_2$	0.5	[M+H]$^+$	doxercalciferol[a]	CZY
10	304.1183	3.94	207.0644, 224.0668	$C_{16}H_{17}NO_5$	0.5	[M+H]$^+$	未知	CZY
11	505.3906	9.84	155.1076, 459.3909	$C_{30}H_{52}O_3$	0.7	[M+FA–H]$^-$	未知	CZY
12	269.0813	5.30	197.0585, 253.0498	$C_{16}H_{12}O_4$	0.6	[M+H]$^+$	formononetin[a]	HSY
13	301.1086	5.28	163.0393, 273.1126	$C_{17}H_{16}O_5$	0.5	[M+H]$^+$	sativanone[a]	HSY
14	271.0966	5.36	137.0593, 161.0604	$C_{16}H_{14}O_4$	−0.3	[M+H]$^+$	medicarpin[a]	HSY
15	283.0972	6.44	240.0776, 267.0651	$C_{17}H_{14}O_4$	0.1	[M+H]$^+$	dimethoxyflavone[a]	DDY
16	255.0653	3.48	181.0649, 199.0757	$C_{15}H_{10}O_4$	−0.3	[M+H]$^+$	daidzein[a]	DDY
17	271.0603	4.32	153.0178, 215.0691	$C_{15}H_{10}O_5$	0.0	[M+H]$^+$	genistein[a]	DDY
18	327.1230	3.68	267.1022, 312.1002	$C_{19}H_{18}O_5$	−0.3	[M+H]$^+$	eucalyptin[a]	CZY, HSY
19	207.1024	5.78	115.0548	$C_{12}H_{14}O_3$	0.1	[M+H]$^+$	未知	CZY, HSY
20	403.3575	12.31	137.0602	$C_{27}H_{46}O_2$	−0.6	[M+H]$^+$	δ-tocopherol[a]	CZY, HSY, DDY
21	417.3732	12.96	151.0749	$C_{28}H_{48}O_2$	1.2	[M+H]$^+$	γ-tocopherol[a]	CZY, HSY, DDY
22	334.3116	10.36	72.0827, 98.0609	$C_{22}H_{39}NO$	0.8	[M+H]$^+$	未知	CZY, HSY, DDY

注：SCY. 山茶油；CZY. 菜籽油；HSY. 花生油；DDY. 大豆油；a. 标准品鉴定（comfirmed）；b. 实验性鉴定（tentative）

依据化学计量学分析筛查鉴定出山茶油中 6 个特征离子的化学结构。1～6 号特征离子经鉴定为山茶皂苷的苷元母核，分别为 camelliagenin a（theasapogenol D）、camelliagenin B、theasapogenol A、theasapogenol B/theasapogenol C（camelliagenin C）、theasapogenol E（camelliagenin E）和 Basic sapogenin of oleiferasaponin B2。山茶属植物种子中含有大量皂苷类代谢物，主要为齐墩果烷型的五环三萜皂苷，由皂苷元和糖组成。但是没有检测到山茶油中的山茶皂苷，这可能是因为山茶皂苷的相对分子质量大于 1000，而本研究正离子和负离子模式的一级质谱扫描范围均为 100～1000 m/z。目前已经有文献报道，采用薄层色谱或液相色谱与 UV、ELSD 或质谱联用技术，用于定性或定量分析山茶属种子中的皂苷。山茶皂苷具有许多生物和药理活性，包括调节肠胃系统、抗癌、抗炎、抗微生物、抗氧化、神经保护作用和降血脂等。本研究在山茶油中检测到了山茶皂苷的苷元母核，这一发现为山茶油的功能性研究提供了理论基础。

菜籽油的特征正离子 7 号（m/z 361.1642，RT 5.80min）的分子式为 $C_{20}H_{24}O_6$，加质子化生成离子 m/z 361.1642，同时在负离子模式下也检测到该化合物的减质子化离子

m/z359.1469，但负离子的质谱相应值没有正离子的强。经 METLIN 数据库检索分子式 $C_{20}H_{24}O_6$，发现 7 号特征离子与落叶松树脂醇（lariciresinol）相匹配，还与文献报道的落叶松树脂醇的碎片离子吻合。油菜（*Brassica napus* L.），属于十字花科芸薹属，而落叶松树脂醇是一种木脂素（lignans），在十字花科植物中含量丰富。这进一步验证了 7 号特征离子为落叶松树脂醇。菜籽油的特征离子 8 号（m/z223.0617，RT 1.66min），分子式为 $C_{11}H_{12}O_5$，二级碎片离子与 HMDB 和 MoNA 数据库中的芥子酸（sinapic acid）匹配。此外，Dou 等（2018）将芥子酸作为菜籽油的特征标志物鉴别菜籽油掺假山茶油，因此 8 号特征离子为芥子酸。菜籽油的特征离子 9 号（m/z413.3421，RT 10.88min），经 Formula Finder 鉴定分子式为 $C_{28}H_{44}O_2$，离子化方式分别为加质子。同时检测到加钠离子，但加质子的离子峰比加钠离子峰的强度高。9 号离子的二级碎片离子信息，经 METLIN 数据库匹配确定该特征离子为度骨化醇（doxercalciferol）。

花生油的特征正离子 12 号（m/z269.0813，RT 5.30min），经 Formula Finder 软件鉴定分子式为 $C_{16}H_{12}O_4$，为加质子化生成离子 269.0813m/z。在 MassBank 数据库中检索到 6 种化合物，其中芒柄花素（formononetin）的二级碎裂质谱信息与本实验的一致。而且 12 号特征离子二级碎片，与 Singh 等 2010 和 Gampe 等 2016 研究中的芒柄花素二级碎裂质谱信息吻合。花生属于豆科植物，Gampe 等 2016 在豆科植物（*Ononis spinosa*）中检测到芒柄花素，Francisco 等（2008）和 Holland 等（2010，2011）报道了花生中含有芒柄花素。因此 12 号特征离子鉴定为芒柄花素，一种甲氧基化异黄酮。花生油中的特征正离子 13 号（m/z301.1086，RT 5.28min），分子式鉴定为 $C_{17}H_{16}O_5$。经数据库匹配，实际二级质谱信息与 MoNA 数据库中的 sativanone 相一致。Gampe 等（2016）报道在豆科植物（*Ononis spinosa*）中检测到 sativanone，同时汪娟等（2013）也在豆科植物降香中检测到 sativanone。因此 13 号特征离子鉴定为 sativanone，一种二氢异黄酮糖苷配基。花生油中特征离子 14 号（m/z271.0966，RT 5.36min），分子式鉴定为 $C_{16}H_{14}O_4$，经检索与 mETLIN 数据库中美迪紫檀素（medicarpin）的质谱碎裂特征一致。此外，Gampe 等（2016）报道在豆科植物（*Ononis spinosa*）中检测到美迪紫檀素。因此将 14 号特征离子鉴定为美迪紫檀素，一种紫檀烷类化合物。

使用 Formula Finder 软件预测大豆油的特征离子 15 号（m/z283.0972，RT 6.44min）的分子式为 $C_{17}H_{14}O_4$。分子式 $C_{17}H_{14}O_4$ 经 MoNA 数据库和 MassBank 数据库搜索，匹配上 3 个结果：2′,5-dimethoxyflavone、3,7-dimethoxyflavone 和 6,3′-dimethoxyflavone，二级碎片质谱信息与本研究的一致。这 3 个物质是二甲氧基黄酮（dimethoxyflavone）的同分异构体，2 个甲氧基与母核黄酮的结合位点不同。这 3 个结构非常相似的物质在质谱上的碎裂模式相同，无法对这 3 种结构进行区分，因此将 15 号特征离子初步确定为二甲氧基黄酮。特征离子 16 号（m/z 255.0653，RT 3.48min）和 17 号（m/z 271.0603，RT 4.32min）分子式分别鉴定为 $C_{15}H_{10}O_4$ 和 $C_{15}H_{10}O_5$，16 号和 17 号特征离子的二级碎片信息，经 HMDB 和 MassBank 数据库搜索分别匹配上大豆苷元（daidzein）和染料木黄酮（genistein）。此外 Dou 等（2018）将大豆苷元和染料木黄酮作为鉴别大豆油掺假山茶油的特征标志物，因此 16 号和 17 号特征离子分别鉴定为大豆苷元和染料木黄酮。

（4）混合食用油的验证

在食用油实际生产过程中，山茶油可能被掺入部分其他食用油。因此，通过实验室制备不同掺假比例的山茶油，评价建立的脂质组学方法和代谢组学方法的有效性。

将菜籽油、花生油和大豆油以 5%、10%、20%、30%、40% 和 50% 的比例掺入山茶油中，采用代谢组学技术结合 OPLS-DA 建模分析，验证代谢组学 OPLS-DA 建模分析的判别能力，并验证特征标记化合物鉴别山茶油真伪的能力。代谢组学正离子的 OPLS-DA 得分图（图 4-32 A），显示了山茶油与菜籽油、花生油和大豆油及不同比例的掺假山茶油的明显区分，R^2X、R^2Y 和 Q^2 分别为 0.699、0.926 和 0.841，模型具有较好的解释能力和预测能力。在负离子 OPLS-DA 得分图（图 4-32E）上山茶油与不同比例的掺假山茶油出现部分重叠，负离子 OPLS-DA 模型的 R^2X、R^2Y 和 Q^2 分别为 0.754、0.721 和 0.623，解释能力和预测能力不如正离子 OPLS-DA 模型。同时建立了 OPLS-DA 模型来鉴别不同比例的菜籽油、花生油和大豆油掺假山茶油（图 4-32 B～D 和 F～H）。无论是正离子还是负离子模式的 OPLS-DA 模型，5% 的掺假山茶油也被明显地区分于山茶油。为考察特征标志物在不同组间的鉴伪能力，通过分析特征标志物在不同掺假比例的山茶油中的丰度，可以实现鉴别 5% 的菜籽油、花生油和大豆油掺假山茶油。此外，建立的 OPLS 模型具有较好的线性和准确性（图 4-33），表明代谢组学结合 OPLS 模型可用于鉴别山茶油中掺入菜籽油、花生油和大豆油的掺假程度。

4.10.5 小结

本研究以菜籽油、花生油和大豆油作为山茶油的掺假油，采用代谢组学技术全扫描获得了山茶油、菜籽油、花生油和大豆油的代谢物指纹图谱信息，结合 PCA 和 OPLS-DA

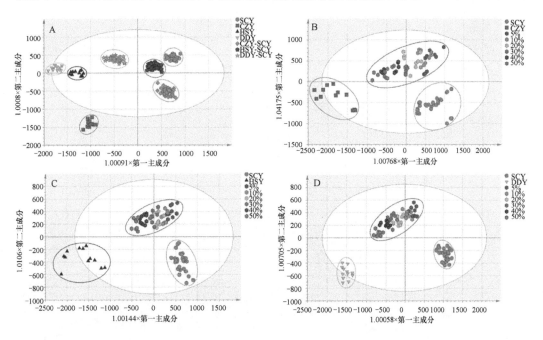

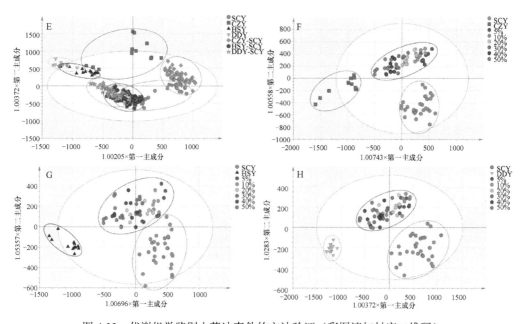

图 4-32 代谢组学鉴别山茶油真伪的方法验证（彩图请扫封底二维码）

A～D. 正离子模式 OPLS-DA 得分图；E～H. 负离子模式 OPLS-DA 得分图

圆形. 山茶油；正方形. 菜籽油；上三角形. 花生油；下三角形. 大豆油；菱形. 菜籽油掺假山茶油；五边形. 花生油掺假
山茶油；五角星形. 大豆油掺假山茶油；六边形. 不同比例的掺假山茶油

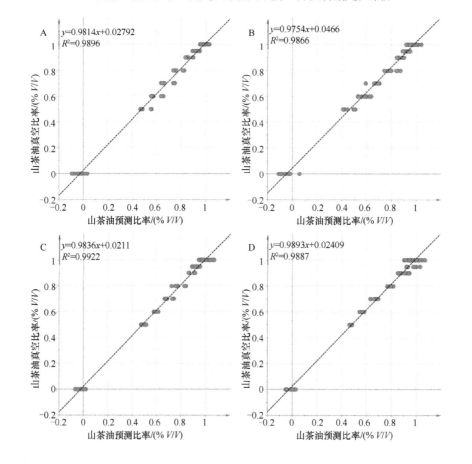

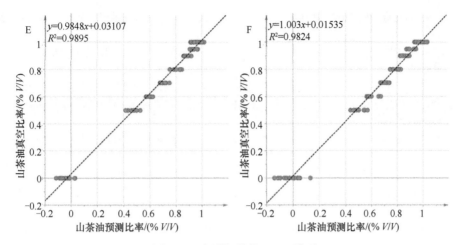

图 4-33　代谢组学的 OPLS 模型

A～C. 正离子模式的菜籽油、花生油和大豆油掺假山茶油；D～F. 负离子模式的菜籽油、花生油和大豆油掺假山茶油

建立模型筛选出山茶油、菜籽油、花生油和大豆油的 22 种特征标记离子，确认了 18 种特征离子的结构。比较正离子和负离子 OPLS-DA 模型发现，模型得分图都可鉴别 5% 的菜籽油、花生油和大豆油掺假山茶油。

参 考 文 献

阿基业. 2010. 代谢组学数据处理方法——主成分分析. 中国临床药理学与治疗学, 15(5): 481-489.

阿基业, 何骏, 孙润彬. 2018. 代谢组学数据处理-主成分分析十个要点问题. 药学学报, (6): 929-937.

阿基业, 何骏, 孙润彬. 2018. 代谢组学数据处理——主成分分析十个要点问题. 药学学报, 53(6): 929-937.

陈介甫, 李亚东, 徐哲. 2010. 蓝莓的主要化学成分及生物活性. 药学学报, 4: 422-429.

陈利利, 李云志, 李丽. 2011. 代谢组学技术及其在食品鉴别中的应用. 食品工业科技, 32(12): 85-589.

高大方, 张泽生. 2013. 新资源食品玛咖中功能成分的 UPLC-MS/MS 研究. 安徽农业科学, 41(2): 830-832.

和建平, 杨正松, 李燕, 等. 2016. 云南玛咖产业现状及发展对策研究. 中国农学通报, 32(27): 93-98.

洪文学, 李昕, 徐永红, 等. 2008. 基于多元统计图表示原理的信息融合和模式识别技术. 北京: 国防工业出版社: 290.

胡雅馨, 李京, 惠伯棣. 2006. 蓝莓果实中主要营养及花青素成分的研究. 食品科学, (10): 600-603.

纪莎, 施小兵, 易骏. 1999. 冬虫夏草化学成分研究概况. 福建中医学院学报, (2): 46.

李桂仙, 李晔, 张春丹. 2019. 基于脂肪酸谱法分析油茶籽油掺伪. 食品工业科技, 40(22): 277-281.

李梅阁, 吴亚君, 杨艳歌, 等. 2016. 浆果果汁真伪鉴别技术研究进展. 食品科学, (13): 243-250.

李星鑫, 付一帆, 周宇, 等. 2012. 不同热力灭菌条件对锦橙汁品质的影响及其 DNA 稳定性分析. 食品科学, 33(5): 109-113.

刘思洁, 吴永宁, 方赤光. 2014. 代谢组学技术在食品安全中的应用. 食品安全质量检测学报, 5(4): 1081-1086.

刘贤青, 涂虹, 王守创, 等. 2016. 不同类型柑橘果实汁胞中类黄酮的液相色谱质谱联用分析. 植物生理学报, 52(5): 762-770.

牛丽影, 胡小松, 赵镭, 等. 2009. 稳定同位素比率质谱法在NFC与FC果汁鉴别上的应用初探. 中国食品学报, 9(4): 192-197.

邱绪建, 耿伟, 刘光明, 等. 2012. 代谢组学方法在食品安全中的应用研究进展. 食品工业科技, 33(21): 369-373.

施堂红, 刘晓政, 严晓丽, 等. 2014. 不同加工工艺对油茶籽油中 α-维生素 E 含量的影响. 中国油脂, 39(5): 19-22.

苏光明, 胡小松, 廖小军, 等. 2009. 果汁鉴伪技术研究新进展. 食品与发酵工业, 35(6): 151-156.

孙通, 魏小梅, 胡田, 等. 2014. 可见/近红外结合 MIA 变量优选和支持向量机判别油茶籽油的制取方式. 食品工业科技, 35(20): 62-65.

谭传波, 田华, 周刚平, 等. 2019. 鲜榨油茶籽油与特级初榨橄榄油营养价值的比较. 中国油脂, 44(1): 67-69.

唐翠娥, 张莉, 李涛, 等. 2014. 果汁中添加外源糖检测技术的研究进展. 食品科学, (9): 306-311.

田潇潇, 方学智, 孙汉洲, 等. 2018. 不同油茶物种及品种果实中甘油三酯成分分析. 林业科学研究, 31(2): 41-47.

汪娟, 蒋维, 王毅. 2013. 降香中黄酮类化合物对脂多糖诱导的 RAW264.7 细胞抗炎作用研究. 细胞与分子免疫学杂志, 29(7): 681-684.

王泽富, 吴雪辉. 2018. 基于红外光谱快速鉴别压榨油茶籽油与浸出油茶籽油的研究. 中国油脂, 43(11): 63-68.

温珍才, 孙通, 耿响, 等. 2013. 可见/近红外联合 UVE-PLS-LDA 鉴别压榨和浸出油茶籽油. 光谱学与光谱分析, 33(9): 2354-2358.

许国旺, 杨军. 2003. 代谢组学及其研究进展. 色谱, 21(4): 316-320.

杨磊, 孙桂菊. 2008. 浆果及浆果汁功效成分研究进展. 食品研究与开发, (5): 183-188.

余龙江, 金文闻. 2004. 玛咖干粉的营养成分及抗疲劳作用研究. 食品科学, 25(2): 164-166.

余龙江, 金文闻. 2015. 玛咖的种植加工与营养保健. 北京: 化学工业出版社: 81-94.

余龙江, 金文闻, 吴元喜, 等. 2002. 玛咖的植物学及其药理作用研究概况. 天然产物研究与开发, 14(5): 71-74.

俞邱豪. 2017. 基于代谢组学的小浆果汁真伪鉴别研究. 浙江大学硕士学位论文: 16-17.

俞邱豪, 张九凯, 叶兴乾, 等. 2016. 基于代谢组学的食品真实属性鉴别研究进展. 色谱, 34(7): 657-664.

袁玉伟, 胡桂仙, 邵圣枝, 等. 2013. 茶叶产地溯源与鉴别检测技术研究进展. 核农学报, 27(4): 452-457.

张姝, 张永杰, Shrestha B, 等. 2013. 冬虫夏草菌和蛹虫草菌的研究现状、问题及展望. 菌物学报, 32(4): 577-597.

张亚敏, 林文津, 曾勇, 等. 2018. 浸出与冷榨油茶籽油中脂肪酸的测定及品质评价. 食品工业科技, 39(22): 252-256.

赵海誉, 范妙璇, 石晋丽, 等. 2010. 北葶苈子化学成分研究. 中草药, 41(1): 14-18.

赵余庆, 于明, 陈立君. 等. 1999. 冬虫夏草属真菌化学研究概况. 中草药, 30(12): 950.

郑捷, 肖凤霞, 林励, 等. 2014. 基于傅里叶变换红外光谱法的土茯苓真伪鉴别及溯源研究. 食品科学, 35(12): 165-168.

钟其顶, 王道兵, 熊正河. 2011. 稳定氢氧同位素鉴别非还原(NFC)橙汁真实性应用初探. 饮料工业, 14(12): 6-9.

周严严. 2017. 玛咖化学成分分析及其神经保护作用机制研究. 中国中医科学院博士学位论文: 85-93.

朱财延, 李炳辉, 罗成员, 等. 2014. 高效液相色谱-质谱法分析植物玛咖中的玛咖烯和玛咖酰胺. 分析仪器, (5): 44-49.

And G D, Kelly J D. 2004. Detection and quantification of apple adulteration in diluted and sulfited strawberry and raspberry Purées using visible and near-infrared spectroscopy. Journal of Agricultural and Food Chemistry, 52: 204-209.

Arana V A, Medina J, Alarcon R, et al. 2015. Coffee's country of origin determined by NMR: The Colombian case. Food Chemistry, 175: 500-506.

Baietto M, Wilson A D. 2015. Electronic-nose applications for fruit identification, ripeness and quality grading. Sensors, 15: 899-931.

Basu A, Lyons T J. 2012. Strawberries, blueberries and cranberries in the metabolic syndrome: clinical perspectives. Journal of Agricultural and Food Chemistry, 60(23): 5687-5692.

Berrueta L A, Alonso-Salces R M, Héberger K. 2007. Supervised pattern recognition in food analysis . Journal of Chromatography A, 1158(1-2): 196-214.

Bondia-Pons I, Savolainen O, Törrönen R, et al. 2014. Metabolic profiling of Goji berry extracts for discrimination of geographical origin by non-targeted liquid chromatography coupled to quadrupole time-of-flight mass spectrometry. Food Research International, 63: 132-138.

Capitani D, Sobolev A P, Delfini M, et al. 2014. NMR methodologies in the analysis of blueberries. Electrophoresis, 35(11): 1615-1626.

Cevallos-Cevallos J M, Reyes-De-Corcuera J, Etxeberria E, et al. 2009. Metabolomic analysis in food science: A review. Trends in Food Science & Technology, 20(11-12): 557-566.

Chain F E, Grau A, Martins J C, et al. 2014. Macamides from wild 'maca', *Lepidium meyenii* Walpers (Brassicaceae). Phytochemistry Letters, 8: 145-148.

Chen J, Chan P H, Lam C T W, et al. 2015. Fruit of *Ziziphus jujuba*(Jujube)at two stages of maturity: distinction by metabolic profiling and biological assessment. Journal of Agricultural and Food Chemistry, 63(2): 739-744.

Chen L, Zhou L, Chan E C Y, et al. 2011. Characterization of The Human Tear Metabolome by LC–MS/MS. Journal of Proteome Research, 10: 4876.

Chen L F, Li J Y, Fan L P, et al. 2017. The nutritional composition of Maca in hypocotyls (*Lepidium meyenii* Walp.) cultivated in different Regions of China. Journal of Food Quality, 2017(2): 1-8.

Chen X, Wang S N, Li S P, et al. 2013. Properties of Cordyceps sinensis: A review. Journal of Functonal Foods, 5(3): 530-569.

Cho M J, Howard L R, Prior R L, et al. 2010. Flavonoid glycosides and antioxidant capacity of various blackberry, blueberry and red grape genotypes determined by high-performance liquid chromatography/mass spectrometry. Journal of the Science of Food and Agriculture, 84: 2149-2158.

Chua Y G, Bloodworth B C, Leong L P, et al. 2014. Metabolite profiling of edible bird's nest using gas chromatography/mass spectrometry and liquid chromatography/mass spectrometry. Rapid Communications in Mass Spectrometry Rcm, 28(12): 1387-1400.

Cozzolino D, Roumeliotis S, Eglinton J. 2014. Evaluation of the use of attenuated total reflectance mid infrared spectroscopy to determine fatty acids in intact seeds of barley(*Hordeum vulgare*). LWT-Food Science and Technology, 56(2): 478-483.

Creek D J, Dunn W B, Fiehn O, et al. 2014. Metabolite identification: are you sure? And how do your peers gauge your confidence? Metabolomics, 10(3): 350-353.

Creydt M, Fischer M. 2018. Omics approaches for food authentication. Electrophoresis, 39(13): 1569-1581.

Cubero-Leon E, Peñalver R, Maquet A. 2014. Review on metabolomics for food authentication. Food research international, 60: 95-107.

Cui B L, Zheng B L, He K, et al. 2003. Imidazole alkaloids from *Lepidium meyenii*. Journal of Natural Products, 66(8): 1101-1103.

De Luca M, Terouzi W, Ioele G, et al. 2011. Derivative ftir spectroscopy for cluster analysis and classification of morocco olive oils. Food Chemistry, 124(3): 1113-1118.

Del R D, Borges G, Crozier A. 2010. Berry flavonoids and phenolics: Bioavailability and evidence of protective effects. British Journal of Nutrition, 104: S67.

Denis M C, Furtos A, Dudonne S, et al. 2013. Apple peel polyphenols and their beneficial actions on oxidative stress and inflammation. PLoS One, 8(1): 720-725.

Dini A, Migliuolo G, Rastrelli L, et al. 1994. Chemical compositions of *Lepidium meyenii*. Food Chemistry, 49(4): 347-349.

Dini I, Tenore G C, Dini A. 2002. Glucosinolates from Maca(*Lepidium meyenii*). Biochemical Systematics and Ecology, 30(11): 1087-1090.

Donarski J A, Jones S A, Charlton A J. 2008. Application of cryoprobe ^{1}H nuclear magnetic resonance spectroscopy and multivariate analysis for the verification of corsican honey. Journal of Agricultural and

Food Chemistry, 56(14): 5451-5456.

Dou X, Mao J, Zhang L, et al. 2018. Multispecies adulteration detection of *Camellia* oil by chemical markers. Molecules, 23(2): 241-250.

Dragovićuzelac V, Pospišil J, Levaj B, et al. 2005. The study of phenolic profiles of apricot and apple purees by HPLC for the evaluation of apricot juices and jams authenticity. Food Chemistry, 91: 373-383.

Ehling S, Cole S. 2011. Analysis of organic acids in fruit juices by liquid chromatography-mass spectrometry: An enhanced tool for authenticity testing. Journal of Agricultural and Food Chemistry, 59: 2229-2234.

Ellis D I, Brewster V L, Dunn W B, et al. 2012. Fingerprinting food: Current technologies for the detection of food adulteration and contamination. Chemical Society Reviews, 41(17): 5706-5727.

Esparza E, Kofer W, Bendezú Y, et al. 2009. Fast analysis of Maca bioactive compounds for ecotype characterization and export quality control. 15th Triennial International Society for Tropical Root Crops(ISTRC)Symposium: 93-102.

Fan H, Li S, Xiang J, et al. 2006. Qualitative and quantitative determination of nucleosides, bases and their analogues in natural and cultured Cordycepsby pressurized liquid extraction and high performance liquid chromatography-electrospray ionization tandem mass spectrometry(HPLC-ESI-MS/MS). Analytica Chimica Acta, 567(2): 218-228.

Farag M A, Gad H A, Heiss A G, et al. 2014. Metabolomics driven analysis of six nigella species seeds via uplc-qtof-ms and gc–ms coupled to chemometrics. Food Chemistry, 151(15): 333-342.

Farres S, Srata L, Fethi F, et al. 2019. Argan oil authentication using visible/near infrared spectroscopy combined to chemometrics tools. Vibrational Spectroscopy, 102: 79-84.

Fiehn O, Kopka J, Dörmann P, et al. 2000. Metabolite profiling for plant functional genomics. Nat Biotechnol, 18(11): 1157-1161.

Fitzpatrick S M, Gries R, Khaskin G, et al. 2013. Populations of the gall midge Dasineura oxycoccana on cranberry and blueberry produce and respond to different sex pheromones. Journal of Chemical Ecology, 39(1): 37-49.

Fotakis C, Zervou M. 2016. NMR metabolic fingerprinting and chemometrics driven authentication of Greek grape marc spirits. Food Chemistry, 196: 760-768.

Francisco M L, Resurreccion A V. 2008. Functional components in peanuts. Critical Reviews in Food Science & Nutrition, 48(8): 715-746.

Fraser K, Lane G A, Otter D, et al. 2013. Analysis of metabolic markers of tea origin by UHPLC and high resolution mass spectrometry. Food Research International, 53(2): 827-835.

Gampe N, Darcsi A, Lohner S, et al. 2016. Characterization and identification of isoflavonoid glycosides in the root of Spiny restharrow (*Ononis spinosa* L.) by HPLC-QTOF-MS, HPLC–MS/MS and NMR. Journal of pharmaceutical and biomedical analysis, 123: 74-81.

Ghisoni S, Lucini L, Angilletta F, et al. 2018. Discrimination of extra-virgin-olive oils from different cultivars and geographical origins by untargeted metabolomics. Food Research International, 121(7): 746-753.

Gómez-ARIZA J L, Villegas-Portero M J, Bernal-Daza V. 2005. Characterization and analysis of amino acids in orange juice by HPLC–MS/MS for authenticity assessment. Analytica Chimica Acta, 540: 221-230.

Gu L, Kelm M, Hammerstone J F, et al. 2002. Fractionation of polymeric procyanidins from lowbush blueberry and quantification of procyanidins in selected foods with an optimized normal-phase HPLC-MS fluorescent detection method. Journal of Agricultural and Food Chemistry, 50(17): 4852-4860.

Guan J, Yang F Q, Li S P. 2010. Evaluation of carbohydrates in natural and cultured Cordyceps by pressurized liquid extraction and gas chromatography coupled with mass spectrometry. Molecules, 15(6): 4227-4241.

Guijarro-Dã-Ez M, Nozal L, Marina M L, et al. 2015. Metabolomic fingerprinting of saffron by LC/MS: novel authenticity markers. Analytical and Bioanalytical Chemistry, 407: 7197-7213.

Guo N, Tong T, Ren N, et al. 2018. Saponins from seeds of Genus *Camellia*: Phytochemistry and bioactivity. Phytochemistry, 149: 42-55.

Hagel J M, Facchini P J. 2008. Plant metabolomics: analytical platforms and integration with functional genomics. Phytochemistry Reviews, 7(3): 479-497.

Hai Z, Wang J. 2006. Electronic nose and data analysis for detection of maize oil adulteration in sesame oil. Sensors and Actuators B: Chemical, 119(2): 449-455.

Hansson A, Andersson J, Leufv N A, et al. 2001. Effect of changes in pH on the release of flavour compounds from a soft drink-related model system. Food Chemistry, 74(4): 429-435.

He J, Rodriguez-Saona L E. 2007. Giusti M M. Midinfrared spectroscopy for juice authentication rapid differentiation of commercial juices. Journal of Agricultural and Food Chemistry, 55(11): 4443-4452.

He J, Xu W, Shang Y, et al. 2013. Development and optimization of an efficient method to detect the authenticity of edible oils. Food Control, 31(1): 71-79.

Holland K W, Balota M, Rd E W, et al. 2011. ORA chromatography and total phenolics content of peanut root extracts. Journal of Food Science, 76(3): C380-C384.

Holland K W, O'Keefe S F. 2010. Recent applications of peanut phytoalexins. Recent Patents on Food, Nutrition & Agriculture, 2(3): 221-232.

Hu N, Wei F, Lv X, et al. 2014. Profiling of triacylglycerols in plant oils by high-performance liquid chromatography-atmosphere pressure chemical ionization mass spectrometry using a novel mixed-mode column. Journal of chromatography B, Analytical Technologies in the Biomedical and Life Sciences, 972: 65-72.

Huang L F, Liang Y Z, Guo F Q, et al. 2003. Simultaneous separation and determination of active components in *Cordyceps sinensis* and *Cordyceps militarris* by LC/ESI-MS. Journal of Pharmaceutical and Biomedical Analysis, 33(5): 1155-1162.

Hurkova K, Rubert J, Stranska-Zachariasova M, et al. 2016. Strategies to document adulteration of food supplement based on sea buckthorn oil: a case study. Food Analytical Methods, 10(5): 1317-1327.

Ikeda R, Nishimura M, Sun Y, et al. 2008. Simple HPLC-UV determination of nucleosides and its application to the authentication of *Cordyceps* and its allies. Biomedical Chromatography, 22(6): 630-636.

Jabeur H, Zribi A, Makni J, et al. 2014. Detection of chemlali extra-virgin olive oil adulteration mixed with soybean oil, corn oil, and sunflower oil by using GC and HPLC. Journal of Agricultural and Food Chemistry, 62(21): 4893-4904.

Jandrić Z, Frew R D, Fernandez-Cedi L N, et al. 2015b. An investigative study on discrimination of honey of various floral and geographical origins using UPLC-QToF MS and multivariate data analysis. Food Control, 72: 189-197.

Jandrić Z, Haughey S A, Frew R D, et al. 2015a. Discrimination of honey of different floral origins by a combination of various chemical parameters. Food Chemistry, 189(SI): 52-59.

Jandrić Z, Islam M, Singh D K, et al. 2017. Authentication of Indian citrus fruit/fruit juices by untargeted and targeted metabolomics. Food Control, 72: 181-188.

Jandrić Z, Roberts D, Rathor M N, et al. 2014. Assessment of fruit juice authenticity using UPLC-QToF MS: A metabolomics approach. Food Chemistry, 148: 7-17.

Jergović A-M, Peršurić Ž, Saftić L, et al. 2017. Evaluation of MALDI-TOF/MS technology in olive oil adulteration. Journal of the American Oil Chemists' Society, 94(6): 749-757.

Jin G S, Wang X L, Li Y, et al. 2013. Development of conventional and nested PCR assays for the detection of *Ophiocordyceps sinensis*. Journal of Basic Microbiology, 53(4): 340-347.

Jin W W, Chen X M, Dai P F, et al. 2016. Lepidiline C and D: Two new imidazole alkaloids from *Lepidium meyenii* Walpers(Brassicaceae)roots. Phytochemistry Letters, 17: 158-161.

John S, Douglas C M, Hyeonhp P, et al. 2015. Introducing food fraud including translation and interpretation to Russian, Korean, and Chinese languages. Food Chemistry, 189: 102-107.

Jung Y, Lee J, Kwon J, et al. 2010. Discrimination of the geographical origin of beef by ^{1}H NMR-based metabolomics. Journal of Agricultural and Food Chemistry, 58(19): 10458-10466.

Kang J, Thakall K M, Jensen G S, et al. 2015. Phenolic acids of the two major blueberry species in the US market and their antioxidant and anti-inflammatory activities. Plant Foods for Human Nutrition, 70(1): 56-62.

Khan M K, Zill E H, Dangles O. 2014. A comprehensive review on flavanones, the major citrus polyphenols.

Journal of Food Composition and Analysis, 33(1): 85-104.

Kim D Y, Kim S, Ahn H M, et al. 2015. Differentiation of highbush blueberry (*Vaccinium corymbosum* L.)fruit cultivars by GC–MS-based metabolic profiling. Journal of the Korean Society for Applied Biological Chemistry, 58(1): 21-28.

Klockmann S, Reiner E, Bachmann R, et al. 2016. Food fingerprinting: Metabolomic approaches for geographical origin discrimination of hazelnuts (*Corylus avellana*) by UPLC-QTOF-MS. Journal of Agricultural and Food Chemistry, 64(48): 9253-9262.

Kusano M, Fukushima A, Redestig H, et al. 2011. Metabolomic approaches toward understanding nitrogen metabolism in plants. Journal of Experimental Botany, 62(4): 1439-1453.

Lee C P, Shih P H, Hsu C L, et al. 2007. Hepatoprotection of tea seed oil (*Camellia oleifera* Abel.) against CCl4-induced oxidative damage in rats. Food and Chemical Toxicology, 45(6): 888-895.

Lesar C T, Decatur J, Lukasiewicz E, et al. 2011. Report on the analysis of common beverages spiked with gamma-hydroxybutyric acid(GHB)and gamma-butyrolactone(GBL)using NMR and the PURGE solvent-suppression technique. Forensic Science International, 212(1): 1040-1045.

Li G, Ammermann U, Quirós C F. 2001. Glucosinolate contents in Maca(*Lepidium peruvianum Chacón*)seeds, sprouts, mature plantsand several derived commercial products. Economic Botany, 55(2): 255-262.

Li C, Feng J, Huang W, et al. 2013. Composition of polyphenols and antioxidant activity of rabbiteye blueberry(*Vaccinium ashei*)in Nanjing. Journal of Agricultural and Food Chemistry, 61(3): 523-531.

Li J, Zhang C, Liu H, et al. 2020. Profiles of sugar and organic acid of fruit juices: a comparative study and implication for authentication. Journal of Food Quality, 2020(10): 1-11.

Li J Y, Chen L F, Li J W, et al. 2017. The composition analysis of Maca(*Lepidium meyenii* Walp.)from Xinjiang and its antifatigue activity. Journal of Food Quality, 2017(2): 1-7.

Li Q Q, Zhao Y, Zhu D, et al. 2017. Lipidomics profiling of goat milk, soymilk and bovine milk by UPLC-Q-Exactive Orbitrap Mass Spectrometry. Food Chemistry, 224: 302-309.

Li S P, Yang F Q, Tsim K W K. 2006. Quality control of *Cordyceps sinensic*, a Valued traditional Chinese medicine. Journal of Pharmaceutical and Biomedical Analysis, 41(5): 1571-1584.

Li Y J, Xu F X, Zheng M M, et al. 2018. Maca polysaccharides: A review of compositions, isolation, therapeutics and prospects. International Journal of Biological Macromolecules, 111: 894-902.

Li Y, Zhang L, Wu H, et al. 2014. Metabolomic study to discriminate the different Bulbus fritillariae species using rapid resolution liquid chromatography-quadrupole time-of-flight mass spectrometry coupled with multivariate statistical analysis. Analytical Methods, 6(7): 2247-2259.

Liang P, Li R F, Sun H, et al. 2018. Phospholipids composition and molecular species of large yellow croaker (*Pseudosciaena crocea*) roe. Food Chemistry, 245: 806-811.

Lim D K, Mo C, Long N P, et al. 2017. Simultaneous profiling of lysoglycerophospholipids in rice(*Oryza sativa* L.)using direct infusion-tandem mass spectrometry with multiple reaction monitoring. Journal of Agricultural and Food Chemistry, 65(12): 2628-2634.

Liu H, Jin W W, Fu C H, et al. 2015. Discovering anti-osteoporosis constituents of maca(*Lepidium meyenii*)by combined virtual screening and activity verification. Food Research International, 77: 215-220.

Lu Q, Peng Y, Zhu C H, et al. 2018. Effect of thermal treatment on carotenoids, flavonoids and ascorbic acid in juice of orangecv. Cara Cara. Food Chemistry, 265: 39-48.

Ma C, Dastmalchi K, Flores G, et al. 2013. Antioxidant and metabolite profiling of north American and neotropical blueberries using LC-TOF-MS and multivariate analyses. Journal of Agricultural and Food Chemistry, 61(14): 3548-3559.

Malec M, Le Quéré J, Sotin H, et al. 2014. Polyphenol profiling of a red-fleshed apple cultivar and evaluation of the color extractability and stability in the juice. Journal of Agricultural and Food Chemistry, 62(29): 6944-6954.

Mannina L, Sobolev A P, Capitani D, et al. 2008. NMR metabolic profiling of organic and aqueous sea bass extracts: Implications in the discrimination of wild and cultured sea bass. Talanta, 77: 433-444.

Mattivi F, Guzzon R, Vrhovsek U, et al. 2006. Metabolite profiling of grape: Flavonols and anthocyanins. Journal of Agricultural and Food Chemistry, 54: 7692-7702.

Mccollom M M, Villinski J R, Mcphail K L, et al. 2005. Analysis of macamides in samples of maca(*Lepidium meyenii*)by HPLC-UV-MS/MS. Phytochemical Analysis, 16(6): 463-469.

Mcdowell D, Defernez M, Kemsley E K, et al. 2019. Low vs high field 1h Nmr spectroscopy for the detection of adulteration of cold pressed rapeseed oil with refined oils. LWT-Food Science and Technology, 111: 490-499.

Michael J P. 2017. Acridone Alkaloids. The Alkaloids Chemistry and biology, 78: 1-108.

Muhammad I, Zhao J P, Dunbar D C, et al. 2002. Constituents of Lepidium meyenii 'maca'. Phytochemistry, 59(1): 105-110.

Neto C C. 2007. Cranberry and blueberry: Evidence for protective effects against cancer and vascular diseases. Molecular Nutrition & Food Research, 51(6): 652-664.

Nicholson J K, Lindon J C, Holmes E. 1999. "Metabonomics": Understanding the metabolic responses of living systems to pathophysiological stimuli via multi-variate statistical analysis of biological NMR spectroscopic data. Xenobiotica, 29: 1181-1189.

Norberto S, Silva S, Meireles M, et al. 2013. Blueberry anthocyanins in health promotion: a metabolic overview. Journal of Functional Foods, 5(4): 1518-1528.

Novotna H, Kmiecik O, Galazka M, et al. 2012. Metabolomic fingerprinting employing DART-TOFMS for authentication of tomatoes and peppers from organic and conventional farming. Food Additives and Contaminants Part A-Chemistry Analysis Control Exposure & Risk Assessment, 29(9): 1335-1346.

Ogrinc N, Košir I J, SpangenberG J E, et al. 2003. The application of NMR and MS methods for detection of adulteration of wine, fruit juices, and olive oil. A review. Analytical and Bioanalytical Chemistry, 376(4): 424-430.

Oliveras-López M J, Cerezo A B, Escudero-López B, et al. 2016. Changes in orange juice (poly) phenol composition induced by controlled alcoholic fermentation. Analytical Methods, 8(46): 8151-8164.

Park H, In G, Kim J, et al. 2014. Metabolomic approach for discrimination of processed ginseng genus (*Panax ginseng* and *Panax quinquefolius*) using UPLC-QTOF MS. Journal of Ginseng Research, 38(1): 59-65.

Pedersen H T, Munck L, Engelsen S B. 2000. Low-field 1H nuclear magnetic resonance and chemometrics combined for simultaneous determination of water, oil, and protein contents in oilseeds. Journal of the American Oil Chemists Society, 77(10): 1069-1076.

Peng Q, Zhong X, Lei W, et al. 2013. Detection of Ophiocordyceps sinensis in soil by quantitative real-time PCR. Canadian Journal of Microbiology, 59(3): 204-209.

Petrakis E A, Cagliani L R, Polissiou M G, et al. 2015. Evaluation of saffron (*Crocus sativus* L.) adulteration with plant adulterants by ^{1}H NMR metabolite fingerprinting. Food chemistry, 173: 890-896.

Qureshi M, Mehjabeen, Noorjahan, et al. 2017. Phytochemical and biological assessments on *Lipidium meyenii* (maca) and *Epimidium sagittatum* (horny goat weed). Pakistan Journal of Pharmaceutical Sciences, 30(1): 29-36.

Ramirez-Ambrosi M, Abad-Garcia B, Viloria-Bernal M, et al. 2013. A new ultrahigh performance liquid chromatography with diode array detection coupled to electrospray ionization and quadrupole time-of-flight mass spectrometry analytical strategy for fast analysis and improved characterization of phenolic compounds in apple products. Journal of Chromatography A, 1316: 78-91.

Ritota M, Marini F, Sequi P, et al. 2010. Metabolomic characterization of Italian sweet pepper (*Capsicum annum* L.) by means of HRMAS-NMR spectroscopy and multivariate analysis. Journal of Agricultural and Food Chemistry, 58(17): 9675-9684.

Rochfort S. 2005. Metabolomics reviewed: a new "omics" platform technology for systems biology and implications for natural products research. Journal of Natural Products, 68(12): 1813-1820.

Rossmann A. 2001. Determination of stable isotope rations in food analysis. Food Reviews International, 17: 347-381.

Rubert J, Zachariasova M, Hajslova J. 2015. Advances in high-resolution mass spectrometry based on metabolomics studies for food - a review. Food Addtitives and Contamiants Part A-Chemistry Analysis Control Exposure & Risk Assessment, 32(10): 1685-1708.

Ruiz-Samblas C, Tres A, Koot A, et al. 2012. Proton transfer reaction-mass spectrometry volatile organic compound fingerprinting for monovarietal extra virgin olive oil identification. Food chemistry, 134(1): 589-596.

Sánchez-Rabaneda F, Jáuregui O, Lamuela-Raventós R M, et al. 2004. Qualitative analysis of phenolic compounds in apple pomace using liquid chromatography coupled to mass spectrometry in tandem mode. Rapid Communications in Mass Spectrometry, 18: 553-563.

Santos P M, Pereira-Filho E R, Rodriguez-Saona L E. 2013. Rapid detection and quantification of milk adulteration using infrared microspectroscopy and chemometrics analysis. Food Chemistry, 138: 19-24.

Schwartz R S, Le T H. 1991. Determination of geographic origin of agricultural products by multivariate analysis of trace element composition. Journal of Analytical Atomic Spectrometry, 6: 637-642.

Singh S, Wahajuddin M, Yadav D, et al. 2010. Quantitative determination of formononetin and its metabolite in rat plasma after intravenous bolus administration by HPLC coupled with tandem mass spectrometry. Journal of Chromatography B, 878(3): 391-397.

Spratlin J L, Serkova N J, Eckhardt S G. 2009. Clinical applications of metabolomics in oncology: A Review. Clinical Cancer Research, 15(2): 431-440.

Stanimirova I, Üstün B, Cajka T, et al. 2010. Tracing the geographical origin of honeys based on volatile compounds profiles assessment using pattern recognition techniques. Food Chemistry, 118(1): 171-176.

Stojanovska L, Law C, Lai B, et al. 2015. Maca reduces blood pressure and depression, in a pilot study in postmenopausal women. Climacteric, 18(1): 1-10.

Sud M, Fahy E, Cotter D, et al. 2007. LMSD: LIPID MAPS structure database. Nucleic acids research, 35(Database issue): D527-D532.

Sumner L W, Amberg A, Barrett D, et al. 2007. Proposed minimum reporting standards for chemical analysis. Metabolomics, 3(3): 211-221.

Sun X, Zhang L, Li P, et al. 2015. Fatty acid profiles based adulteration detection for flaxseed oil by gas chromatography mass spectrometry. LWT-Food Science and Technology, 63(1): 430-436.

Trivedi D K, Hollywood K A, Rattray N J, et al. 2016. Meat, the metabolites: an integrated metabolite profiling and lipidomics approach for the detection of the adulteration of beef with pork. Analyst, 141(7): 2155-2164.

Trocino A, Xiccato G, Majolini D, et al. 2012. Assessing the quality of organic and conventionally-farmed European sea bass (Dicentrarchus labrax). Food Chemistry, 131(2): 427-433.

Tu A Q, Ma Q, Bai H, et al. 2017. A comparative study of triacylglycerol composition in Chinese human milk within different lactation stages and imported infant formula by SFC coupled with Q-TOF-MS. Food Chemistry, 221: 555-567.

Vaclavik L, Cajka T, Hrbek V, et al. 2009. Ambient mass spectrometry employing direct analysis in real time(DART)ion source for olive oil quality and authenticity assessment. Analytica Chimica Acta, 645: 56-63.

Vaclavik L, Lacina O, Hajslov J, et al. 2011. The use of high performance liquid chromatography-quadrupole time-of-flight mass spectrometry coupled to advanced data mining and chemometric tools for discrimination and classification of red wines according to their variety. Analytica Chimica Acta, 685(1): 45-51.

Vaclavik L, Schreiber A, Lacina O, et al. 2012. Liquid chromatography-mass spectrometry-based metabolomics for authenticity assessment of fruit juices. Metabolomics, 8(5): 793-803.

Von Bargen C, Brockmeyer J, Humpf H-U. 2014. Meat authentication: A new HPLC-MS/MS based method for the fast and sensitive detection of horse and pork in highly processed food. Journal of Agricultural and Food Chemistry, 62(39): 9428-9435.

Vrhovsek U, Lotti C, Masuero D, et al. 2014. Quantitative metabolic profiling of grape, apple and raspberry volatile compounds (VOCs) using a GC/MS/MS method. Journal of Chromatography B, 966: 132-139.

Wang S, Yang F P, Feng K, et al. 2009. Simultaneous determination of nucleosides, myriocin, and carbohydrates in *Cordyceps* by HPLC coupled with diode array detection and evaporative light scattering detection. Journal of Separation Science, 32(23-24): 4069-4076.

Wang T, Li X L, Yang H C, et al. 2018. Mass spectrometry-based metabolomics and chemometric analysis of Pu-erh Teas of various origins. Food Chemistry, 268: 271-278.

Wang Y L, Wang Y C, Mcneil B, et al. 2007. Maca: An Andean crop with multi-pharmacological functions. Food Research International, 40(7): 783-792.

Wei F, Hu N, Lv X, et al. 2015. Quantitation of triacylglycerols in edible oils by off-line comprehensive two-dimensional liquid chromatography-atmospheric pressure chemical ionization mass spectrometry using a single column. Journal of Chromatography A, 1404: 60-71.

Wei W, Sun C, Jiang W D, et al. 2019. Triacylglycerols fingerprint of edible vegetable oils by ultra-performance liquid chromatography-Q-ToF-MS. LWT-Food Science and Technology, 112: 108261.

Welke J E, MANFROI V, ZANUS M, et al. 2012. Characterization of the volatile profile of Brazilian Merlot wines through comprehensive two dimensional gas chromatography time-of-flight mass spectrometric detection. Journal of Chromatography A, 1226: 124-139.

Willems J L, Low N H. 2014. Authenticity analysis of pear juice employing chromatographic fingerprinting. Journal of Agricultural & Food Chemistry, 62(48): 11737-11747.

Wishart D S. 2008. Metabolomics: applications to food science and nutrition research. Trends in Food Science & Technology, 19(9): 482-493.

Włodarska K, Khmelinskii I, Sikorska E. 2018. Authentication of apple juice categories based on multivariate analysis of the synchronous fluorescence spectra. Food Control, 86: 42-49.

Xie J, Liu T, Yu Y, et al. 2013. Rapid detection and quantification by GC-MS of *Camellia* seed oil adulterated with soybean oil. Journal of the American Oil Chemists' Society, 90(5): 641-646.

Xu L, Yan S M, Ye Z H, et al. 2013. Combining electronic tongue array and chemometrics for discriminating the specific geographical origins of green tea. Journal of Analytical Methods in Chemistry, DOI: 10.1155/2013/350801.

Yan S M, Liu, Lu J P, Xu L, et al. 2014. Rapid discrimination of the geographical origins of an oolong tea (anxi-tieguanyin) by near-infrared spectroscopy and partial least squares discriminant analysis. Journal of Analytical Methods in Chemistry, DOI: 10.1155/2014/704971.

Yang F Q, Ge L, Yong J W H, et al. 2009. Determination of nucleosides and nucleobases in different species of *Cordyceps* by capillary electrophoresis-mass spectrometry. Journal of Pharmaceutical and Biomedical Analysis, 50(3): 307-314.

Yang P, Song P, Sun S Q, et al. 2009. Differentiation and quality estimation of *Cordyceps* with infrared spectroscopy. Spectrochimica Acta Part A: Molecular and Biomolecular Spectroscopy, 74(4): 983-990.

Yue K, Ye M, Zhou Z, et al. 2013. The genus *Cordyceps*: A chemical and pharmacological review. Journal of Pharmacy and Pharmacology, 65(4): 474-493.

Yu L, Zhao J, Li S P, et al. 2006. Quality evaluation of *Cordyceps* through simultaneous determination of eleven nucleosides and bases by RP-HPLC. Journal of Separation Science, 29(7): 953-958.

Yang Y, Ferro MD, Cavaco I, et al. 2013. Detection and identification of extra virgin olive oil adulteration by gc-ms combined with chemometrics. Journal of Agricultural & Food Chemistry, 61(15): 3693-3702.

Zeb A. 2012. Triacylglycerols composition, oxidation and oxidation compounds in camellia oil using liquid chromatography-mass spectrometry. Chemistry and Physics of Lipids, 165(5): 608-614.

Zhang G, Wang H, Xie W, et al. 2019. Comparison of triterpene compounds of four botanical parts from *Poria cocos* (Schw.) wolf using simultaneous qualitative and quantitative method and metabolomics approach. Food Research International, 121: 666-677.

Zhang J K, Wang P, Wei X, et al. 2015. A metabolomics approach for authentication of Ophiocordyceps sinensis by liquid chromatography coupled with quadrupole time-of-flight mass spectrometry. Food Research International, 76(3): 489-497.

Zhang J K, Yu Q H, Cheng H Y, et al. 2018. Metabolomic approach for the authentication of berry fruit juice by liquid chromatography quadrupole time-of-flight mass spectrometry coupled to chemometrics. Journal of Agricultural and Food Chemistry, 66(30): 8199-8208.

Zhang J, Wang P, Wei X, et al. 2015. A metabolomics approach for authentication of *ophiocordyceps sinensis* by liquid chromatography coupled with quadrupole time-of-flight mass spectrometry. Food

Research International, 76: 489-497.

Zhang J, Wang P, Wei X, et al. 2015. A metabolomics approach for authentication of *Ophiocordyceps sinensis* by liquid chromatography coupled with quadrupole time-of-flight mass spectrometry. Food Research International, 76: 489-497.

Zhang J, Yu Q, Cheng H, et al. 2018. Metabolomic approach for the authentication of berry fruit juice by liquid chromatography quadrupole time-of-flight mass spectrometry coupled to chemometrics. Journal of Agricultural and Food Chemistry, 66(30): 8199-8208.

Zhang L, Li P, Sun X, et al. 2014. Classification and adulteration detection of vegetable oils based on fatty acid profiles. Journal of Agricultural and Food Chemistry, 62(34): 8745-8751.

Zhang X F, Yang S L, Han Y Y, et al. 2014. Qualitative and quantitative analysis of triterpene saponins from tea seed pomace (*Camellia oleifera*) and their activities against bacteria and fungi. Molecules, 19(6): 7568-7580.

Zhao H Q, Wang X, Li H M, et al. 2013. Characterization of Nucleosides and Nucleobases in Natural *Cordyceps* by HILIC-ESI/TOF/MS and HILIC-ESI/MS. Molecules, 18(8): 9755-9769.

Zhao J, Xie J, Wang L Y, et al. 2014. Advanced development in chemical analysis of *Cordyceps*. Journal of Pharmaceutical and Biomedical Analysis, 87(0): 271-289.

Zhao J P, Muhammad I, Dunbarr D C, et al. 2005. New alkamides from maca (*Lepidium meyenii*). Journal of Agricultural and Food Chemistry, 53(3): 690-693.

Zhao J, Xie J, Wang L Y, et al. 2014. Advanced development in chemical analysis of *Cordyceps*. Journal of Pharmaceutical and Biomedical Analysis, 87: 271-289.

Zhao Y, Niu Y, Xie Z, et al. 2013. Differentiating leaf and whole-plant samples of di-and tetraploid *Gynostemma pentaphyllum* (Thunb.) Makino using flow-injection mass spectrometric fingerprinting method. Journal of Functional Foods, 5(3): 1288-1297.

Zheng B L, He K, Kim C H, et al. 2000. Effect of a lipidic extract from *Lepidium meyenii* on sexual behavior in mice and rats. Urology, 55(4): 598-602.

Zheng B L, Kim C H, Wolthoff S, et al. 2002. Compositions and methods for their preparation from Lepidium. United States: 2002/0042530A1, 04-11.

Zheng B L, Kim C H, Wolthoff S, et al. 2002. Compositions and methods for their preparation from *Lepidium*. 0042530A1, 2002-04-11.

Zhou Y, Li P, Brantner A, et al. 2017. Chemical profiling analysis of Maca using UHPLC-ESI-Orbitrap MS coupled with UHPLC-ESI-QqQ MS and the neuroprotective study on its active ingredients. Scientific Reports, 7: 1-14.

Zotti M, De Pascali, S A, Del Coco L, et al. 2016. H-1 NMR metabolomic profiling of the blue crab (*Callinectes sapidus*) from the Adriatic Sea (SE Italy): A comparison with warty crab (*Eriphia verrucosa*), and edible crab (*Cancer pagurus*). Food Chemistry, 196: 601-609.

5 基于无损检测的食品真实性鉴别技术

5.1 导　论

无损检测技术是在不破坏、不伤害或不影响检测对象原来的物理状态、化学性质和使用性能的前提下，利用光、声、电、磁和力等原理对受检对象缺陷、化学和物理参数等特性进行测定分析的技术。无损检测技术在获取样品信息的同时保证了样品的完整性，检测速度较迅速，且能有效地判断出某些从外观无法得出的样品内部品质信息。

与传统检测方法相比，无损检测技术具有如下显著特征（贾敬敦等，2016）。①无损：不破坏被检样品、食品可原样销售。②智能：很多无损检测技术能模拟人工感官识别机制，实现对样本整体信息的类人工智能的识别。③省时：无须复杂的前处理工序、检测速度更快。④省力：人工强度低、易于实现自动化。⑤环保：无化学试剂、少污染。其中，非破坏性是无损检测技术有别于传统化学检测方法的最显著技术特征。传统的化学检测方法一般是对待测样品进行破坏性处理，如剪切、粉碎、分离、提取、水解、浓缩、消化、干燥、灼烧灰化等。检测完成后，食品的物理性状甚至化学性状遭到破坏，样品不再以原貌呈现，不可能原样再行出售。而且化学方法在分析过程中会用到相关的化学试剂，会产生废液废气等污染环境的有害物质。无损检测技术可以避免检测过程中样品的成分和营养损失，而且具有检测速度快、集约程度高、节约时间和费用的特点。

5.1.1　基本原理

根据检测原理的不同，食品农产品无损检测技术大致可分为光学特性检测技术、声学特性检测技术、电学特性检测技术、电磁与射线检测技术、视觉（图像）信息检测技术、嗅觉味觉信息检测技术、生物传感器技术等几大类（贾敬敦等，2016；韩东海，2012）。

基于光学特性的无损检测技术主要有：直接利用光的反射、透射、折射等特性进行检测的传统光学检测法、紫外光谱法、可见光谱法、近红外光谱法、高光谱法、激光拉曼光谱法和 X 射线荧光光谱法等。光学特性的无损检测技术的基本原理为，物质受光作用后能量状态发生变化，或吸收一定频率的光，从低能态向高能态跃迁；或从激发态向基态跃迁，辐射出一定频率的光；吸收光和辐射光的频率与构成物质的分子、原子的种类性质有关，具有高度选择性。因此，根据食品农产品的光特性可以鉴定其性质。

基于声学特性的无损检测技术主要有振动声学检测技术、超声波检测技术等。基于声学特性的无损检测技术主要利用食品农产品在声波作用下的反射特性、散射特性、透射特性、吸收特性、衰减系数、传播速度及其本身的声阻抗与固有频率等建立声波与食品农产品相互作用的响应模型。食品农产品的声学特性随食品农产品内部组织的变化而变化，不同食品农产品的声学特性不同，同一种类而品质不同的食品农产品其声学特性往往也存在差异，故根据食品农产品的声学特性即可对其品质进行判断、分级。

基于电学特性的无损检测技术主要利用食品农产品物料的导电特性和介电特性与食品农产品物料的结构、组成、状态间的密切关系来判别其质量的变化。电磁与射线检测技术中，电磁特性法是利用食品农产品本身在电磁场中的电、磁特性参数的变化来反映其品质，主要有核磁共振波谱法检测技术。核磁共振技术是磁矩不为零的原子核在外加直流磁场作用下吸收能量，会产生原子核能级间的跃迁，通过纵向弛豫、横向弛豫、自旋回波和自由感应衰减等参数来研究高分子结构和性质的技术。射线法主要有射频识别、软 X 射线和 CT 检测技术等。软 X 射线技术利用穿透能力较弱的 X 射线作为光源进行透视探查。因食品农产品密度与金属等物质相比要小得多，所需 X 射线强度较小，故通常称其为软 X 射线。

视觉（图像）信息检测技术也就是通常所称的计算机视觉技术或机器视觉技术，是利用计算机模拟人的视觉功能，对待测对象物进行成像，从图像中提取特征信息进行处理，从而对待测对象物进行识别或对其品质作出判断的无损检测技术。视觉（图像）信息检测技术基本原理就是用摄像头、扫描仪等各种成像装置代替人类视觉器官采集受检对象的图像，通过采集卡等模数转换装置将图像变换成数字信息传输给计算机，由计算机对数字信息进行处理，结合模式识别方法代替大脑完成对受检对象的识别、分类等。

嗅觉、味觉信息检测技术是指模拟人的嗅觉或味觉传感机制进行检测的电子鼻和电子舌等技术。嗅觉信息检测技术以电子鼻技术为代表，基本原理是采用由若干个气敏传感器组成的传感器阵列采集受检对象的挥发性气味信息并将其转换成电信号，计算机借助数据分析方法对传感器响应信号进行处理，结合模式识别方法实现对气味的定性或定量分析。传感器阵列中的各个气敏器件不只对某种成分产生响应，对复杂成分气体都有响应却又互不相同。因此传感器阵列实现的不是对混合气体成分的辨析，而是对复杂气味信息的整体响应，实现对受检对象的总体判断。味觉信息检测技术也被称为电子舌技术，基本原理是由味觉传感器阵列感受液体试样中的不同成分，对受检试样作出响应，将味觉信号转换成电信号输入计算机，通过数据处理和模式识别后，得出反映试样味觉特征或整体感官性质的结果。

生物传感器技术是利用酶、免疫制剂、组织、细胞器或全细胞等生物识别元件的特异性生化反应，借助电、热、光等各种信号对食品农产品进行检测的技术。生物传感器技术的基本原理为，当待测物质经扩散作用，进入固定化生物敏感膜时，经分子识别，发生生物学反应，产生的信息被相应的化学或物理学转换器转变成可定量和可处理的电信号，再经仪表二次放大并输出，通过计算机处理后，即完成对产生信号的检测程序，由此可获得待测物质的种类及浓度的结果。

5.1.2 无损检测技术在食品真实性鉴别中的应用

在农产品、食品品种识别与掺假鉴定方面，孙素琴等（2001）利用衰减式漫反射（ATR）红外光谱法测定 5 种天然燕窝和 1 种市售燕窝的中红外光谱，根据各样品光谱吸收峰的差异对燕窝进行鉴别。王文静等（2007）收集 6 个不同产地的阿胶样品，采用

X射线荧光光谱法（XRF）测定了各样品元素种类、含量并作出了元素特征谱，建立了阿胶真伪品的X射线荧光光谱的快速鉴别方法。Mildner-Szkndlarz和Jelen（2008）将传感型电子鼻和质谱型电子鼻的检测结果与SPME-GC/MS进行比较，发现三者对橄榄油与掺杂了菜籽油和葵花油的橄榄油能很好地区分。Chen等（2009）利用FT-NIR光谱和监督模式识别技术对炒青绿茶进行了地理产地鉴别的研究。潘磊庆等（2010）用含10个金属氧化物传感器的PEN3电子鼻对芝麻油的掺假进行检测，该方法能将芝麻油与玉米油、大豆油和葵花油很好地区分开来。Lerma-García等（2010）将橄榄油按不同比例加入精炼葵花油中，利用基于多元线性回归（MLR）的神经网络对各种橄榄油的百分比进行预测，实际值与预测值之间的回归系数均高于0.988，证明人工神经网络能够对未知样进行准确的定量预测。Teye等（2013）结合多元分类的FT-NIR光谱技术快速鉴别加纳可可豆。Qin等（2013）用便携式多电极电子舌结合多变量分析对不同标龄的黄酒进行了检测。冼瑞仪等（2016）利用可见和近红外透射光谱结合区间偏最小二乘法（iPLS）对橄榄油中掺杂煎炸老油进行了定量分析。李勇等（2017）利用Thermo Antaris II傅里叶变换近红外光谱仪，采用化学计量学模式识别主成分分析（PCA）和线性判别分析（LDA）方法，对江苏、辽宁、湖北、黑龙江4个省份的169个大米样品进行了产地溯源分析研究。王靖等（2018）使用900~1700nm高光谱成像系统采集宁夏银川、固原、盐池三个不同产地的绵羊后腿样本的近红外高光谱数据进行模型分析，证明利用近红外高光谱成像技术对羊肉产地鉴别是可行的。夏阿林等（2018）采用低场核磁共振仪，对休闲豆干样品进行测量获取横向弛豫数据，采用贝叶斯正则化误差反向传播人工神经网络（BR-BP-ANN）方法能够快速准确地对豆干品牌进行识别。樊双喜（2018）通过非目标 ^{1}H NMR指纹图谱技术，对沙城、昌黎和昌吉三大特色原产地葡萄酒样品（其中红葡萄酒品种包括'赤霞珠''玫瑰蜜''蛇龙珠'，白葡萄酒品种包括'白玉霓''龙眼''霞多丽'）进行了测定分析；PCA分析结合LDA分析建立的留一交叉验证葡萄酒产地及品种鉴别模型，对沙城、昌黎和昌吉葡萄酒原产地样品的准确识别率分别为92%、73%和68%（平均78%），红葡萄酒品种'赤霞珠'、'玫瑰蜜'和'蛇龙珠'的正确分类率分别为68%、100%和81%（平均82%），白葡萄酒品种'白玉霓'、'龙眼'和'霞多丽'的正确分类率为93%、95%和94%（平均94%）。Raj等（2018）采用FTIR、NIR、NMR和光致发光光谱（PL）等技术，研究建立了对含有少量石蜡油的椰子油样品进行简单、灵敏、无损和痕量表征的评价方法。白京等（2019）利用近红外漫反射光谱技术结合化学计量学方法对解冻掺假羊肉卷进行猪肉掺假比例的定量检测研究，可以实现不同肥肉占比羊肉卷中猪肉掺假比例的定量检测。Consonni等（2019）运用 ^{1}H NMR和化学计量学相结合技术，研究建立了有机蜂蜜和传统意大利蜂蜜区分的方法。

在农产品、食品分级评定方面，Njoroge等（2002）根据橘子颜色的HSI和RGB的不同比值、水果的外形和内部特征建立了水果自动分级系统。贾渊等（2007）运用计算机视觉技术分析了牛肉颜色的RGB特征，总结了牛肉颜色规律，为牛肉自动分级提供依据。陈全胜等（2008）利用高光谱图像对茶叶等级进行了区分。陈小娜和章程辉（2009）应用计算机视觉研究了绿橙表面缺陷的分级检测技术，对绿橙的4个质量等级的正确分级率分别是97.44%、91.49%、91.78%和95.12%。Sinelli等（2010）分别采用NIR和

MIR 光谱技术对特级初榨橄榄油进行分级,研究结果表明 NIR 和 MIR 结合 LDA 法区分不同等级橄榄油均有很高的精度。陈士进等(2016)基于机器视觉技术和图像处理方法,分割牛肉图像的肌间结缔组织区域,提取肌间结缔组织的特征参数,运用统计学方法关联该特征参数和熟肉剪切力值,结合经过专门训练的评级小组的分级,采用 Stepwise-MLR 建模,对牛肉嫩度进行预测和分级。魏康丽等(2017)利用计算机视觉对苹果脆片外部品质进行无损检测研究,实现了苹果脆片的外观品质的自动检测和分级。Mishra 等(2018)建立了基于近红外高光谱成像的商品茶叶无损分级分类技术。

在农产品、食品品质检测方面,Balabin 和 Smirnov(2011)则研究了分别用 NIR 和 MIR 光谱检测液态乳及乳粉中三聚氰胺含量的可行性,发现 NIR 和 MIR 光谱可以作为快速、高灵敏度、鲁棒性好、成本低的方法用来分析乳制品品质。黄星奕等(2013)利用自行设计的图像采集装置采集鲫鱼在 4℃恒温条件下储藏不同天数的图像,运用数字图像处理技术从采集图像中分别分割提取出鱼眼虹膜、鱼鳃、体表的颜色及体表的纹理等感兴趣区域图像特征信息,实现了计算机视觉技术对鱼的新鲜度进行快速无损检测。Han 等(2014)结合电子鼻和电子舌技术分析检测了贮藏期间鱼的新鲜度。邹小波等(2014)利用高光谱图像对镇江肴肉的新鲜度进行检测。邢素霞等(2017)研究了高光谱成像及 NIR 光谱技术在鸡肉品质无损检测中的应用,提出两种技术均可以实现鸡肉新鲜度指标的检测,基于高光谱的 ROI 区域光谱建立的预测模型在鸡肉品质无损检测中具有比 NIR 更高的预测精度。蒋成等(2017)研究建立了一种基于 X 射线荧光光谱法快速检测原料公干鱼(原料鱼)中镉的方法。邱园园(2018)进行了基于高光谱和 NIR 信息融合的羊肉新鲜度无损检测研究,通过信息融合方法建立基于特征层羊肉新鲜度融合判别模型,可以实现羊肉新鲜度快速准确判别。Qu 等(2018)建立了多指标统计信息融合的猪肉新鲜度近红外光谱预测法。Akbarzadeh 等(2019)研究建立了基于光波导技术的鸡蛋新鲜度微波光谱无损分析方法。

5.1.3 展望

各种无损检测方法各有优缺点(贾敬敦等,2016)。例如,NIR 光谱几乎可以用于所有与含氢基团有关的样品化学和物理性质的分析,主要应用于有机物的定性鉴定和定量分析,可瞬时同时分析多组成分的含量,可以不需对样品做任何化学或物理的预处理,便可取得样品内部深处的物质信息,因此可用于对复杂样品(如生物样品)进行非破坏性测定、原位分析、在线分析和活体分析,但由于农产品形状各异、内部成分复杂且含量极少等因素,成分分析的精度需进一步提高。高光谱成像技术因其同时具有图像与光谱两类信息,在食品检测中具有内外品质同时检测的优势,但同时,两类信息所携带的海量数据也带来了处理上的困扰。介电特性检测法可以迅速简便地确定食品的含水率、吸湿性,检测其品质、确定其成熟度等,但目前状况下,基于介电特性的无损检测系统远没有达到实用阶段。计算机视觉技术是实现农产品自动识别和分级的有效方法,可以检测出农产品食品的成熟度、颜色、新鲜程度等多种性质,是解决不规则形状分析的一种可行手段,可有效地实现检测的智能化,但视觉技术通过"看"来作出判断,很多内部品质目前还看不透。软 X 射线图像无损检测系统能看到普通视觉系统看不到的东西，但没有"色彩"，对图像的分辨能力有很大限制；加上食品是种特殊的商品，对安全性的顾虑限制了其大范围的应用。超声波检测技术只能检测某部位的化学成分，且易受超声波频率、测量部位、被测物组织分布均匀性等因素影响。NMR 技术可在不侵入和不破坏样品的前提下，对样品进行全方位和定量的测定分析，正成为分析食品中不均匀系列复杂特性的最佳研究手段之一，但是制造成本很高。电子鼻和电子舌在一定程度上减小了人工感官对食品品质评价的主观性，但对于成分分析有其局限性。试纸法虽不需要使用贵重仪器，操作简单、携带方便，适用于现场实时快速检测，但存在着承载反应试剂量有限的问题，并且检测的精密度不够，检出限也相对较高。免疫分析法具有高度特异性和灵敏度等优点，但单克隆抗体的制备较为困难，而较容易制备的多克隆抗体无法满足特异性要求。

　　食品农产品无损检测技术发展至今，几乎覆盖了农产品加工和食品产业各个应用领域。在食品真实性鉴别中的应用，无损检测技术也发挥了越来越重要的作用，具有越来越广阔的前景。随着新型检测技术的发展，特别是电子技术、传感技术、计算机技术的飞速发展，无损检测技术也得到了快速发展，朝着简单、微型、灵敏度高和自动化等方向发展，同时研究趋势从检测某个单一指标出发，转向多指标同时检测技术的开发；从静态检测研究向动态实时监控技术研发；从外观特征检测向内外部品质同时检测方向发展；从单一检测技术的研究向多信息融合检测技术方向发展。

5.2　近红外光谱技术在燕窝及掺假物鉴别中的应用

　　燕窝（edible bird's nest，EBN）是雨燕科（Apodidae）金丝燕属（*Collocalia*）燕类以海中小鱼、蚕螺、海藻等为食，消化后由其两个舌下唾液腺分泌出唾液，与绒羽混合凝结而筑成的巢窝（林洁茹等，2006a）。金丝燕将燕窝建在垂直的洞穴或木板上，筑成约 35 天，当幼燕长大飞离巢后即可对燕窝进行采摘（王羚郦等，2013）。燕窝已被证实含多种对人体具有生理功效的营养成分，被奉为一种名贵中药和珍稀食品。人类食用燕窝的历史已超过 1000 年，最早可追溯到唐朝，直至今日，燕窝仍被认为具有较高的食用和药用价值，是一种纯天然、防流感、促细胞生长和增强免疫力的保健品，对儿童、老人、体弱者和患者的滋补效果更为显著（李晓龙，2010）。新加坡、中国南方地区及世界各地的华人历来有食用燕窝的传统，这些区域是全球燕窝消费的重点区域（郭丽丽，2014）。

　　燕窝产量有限，随着需求量的增长，其价格逐年攀升。受巨大经济利益的驱动，燕窝市场以次充好、以假乱真的现象很普遍，不仅影响了消费者的利益，也不利于燕窝产业的健康发展。现有的燕窝真伪鉴别方法有感官检测（林洁茹等，2006b；文惠玲等，1996）、理化分析（Chua et al.，2015）、光谱鉴定（赵斌等，2014；邓月娥等，2006；孙素琴等，2001）、生物鉴定（Guo et al.，2014；Wu et al.，2010）、色谱鉴定（于海花，2015；Teo et al.，2013）等，其中感官检测、理化分析和光谱鉴定方法的样品前处理较简便，成本也较低，比较适合于对燕窝这类昂贵滋补品的检测分析。但感官检测技术主要依靠人眼来判断，主观性强，不适合用来作为规范和标准；理化检测技术大多分析时间较长，对样本有破坏（于海花等，2015）。相比之下，基于光谱的无损检测技术具有速度快、操作方便和易实现在线检测等诸多优点，不仅可降低检测成本，还可提高检测效率和检测精度，是较为理想的燕窝鉴别分析方法。

掺假鉴别主要包括掺假方式和掺假比例两个方面：掺假方式鉴别的目的是区分燕窝中的掺假成分，不同掺假物可能对消费者造成不一样的影响；掺加比例鉴别的目的是确定掺假物的量，可作为司法部门打击燕窝伪冒行为的量刑依据（文惠玲等，1996）。由于掺假燕窝与正品燕窝的主要差异是所含组分不一，因此采用对化学组分敏感的近红外光谱技术有望建立燕窝真伪的快速检测方法。

5.2.1 材料来源

72 个燕窝样品来自 24 个不同产区，由中国检验检疫科学研究院委托全国城市农贸中心联合会燕窝市场专业委员会收集，各样本信息详见表 5-1。

表 5-1 各产地、产区燕窝样本信息

序号	样品编号	产地	产区	颜色	数量
1	M1	马来西亚	沙巴州斗湖市	淡黄色	3
2	M2	马来西亚	沙捞越州美里市	白色	3
3	M3	马来西亚	玻璃市州瓜拉玻璃市	白色	3
4	M4	马来西亚	吉打州	白色	3
5	M5	马来西亚	霹雳州士林河镇	白色	3
6	M6	马来西亚	雪兰莪州丹绒马林市	白色	3
7	M7	马来西亚	马六甲州亚罗伢伽市	白色	3
8	M8	马来西亚	森美兰州芙蓉县	白色	3
9	M9	马来西亚	柔佛州永平县	白色	3
10	M10	马来西亚	彭亨州慕阿詹莎镇	白色	3
11	M11	马来西亚	丁加奴州马兰市	白色	3
12	M12	马来西亚	吉兰丹州瓜拉吉赖市	淡黄色	3
13	Y1	印度尼西亚	巴厘岛内加拉镇	淡黄色	3
14	Y2	印度尼西亚	爪哇岛任抹县	淡黄色	3
15	Y3	印度尼西亚	爪哇岛图隆阿贡市	淡黄色	3
16	Y4	印度尼西亚	爪哇岛莫佐克托市	白色	3
17	Y5	印度尼西亚	苏门答腊岛明古鲁市	淡黄色	3
18	Y6	印度尼西亚	苏拉威西岛	淡黄色	3
19	Y7	印度尼西亚	龙目岛马塔兰市	淡黄色	3
20	Y8	印度尼西亚	加里曼丹岛帕朗卡拉亚	白色	3
21	Y9	印度尼西亚	加里曼丹岛桑皮特镇	白色	3
22	Y10	印度尼西亚	苏拉威西岛	淡黄色	3
23	Y11	印度尼西亚	苏门答腊岛	淡黄色	3
24	Y12	印度尼西亚	加里曼丹岛	淡黄色	3

银耳、油炸猪皮及鸡蛋购自超市，琼脂购自国药集团化学试剂有限公司。

5.2.2　主要设备

傅里叶红外光谱仪（Antaris Ⅱ型，赛默飞世尔科技公司，美国），附件：漫反射式积分球。

5.2.3　实验方法

（1）正品燕窝样本的前处理

在液氮辅助下，将各样品燕窝研磨至细小均匀粉末，–80℃下真空冷冻干燥 24h，放入–20℃冰箱中保存备用（郭丽丽等，2013；黄秀丽等，2011）。

（2）掺假燕窝样本的制备

以正品燕窝作为掺假基质，取冻干蛋清粉末约 15g，按照表 5-2 所示制备蛋清掺假样本，得到掺假比例分别为 50%、30%、10%、5% 和 1% 的掺假燕窝样品，以及对照 1（纯掺假物）和对照 2（纯燕窝）样本，每类样本 15 个，–20℃下保存，供后续实验（郭丽丽，2014）。其余 3 种掺假样本（琼脂、银耳、猪皮）的制备同蛋清。

表 5-2　燕窝及掺假燕窝样品的制备

序号	燕窝/mg	蛋清/mg	蛋清所占比例（*m/m*）	样本数
A	100	100	50%	15
B	140	60	30%	15
C	180	20	10%	15
D	190	10	5%	15
E	198	2	1%	15
对照 1	0	200	100%	15
对照 2	200	0	0%	15

（3）正品燕窝与掺假燕窝光谱数据的采集

实验所用的近红外检测系统为傅里叶红外光谱仪，采用附件：漫反射式积分球，扫描范围：$4000 \sim 10\,000\text{cm}^{-1}$，扫描次数：16 次，分辨率：$8\text{cm}^{-1}$。实验时，保持室内的温度和湿度基本一致，采集各样本的近红外光谱。各样本在不同时间、不同位置分别采集 3 次，取平均光谱（黄晓玮等，2014）。

（4）数据处理

采集的样品光谱利用 Matlab 2012b（Math works Co，USA）软件处理。

5.2.4 结果与分析

（1）掺假方式鉴别

为去除样本不均匀、光散射、随机噪声、基线漂移等影响，需要将样本的近红外光谱做标准正态变量变换（standard normal variate correction，SNV）预处理（Craig et al.，2015），图 5-1A 和图 5-1B 分别为各样本的原始光谱和经过 SNV 预处理后的光谱。

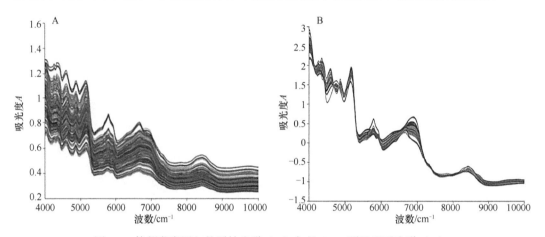

图 5-1　掺假燕窝近红外原始光谱（A）与经 SNV 预处理后光谱（B）

纯掺假物为掺假比例 100%，因此可将样本分为 5 类：蛋清掺假（包括 1%、5%、10%、30%、50% 及 100%）、琼脂掺假（包括 1%、5%、10%、30%、50% 及 100%）、银耳掺假（包括 1%、5%、10%、30%、50% 及 100%）、猪皮掺假（包括 1%、5%、10%、30%、50% 及 100%）及纯燕窝（对照）。图 5-2A 为样本的三维主成分得分图，前三主成分贡献率为 95.4%，"○"、"+"、"☆"、"◇"和"□"分别代表正品燕窝、蛋清掺假、琼脂掺假、银耳掺假及猪皮掺假样本。从图中可以看出掺假燕窝样本分布在正品燕窝样本四周，且银耳掺假样本与其他掺假样本均有所重叠。为更好地区分掺假方式，采用 LDA 法

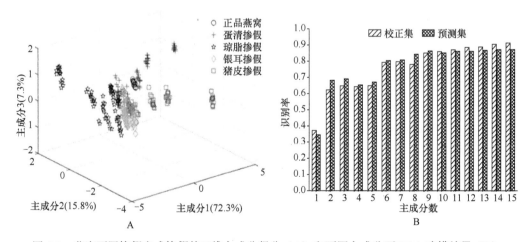

图 5-2　燕窝不同掺假方式掺假的三维主成分得分（A）和不同主成分下 LDA 建模结果（B）

建立燕窝掺假方式区分模型。将样本按照 2:1 的比例随机分为校正集和预测集, 校正集用来建立模型, 预测集验证模型。图 5-2B 为选取不同的主成分数建立 LDA 模型的结果, 可以看出选取前 9 个主成分最佳, 校正集和预测集识别率分别为 86.0%和 86.4%。

（2）掺假比例鉴别

对各样本经 SNV 预处理后的近红外光谱做 PCA, 并建立各掺假物不同比例掺假的 LDA 鉴别模型。由于红外光谱全波段有多达 1557 个变量, 数据量过大, 因此有必要对变量进行筛选, 从而减少数据量。掺假物的掺入会引起吸收光谱的不同, 会在某些"敏感"的区域表现明显, 故而寻找这些区域是筛选变量的重点。将全波段划分为 n 个子区间, 各子区间单独采用 LDA 法建模, 以模型的校正集和预测集识别率来评价指标, 效果最好的子区间为筛选的较优子区间, 子区间变量是筛选的较优变量, 将这种筛选子区间或变量的方法称为子区间线性判别法（iLDA）。

1）不同比例蛋清掺假的鉴别

图 5-3A 为不同比例蛋清掺假的三维主成分得分图, 前三主成分贡献率为 99.4%, 从图中可以看出正品燕窝和纯蛋清均能够明显与掺假燕窝区分, 另外 1%~10%、30% 及 50%掺假样本各自聚为一类, 分别对应较低比例掺假、中等比例掺假及较高比例掺假。图 5-3B 为不同主成分下, 不同比例蛋清掺假 LDA 建模结果, 当取前 4 个主成分时模型最佳, 校正集和预测集的识别率均为 100%。

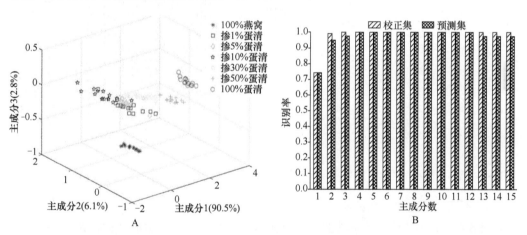

图 5-3　不同比例蛋清掺假燕窝的三维主成分得分（A）和不同主成分下 LDA 建模结果（B）

2）不同比例琼脂掺假的鉴别

图 5-4A 为不同比例琼脂掺假的三维主成分得分图, 前三主成分贡献率为 99.7%, 从图中可以看出, 正品燕窝和掺假样品区分明显, 不同比例琼脂掺假样本有不同程度重叠。图 5-4B 为不同主成分下, 不同比例琼脂掺假 LDA 建模结果, 取前 7 个主成分时模型最佳, 校正集和预测集的识别率均为 100%。

3）不同比例银耳掺假的鉴别

图 5-5A 为不同比例银耳掺假的三维主成分得分图, 前三主成分贡献率为 98.6%,

从图中可以看出，除 10% 和 30% 银耳掺假样品有重叠外，其余各类间距离较远、类内距离较小，区分明显。图 5-5B 为不同主成分下，不同比例银耳掺假 LDA 建模结果，取前 5 个主成分时模型最佳，校正集和预测集的识别率均为 100%。

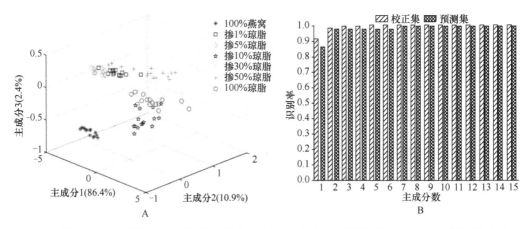

图 5-4　燕窝正品及不同比例琼脂掺假三维主成分得分（A）和不同主成分下 LDA 建模结果（B）

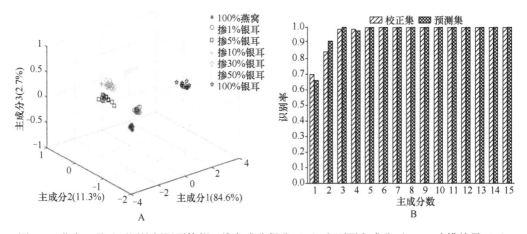

图 5-5　燕窝正品及不同比例银耳掺假三维主成分得分（A）和不同主成分下 LDA 建模结果（B）

4）不同比例猪皮掺假的鉴别

图 5-6A 为不同比例猪皮掺假的三维主成分得分图，前三主成分贡献率为 99.0%，从图中可以看出 1%～30% 猪皮掺假、50% 猪皮掺假、纯猪皮及纯燕窝样本各聚为一类。图 5-6B 为不同主成分下，不同比例猪皮掺假 LDA 建模结果，取前 5 个主成分时模型最佳，校正集和预测集的识别率均为 100%。

5）iLDA 法鉴别掺假比例

将全波段等分为 25 个子区间，建立各子区间的 iLDA 模型，图 5-7A～D 分别为不同比例蛋清、琼脂、银耳及猪皮掺假 iLDA 法建模结果和较优子区间筛选结果，图中横轴代表各个子区间所在波数范围，纵轴则表示各子区间所建 iLDA 模型预测集的识别率，图中的光谱分别为各类别的平均光谱。筛选出的较优子区间分别为蛋清（1、4、11、12）、琼脂（2、7、8、12、14、20）、银耳（5、6、7、13、14、15）、猪皮（2、4），这些子区间 iLDA 模型校正集和预测集识别率均达到了 100%。其中部分子区间能同时对不同掺假物的掺假比例进行准确区分,如第 4 子区间能同时准确区分蛋清和猪皮的掺假比例,而第 7 子区间能够同时准确区分琼脂和银耳的掺假比例,因此仅使用这两个子区间就能准确区分全部 4 种掺假物的掺假比例。iLDA 法达到 LDA 相同的精度却减少了大约 90%的计算量,大大地提高了运算效率。

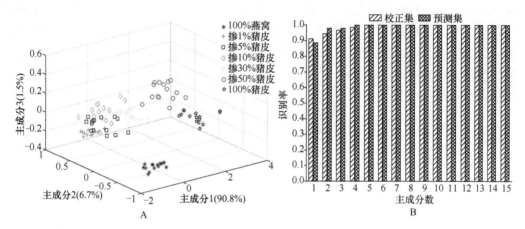

图 5-6　燕窝正品及不同比例猪皮掺假三维主成分得分(A)和不同主成分下 LDA 建模结果(B)

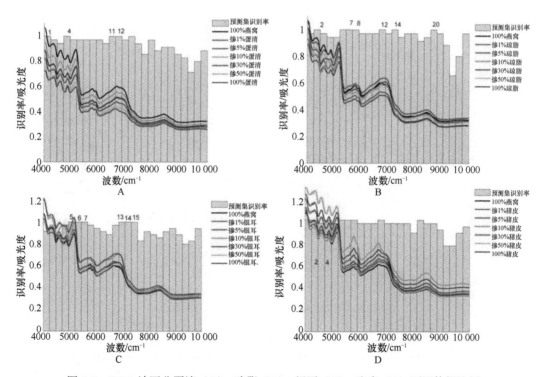

图 5-7　iLDA 法区分蛋清(A)、琼脂(B)、银耳(C)、猪皮(D)不同掺假比例
(彩图请扫封底二维码)

图中横轴代表各个子区间所在波数范围,纵轴表示各子区间 iLDA 模型预测集的识别率,
光谱分别为各类别的平均光谱,数字代表筛选的较优子区间编号

差谱是将 2 个光谱相减得到的光谱，能够直观地显示 2 条光谱的差别（Huang et al.，2014）。图 5-8A～D 分别为不同比例蛋清、琼脂、银耳及猪皮掺假样品与燕窝样品的差谱图。从图中可以看出差谱主要峰对应的区间和 iLDA 法筛选的较优子区间基本一致，对应波数范围和区间编号分别为蛋清的 $4000\sim4239cm^{-1}$（1）、$4720\sim4959cm^{-1}$（4）、$6400\sim6879cm^{-1}$（11～12）；琼脂的 $4240\sim4479cm^{-1}$（2）、$5440\sim5920cm^{-1}$（7～8）、$6639\sim6879cm^{-1}$（12）、$7118\sim7357cm^{-1}$（14）；银耳的 $4960\sim5679cm^{-1}$（5～7）、$6880\sim7599cm^{-1}$（13～15）；猪皮的 $4240\sim4479cm^{-1}$（2）、$4\,720\sim4\,959cm^{-1}$（4）。由此可见，不同比例蛋清、琼脂、银耳及猪皮掺假样品中掺入了某些燕窝中没有的化合物，导致在特征子区间上掺假样本与燕窝样本的吸收光谱有较大差异，而这些差异对于准确地鉴定燕窝的掺假情况起决定性作用。

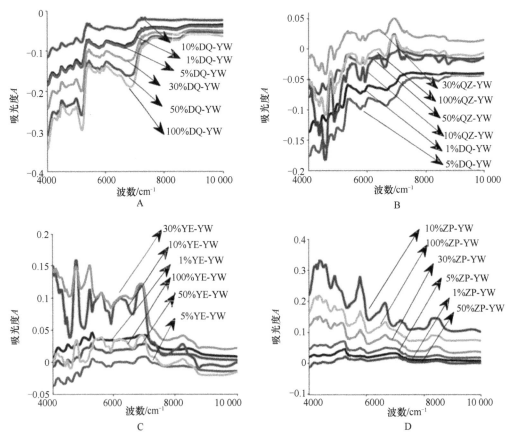

图 5-8　不同比例掺假燕窝同正品燕窝的差谱

A. 蛋清；B. 琼脂；C. 银耳；D. 猪皮。图中 DQ、QZ、YE、ZP 和 YW 分别代表：蛋清、琼脂、银耳、猪皮和燕窝，前面的百分比是掺假物掺入比例，如 1%DQ 代表掺入1%蛋清的掺假样品，100%DQ 代表纯蛋清样本，"-" 则代表掺假燕窝与燕窝的差谱

5.2.5　小结

以掺假燕窝样本为研究对象，针对现有燕窝真伪快速检测方法存在的不足，利用近红外光谱无损检测技术结合化学计量学，实现了对燕窝真伪的快速检测。对于掺假方式，

采用近红外光谱建立 LDA 模型的预测集识别率为 86.4%；对于蛋清、琼脂、银耳及猪皮的掺假比例鉴别，采用近红外光谱建立 LDA 模型及 iLDA 模型的预测集识别率均能达到 100%，说明近红外光谱能够实现燕窝掺假的快速准确鉴别，加之采样时间短、操作简便、建模精度高，可用于对大量市售燕窝的快速筛查。

5.3 近红外光谱技术在燕窝产地溯源中的应用

燕窝是金丝燕属燕类所筑的巢窝，已被证实含多种对人体具有生理功效的营养成分（Haghani et al.，2017；Chan et al.，2015；Zhang et al.，2014），被奉为一种名贵中药和珍稀食品。由于受各种因素的限制，燕窝产量有限，价格昂贵，受巨额利益驱动，市场上燕窝的品质参差不齐（Ma and Liu，2012）。产地来源即是影响燕窝品质的主要因素之一，它是指燕窝产品有无产地标识，且标识与实际来源是否相符。不同产地的燕窝价格各异，为了牟取更高利润，市售燕窝存在将低价产地来源的燕窝标识为高价产地来源等产地标识不实、混淆产地或产地不明等欺诈现象（郭丽丽，2014）。作为高附加值食品，燕窝产地信息的真实性是必须得到保证的，加强对燕窝产地溯源的研究对于切实维护消费者权益、促进燕窝行业健康发展具有重要的意义。

燕窝的产地主要是印度尼西亚（简称印尼）和马来西亚（简称马来）（蔡翔宇等，2016），其中，印尼约占全球市场份额的 85%，马来约占 13%。受品牌认知度和市场份额的影响，通常印尼燕窝的价格要高于马来燕窝，被认为具有更高的营养价值和质量。针对燕窝的产地溯源，学者们也逐渐开展了相关研究。Quek 等（2018）通过测定不同来源燕窝的基本成分（水分、蛋白质、碳水化合物、灰分、脂肪、纤维素等）、矿物元素、重金属、亚硝酸盐、唾液酸、氨基酸和总酚的含量及体外抗氧化活性，从统计数据比较分析角度初步探索了燕窝产地的区分方法，由于未进行深入的化学计量学分析，并没有建立产地判别模型，但研究已表明不同产地的燕窝更主要的区别是其内部组分的不同。近红外光谱可以反映物质的内部特征，其中也可能包含了产地信息，且该技术具有易于操作、快速、准确等优点，在燕窝的产地鉴别中具有极大的应用潜力。

5.3.1 材料来源

24 个不同产区共 72 个燕窝样品，由中国检验检疫科学研究院委托全国城市农贸中心联合会燕窝市场专业委员会（简称"国燕委"）收集。具体信息见表 5-1。燕窝样品采自马来西亚和印度尼西亚两个产地，其中马来西亚燕窝样本几乎涵盖了所有马来西亚所属州，而印度尼西亚岛屿众多，收集到的燕窝样本无法全部覆盖，样本主要集中在西部的苏门答腊岛群岛、北部的加里曼丹岛群岛、南部的爪哇群岛及东部的苏西拉威群岛。总体而言，所收集的样本覆盖了马来西亚和印度尼西亚大部分地区，实验样本具有代表性。

图 5-9 展示了部分燕窝样本的图片，其中 M1～M6 为不同产区的马来屋燕窝，Y1～Y6 为不同产区的印尼屋燕窝。从外观上看，马来和印尼屋燕窝一般呈半透明的白色或淡黄色，依靠人眼很难区分产地。有些燕窝（M1、M4、M5、Y2 及 Y6）颜色较为纯洁

可能是经过人工挑毛后的,也可能本来就含较少燕毛;另外一些夹杂黑色条带(金丝燕的绒羽)的燕窝未经挑毛处理。

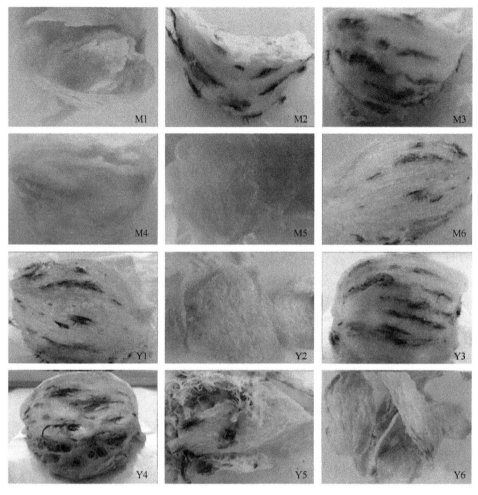

图 5-9　马来屋燕(M1~M6)和印尼屋燕(Y1~Y6)样品图片(彩图请扫封底二维码)

5.3.2　主要设备

傅里叶红外光谱仪(Antaris Ⅱ型,赛默飞世尔科技公司,美国),附件:漫反射式积分球。

5.3.3　实验方法

(1)不同产地燕窝样本的前处理

在液氮辅助下,将各样品燕窝研磨至细小均匀粉末,–80℃下真空冷冻干燥 24h,放入–20℃冰箱中保存备用(郭丽丽等,2013;黄秀丽等,2011)。

（2）不同产地燕窝样本光谱数据的采集

实验所用的近红外检测系统附件为漫反射式积分球，扫描范围：$4\,000\sim10\,000\text{cm}^{-1}$，扫描次数：16 次，分辨率：$8\text{cm}^{-1}$。实验时，保持室内的温度和湿度基本一致，采集各样本的近红外光谱。各样本在不同时间、不同位置分别采集 3 次，取平均光谱（黄晓玮等，2014）。

（3）数据处理

采集的样品光谱利用 Matlab 2012b（Math works Co，USA）软件处理。

5.3.4 结果与分析

（1）不同产地燕窝样本的光谱分析

由图 5-10A 所示的不同产地燕窝样本近红外光谱可见，不同产地燕窝的近红外光谱曲线较相似，均在 $4240\sim4479\text{cm}^{-1}$、$4720\sim4959\text{cm}^{-1}$、$4960\sim5200\text{cm}^{-1}$、$5440\sim5920\text{cm}^{-1}$、$6639\sim6879\text{cm}^{-1}$ 等有吸收峰，但吸收峰强度和峰形有微小的差异。为了去除样本不均匀、光散射、随机噪声、基线漂移等影响，将不同产地燕窝样本的近红外光谱做 SNV 预处理（Craig et al.，2015；尼珍等，2008），得如图 5-10B 所示的光谱，将此预处理后的光谱数据用于后续的主成分分析。

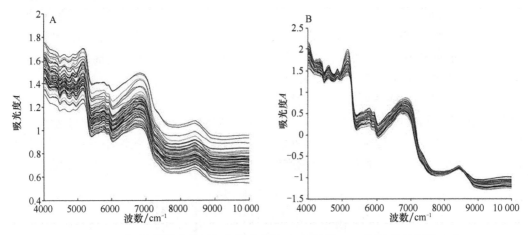

图 5-10　不同产地燕窝的近红外原始光谱（A）及经 SNV 预处理后光谱（B）

（2）主成分分析

PCA 分析可以对数据进行降维，由于避免了信息重叠、简化了数据量、提取了最具代表性的变量子集，并且主成分变量最大限度地表征原变量信息，因此在数据分析中被广泛应用（郝燕等，2007）。主成分得分图能够一定程度地反映样本的聚类趋势，不同类样本在主成分空间的分布会有不同（Sinelli et al.，2010）。

图 5-11 为经 SNV 预处理后再进行主成分分析得到的不同产地燕窝的近红外光谱三维主成分得分图，前 3 个主成分贡献率为 97.4%。从图中可以看出所有燕窝样本明显地

被分为两类，一类为印尼屋燕，具有较小的类内距离；另一类为马来屋燕，尽管马来燕窝与印尼燕窝样本的分布略有交叉，但仍然可以较明显地进行区分。说明 PCA 分析能够从海量的光谱数据中提取到不同光谱之间的较小差异，而这些差异往往很难从光谱中直接观察到。

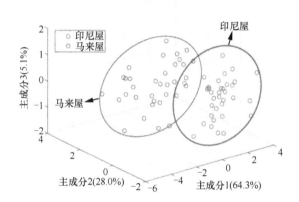

图 5-11　不同产地燕窝的近红外光谱三维主成分得分图

（3）LDA 判别分析

为了更准确地利用近红外光谱区分不同产地燕窝，采用 LDA 分析建立判别模型。LDA 是一种特征选择的方法，它以样本的可分性为目标，在输入的样本自变量上面构建一个线性函数，寻找一种合适的变换，使在某种意义下，不同类之间的离散度最大、同类内的离散度最小的分类方法。它属于一种有监督的数据空间维数约简的方法，能够实现不同模式的分类（吴燕，2013；Kim et al.，2000）。

图 5-12 为不同主成分数下 LDA 建模的结果，可以看出，随着所取主成分数的不断增多，校正集识别率也逐渐有所提高，当主成分数为 5 时，校正集识别率即可达 100%，但此时预测集识别率不到 90%。当主成分数为 9 时，校正集和预测集识别率均可达到100%，说明利用 LDA 法建模判别燕窝产地时当取前 9 个主成分，此时可使模型最佳。

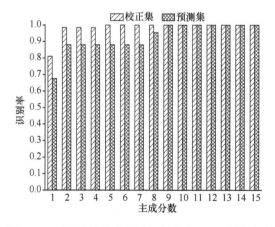

图 5-12　不同产地燕窝的近红外光谱 LDA 建模结果

目前，燕窝产地溯源方面的研究尚比较少，且主要集中于蛋白质（Guo et al., 2017）、代谢物（Chua et al., 2014）等分析技术与化学计量学的有机结合，尚未见有采用光谱技术进行产地区分的文献报道。事实上，本研究还采用中红外光谱技术探索了燕窝的产地溯源，结果表明前 3 个主成分贡献率为 88.4%，且两个产地燕窝样本有较多重叠；当取最佳主成分数 13 时，LDA 判别模型的校正集和预测集识别率分别为 100% 和 94.4%，模型出现了少量误判。总体来说，中红外光谱区分产地的准确度不及近红外光谱。

5.3.5 小结

以不同产地（马来西亚和印度尼西亚）燕窝样本为研究对象，采用近红外光谱结合化学计量学对燕窝产地溯源进行了研究，发现不同产地燕窝的近红外光谱曲线较相似，但在峰形及强度上仍存在微小的差异。进一步利用主成分分析可以较明显地区分马来燕窝与印尼燕窝，但两类样本会略有交叉，而当取前 9 个主成分进行 LDA 判别分析时，所构建的 LDA 模型预测集识别率可达到最高的 100%，能准确地区分不同产地燕窝，说明利用近红外光谱特征可对燕窝产地进行快速鉴别。后续可继续扩大燕窝样品的数量和种类，以进一步验证 LDA 判别模型的准确性。

5.4 傅里叶变换红外光谱技术在山茶油真伪鉴别中的应用

山茶油是由油茶树（Camellia oleifera. Abel）的成熟种子经压榨或浸提而得，富含油酸、亚油酸、亚麻酸等不饱和脂肪酸，含量高达 90%，营养价值高，品质可与橄榄油媲美，享有"东方橄榄油"的美称。此外，山茶油还富含山茶苷、山茶皂苷、甾醇、生育酚、角鲨烯等生物活性物质，具有良好的保健功能，联合国粮食及农业组织将其列为首推的食用油料作物进行推广，市场发展前景广阔。

山茶油的价格一般是普通食用油的 3 倍以上，部分不法厂商为获取高利润，往往在山茶油中掺杂大豆油、玉米油等廉价植物油以降低成本，更有甚者直接用其他植物油冒充山茶油，且一些茶油调和油，标签中未标识山茶油的具体含量，消费者很难判断其中是否含有山茶油成分。山茶油的掺假使假不仅损害了消费者的合法利益，而且破坏了守法企业的市场竞争力，影响了茶油产业的健康发展。为实现山茶油的真伪鉴别，许多科研工作者采用气相色谱（严晓丽和徐昕，2011）、质谱（朱绍华等，2013；吴翠蓉等，2015）、核磁共振（Shi et al., 2018）、电子鼻（海铮和王俊，2006）及光谱（Weng et al., 2006；胡月芳等，2015）等技术广泛开展了山茶油掺假检测的研究。其中，红外光谱法因操作简便、无须或较少前处理、对样品破坏程度低的特点，深受国内外学者的青睐。在山茶油及其掺假油种类识别、山茶油加工工艺判别等定性定量检测方面，目前研究最多的是近红外光谱法，如采用近红外光谱结合不同的化学计量学算法（偏最小二乘法、无信息变量消除-遗传算法、支持向量机等）可定量检测山茶油中菜籽油（张菊华等，2012）、大豆油（Wang et al., 2006）、葵花籽油（褚璇等，2017）的掺杂量；针对压榨山茶油和浸出山茶油，采用可见/近红外光谱联合 UVE-PLS-LDA 能较好地鉴别两类山茶油（温珍才等，2013）。近年来，傅里叶变换红外光谱法（FTIR）在橄榄油（Rohman et al.，2014）、大麻籽油（Jović and Jović, 2017）、胡桃油（Li et al., 2015）、亚麻籽油（Brianda et al., 2016）及其掺假油的定量检测及反式脂肪酸、羰基值、酸价测定等方面多有报道，但在山茶油真伪鉴别中的研究相对较少，国内研究人员朱启思等（2015）研究了 FTIR 光谱快速鉴别山茶油的方法。结果表明，通过分析红外光谱图中不饱和碳氢（=CH）峰峰位的转移可定性分析油茶籽油掺混的大豆油、花生油、玉米油和棕榈油；通过计算峰高或峰面积可初步定量山茶油中掺混的玉米油。

针对山茶油中掺杂大豆油的掺假现象，采用 FTIR 光谱结合化学计量学技术建立了山茶油中掺杂大豆油的定性定量判别方法。该方法可定性鉴别山茶油与大豆油、菜籽油和玉米油，并能定量检测山茶油中掺杂的大豆油，为市场掺假山茶油快速鉴别提供了技术依据。

5.4.1 材料来源

山茶油样品 19 份（编号为 1#～19#），产地分别为江西省（4 份），湖北省、湖南省、浙江省、广东省、广西壮族自治区、福建省、云南省各 2 份，安徽省 1 份，其中压榨原油样品 13 份，压榨精炼油 6 份，上述山茶油样品均由赣州市产品质量监督检验所提供。选择市场中主要品牌的大豆油、玉米油及菜籽油，各 8 份，编号分别为 1#～8#，购自北京大型超市（表 5-3）。

表 5-3 不同食用油样品信息

食用油种类	编号	原料产地	备注
山茶油	1#	江西赣州兴国县	压榨原油
	2#	江西赣州赣县区	压榨原油
	3#	江西宜春市袁州	压榨精炼
	4#	江西吉安市遂川	压榨原油
	5#	福建永泰	压榨精炼
	6#	福建上杭	压榨原油
	7#	广西田阳	压榨原油
	8#	广西巴马	压榨精炼
	9#	湖南岳阳	压榨精炼
	10#	湖南邵阳	压榨原油
	11#	广东河源	压榨原油
	12#	广东梅州	压榨原油
	13#	浙江常山	压榨原油
	14#	浙江建德	压榨原油
	15#	安徽六安	压榨精炼
	16#	云南文山	压榨原油
	17#	云南广南	压榨精炼
	18#	湖北通城	压榨原油
	19#	湖北恩施	压榨原油
大豆油	1#	中国	浸出一级
	2#	中国	浸出一级

续表

食用油种类	编号	原料产地	备注
大豆油	3#	中国	浸出一级
	4#	美国/巴西	浸出一级
	5#	乌拉圭	浸出一级
	6#	美国	浸出一级
	7#	中国	浸出三级
	8#	中国	压榨三级
玉米油	1#	中国	压榨
	2#	中国	压榨一级
	3#	中国	压榨一级
	4#	中国	压榨一级
	5#	中国	压榨一级
	6#	中国	压榨一级
	7#	中国	压榨一级
	8#	中国	压榨一级
菜籽油	1#	中国	压榨四级
	2#	中国	压榨三级
	3#	中国	压榨四级
	4#	中国	压榨一级
	5#	中国	压榨三级
	6#	中国	压榨三级
	7#	中国	压榨四级
	8#	中国	压榨三级

随机挑选大豆油（编号：1#），按 0、1%、3%、5%、10%、15%、20%、25%、30%、35%、40%、45%、50%、100%（m/m）的比例，分别掺入产地为江西赣州兴国县（编号：1#）、广东河源（编号：11#）及云南文山（编号：16#）的 3 份山茶油样品中，用于定量模型的构建；此外，将该大豆油按 2%、4%、6%、10%、12%、15%、17%、20%、23%、25%、27%、30%、32%、35%、38%、42%、48%、55%、60%、70%、80%以及 90%（m/m）的随机比例掺入产地为浙江常山的山茶油样品（编号：13#）中，作为掺杂未知样品用于定量模型可靠性的验证。

5.4.2　主要设备

傅里叶变换红外光谱仪，中红外（DTGS）检测器，衰减全反射（ATR）检测附件。

5.4.3　实验方法

（1）FTIR 光谱采集

直接吸取食用油样品约 20μL 置于 FTIR 的 ATR 附件表面（ZnSe 晶体），扫描获得

FTIR 谱图，每个样品做 2 个平行，每个平行扫描 3 次，扫描范围 4000～650cm⁻¹，扫描信号累加 16 次，分辨率 4cm⁻¹。

（2）数据处理

采用 Origin2018 软件和 Matlab2018a 软件对食用油光谱数据进行 PCA 分析及 PLSR 定量模型构建等。其中 PCA 算法是一种常用的无监督多元统计学方法，可将光谱数据从高维向低维投射，并在低维空间最大限度地保持原始光谱数据的信息，因此可利用 PCA 方法对山茶油、大豆油、菜籽油及玉米油进行聚类分析，实现对不同食用油的定性区分。在定量模型构建方面，PLSR 算法能够从自变量矩阵和因变量矩阵中提取偏最小二成分，有效地降维，并可解决光谱的多重共线性问题，是目前化学计量学中最有效的定量分析方法之一，被广泛用于红外光谱的定量分析。同时，采用交互验证方法对光谱数据和实际掺杂量进行建模质量评判，并用不同比例掺杂油样品对模型的可靠性进行验证。

5.4.4 结果与分析

（1）光谱分析

对 19 份山茶油、8 份大豆油、8 份菜籽油及 8 份玉米油等 43 份食用油（表 5-4）进行了 FTIR 光谱测定，分别选取山茶油 1#、大豆油 1#、菜籽油 1# 及玉米油 1#作为代表性食用油，其光谱图结果(图 5-13)显示，4 种食用油的红外光谱曲线相似，均在 3006cm⁻¹、2923cm⁻¹、2853cm⁻¹、1744cm⁻¹、1464cm⁻¹、1377cm⁻¹、1240cm⁻¹、1160cm⁻¹、1122cm⁻¹、1096cm⁻¹ 及 722cm⁻¹ 处有特征吸收峰，其吸收强度存在微小差异，且在 1464～722cm⁻¹，光谱峰峰形也有微弱不同，如在山茶油中，1122cm⁻¹ 处特征峰峰高要高于 1096cm⁻¹ 特征峰峰高，而在其他 3 种食用油中，1122cm⁻¹ 处特征峰峰高均低于 1096cm⁻¹ 特征峰，因此，利用 1122cm⁻¹ 与 1096cm⁻¹ 处两个特征峰峰高差异可定性鉴别 100%山茶油及其他 3 种食用油。1122cm⁻¹ 与 1096cm⁻¹ 处两个特征吸收峰是由脂肪酸的一C一O 键的伸缩振动引起（陈佳等，2018）。结合 4 种食用油的脂肪酸组成（表 5-4）发现，不同油的脂肪酸种类差别较小，除大豆油不含芥酸外，其他脂肪酸组成相同，但脂肪酸含量差异较大，如山茶油中油酸含量明显高于其他植物油，由此可能致使其特征吸收强度和指纹区域（如 1464～722cm⁻¹）吸收略有不同。基于山茶油与大豆油、菜籽油及玉米油的光谱差异，借助化学计量学的技术，可进一步分析不同食用油的组分变量，进而实现山茶油与其他食用油的有效鉴别。

表 5-4　4 种食用油的脂肪酸组成　（单位：%）

食用油种类	硬脂酸	棕榈酸	油酸	亚油酸	亚麻酸	花生酸	花生烯酸	肉豆蔻酸	芥酸
山茶油	1.83	9.00	79.33	8.93	0.03	0.32	0.52	0.03	0.01
大豆油	4.82	12.69	31.87	43.46	0.47	6.72	0.42	0.09	0.00
菜籽油	2.98	5.55	61.03	19.96	0.77	8.16	1.44	0.06	0.05
玉米油	10.36	15.71	33.51	37.54	0.32	2.91	0.24	0.06	0.18

资料来源：贺凡等，2017；彭思敏等，2013

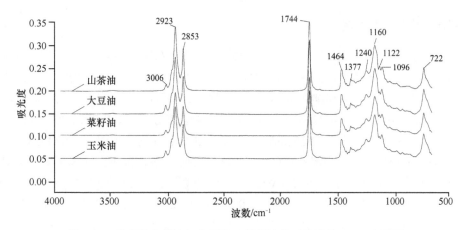

图 5-13　代表性山茶油、大豆油、菜籽油及玉米油的 FTIR 光谱图

（2）主成分分析

首先对 19 份山茶油、8 份大豆油、8 份菜籽油及 8 份玉米油的光谱数据开展全光谱（4000~650cm^{-1}）聚类分析，PCA 结果表明，山茶油、大豆油、菜籽油及玉米油 4 种食用油很难区分（结果未显示），在此基础上，截取 1464~722cm^{-1} 的指纹光谱数据，以尽可能消除首位噪声，避免因数据量大而造成冗余信息。4 种食用油的特征光谱数据经聚类分析，获得第 1、第 2 主成分（PC），其中 PC1 贡献率 97.28%，PC2 贡献率 1.88%，两个主成分累计贡献率达 99.16%，能够涵盖 99% 以上的原始光谱信息。利用第 1、第 2 主成分得分作散点图（图 5-14），结果表明，第 1、第 2 主成分得分可将 4 种食用油明显分为 3 个部分：山茶油、菜籽油与玉米油、大豆油，有明显的聚类趋势，虽然菜籽油与玉米油无法分开，但利用 FTIR 光谱技术可有效识别山茶油和其他 3 种食用油。同时发现，不同产地的山茶油样品间离散度较大，这与艾芳芳等（2013）的研究结果相似，大豆油样品间离散度较小。因此，在后续定量模型构建中，分别选择了离散度较大的云南文山（编号：16#）、江西赣州兴国县（编号：1#）及广东河源（编号：11#）3 个产地的山茶油样品作为被掺假对象，随机选取金龙鱼牌大豆油作为掺假对象。

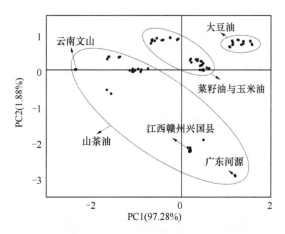

图 5-14　山茶油、大豆油、菜籽油及玉米油的 PCA 结果

（3）PLSR 定量模型构建

将产地为云南文山（编号：16#）、江西赣州兴国县（编号：1#）及广东河源（编号：11#）的 3 份山茶油样品中，分别按 0、1%、3%、5%、10%、15%、20%、25%、30%、35%、40%、45%、50% 及 100%（m/m）的比例掺入大豆油（编号：1#），共获得 126 个光谱，其中 84 个用作校正集分析，其余 42 个用作验证集分析。采用 PLSR 算法对 1464～722 cm^{-1} 光谱数据进行建模。模型的好坏主要由交叉验证均方根误差（RMSECV）、预测均方根误差（RMSEP）及决定系数（R^2）等综合评判。一般情况下，RMSECV 和 RMSEP 数值越低，R^2 数值越大，模型越好（Wang et al.，2006；Jaiswal et al.，2017）。由图 5-15 和图 5-16 可知，校正集的 RMSECV 值为 0.0320，验证集的 RMSEP 值为 0.0297，校正集和验证集的 R^2 值均能达到 0.99，说明所构建的 PLSR 模型能够满足山茶油中掺杂大豆油的定量判别要求，最低检测限可达 1%（m/m）。

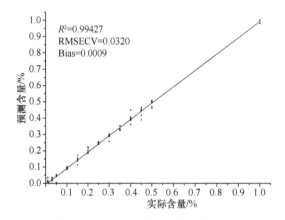

图 5-15　山茶油与大豆油不同掺杂比校正集 PLSR 分析结果

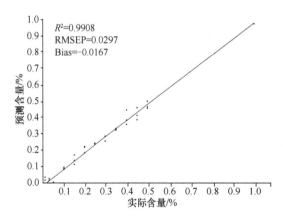

图 5-16　山茶油与大豆油不同掺杂比验证集 PLS 分析结果

（4）模型可靠性验证

为检验山茶油中掺杂大豆油定量模型的可靠性，研究中将大豆油（编号：1#）掺入产地为浙江常山的山茶油（编号：13#）中，掺杂比例为 2%、4%、6%、10%、12%、

15%、17%、20%、23%、25%、27%、30%、32%、35%、38%、42%、48%、55%、60%、70%、80%、90%及100%（m/m），采用上述定量模型对不同掺杂比例的23份样品进行了预测。由表5-5可知，所有样品中预测比例与实际比例的绝对误差在±10%范围之内，最大绝对误差为–8.22%，对应的实际比例为60.00%，预测比例为68.22%；当实际比例低于10%时，相对误差在±30%，实际比例等于或高于10%时，相对误差在±15%。结果表明，本研究建立的PLSR模型可用于山茶油中掺杂大豆油的定量检测，尤其是针对掺杂大豆油比例较高的山茶油，模型预测的结果更加准确。

表5-5 山茶油中掺杂大豆油预测模型可靠性验证结果

样品编号	实际比例/%	预测比例/%	绝对误差/%	相对误差/%
1	2	1.71	–0.29	–14.50
2	4	5.18	1.18	29.50
3	6	4.94	–1.06	–17.61
4	10	11.46	–1.46	14.63
5	12	13.58	–1.58	13.17
6	15	13.32	1.68	–11.16
7	17	14.73	2.27	–13.33
8	20	17.77	2.23	–11.12
9	23	26.10	–3.10	13.48
10	25	24.63	0.37	–1.47
11	27	28.18	–1.18	4.36
12	30	33.39	–3.39	11.32
13	32	33.54	–1.54	4.81
14	35	33.32	1.68	–5.07
15	38	35.53	2.47	–6.51
16	42	44.53	–2.53	6.05
17	48	44.55	3.45	–7.18
18	55	53.14	1.86	–3.37
19	60	68.22	–8.22	14.06
20	70	75.34	–5.34	7.61
21	80	86.74	–6.74	8.62
22	90	95.30	–5.30	5.89
23	100	102.76	–2.76	2.76

5.4.5 小结

采用FTIR光谱技术，分析了山茶油与大豆油、菜籽油及玉米油的光谱差异，确定了山茶油的两个特征峰（1122cm^{-1}与1096cm^{-1}），通过比较特征峰峰高差异可定性鉴别纯的山茶油及其他3种食用油；选取不同食用油1464～722cm^{-1}的指纹光谱，结合PCA算法，建立了山茶油及其他3种食用油的定性判别模型，在此基础上，构建了PLSR定量模型，可用于山茶油中大豆油掺杂的定量分析，最低检测限可达1%（m/m），并通过对不同掺比样品进行检测，验证了定量模型的准确性。上述结果表明，FTIR光谱分析技术简单、快速、可靠，可定性鉴别山茶油与大豆油、菜籽油和玉米油，并能定量检测山茶油中掺杂的大豆油，为市场掺假山茶油的快速鉴别提供了技术方法。

5.5 傅里叶变换红外光谱技术在冬虫夏草真伪鉴别中的应用

冬虫夏草（*Ophiocordyceps sinensis*）是线虫草科线虫草属中华虫草种真菌寄生在蝙蝠蛾科昆虫蝙蝠蛾幼虫的子座与幼虫尸体的复合体，在我国主要产自西藏、青海、四川、云南、甘肃5省（自治区）（张姝等，2013）。作为珍贵的滋补中药材，冬虫夏草具有"补肾益肺、止咳化痰"之功效，并具有抗菌、抗癌、改善记忆力、增强免疫力及镇痛安宁的作用。冬虫夏草价格居高不下，经济利益驱动导致冬虫夏草存在掺假问题，常见的掺假方式包括以下几个方面：一是用其他种类的虫草（如亚香棒虫草等）作为冬虫夏草的替代品进行掺假；二是用人工培养的虫草菌丝体（如虫草花等）冒充野生冬虫夏草粉出售；三是用冬虫夏草的模仿物（如草石蚕等）辅以黏合剂、色素等填充制造出假冬虫夏草。这些掺假行为不仅损害了消费者的经济利益，而且极有可能因为某些有害成分的引入危害消费者的健康。因此建立快速准确鉴别冬虫夏草真伪的方法，对规范市场、维护消费者权益具有非常重要的意义。

傅里叶变换红外光谱能够在不破坏样品的前提下给出全组分的化学信息，其针对复杂体系具有真实、宏观、快速无损的测定特性。目前，已经有一些利用红外光谱对冬虫夏草进行真伪鉴别的研究（张声俊，2011；Yang et al.，2009）。然而，由于掺假方式的多样性及掺假种类的复杂性，对于实际中需要鉴别冬虫夏草真伪及不同掺假方式的需求，这些方法仍存在样品缺乏代表性、适用性不足等局限。冬虫夏草的真伪及掺假方式鉴别是一个多类分类问题，模式识别作为人工智能技术的一个分支，已广泛应用于医药、环境、食品等各个领域的分类问题（孟一等，2014），也同样能够用于区分冬虫夏草的不同形式掺假。针对冬虫夏草的不同掺假方式，在测定冬虫夏草及其常见掺假物红外光谱的基础上，结合模式识别方法，分析了傅里叶变换红外光谱技术结合模式识别对冬虫夏草进行真伪鉴别的可行性。

5.5.1 材料来源

共收集各类样品18种，其中，6种冬虫夏草（DCXC）和6种其他种类虫草（CC）由云南大学云百草实验室鉴定和提供；3种虫草花（CCH）和3种草石蚕（CSC）购自不同地区的药材市场，各样本的详细信息参见表5-6。

表5-6 冬虫夏草及其常见掺假物的样品信息

类别	名称	科属	拉丁名	产地	简写
冬虫夏草 （DCXC）[a]	冬虫夏草1	线虫草科线虫草属	*Ophiocordyceps sinensis*	青海玉树藏族自治州	YS
	冬虫夏草2	线虫草科线虫草属	*Ophiocordyceps sinensis*	西藏那曲市	NQ
	冬虫夏草3	线虫草科线虫草属	*Ophiocordyceps sinensis*	云南香格里拉市	XGLL
	冬虫夏草4	线虫草科线虫草属	*Ophiocordyceps sinensis*	云南兰坪白族普米族自治县	LP
	冬虫夏草5	线虫草科线虫草属	*Ophiocordyceps sinensis*	云南德钦县	DQ
	冬虫夏草6	线虫草科线虫草属	*Ophiocordyceps sinensis*	四川阿坝藏族羌族自治州	AB

续表

类别	名称	科属	拉丁名	产地	简写
虫草 (CC)[b]	亚香棒虫草1	虫草科虫草属	*Cordyceps hawkesii*	湖南	YXB1
	亚香棒虫草2	虫草科虫草属	*Cordyceps hawkesii*	云南兰坪白族普米族自治县	YXB2
	古尼虫草	线虫草科线虫草属	*Ophiocordyceps gunnii*	贵州石阡县	GN
	凉山虫草	麦角菌科原虫草属	*Metacordyceps liangshanensis*	四川西昌市	LS
	罗伯茨虫草	线虫草科线虫草属	*Ophiocordyceps robertsii*	云南水富市	LBC
	新疆虫草	线虫草科线虫草属	*Ophiocordyceps gracilis*	新疆	XJ
虫草花 (CCH)[c]	虫草花1	虫草科虫草属	*Cordyceps militaris*	北京	CCH1
	虫草花2	虫草科虫草属	*Cordyceps militaris*	云南	CCH2
	虫草花3	虫草科虫草属	*Cordyceps militaris*	广东	CCH3
草石蚕 (CSC)[d]	草石蚕1	唇形科水苏属	*Stachys sieboldii*	云南	CSC1
	草石蚕2	唇形科水苏属	*Stachys sieboldii*	河北	CSC2
	草石蚕3	唇形科水苏属	*Stachys sieboldii*	广西	CSC3

注：a.冬虫夏草均为野生，寄生真菌为线虫草科线虫草属冬虫夏草菌中华虫草种，生长在海拔3800~5100m的高寒草甸；b.虫草，一般与冬虫夏草有较近的种属关系，但其寄生真菌及生长条件与冬虫夏草均不同，市场价值也远低于冬虫夏草；c.人工培养的蛹虫草菌丝体（只有"草"，没有"虫"），含有一定虫草活性成分；d.又称为土虫草，可入药，市面上常用作虫草的模仿物

5.5.2 主要设备

傅里叶变换红外光谱仪。

5.5.3 实验方法

（1）样品制备

将各冬虫夏草或虫草的"虫"和"草"混合，在组织研磨器中用钢球（$\Phi=20mm$）磨粉30s，再经冷冻干燥4h后，换成小钢球（$\Phi=5mm$）磨粉15s，制得干燥均匀的样品粉末于-80℃保藏。草石蚕和虫草花样品的制备过程和保存条件与冬虫夏草和虫草保持一致。

（2）红外光谱的获取

取粉末样本约2mg，与100mg干燥溴化钾（KBr）粉末混合，并在玛瑙研钵中研磨1~2min，再转入压片模具中，使之分布均匀，抽真空加压至38MPa，维持40s，取出压成的透明（或半透明）薄片，装入压片夹，以KBr空白压片作参比，使用傅里叶变换红外光谱仪扫描红外透射光谱。扫描速度为4cm/s，扫描间隔为8cm^{-1}，扫描范围为4000~450cm^{-1}。数据处理在Matlab（Ver. R2010a：The Math Work，美国）环境下自编程序完成。

（3）光谱预处理

为了校正吸收基线并减少样品散射对光谱的影响，利用软件对原始光谱进行预处

理。光谱的预处理方法包括一阶导数（1st derivative，1D）、多元散射校正（MSC）、标准归一化（SNV）、平滑（SM）和中心化（CR）等。导数处理可消除基线偏移，扣除本底吸收，从而更为细致地反映样品的光谱；多元散射校正处理可以消除光谱在吸光度轴上的差异，以便消除散射效应的影响；标准归一化主要是用来消除表面散射、光程变化对红外光谱的影响；平滑处理可以提高分析信号的信噪比，采用 Savitzk 与 Golay 提出的多项式（七点三次多项式）平滑方法；中心化预处理主要用来消除光谱的绝对吸收值，从而消除光源对光谱的影响（宋夏钦等，2013）。

5.5.4 结果与分析

（1）不同种类样品原始光谱的比较分析

将红外光谱数据导入 Matlab 软件中进行分析，分别得到不同产地冬虫夏草、不同种类虫草、购自不同药材市场的虫草花及草石蚕的红外光谱指纹图谱（图 5-17A～D），图中横轴为波数，纵轴为对应波数下样本的透光率。

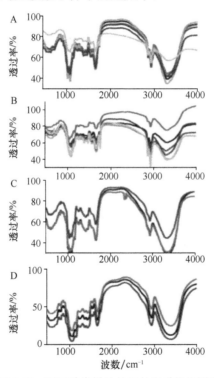

图 5-17　不同种类样品的红外光谱指纹图谱
A. 各产地冬虫夏草样本；B. 各产地或种类虫草样本；
C. 购自不同药材市场的虫草花样本；D. 购自不同药材市场的草石蚕样本

除阿坝冬虫夏草外，其他 5 个产地冬虫夏草（青海玉树、西藏那曲及云南香格里拉、德钦、兰坪）的红外光谱非常接近（图 5-17A），说明这 5 个产地冬虫夏草所含成分较为相似。阿坝由于既处于青藏高原与四川盆地的交错接触带，又处于长江、黄河支流河流分水岭地带，地形复杂、气候多样，形成了独特的生态环境和独有的生物资源，因此，阿坝产区的冬虫夏草可能有区别于其他产区（青海、西藏、云南等）的特征；不同种类的虫草所含成分有较大不同（图 5-17B），可能与所收集虫草涉及不同属，甚至不同科有关（表 5-6）；购自不同药材市场的虫草花和草石蚕样本的红外光谱没有明显差异（图 5-17C、D）。因此，4 类样品的红外光谱指纹图谱存在较大差异，可用于冬虫夏草及其常见掺假物的快速区分。

各样本光谱在 4000~1800cm^{-1} 均只包含两个吸收峰，其中 3500~3300cm^{-1} 强而宽的吸收带是由氨基（—NH$_2$）和羟基（—OH）的缔合伸缩振动引起的，而 2900cm^{-1} 附近的吸收峰是由甲基（—CH$_3$）或亚甲基（—CH$_2$）的伸缩振动引起的（Koca et al.，2010），它们是各样本的共有峰，对于区分各类样本意义不大；800~450cm^{-1} 光谱存在较大基线漂移，不做考虑。前人的研究一般将小于 1800cm^{-1} 的红外光谱区域视为指纹区（Ming et al.，2014；Efstathios et al.，2011），本研究中各样本光谱在 1800~800 cm^{-1} 有较多吸收峰，这些峰的数量、位置、峰型及峰强差异对于区分不同类样本起决定性作用，除单键的伸缩振动外，还有因变形振动产生的谱带，这种振动基团频率和特征吸收峰与整个分子的结构有关，因此确定该光谱区域为指纹区。

为了更好地寻找不同种类样本的特征峰，分别选取一个具有代表性的冬虫夏草、虫草、虫草花和草石蚕样本，标出它们在指纹区的吸收峰，分析不同类样本吸收峰的异同，见图 5-18。

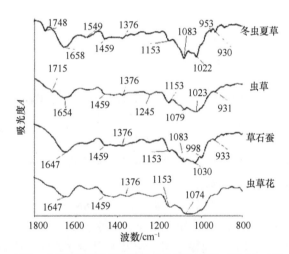

图 5-18　冬虫夏草、虫草、虫草花和草石蚕的红外光谱指纹区（1800~800 cm^{-1}）吸收峰的对比

4 类样本的指纹区均在 1658cm^{-1}、1459cm^{-1}、1376cm^{-1}、1153cm^{-1}、1083cm^{-1} 附近有明显吸收峰；冬虫夏草在 1748cm^{-1}、1549cm^{-1}、953cm^{-1} 附近的吸收峰是其特有的，虫草在 1715cm^{-1}、1245cm^{-1} 附近的吸收峰是其特有的，虫草花在 998cm^{-1} 附近的吸收峰是其特有的（图 5-18）。在冬虫夏草各吸收峰中，1748cm^{-1}、1153cm^{-1} 附近的吸收峰分别对应脂羰基 C=O 伸缩振动和 C—O 伸缩振动，这两个吸收峰代表的特征物质可能是酯类，为冬虫夏草所特有，可以用来表征冬虫夏草的红外属性；1658cm^{-1}、1549cm^{-1} 附近的吸收峰分别对应酰胺 I 中的 C=O 振动和酰胺 II 中的 C—N 振动，这两个吸收峰表征的特征物质可能是虫草蛋白质；1459cm^{-1}、1376cm^{-1} 附近的吸收峰分别对应亚甲基和甲基 C—H 弯曲振

动，这两个峰为有机物的共有峰；1083cm^{-1}、1022cm^{-1}附近的吸收峰对应核苷类伯醇中的C—O 伸缩振动，这两个特征峰表征的特征物质可能是虫草核苷或虫草多糖；930cm^{-1} 附近的吸收峰表征的特征物质为虫草酸。虽然冬虫夏草、虫草和虫草花在 1083cm^{-1}、1022cm^{-1}、930cm^{-1} 附近均有吸收峰，但是冬虫夏草在这 3 处的峰形明显不同，峰窄而尖锐，这 3 处吸收峰也可用来表征冬虫夏草的红外属性（Cozzolino et al.，2014）。

（2）不同预处理及不同光谱区间建模结果的比较

为了能够准确地对不同类样品进行区分，进而达到冬虫夏草真伪鉴别的目的，需要结合模式识别的方法建立可靠的模型。为了确定最佳的预处理方法及最优光谱区间，分别将不同预处理后的不同区间光谱用于建立冬虫夏草的线性判别分析（LDA）模型，比较选取不同预处理方法及光谱区间对建模结果的影响，见表 5-7。

表 5-7　不同预处理及不同光谱区间 LDA 法建模结果的比较

预处理方法	全光谱区 4000~450cm^{-1}			指纹区 1800~800cm^{-1}		
	校正集识别率/%	预测集识别率/%	主成分数	校正集识别率/%	预测集识别率/%	主成分数
原始光谱	95.1	88.9	14	96.3	85.2	15
1D	95.1	85.2	14	96.3	88.9	14
MSC	97.5	92.6	13	100.0	96.3	11
SNV	98.8	96.3	15	100.0	96.3	13
CR	95.1	88.9	13	51.9	44.4	14
SM	55.6	25.9	15	46.9	40.7	4

注：1D. 一阶导数光谱；MSC. 多元散射校正；SNV. 标准归一化；CR. 中心化；SM. 卷积平滑

当光谱区间一定，比较不同预处理方法对建模结果的影响，在全光谱区（4000~450cm^{-1}），原始光谱建模校正集和预测集识别率分别为 95.1%和 88.9%，经 MSC 预处理后分别提高到 97.5%和 92.6%，经 SNV 预处理后分别提高到 98.8%和 96.3%，说明 MSC 和 SNV 均能提高模型准确率；经 1D 预处理后校正集识别率不变，预测集识别率有所下降，表明 1D 预处理会影响建模结果的准确性；经 CR 预处理后校正集和预测集识别率均不变，表明 CR 预处理对建模结果没有影响；而经 SM 预处理后校正集和预测集识别率分别下降到 55.6%和 25.9%，说明 SM 预处理降低了模型准确率。分别比较不同光谱区间经 MSC 和 SNV 预处理后的建模效果，结果表明当预处理方法确定时，选取指纹区建模能够提高模型准确率，指纹区光谱 MSC 和 SNV 预处理后所建模型校正集和预测集识别率均能分别达到 100%和 96.3%，鉴于 MSC 比指纹区 SNV 预处理达到相同的识别率需要更少主成分数，最终确定指纹区 MSC 预处理为最佳。

（3）冬虫夏草真伪鉴别模型的建立

将各样本指纹区光谱经 MSC 预处理后进行主成分分析，得到三维得分图，其中前 3 个主成分贡献率为 90.48%，以最大程度反映冬虫夏草、虫草、虫草花和草石蚕四类样本的分布情况（图 5-19）。

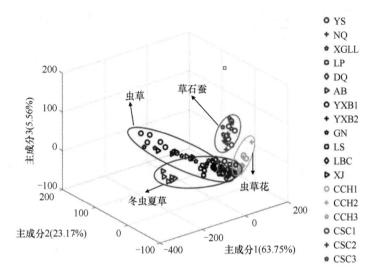

图 5-19　各样本指纹区光谱经 MSC 预处理后的三维主成分得分图

　　草石蚕能够明显与冬虫夏草、虫草以及虫草花中区分开，说明 PCA 能够实现对冬虫夏草模仿物掺假的鉴别；而冬虫夏草、虫草和虫草花大致可分为 3 组，但样品间有部分重叠，说明仅靠 PCA 不能完全实现冬虫夏草中其他种类虫草及人工虫草花掺假的鉴别。一方面可能是这些掺假物与冬虫夏草都含有一些相同或相似成分造成的，另一方面可能与约 9.52% 的光谱信息没有反映在图中有关。

　　为了客观精确地判别冬虫夏草的真伪，本研究进一步采用模式识别的方法建立定性模型。将经过 MSC 预处理后的各样本指纹区光谱 PCA 降维后，按照 3∶1 的比例，随机分为训练集和交互验证集，训练集用来建立模型，交互验证集用来验证模型。将冬虫夏草、虫草、草石蚕和虫草花类分别赋值为 1、2、3、4，作为建模输出变量，选取训练集前 15 个主成分作为建模输入变量，分别采用线性判别法（LDA）、K 值近邻法（KNN）、反向传播人工神经网络（BP-ANN）和支持向量机（SVM）等方法建立冬虫夏草真伪鉴别模型。训练集和交互验证集识别率分别为训练集和交互验证集样本代入模型中正确识别的比例，用来评价各个模型。

　　各模型的训练集和交互验证集的识别结果表明，LDA 模型的训练集全部正确识别，交互验证集有 1 个冬虫夏草样本被误判为虫草（表 5-8）；KNN 模型的训练集有 2 个冬虫夏草样本被误判为虫草，1 个冬虫夏草样本被误判为虫草花，3 个虫草样本被误判为冬虫夏草，各有 1 个虫草花样本被误判为冬虫夏草和虫草，交互验证集全部正确识别（表5-9）；BP-ANN 模型的训练集全部正确识别，交互验证集有 1 个冬虫夏草样本被误判为虫草花，1 个虫草样本被误判为冬虫夏草，1 个虫草花样本被误判为草石蚕（表 5-10）；SVM 模型的训练集和交叉验证集全部正确识别（表 5-11）。

　　各模型训练集和交互验证集的识别率的对比结果表明（表 5-12），SVM 的建模结果最好，校正集和预测集的识别率均能达到 100%，而其余几个模型虽然也有不错的结果，但出现了不同程度的误判。说明指纹区光谱经 MSC 预处理和主成分降维后，前 15 个主成分用来建立 SVM 模型，是冬虫夏草真伪鉴别的有效方法。

表 5-8　LDA 法建模对样本训练集和交互验证集的识别结果

建模方法\LDA		DCXC	CC	CCH	CSC	小计	错判数	准确率%
训练集	DCXC	28	0	0	0	28	0	100
	CC	0	26	0	0	26	0	100
	CCH	0	0	13	0	13	0	100
	CSC	0	0	0	14	14	0	100
	共计					81	0	100
交互验证集	DCXC	7	1	0	0	8	1	87.5
	CC	0	10	0	0	10	0	100
	CCH	0	0	5	0	5	0	100
	CSC	0	0	0	4	4	0	100
	共计					27	1	96.3

表 5-9　KNN 法建模对样本训练集和交互验证集的识别结果

建模方法\KNN		DCXC	CC	CCH	CSC	小计	错判数	准确率%
训练集	DCXC	25	2	1	0	28	3	89.3
	CC	3	23	0	0	26	3	88.5
	CCH	1	1	11	0	13	2	84.6
	CSC	0	0	0	14	14	0	100
	共计					81	8	90.1
交互验证集	DCXC	8	0	0	0	8	0	100
	CC	0	10	0	0	10	0	100
	CCH	0	0	5	0	5	0	100
	CSC	0	0	0	4	4	0	100
	共计					27	0	100

表 5-10　BP-ANN 法建模对样本训练集和交互验证集的识别结果

建模方法\BP-ANN		DCXC	CC	CCH	CSC	小计	错判数	准确率%
训练集	DCXC	28	0	0	0	28	0	100
	CC	0	26	0	0	26	0	100
	CCH	0	0	13	0	13	0	100
	CSC	0	0	0	14	14	0	100
	共计					81	0	100
交互验证集	DCXC	7	0	1	0	8	1	87.5
	CC	1	9	0	0	10	1	90
	CCH	0	0	4	1	5	1	80
	CSC	0	0	0	4	4	0	100
	共计					27	3	88.9

表 5-11　SVM 法建模对样本训练集和交互验证集的识别结果

建模方法\SVM		DCXC	CC	CCH	CSC	小计	错判数	准确率/%
训练集	DCXC	28	0	0	0	28	0	100
	CC	0	26	0	0	26	0	100
	CCH	0	0	13	0	13	0	100
	CSC	0	0	0	14	14	0	100
	共计					81	0	100
交互验证集	DCXC	8	0	0	0	8	0	100
	CC	0	10	0	0	10	0	100
	CCH	0	0	5	0	5	0	100
	CSC	0	0	0	4	4	0	100
	共计					27	0	100

表 5-12　各模式识别方法建模结果对比

建模方法	校正集识别率/%	交互验证集识别率/%	最佳主成分数
LDA	100	96.3	11
KNN	90.1	100	1
BP-ANN	100	88.9	15
SVM	100	100	15

5.5.5　小结

采用红外光谱结合模式识别的方法开展了冬虫夏草进行真伪鉴别方法研究。扫描 6 个不同产地的冬虫夏草、6 个不同种类或产地的虫草、3 个来源的虫草花和 3 个来源的草石蚕在 4000～450cm^{-1} 的红外光谱，确定各样品红外光谱的指纹区为 1800～800cm^{-1}，MSC 为建立模式识别模型的最佳预处理方法。对指纹区光谱进行 MSC 预处理和主成分分析后，前 15 个主成分用来分别建立冬虫夏草的真伪鉴别的 LDA、KNN、BP-ANN 和 SVM 模型。结果表明：SVM 模型的训练集和交互验证集识别率均能达到 100%，在所有建模结果中是最好的，而其他模型都有一定程度的错判。因此，通过红外光谱结合模式识别建立 SVM 模型能够快速、准确地对冬虫夏草及其常见掺假物进行真伪鉴别。

5.6　傅里叶变换红外光谱技术在液态奶产品真伪鉴别中的应用

液态奶是由健康奶牛所产的鲜乳汁，经有效的加热杀菌方法处理后，分装出售的饮用牛乳。根据国际乳业联合会（IDF）的定义，液体奶（液态奶）是巴氏杀菌乳、灭菌乳和酸乳（国内称为发酵乳）三类乳制品的总称。巴氏杀菌乳、灭菌乳是液体奶中消费量最大的 2 类，分别对应我国现行的国家标准 GB19645—2010（《食品安全国家标准　巴氏杀菌乳》）和 GB25190—2010（《食品国家安全标准　灭菌乳》）。

热处理是乳品生产的主要工艺，用来杀灭细菌保障安全的同时，带来良好的风味和口感（Pearce et al.，2012）。牛乳的热处理技术包括巴氏灭菌法、高温短时灭菌法和超高温灭菌法（Van Hekken et al.，2017）。在我国液体乳制品生产实践中，不同的时间和温度组合产生不同的杀菌工艺，形成各具特色的液体乳产品。

一般认为，杀菌温度越低，杀菌时间越短，越有助于保持牛乳中营养成分的功效，但同时，杀菌温度越高，杀菌时间越长，在货架期内，产品产生安全及质量问题的风险越低，因此，可能有一些企业，通过较强的杀菌条件，冒充较弱杀菌条件的液态乳制品，享受长货架期产品带来的销售优势，产生真伪鉴别的问题。另外，因为加热在乳制品生产中的不可或缺性，了解牛乳的热加工历史也是乳品科技中亟待解决的问题。通过研究牛乳的热加工过程中的变化，一定程度上能够解决强杀菌工艺牛乳代替弱杀菌条件牛乳的真伪鉴别问题。

牛乳热处理历史的研究主要分成 2 类：一类指标包括热不稳定成分的变性、降解和失活，如酶、维生素和热敏蛋白，适合评价低热过程；如乳果糖、羟甲基糠醛和色氨酸适合标记高温处理的产品。其中，牛乳蛋白与乳糖在高温条件下通过美拉德反应产生的糠氨酸，一度被选为评价液态奶产品质量的指标。但还有一些研究发现，糠氨酸可能并不是一个可靠的指标，因为它参与了其他反应，如降解后进入美拉德反应的高级阶段。另一类是测量牛乳蛋白结构变化，要么根据不同强度的热处理改变了牛乳的分子结构（Mottar et al.，1989）和分子间的相互作用（Kelleher et al.，2018），要么根据牛乳蛋白经热变性后，以不同大小和形态聚集形成的聚合体（Zúñiga et al.，2010）。但是这些方法要么不够稳定，要么测量较为复杂，难以准确衡量牛乳的加热程度。

红外吸收光谱是由分子振动能级的跃迁与转动能级的跃迁共同作用产生的，它为分子结构的解释提供了一个有力的基础振动特征。分子中振动基团的化学结构决定了振动光谱的频率（Barth，2007）。傅里叶变换红外（FTIR）光谱通过吸收光谱中红外区域的吸收特征解码结构信息，通过分子结构对 FTIR 光谱的敏感性决定分子的化学结构（Rodriguez-Saona and Allendorf，2011）。IR 可以根据不同化学基团在特定波长上的振动来检测食品样品之间的成分差异和成分含量（Reid et al.，2005）。红外光谱已成功地应用于不同的植物、动物和地理起源的鉴定。如 FTIR 光谱成功地识别了羊奶、绵羊奶和牛乳（Nicolaou et al.，2010）。红外光谱技术也用于快速、无损地定量奶粉中的蛋白质含量（Wu et al.，2008）。总之，红外光谱是一种重要的无损检测方法和工具。

机器学习是从样品特征中学习，从而形成知识以进行分类或者回归预测的方法（Lussier et al.，2020）。近年来，食品和农业领域涌现了越来越多的应用机器学习预测食品中分子的功能（Wang et al.，2020），如苦味或甜味预测（Tuwani et al.，2019），以及预测农作物的采摘时间的研究（Anastasiadi et al.，2017）。

本研究采用 FTIR 光谱技术，通过分析不同热处理牛乳的红外光谱整体信息，结合机器学习算法，为区分不同加热程度的液体乳产品，如短时巴氏奶、长时巴氏奶等不同加热工艺生产的巴氏杀菌乳、灭菌乳提供了方法。

5.6.1 材料来源

原料奶是从当地的奶牛场（中国哈尔滨香坊区）购买。

在恒温锅中对牛乳样品在下列条件下进行加热：65℃下1min、3min、5min、10min、20min、30min；70℃下1min、3min、10min、15min、20min、30min；75℃下1min、3min、5min、10min、20min、30min；80℃下1min、3min、10min、15min、20min、30min；85℃下1min、3min、5min、10min、20min、30min；90℃下1min、3min、10min、15min、20min、30min；95℃下1min、3min、10min、15min、20min、30min（重复3次）。每一份原料奶样本都被装入一个带盖的玻璃瓶中。使用数字温度计来监测样品内部的温度，使其达到预定的温度。然后加热后的样品从水浴锅中取出，立即放入冰水中。

5.6.2 主要设备

FTIR光谱仪（Norwalk，CT，USA）。

5.6.3 实验方法

（1）光谱测定

FTIR光谱仪（Norwalk，CT，USA）用于测量样品。采集样品的红外光谱。在4000～400 cm⁻¹波长范围内的吸收模式下，每个样品进行20次扫描，分辨率为0.4 cm⁻¹。

（2）统计分析

使用R（version 3.4.1）进行FTIR光谱数据输出和多元分析处理。应用Savitzky-Golay（SG）、一阶导数（1ˢᵗD）及其组合进行光谱预处理，并进行预处理效果比较。主成分分析（PCA）使用R包中的FactorMineR（Sebastien et al.，2008，version 2.3）和Factoextra（Alboukadel et al.，2020，version 1.0.7）函数实现。

所有样本随机分为训练集（75%）和测试集（25%）。然后利用训练子集分别利用K近邻（KNN）、支持向量机（SVM）、随机森林（RF）和线性判别分析（LDA）建立分类模型。根据4种分类器的性能进行比较和筛选。

5.6.4 结果与分析

（1）牛乳采样和红外光谱采集

FTIR是一种强大的检测样品的技术，它具有可以获得化合物大量信息的同时，不破坏样本的优点。牛乳热处理鉴定的主要问题，在于牛乳来源的不一致性，也就是说不同的工艺参数用于加热牛乳形成的产品，原料奶的成分可能不同。所有这些因素都会对样品的组成和结构剖面产生一定的影响。为了处理这种变化，样品的数量必须足够覆盖所有的成分变化。本研究在不同季节从6个农场收集了1023份不同的样本，脂肪和蛋白质含量呈连续的正态分布（图5-20）。

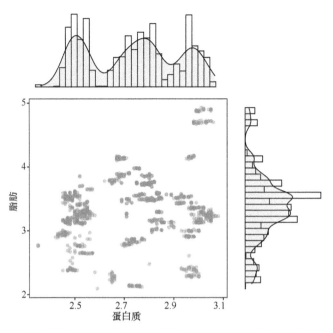

图 5-20　牛乳样品的组分分布（彩图请扫封底二维码）

　　对加热后的牛乳样品进行红外光谱分析，3000～1000 cm^{-1} 光谱吸光度值见图 5-21。红外光谱分析显示，随着热处理程度的增加，测试样品中各组分的吸光度增加，这可能是，加热导致的多种不同的化学反应同时发生作用的结果。已有研究表明，在热处理过程中，相同的原料采用不同的加热参数组合形成的产品，会导致不同的化学反应产物、营养损失和最终乳制品的感官变化（Lin et al.，2018）。图 5-21 结果表明，FTIR 谱图能够区分出不同热处理的牛乳。

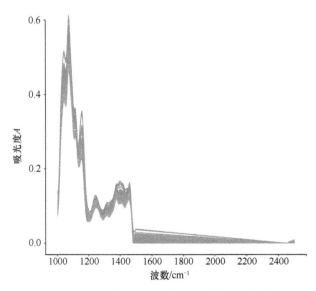

图 5-21　在 3000～1000 cm^{-1} 不同时间和温度下采样的牛乳的堆叠式 FTIR 光谱
（彩图请扫封底二维码）

（2）热处理样品特征红外光谱的选择

红外光谱包含大量的光谱信息，需要对数据进行预处理。为了研究不同温度、不同时间下加热样品之间的差异，采用主成分分析法（PCA）进行特征红外光谱的选择。PCA是一种常用的数据降维技术，它可以将大量相关变量转化为少量相关变量。这些自变量被称为主成分（PC）。在 3000～1000cm^{-1} 的波长范围内，主成分分析显示出了分布上的差异（图 5-22）。主成分 1（PC1）和主成分 2（PC2）的得分图，根据加热温度分为 4组。PC1 和 PC2 分别占总数据变量的 75.5% 和 22.4%，在 65℃、75℃、85℃、95℃加热的样品之间有明显的变化。加热至 85℃的样品集中在图左侧，65℃ 和 75℃集中在中间，95℃集中在图右侧。虽然 PC1 和 PC2 解释的方差之和在所有样本中均大于 95%，但在相同温度下，基于加热时间的离散组/簇能够被显著地区分开。同时，纵轴表示可以分离出不同加热时间下样品的分布，如 85℃的样品，加热时间从下到上依次递增。因此，可以推导出可能 PC1 较多的解释了加热温度，PC2 较多的解释了加热时间。

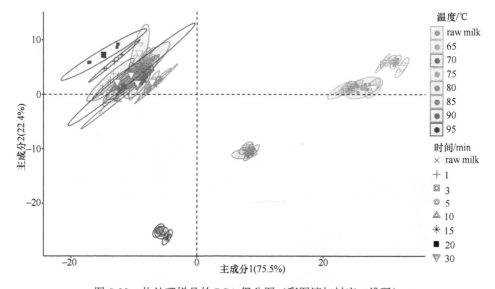

图 5-22　热处理样品的 PCA 得分图（彩图请扫封底二维码）

PCA 的应用使得每个模型中变量的数量大大减少，也减少了训练所需的样品量。最终选择的波长，也与其他研究报告的不同热处理温度下，可能发生的某些功能化学基团的增多与消减有关。PC1 对应的因子载荷在 2500cm^{-1} 和 1000cm^{-1} 之间的位置呈阳性带（图 5-23）。这可能是由于样品中存在新的化学键或化合物发生了变化，这与 Aernouts 等（2011）将牛乳均质化后的红外光谱分析结果一致。PC1 在归一化光谱上分别表达了与 C–H 弯曲振动和 C–O 拉伸振动对应的 1464cm^{-1} 和 1175cm^{-1} 处的峰值变化。所有的数据都清晰地显示了与互补组分或分子结构相关的吸收，如 1100cm^{-1} 处观察到的光谱变化，可以解释 O=P–O 伸缩振动的吸收（Etzion et al., 2004）。PC2 的因子载荷在 1650 cm^{-1}、1548cm^{-1} 和 1240cm^{-1} 左右出现正、负峰值，这与蛋白质的酰胺，与醛和氨基酸产生的稳定氧化产物有关（Iñón et al., 2004）。因此，本研究的结果表明，红外光谱能够区分热处理程度的基础是不同加热程度液态奶的组成的分子或分子发生了变化。

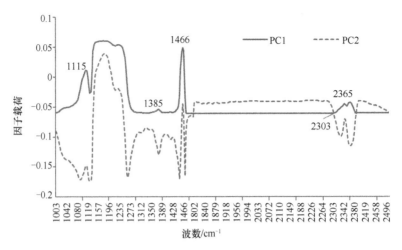

图 5-23　热处理牛乳的因子载荷图

（3）根据性能选择分类模型

混淆矩阵是机器学习中的一个概念，它包含了由分类系统得到的实际分类和预测分类的信息。基于混淆矩阵可以定义许多分类性能的度量。图 5-24 为热处理牛乳分类任务的混淆矩阵结果。混淆矩阵有两个维度，一个维度是真实样本索引，另一个表示分类器预测的结果。对角线上的数据表示预测类别的正确数量。对于 RF 模型的混淆矩阵，

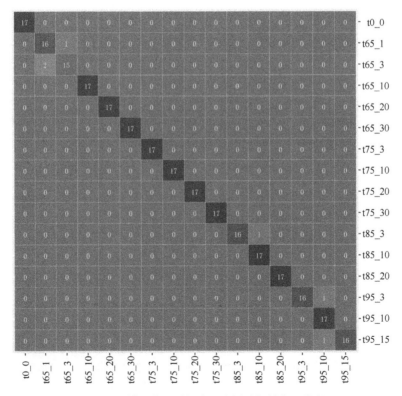

图 5-24　RF 模型的混淆矩阵（彩图请扫封底二维码）

所有属于特定温度处理的样本都得到了很好的分类。然而，在65℃下加热1min的样品和在65℃下加热10min的样品被错误地归类在65℃下加热3min的分类下。虽然样品被错误分类，但这些错误分类的样品被分在了相同的加热温度下。同样，85℃的分类也出现了类似的错误。

分类器的预测结果和实例有4种可能的结果：如果该实例是正的，并且被归类为正，则该实例被视为真阳性（tp）；如果它被归类为负，就会被视为假阴性（fn）。如果一个实例是假的，并且它被归类为负，那么它就被认为是一个真阴性（tn）；如果被归类为正，则被视为假阳性（fp）（Fawcett，2006）。图5-25为RF、SVM、kNN、LDA 4种分类器的准确率（accuracy）、查准率（precision）、查全率（recall）和查准率与查全率的调和平均（F1，也称F1分数）。4个模型预测的准确率分别是0.92±0.03，0.90±0.04，0.86±0.10和0.84±0.10；4个模型的查准率分别是0.90±0.03，0.87±0.07，0.73±0.21 和 0.75±0.22；4个模型的查全率分别是0.90±0.03，0.87±0.08，0.75±0.21 和 0.75±0.23；4个模型的查准率与查全率的调和平均分别是0.90±0.03，0.88±0.07，0.74±0.21 和 0.75±0.23。从图5-25中可知，4个模型的准确度、查准率、查全率和F1都具有显著性差异，随机森林在所有4个性能参数中，均表现最好，准确度、查准率、查全率在0.9以上，F1在0.8以上，表明模型能够准确识别不同加热处理程度的牛奶。

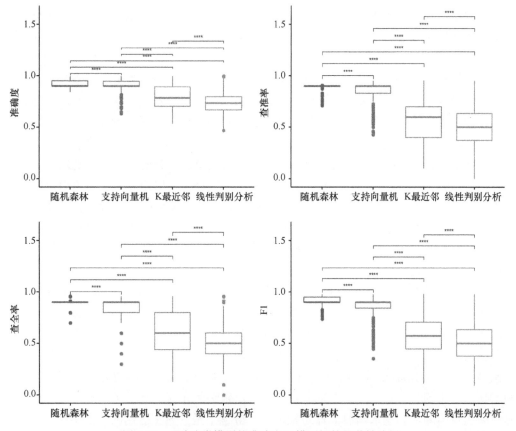

图 5-25　4 种分类模型的准确率及模型间的显著性分析

星号为显著性程度，圆点为离散数值

5.6.5　小结

根据以往的多种文献可知，牛乳在不同加热温度和加热时间组合下，多种组分发生了变化。因此，以往的研究采用 1 种和多种组分判定牛乳的加热程度，取得了一些研究结果。这些成分的变化，在本研究的红外光谱也多有体现。但是，这些成分，在某个加热程度组合下可能会消失，或者不呈线性变化，导致使用一种或多种组分判别牛奶加热强度的方法，使用的范围不广。本研究充分利用一些可能不是线性变化，或者变化权重不够大的组分，通过这些组分的红外光谱变化，整合机器学习算法，最终得到的 RF 模型准确率达到 0.9 以上。

因此，FTIR 光谱结合机器学习判定牛乳的热处理程度是一种具有实际应用潜力的方法。通过本研究可以看出，进一步加大样品量，广泛采集不同区域、不同饲养条件及不同品种的牛乳进行模型训练，或者选择更准确的算法，准确判定不同加热状态的牛乳，如建立区分巴氏杀菌奶和超高温灭菌奶的标准方法，应该是可行的。另外，光谱结合合适的深度学习算法也可能实现追踪牛乳加热历史。

5.7　多光谱成像技术在玛咖及掺假物鉴别中的应用

玛咖原产于南美秘鲁海拔 3500m 以上的安第斯山脉（Zha et al.，2014），在秘鲁当地食用和药用历史已有 2000 多年，具有"南美人参"的美誉。它含有多种次生代谢产物如玛咖酰胺、玛咖烯、芥子油苷和甾醇等（Chen et al.，2017），具有提高生育力、抗疲劳、保护神经和缓解更年期综合征等功效（Stojanovska et al.，2015）。2002 年在我国云南、西藏等地相继引种成功（杜萍等，2016），2011 年以来产业高速发展，但随着玛咖价格的上涨，利润空间加大化，掺假现象愈发严重，产品质量参差不齐。

目前玛咖真伪鉴别研究的技术主要包括液相色谱、质谱技术和基因条形码技术等。例如，Zhang 等（2017）基于液相色谱和液相色谱质谱联用分析了不同产地玛咖的芥子油苷，为玛咖的质量评估提供了依据；李绍辉等（2016）利用超高效液相色谱串联质谱法检测玛咖中的非法添加物；Chen 等（2015）通过基因条形码技术对玛咖及其掺假物进行了鉴别。然而色谱、质谱技术样品预处理复杂，设备昂贵，还需要消耗大量的化学试剂，基因条形码技术需要专门的数据库作为支撑。近几年红外光谱和电子鼻技术等快速检测技术开始用于玛咖的分类鉴别研究，如王元忠等（2016，a、b）分别利用红外光谱和近红外光谱对玛咖的产地进行了鉴别分类；党艳婷等（2018）基于玛咖中芥子油苷含量通过电子鼻技术对玛咖进行了品质等级分类，实现了玛咖品质的快速鉴定。但对玛咖的真伪鉴别研究尚少。作为一种快速无损检测技术，多光谱成像技术在质量监控方面有着很大的潜力，应用于农产品无损检测领域，主要有三个方向：一是基于农产品品质的预测分级，如 Martina 等（2016）利用多光谱成像技术成功地将被镰刀菌感染的小麦种子与未感染的小麦种子区分，为小麦种子的质量评估和筛选提供了依据；二是加工过程中的质量监测，如脱水胡萝卜片的颜色和水分含量是其质量监测的重要指标，Liu 等（2015）采用多光谱技术实现了实时监测胡萝卜切片在热空气脱水情况下颜色和水分的变化；三是针对真伪掺假的在线鉴别，如 Liu 等（2016）通过多光谱成像技术有效地鉴别出注水牛肉，而且检测出了牛肉样本中增加的水分含量；Xiong 等（2016）采用多光谱成像技术结合多种化学计量学方法成功辨别了辐照虾和非辐照虾，为辐照水产品的检测提供了方法。

目前利用多光谱成像技术对玛咖进行真伪鉴别的研究尚未有文献报道。针对玛咖中掺杂芜菁的掺假现象，利用多光谱成像技术结合 SVM、GA-SVM 和 BPNN 模型对玛咖及其掺假物芜菁切片进行了分类鉴别；利用 PLS 和 LS-SVM 模型对玛咖粉中掺入芜菁粉的比例进行了定量预测，旨在为玛咖掺伪定性定量研究提供一种方法。

5.7.1 材料来源

玛咖干果采购于云南和西藏，经云南省农业科学院药用植物研究所鉴定，芜菁采购于北京市场。

5.7.2 主要设备

多光谱成像仪。

5.7.3 实验方法

（1）样品制备

玛咖和芜菁干果利用自动切片机切成 3mm 厚度的薄片，冷冻干燥 24h。玛咖和芜菁切片分别来自不同的玛咖和芜菁干果，各 120 片，其中任意选择 180 片为校正集，60 片为预测集，进行多光谱数据采集。切片实验完成后，模拟市场上玛咖粉掺假，将切片粉碎成细粉末，过 60 目筛。然后芜菁粉以 20%、40%、60%、80%，共 4 个掺假水平（m/m）掺到玛咖粉中，另外，还有纯的玛咖粉和芜菁粉用于实验。将两种粉末充分搅拌混合均匀，将混匀后的样品置于培养皿中，使培养皿表面平整，然后利用多光谱测量仪对不同掺假水平的样品进行光谱测定，每份样品由不同的玛咖和芜菁干果磨成的粉组成，校正集 90 份样品，预测集 30 份样品。

（2）多光谱图像采集

多光谱成像仪可测量 405nm、435nm、450nm、470nm、505nm、525nm、570nm、590nm、630nm、645nm、660nm、700nm、780nm、850nm、870nm、890nm、910nm、940nm 和 970nm 共 19 个波段的光谱反射值，覆盖了可见光及近红外波长。多光谱成像采集系统由摄像头、LED 灯、积分球等部分组成，测量时将样品放于积分球内，积分球表面涂有白色颜料，光线可以均匀传播，光谱敏感摄像头置于积分球的顶部，LED 灯置于积分球边缘位置。多光谱图像是含有光谱数据和形态信息值的三维图像，原始图像里包含了噪声和冗杂信息，需要进行预处理后再提取光谱值。

（3）数据分析

采用的化学计量学方法包括 PCA、SVM、GA-SVM、LS-SVM、BPPN、PLS，其中需要的软件有 Origin 8.5 和 Matlab 2011a。

PCA 是一种常用的无监督的多元统计学方法，通过运用少量的特征对样品进行描述，达到降低特征空间维数的目的。PLS 是一种线性回归的多元校准模型，BPPN 与线性模型相比，能更准确地解决复杂的问题，在模式识别中有广泛的应用。SVM 是一种可以进行非线性分类、函数估计和核密度估计的新型算法，具有较好的泛化能力，广泛应用于统计分析和回归分析中。LS-SVM 是在 SVM 算法基础上作了改进，能同时进行线性和非线性建模分析，可以快速准确地进行多元建模。GA-SVM 是将支持向量机和遗传算法结合起来的一种混合算法，遗传算法提取最优的特征子集，支持向量机确定特征子集的合适值。

（4）模型校准

模型构建后需要评价样本测量值和预测值间的回归模型，判断模型是否准确可靠和稳定，主要通过校准均方根误差（RMSEC）、预测均方根误差（RMSEP）、偏差（bias）、在校准（R_C）和预测（R_P）中的决定系数（R^2）及相对预测误差（RPD）来进行评估。RPD 值越大则预测化学成分准确率越高，一般 RPD 大于 3 可以用于质量控制。通常来说一个最佳的模型应该具有较高的 R_C^2、R_P^2 和 RPD 及较低的 RMSEC、RMSEP 和 bias。

5.7.4 结果与分析

（1）玛咖及其掺假物芜菁的光谱分析

玛咖及其掺假物芜菁在 405～970nm 波长范围内的平均反射光谱的平均光谱变化趋势相似，两者随着波长的增加，反射值逐渐增加。但是存在一些差异，玛咖的反射值始终高于芜菁的反射值（图 5-26A），这反映了玛咖及芜菁中物理和化学成分存在差异。在 405～700nm 可见光范围内，玛咖反射值高于芜菁的反射值主要是与样品的颜色有关。在 940～970nm 玛咖和芜菁光谱值差异主要是 O—H 伸缩或弯曲模式引起的。在不同比例芜菁粉和玛咖粉平均反射光谱中（图 5-26B），所有样品的平均光谱呈相似的变化趋势，随着波长的增加呈上升趋势。样品的反射值与掺入芜菁粉比例呈正相关增长，其中掺入 60%芜菁粉、掺入 80%芜菁粉和芜菁粉 3 组之间反射值递增的梯度较为明显，另外在 700～850nm 6 组反射值差异最为显著。由于玛咖中成分复杂，仅依靠化学成分来定性分析是困难的，因此应用化学计量学方法进一步分析光谱数据以获取更好的玛咖鉴别结果。

（2）玛咖及其掺假物芜菁切片的分类分析

为了对玛咖和芜菁进行有效鉴别，首先采用 PCA 分析以观察玛咖及其掺假物芜菁样品之间的变化和区分能力。玛咖及其掺假物芜菁的主成分三维得分图结果显示，3 个主成分 PC1、PC2、PC3 总得分达 99.63%，得分依次为 93.46%、4.23%、1.94%。可清晰地将玛咖及其掺假物芜菁分成两组（图 5-27）。结果表明玛咖和芜菁可以被区分并且样品的不同光谱属性与样品的特征是相关的。在 PCA 可视化分析基础之上建立 SVM、GA-SVM、BPNN 等模型进一步准确验证。本研究共 240 个玛咖和芜菁样品（玛咖、芜菁各 120 个），整个数据集分为 2 组，其中，校正集 180 个，预测集 60 个。3 个模型鉴别结果如表 5-13 所示，在 SVM 模型的预测集中，只有 1 个玛咖样品没有正确分类，玛咖和芜菁的预测正确率分别为 98.33%和 100%。在 GA-SVM 和 BPNN 模型中，玛咖和芜菁样品全部正确分类，预测正确率均为 100%。3 个模型相比，GA-SVM 和 BPNN 模型更适于玛咖和芜菁的鉴别，表明多光谱成像技术结合 GA-SVM 或 BPNN 模型可有效实现玛咖及其掺假物芜菁的鉴别。

（3）掺假玛咖粉中芜菁粉的定量预测

在光谱分析中，最佳校正模型的选择是非常重要的。本研究利用 PLS、LS-SVM 算法建立校准模型对向玛咖粉中掺入 20%、40%、60%、80%芜菁粉的比例进行了预测，共 120 份样品，其中，校正集 90 份，预测集 30 份。两个模型预测的结果如表 5-14 所示。根据最低 PRESS 值确定了 PLS 模型的潜变量个数为 5，通过留一交叉验证法得到 LS-SVM 模型预测芜菁粉比例的最佳参数（γ, δ^2）为（1024, 0.0089）。通过评估 R_C^2、R_P^2、RMSEC、RMSEP、RPD 和 bias 选出最佳的分析模型，最佳模型应具有较高的 R_C^2、R_P^2 和 RPD 及较低的 RMSEC、RMSEP 和 bias。表 5-14 中 LS-SVM 模型的决定系数 R_C^2、R_P^2，分别为 0.997、0.994，略高于 PLS 模型（R_C^2、R_P^2 分别为 0.996、0.992），预测集的 RMSEP 和 bias 分别为 2.675%和 0.032%，低于 PLS 模型的 RMSEP 2.718%和 bias 1.635%。另外，RPD 作为验证模型准确性的重要参数，在 LS-SVM 模型中为 12.987 高于 PLS 模型。通常 RPD 值大于 8，被认为模型实际应用的预测能力非常好。因此 LS-SVM 模型预测玛咖粉中掺入芜菁粉比例的能力较强，相比于 PLS 模型更适于玛咖粉中芜菁粉掺入比例的预测。PLS 模型预测能力稍弱的原因可能是 PLS 是线性回归的方法，而 LS-SVM 是非线性的算法，有更强的自学和调整能力，而且玛咖成分复杂，更适于非线性方法进行分析。

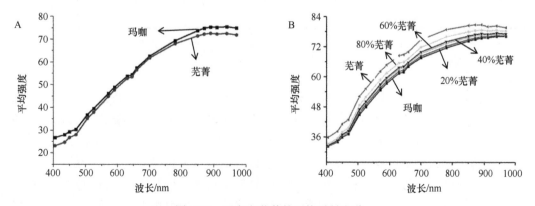

图 5-26 玛咖和芜菁的平均反射光谱

A. 玛咖和芜菁切片；B. 玛咖粉及掺入不同比例的芜菁粉

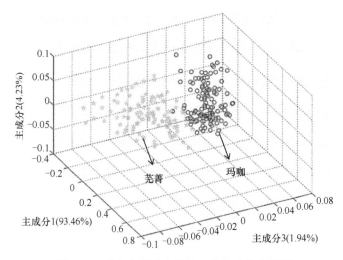

图 5-27　玛咖和芜菁光谱的三维主成分分析图

表 5-13　用于鉴别玛咖及芜菁切片的 SVM、GA-SVM、BPNN 模型结果对比

	SVM		GA-SVM		BPNN	
	MS[a]	Accuracy/%	MS[a]	Accuracy/%	MS[a]	Accuracy/%
校正集						
玛咖（n=90）	0	100	0	100	0	100
芜菁（n=90）	0	100	0	100	0	100
预测集						
玛咖（n=30）	1	98.33	0	100	0	100
芜菁（n=30）	0	100	0	100	0	100

a 误判样品

表 5-14　用于预测玛咖粉中芜菁粉掺假比例的 PLS 和 LS-SVM 模型结果对比

方法	校正集				预测集			
	R_C^2	RMSEC/%	RPD	bias/%	R_P^2	RMSEP/%	RPD	bias/%
PLS	0.996	2.132	16.079	-9.144×10^{-13}	0.992	2.718	12.782	1.635
LS-SVM	0.997	1.536	22.366	0.099	0.994	2.675	12.987	0.032

注：R_C^2. 校准绝对系数；R_P^2. 预测绝对系数；RMSEC. 校准均方根误差；RMSEP. 预测均方误差；RPD. 相对预测误差；bias. 偏差

　　目前市场上向玛咖粉中掺入芜菁粉的量多少不一，而且分布范围较广，实时鉴别难度较大。本研究的主要目的是应用多光谱成像技术实现玛咖粉中掺假芜菁粉检测的可能性，通过对 20%、40%、60%、80%的掺假比例研究后发现，掺假玛咖样本的多光谱信号随掺假比例呈现规律性变化，证明了该方法进行芜菁掺假定量分析是可行的。在将来的研究中，可以对于模型能够预测的最低检测水平进行研究，并对定量分析模型的稳定性进行优化，使得建立的模型能够更好地应用于市场上玛咖掺假的快速无损检测。总之，多光谱成像技术结合多元统计学方法在玛咖真伪鉴别方面有很大的发展空间和应用前景。

5.7.5 小结

利用多光谱成像技术结合不同化学计量学方法,包括 PCA、SVM、GA-SVM、BPNN、PLS 和 LS-SVM 对玛咖及芜菁切片进行了鉴别,以及对玛咖粉中芜菁粉的掺入比例进行了预测。结果表明,对玛咖及芜菁切片的鉴别,两者可以成功区分,GA-SVM 和 BPNN 模型有较好的校准和预测能力,准确率为 100%;对玛咖粉中掺入芜菁粉比例的预测,LS-SVM 模型的预测性能最佳。由此说明多光谱成像技术结合化学计量学方法可以为玛咖掺伪定性定量分析提供一种快速无损有效的新方法。

5.8 电子鼻技术在生鲜肉新鲜度检测中的应用

随着社会经济水平的持续发展,我国对猪肉、牛肉和羊肉等肉类的产量和消费量与日俱增,尤其是猪肉的产量和消费量约占全世界的一半。与此同时,随着食品安全意识和生活品质需求的日益升高,消费者对生鲜肉的品质要求越来越高。其中,因为新鲜度指标与生鲜肉的营养价值、味觉口感及食用安全等息息相关,已然是消费者的最直接关注点。常规生鲜肉的新鲜度检测主要依靠感官评价、腐败产物及特性及细菌污染程度三方面结合进行,虽然结果相对准确,但是不可避免地存在步骤烦琐、检测时间长、难以现场检测等问题。本研究采用电子鼻技术,以感官评价为标准,通过 PCA 和 DFA 分析,实现猪肉、牛肉和羊肉的新鲜度快速检测,为肉品品质检测提供技术支持。

5.8.1 材料来源

猪肉、牛肉、羊肉等。

5.8.2 主要设备

电子鼻:采用智鼻系统(iNose)。智鼻系统的传感器组成及敏感响应组分如表 5-15 所列。

表 5-15 智鼻系统传感器阵列组成及响应成分

传感器编号	敏感响应组分
S1	氨气,胺类成分
S2	硫化氢,硫化物成分
S3	氢气
S4	酒精,有机溶剂成分
S5	食物烹调过程中挥发气体成分
S6	甲烷,沼气,碳氢化合物成分
S7	可燃性气体
S8	VOC
S9	氮氧化合物,汽油,煤油成分
S10	烷烃,可燃性气体成分

5.8.3 实验方法

（1）样品预处理

将猪肉、牛肉、羊肉分别切成组织均匀、形状相似、重量相同的肉块，放置在玻璃杯中，并用 3M 封口膜进行密封（图 5-28），制备成生鲜肉样品。随后将所有样品放置在 25℃和 70%相对湿度的恒温恒湿箱中备用。

图 5-28　生鲜肉样品预处理示意图（图中为猪肉）（彩图请扫封底二维码）

（2）感官评价分析

根据 GB/T 10220《感官分析 方法学 总论》、GB/T 14195《感官分析 选拔与培训感官分析优选评价员导则》和 GB/T 16291《感官分析 专家的选拔、培训和管理导则》，筛选 30 名经验丰富的感官品评员（15 名男性和 15 名女性，年龄从 20 岁到 35 岁）组成感官评价小组。感官评价前，对感官品评员进行评价目的说明，并进行为期 2 周的培训。

在感官评价分析中，要求感官品评员对不同保存时间后的生鲜肉样品的颜色、气味和质地进行评估。评价结束后，要求感官品评员将每类生鲜肉样品分为 3 组，即新鲜组、次新鲜组和腐烂组。感官评价分析的结果用于电子鼻检测的标准数据库参照。

培训和评价基于以下 4 个特点：
颜色：肌肉光泽，组织液颜色；
异味：肉类特有的异味、腐臭味；
黏度：感受最新切片的表面黏度和组织液量；
弹性：用手指按压凹陷部分后的恢复率。

（3）电子鼻检测

采用电子鼻分别对经过恒温恒湿箱保存后的猪肉、牛肉和羊肉等生鲜肉样品进行检测，自保存时开始第一次检测，随后每 24h 检测一次，共计检测 7 次。

（4）数据分析与数据库建立

首先，对猪肉、牛肉和羊肉等生鲜肉样品的原始响应信号进行分析，筛选确定具有较强响应信号的传感器。其次，采用 PCA 分析对筛选得到的传感器检测特征值进行分析，同时进行降维处理。最后，以感官品评分析的结果作为标准，通过 DFA 分析对 PCA 降维处理的数据进行分析，分别建立猪肉、牛肉和羊肉等生鲜肉样品新鲜度的标准数据库。

（5）盲样检测

分别选取 19 个不同新鲜度的猪肉、牛肉和羊肉的生鲜肉样品盲样，采用电子鼻进行盲样检测，并与标准数据库进行比对，即可得到盲样新鲜度结果。

5.8.4 结果与分析

（1）感官评价分析

通过感官品评员对猪肉、牛肉和羊肉等生鲜肉样品的评价结果，可以得到 3 种肉类的新鲜度分组均为，保存 1～2 天为新鲜组，保存 3～4 天为次新鲜组，保存 5～7 天为腐败组。相应地，上述感官评价结果将用于电子鼻检测的标准数据库参照。

（2）电子鼻传感器信号响应分析

典型的猪肉、牛肉、羊肉的电子鼻响应信号如图 5-29 所示，图中每一行代表一个气体传感器。如图 5-29 所示，由于挥发性气体在传感器表面的不断积累和反应，最初的响应强度较弱，30s 后响应强度增强。随着时间的推移，响应强度达到最大值，趋于稳定。猪肉和牛肉的稳定时间接近 120s，羊肉为 220s。相应地，可检测硫化氢、硫化物、挥发性有机化合物和挥发性气体的气体传感器的响应强度明显高于其他传感器。

（3）猪肉样品的 PCA 与 DFA 分析及盲样检测结果

通过对电子鼻原始响应信号图可以看出，对于猪肉样品，传感器 S2、S5 和 S8 有最强的响应，利用这 3 个传感器的数据进行 PCA 分析，结果如图 5-30 A 所示。猪肉样品中 PC1 和 PC2 的贡献率为 100%。说明该电子鼻能较好地反映猪肉样品在保存 7 天内气体组成的变化趋势。此外，图 5-30 A 中相同保存时间对应的猪肉样本是独立的，没有重叠。另外，随着保存时间的增加，图 5-30 A 中 7 个猪肉样本在 7 天的保存时间内，整体呈现出近似抛物线的趋势。说明电子鼻能较好地识别每天的猪肉样品并显示其变化趋势。

结合感官评价分析的结果，选择 S2、S5、S8 传感器数据进行 PCA 降维，再采用 DFA 法建立猪肉新鲜度数据库，即分为新鲜、次新鲜和腐败 3 组。建立数据库后，利用电子鼻对 19 份不同储存时间的未知猪肉样品进行检测，并利用数据库进行识别，结果如图 5-30 B 和表 5-16 所示。

（4）牛肉样品的 PCA 与 DFA 分析及盲样检测结果

通过对电子鼻原始响应信号图可以看出，对于牛肉样品，传感器 S2 和 S10 有最强的响应，利用这两个传感器的数据进行 PCA 分析，结果如图 5-31 A 所示。牛肉样品中 PC1 和 PC2 的贡献率为 100%。说明该电子鼻能较好地反映牛肉样品在保存 7 天内气体组成的变化趋势。此外，图 5-31 A 中相同保存时间对应的牛肉样本是独立的，没有重叠。另外，随着保存时间的增加，图 5-31 A 中 7 个牛肉样本在 7 天的保存时间内，整体呈现出近似抛物线的趋势。说明电子鼻能较好地识别每天的牛肉样品并显示其变化趋势。

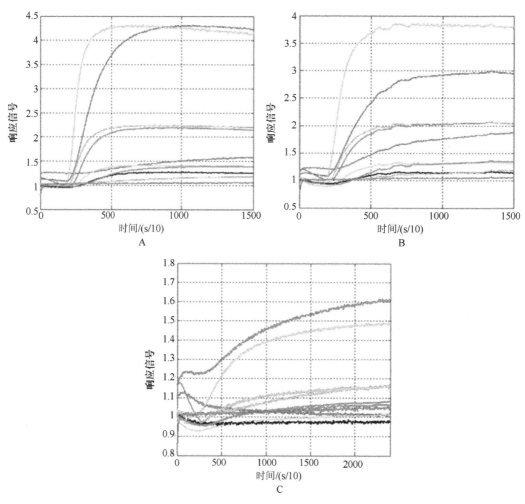

图 5-29 典型智鼻响应信号

A. 猪肉；B. 牛肉；C. 羊肉

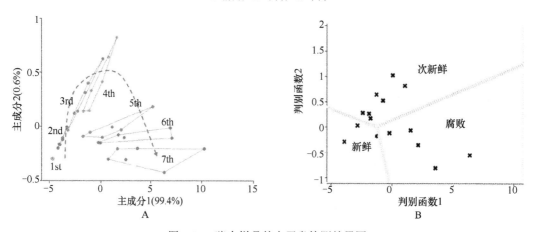

图 5-30 猪肉样品的电子鼻检测结果图

A. PCA 分析结果；B. 盲样 DFA 分析结果

表 5-16　生鲜猪肉盲样新鲜度检测结果

样品序号	保存天数	DFA 分析结果	准确性	总体准确率
1	2	新鲜	正确	
2	2	新鲜	正确	
3	2	次新鲜	错误	
4	2	新鲜	正确	
5	3	次新鲜	正确	
6	3	次新鲜	正确	
7	3	次新鲜	正确	
8	4	次新鲜	正确	
9	4	次新鲜	正确	
10	4	次新鲜	正确	89.5%
11	5	腐败	正确	
12	5	腐败	正确	
13	5	新鲜	错误	
14	6	腐败	正确	
15	6	腐败	正确	
16	6	腐败	正确	
17	7	腐败	正确	
18	7	腐败	正确	
19	7	腐败	正确	

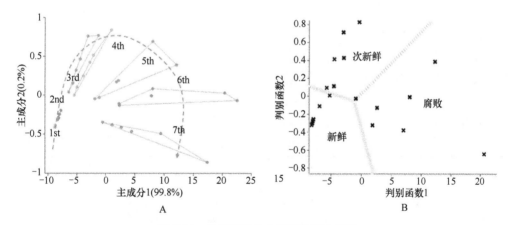

图 5-31　牛肉样品的电子鼻检测结果图
A. PCA 分析结果；B. 盲样 DFA 分析结果

　　结合感官评价分析的结果，选择 S2、S10 传感器数据进行 PCA 降维，再采用 DFA 法建立牛肉新鲜度数据库，即分为新鲜、次新鲜和腐败 3 组。建立数据库后，利用电子鼻对 19 份不同储存时间的未知牛肉样品进行检测，并利用数据库进行识别，结果如图 5-31B 和表 5-17 所示。

（5）羊肉样品的 PCA 与 DFA 分析及盲样检测结果

　　通过对电子鼻原始响应信号图可以看出，对于羊肉样品，传感器 S1、S8 和 S10 有最强的响应，利用这 3 个传感器的数据进行 PCA 分析，结果如图 5-32 A 所示。羊肉样品中

PC1 和 PC2 的贡献率为 99.0%。说明该电子鼻能较好地反映羊肉样品在保存 7 天内气体组成的变化趋势。此外，图 5-32 A 中相同保存时间对应的羊肉样本是独立的，没有重叠。另外，随着保存时间的增加，图 5-32 A 中 7 个羊肉样本在 7 天的保存时间内，整体呈现出近似抛物线的趋势。说明电子鼻能较好地识别每天的羊肉样品并显示其变化趋势。

表 5-17 生鲜牛肉盲样新鲜度检测结果

样品序号	保存天数	DFA 分析结果	准确性	总体准确率
1	2	新鲜	正确	
2	2	新鲜	正确	
3	2	新鲜	正确	
4	2	新鲜	正确	
5	3	次新鲜	正确	
6	3	次新鲜	正确	
7	3	次新鲜	正确	
8	4	新鲜	错误	
9	4	新鲜	错误	
10	4	次新鲜	正确	84.2%
11	5	次新鲜	正确	
12	5	次新鲜	正确	
13	5	腐败	正确	
14	6	次新鲜	错误	
15	6	腐败	正确	
16	6	腐败	正确	
17	7	腐败	正确	
18	7	腐败	正确	
19	7	腐败	正确	

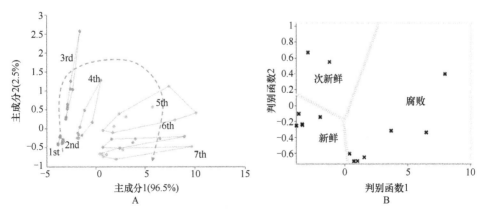

图 5-32 羊肉样品的电子鼻检测结果图
A. PCA 分析结果；B. 盲样 DFA 分析结果

结合感官评价分析的结果，选择 S1、S8、S10 传感器数据进行 PCA 降维，再采用 DFA 法建立羊肉新鲜度数据库，即分为新鲜、次新鲜和腐败 3 组。建立数据库后，利用电子鼻对 19 份不同储存时间的未知羊肉样品进行检测，并利用数据库进行识别，结果如图 5-45B 和表 5-18 所示。

表 5-18　生鲜羊肉盲样新鲜度检测结果

样品序号	保存天数	DFA 分析结果	准确性	总体准确率
1	2	新鲜	正确	
2	2	新鲜	正确	
3	2	新鲜	正确	
4	2	新鲜	正确	
5	3	新鲜	正确	
6	3	次新鲜	正确	
7	3	次新鲜	正确	
8	4	次新鲜	正确	
9	4	新鲜	错误	
10	4	次新鲜	正确	94.7%
11	5	次新鲜	正确	
12	5	腐败	正确	
13	5	腐败	正确	
14	6	腐败	正确	
15	6	腐败	正确	
16	6	腐败	正确	
17	7	腐败	正确	
18	7	腐败	正确	
19	7	腐败	正确	

5.8.5　小结

电子鼻是近年来快速发展的用于识别检测复杂气体挥发性成分的新型快速智能检测仪器，在葡萄酒鉴别、水果品质检测、肉类区分辨识等得到广泛应用。采用电子鼻技术，通过 PCA 分析能够对 7 天保存时间内不同新鲜度的猪肉、牛肉和羊肉样品进行显著的区分与辨识。进一步地，基于人工感官评价分析对 3 种生鲜肉的新鲜度评价结果，采用 DFA 分别建立猪肉、牛肉和羊肉的新鲜、次新鲜和腐败组标准数据库。分别对 3 种生鲜肉的不同新鲜度的盲样样品进行电子鼻检测，其总体准确率为 89.5%，具有较高的准确率。相对于传统的理化分析和人工感官分析方法，电子鼻具有快速、便捷、能够实现在线无损检测，且对操作人员要求相对较低等优点，在生鲜肉的新鲜度检测领域具有良好的应用前景。

5.9　电子舌技术在黄酒真伪鉴别中的应用

黄酒是中华民族宝贵的遗产，起源于中国，与葡萄酒、啤酒一起被称为世界三大酿造古酒。黄酒酒性柔顺、酒体丰满、酒香醇厚、酒精度低、营养丰富并具有保健作用。按照国家标准 GB/T 17946—2008《地理标志产品 绍兴酒（绍兴黄酒）》规定：只有使用绍兴的鉴湖水系并严格按照绍兴酒质量和工艺标准生产的黄酒，才能被称为"绍兴黄酒"或"绍兴酒"。近几年来，随着绍兴黄酒宣传力度的加大，其消费量迅速增加。然而，在绍兴黄酒声名远扬的同时，近年来仿冒、假冒绍兴黄酒事件不断发生，给绍兴黄酒生产企业带来巨大的冲击，主要表现在假冒侵权，有些企业未经授权就擅自使用"绍兴黄酒"或"地理标志产品"等证明商标，更有人伪造、冒用绍兴厂名厂址或以"绍酒"等突出绍兴地名，误导消费者。本研究采用电子舌技术，以感官评价为标准，通过 PCA、DFA 和 SIMCA 分析，实现绍兴黄酒的产地辨识检测，为黄酒真伪检测提供技术支持。

5.9.1　材料来源

样品 A1～A16：16 种地理标志绍兴黄酒；样品 B1～B3：3 种非地理标志绍兴黄酒；样品 C1～C3：3 种浙江省内产地黄酒；样品 D1～D3：3 种浙江省外产地黄酒。

5.9.2　主要设备

恒温恒湿箱；电子舌：采用智舌系统（smartongue）。智舌系统的传感器阵列由铂电极、金电极、钯电极、钛电极、钨电极和银电极组成。

5.9.3　实验方法

（1）电子舌检测

将传感器阵列放置于氯化钾溶液中，对传感器阵列进行活化。活化后，采用电化学清洗对传感器阵列进行清洗。将传感器阵列放置于任意一种黄酒中再次预热，使传感器适应待测溶液。然后对 25 种黄酒的待测样品依次进行检测。每次测量前后，对传感器都要采用清水进行电化学清洗。每种黄酒样品检测 6 次，用于后期数据处理。

（2）数据处理与数据库建立

首先，采用智舌系统自带软件利用 PCA 方法，进行传感器阵列优化，并基于样品之间的区分度选取最佳检测效果传感器及频率组合。

其次，利用优化后的传感器及频率组合，分别用 SIMCA 和 DFA 方法进行黄酒样品的标准数据库建立。

（3）市售样品检测

采用优化后的传感器及频率组合对市售的 16 种地理标志黄酒样品进行检测，并分别用 SIMCA 和 DFA 方法与标准数据库进行比对，得到黄酒产地辨识结果。

5.9.4 结果与分析

（1）PCA 分析

取 16 种正宗地理标志绍兴黄酒、3 种非地理标志绍兴黄酒、3 种浙江省内黄酒和 3 种浙江省外黄酒进行 PCA 分析，由传感器优化得到最佳的传感器及频率段的组合为钯电极 10Hz、钨电极 1Hz 及银电极 100Hz。由传感器优化后的主成分得分图（图 5-33）可知，横坐标代表的主成分 1 及纵坐标代表的主成分 2 对原始数据信息的保留量超过了 75%，说明电子舌能较好地反映上述 25 种黄酒样品的信息。

从图中可以清楚地看到 25 种不同产地的黄酒被划分为 4 块区域，3 种浙江省外黄酒、3 种浙江省内黄酒及 3 种非地理标志绍兴黄酒的数据点都很好地落在各自独立的区域内，互相不重叠且各自区域内的点离散程度比较小，这说明不同产地的黄酒风味特色有比较大的差异。另外 16 种正宗地理标志绍兴黄酒，在区域内有部分重叠，这可能是正宗地理标志绍兴黄酒无论从水源、原料上还是从酿造工艺上有一些相似的地方，故体现出整体相近的品质特性。总体而言，主成分得分图能很好地表征黄酒的区域特性，并且体现出不同区域的差异程度，地理标志绍兴黄酒的数据点相对集中。

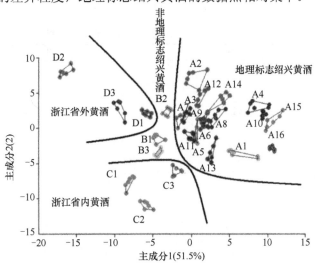

图 5-33 不同产地的黄酒主成分得分图

（2）SIMCA 分析及市售样品检测

地理标志绍兴黄酒的 SIMCA 分析结果如图 5-34 所示，横坐标代表识别样本的杠杆值，纵坐标代表市售识别样本的残差值。图中建立的为地理标志绍兴黄酒模型，在横线的下方，竖线的左方交界的区域，即低杠杆值和低残差值的样本区域被认为是与所建立的模型相近的区域（图中用浅蓝色的点表示），其余的区域都被认为是与所建立的模型差异较大的区域（图中用红色的点表示）。

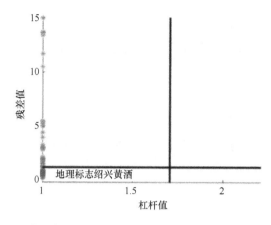

图 5-34　不同产地黄酒的 SIMCA 分析结果图（彩图请扫封底二维码）

　　同时，表 5-19 列出了具体的市售样品识别情况，横向显示为地理标志绍兴黄酒模型的预判结果（每种取 3 个未知样）。纵向则是 25 个未知数据样。横向和纵向的交叉格中若为"*"则表示 SIMCA 方法判断该未知样与标准数据库一致。

　　由表 5-19 可知，非地理标志绍兴黄酒、浙江省内黄酒及浙江省外黄酒都没有被预测成是地理标志绍兴黄酒，预测全部正确，而地理标志绍兴黄酒中，总计 9 个样被认为不是地理标志绍兴黄酒，产生了误判，整体识别率为 88%。

表 5-19　SIMCA 对市售黄酒样品的识别结果

所属类别	标准样品	市售样品识别结果			总体准确率
地理标志绍兴黄酒	A1	*	*	*	
	A2	*	*	*	
	A3		*	*	
	A4	*	*	*	
	A5	*	*		
	A6	*	*	*	
	A7			*	
	A8	*	*		
	A9	*	*		
	A10	*	*	*	
	A11	*			
	A12	*	*	*	
	A13		*		88.0%
	A14	*	*	*	
	A15	*	*	*	
	A16	*	*	*	
非地理标志绍兴黄酒	B1	*	*	*	
	B2	*	*	*	
	B3	*	*	*	
浙江省内黄酒	C1	*	*	*	
	C2	*	*	*	
	C3	*	*	*	
浙江省外黄酒	D1	*	*	*	
	D2	*	*	*	
	D3	*	*	*	

（3）DFA 分析及市售样品检测

　　不同产地黄酒的 DFA 分析结果如图 5-35 所示和表 5-20 所列，DFA 算法根据地理标志绍兴黄酒、非地理标志绍兴黄酒、浙江省内黄酒及浙江省外黄酒 4 种区域产地的 PCA 数据得到不同类别间的边界函数模型，这一边界函数将主成分图划分为 4 块产地区域。图中带"×"的未知样数据点落在哪块区域就代表其属于哪个产地。结合图 5-35 和表 5-20 可以看出：省内黄酒区域，3 个未知样辨识正确，省外黄酒有 2 个错误辨识，非地理标志绍兴黄酒辨识正确，地理标志绍兴黄酒有 5 个辨识错误，总的正确率为 90.1%。

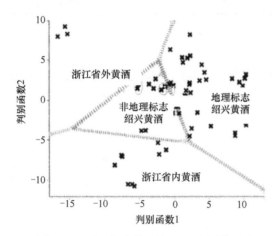

图 5-35　不同产地黄酒的 DFA 分析结果图

表 5-20　DFA 对市售黄酒样品的识别结果

所属类别	标准样品	市售样品识别结果			总体准确率
地理标志绍兴黄酒	A1	正确	正确	正确	
	A2	正确	正确	正确	
	A3	正确	正确	正确	
	A4	正确	正确	正确	
	A5	正确	正确	正确	
	A6	正确	正确	正确	
	A7	错误	错误	正确	
	A8	正确	正确	正确	
	A9	正确	正确	正确	90.1%
	A10	正确	正确	正确	
	A11	错误	错误	错误	
	A12	正确	正确	正确	
	A13	正确	正确	正确	
	A14	正确	正确	正确	
	A15	正确	正确	正确	
	A16	正确	正确	正确	
非地理标志绍兴黄酒	B1	正确	正确	正确	
	B2	正确	正确	正确	

续表

所属类别	标准样品	市售样品识别结果			总体准确率
非地理标志绍兴黄酒	B3	正确	正确	正确	
浙江省内黄酒	C1	正确	正确	正确	
	C2	正确	正确	正确	90.1%
	C3	正确	正确	正确	
浙江省外黄酒	D1	错误	错误	正确	
	D2	正确	正确	正确	
	D3	正确	正确	正确	

5.9.5 小结

电子舌是近年来快速发展的用于检测液体样品的味觉仿生学智能感官仪器,在乳制品检测、茶类检测、水质检测等领域得到广泛应用。采用电子舌技术,通过 PCA 分析能够区分出地理标志绍兴黄酒、非地理标志绍兴黄酒、浙江省内黄酒及浙江省外黄酒这4 块不同区域的黄酒,说明不同地域的酿酒原料、水源及酿造工艺会导致黄酒的品质风味出现较大的差异,这为后续黄酒不同产地的辨识实验提供了基础。采用 SIMCA 及 DFA模式识别方法,首先针对各区域的黄酒样品建立标准数据库,然后依据该数据库对未知样品进行分类识别,结果显示:DFA 方法的识别率达到 90.1%,SIMCA 方法的识别率也达到 88.0%,具有较高的准确率。相对于传统的理化分析和人工感官分析方法,电子舌具有快速、便捷、无损、检测要求低等优点,在酒类真伪检测领域具有良好的应用前景。

5.10 电子舌技术在椰汁品质控制中的应用

椰汁由于其天然、绿色、健康的特性,受到消费者广泛喜爱。但由于椰子汁属于植物蛋白饮料,含有丰富的蛋白质、脂肪,其在生产和储存过程中的稳定性一直是影响产品质量的最大因素。目前椰汁的质量检测方法主要依靠分析仪器对样品的单方面特性进行检测,耗时耗精力,且不能对样品的整体品质进行分析。进一步地,椰汁的整体质量品质分析的一般方法是通过专业感官评审小组对产品进行感官评定,受主观因素影响大,费时耗力,不能大规模进行,无法满足现代工业的要求。本研究采用电子舌技术,利用 PCA 和 DFA 分析,分别通过不同品牌椰汁辨识、椰汁综合质量评价及椰汁货架期检测三个方面入手,实现椰汁综合品质检测,为椰汁的品质控制提供技术支持。

5.10.1 材料来源

不同品牌椰汁辨识:选用'椰树'、'华雄'和'椰岛'3 个品牌的 6 种市售产品;椰汁综合质量评价、货架期检测:选用'椰岛'品牌的不同货架期的 21 个生产批次的市售产品。

5.10.2 主要设备

电子舌：采用智舌系统（smartongue）。智舌系统的传感器阵列由铂电极、金电极、钯电极、钛电极、钨电极和银电极组成。

5.10.3 实验方法

（1）不同品牌椰汁辨识

开机后，将传感器阵列放置于氯化钾溶液中，对传感器阵列进行活化。活化后，采用电化学清洗对传感器阵列进行清洗。将传感器阵列放置于任意一个椰汁样品中再次预热，使传感器适应待测溶液。然后将 3 个品牌的 6 种椰汁待测样品依次进行检测。每次测量前后，对传感器都要采用清水进行电化学清洗。每种椰汁样品测试 16 次，用于数据分析。

通过 PCA 分析，确定电子舌传感器阵列对不同椰汁品牌的区分度，同时，对电子舌原始特征值进行数据降维。对降维数据进行 DFA 分析，建立 3 个品牌 6 种椰汁样品的品牌特征数据库。最后，每种椰汁样品测试 6 次并进行 DFA 分析，共计 36 次 DFA 辨识，用于数据库验证。

（2）椰汁综合质量评价

以合格产品不同批次之间的差别度值，以及不同差别度值的平均值和标准偏差作为依据，以 t 统计检验作为数学参考，以 95%置信区间作为设定区间，建立综合治理特征标准数据库的边界。

（3）椰汁货架期检测

根据电子舌原理，以差别度为基础，默认货架较为相近的样品其差别度较小、货架相差较远的样品之间差别度较大。因此，设计将不同生产批次的样品两两进行差别度检验，建立差别度与样品货架时间间隔的相关性关系，以建立产品货架质量的变化方程，用于货架期检测。

5.10.4 结果与分析

（1）不同品牌椰汁辨识

3 个品牌的 6 种椰汁样品的 PCA 分析结果如图 5-36 所示，其中，横坐标代表的主成分 1 及纵坐标代表的主成分 2 对原始数据信息的保留量超过了 85%，说明电子舌能较好地反映上述 6 种椰汁样品的信息。同时，通过计算，电子舌对 6 种样品的 DI 值达到 96.05%，说明其能够很好地呈现不同品牌及类型椰汁之间的整体差异性。

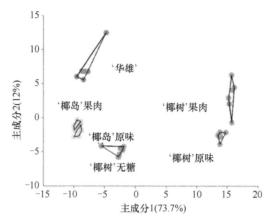

图 5-36　3 个品牌 6 种椰汁产品的 PCA 分析结果图

　　3 个品牌的 6 种椰汁样品的 DFA 分析结果如图 5-37 所示，黑色空心图形代表未知样品，不同形状代表不同种的椰汁样品，可以看到，'椰树'椰汁一个点落在'椰树'果肉区域，'椰树'无糖一个点落在'椰岛'椰汁区域，出现两次误判。详细结果统计如表 5-21 所列，在 36 次样品辨识中，有 34 次正确辨识，其中'华雄'、'椰树'果肉、'椰岛'原味和'椰岛'果肉的识别准确率达到 100%，'椰树'无糖与'椰树'原味识别准确率为 83.33%，电子舌椰汁品牌模型的总识别正确率为 94.7%。

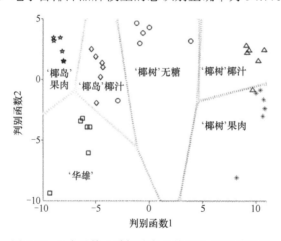

图 5-37　3 个品牌 6 种椰汁产品的 DFA 识别结果图

表 5-21　电子舌椰汁品牌数据库模型识别结果

样品名称	识别次数	识别结果						个体准确率/%	总体准确率/%
		'椰树'无糖	'华雄'	'椰树'原味	'椰树'果肉	'椰岛'原味	'椰岛'果肉		
'椰树'无糖	6	5	0	0	0	1	0	83.33	
'华雄'	6	0	6	0	0	0	0	100	
'椰树'原味	6	0	0	5	1	0	0	83.33	94.7
'椰树'果肉	6	0	0	0	6	0	0	100	
'椰岛'原味	6	0	0	0	0	6	0	100	
'椰岛'果肉	6	0	0	0	0	0	6	100	

（2）椰汁综合质量评价

研究通过实际抽样采集海南椰岛（集团）股份有限公司生产的铁罐果肉椰汁的不同批次产品。随机抽取两个批次质量合格产品进行两两交叉的电子舌检测，获得合格批次产品之间的电子舌检测差别度值，如表 5-22 所列。

表 5-22 综合质量特征标准数据库

编号	差别度	批次号	椰子汁类别	规格
1	2.02	20111205-20111130	果肉椰汁	245mL/罐
2	5.08	20120108-20120306	果肉椰汁	245mL/罐
3	1.53	20120409-20120510	果肉椰汁	245mL/罐
4	9.92	20120608-20121001	果肉椰汁	245mL/罐
5	1.18	20121001-20121101	果肉椰汁	245mL/罐
6	1.29	20130102-20130206	果肉椰汁	245mL/罐
7	2.27	20130206-20130301	果肉椰汁	245mL/罐
8	1.29	20130301-20130311	果肉椰汁	245mL/罐
9	2.28	20130301-20130401	果肉椰汁	245mL/罐
10	2.69	20130401-20130506	果肉椰汁	245mL/罐
11	3.49	20130506-20130602	果肉椰汁	245mL/罐
12	1.13	20130602-20130608	果肉椰汁	245mL/罐
13	0.74	20120905-20120909	果肉椰汁	245mL/罐
14	4.79	20120909-20121001	果肉椰汁	245mL/罐
15	1.48	20121005-20121001	果肉椰汁	245mL/罐
16	5.94	20120905-20121005	果肉椰汁	245mL/罐
17	5.64	20121101-20120905	果肉椰汁	245mL/罐
18	5.35	20111205-20120108	果肉椰汁	245mL/罐
19	7.44	20111205-20120306	果肉椰汁	245mL/罐
20	7.93	20120108-20120409	果肉椰汁	245mL/罐
21	6.04	20120409-20120608	果肉椰汁	245mL/罐
22	10.87	20120108-20120608	果肉椰汁	245mL/罐
23	8.83	20121001-20130102	果肉椰汁	245mL/罐
24	7.70	20121101-20130102	果肉椰汁	245mL/罐
25	6.41	20130102-20130301	果肉椰汁	245mL/罐
26	6.21	20130102-20130311	果肉椰汁	245mL/罐
27	8.50	20130301-20130602	果肉椰汁	245mL/罐
28	7.47	20130301-20130506	果肉椰汁	245mL/罐
29	9.17	20120608-20130102	果肉椰汁	245mL/罐
30	10.98	20120608-20130301	果肉椰汁	245mL/罐
31	12.42	20120608-20130401	果肉椰汁	245mL/罐
32	13.31	20120608-20130506	果肉椰汁	245mL/罐
33	12.80	20121101-20120108	果肉椰汁	245mL/罐
平均值	6.18			
标准偏差	3.81			
质控线（95%）	14.07			

根据表 5-22 不同批次产品的差别度，计算综合质量特征数据库质量控制线为 U_L=14.07。'椰岛'果肉椰汁综合质量特征标准数据库如图 5-38 所示。

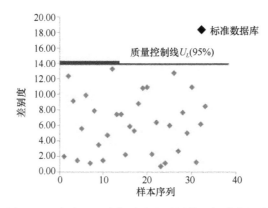

图 5-38 '椰岛'果肉椰汁综合质量特征标准数据库

（3）椰汁货架期检测

表 5-23 为不同货架时间间隔椰汁的电子舌检测差别度值。根据表 5-23 测得的差别度与椰汁货架时间间隔数值，发现差别度与椰汁货架时间间隔的对数之间存在线性关系，如图 5-39 所示。

表 5-23 不同批次货架时间间隔与电子舌检测差别度关系表

编号	差别度	批次号	货架间隔/月	椰子汁类别	规格
1	2.02	20111205-20111130	0	果肉椰汁	245mL/罐
2	5.08	20120108-20120306	2	果肉椰汁	245mL/罐
3	1.53	20120409-20120510	1	果肉椰汁	245mL/罐
4	9.92	20120608-20121001	4	果肉椰汁	245mL/罐
5	1.18	20121001-20121101	1	果肉椰汁	245mL/罐
6	1.29	20130102-20130206	1	果肉椰汁	245mL/罐
7	2.27	20130206-20130301	1	果肉椰汁	245mL/罐
8	1.29	20130301-20130311	0	果肉椰汁	245mL/罐
9	2.28	20130301-20130401	1	果肉椰汁	245mL/罐
10	2.69	20130401-20130506	1	果肉椰汁	245mL/罐
11	3.49	20130506-20130602	1	果肉椰汁	245mL/罐
12	1.13	20130602-20130608	0	果肉椰汁	245mL/罐
13	0.74	20120905-20120909	0	果肉椰汁	245mL/罐
14	4.79	20120909-20121001	1	果肉椰汁	245mL/罐
15	1.48	20121005-20121001	0	果肉椰汁	245mL/罐
16	5.94	20120905-20121005	1	果肉椰汁	245mL/罐
17	5.64	20121101-20120905	2	果肉椰汁	245mL/罐
18	5.35	20111205-20120108	1	果肉椰汁	245mL/罐
19	7.44	20111205-20120306	3	果肉椰汁	245mL/罐
20	7.93	20120108-20120409	3	果肉椰汁	245mL/罐
21	6.04	20120409-20120608	2	果肉椰汁	245mL/罐
22	10.87	20120108-20120608	5	果肉椰汁	245mL/罐
23	8.83	20121001-20130102	3	果肉椰汁	245mL/罐

续表

编号	差别度	批次号	货架间隔/月	椰子汁类别	规格
24	7.70	20121101-20130102	2	果肉椰汁	245mL/罐
25	6.41	20130102-20130301	2	果肉椰汁	245mL/罐
26	6.21	20130102-20130311	2	果肉椰汁	245mL/罐
27	8.50	20130301-20130602	3	果肉椰汁	245mL/罐
28	7.47	20130301-20130506	2	果肉椰汁	245mL/罐
29	9.17	20120608-20130102	7	果肉椰汁	245mL/罐
30	10.98	20120608-20130301	9	果肉椰汁	245mL/罐
31	12.42	20120608-20130401	10	果肉椰汁	245mL/罐
32	13.31	20120608-20130506	11	果肉椰汁	245mL/罐
33	12.80	20121101-20120108	10	果肉椰汁	245mL/罐

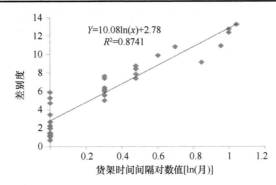

图 5-39　电子舌差别度与椰汁货架时间间隔之间的关系图

5.10.5　小结

电子舌是近年来快速发展的用于检测液体样品的智能感官分析仪器，已经在酒类检测、茶叶检测、饮料检测等领域得到了广泛应用。本研究采用电子舌技术和数学统计，通过 PCA 和 DFA 分析能够区分出不同品牌不同种类的椰汁产品，为椰汁产品的真伪辨识提供了基础。进一步通过 PCA 分析及差别度检验，建立了椰汁产品综合质量特征数据库质量控制线。最后，通过 PCA 分析及差别度检验，建立了椰汁产品货架期检测方法和货架期方程。相对于传统的椰汁的理化分析和人工感官分析方法，电子舌具有快速、便捷、无损、检测要求低等优点，在椰汁品质控制领域具有良好的应用前景。

参 考 文 献

艾芳芳, 宾俊, 钟丹, 等. 2013. 油茶籽油与不同植物油脂肪酸成分的分析比较. 中国油脂, 38(3): 77-80.

白京, 李家鹏, 邹昊, 等. 2019. 近红外特征光谱定量检测羊肉卷中猪肉掺假比例. 食品科学, 1: 287-292.

蔡翔宇, 马燕娟, 吴玉杰. 2016. 马来西亚与印度尼西亚产燕窝中唾液酸含量的差异分析. 食品安全质量检测学报, 7(9): 3487-3491.

陈佳, 于修烛, 刘晓丽, 等. 2018. 基于傅里叶变换红外光谱的食用油质量安全检测技术研究进展. 食品科学, 39(7): 270-277.

陈全胜, 赵杰文, 蔡健荣, 等. 2008. 利用高光谱图像技术评判茶叶的质量等级. 光学学报, 4: 669-674.

陈士进, 丁冬, 李泊, 等. 2016. 基于机器视觉的牛肉结缔组织特征和嫩度关系研究. 南京农业大学学报, 5: 865-871.

陈小娜, 章程辉. 2009. 绿橙表面缺陷的计算机视觉分级技术. 农机化研究, 10: 126-129.

褚璇, 王伟, 赵昕, 等. 2017. 近红外光谱和特征光谱的山茶油掺假鉴别方法研究. 光谱学与光谱分析, 37(1): 75-79.

党艳婷, 苑鹏, 夏凯, 等. 2018. 基于气味指纹图谱的玛咖品质快速鉴定方法. 食品科学, 39(6): 291-297.

邓月娥, 孙素琴, 周群, 等. 2006. FTIR光谱法与燕窝的品质分析. 光谱学与光谱分析, 26(7): 1242-1245.

杜萍, 杨敏, 黄绍军, 等. 2016. 云南玛咖中功能性成分的分析研究. 食品科学, 37(16): 71-75.

樊双喜. 2018. 葡萄酒产地与品种真实性鉴别技术研究. 中国矿业大学(北京)博士学位论文.

范佳利, 韩剑众, 田师一, 等. 2011. 基于电子舌的掺假牛乳的快速检测. 中国食品学报, 11(2): 202-208.

郭丽丽. 2014. 表征属性识别技术在燕窝真伪鉴别中的应用研究. 中国农业大学博士学位论文.

郭丽丽, 吴亚君, 刘鸣畅, 等. 2013. 双向电泳技术分离燕窝水溶性蛋白. 食品科学, 34(24): 97-101.

海铮, 王俊. 2006. 基于电子鼻山茶油芝麻油掺假的检测研究. 中国粮油学报, 21(3): 192-197.

韩东海. 2012. 无损检测技术在食品质量安全检测中的典型应用. 食品安全质量检测学报, 3(5): 400-413.

郝燕, 董鸿晔, 姜楠, 等. 2007. 基于主成分分析的中药色谱指纹图谱多维多息特征数据挖掘方法研究. 中南药学, 5(3): 267-272.

贺凡, 郭芹, 顾丰颖, 等. 2017. 11 种品牌玉米油脂肪酸及异构体的主成分分析. 现代食品科技, (2): 190-196.

胡月芳, 黄志强, 王灿玲. 2015. 紫外光谱法结合化学计量法鉴别茶油掺假的研究. 广东农业科学, 42(23): 112-116.

黄晓玮, 邹小波, 赵杰文, 等. 2014. 近红外光谱结合蚁群算法检测花茶花青素含量. 江苏大学学报(自然科学版), 35(2): 165-170, 188.

黄星奕, 吴磊, 徐富斌. 2013. 计算机视觉技术在鱼新鲜度检测中的应用研究. 计算机工程与设计, 34(10): 3562-3567.

黄秀丽, 赖心田, 林霖, 等. 2011. 燕窝蛋白质制备及双向电泳分离条件的研究. 食品科技, 36(3): 65-69.

贾敬敦, 马海乐, 葛毅强, 等. 2016. 食品物理加工技术与装备发展战略研究. 北京: 科学出版社.

贾渊, 姬长英, 罗霞, 等. 2007. 用基于遗传算法的 BP 神经网络识别牛肉肌肉与脂肪. 农业工程学报, 11: 216-219.

蒋成, 杨丽霞, 邱华丽, 等. 2017. X 射线荧光光谱法快速检测原料公干鱼中的镉. 中国农学通报, 33(29): 124-129.

李绍辉, 吴寒秋, 许秀丽, 等. 2016. 超高效液相色谱串联质谱法检测玛咖产品中非法添加西地那非. 食品工业科技, 37(11): 310-313.

李晓龙. 2010. 燕窝蛋白二维液相色谱分离方法的研究. 天津科技大学硕士学位论文.

李勇, 严煌倩, 龙玲, 等. 2017. 化学计量学模式识别方法结合近红外光谱用于大米产地溯源分析. 江苏农业科学, 21: 193-195.

林洁茹, 周华, 赖小平. 2006a. 燕窝研究概述. 中药材, 29(1): 85-90.

林洁茹, 周华, 赖小平. 2006b. 体视镜在燕窝鉴别中的应用. 中药材, 29(3): 219-221.

刘玲玲, 武彦文, 张旭, 等. 2012. 傅里叶变换红外光谱结合模式识别法快速鉴别食用油的真伪. 化学学报, 70(8): 995-1000.

毛岳忠. 2011. 智舌应用稳定性关键技术研究. 浙江工商大学硕士学位论文: 2-13.

孟一, 张玉华, 王家敏, 等. 2014. 基于近红外光谱技术快速识别不同动物源肉品. 食品科学, 35(6): 156-158.

尼珍, 胡昌勤, 冯芳. 2008. 近红外光谱分析中光谱预处理方法的作用及其发展. 药物分析杂志, 28(5): 824-829.

潘磊庆, 唐琳, 詹歌, 等. 2010. 电子鼻对芝麻油掺假的检测. 食品科学, 31(20): 318-321.

彭思敏, 吴卫国, 黄天柱. 2013. 基于脂肪酸含量变化的茶油掺假判别. 粮食科技与经济, 38(1): 31-33, 39.

邱园园. 2018. 基于高光谱和近红外信息融合的羊肉新鲜度无损检测研究. 石河子大学硕士学位论文.

宋夏钦, 王琪, 王丽, 等. 2013. 基于近红外光谱技术的雷竹笋品质指标快速检测方法研究. 中国食品学报, 13(9): 190-195.

孙素琴, 梁曦云, 杨显荣. 2001. 6 种燕窝的傅里叶变换红外光谱法原性状快速鉴别. 分析化学, 29(5): 552-554.

谈国凤, 张根华, 沈宗根. 2011. 电子舌在乳制品质量控制中的应用. 食品科技, 36(2): 280-284.

田师一. 2007. 多频脉冲电子舌系统构建与应用. 浙江工商大学硕士学位论文: 1-20.

王靖, 丁佳兴, 郭中华, 等. 2018. 基于近红外高光谱成像技术的宁夏羊肉产地鉴别. 食品工业科技, 2: 250-254, 260.

王羚郦, 黄松, 蒋东旭, 等. 2013. 燕窝的鉴别和药理研究进展. 世界科学技术-中医药现代化, 15(1): 146-150.

王文静, 关颖, 朱艳英. 2007. 阿胶真伪品的 X 射线荧光光谱的鉴别研究. 光谱学与光谱分析, 9: 1866-1868.

王元忠, 赵艳丽, 张霁, 等. 2016a. 红外光谱结合统计分析对不同产地玛咖的鉴别分类. 食品科学, 37(4): 169-175.

王元忠, 赵艳丽, 张霁, 等. 2016b. 近红外光谱信息筛选在玛咖产地鉴别中的应用. 光谱学与光谱分析, 36(2): 394-400.

魏康丽, 王振杰, 孙柯, 等. 2017. 基于计算机视觉对苹果脆片外观品质分级. 南京农业大学学报, 40(3): 547-555.

温珍才, 孙通, 耿响, 等. 2013. 可见/近红外联合 UVE-PLS-LDA 鉴别压榨和浸出山茶油. 光谱学与光谱分析, 33(9): 2354-2358.

文惠玲, 汪冶, 申欣. 1996. 3 种伪品燕窝的鉴别. 中国中药杂志, 21(10): 10-11.

吴翠蓉, 柴振林, 杨柳, 等. 2015. SPME-GC-MS 测定山茶油掺假. 江苏农业科学, (4): 305-308.

吴燕. 2013. 中药质量控制中的中药全息指纹图谱模式识别方法的研究及应用. 中南民族大学硕士学位论文.

夏阿林, 夏霞明, 吉琳琳, 等. 2018. 低场核磁共振结合化学模式识别方法判别休闲豆干品牌. 农业工程学报, 34(10): 282-288.

冼瑞仪, 黄富荣, 黎远鹏, 等. 2016. 可见和近红外透射光谱结合区间偏最小二乘法(iPLS)用于橄榄油中掺杂煎炸老油的定量分析. 光谱学与光谱分析, 8: 2462-2467.

邢素霞, 王睿, 郭培源, 等. 2017. 高光谱成像及近红外技术在鸡肉品质无损检测中的应用. 肉类研究, 31(12): 30-35.

薛丹, 史波林, 赵镭, 等. 2010. 基于电子舌技术的茶叶等级分类研究. 食品科技, 35(12): 278-281.

严晓丽, 徐昕. 2011. 气相色谱法鉴别掺假山茶油定性及定量研究. 食品工程, (2): 47-49.

于海花. 2015. 基于 LC/Q/TOF 和拉曼技术的燕窝甄别方法研究. 集美大学硕士学位论文.

于海花, 徐敦明, 周昱, 等. 2015. 燕窝的研究现状. 食品安全质量检测学报, 6(1): 197-206.

张菊华, 朱向荣, 尚雪波, 等. 2012. 近红外光谱结合偏最小二乘法用于纯茶油中掺杂菜籽油和大豆油的定量分析. 食品工业科技, 33(3): 334-336.

张声俊. 2011. 红外光谱法对冬虫夏草的三级鉴定和研究. 山地农业生物学报, 30(3): 230-234.

张姝, 张永杰, Bhushan S, 等. 2013. 冬虫夏草菌和蛹虫草菌的研究现状、问题与展望. 菌物学报, 32(4): 577-597.

张小磊. 2015. 基于光谱和图像技术的燕窝品质快速无损检测研究. 江苏大学硕士学位论文.

赵斌, 王羚郦, 刘敬, 等. 2014. 东南亚进口燕窝紫外光谱鉴别研究. 时珍国医国药, 25(5): 1129-1130.

朱启思, 朱丽琼, 钟国才, 等. 2015. 傅里叶变换红外光谱法快速鉴别油茶籽油掺伪. 粮食科技与经济, 40(3): 37-39.

朱绍华, 张帆, 王美玲, 等. 2013. 稳定同位素比质谱法鉴别茶油中掺杂玉米油研究. 中国食物与营养, 19(3): 8-10.

邹小波, 李志华, 石吉勇, 等. 2014. 高光谱成像技术检测看肉新鲜度. 食品科学, 8: 89-93.

Aernouts B, Polshin E, Saeys W, et al. 2011. Mid-infrared spectrometry of milk for dairy metabolomics: A comparison of two sampling techniques and effect of homogenization. Analytica Chimica Acta, 705: 88-97.

Akbarzadeh N, Mireei S A, Askari G, et al. 2019. Microwave spectroscopy based on the waveguide technique for the nondestructive freshness evaluation of egg. Food Chemistry, 277: 558-565.

Akin G, Karuk Elmas Ş N, Arslan F N, et al. 2019. Chemometric classification and quantification of cold pressed grape seed oil in blends with refined soybean oils using attenuated total reflectance-mid infrared (ATR-MIR) spectroscopy. LWT - Food Science and Technology, 100: 126-137.

Akitomi H, TAHARA Y, Yasuura M, et al. 2013. Quantification of tastes of amino acids using taste sensors. Sensors and Actuators B: Chemical, 179: 276-281.

Alboukadel K, Fabian M. 2020. factoextra: Extract and Visualize the Results of Multivariate Data Analyses. R package version 1.0.7.

Aleixandre M, Santos J, Sayago I, et al. 2015. A wireless and portable electronic nose to differentiate musts of different ripeness degree and grape varieties，15(4): 8429-8443.

Ali H, Muhammad S, Anser M R, et al. 2018. Validation of fluorescence spectroscopy to detect adulteration of edible oil in extra virgin olive oil by applying chemometrics. Applied Spectroscopy, 72(9): 1371-1379.

Anastasiadi M, Mohareb F, Redfern S P, et al. 2017. Biochemical Profile of Heritage and Modern Apple Cultivars and Application of Machine Learning Methods to Predict Usage, Age, and Harvest Season. Journal of Agricultural and Food Chemistry, 65(26): 5339-5356.

Annor-Frempong I E, Nute G R, Wood J D, et al. 1998. The measurement of the responses to different odour intensities of 'boar taint' using a sensory panel and an electronic nose. Meat Science, 50(2): 139-151.

Balabin R M, Smirnov S V. 2011. Melamine detection by mid- and near-infrared (MIR/NIR) spectroscopy: A quick and sensitive method for dairy products analysis including liquid milk, infant formula, and milk powder. Talanta, 85(1): 562-568.

Barth A. 2007. Infrared spectroscopy of proteins. Biochimica et Biophysica Acta(BBA)-Bioenergetics, 1767(9): 1073-1101.

Bogahawaththa D J C T V. 2017. Thermal denaturation of bovine immunoglobulin G and its association with other whey proteins. Food Hydrocolloids, 72: 350-357.

Brezmes J, Llobet E, Vilanova X, et al. 2000. Fruit ripeness monitoring using an electronic nose. Sensors and Actuators B: Chemical, 69(3): 223-229.

Brezmes J, Llobet E, Vilanova X, et al. 2001. Correlation between electronic nose signals and fruit quality indicators on shelf-life measurements with pinklady apples. Sensors and Actuators B: Chemical, 80(1): 41-50.

Brianda E, David P, Sayo O F. 2016. Determination of adulterated neem and flaxseed oil compositions by FTIR spectroscopy and multivariate regression analysis. Food Control, 68: 303-309.

Cappelletti M, Ferrentino G, ENDRIZZI I, et al. 2015. High pressure carbon dioxide pasteurization of coconut water: A sport drink with high nutritional and sensory quality. Journal of Food Engineering, 145: 73-81.

Cappozzo J C, Koutchma T, Barnes G. 2015. Chemical characterization of milk after treatment with thermal (HTST and UHT) and nonthermal (turbulent flow ultraviolet) processing technologies. Journal of Dairy Science, 98(8): 5068-5079.

Cattaneo S, Masotti F, Pellegrino L. 2008. Effects of overprocessing on heat damage of UHT milk. European Food Research and Technology, 226(5): 1099-1106.

Chan G K L, Wong Z C F, Lam K Y C, et al. 2015. Edible bird's nest, an Asian health food supplement, possesses skin lightening activities: identification of N-acetylneuraminic acid as active ingredient. Journal of Cosmetics, Dermatological Sciences and Applications, 5(4): 262-274.

Chen J C, Gu J H G, Zhang R Z, et al. 2019. Freshness evaluation of three kinds of meats based on the electronic nose. Sensors, 19: 605.

Chen J J, Zhao Q S, Liu Y L, et al. 2015. Identification of maca (*Lepidium meyenii* Walp.) and its adulterants by a DNA-barcoding approach based on the ITS sequence. Chinese Journal of Natural Medicines, 13(9): 653-659.

Chen L F, Li J Y, Fan L P, et al. 2017. The Nutritional Composition of Maca in Hypocotyls (*Lepidium meyenii* Walp.) Cultivated in Different Regions of China. Journal of Food Quality, 2: 1-8.

Chen L Y, Wu C C, Chou T I, et al. 2018. Development of a dual MOS electronic nose/camera system for improving fruit ripeness classification. Sensors, 18(10): 3256.

Chen Q S, Xhao J W, Lin H. 2009. Study on discrimination of Roast green tea (*Camellia sinensis* L.) according to geographical origin by FT-NIR spectroscopy and supervised pattern recognition. Spectrochimica Acta Part A-Molecular and Biomolecular Spectroscopy, 72: 845-850.

Cho Y, Hong S, Kim C. 2012. Determination of lactulose and furosine formation in heated milk as a milk quality indicator. Korean Journal for Food Science of Animal Resources, 32(5): 540-544.

Chua Y G, Bloodworth B C, Leong L P, et al. 2014. Metabolite profiling of edible bird's nest using gas chromatography/mass spectrometry and liquid chromatography/mass spectrometry. Rapid Communications in Mass Spectrometry, 28(12): 1387-1400.

Chua Y G, Chan S H, Bloodworth b C, et al. 2015. Identification of edible bird's nest with amino acid and monosaccharide analysis. Journal of Agricultural and Food Chemistry, 63(1): 279-289.

Consonni R, Bernareggi F, Cagliani L R. 2019. NMR-based metabolomic approach to differentiate organic and conventional Italian honey. Food Control, 98: 133-140.

Cozzolino D, Roumeliotis S, Eglinton J. 2014. Evaluation of the use of attenuated total reflectance mid infrared spectroscopy to determine fatty acids in intact seeds of barley (*Hordeum vulgare*). LWT-Food Science and Technology, 56(2): 478-483.

Craig A P, Franca A S, Oliveira L S, et al. 2015. Fourier transform infrared spectroscopy and near infrared spectroscopy for the quantification of defects in roasted coffees. Talanta, 134: 379-386.

Di Natale C, Macagnano A, Martinelli E, et al. 2001. The evaluation of quality of post-harvest oranges and apples by means of an electronic nose. Sensors and Actuators B: Chemical, 78(1): 26-31.

Efstathios Z P, Fady R M, Anthoula A A, et al. 2011. A comparison of artificial neural networks and partial least squares modeling for the rapid detection of the microbial spoilage of beef fillets based on Fourier transform infrared spectral fingerprints. Food Microbiology, 28(5): 782-790.

Etzion Y, Linker R, Cogan U, et al. 2004. Determination of protein concentration in raw milk by mid-infrared fourier transform infrared. Attenuated Total Reflectance Spectroscopy. Journal of Dairy Science, 87(9): 2779-2788.

Evangelisti F, Calcagno C, Nardi S, et al. 1999. Deterioration of protein fraction by Maillard reaction in dietetic milks. Journal of Dairy Research, 66(2): 237-243.

Fawcett T. 2006. An introduction to ROC analysis. Pattern Recognition Letters, 27(8): 861-874.

Feinberg M, Dupont D, Efstathiou T, et al. 2006. Evaluation of tracers for the authentication of thermal treatments of milks. Food Chemistry, 98(1): 188-194.

Furini L N, Feitosa E, Alessio P, et al. 2013. Tuning the nanostructure of DODAB/nickel tetrasulfonated phthalocyanine bilayers in LbL films. Materials Science and Engineering: C, 33(5): 2297-2946.

García M, Aleixandre M, Gutiérrez J, et al. 2006. Electronic nose for wine discrimination. Sensors and Actuators B: Chemical, 113(2): 911-916.

Gobbi E, Falasconi M, Concina I, et al. 2010. Electronic nose and Alicyclobacillus spp. spoilage of fruit juices: An emerging diagnostic tool. Food Control, 21(10): 1374-1382.

Gruber J, Nascimento H M, Yamauchi E Y, et al. 2013. A conductive polymer based electronic nose for early detection of *Penicillium digitatum* in post-harvest oranges. Materials Science and Engineering: C, 33(5): 2766-2769.

Guo L L, Wu Y J, Liu M C, et al. 2014. Authentication of edible bird's nests by *Taq*Man-based real-time PCR. Food Control, 44: 220-226.

Guo L L, Wu Y J, Liu M C, et al. 2017. Determination of edible bird's nests by FTIR and SDS-PAGE coupled with multivariate analysis. Food Control, 80: 259-266.

Haghani A, Mehrbod P, Safi N, et al. 2017. Edible bird's nest modulate intracellular molecular pathways of influenza A virus infected cells. BMC Complementary and Alternative Medicine, 17: 22-34.

Han F K, Huang X Y, Ernest T, et al. 2014. Nodestructive detection of fish freshness during its preservation by combining electronic nose and electronic tongue techniques in conjunction with chemomertric analysis. Analytical Methods, 6(2): 529-536.

Hansen T, Petersen M A, Byrne D V. 2005. Sensory based quality control utilizing an electronic nose and GC-MS analyses to predict end-product quality from raw materials. Meat Science, 69(4): 621-634.

Haugen J-E, Kvaal K. 1998. Electronic nose and artificial neural network. Meat Science, 49: S273-S286.

Hong X, Wang J, Hai Z. 2012. Discrimination and prediction of multiple beef freshness indexes based on electronic nose. Sensors and Actuators B: Chemical, 161(1): 381-389.

Huang L, Zhao J, Chen Q, et al. 2014. Nondestructive measurement of total volatile basic nitrogen (TVB-N) in pork meat by integrating near infrared spectroscopy, computer vision and electronic nose techniques. Food Chemistry, 145: 228-236.

Huang X W, Zou X B, Zhao J W, et al. 2014. Measurement of total anthocyanins content in flowering tea using near infrared spectroscopy combined with ant colony optimization models. Food Chemistry, 164: 536-543.

Iñón F A, Garrigues S, De La Guardia M. 2004. Nutritional parameters of commercially available milk samples by FTIR and chemometric techniques. Analytica Chimica Acta, 513(2): 401-412.

Jaiswal P, Jha S N, Kaur J, et al. 2017. Rapid detection and quantification of soya bean oil and common sugar in bovine milk using attenuated total reflectance-fourier transform infrared spectroscopy. International Journal of Dairy Technology, 70: 1-9.

Johnson P, Philo M, Watson A, et al. 2011. Rapid fingerprinting of milk thermal processing history by intact protein mass spectrometry with nondenaturing chromatography. Journal of Agricultural and Food Chemistry, 59(23): 12420-12427.

Jović O, Jović A. 2017. FTIR-ATR adulteration study of hempseed oil of different geographic origins. Journal of Chemometrics, e2938: 1-9.

Ju M, Hayama K, Hayashi K, et al. 2003. Discrimination of pungent-tasting substances using surface-polarity controlled sensor with indirect *in situ* modification. Sensors and Actuators B: Chemical, 89(1-2): 150-157.

Kelleher C M, O'mahony J A, Kelly A L, et al. 2018. The effect of direct and indirect heat treatment on the attributes of whey protein beverages. International Dairy Journal, 85: 144-152.

Kim J, Mowat A D, Poole P, et al. 2000. Linear and non-linear pattern recognition models for classification of fruit from visible–near infrared spectra. Chemometrics and Intelligent Laboratory Systems, 51(2): 201-216.

Koca N, Kocaoglu-Vurma N A, Harper W J, et al. 2010. Application of temperature-controlled attenuated total reflectance-mid-infrared (ATR-MIR) spectroscopy for rapid estimation of butter adulteration. Food Chemistry, 121(3): 778-782.

Kulmyrzaev A, Dufour R. 2002. Determination of lactulose and furosine in milk using front-face fluorescence spectroscopy. Dairy Science & Technology, 82(6): 725-735.

Legin A, Rudinitskaya A, Vlasov Y, et al. 1997. Tasting of beverages using an electronic tongue. Sensors and Actuators B: Chemical, 44(1-3): 291-296.

Leonte I I, Sehra G, Cole M, et al. 2006. Taste sensors utilizing high-frequency SH-SAW devices e. Sensors and Actuators B: Chemical, 118(1-2): 349-355.

Lerma-García M J, Cerretani L, Cevoli C, et al. 2010. Use of electronic nose to determine defect percentage in oils. Comparison with sensory panel results. Sensors and Actuators B, 147: 283-289.

Li B N, Wang H X, Zhao Q J, et al. 2015. Rapid detection of authenticity and adulteration of walnut oil by FTIR and fluorescence spectroscopy: A comparative study. Food Chemistry, 81: 25-30.

Lin S, Sun J, Cao D, et al. 2010. Distinction of different heat-treated bovine milks by native-PAGE fingerprinting of their whey proteins. Food Chemistry, 121(3): 803-808.

Lin Y, Kelly A L, O'mahony J A, et al. 2018. Effect of heat treatment, evaporation and spray drying during skim milk powder manufacture on the compositional and processing characteristics of reconstituted skim milk and concentrate. International Dairy Journal, 78: 53-64.

Liu C H, Hao G, Su M, et al. 2017. Potential of multispectral imaging combined with chemometric methods for rapid detection of sucrose adulteration in tomato paste. Journal of Food Engineering, 215: 78-83.

Liu C H, Liu W, Chen W, et al. 2015. Feasibility in multispectral imaging for predicting the content of bioactive compounds in intact tomato fruit. Food Chemistry, 173: 482-488.

Liu C H, Liu W, Lu X, et al. 2014. Nondestructive determination of transgenic Bacillus thuringiensis rice seeds (Oryza sativa L.) using multispectral imaging and chemometric methods. Food Chemistry, 153(12): 87-93.

Liu J X, Cao Y, Wang Q, et al. 2016. Rapid and non-destructive detection of different frozen beefs based on multispectrum. Food Chemistry, 190: 938-943.

Liu J, Zamora A, Castillo M, et al. 2018. Using front-face fluorescence spectroscopy for prediction of retinol loss in milk during thermal processing. LWT Food Science & Technology, 87: 151-157.

López De Lerma M D L N, Bellincontro A, García-Martínez T, et al. 2013. Feasibility of an electronic nose to differentiate commercial Spanish wines elaborated from the same grape variety. Food Research International, 51(2): 790-796.

Lozano J, Arroyo T, Santos J P, et al. 2008 Electronic nose for wine ageing detection. Sensors and Actuators B: Chemical, 133(1): 180-186.

Lussier F, Thibault V, Charron B, et al. 2020. Deep learning and artificial intelligence methods for Raman and surface-enhanced Raman scattering. TrAC Trends in Analytical Chemistry, 124: 115796.

Ma F C, Liu D C. 2012. Sketch of the edible bird's nest and its important bioactivities. Food Research International, 48(2): 559-567.

Marconi E, Messia M C, Amine A, et al. 2004. Heat-treated milk differentiation by a sensitive lactulose assay. Food Chemistry, 84(3): 447-450.

Martina V, Merete H O, René G, et al. 2016. The use of image-spectroscopy technology as a diagnostic method for seed health testing and variety identification. PLoS One, 11(3): 1-10.

Mildner-Szkudlarz S, Jeleń H H, Zawirska-Wojtasiak R. 2008. The use of electronic and human nose for monitoring rapeseed oil autoxidation. European Journal of Lipid Science and Technology, 110: 61-72.

Ming Z, Gerard D, Colm P O. 2014. Detection of adulteration in fresh and frozen beefburger products by beef offal using mid-infrared ATR spectroscopy and multivariate data analysis. Meat Science, 96(2): 1003-1011.

Mishra P, Nordon A, Tschannerl J, et al. 2018. Near-infrared hyperspectral imaging for non-destructive classification of commercial tea products. Journal of Food Engineering, 238: 70-77.

Moraes M L, De Souza N C, Hayasaka C O, et al. 2009. Immobilization of cholesterol oxidase in LbL films and detection of cholesterol using ac measurements. Materials Science and Engineering: C, 29(2): 442-447.

Mottar J, Bassier A, Joniau M, et al. 1989. Effect of heat-induced association of whey proteins and casein micelles on yogurt texture. Journal of Dairy Science, 72(9): 2247-2256.

Mungkarndee R, Techakriengkrai I, Tumcharern G, et al. 2016. Fluorescence sensor array for identification of commercial milk samples according to their thermal treatments. Food Chemistry, 197: 198-204.

Musatov V Y, Sysoev V V, Sommer M, et al. 2010. Assessment of meat freshness with metal oxide sensor microarray electronic nose: A practical approach. Sensors and Actuators B: Chemical, 144(1): 99-103.

Natale C D, Macagnano A, Davide F, et al. 1997. Multicomponent analysis on polluted waters by means of an electronic tongue. Sensors and Actuators B: Chemical, 44(1-3): 423-428.

Niamnuy C, Devahastin S. 2005. Drying kinetics and quality of coconut dried in a fluidized bed dryer. Journal of Food Engineering, 66(2): 267-271.

Nicolaou N, Xu Y, Goodacre R. 2010. Fourier transform infrared spectroscopy and multivariate analysis for the detection and quantification of different milk species. Journal of Dairy Science, 93(12): 5651-5660.

Njoroge J B, Minomiya K, Kondo N, et al. 2002. Automated fruit grading system using image proceeding. SICE, 1346-1351.

Nurjuliana M, Che man Y B, Mat Hashim D, et al. 2011. Rapid identification of pork for halal authentication using the electronic nose and gas chromatography mass spectrometer with headspace analyzer. Meat Science, 88(4): 638-644.

Panigrahi S, Balasubramanian S, Gu H, et al. 2006. Neural-network-integrated electronic nose system for identification of spoiled beef. LWT - Food Science and Technology, 39(2): 135-145.

Pearce L E, Smythe B W, Crawford R A, et al. 2012. Pasteurization of milk: The heat inactivation kinetics of milk-borne dairy pathogens under commercial-type conditions of turbulent flow. Journal of Dairy Science, 95(1): 20-35.

Pereda J, Ferragut V, Quevedo J M, et al. 2009. Heat damage evaluation in ultra-high pressure homogenized milk. Food Hydrocolloids, 23(7): 1974-1979.

Prieto N, Rodriguez-Méndez M L, LEARDI R, et al. 2012. Application of multi-way analysis to UV–visible spectroscopy, gas chromatography and electronic nose data for wine ageing evaluation. Analytica Chimica Acta, 719: 43-51.

Qin O Y, Zhao J W, Chen Q S. 2013. Classification of rice wine according to different marked ages using a portable multi-electrode electronic tongue coupled with multivariate analysis. Food Research International, 51: 633-540.

Qu F F, Ren D, He Y, et al. 2018. Predicting pork freshness using multi-index statistical information fusion method based on near infrared spectroscopy. Meat Science, 146: 59-67.

Quek M C, Chin N L, Yusof Y A, et al. 2018. Characterization of edible bird's nest of different production, species and geographical origins using nutritional composition, physicochemical properties and antioxidant activities. Food Research International, 109: 35-43.

Raj V, Swapna M S, Sankararaman S. 2018. Nondestructive radiative evaluation of adulteration in coconut oil. European Physical Journal Plus, 133(12): 544.

Reid L M, Woodcock T, O'donnell C P, et al. 2005. Differentiation of apple juice samples on the basis of heat treatment and variety using chemometric analysis of MIR and NIR data. Food Research International, 38(10): 1109-1115.

Ritota, M, Di Costanzo M G, Mattera M, et al. 2017. New Trends for the Evaluation of Heat Treatments of Milk. Journal of Analytical Methods in Chemistry, 2017: 1-12.

Rodriguez-Saona L E, Allendorf M E. 2011. Use of FTIR for rapid authentication and detection of adulteration of food. Annual Review of Food Science and Technology, 2: 467-483.

Rohman A, Man Y B C, Yusof F M. 2014. The use of FTIR spectroscopy and chemometrics for rapid authentication of extra virgin olive oil. Journal of the American Oil Chemists Society, 91(2): 207-213.

Roux S, Courel M, Ait-Ameur L, et al. 2009. Kinetics of Maillard reactions in model infant formula during UHT treatment using a static batch ohmic heater. Dairy Science and Technology, 89: 349-362.

Sakai H, Iiyama S, Toko K. 2000. Evaluation of water quality and pollution using multichannel sensors. Sensors and Actuators B: Chemical, 66(1-3): 251-255.

Schamberger G P, Labuza T P. 2006. Evaluation of Front‐face Fluorescence for Assessing Thermal Processing of Milk. Journal of Food Science, 71(2): 69-74.

Sebastien L, Julie J, Francois H. 2008. FactoMineR: An R Package for Multivariate Analysis. Journal of Statistical Software, 25(1): 1-18.

Sehra G, Cole M, Gardner J W. 2004. Miniature taste sensing system based on dual SH-SAW sensor device: an electronic tongue. Sensors and Actuators B: Chemical, 103(1-2): 233-239.

Shi T, Zhu M, Chen Y, et al. 2018. ^{1}H NMR combined with chemometrics for the rapid detection of adulteration in camellia oils. Food Chemistry, 242: 308.

Sinelli N, Casale M, Egidio V D, et al. 2010. Varietal discrimination of extra virgin olive oils by near and mid infrared spectroscopy. Food Research International, 43(8): 2126-2131.

Sinelli N, Cerretani L, Egidio V D, et al. 2010. Application of near (NIR) infrared and mid (MIR) infrared spectroscopy as a rapid tool to classify extra virgin olive oil on the basis of fruity attribute intensity. Food Research International, 43(1): 369-375.

Śliwińska M, Wiśniewska P, Dymerski T, et al. 2014. Food analysis using artificial senses. Journal of Agricultural and Food Chemistry, 62(7): 1423-1448.

Song S, Tang Q, Hayat k, et al. 2014. Effect of enzymatic hydrolysis with subsequent mild thermal oxidation of tallow on precursor formation and sensory profiles of beef flavours assessed by partial least squares regression. Meat Science, 96(3): 1191-1200.

Stojanovska L, Law C, Lai B, et al. 2015. Maca reduces blood pressure and depression, in a pilot study in postmenopausal women. Climacteric, 18(1): 69-78.

Tang X, Sun X, Wu V C H, et al. 2013. Predicting shelf-life of chilled pork sold in China. Food Control, 32(1): 334-340.

Teo P, Ma F C, Liu D C. 2013. Evaluation of taurine by HPTLC reveals the mask of adulterated edible bird's nest. Journal of Chemistry, 2013: 1-5.

Teye E, Huang X Y, Dai H, et al. 2013. Rapid differentiation of Ghana cocoa beans by FT-NIR spectroscopy coupled with multivariate classification. Spectrochimica Acta Part A-Molecular and Biomolecular Spectroscopy, 114: 183-189.

Tian S Y, Deng S P, Ding C H, et al. 2008. Discrimination of red wine age using voltammetric electronic tongue based on multifrequency large-amplitude voltammetry and pattern recognition method. Sensors and Materials, 19: 287-298.

Tian X, Wang J, Cui S. 2013. Analysis of pork adulteration in minced mutton using electronic nose of metal oxide sensors. Journal of Food Engineering, 119(4): 744-749.

Tikk K, Haugen J-E, Andersen H J, et al. 2008. Monitoring of warmed-over flavour in pork using the electronic nose – correlation to sensory attributes and secondary lipid oxidation products. Meat Science, 80(4): 1254-1263.

Toko K, Matsuno T, Yamafuji K, et al. 1992. Multichannel taste sensor using electric potential changes in lipid membranes. Biosensors and Bioelectronics, 9(4-5): 359-364.

Tuwani R, Wadhwa S, Bagler G. 2019. BitterSweet: Building machine learning models for predicting the bitter and sweet taste of small molecules. Scientific Reports, 9(1).

Van Hekken D L, Tunick M H, Ren D X, et al. 2017. Comparing the effect of homogenization and heat processing on the properties and *in vitro* digestion of milk from organic and conventional dairy herds. Journal of Dairy Science, 100(8): 6042-6052.

Waisundara V Y, Perera C O, Barlow P J. 2007. Effect of different pre-treatments of fresh coconut kernels on some of the quality attributes of the coconut milk extracted. Food Chemistry, 101(2): 771-777.

Wang C, Yang J, Zhu X, et al. 2017. Effects of Salmonella bacteriophage, nisin and potassium sorbate and their combination on safety and shelf life of fresh chilled pork. Food Control, 73: 869-877.

Wang L, Lee F S C, Wang X, et al. 2006. Feasibility study of quantifying and discriminating soybean oil adulteration in camellia oils by attenuated total reflectance MIR and fiber optic diffuse reflectance NIR. Food Chemistry, 95(3): 529-536.

Wang Y, Li B, Xu X., et al. 2020. FTIR spectroscopy coupled with machine learning approaches as a rapid tool for identification and quantification of artificial sweeteners. Food Chemistry, 303: 125404.

Wei Z, Xiao X, Wang J, et al. 2017. Identification of the rice wines with different marked ages by electronic nose coupled with smartphone and cloud storage platform. Sensors, 17(11): 2500.

Weng R H, Weng Y M, Chen W L. 2006. Authentication of *Camellia oleifera* Abel oil by near infrared fourier transform raman spectroscopy. Journal of the Chinese Chemical Society, 53(3): 597-603.

Wijaya D R, Sarno R, Zulaika E, et al. 2017. Development of mobile electronic nose for beef quality monitoring. Procedia Computer Science, 124: 728-735.

Winquist F, Bjorklund R, Krantz-Rülcker C, et al. 2005. An electronic tongue in the dairy industry. Sensors and Actuators B: Chemical, 111-112: 299-304.

Winquist F, Wide P, Lundström I. 1997. An electronic tongue based on voltammetry. Analytica Chimica Acta, 357(1-2): 21-31.

Wojtasik-Kalinowska I, Guzek D, Górska-Horczyczak E, et al. 2016. Volatile compounds and fatty acids profile in Longissimus dorsi muscle from pigs fed with feed containing bioactive components. LWT - Food Science and Technology, 67: 112-117.

Wu D, He Y, Feng S, et al. 2008. Study on infrared spectroscopy technique for fast measurement of protein content in milk powder based on LS-SVM. Journal of Food Engineering, 84(1): 124-131.

Wu Y J, Chen Y, Wang B, et al. 2010. Application of SYBR Green PCR and 2DGE methods to authenticate edible bird's nest food. Food Research International, 43(8): 2020-2026.

Wu Y, Hu B. 2009. Simultaneous determination of several phytohormones in natural coconut juice by hollow fiber-based liquid-liquid-liquid microextraction-high performance liquid chromatography. Journal of Chromatography A, 1216(45): 7657-7663.

Xiong C W, Liu C H, Liu W, et al. 2016. Noninvasive discrimination and textural properties of E-beam irradiated shrimp. Journal of Food Engineering, 175: 85-92.

Xu S, Sun X, Lu H, et al. 2018. Detecting and monitoring the flavor of tomato (Solanum lycopersicum) under the impact of postharvest handlings by physicochemical parameters and electronic nose. Sensors, 18(6): 1847.

Yamada H, Mizota Y, Toko K, et al. 1997. Highly sensitive discrimination of taste of milk with homogenization treatment using a taste sensor. Materials Science and Engineering: C, 5(1): 41-45.

Yang P, Song P, Sun S Q, et al. 2009. Differentiation and quality estimation of Cordyceps with infrared spectroscopy. Spectrochimica Acta Part A, 74(4): 983-990.

Zha S H, Zhao Q S, Chen J J, et al. 2014. Extraction, purification and antioxidant activities of the polysaccharides from maca (Lepidium meyenii). Carbohydr Polym, 111: 584-587.

Zhang L M, Cao J, Hao L M, et al. 2017. Quality evaluation of Lepidium meyenii (Maca) based on HPLC and LC-MS analysis of its glucosinolates from roots. Food Analytical Methods, 10(7): 2143-2151.

Zhang Y D, Imam M U, Ismail M. 2014. In vitro bioaccessibility and antioxidant properties of edible bird's nest following simulated human gastro-intestinal digestion. BMC Complementary and Alternative Medicine, 14: 468-474.

Zucolotto V, Pinto A P A, Tumolo T, et al. 2006. Catechol biosensing using a nanostructured layer-by-layer film containing Cl-catechol 1, 2-dioxygenase. Biosensors and Bioelectronics, 21(7): 1320-1326.

Zúñiga R N, Tolkach A, Kulozik U, et al. 2010. Kinetics of formation and physicochemical characterization of thermally-induced β-lactoglobulin aggregates. Journal of Food Science, 75(5): 261-268.

6 食品真实性鉴别综合解决方案案例

6.1 燕窝真实性鉴别技术综合解决方案

6.1.1 导论

（1）燕窝产业发展

1）燕窝简介

燕窝是由雨燕科动物金丝燕（*Aerodramus* 和 *Collocalia*）及多种同属燕类用唾液与绒羽等混合凝结所筑成的巢窝。可用于筑造"食用燕窝"（edible bird's nest）的金丝燕种类有：爪哇金丝燕（*Aerodramus fuciphagus*）、大金丝燕（*Aerodramus maximus*）及其亚种、白腹金丝燕（*Collocalia esculenta*）、穴金丝燕（*Collocalia linchi*）、小灰腰金丝燕（*Aerodramus francicus*）、印度金丝燕（*Aerodramus unicolor*）、短嘴金丝燕（*Aerodramus brevirostris*）等。此外，雨燕科雨燕属（*Apus*）的白腰雨燕（*Apus pacificus*）也可生产供人类食用的燕窝（Wang et al.，2013）。

燕窝主要产自印度尼西亚（简称印尼）、马来西亚、泰国、越南、菲律宾等东南亚国家和地区。中国产燕窝之地有广东肇庆市怀集县燕岩、云南红河哈尼族彝族自治州建水县燕子洞和海南大洲岛，但产量极低。印尼是全球燕窝产量最多的国家，年产量约为全球产量的 85%，其次是马来西亚、泰国、越南等国家。近年来，随着燕屋在印尼和马来西亚的不断推广和普及，全球的燕窝产量呈稳定上升趋势（马雪婷等，2018a）。

人类食用燕窝的历史已超过 1000 年，最早可追溯到中国古代的唐朝（公元 618～907 年）及宋朝（公元 960～1279 年）。直至现代，燕窝仍然被视为一种名贵中药和保健食品，已经演变成了一种养生文化而世代相传。新加坡、中国南方地区及世界各地的华人历来有食用燕窝的传统，这些区域是全球燕窝消费的重点区域。近年来，我国燕窝的进口量持续增长，从 2014 年的 3.09t 增长到了 2019 年的 182.3t。

2）燕窝的分类

燕窝按生产方式可分为洞燕和屋燕两类。洞燕是指金丝燕在天然的山洞、悬崖峭壁上所筑的巢窝。洞燕质地坚硬，膨胀率（发头）低，口感粗糙。屋燕是由栖息在燕屋中的金丝燕生产的燕窝。这两种燕窝产品价格迥异，一般来说，洞燕的价格为屋燕的 3～5 倍。

燕窝按颜色可分为白燕、黄燕和血燕 3 种。一般采摘时间较早的燕窝颜色较偏白色，此白色为自然白且白中稍微带黄，被称之为白燕，又称为官燕；采摘时间较晚的整个燕窝或燕窝大部分的地方颜色较偏黄色，被称之为黄燕，这是自然现象；整个燕窝颜色为不均匀的棕红或棕黄色，底部颜色较深，中间和边缘较浅的被称为血燕。血燕产量极少，被视为燕窝中的珍品，其价格为其他颜色燕窝的 2～3 倍。

燕窝按形状可分为燕盏、燕条、燕丝、燕角、燕饼和燕碎。燕盏是将毛燕经挑毛处理后的完整燕窝，基本保持了燕窝最初的形状，杂质少、色泽好。燕条是在挑毛、包装或运输的过程中，许多完整的燕盏被压碎后形成的粗条块燕窝。燕条口感比燕盏稍微差些，但营养价值相同；由于其无盏型可言，卖相较差，价位较燕盏低2～3倍。燕丝是工人将挑毛时脱落下来的细条末集中后包装，由于其外形较燕条碎，呈丝状，故称之为燕丝。燕丝口感较燕盏、燕条差，炖制后很碎，价位较燕盏低2～3倍，可满足低价位消费群体的需求。燕饼是将燕窝挑毛时脱落的燕碎用食用胶压制而成的，其失去了燕盏的美观外形。燕角是燕窝黏结在燕板上的两边头尾，是金丝燕最先吐出用于将燕窝粘在木梁上的部分唾液，唾液浓度大，质地比较坚硬。燕碎是呈现碎片状的燕窝，是加工过程中脱落的碎片，其价位较燕盏低5～6倍（胡雅妮等，2003）。

3）燕窝的成分及功效

现代医学研究发现，燕窝的主要成分有水溶性蛋白质、碳水化合物、矿物质元素（钙、磷、铁、钠、钾等）及对促进人体活力起重要作用的氨基酸（唾液酸、赖氨酸、胱氨酸和精氨酸等），其中唾液酸（又称为燕窝酸）为九碳糖的衍生物，在燕窝中以与蛋白质相结合的状态出现，在燕窝中的含量高达9%，也是燕窝最有价值的成分之一（Marcone，2005）。通常，1000g干燕窝内含蛋白质499g、碳水化合物306g、钙429mg、磷30mg、铁49mg及其他营养成分。

中医认为，燕窝味甘性平，归肺、胃、肾三经。滋阴润燥、补肺养阴，治疗肺虚之哮喘、气促、久咳、痰中带血、咳血、咯血、支气管炎、出汗、低潮热等症；补虚养胃、止胃寒性，治疗胃阴虚引起之反胃、干呕、肠鸣声等症；滋阴调中，凡病后虚弱、痨伤、中气亏损、气虚、脾虚之多汗、小便频繁、夜尿均可食用燕窝进补调和；孕妇在妊娠期间、产前产后进食，则有安胎、补胎之效。

现代科学研究表明，燕窝的提取物，尤其是糖蛋白具有多种潜在的生理功效。Guo等（2006）的研究发现燕窝具有明显的抗流感病毒感染的功效；侯雁等（2010）的研究表明燕窝对大鼠淋巴细胞无直接转化作用，但在低浓度伴刀豆蛋白A（ConA）刺激下对大鼠淋巴细胞的转化有辅助作用；Kim等（2012）的研究表明燕窝的水溶性提取物可通过调节人类角质细胞中的促分裂原活化蛋白激酶和激活蛋白-1途径而减弱由氧化应激诱导的基质金属蛋白酶-1的作用，从而降低其参与的心脑血管病变、肿瘤、肝纤维化及关节炎等疾病发生的概率；Kong等（1987）研究发现燕窝中存在表皮生长因子（epidermal growth factor，EGF），表皮生长因子是一种可刺激表皮和其他多种细胞分裂的蛋白质，对人体的骨骼、消化、呼吸、神经等多个系统具有积极作用；Vimala等（2012）通过对脂多糖刺激的RAW264.7巨噬细胞的研究，发现燕窝的酸解产物可抑制肿瘤坏死因子（TNF-α）和一氧化氮（NO）的产生，从而推测燕窝可能具有抗炎症的作用。

（2）燕窝掺假现状

燕窝的掺假从程度上可分为完全造假和部分掺假两种现象。完全造假的燕窝是直接将银耳、琼脂、猪皮等掺假物加入调和剂伪制而成；部分掺假的燕窝是在燕窝产品的制作过程中，人为混入与燕窝本身具有相似颜色和性状的廉价掺假物，用以增加重量、提高卖相等。到目前为止，燕窝中常见的掺假物有银耳、琼脂、猪皮、蛋清、鱼鳔等（Ma and Liu，2012；乌日罕等，2007；马雪婷等，2018a）。

以次充好现象也关系着燕窝的质量及安全。不同产地、不同生产方式的燕窝价格不同，不法商人刻意混淆燕窝的产地和生产方式、以次充好，从而牟取利润。例如，通常人们认为天然洞燕的营养价值高于屋燕，因此洞燕的价格相对更高，而市场中出现的屋燕熏制或染色冒充洞燕的现象不仅损害消费者的利益，同时还会破坏燕窝经营加工企业的形象。更为严重的是，屋燕熏制成洞血燕的过程中会产生大量的亚硝酸盐，该物质具有很强毒性，在一定条件下可转化为致癌物质，食入 0.3～0.5g 的亚硝酸盐即可引起中毒甚至死亡，严重威胁人体健康。另外，受品牌认知度和市场份额的影响，通常印尼燕窝的价格要高于马来西亚燕窝，被认为具有更高的营养价值和质量，而市场中产地标识不清、产地标识错误、混淆产地标识等现象损害了消费者的权益。2014 年 1 月，为了使燕窝产品更好地满足《中华人民共和国国家质量监督检验检疫总局和马来西亚农业部关于从马来西亚输入燕窝产品的检验检疫和卫生条件议定书》关于燕窝追溯体系的要求，马来西亚兽医局全权委托中国检验检疫科学研究院开发中国燕窝监管溯源管理服务平台，并作为马来西亚燕窝产品追溯标签唯一加贴机构，对马来西亚输华燕窝产品加贴统一的追溯标签，实现燕窝产品"专厂专号专用"和"一品一码"。这表明燕窝产品的溯源监管已得到极大的重视，在我国正致力于建立燕窝监管溯源管理体系的大背景下，加强对燕窝产地及生产方式鉴别方面的研究显得十分必要。

（3）燕窝真实性鉴别整体解决方案

燕窝真伪鉴别的研究内容包括 4 个方面：①真假燕窝的鉴别，以判断产品中是否含有燕窝和其他非燕窝成分；②燕窝中掺假物的检测，以判断产品中具体包含哪种非燕窝成分，掺了多少；③燕窝产地的判别，以保证产地来源的可靠性；④燕窝生产方式的区别，以探究该燕窝是洞燕还是屋燕。

本节综合利用红外检测、基因检测、蛋白质组学分析、电感耦合等离子体质谱（ICP-MS）及同位素质谱等技术，介绍了燕窝及其掺假物成分和不同产地及生产方式燕窝的鉴别方法，可分别实现对燕窝产品真伪的快速筛查、燕窝中掺假物成分的准确定性、掺假物成分的定量及燕窝产地及生产方式的判别，燕窝真实性鉴别的综合解决方案技术路线如图 6-1 所示，具体研究工作如下所述。

1）针对燕窝质量快速初筛的需要，对不同来源的燕窝样品、燕窝及其掺假物、燕窝与掺假物的混合样品进行了红外光谱分析研究，将所得的光谱数据进行主成分分析，初步建立了燕窝真伪的判别模型。该模型可鉴别出较高含量掺假燕窝（掺假量≥30%）的真伪，但无法准确识别出掺假燕窝中的银耳或琼脂成分，适合于对燕窝产品真伪的快速鉴别和对燕窝产品质量的初步筛查。

2）为了对燕窝中的掺假物成分进行准确定性，选取核酸作为研究对象，通过筛选和设计燕窝及其常见掺假物成分的特异性引物和探针，建立了基于分子生物学的燕窝及其掺假物的实时荧光 PCR 方法。

3）为了对燕窝中的掺假物成分进行准确定量，利用基于 NanoLC-QTOF 的鸟枪蛋

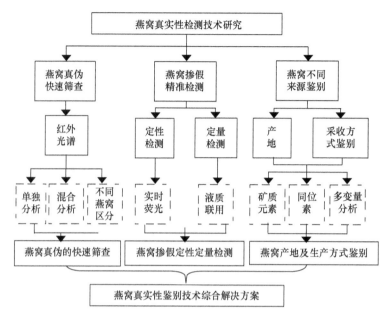

图 6-1 燕窝真实性鉴别整体解决方案

白质组学方法筛选得到了燕窝及其常见掺假物中的 11 个定量 MRM 离子对,以燕窝的 2 个定量 MRM 离子对为内标建立燕窝 4 种常见掺假物定量方法,10%~60% 掺入比例的盲样样品回收率为 92.06%~118.55%。

4)利用 ICP-MS 技术对屋燕和洞燕中 21 种矿物质元素组成进行分析,挖掘了 6 种仅与采收方式密切相关的矿物质元素(B、Na、Ca、Mn、Sr 和 Cd)。采用混淆矩阵对线性判别分析 LDA 模型泛化能力进行评价,以矿物质元素比值(Na/Ca)为自变量的 LDA 模型,对测试集的预测总体准确率达到 88.2%、特异性 100%,具有准确预测洞燕的能力。

5)采用基于 ICP-MS 和稳定同位素技术对马来西亚燕窝与印尼燕窝中的元素指纹与同位素进行分析,筛选了 4 种矿物质元素(Mg、Al、Mo 和 Ba)和同位素 $\delta^{18}O$ 等对燕窝产地具有显著影响的多种变量,且得到富集的 $\delta^{18}O$ 在不同产地燕窝中的分布具有纬度效应。通过模型泛化能力评价,以矿物质元素 Mg 和 $\delta^{18}O$ 综合变量为自变量的 LDA 模型对测试集预测总体准确率为 76.9%,表明元素和同位素信息的综合变量赋予了燕窝产地溯源模型较强的判断能力。

6.1.2 燕窝真伪的快速检测方法——红外光谱法

建立简单、快速、样品用量少、无破坏性的品质检测方法对于燕窝样品的初步快速筛查具有重要意义。针对该问题,采用红外光谱检测技术可对不同来源燕窝、燕窝及其 4 种常见掺假物(银耳、琼脂、猪皮和蛋清)进行快速筛查和真伪鉴别。

(1)材料与方法

1)材料

17 个不同来源燕窝样品;市售燕窝样品:10 个固体燕窝样品;常见掺假物:银耳、

油炸猪皮、鸡蛋。

2）燕窝及其常见掺假物样品的红外光谱检测

采用前面所述流程对马来西亚屋燕（MH1）、银耳、琼脂、油炸猪皮及蛋清样品进行红外光谱检测，各样品平行测定 6 次，各平行样本重复 3 次扫描，最终光谱取平均光谱，将各光谱数据以 csv 格式导入 Matlab7.10 软件，用于进一步分析。

3）燕窝及其掺假物混合样品的红外光谱检测

将制备得到的燕窝（马来西亚屋燕，MH1）、银耳、琼脂、猪皮及蛋清粉末作为样品，准确称取后充分研磨混匀，最终得到某掺假物含量分别为 50%、30%、10%、5%和 1%的燕窝混合样品。真空冷冻干燥，得到干燥的混合样品后置于干燥箱内备用。

采用前面所述流程对 4 组两两梯度混合样品（银耳与燕窝、琼脂与燕窝、猪皮与燕窝及蛋清与燕窝）进行红外光谱检测，各样品平行测定 6 次，各平行样本重复 3 次扫描，最终光谱取平均光谱，将各光谱数据以 csv 格式导入 Matlab7.10 软件，用于进一步分析。

4）市售燕窝样品的红外光谱检测

采用前面所述流程对 10 个市售燕窝样品进行红外光谱检测，各样品平行测定 6 次，各平行样本重复 3 次扫描，最终光谱取平均光谱，将各光谱数据以 csv 格式导入 Matlab7.10 软件，用于进一步分析。

5）红外光谱数据的主成分分析

将导入 Matlab 软件中的原始光谱数据进行 7 点 S-G 卷积平滑后，再采用标准正态变量变换（standard normal variate correction，SNV），预处理后的数据用于主成分分析。方法是将原变量进行转换，使数目较少的新变量成为原变量的线性组合，该新变量应最大限度地表征原变量的数据结构特征，且不丢失原信息。

（2）结果与分析

1）燕窝及其常见掺假物的红外光谱

燕窝及其 4 种常见掺假物的红外光谱检测结果如图 6-2 所示。由图可以看出，掺假

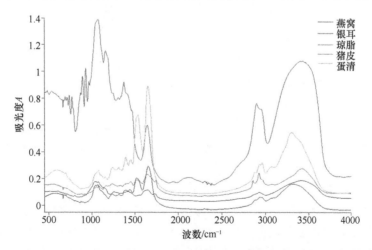

图 6-2 燕窝及其掺假物的红外光谱图（彩图请扫封底二维码）

物在 4000～1800 cm⁻¹ 波段内的出峰情况与燕窝相似，虽然有不同程度偏移，但此波段内产生吸收峰的化合物成分不具有代表性，出峰物质也多为燕窝和掺假物共有的成分。燕窝与掺假物的红外光谱图在 1800～800 cm⁻¹ 具有明显差异，为红外光谱在燕窝真伪及燕窝中掺假物成分的检测应用上提供了理论依据。

2）燕窝与掺假物混合样品的红外光谱检测及数据分析

通过添加模拟，分别制备了一系列掺假物（银耳、琼脂、猪皮及蛋清）与燕窝的梯度混合样品，使其中掺假物成分的比例分别为 100%、50%、30%、10%、5% 和 1%（m/m），然后分别对所得的混合样品进行红外光谱检测和分析。

4 组燕窝与掺假物梯度混合样品的红外光谱检测结果如图 6-3 所示。由图 A～D 可以看出，100% 掺假物与燕窝样本的光谱差异最明显，具体表现在光谱出峰位置和峰形上的差异；随着掺假量的逐渐减小，掺假样本的光谱与燕窝样本越来越接近；当掺假量低至 5% 和 1% 时，仅依靠光谱图已无法分辨出掺假样本与燕窝样本的区别，为了能够更加客观地分析不同掺假量的掺假样本与燕窝样本红外光谱的差异，如前所述对各组掺假样本 1800～800 cm⁻¹ 的光谱数据进行主成分分析。

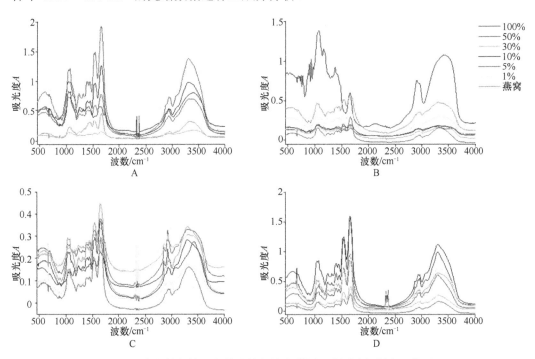

图 6-3　燕窝与掺假物混合样品的红外光谱图（彩图请扫封底二维码）
A. 不同含量的银耳掺假燕窝；B. 不同含量的琼脂掺假燕窝；C. 不同含量的猪皮掺假燕窝；D. 不同含量的蛋清掺假燕窝；
1%～100% 表示某种掺假物在混合样品中的含量（m/m）

对 4 组燕窝与掺假物混合样品的红外光谱数据进行主成分分析，根据前两个主成分（PC1，PC2）的得分绘制得到 4 组燕窝与掺假物混合样品的二维主成分得分图（图 6-4）。

以不同含量的银耳掺假燕窝为例（图 6-4A），对该组混合样品红外光谱数据的主成分分析结果进行阐述。不同含量的银耳掺假燕窝混合样品可以大致聚为 4 类：100% 银

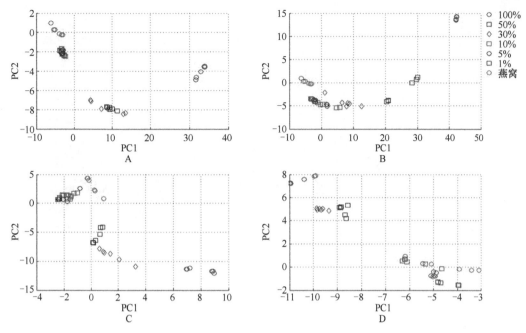

图 6-4　燕窝与某掺假物混合样品红外光谱数据的主成分分析（彩图请扫封底二维码）

A. 不同含量的银耳掺假燕窝；B. 不同含量的琼脂掺假燕窝；C. 不同含量的猪皮掺假燕窝；D. 不同含量的蛋清掺假燕窝；

1%～100%表示某种掺假物在混合样品中的含量（*m/m*）

耳，30%～50%银耳掺假燕窝，1%～10%银耳掺假燕窝及 100%燕窝，分别代表了完全造假燕窝、较高含量掺假燕窝、少量掺假燕窝及纯正燕窝 4 类市售燕窝产品状况。各类的类内距离较小，区分效果较理想。综上所述，利用红外光谱可鉴别出不同程度的银耳掺假燕窝（完全掺假、大量掺假、少量掺假、无掺假），即使所掺入的银耳含量仅为 1%的少量水平，也可被红外光谱检测为掺假燕窝。

　　为了考察红外光谱在实际燕窝产品真伪鉴别中的应用性，将图 6-4 中的 4 组掺假燕窝混合样品的红外光谱数据导入 Matlab7.10 中，对所有数据进行了主成分分析，根据前 3 个主成分的得分构建了一个包含有更多掺假物信息的 PCA 三维分类模型，结果见图 6-5。

　　由图 6-5 可以看出，燕窝与 4 种掺假物混合样品红外光谱数据的主成分分析结果与图 6-4A～D 相似，各纯掺假物及较高掺假量（≥30%）的掺假样本均能够与燕窝样本进行明显的区分。但是，除琼脂掺假样本外，少量掺假量（≤10%）的银耳、猪皮与蛋清掺假样本均不能与燕窝样本进行区分。此外，较高含量掺假（30%～50%）的琼脂掺假样本与相同掺假量水平的银耳掺假样本在主成分得分图的分布中存在交叉和重叠现象，说明针对所选 4 种常见掺假物的单一掺假产品，红外光谱只能鉴别出较高含量（≥30%）的银耳、猪皮与蛋清掺假燕窝的真伪，而不能鉴别出少量掺假水平燕窝（≤10%）的真伪。对于琼脂掺假样本，虽然少量掺假（≤10%）的琼脂掺假样本与燕窝样本可以进行区分，但由于较高掺假量（30%～50%）时的琼脂掺假样本与此掺假水平下的银耳掺假样本有重叠，导致无法区分究竟是这两种掺假物的哪一种在此水平下的掺假。

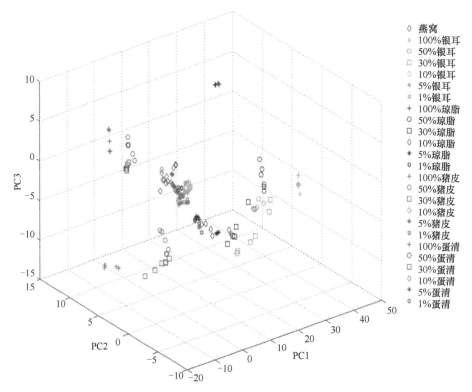

图 6-5 燕窝与 4 种掺假物混合样品红外光谱数据的主成分分析（彩图请扫封底二维码）

（3）结论

通过比较燕窝及其 4 种常见掺假物（银耳、琼脂、猪皮和蛋清）的红外光谱，结果表明 4 种掺假物与燕窝的红外光谱图明显不同，为红外光谱在燕窝真伪鉴别中的应用性提供了理论基础。

为了模拟实际样品，实验制备了 4 组燕窝与某种掺假物的一系列不同掺假物含量的混合样品，并采用 Matlab 软件初步建立了可用于燕窝真伪鉴别的 PCA 分类模型，该模型可用于掺假燕窝（掺假量≥30%）的真伪快速鉴别，但无法准确识别出银耳或琼脂掺假燕窝中的具体掺假物成分，适合于对燕窝样品真伪的快速筛查和质量的快速检测。

将 10 个市售燕窝样品的红外光谱数据导入所建立的 PCA 分类模型，结果表明 10 个市售燕窝样品是由 4 个纯燕窝、5 个掺假燕窝与 1 个造假燕窝组成，该结果与第 3 章中的检测结果完全一致，充分表明本研究所建立的基于红外光谱数据的 PCA 分类模型在燕窝产品真伪快速鉴别中的有效性和可靠性。

6.1.3 燕窝掺假成分的定性鉴别——实时荧光 PCR 法

红外光谱检测技术可用于快速判断燕窝的真伪，但无法准确确定其中的掺假物成分。为了进一步对燕窝中的掺假物成分进行准确定性，本小节以燕窝中的 4 种常见掺假物（银耳、琼脂、猪皮和蛋清）为研究目标，建立燕窝及其掺假物成分的核酸分子生物学准确定性检测方法。

（1）材料与方法

1）实验材料

阳性对照样品：大金丝燕（*Aerodramus maximus*）的肝脏组织；白腰雨燕（*Apus pacificus*）的肌肉组织和短嘴金丝燕（*Aerodramus brevirostris*）的趾垫组织；细基江蓠（*Gracilaria tenuistipitata*）、龙须菜（*Gracilaria lemaneiformis*）和石花菜（*Gelidium amansii*）；猪肉、鸡肉购自北京某超市。

已知来源燕窝样品：3 个马来西亚屋燕，2 个印尼屋燕，马来西亚洞黄燕和洞血燕，印尼洞黄燕和洞血燕；常见掺假物样品：油炸猪皮、鸡蛋、银耳；特异性检测参考样品：选取目标成分的相近种属物种及燕窝中可能的其他掺假物物种作为参考来进行特异性实验，确定的参考样品包括：紫菜（石花菜近属）、鸭肉、鹅肉（鸡近属）、牛肉、羊肉（掺假物明胶）、小麦、玉米、红薯、马铃薯和大米（掺假物淀粉）样品均购自北京某超市，紫云英（掺假物树胶）、大黄花鱼和鳕鱼（掺假物鱼鳔）样品来自中国检验检疫科学研究院；市售燕窝样品：34 个固体燕窝样品；2 个冰糖燕窝样品。

2）DNA 提取

除银耳、红藻、冰糖燕窝外，其他样品的 DNA 均按照 Nucleospin Kit 试剂盒操作说明书进行。

3）DNA 提取质量的确定

用核酸蛋白质分析仪分别测定提取的样品 DNA，由其 OD_{260}/OD_{280} 和浓度值判断 DNA 的纯度和含量，每个样品重复测定 3 次。为了验证样品 DNA 的提取质量，本实验采用真核生物的 18S 通用引物对所提取到的 DNA 进行 PCR 扩增，引物序列为 F：5′-TCTGCCCTATCAACTTTCGATGGTA-3′；R：5′-AATTTGCGCGCC-TGCTGCCTTCCTT-3′。

4）引物和探针的设计

从 NCBI 数据库下载 5 种目标成分的组内及组外序列（表 6-1），采用 NCBI Blast 和 Clustal W 软件对组内同属物种序列进行比对，得到组内保守序列；将所得的组内保守序列与组外其他目标物种序列进行比对，选择组间差异序列作为靶序列用于设计引物和探针。

表 6-1 下载自 NCBI 的组内及组外序列

目标成分	靶基因	组内序列（同属物种）		组外序列（其他目标物种）	
		物种名称	登录号	物种名称	登录号
金丝燕	*cytb* 基因	爪哇金丝燕 *Aerodramus fuciphagus*	AY135631.1	鸡 *Gallus gallus*	AF028795.1
		大金丝燕 *Aerodramus maximus*	AY135622.1	家猪 *Sus scrofa domesticus*	HM010471.1
		短嘴金丝燕 *Aerodramus brevirostris*	AY294450.1		
		白腹金丝燕 *Collocalia esculenta*	AY135608.1		

目标成分	靶基因	组内序列（同属物种）		组外序列（其他目标物种）	
		物种名称	登录号	物种名称	登录号
金丝燕	cytb 基因	白腰雨燕 *Apus pacificus*	JQ353879.1		
银耳	α-微管蛋白基因	银耳 *Tremella fuciformis*	HQ236425.1	鸡 *Gallus gallus*	NM_205444.1
				猪 *Sus scrofa*	DQ084489.1
红藻	藻红蛋白基因	龙须菜 *Gracilaria lemaneiformis*		/	
		细基江蓠 *Gracilaria tenuistipitata*	NC_006137.1		
		绳江蓠 *Gracilaria chorda*	AB647328.2		
猪	ATP酶亚单位基因	家猪 *Sus scrofa domesticus*	HM037213.1	鸡 *Gallus gallus*	AB753739.1
		爪哇野猪 *Sus verrucosus*	NC_023536.1		
		卷毛野猪 *Sus cebifrons*	NC_023541.1		
鸡	cytb 基因	原鸡 *Gallus gallus*	EU839454.1	短嘴金丝燕 *Aerodramus brevirostris*	JQ353850.1
		灰原鸡 *Gallus sonneratii*	EF571186.1	家猪 *Sus scrofa domesticus*	HQ122609.1
		绿领原鸡 *Gallus varius*	NC_007238.1		

5）实时荧光 PCR 的特异性

为了检验各引物和探针组合的实时荧光 PCR 特异性，在一批次 PCR 反应中同时对目标物种和其他参考物种进行了检测，每个物种平行检测 3 次。

a. 金丝燕成分引物和探针的特异性

以 3 种金丝燕（大金丝燕、白腰雨燕和短嘴金丝燕）作为燕窝成分目标物种，以 4 种掺假物对应的 6 个样品（银耳、细基江蓠、龙须菜、石花菜、猪、鸡）及其他 13 个样品（紫菜、牛、羊、鸭、鹅、小麦、玉米、红薯、马铃薯、大米、紫云英、大黄花鱼、鳕鱼等）作为参考物种，进行实时荧光 PCR 反应，以验证金丝燕成分引物和探针的特异性。

b. 掺假物成分引物和探针的特异性

以某种掺假物成分作为目标物种（分别为银耳；细基江蓠、龙须菜和石花菜；猪；鸡），以上述大金丝燕、白腰雨燕、短嘴金丝燕等其他样品作为参考物种，分别对银耳、红藻、猪及鸡成分引物和探针的特异性进行验证。

6）实时荧光 PCR 的绝对灵敏度

a. 金丝燕成分检测的绝对灵敏度

将提取的白腰雨燕基因组 DNA 溶液用核酸蛋白质分析仪测得浓度后，用灭菌水按照 1∶5 的稀释比例稀释成浓度分别为 10ng/μL、2ng/μL、400pg/μL、80pg/μL、16pg/μL、3.2pg/μL 和 0.64pg/μL 的溶液。然后按照 3.2.4 节中所述的反应条件进行实时荧光 PCR 反应，每个稀释度平行检测 3 次。

b. 掺假物成分检测的绝对灵敏度

将提取到的掺假物种基因组 DNA 用核酸蛋白质分析仪测得浓度后，分别用灭菌水按照一定的稀释比例对 DNA 进行稀释，其中银耳和鸡 DNA 按照 1∶10 的比例稀释成终浓度分别为 10ng/μL、1ng/μL、100pg/μL、10pg/μL、1pg/μL 和 0.1pg/μL 的溶液；龙须菜和猪 DNA 按照 1∶5 的比例稀释成终浓度分别为 10ng/μL、2ng/μL、400pg/μL、80pg/μL、16pg/μL、3.2pg/μL、0.64pg/μL 和 0.128pg/μL 的溶液。然后按照 3.2.4 节中所述的反应条件进行实时荧光 PCR 反应，每个稀释度平行检测 3 次。

c. 各检测体系扩增效率的计算

以起始 DNA 模板量的对数[Lg（DNA 起始模板量）]为 X 轴，C_t 均值为 Y 轴，绘制散点图而得到各体系的线性回归线，并由软件自动计算得到 R^2 及回归方程。从回归方程中得到扩增的斜率（slope），根据 $E=[10^{(-1/slope)}]-1$ 计算得到各体系的扩增效率（E）。

7）实时荧光 PCR 的相对灵敏度

a. 金丝燕成分检测的相对灵敏度

采用组织研磨器将马来西亚屋燕（目标样品）和银耳样品（基质样品）研磨成粉末状，然后将两者按 1∶9 的比例混合配制成含有 10%燕窝成分（m/m）的银耳粉末样品。以含 10%燕窝成分的银耳粉末为样品，将其与银耳样品按 1∶1 的比例混合配制成含有 5%燕窝成分的银耳粉末样品。再以含 5%燕窝成分的银耳粉末为样品，将其与银耳样品按 1∶4 的比例混合配制成含有 1%燕窝成分的银耳粉末样品。同样地，依次配制成含有 0.5%和 0.1%燕窝成分的银耳粉末样品。

提取上述不同比例混合样品的 DNA，按照前面所述反应条件进行实时荧光 PCR。每个比例平行检测 10 次。

b. 掺假物成分检测的相对灵敏度

配制一系列含有不同浓度掺假物成分（m/m）的燕窝样品，使得某种掺假物（分别为银耳、琼脂、猪皮）与燕窝样品的梯度混合比例为 10%、5%、1%、0.5%和 0.1%。

蛋清与燕窝混合样品的制备过程与其他掺假物不同，具体如下：将蛋清从鸡蛋中小心分离出来，吸取 1mL 蛋清置于已称重的 2.0mL 离心管中，称得蛋清净重为 1.03g，由此得到该蛋清的密度为 1.03g/mL（1.03mg/μL）。然后用移液枪分别吸取 50mg（48.5μL）、25mg（24.3μL）、5mg（4.85μL）、2.5mg（2.43μL）和 0.5mg（0.49μL）蛋清（目标样品）置于内含 450mg、475mg、495mg、497.5mg 和 499.5mg 燕窝样品（基质样品）的 50mL 离心管中，制成含有 10%、5%、1%、0.5%和 0.1%蛋清成分的燕窝样品。

提取上述不同比例混合样品的 DNA，按照前面所述反应条件进行实时荧光 PCR。每个比例平行检测 10 次。

8）实时荧光 PCR 方法的验证

为了验证所建立的实时荧光 PCR 方法对实际燕窝样品中燕窝成分的检测能力，选取了 8 个产自不同产地及不同生产方式的纯正燕窝样品（马来西亚及印尼屋燕和洞燕各

2 个）作为检测目标，提取 DNA 后如前面所述进行实时荧光 PCR，以验证所建立的方法在不同来源燕窝中的适用性。每个样品平行检测 10 次。

9）市售燕窝样品的实时荧光 PCR 检测

为了检验所建立方法的适用性，本研究选取了 34 个固体燕窝样品和 2 个冰糖燕窝样品作为市售样品分别进行 5 种成分的检测。每个样品每种成分平行检测 3 次。

（2）结果与分析

1）引物和探针序列

将选取到的组内保守序列及组间差异序列作为靶序列，利用 Primer Premier 5 软件设计并筛选合适的引物和探针，最终确定的引物和探针序列如表 6-2 所示。

表 6-2   特异性引物和探针序列

成分	引物及探针序列（5′-3′）	靶基因	扩增长度
金丝燕	F: CAGTAGACAACCCCACATTA Rª: TGGAGGAAGGTGAGGTGRAT Pᵇ: CCTAATCGCAGGCCTCACCCTC	cytb 基因	96bp
银耳	Fª: GGATCAATGCTCTGGACTTC R: AGCCAGATCCAGTGCCGC Pᵇ: CGCCGAAAGAGTGGAAGACAAAGAAGCC	α-微管蛋白基因	68bp
红藻	Fª: AGAGTATGCTCTGCTATTAG R: CCTTGTACAGATTCAAGATC Pᵇ: TGGAAAACGTCCAGCAGCRTCAGCTGC	藻红蛋白基因	165bp
猪	F: AACCAGTAGCCCTAGCCGTA Rª: TGAGTAGTGCTAATGTGGCCC Pᵇ: TGACAGCCAACATTACAGCAGGG	ATP6 基因	93bp
鸡	F: CAGGCTCAAACAACCCCCTA Rª: GGGCTAGTGTTAGGAATGGGG Pᵇ: TACTACTCCTTCAAAGACATTCTGGGCT	cytb 基因	123bp

a. 用于液相芯片检测时，需要在 5′端标记生物素（bio-）；b. 用于实时荧光 PCR 检测时，5′端标记 FAM，3′端标记 TAMRA；用于液相芯片检测时，5′端增加 dT₂₀ 连接臂并标记氨基（AMN-）

2）DNA 纯度与浓度的紫外分析比较

利用 Nucleospin 法提取物种/样品 DNA，分别用核酸蛋白质分析仪平行测定 3 次，以获得其 OD₂₆₀/OD₂₈₀ 值及 DNA 浓度。根据经验数据，纯净 DNA 的 OD₂₆₀/OD₂₈₀ 值在 1.8 左右。若 RNA 未除干净，比值将偏高；若样品中污染蛋白质或酚，其比值将低于此值。如表 6-3 所示，从样品基因组 DNA 提取的效果来看，Nucleospin 法提取样品 DNA 的 OD₂₆₀/OD₂₈₀ 值在 1.7～2.3。为了验证 DNA 的可用性，采用真核生物 18S 通用引物对所提取到的 DNA 进行了普通 PCR 扩增。

3）真核生物通用引物的 PCR 扩增

将样品 DNA 分别使用前面所述的真核生物 18S 通用引物进行普通 PCR 扩增，实验结果显示，空白对照未出现扩增条带，说明整个 PCR 反应体系未出现污染；所有检测样品 DNA 均产生明显的扩增，且 PCR 扩增产物大小与理论相符（137bp），这说明 Nucleospin 试剂盒提取的 DNA 质量满足 PCR 反应需求（图 6-6）。

表 6-3 不同物种/样品的 DNA 纯度与浓度

物种/样品	OD$_{260}$/OD$_{280}$	DNA 浓度/（ng/μL）	物种/样品	OD$_{260}$/OD$_{280}$	DNA 浓度/（ng/μL）
大金丝燕	2.06±0.01	516.19±6.79	鹅	1.96±0.01	392.53±2.02
白腰雨燕	2.20±0.00	294.87±3.02	大黄花鱼	1.79±0.02	791.18±6.97
短嘴金丝燕	2.16±0.02	59.38±0.61	鳕鱼	1.87±0.00	324.42±2.33
银耳	2.36±0.01	297.53±2.51	紫云英	1.89±0.00	105.43±0.98
细基江蓠	2.33±0.02	160.67±1.72	小麦	1.84±0.00	319.44±3.21
龙须菜	2.36±0.02	61.22±0.78	玉米	1.92±0.01	257.90±2.09
石花菜	2.26±0.01	185.82±1.75	红薯	1.85±0.00	165.81±1.08
紫菜	2.14±0.00	319.08±2.87	马铃薯	1.90±0.00	68.13±0.57
猪	1.87±0.01	596.76±6.92	大米	2.09±0.02	503.50±4.87
牛	1.89±0.02	179.14±1.01	马来西亚屋燕	1.96±0.01	13.22±0.12
羊	1.84±0.01	387.61±1.95	广东琼脂	2.01±0.01	4.70±0.03
鸡	1.65±0.03	924.62±8.44	油炸猪皮	1.83±0.00	120.00±1.02
鸭	1.99±0.00	469.93±3.03	蛋清	1.78±0.02	2.26±0.01

注：重复样本（平行样）$n=3$

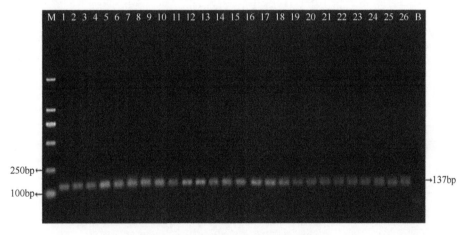

图 6-6 真核生物通用引物扩增结果

1. 大金丝燕；2. 白腰雨燕；3. 短嘴金丝燕；4. 银耳；5. 细基江蓠；6. 龙须菜；7. 石花菜；8. 紫菜；9. 猪；10. 牛；
11. 羊；12. 鸡；13. 鸭；14. 鹅；15. 大黄花鱼；16. 鳕鱼；17. 紫云英；18. 小麦；19. 玉米；20. 红薯；21. 马铃薯；
22. 大米；23. 马来西亚屋燕；24. 广东琼脂；25. 油炸猪皮；26. 蛋清；B. 空白对照（ddH$_2$O）；M. DL2000 DNA marker

4）实时荧光 PCR 特异性检测结果

以 3 种金丝燕为目标物种，其他非目标物种为参考物种同时进行实时荧光 PCR 扩增，结果显示（图 6-7A）空白对照未出现扩增，表明体系未受到污染；3 种目标物种均产生明显的扩增，C_t 均值分别为大金丝燕 26.09、白腰雨燕 17.85 和短嘴金丝燕 29.36；其他 19 个参考物种均无扩增，表明体系在 40 个循环内特异性良好。

以掺假物成分为目标物种，其他物种为参考物种同时进行实时荧光 PCR 扩增，各个掺假物成分引物和探针的实时荧光 PCR 特异性检测结果如图 6-7B（银耳），图 6-7C（红藻），图 6-7D（猪）及图 6-7E（鸡）所示。从图可以看出，空白对照均未出现扩增，表明体系未受到污染。对于银耳成分的引物和探针来说，目标物种银耳可产生明显的扩

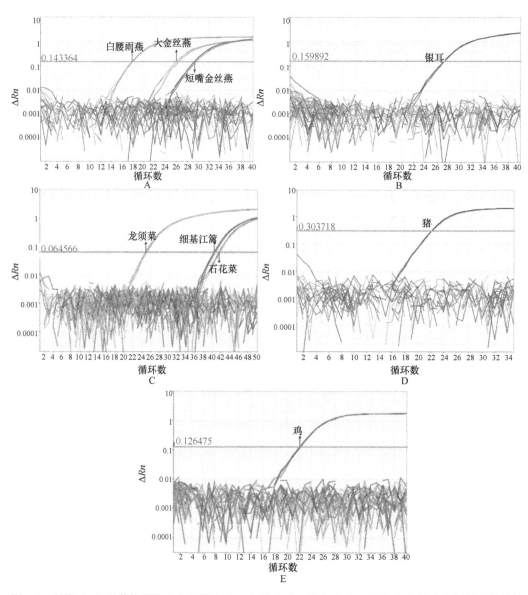

图6-7　燕窝（A）及其掺假物成分银耳（B）、琼脂（C）、猪皮（D）、蛋清（E）引物和探针的特异性
扩增结果（彩图请扫封底二维码）

增，C_t 均值为 27.99；其他 21 个参考物种均无扩增，表明体系在 40 个循环内特异性良好。红藻成分的引物和探针也可明显地扩增 3 种目标物种，且 C_t 均值分别为细基江蓠 40.65、龙须菜 24.97 和石花菜 41.62，而 19 个参考物种也均无扩增，体系在 50 个循环内特异性良好。猪成分的引物和探针在目标物种猪中产生明显的扩增，C_t 均值为 22.07；其他 21 个参考物种均无扩增，表明体系在 35 个循环内特异性良好。而鸡成分的引物和探针可以使目标物种鸡产生明显的扩增（C_t 均值为 22.12），其他 21 个参考物种未出现扩增，表明体系在 40 个循环内特异性良好。总体而言，各掺假物成分的引物和探针组合在设定的循环数内特异性良好，可满足燕窝产品中掺假物成分检测的要求。

5) 实时荧光 PCR 的绝对灵敏度实验。

a. 金丝燕成分检测的绝对灵敏度

以白腰雨燕作为研究对象，ddH₂O 作为空白对照，将白腰雨燕 DNA 溶液用 ddH₂O 分别稀释为 10ng/μL、2ng/μL、400pg/μL、80pg/μL、16pg/μL、3.2pg/μL 和 0.64pg/μL 的浓度后进行实时荧光 PCR 扩增。由图 6-8 可看出，空白对照未出现扩增，表明 PCR 反应体系未出现污染；每个稀释度下均出现阳性扩增曲线，且 C_t 值由小变大，说明所建立的体系最少可检测到浓度为 0.64pg/μL 的金丝燕成分 DNA。

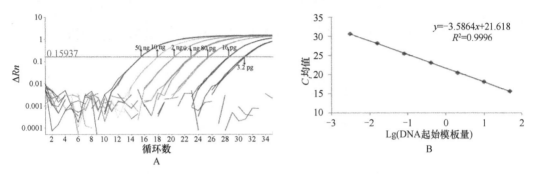

图 6-8 金丝燕成分检测的绝对灵敏度（A）和线性回归（B）分析（彩图请扫封底二维码）

以 DNA 起始模板量（ng，浓度×5μL）的对数为 X 轴，以相应的 C_t 均值为 Y 轴，通过 Microsoft Excel 软件绘制得到线性回归直线（图 6-8B）。由此得到该直线的 R^2（0.9996），回归方程和斜率（slope，−3.5864），根据公式：扩增效率（E）=[10^{(−1/slope)}]−1 得到该体系的扩增效率为 90.03%。

b. 掺假物成分检测的绝对灵敏度

以掺假物成分（分别为银耳、龙须菜、猪、鸡）作为研究对象，ddH₂O 作为空白对照，将银耳或鸡 DNA 溶液用 ddH₂O 分别稀释为 10ng/μL、1ng/μL、100pg/μL、10pg/μL、1pg/μL 和 0.1pg/μL 的浓度，而龙须菜或猪 DNA 溶液分别被稀释为 10ng/μL、2ng/μL、400pg/μL、80pg/μL、16pg/μL、3.2pg/μL、0.64pg/μL 和 0.128pg/μL 的浓度，以此梯度稀释的 DNA 溶液为模板，分别采用相应的引物和探针组合进行实时荧光 PCR 扩增。

由梯度稀释的银耳 DNA 溶液扩增曲线可以看出（图 6-9A），空白对照未出现扩增，表明 PCR 反应体系未出现污染；DNA 浓度在 10ng/μL～1pg/μL 时均出现阳性扩增曲线，且 C_t 值由小变大，说明所建立的体系对银耳成分 DNA 溶液的检测下限为 1pg/μL。类似地，由图 6-10A～图 6-12A 中的扩增曲线可以确定所建立的体系对红藻、猪及鸡成分 DNA 溶液的检测下限分别为 0.128pg/μL、0.128pg/μL 及 1pg/μL。

以各掺假物成分 DNA 起始模板量（ng，浓度×5μL）的对数为 X 轴，以相应的 C_t 均值为 Y 轴，绘制得到线性回归直线（图 6-9B～图 6-12B）。由此得到该直线的 R^2、回归方程和斜率（slope），根据公式：扩增效率（E）=[10^{(−1/slope)}]−1 得到各掺假物体系的扩增效率分别为 90.13%（银耳）、92.21%（红藻）、90.91%（猪）及 81.24%（鸡），除鸡成分体系外，其余掺假物体系的扩增效率范围均在 90%～110%，表明所建立的用于掺假物成分检测的实时荧光 PCR 体系性能良好。

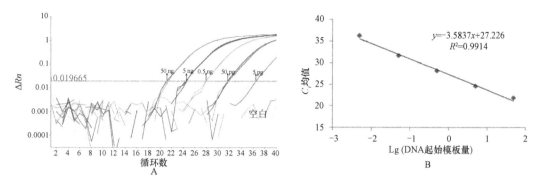

图 6-9　银耳成分检测的绝对灵敏度（A）和线性回归（B）分析（彩图请扫封底二维码）

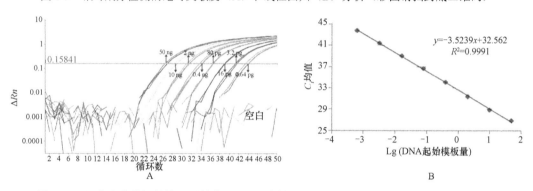

图 6-10　红藻成分检测的绝对灵敏度（A）和线性回归（B）分析（彩图请扫封底二维码）

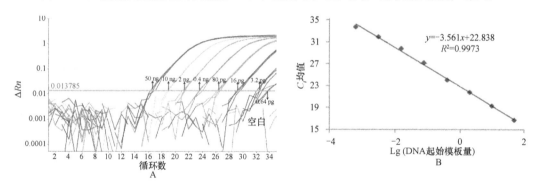

图 6-11　猪成分检测的绝对灵敏度（A）和线性回归（B）分析（彩图请扫封底二维码）

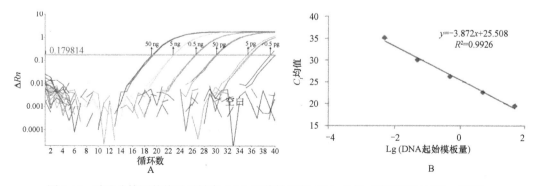

图 6-12　鸡成分检测的绝对灵敏度（A）和线性回归（B）分析（彩图请扫封底二维码）

6）实时荧光 PCR 的相对灵敏度实验

a. 金丝燕成分检测的相对灵敏度

以马来西亚屋燕作为研究对象，以银耳粉末作为基质样品，分别依次将两者配制成含有 10%、5%、1%、0.5%和 0.1%燕窝成分的银耳粉末样品。提取 DNA 后进行实时荧光 PCR 扩增。由图 6-13A 可看出，空白对照（ddH$_2$O）未出现扩增，表明 PCR 反应体系未出现污染；燕窝成分比例在 10%～0.5%时均出现阳性扩增曲线，且 C_t 值由小变大；当燕窝成分比例下降至 0.1%时，未出现阳性扩增曲线，说明所建立的体系可检测到比例为 0.5%的燕窝成分。

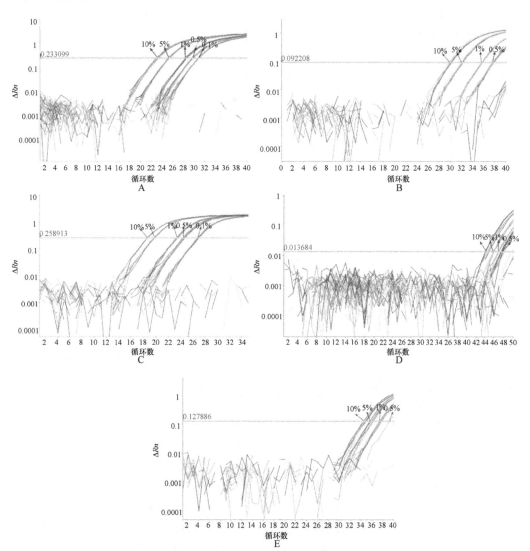

图 6-13　燕窝（A）及其掺假物成分银耳（B）、琼脂（C）、猪皮（D）、蛋清（E）的相对灵敏度分析
（彩图请扫封底二维码）

b. 掺假物成分检测的相对灵敏度

以各掺假物（银耳、琼脂、猪皮、蛋清）作为研究对象，以燕窝粉末作为基质样品，

分别依次将某掺假物与燕窝配制成含有 10%、5%、1%、0.5% 和 0.1% 掺假物成分的燕窝粉末样品。提取不同比例混合样品 DNA 后进行实时荧光 PCR 扩增。

由不同比例银耳与燕窝混合样品 DNA 溶液的扩增曲线可以看出（图 6-13B），空白对照（ddH$_2$O）未出现扩增，表明 PCR 反应体系未出现污染；每个银耳成分比例均出现阳性扩增曲线，且 C_t 值由小变大，说明所建立的体系至少可检测到比例为 0.1% 的银耳成分。类似地，可以确定所建立的体系对其他掺假物的相对检测限分别为 0.5%（琼脂，图 6-13C）、0.1%（猪皮，图 6-13D）及 1%（蛋清，图 6-13E）。

7）实时荧光 PCR 方法的验证实验

a. 对燕窝成分检测的验证

选取了 8 个不同产地及生产方式的纯正燕窝对所建立的实时荧光 PCR 方法检测燕窝成分的适用性进行了验证，结果表明 8 个不同来源的燕窝样品 DNA 均可产生明显的扩增曲线，说明所建立的实时荧光 PCR 体系可用于对市场中不同种类燕窝样品的检测（图 6-14）。

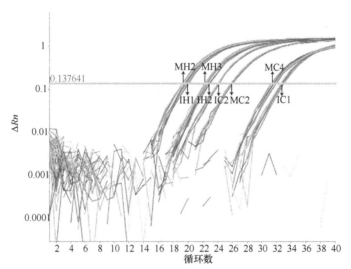

图 6-14　不同来源燕窝样品的实时荧光 PCR 检测结果（彩图请扫封底二维码）

MH2～MH3. 马来西亚屋燕；IH1～IH2. 印尼屋燕；MC2. 马来西亚洞黄燕；MC4. 马来西亚洞血燕；IC1. 印尼洞黄燕；IC2. 印尼洞血燕

b. 对掺假物成分检测的验证

根据前面所得的相对灵敏度检测结果，分别制备了 4 个添加混合样品（m/m）：0.1% 银耳/99.9% 燕窝、0.5% 琼脂/99.5% 燕窝、0.1% 猪皮/99.9% 燕窝、1% 蛋清/99% 燕窝，提取 DNA 后分别对 4 种掺假物成分进行了实时荧光 PCR 检测。结果表明（图 6-15A～D），4 个燕窝添加混合样品中的掺假物 DNA 成分均可产生较明显的扩增曲线，说明所建立的实时荧光 PCR 体系可用于对燕窝样品中少量掺假物成分的有效检测。

（3）结论

本研究基于金丝燕 *cytb* 基因、银耳 *α-tubulin* 基因、红藻 *PEB* 基因、猪 *ATP6* 基因和鸡 *cytb* 基因，自行设计并筛选出 5 种特异性引物和探针体系，各体系在设定的循环内

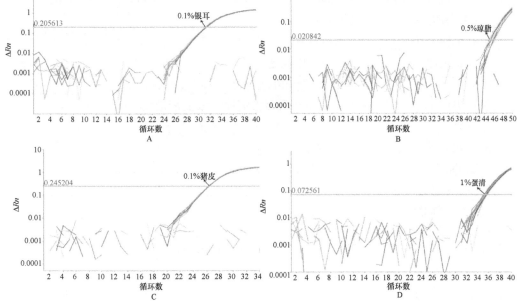

图 6-15　实时荧光 PCR 对 4 种掺假物成分的检测验证结果（彩图请扫封底二维码）
A. 对燕窝中 0.1%银耳成分的检测；B. 对燕窝中 0.5%琼脂成分的检测；C. 对燕窝中 0.1%猪皮成分的检测；D. 对燕窝中
1%蛋清成分的检测

（金丝燕成分体系 40 个循环，银耳成分体系 40 个循环，红藻成分体系 50 个循环，猪成
分体系 35 个循环，鸡成分体系 40 个循环）特异性良好。

对 5 种体系的绝对灵敏度进行了分析，结果表明 5 种体系的检测限至少分别可达
3.2pg（金丝燕成分体系）、5pg（银耳成分体系）、0.64pg（红藻成分体系）、0.64pg（猪
成分体系）和 5pg（鸡成分体系）。

对 5 种体系的相对灵敏度进行了分析，结果表明 5 种体系的灵敏度较高，其中，金
丝燕成分体系检测燕窝的相对灵敏度为 0.5%，银耳成分体系检测银耳的相对灵敏度为
0.1%，红藻成分检测琼脂的灵敏度为 0.5%，猪成分检测油炸猪皮的相对灵敏度为 0.1%，
鸡成分体系检测蛋清的相对灵敏度为 1%。

6.1.4　燕窝掺假成分的定量鉴别——液相色谱质谱联用法

燕窝中掺假物的定量是一个亟须解决的燕窝真实性鉴别问题。为此，本节将在串联
四级杆线性离子阱质谱的低能碰撞诱导解离裂解模式下，研究特征肽段碎片离子的稳定
性和可量化性，筛选燕窝及其掺假物的定量离子对，通过优化蛋白质提取与酶切步骤、
定量曲线制备方法及离子对的碰撞能参数等，建立高通量、精准、快速的燕窝及其制品
中燕窝或其常见掺假物的定量方法。

（1）材料与方法

　1）实验样品的选择
在 6.1.2 节材料中随机选择燕窝及其掺假物样品各 1 个进行掺假物的定量研究，银

耳、猪皮、蛋清、鱼鳔和燕窝的编号分别为YE-1、FPS-1、DQ-1、FSB-1、IH-25。

2）蛋白质提取方法的优化

准确称取一定质量的液氮研磨燕窝、油炸猪皮、银耳、蛋清、鱼鳔及5种组分的掺比样品（质量比为1∶1∶1∶1∶1）于高速离心管中，分别按照1∶20、1∶30、1∶50、1∶70和1∶100的料液比加入含有7mol/L尿素和2mol/L硫脲的水溶液，涡旋后置于冰浴中超声提取1h，12 000g离心10min后弃去沉淀，取上清液用于蛋白质测定，每个处理3个重复。

3）Qubit荧光法测定蛋白质浓度

根据Qubit蛋白质测定试剂盒操作说明进行。

4）蛋白酶切

见3.2.3节部分。

5）特异肽段碰撞能的优化

按照3.3.3节的描述分别制备燕窝及其4种常见掺假物油炸猪皮、银耳、蛋清和鱼鳔的胰酶肽段样品。依据Skyline软件推荐碰撞能CE值在推荐CE±10volts以2volts为步长，由小到大逐渐增大，用串联四级杆线性离子肼质谱测定不同CE值下离子对的响应值（n=3）。用Excel软件处理数据。

6）标准曲线的制备

方案（I）：分别提取精细研磨的4种掺杂物和燕窝的蛋白质。根据掺杂物提取物与掺杂物提取物和燕窝提取物之和的比例混合4种掺假物提取物和燕窝提取物（1%、5%、10%、20%、40%、50%、60%、70%、80%）以排除提取效率的影响。制备肽混合物用于预定的MRM分析。使用MULTIQUANT V3.0软件对计划的MRM数据进行检测。分别基于Q-跃迁制备4种掺杂物和燕窝的外部校准曲线。纵坐标对应于质量，而横坐标指的是仪器响应（峰面积）。使用Origin 9.0软件处理标准曲线。

方案（II）：根据掺杂物与掺杂物和燕窝之和的比例，将磨碎的猪皮、银耳、蛋清和鱼鳔与燕窝粉末混合（1%、5%、10%、20%、40%、50%、60%、70%和80%）（质量比）。将固体混合物溶解于提取溶液中，并将提取的蛋白质消化为肽混合物，用于预定的MRM分析。在使用MULTIQUANT V3.0软件处理预定的MRM数据之后，基于Q-转换制备4种掺杂物的标准曲线。纵坐标对应于掺杂物/燕窝相对质量（$m_{掺假物}/m_{燕窝}$），而横坐标表示掺杂物/燕窝相对响应（$A_{掺假物}/A_{燕窝}$）。使用Origin 9.0软件处理标准曲线。

（2）结果与分析

1）粗蛋白质提取料液比的选择

为了获得最佳的方法灵敏度，首先研究了含7mol/L尿素、2mol/L硫脲水溶液提取燕窝、油炸猪皮、银耳、蛋清、油发鱼鳔及混合样品蛋白质料液比对粗蛋白质提取效果的影响。燕窝及其掺假物的粗蛋白质提取物中蛋白质浓度随着料液比的减小而减小。当料液比为1∶30时，混合样品蛋白质提取效率约为94%，料液比1∶50时的提取效率次之约为90%，其他料液比条件下的提取效率为86.34%～87.968%。这一结果表明，当料液比为 1：30 时，燕窝及其掺假物在掺比样品蛋白质提取过程中的相互抑制作用最小（图 6-16～图 6-18）。综上所述，出于检测成本最低化的考虑，本节中采用 1：30 的料液比对燕窝、掺假物和掺比样品中的粗蛋白质进行提取。

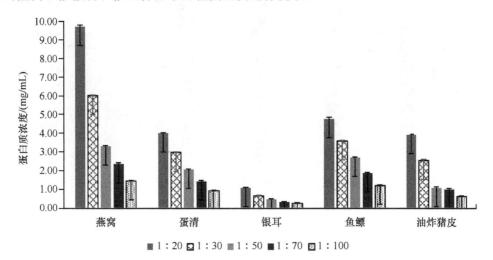

图 6-16 燕窝及其 4 种常见掺假物的粗蛋白质提取物中蛋白质浓度随料液比变化的变化情况（*n*=3）

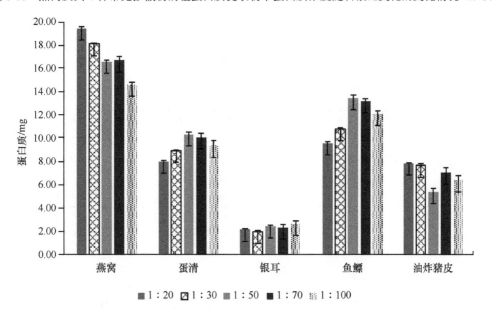

图 6-17 不同料液比对燕窝及其 4 种常见掺假物中蛋白提取效率的影响（*n*=3）

2）特异肽段离子对碰撞能（CE 值）的优化

分别在燕窝、油炸猪皮、银耳、蛋清和鱼鳔样品中进行 7 次分析重复，以计算 32 条肽段的平均保留时间，即为各自特异肽段的保留时间（表 6-4）。从来自 28 条特异肽段的 207 个离子对中筛选出 121 个质荷比为 300～1250 的 y 离子用于下一步燕窝及其常见掺假物油炸猪皮、银耳、蛋清和鱼鳔定量离子对的筛选。

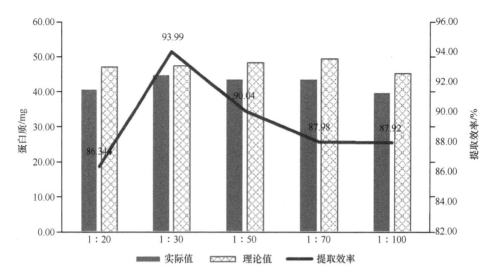

图 6-18 燕窝及其 4 种常见掺假物混合样品提取物中蛋白质总量的理论值与实际值之间的比较

表 6-4 燕窝及其掺假物特异肽段候选定量离子对

名称	特异肽段氨基酸序列	母离子 Q1	子离子 Q3	碎片	推荐 CE（volts）	优化 CE（volts）	保留时间 /min
油炸猪皮	GETGPAGPAGPVGPVGAR	773.9	977.7	y11	36.7	38.7	12.25
			809.6	y9	36.7	38.7	
			752.3	y8	36.7	38.7	
			880.5	y10	36.7	46.7	
			1105.6	y13	36.7	46.7	
			1034.6	y12	36.7	42.7	
	TGETGASGPPGFAGEK	740.1	818.3	y8	35.5	37.5	8.06
			721.5	y7	35.5	37.5	
			875.5	y9	35.5	33.5	
			962.3	y10	35.5	35.5	
			1090.4	y12	35.5	35.5	
	GIPGEFGLPGPAGPR	727.4	984.5	y10	35	37	21.00
			837.5	y9	35	37	
			780.4	y8	35	39	
			667.4*	y7	35	37	
			497.3	y5	35	45	
	IGPPGPSGISGPPGPPGPAGK	921.5	1050.54	y12	42	44	12.63
			963.5	y11	42	52	
			906.5	y10	42	52	
			372.2	y4	42	46	
	GDGGPPGATGFPGAAGR	729.3	1074.5	y12	35.1	43.1	10.04
			920.5	y10	35.1	39.1	
			849.4	y9	35.1	37.1	
			748.4	y8	35.1	39.1	
			544.3	y6	35.1	35.1	

续表

名称	特异肽段氨基酸序列	母离子 Q1	子离子 Q3	碎片	推荐 CE（volts）	优化 CE（volts）	保留时间 /min
银耳	IPVGPATLGR	490.8	671.4*	y7	26.5	28.5	16.51
			770.5	y8	26.5	30.5	
			614.4	y6	26.5	22.5	
			867.5	y9	26.5	16.5	
			517.3	y5	26.5	28.5	
	TGQIVDVPVGPGLLGR	789.5	865.5	y9	37.3	29.3	
			1079.6	y11	37.3	39.3	
			669.4	y7	37.3	47.3	
	LITQLIEQLNAAK	727.9	886.5	y8	35.1	29.1	32.49
			773.4	y7	35.1	27.1	
			999.6	y9	35.1	37.1	
			1228.7	y11	35.1	37.1	
			403.2	y4	35.1	43.1	
蛋清	VASMASEK	411.7	652.3	y6	23.7	19.7	4.26
			723.3*	y7	23.7	19.7	
			434.2	y4	23.7	27.7	
			565.3	y5	23.7	19.7	
	GGLEPINFQTAADQAR	844.4	1121.5	y10	39.3	39.3	24.12
			860.4	y8	39.3	39.3	
			666.3	y12	39.3	35.3	
			1007.5	y9	39.3	39.3	
			732.4	y7	39.3	41.3	
			631.3	y6	39.3	39.3	
	DILNQITKPNDVYSFSLASR	761.1	930.5	y8	39	29	30.82
			767.4	y7	39	31	
			680.4	y6	39	29	
			533.3	y5	39	39	
			446.3	y4	39	29	
	EVVGSAEAGVDAASVSEEFR	1005	1209.6	y11	45	47	22.98
			1110.5	y10	45	47	
	ADHPFLFCIK	624.3	924.5	y7	31.3	31.3	29.00
			827.4	y6	31.3	31.3	
			680.4	y5	31.3	33.3	
	LTEWTSSNVMEER	791.4	1052.5	y9	37.3	39.3	18.95
			951.4	y8	37.3	39.3	
			864.4	y7	37.3	39.3	
	GTDVQAWIR	523.3	673.4	y5	27.7	27.7	20.54
			545.3	y4	27.7	27.7	
			887.5	y7	27.7	27.7	
			474.3	y3	27.7	25.7	

续表

名称	特异肽段氨基酸序列	母离子Q1	子离子Q3	碎片	推荐CE（volts）	优化CE（volts）	保留时间/min
蛋清	GTDVQAWIR	523.3	772.4	y6	27.7	29.7	20.54
	FESNFNTQATNR	714.8	1065.5	y9	34.6	40.6	9.74
			951.5	y8	34.6	36.6	
			804.4	y7	34.6	34.6	
	GYSLGNWVCAAK	663.3	905.4	y8	32.7	32.7	25.87
			848.4	y7	32.7	32.7	
			734.4	y6	32.7	32.7	
	TDERPASYFAVAVAR	551.6	416.3	y4	38.6	28.6	22.83
			515.3	y5	38.6	28.6	
			586.4	y6	38.6	28.6	
			345.2	y3	38.6	28.6	
			733.4	y7	38.6	28.6	
	SAGWNIPIGTLIHR	767.9	1019.6	y9	36.5	38.5	31.2
			906.6	y8	36.5	36.5	
			809.5	y7	36.5	46.5	
	GAIEWEGIESGSVEQAVAK	980.5	1217.6	y12	44.2	44.2	27.00
			1104.6	y11	44.2	44.2	
鱼鳔	GESGPAGPAGAAGPAGPR	738.9	921.5	y11	35.5	35.5	6.34
			978.5*	y12	35.5	37.5	
			753.4	y9	35.5	41.5	
			824.4	y10	35.5	45.5	
			1049.6	y13	35.5	41.5	
	APDPFR	351.7	631.3	y5	21.5	19.5	10.73
			534.3	y4	21.5	15.5	
			419.2	y3	21.5	23.5	
			322.2	y2	21.5	25.5	
	GLEGNAGR	387.2	603.3	y6	22.8	18.8	4.18
			474.2	y5	22.8	18.8	
			417.2	y4	22.8	18.8	
			303.2	y3	22.8	28.8	
燕窝	TLFTVLVK	460.8	706.4	y6	25.4	17.4	30.55
			559.4	y5	25.4	21.4	
			819.5	y7	25.4	19.4	
			359.3	y3	25.4	27.4	
	EMVAAFEQEAR	640.8	921.4	y8	31.9	31.9	17.56
			779.4*	y6	31.9	27.9	
			850.4	y7	31.9	31.9	
			1020.5	y9	31.9	31.9	
			632.3	y5	31.9	25.9	
			503.3	y4	31.9	33.9	

续表

名称	特异肽段氨基酸序列	母离子 Q1	子离子 Q3	碎片	推荐 CE（volts）	优化 CE（volts）	保留时间 /min
燕窝	SLWSCPYR	534.7	868.4	y6	27.1	23.1	19.32
			682.3	y5	27.1	27.1	
			595.3	y4	27.1	27.1	
			435.2	y3	27.1	31.1	
	IWLDNVNCAGGEK	738.35	1176.5	y11	35.4	37.4	19.99
			1063.4	y10	35.4	37.4	
			948.4	y9	35.4	37.4	
			834.4	y8	35.4	37.4	
			735.3	y7	35.4	37.4	
			621.3	y6	35.4	27.4	
	SSEWGTICDDR	663.28	1022.4	y8	32.7	32.7	13.92
			836.4	y7	32.7	28.7	
			779.3	y6	32.7	34.7	
			678.3	y5	32.7	34.7	
			565.2	y4	32.7	32.7	
			290.2	y2	32.7	34.7	

*为定量离子对

依据 Skyline 软件推荐的 CE 值，分别从 CE–10 以 2volts 为步长增加到 CE+10，考察表 6-5 中所列碎片离子响应值随碰撞能增加或降低的变化趋势。碎片离子在某一碰撞能下的响应值以 3 次重复进样的平均值计，选择碎片离子响应最高值对应的 CE 值作为该碎片离子的优化 CE。

3）定量离子对筛选

评估了源自 28 种特异性肽标记的 84 个碎片离子的稳定性（表 6-5）。在 LC-QTRAP-MS/MS 系统中测试每种浓度的 3 个分析性重复。使用 Excel 2010 软件基于 84 个 MRM 转变的峰面积（n=3）计算相对标准偏差（RSD）。当每个的 RSD 小于 5%时，响应的 MRM 转变被认为足够稳定以进行定量。在低能量 CID 条件下，发现 32 个稳定的 y 离子，其中只有 1 个 490.8>671.4 来自银耳（IPVGPATLGR），10 个来自蛋清，6 个来自鱼鳔，6 个来自油炸猪皮，9 个来自燕窝。

随后，进一步考察了 32 个稳定的 MRM 离子对的可量化特征。以燕窝或其掺假物的质量为纵坐标，以相应 MRM 离子对的提取离子峰面积为横坐标，拟合线性曲线。图 6-19A 显示，在 1%～80%的动态范围内，所有 32 个稳定的 MRM 离子对都是可量化的（线性相关系数 R^2>0.91）。这表明低能量 CID 过程中，MRM 离子对的稳定性是定量离子对最重要的指标。

在燕窝及其掺假物的 32 个定量离子对中，9 个是燕窝的定量离子对。将燕窝视为内标（ISR），以 4 种常见掺假物与燕窝的质量比为纵坐标、以二者定量离子对的 MRM 峰面积比为横坐标制备标准曲线，其线性相关系数 R^2 得到了极大的改善。在制备标准曲线的过程中引入内标可以减少前处理（如蛋白质的提取和酶切）和仪器分析过程引入的

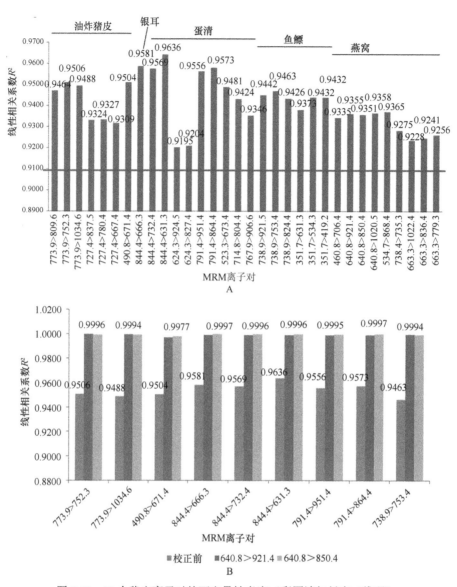

图 6-19 32 个稳定离子对的可定量性考察（彩图请扫封底二维码）

系统误差，改善了曲线的 R^2。通过分析发现，分别使用燕窝的 9 个定量离子对其余 23 个掺假物的定量离子对进行校正后，4 种掺假物的 23 条线性拟合曲线的 R^2 增加了 2.8%~8.4%。特别是来自 4 种掺假物的 9 个 MRM 离子对，经过燕窝定量离子对校正后的 R^2 均达到了 0.995 以上。最高的达到了 0.9997（图 6-19B）。490.8>671.4 作为银耳唯一的一个定量离子对，经过燕窝的 640.2>850.4 离子对校正后的 R^2 仍小于 0.9990（R^2=0.9977）的原因可能与银耳中蛋白质含量低有关系。尽管如此，仍能满足精准定量的要求。因此，这 9 个 MRM 离子对被筛选为相应掺假物的定量离子对。

对于燕窝的 9 个定量离子对来说，只有 640.2>850.4 和 640.8>921.4 能够将掺假物的标准曲线 R^2 校正到最大。其中，以 640.2>850.4 作为校正离子时，蛋清和银耳标准曲线的 R^2 最大；以 640.8>921.4 作为校正离子时，鱼鳔和油炸猪皮的标准曲线的 R^2 最大。我们可以发现，鱼鳔和油炸猪皮的定量离子对都是来自胶原蛋白的特异肽段，或许具有相似的裂解规律。燕窝的校正离子与掺假物的定量离子对在低能 CID 条件下裂解行为或肽段物理化学特征的一致性，可能是决定二者是否匹配的决定因素。因此，本研究选择 640.2>850.4 作为 844.4>666.3、844.4>732.4、844.4>631.3、791.4>951.4、791.4>864.4 和 490.8>671.4 的校正离子，而 640.8>921.4 作为 773.9>752.3、773.9>1034.6 和 738.9>753.4 的校正离子。掺假物的定量离子对和燕窝的校正离子主要来自 6 条肽段，即 GETGPAGPA-GPVGPVGAR、GESGPAGPAGAAGPAGPR、IPVGPATLGR、GGLEPINFQTAADQAR 和 LTEWTSSNVMEEREMVAAFEQEAR。

4）燕窝掺假物的定量准确度

以掺假物与燕窝的质量比（$m_{掺假物}/m_{燕窝}$）为纵坐标、以掺假物定量离子对与燕窝校正离子的 MRM 峰面积之比（$A_{掺假物}/A_{燕窝}$）为横坐标，用 Origin 9.0 软件绘制燕窝掺假物精准定量的标准曲线（图 6-20）。

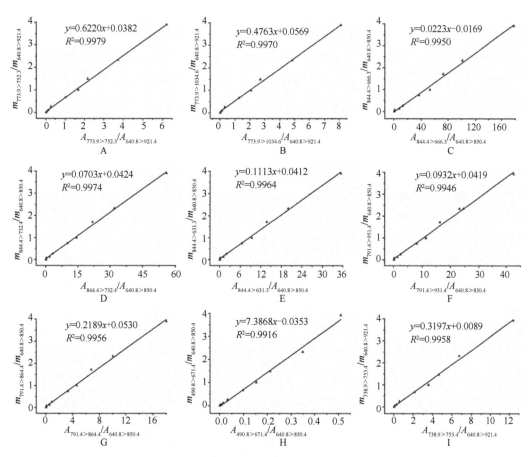

图 6-20　燕窝 4 种常见掺假物的定量标准曲线

油炸猪皮：A（773.9>752.3）和 B（773.9>1034.6）；蛋清：C（844.4>666.3）、D（844.4>732.4）、E（844.4>631.3）、F（791.4>951.4）和 G（791.4>864.4）；银耳：H（490.8>671.4）；鱼鳔：I（738.9>753.4）

本研究制备了 5 种不同掺假水平（约 10%、20%、40%、50% 和 60%）的盲样品，以考察该定量方法的准确度（以回收率表示）。由表 6-5 可以看出，掺假物 9 个定量离子对的回收率均在 58.96%～131.94%。通过比较蛋清的 5 个定量离子对在这 5 个掺入水平的回收率可以看出，844.4>666.3 离子对的回收率为 99.13%～118.55%，在不同掺入水平的测量准确度均较高。对于油炸猪皮的 2 个定量离子对来说，773.9>752.3 的回收率为 92.06%～112.04%，而 773.9>1034.6 的回收率为 91.72%～120.32%。773.9>752.3 在 5 个不同掺入水平的准确度均高于 773.9>1034.6。而对于蛋白质含量较低的银耳来说，当银耳掺入比例超过 50%时，唯一的定量离子对 490.8>671.4 的回收率为 101.74%～103.49%，能够精准定量燕窝中掺入银耳的量。

表 6-5 回收率结果

掺假物	定量离子对	理论值/%	测量值/%	回收率/%
银耳	490.8>671.4	9.88	5.83	59.03
		19.91	15.51	77.92
		39.89	23.52	58.96
		49.74	50.61	101.74
		60.07	62.16	103.49
鱼鳔	738.9>753.4	10.00	10.83	108.24
		20.08	20.20	100.61
		39.53	36.42	92.12
		49.83	52.18	104.73
		60.13	56.32	93.66
油炸猪皮	773.9>752.3	9.77	10.94	112.04
		20.07	18.93	94.33
		39.80	36.96	92.85
		49.90	49.15	98.49
		60.14	55.36	92.06
	773.9>1034.6	9.77	11.75	120.32
		20.07	19.35	96.41
		39.80	36.84	92.56
		49.90	48.45	97.09
		60.14	55.16	91.72
蛋清	844.4>666.3	10.20	12.10	118.55
		21.67	23.43	108.12
		40.39	43.23	107.01
		50.61	53.87	106.45
		61.65	61.11	99.13
	844.4>732.4	10.20	13.31	130.49
		21.67	22.06	101.81
		40.39	40.93	101.32
		50.61	50.76	100.30
		61.65	60.04	97.40

续表

掺假物	定量离子对	理论值/%	测量值/%	回收率/%
		10.20	13.18	129.16
		21.67	22.18	102.39
	844.4>631.3	40.39	40.67	100.68
		50.61	50.65	100.09
		61.65	60.11	97.51
		10.20	13.23	129.67
		21.67	21.54	99.44
蛋清	791.4>951.4	40.39	36.35	90.00
		50.61	48.84	96.50
		61.65	78.48	127.31
		10.20	13.46	131.94
		21.67	21.83	100.76
	791.4>864.4	40.39	35.96	89.02
		50.61	48.73	96.29
		61.65	61.34	99.50

（3）结论

本部分建立了燕窝中掺假物定量的 ISR 方法，提高了精确度，并且不需要技术重复。油炸猪皮、蛋清、鱼鳔和银耳的 LOQ 分别为 10%、10%、10% 和 50%。

6.1.5 燕窝不同产地的鉴别——ICP-MS 法

燕窝溯源技术研究的开展可以从根本上解决燕窝来源的鉴别问题，从而可以杜绝燕窝标签的不实宣传，同时为流通领域燕窝的召回提供技术支撑。本部分以马来西亚和印度尼西亚的屋燕和洞燕为研究对象，采用 ICP-MS 技术对燕盏中多种元素的分布进行分析，并结合燕窝产地相关的背景信息对具有溯源特性的数据进行挖掘，以期筛选出对进口燕窝产地溯源具有指导意义的变量。

（1）材料与方法

1）样品收集

本研究搜集了 24 个马来西亚燕盏和 24 个印度尼西亚燕盏，其中，屋燕燕盏 34 个，洞燕燕盏 14 个。燕窝样品信息如表 6-6 所示。

2）样品消解

燕窝经冷冻干燥后，研磨成粉末并用筛子（100 目）筛分，随后在 60℃ 干燥箱中干燥至恒重。将干燥的样品粉末在室温下密封在干燥器中。准确称取 0.2500g 样品于 PTFE 消解管后，加入 6mL 硝酸（65%，*m/m*，MOS 级），并在室温下将混合溶液静置 2h。然

表 6-6 燕窝样品信息

序号	样品	产地	采收方式	序号	样品	产地	采收方式
1	MH-37	马来西亚	屋燕	23	YH-32	印度尼西亚	屋燕
2	MH-14	马来西亚	屋燕	24	YH-31	印度尼西亚	屋燕
3	MH-13	马来西亚	屋燕	25	YH-1	印度尼西亚	屋燕
4	MH-19	马来西亚	屋燕	26	YH-2	印度尼西亚	屋燕
5	MH-20	马来西亚	屋燕	27	YH-39	印度尼西亚	屋燕
6	MH-10	马来西亚	屋燕	28	YH-24	印度尼西亚	屋燕
7	MH-18	马来西亚	屋燕	29	YH-21	印度尼西亚	屋燕
8	MH-9	马来西亚	屋燕	30	YH-25	印度尼西亚	屋燕
9	MH-15	马来西亚	屋燕	31	YH-26	印度尼西亚	屋燕
10	MH-17	马来西亚	屋燕	32	YH-22	印度尼西亚	屋燕
11	MH-12	马来西亚	屋燕	33	YH-27	印度尼西亚	屋燕
12	MH-16	马来西亚	屋燕	34	YH-29	印度尼西亚	屋燕
13	MH-6	马来西亚	屋燕	35	YH-28	印度尼西亚	屋燕
14	MH-malai	马来西亚	屋燕	36	YH-63	印度尼西亚	屋燕
15	MC-5	马来西亚	洞燕	37	YH-64	印度尼西亚	屋燕
16	MC-40	马来西亚	洞燕	38	YC-53	印度尼西亚	洞燕
17	MC-41	马来西亚	洞燕	39	YC-54	印度尼西亚	洞燕
18	MC-42	马来西亚	洞燕	40	YC-55	印度尼西亚	洞燕
19	MC-43	马来西亚	洞燕	41	YC-56	印度尼西亚	洞燕
20	MC-44	马来西亚	洞燕	42	YC-57	印度尼西亚	洞燕
21	MC-45	马来西亚	洞燕	43	YC-58	印度尼西亚	洞燕
22	YH-30	印度尼西亚	屋燕	44	YC-60	印度尼西亚	洞燕

后，将混合物与 2mL 过氧化氢（30%，m/m，MOS 级）缓慢混合，并静置 0.5 h。将 PTFE 管密封后置于 MARS5 微波消解系统中，在 1200W 功率条件下消解样品。详细的消解程序如下：温度在 8min 内从 0℃升至 120℃并保持 2min；温度在 5min 内升至 160℃并保持 5min；最后温度在 5min 内升至 180℃并保持 15min。消解完成后，在 180℃下完全除去硝酸后，将残余液体转移到 100mL 塑料容量瓶中并用去离子水定容。以相同的方式处理试剂空白和米粉参考物质以确认整个过程中的准确性。所有容器必须浸泡在硝酸（10%，V/V）中至少 24 h，以避免残留金属。

3）元素分析方法

本研究以 ^{72}Ge、^{115}In 和 ^{209}Bi 为内标，利用电感耦合等离子体质谱仪（ICP-MS）的在线内标法对不同来源燕窝中的 B、Na、Mg、Al、P、K、Ca、Mn、Fe、Cu、Zn、Se、Rb、Sr、Mo、Cd、Cs、Ba、La、Ce、Pb 21 种元素进行了分析。采用外标法对 21 种元素进行定量，当内标元素的相对标准偏差大于 5%时需要重新测定。同时以 GBW（E）080684 大米粉成分分析标准物质为参考标准物质对操作全过程进行质控。ICP-MS 参数：入射功率 1280W；冷却气流速 1.47L/min；雾化室温度 2℃；载气（氩气）流速和辅助气流速均为 1L/min；采样深度 8mm。

4）数据的质控

以 3σ 和 10σ 分别作为 21 个元素的最小检测限（LOD）和定量限（LOQ），其中 σ 是 11 个试剂空白测量的标准偏差。为了准确地获得 21 种元素含量，使用 CRM（米粉，GBW 10010）来保证整个过程的再现性，包括称重、消化、稀释和仪器分析。当实验值与 CRM 的证书标示值一致，并且 RSD<20%时，数据才可信。

5）数据统计分析方法

分别对数据进行描述统计分析、t 检验、双因素方差分析、Pearson 相关分析和 Spearman 相关分析等。ICP-MS 测量分为两个数据集，一个与屋燕相关，另一个与洞燕相关。使用 IBM SPSS Statistics Version 20.0 软件通过 t-test、Shapiro-Wilk 测试、Mann-Whitney U 测试和 Fisher 线性判别分析（FLDA）处理数据。当分母等于 1 时，定量分析用于计算 21 种元素的平均中心方差系数（COV）或中值中心 COV。基于使用 Tukey 公式的正常元素分数，使用重复测量的双向 ANOVA 来分析变异源。使用 Origin 9.1 软件执行分层聚类分析（HCA）和主成分分析（PCA）。通过留一法交叉验证（LOO-CV）评估判别模型的性能。

（2）结果与分析

1）ICP-MS 定量准确性评估

通过 ICP-MS 获得 21 个元件的线性校准曲线（$R^2>0.997$），并且基于 11 个试剂空白测量计算 21 个元件的 LOD 和 LOQ（表 6-7）。此外，CRM（米粉）用于整个定量程序的质量控制，CRM 中 21 种元素的回收率为 80.8%～113.6%，RSD（$n=3$）为 0.76%～17.9%，证实了元素定量的方法准确性。因此，这 21 种元素内容是准确的，并且满足进一步的数据处理。

表 6-7　21 种元素定量方法的准确性

元素	LOD	LOQ	证书参考值/（μg/g）	测量值/（μg/g）	RSD（$n=3$）/%	回收率/%
^{11}B	0.0017ng/g	0.0057ng/g	0.92±0.14	0.86	2.75	93.9
^{23}Na	0.0174μg/g	0.0580μg/g	25±8	24	4.73	97.6
^{24}Mg	0.0046μg/g	0.0153μg/g	410±60	391	0.81	95.4
^{27}Al	0.0067μg/g	0.0223μg/g	390±40	382	2.36	98.0
^{31}P	0.0253μg/g	0.0843μg/g	1360±60	1363	0.86	100.2
^{39}K	0.1319μg/g	0.4397μg/g	1380±70	1351	1.31	97.9
^{43}Ca	0.0215μg/g	0.0717μg/g	110±10	107	0.83	97.2
^{55}Mn	0.3352ng/g	1.1173ng/g	17±1	17	3.83	99.8
^{56}Fe	0.0045μg/g	0.0150μg/g	7.6±1.9	6.3	8.29	83.4
^{63}Cu	0.1720ng/g	0.5733ng/g	4.9±0.3	4.8	0.43	98.8
^{66}Zn	0.2203ng/g	0.7343ng/g	23±2	23	0.76	99.1
^{78}Se	0.4468ng/g	1.4893ng/g	0.061±0.015	0.060	11.7	98.0
^{85}Rb	0.0413ng/g	0.1377ng/g	3.9±0.3	3.78	6.32	96.9
^{88}Sr	0.0435ng/g	0.1450ng/g	0.3±0.05	0.28	6.58	92.0
^{95}Mo	0.0133ng/g	0.0443ng/g	0.53±0.05	0.48	9.33	91.4

续表

元素	LOD	LOQ	证书参考值/（μg/g）	测量值/（μg/g）	RSD（n=3）/%	回收率/%
^{111}Cd	0.0037ng/g	0.0123ng/g	0.087±0.005	0.089	9.17	102.8
^{133}Cs	0.0039ng/g	0.0130ng/g	0.014±0.005	0.016	9.31	113.6
^{137}Ba	0.0648ng/g	0.2160ng/g	0.4±0.09	0.4	5.96	100.7
^{139}La	0.0143ng/g	0.0477ng/g	0.008±0.003	0.008	17.9	104.6
^{140}Ce	0.0165ng/g	0.0550ng/g	0.011±0.002	0.012	8.32	110.9
^{208}Pb	0.0314ng/g	0.1047ng/g	0.08±0.03	0.06	10.9	80.8

注：测量值表示为 3 次测试的平均值

2）燕窝中 21 种元素的含量

利用 ICP-MS 技术同时测定了马来西亚和印度尼西亚的屋燕和洞燕中研究室内和洞穴 ^{11}B、^{23}Na、^{24}Mg、^{27}Al、^{31}P、^{39}K、^{43}Ca、^{55}Mn、^{56}Fe、^{63}Cu、^{66}Zn、^{78}Se、^{85}Rb、^{88}Sr、^{95}Mo、^{111}Cd、^{133}Cs、^{137}Ba、^{139}La、^{140}Ce、^{208}Pb 21 种元素的含量（表 6-8）。Shapiro-Wilk测试显示，除了 B 和 Mg 之外，所有元素都是非正态分布的。因此，B 和 Mg 的含量用"平均值±标准偏差（SD）"表示，而另外 19 个元素用"中值[四分位数间距（IQR）]"表示（表 6-8）。频率分析表明，在 21 种元素中，4 种常量元素（Na、Ca、Mg 和 K）约占 99.65%，其余（B、Al、P、Mn、Fe、Cu、Zn、Se、Rb、Sr、Mo、Cd、Cs、Ba、La、Ce 和 Pb）约占 0.35%（图 6-21）。Na 和 Ca 是燕窝中含量最丰富的前两种元素，其次是Mg>K>P>Fe。Pearson 相关分析表明 Ca 含量与 Na 含量呈极显著负相关（Pearson 相关系数为 –0.755，P<0.01），与 Mg 含量呈极显著正相关（Pearson 相关系数为 0.762，P<0.01），因此燕窝中的 Ca 含量始终大于 Mg 的含量。当 Na 含量最高时，Mg 含量一定低于 Ca含量，三者的大小关系为 Na>Ca>Mg。然而，当 Ca 含量最大时，Mg 含量可能高于 Na含量也可能小于 Na 含量（Ca>Na>Mg 或 Ca>Mg>Na）。在本研究中，燕窝中 Ca、Mg和 Na 含量的大小顺序以 Ca>Na>Mg 为主，除了来自印度尼西亚的 YC-55 和 YC-58 两个洞燕，其顺序为 Ca>Mg>Na。在燕窝中还有一些痕量的其他元素，其中 P 占 49%，在其他元素中含量最多，其次是 Fe、Al、Cu、Sr、Zn 和 Mn。

表 6-8　燕窝中元素整体分布情况　　　　（单位：mg/kg 干基计）

元素	含量	变异系数	屋燕	洞燕	P 值
^{11}B，mean ± SD**	0.7011±0.2531	37.6%	0.6094±0.2202	0.8977±0.2065	0.000
^{23}Na，median（IQR）**	16 229（11 560，17 943）	38.4%	17 105（16 188，18 122）	5 330（1 959，11 704）	0.000
^{24}Mg，mean ± SD**	1 584±231.0	15.1%	1 500±155.0	1 765±266.7	0.003
^{27}Al，median（IQR）**	10.22（5.096，17.00）	527.6%	6.402（2.788，13.44）	18.30（13.94，23.30）	0.000
^{31}P，median（IQR）*	43.63（35.60，62.12）	87.4%	37.74（33.81，50.58）	48.22（43.59，77.07）	0.016
^{39}K，median（IQR）*	200.1（111.8，285.8）	122.7%	162.1（74.15，255.4）	222.3（194.2，526.5）	0.020
^{43}Ca，median（IQR）**	7 362（7 048，15 539）	125.4%	7 249（6 223，7 582）	19 018（15 539，29 259）	0.000
^{55}Mn，median（IQR）**	1 148（593.0，1 790.9）	110.7%	814.5（430.2，1 455）	1 809（1 397，2 704）	0.000
^{56}Fe，median（IQR）	22.93（13.77，55.53）	444.9%	14.98（11.74，56.32）	32.65（21.56，58.93）	0.059
^{63}Cu，median（IQR）**	4.864（4.520，5.237）	10.6%	5.021（4.616，5.331）	4.536（4.160，4.967）	0.008

续表

元素	含量	变异系数	屋燕	洞燕	*P* 值
⁶⁶Zn, median（IQR）**	1.395（1.096, 2.934）	152.8%	1.223（1.012, 1.754）	2.730（1.443, 6.076）	0.001
⁷⁸Se, median（IQR）*	263.8（222.5, 365.4）	44.9%	337.6（220.8, 407.1）	244.4（216.8, 264.1）	0.036
⁸⁵Rb, median（IQR）	138.8（96.73, 304.4）	190.8%	157.1（88.99, 324.2）	121.8（105.6, 251.8）	0.801
⁸⁸Sr, median（IQR）**	4.261（3.010, 76.42）	2176.9%	3.512（2.774, 4.595）	124.0（75.08, 231.4）	0.000
⁹⁵Mo, median（IQR）**	19.47（5.777, 37.16）	177.7%	6.951（4.869, 23.40）	35.74（26.41, 54.53）	0.001
¹¹¹Cd, median（IQR）**	1.992（0.869, 3.143）	132.0%	1.274（0.6849, 2.199）	3.467（2.562, 6.949）	0.000
¹³³Cs, median（IQR）	6.371（3.728, 14.22）	140.5%	8.053（3.449, 14.76）	4.791（3.860, 8.386）	0.435
¹³⁷Ba, median（IQR）**	357.6（235.8, 1 022）	468.7%	257.2（199.0, 470.2）	1 032（913.8, 1 344）	0.000
¹³⁹La, median（IQR）**	6.765（3.557, 14.55）	683.8%	4.424（3.038, 9.039）	14.27（8.592, 22.19）	0.001
¹⁴⁰Ce, median（IQR）**	13.08（7.184, 22.94）	1 981.9%	9.140（5.968, 18.71）	21.93（13.34, 37.00）	0.003
²⁰⁸Pb, median（IQR）	68.69（45.17, 145.6）	578.8%	58.19（40.95, 162.8）	75.88（67.68, 131.4）	0.290

注：IQR 代表四分位数范围；²³Na、²⁴Mg、²⁷Al、³¹P、³⁹K、⁵⁶Fe、⁴³Ca、⁶³Cu、⁶⁶Zn 和 ⁸⁸Sr 的浓度单位为 μg/g；*标记的元素在 95%置信水平下受到燕窝生产起源的显著影响，**标记的元素置信度为 99%；¹¹B 和 ²⁴Mg 的 COV 是平均居中的 COV，除此之外的元素 COV 均为中值居中的 COV

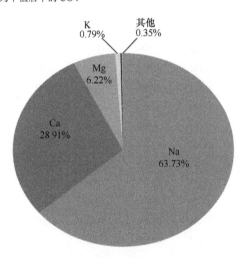

图 6-21　燕窝中矿物质元素的组成（彩图请扫封底二维码）

3）变异源分析

通过对 44 个燕窝中 21 种元素含量的测定，利用 SPSS20.0 软件对其进行了统计分析发现，大部分元素在燕窝中的分布呈偏态分布，只有 B 和 Mg 的 Shapiro-Wilk 检验结果显示呈正态分布。目前样品已知信息主要包括燕窝的采收环境和产地，为了了解二者货期相互作用在燕窝元素分布上的影响，拟采用多因素方差分析的方法对影响燕窝中元素分布的因素进行分析。燕窝的采收方式以 HL 表示，产地以 CO 表示，二者的相互作用用 HL×CO 表示。另外，根据 Tukey 比例估计公式计算的正态分数对非正态分布元素进行排序，然后将它们秩变换的数据与正态分布元素（B 和 Mg）一起作为基于一般线性模型（GLM）的双因素方差分析（two-way ANOVA）的因变量。当 HL 和 CO 设为固定因子时，P、Se、Rb、Cs 和 Pb 的校正模型不显著（*P*>0.05），表明上述 5 种元素的离散分布不能归因于燕窝的产地或采收方式（表 6-9）。其中 16 种元素的校正模型显著（$P<0.05$），B、Mg、Na、Al、K、Ca、Mn、Cu、Zn、Sr、Mo、Cd、Ba、La 和 Ce 的含量（$P<0.05$）受采收方式的显著影响，其中燕窝中 Mg、Al、Zn、Mo 和 Ba 的浓度受产地的影响显著（$P<0.05$），而 Mg、K、La 和 Ce 则受产地和采收方式交互作用的显著影响（$P<0.05$）。因此，燕窝中 B、Na、Ca、Mn、Cu、Sr 和 Cd 的分布只受采收方式的独立影响。此外，Sr 元素的测定系数（R^2）最大，说明屋燕和洞燕之间的差异解释了 57.1% 的 Sr 元素的变异，是受采收方式影响最大的元素，其次是 Na、Ca、Cd、Mn、B 和 Cu。简而言之，在 21 种元素中，燕窝中 B、Na、Ca、Mn、Cu、Sr 和 Cd 的分布仅与屋燕和洞燕之间的差异有关。

表 6-9　基于 two-way ANOVA 的燕窝元素分布的全因子分析

元素	校正模型			HL		CO		HL×GO[a]	
	F	P	(R^2) [a]	F	P	F	P	F	P
B	5.782	0.002	0.250	16.336	0.000	0.825	0.369	0.096	0.758
Na	18.164	0.000	0.545	50.060	0.000	2.459	0.125	3.287	0.077
Mg	13.493	0.000	0.466	22.959	0.000	16.285	0.000	4.779	0.035
Al	11.721	0.000	0.428	23.057	0.000	9.242	0.004	0.598	0.444
P	2.608	0.065	0.101	5.699	0.022	1.977	0.167	0.329	0.570
K	3.427	0.026	0.145	6.222	0.017	0.196	0.660	4.211	0.047
Ca	16.133	0.000	0.514	39.539	0.000	3.717	0.061	1.254	0.270
Mn	5.983	0.002	0.258	17.806	0.000	0.029	0.866	0.192	0.664
Cu	3.794	0.017	0.163	8.053	0.007	3.258	0.079	1.144	0.291
Zn	8.607	0.000	0.347	17.752	0.000	6.651	0.014	3.851	0.057
Se	1.486	0.233	0.033	3.417	0.072	0.867	0.357	0.472	0.496
Sr	20.052	0.000	0.571	56.505	0.000	0.255	0.616	3.190	0.082
Mo	9.738	0.000	0.379	15.500	0.000	6.140	0.018	3.417	0.072
Cd	9.798	0.000	0.380	26.467	0.000	2.515	0.121	0.261	0.612
Ba	9.560	0.000	0.374	20.675	0.000	5.319	0.026	0.888	0.352
La	5.884	0.002	0.254	11.983	0.001	0.082	0.776	5.749	0.021
Ce	6.032	0.002	0.260	9.629	0.004	0.103	0.750	7.156	0.011

a. 测定系数

4）B、Na、Ca、Mn、Cu、Sr 和 Cd 在屋燕和洞燕中的分布

根据 t 检验或 Mann-Whitney U 检验的结果，屋燕和洞燕之间的 7 种元素 B、Na、Ca、Mn、Cu、Sr 和 Cd 的分布有显著差异。其中，屋燕中的 Na 和 Cu 含量高于洞燕，洞燕中的 Ca、B、Mn、Sr 和 Cd 含量高于屋燕。

5）系统聚类分析（HCA）

基于 6 种元素（B、Na、Ca、Mn、Sr 和 Cd）与屋燕和洞燕之间的差异显著相关，进行了层次聚类分析。采用 Squared 欧氏距离的 Ward 方法用于 HCA，并且在距离 5 处观察到两个清晰的簇（图 6-22）。Cluster1（红线）中包含了 11 个来自马来西亚和印度尼西亚的洞燕，Cluster2（绿线）包含了全部屋燕和三个洞燕样品：马来西亚的 MC-41、

MC-43 和印度尼西亚的 YC-60。因此，HCA 结果表明，44 个燕窝样本可以基于上述 6 种元素聚成屋燕和洞燕两个大类。

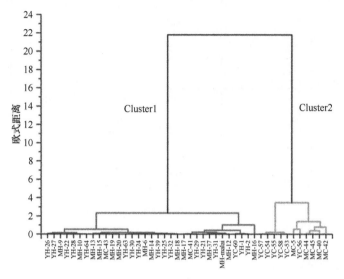

图 6-22　44 个不同采收方式燕窝的系统聚类分析示意图（彩图请扫封底二维码）

6）基于元素含量的屋燕与洞燕鉴别

本研究采用适用于样品量较小的样本验证的留一交叉验证（LOO CV）法对分类器的分类效果及模型的稳健性进行评估。在构建模型之前，Pearson 相关性分析用于评估任何两种元素之间的相关性。在 0.05 的显著性水平（双尾），B、Ca、Mn、Sr 和 Cd 彼此呈正相关，而 Na 与这 5 种元素呈负相关。变量之间的相关性可能会导致潜在的多重共线性，从而降低分类模型的预测能力。因此，基于上述六个要素的主成分分析（PCA）被应用于通过 SPSS 实现 Fisher 线性判别分析（FLDA）的非相关变量。因此，提取了累积方差贡献为 81.97%的前两个主成分（PC1 和 PC2）。载荷图示意性地说明，包含71.06%总变异的 PC1 主要反映了 Cd、Ca 和 Sr 的信息，而解释了总变异 10.91%的 PC2 概括了 B、Mn 和 Na 的信息（图 6-23）。此外，得分图表明，除了 MH-16、YH-1、YH-2、MC-41 和 MC-43 之外，洞燕的 PC1 得分通常大于屋燕，这与实际情况是相符的。洞燕的 Cd、Ca 和 Sr 含量高于屋燕。一般来说，屋燕的 PC2 评分高于洞燕，可能与屋燕的 Na 含量很高有关。然后，将原始测量变量 B、Na、Ca、Mn、Sr 和 Cd 的组合线性的 PC1 和 PC2 视为 FLDA 的变量。屋燕和洞燕的判别函数如下：

DF 1（屋燕）= −0.832×PC1 +0.692×PC2−1.202

DF 2（洞燕）=1.783×PC1−1.482×PC2−3.030

Fisher 的线性判别分析（FLDA）是监督机器学习，是数据挖掘中的经典算法。在此，分类器用于区分燕窝收获途径。此外，Leave-one-out 交叉验证（LOO CV）适用于类值较小的实例数的数据集，用于评估分类器的性能。根据上述两种判别函数，93.18%（41/44）的原始分组样本被正确分类，其中 100%（30/30）的屋燕样本被正确预测，而78.57%（11/14）洞燕样本被正确预测。

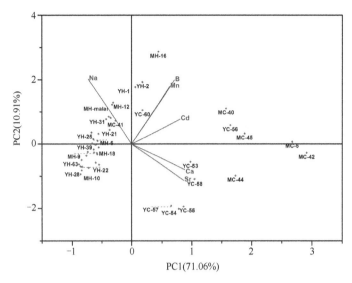

图 6-23 主成分分析得分图和载荷图（彩图请扫封底二维码）

7）基于元素比值的屋燕与洞燕鉴别

在这部分中，逐步程序用于筛选 FLDA 的变量，其中 3.84 和 2.71 是使用 Wilks 的 lambda 方法输入和删除变量的阈值 F 值。此外，在 15 种元素比例中（B/Na，B/Ca，B/Mn，B/Sr，B/Cd，Na/Ca，Na/Mn，Na/Sr，Na/Cd，Ca/Mn，Ca/选择 Sr，Ca/Cd，Mn/Sr，Mn/Cd，Sr/Cd），Na/Ca 和 Ca/Sr，LOO-CV 的准确度为 95.45%（42/44），其中 85.71%（12/14）洞燕和所有屋燕通过以下判别函数正确区分：

$$DF 1（屋燕）= 7.791 \times Na/Ca + 0.004 \times Ca/Sr - 13.700$$
$$DF 2（洞燕）= 1.731 \times Na/Ca + 0.001 \times Ca/Sr - 1.736$$

Ca/Sr 的系数远小于 Na/Ca，表明 Ca/Sr 对屋燕和洞燕收获方式判别的差异很小。或者，当只有 Na/Ca 是 FLDA 的变量时，95.54%（42/44）的原始分组样本通过以下判别函数精确分类，并且 LOO-CV 精度为 95.54%（42/44）：

$$DF 1（屋燕）= 8.320 \times Na/Ca - 10.895$$
$$DF 2（洞燕）= 1.824 \times Na/Ca - 1.650$$

当未知燕窝样本的 DF 1（屋燕）值大于其 DF 2（洞燕）值时，燕窝被认为是"屋燕"；当 DF1 小于 DF2 时，预测燕窝被确定为"洞燕"。此外，使用该判别模型对上述 17 个盲样本的验证实现了 88.24%（15/17）的判别准确度。将 11 个盲燕窝样本预测为"屋燕"，包括 9 个屋燕和 2 个洞燕，并且 6 个洞燕被准确地预测为"洞燕"，表明该模型确定了 88.24% 的预测准确度。此外，在 8 个盲样洞燕中，75% 确定了以 Na/Ca 比率为变量模型的预测准确度，这是将元素含量作为变量模型的预测准确度的 2 倍（37.50%）。因此，Na/Ca 更适合作为 FLDA 模型的变量来预测未知燕窝的采收方式。

（3）结论

利用 ICP-M 技术研究了 44 个不同来源燕窝中 21 种元素的分布，包括矿物质元素、稀土元素 [11]B、[23]Na、[24]Mg、[27]Al、[31]P、[39]K、[43]Ca、[55]Mn、[56]Fe、[63]Cu、[66]Zn、[78]Se、[85]Rb、

^{88}Sr、^{95}Mo、^{111}Cd、^{133}Cs、^{137}Ba、^{139}La、^{140}Ce、^{208}Pb 21 种元素。

通过正态分布检验发现除 B 和 Mg 外，其他 19 种元素在燕窝中的分布呈偏态分布，且 COV 值较大。通过 t 检验、非参数检验和多因素方差分析等对造成较大变异的原因进行了分析，主要包括燕窝的采收方式、产地及二者交互作用的影响。发现 B、Na、Ca、Mn、Cu、Sr 和 Cd 的分布仅与屋燕和洞燕之间的差异有关。

比较了基于元素含量和元素比值的 FLDA 模型的稳健性。发现基于元素比值特别是 Na/Ca 值可以 100%正确判别屋燕，同时也能大大提高对洞燕的判别能力。Na/Ca 值对于判别模型的稳健性的贡献比元素含量本身更好。

6.1.6 燕窝不同产地的鉴别——ICP-MS 结合同位素质谱法

据报道全球约 24 种金丝燕，世界上的分布范围横跨印度洋西部至西太平洋和南太平洋上的群岛，中间越过南亚大陆、印度尼西亚、澳大利亚北部和新几内亚。印度尼西亚因其得天独厚的自然条件和燕屋的成功应用而成为全球最大的燕窝输出国，年产量约为全球产量的 85%，马来西亚产量约占全球产量的 12%位居第二位，其次是泰国、越南等国家。不同国家产的燕窝会有不同的稳定同位素和元素指纹，因此本小节采用 ICP-MS 结合同位素质谱法，对马来西亚和印度尼西亚的燕窝进行产地鉴别。

（1）材料与方法

1）样品收集

本节所用的 48 个不同来源的燕窝样品均由全国城市农贸中心联合会燕窝市场专业委员会提供，其中 24 个采自马来西亚，另外 24 个采自印度尼西亚（表 6-10）。

表 6-10 燕窝样品信息

编号	样品编号	产地	采收方式
1	MH-37	马来西亚	屋燕
2	MH-14	马来西亚槟城州大山脚镇	屋燕
3	MH-13	马来西亚玻璃市州瓜拉玻璃市镇	屋燕
4	MH-8	马来西亚丁加奴州马兰市	屋燕
5	MH-7	马来西亚东马区	屋燕
6	MH-19	马来西亚吉打州亚罗士打市	屋燕
7	MH-20	马来西亚吉兰丹州瓜拉吉赖市	屋燕
8	MH-10	马来西亚马六甲州亚罗牙也市	屋燕
9	MH-18	马来西亚彭亨州慕阿詹莎镇	屋燕
10	MH-9	马来西亚霹雳州仕林河镇	屋燕
11	MH-15	马来西亚柔佛州永平县	屋燕
12	MH-17	马来西亚森美兰州芙蓉县	屋燕
13	MH-12	马来西亚沙巴州斗湖市	屋燕
14	MH-11	马来西亚砂捞越州美里市	屋燕
15	MH-16	马来西亚雪兰莪州丹绒马林市	屋燕
16	MH-6	马来西亚中南马区	屋燕

续表

编号	样品编号	产地	采收方式
17	YH-30	印度尼西亚加里曼丹岛	屋燕
18	YH-5	马来西亚	洞燕
19	YH-40	马来西亚	洞燕
20	YH-41	马来西亚	洞燕
21	YH-42	马来西亚	洞燕
22	YH-43	马来西亚	洞燕
23	YH-44	马来西亚	洞燕
24	YH-45	马来西亚	洞燕
25	YH-32	印度尼西亚苏拉威西岛	屋燕
26	YH-31	印度尼西亚苏门答腊岛	屋燕
27	YH-1	印度尼西亚爪哇岛	屋燕
28	YH-2	印度尼西亚爪哇岛	屋燕
29	YH-39	印度尼西亚	屋燕
30	MH-malai	马来西亚	屋燕
31	YH-24	印度尼西亚巴厘岛内加拉镇	屋燕
32	YH-21	印度尼西亚加里曼丹岛帕朗卡拉亚市	屋燕
33	YH-25	印度尼西亚加里曼丹岛桑皮特镇	屋燕
34	YH-26	印度尼西亚龙目岛马塔兰市	屋燕
35	YH-22	印度尼西亚苏拉威西岛辛康镇	屋燕
36	YH-23	印度尼西亚苏门答腊岛明古鲁市	屋燕
37	YH-27	印度尼西亚爪哇岛莫佐克托市	屋燕
38	YH-29	印度尼西亚爪哇岛任抹县	屋燕
39	YH-28	印度尼西亚爪哇岛图隆阿贡市	屋燕
40	YH-63	印度尼西亚	屋燕
41	YH-64	印度尼西亚	屋燕
42	YC-53	印度尼西亚	洞燕
43	YC-54	印度尼西亚	洞燕
44	YC-55	印度尼西亚	洞燕
45	YC-56	印度尼西亚	洞燕
46	YC-57	印度尼西亚	洞燕
47	YC-58	印度尼西亚	洞燕
48	YC-60	印度尼西亚	洞燕

2）燕窝样品消解

在样品消解前，每个样品取约 1g 于 60℃下烘至恒重（约 15h），取出放凉置于干燥器中密封保存。准确称取 0.25g 样品于消解管中，加入 6mL 硝酸浸泡 2h 后，加入 2mL 双氧水浸泡 0.5h，消解约 40min 后，冷却后用去离子水定容至 100mL。MARS 5 微波消解仪功率为 1600W，消解温度为 180℃。冷却后，用 Mill-Q 水将消解管中的样品转移至酸浸泡过的聚乙烯瓶中并定容至 100mL，待分析。

3）ICP-MS 测元素含量

27 种元素（B、Na、Mg、Al、P、K、Ca、V、Cr、Mn、Fe、Co、Cu、Zn、Se、Rb、Sr、Mo、Cs、Ba、La、Ce、Nd、Tb、Lu、Pt、Pb）的含量根据 Zhang 等（2018），用 7700 ICP-MS（Agilent Technologies，Santa Clara，CA）进行测试。将校准标准物用 HNO_3（5%，V/V）稀释，得到工作溶液，用于制备 27 种元素的标准曲线。

4）氢和氧稳定同位素比值的测定

通过元素分析仪-同位素比质谱仪测量 $^{18}O/^{16}O$ 和 D/H。精确称量干燥样品（1mg）转移到 6mm×4mm 同位素专用银杯中并包裹严实后在干燥器中平衡（约 72h），将含有样品的银杯置于元素分析仪中。样品被燃烧、氧化和还原之后生成的 H_2 和 CO 由 He 载气携带并流入元素分析仪-同位素比质谱仪中进行检测。样品中 H 和 O 的稳定同位素比值以相对于标准参考物质的稳定同位素比值的千分差表示（δ），计算公式如下：

$$\delta X（‰）= \frac{R_{SA} - R_{REF}}{R_{REF}} \times 1000$$

其中：δX 代表同位素 δD 或 $\delta^{18}O$；R_{SA} 是质谱仪测得的样品重同位素与氢同位素的比值；R_{REF} 是质谱仪测得的校准品重同位素与氢同位素的比值。氢和氧的校准品分别为国际原子能机构提供的聚乙烯（IAEA-CH-7）和苯甲酸（IAEA-601）。结果以标准平均大洋水（Vienna standard mean ocean water，V-SMOW）为标准报告结果。

5）数据处理

利用 SPSS20.0 软件对燕窝中矿物质元素及氢、氧稳定同位素比值进行描述性分析并进行标准化处理。利用非参数检验对筛选出对燕窝产地具有显著性影响的变量，并通过聚类分析、主成分分析等研究不同特征指标对燕窝产地的影响。利用线性判别分析逐步判别分析。

（2）结果与分析

1）燕窝中元素含量

燕窝中 B、Na、Mg、Al、P、K、Ca、V、Cr、Mn、Fe、Co、Cu、Zn、Se、Rb、Sr、Mo、Cs、Ba、La、Ce、Nd、Tb、Lu、Pt、Pb 27 种元素的含量如表 6-11 所示，燕窝中富含 K、Na、Ca、Mg、Fe、Al、P、Cu 等多种矿物质元素，其中含量最高的前 5 个元素均为人体必需的大量元素 Na>Ca>Mg>K>P，这与前人研究结果是一致的。在燕窝中含有的生物体必需矿物质元素如 Fe、Cu、Zn、Mn、Mo、Co、Se、Cr 中，Fe 的含量通常最高。除此之外，在燕窝中还发现了 5 种稀土元素，其中 3 种痕量的轻稀土 La、Ce、Nd（<0.02μg/g）和微量的重稀土 Tb、Lu（<2μg/g）。

根据 Shapiro-Wilk 检验和 Leneve 齐质性检验结果，不同产地燕窝中仅 Pt 分布呈正态分布且方差齐性，其他元素呈非正态分布，因此以产地为分组变量分别采用 t 检验和 Mann-Whitney U 检验对不同产地燕窝中 Pt 及其他 26 种元素的差异显著性进行分析。在燕窝产地间具有显著性差异的 9 个元素中，印度尼西亚燕窝中的 Al、V、Mo、Ba、Co 等元素显著高于马来西亚燕窝，而马来西亚燕窝中的 Mg、Pt、Ca、Lu 等元素则显著高于印度尼西亚燕窝（表 6-12）。根据 Spearman 相关分析结果，燕盏中 Pt、Al、Mg、Mo

表 6-11　燕窝中 27 种元素分布情况

序号	元素	含量/（µg/g）	最小值/（µg/g）	最大值/（µg/g）	中位居中 COV/%
1	Na	16 288（14 806，17 982）	1 387	19 488	35.8
2	Ca	7 371（7 041，8 270）	4 942	36 865	118.4
3	Mg	1 548（1 447，1 638）	1 200	2 246	14.8
4	K	196.3（99.96，292.6）	41.65	1 386	121.7
5	P	42.44（34.73，54.94）	21.91	225.9	86.9
6	Fe	22.32（13.19，63.05）	2.302	1 371	766.7
7	Al	8.669（3.672，16.03）	0.8433	360.2	582.4
8	Cu	4.876（4.510，5.205）	3.757	7.002	11.3
9	Sr	4.093（3.048，11.43）	1.978	312.4	2 142.0
10	Tb	1.691（1.437，2.095）	0.8383	2.983	29.3
11	Zn	1.381（1.087，2.176）	0.6044	8.569	150.4
12	Lu	1.080（0.6850，1.495）	0.016	2.272	49.6
13	Mn	1.077（0.5344，1.755）	0.1433	6.264	122.8
14	Ba	0.3250（0.2210，0.9193）	0.0706	12.93	542.4
15	Se	0.2634（0.2172，0.3592）	0.1308	0.6042	44.8
16	Cr	0.2034（0.0844，0.4869）	0.0156	9.998	891.3
17	Rb	0.1445（0.0974，0.2906）	0.044	1.595	175.0
18	Pb	0.0679（0.0391，0.1213）	0.0172	1.884	425.8
19	Cs	0.0065（0.0037，0.0135）	0.0017	0.0461	131.6
20	V	0.0287（0.0166，0.0880）	0.0056	0.6901	485.3
21	Mo	0.0151（0.0059，0.0329）	0.0024	0.1572	249.1
22	Ce	0.0110（0.0056，0.0219）	0.001	1.702	1 598.7
23	Co	0.0078（0.0035，0.0175）	0.0007	0.1021	205.1
24	La	0.0055（0.0031，0.0132）	0.0011	0.3008	585.0
25	Nd	0.0050（0.0025，0.0123）	0.0005	0.0844	262.9
26	Pt	0.0014±0.0005	0.0001	0.0027	36.2
27	B	0.0007（0.0005，0.0009）	0.0002	0.0023	42.6

注：表中除 Pt 元素以平均值±标准差表示，其他的元素均以中位数（Q1，Q3）表示；数据取舍原则：≥1000 的数据按照四舍五入原则保留整数部分，1~1000 的数据按照四舍五入原则取 4 位有效数字，<1 的数据保留小数点后 4 位

表 6-12　不同产地燕窝间显著性差异元素

| 元素 | 产地 | | P 值 |
	马来西亚	印度尼西亚	
Ca（µg/g）*	7 531（7 191，7 827）	7 223（5 805，13 405）	<0.05
Mg（µg/g）**	1 603（1 523，1 841）	1 481（1 356，1 594）	<0.01
Al（µg/kg）**	5 132（1 915，12 995）	14 160（6 133，21 038）	<0.01
V（µg/kg）**	20.6（13.3，48.4）	48.0（25.5，110）	<0.01
Co（µg/kg）*	4.99（2.19，16.1）	8.39（5.18，19.1）	<0.05
Mo（µg/kg）**	7.45（4.31，26.4）	26.5（10.3，49.8）	<0.01
Ba（µg/kg）**	250（180，491）	439（261，1007）	<0.01

续表

元素	产地		P 值
	马来西亚	印度尼西亚	
Lu（μg/kg）*	1 149（948，1 399）	944（581，1 614）	<0.05
Pt（μg/kg）**	1.74±0.40	1.14±0.45	<0.01

注：表中除了 Pt 以"均值±标准差"表示，其他的元素均以"中位数（四分位数间距）"表示；用一个星号*标注的元素表示两个产地燕窝中的该元素含量存在显著性差异（$P<0.05$），而用两个星号**标注的元素表示两个产地燕窝中的该元素的含量存在极显著性差异（$P<0.01$）

等元素与产地的相关系数相对较高（>0.4），说明这 4 种元素与产地的关联程度是相对紧密的。

将对燕窝产地影响显著的 Mg、Al、Pt、Mo 4 种元素，两两进行比值得到 Mg/Al、Mg/Pt、Mg/Mo、Al/Pt、Al/Mo、Pt/Mo 6 个比值，并以这些比值为变量对产地进行逐步判别分析发现，Mg/Al 的值对燕窝的两个产地的鉴别贡献最大。并且线性判别结果显示，63.8%的原始数据被正确分类，留一法交叉验证准确率也是 63.8%。

2）不同来源燕窝中的氢和氧稳定同位素分析

根据 6.1.7 节列出的公式计算出 δH 和 $\delta^{18}O$ 的值，二者在燕窝中的分布情况如图 6-24 所示。可以发现，印尼燕窝包括屋燕和洞燕其 δH 和 $\delta^{18}O$ 的值是相反的，即 δH 越大则 $\delta^{18}O$ 越小，而在马来燕窝中却相反，δH 越大则 $\delta^{18}O$ 越大。因此，利用 SPSS20.0 软件对二者的 Pearson 相关分析，结果发现 δH 与 $\delta^{18}O$ 不显著相关（$P=0.084>0.05$）。而将数据按产地拆分后发现，马来西亚燕窝中 δH 与 $\delta^{18}O$ 极显著正相关（$P<0.01$），相关系数为 0.695。印度尼西亚燕窝中 δH 与 $\delta^{18}O$ 显著负相关（$P=0.020<0.05$），其相关系数为 −0.481。说明马来西亚燕窝与印度尼西亚燕窝在 δH 与 $\delta^{18}O$ 的相关性上的差异为二者的

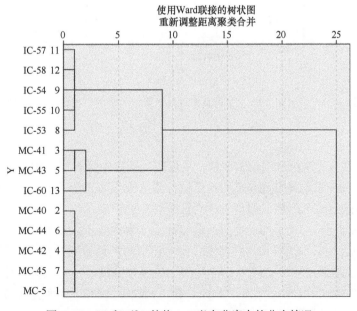

图 6-24　δH 和 $\delta^{18}O$ 的值，二者在燕窝中的分布情况

鉴别提供了可能。因此，以 δH 和 $\delta^{18}O$ 的标准化值作为变量进行燕窝产地的判别分析，结果显示：55.3%的原始数据被正确分类，留一法交叉验证准确率是 51.1%。根据验证结果来看，尽管马来西亚燕窝与印尼燕窝在氢、氧稳定同位素相关性上存在差异，但是并不能很好地区别燕窝的两个产地。但是，以 δH 与 $\delta^{18}O$ 为变量的系统聚类分析显示，δH 与 $\delta^{18}O$ 能够很好地区分洞燕的产地。然而，δH 与 $\delta^{18}O$ 值区分屋燕的产地效果不理想，两个产地的屋燕在稳定同位素组成上没有显著差异，因此不能较好地区分。

3）基于综合变量的燕窝产地鉴别

综上，单独以元素比值及氢氧稳定同位素为变量的线性判别模型对燕窝产地原始数据的预测准确率为 55.3%~68.1%。为此，进一步以元素和稳定同位素的综合指标为变量进行燕窝产地的鉴别。以 Mg/Al 及氢、氧稳定同位素比值 3 个参数为变量的线性判别分析结果显示 74.5%的原始数据被正确分类，留一法验证准确率也是 74.5%。由此看出，综合指标构建的模型提高了区别燕窝产地的能力。考虑到 Na/Ca 的值是区分屋燕和洞燕的有力工具，为此尝试将此指标引入模型，结果 Na/Ca 值引入后模型 87.2%的原始数据被正确分类，而且交叉验证准确率也提高到 83.0%。而且分别以 Mg/Al、Na/Ca 和 $\delta^{18}O$ 及 Mg/Al 和 $\delta^{18}O$ 为坐标发现，不同产地的燕窝有区分开来的趋势（图 6-25），Mg/Al、Na/Ca、$\delta^{18}O$ 综合指标具有鉴别燕窝产地的能力。

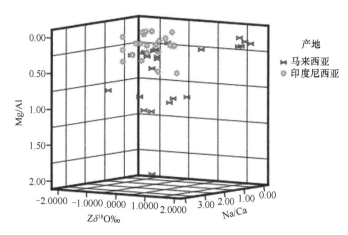

图 6-25　元素和 $\delta^{18}O$ 区分燕窝产地的效果图（彩图请扫封底二维码）

（3）结论

分析了燕窝氢、氧稳定同位素比值，发现印尼燕窝中氢与氧的稳定同位素比值呈显著负相关而马来西亚燕窝中氢与氧的稳定同位素呈极显著正相关。氢、氧稳定同位素比值能够区分洞燕的两个产地，但是不适合区分屋燕的产地。

通过对 48 个燕窝中 27 种矿物质元素和稀土元素的分析，发现了与燕窝产地相关的元素 4 个：Mg、Mo、Al 和 Pt。并考察了两两比值对产地鉴别的影响，筛选出 Mg/Al。

单独考察元素比值和氢、氧稳定同位素比值区分燕窝产地的效果，对原始数据的分类准确率为 55.3%~68.1%，然而以 Mg/Al 值、Na/Ca 值和 $\delta^{18}O$ 为变量的线性判别模型能偶将 87.2%的原始数据进行分类，交叉验证准确率为 83.0%。

6.1.7 展望

今后的工作，建议主要从以下几个方面开展。

基于本研究所得的结果，可建立燕窝质量检测体系及行业规范，编制行业规程，使所建立的方法能够应用于对实际燕窝样品的检测。

基于已建立的不同产地（马来西亚、印尼）及不同生产方式燕窝（屋燕和洞燕）的判别分析方法，在此基础上，可进一步扩大样品的数量和来源，收集更多的燕窝样品以验证已建立的不同燕窝判别模型。

基于已建立的基于液相色谱质谱联用技术的燕窝及其掺假物的真伪鉴别方法，后续可尝试进一步通过 SWATH 方法对不同产地和采收方式的燕窝中的蛋白质进行鉴定，也可利用其他新兴的蛋白质组学技术，如 iTRAQ（同位素相对标记与绝对定量技术）等对不同来源蛋白质进行定量鉴定。

收集更多的不同来源燕窝样品以检验模型的预测准确性，解决燕窝的溯源问题，为燕窝真伪鉴别技术体系的构建提供技术储备。

6.2　果汁真实性鉴别

6.2.1　导论

（1）果汁产业发展

果汁中含有维生素、微量元素等丰富的营养物质，可预防肿瘤、助消化、消炎，促进骨骼发育，在水果加工产品中占有重要的地位，并且果汁行业也是世界饮料行业发展最迅速的板块之一。据中国饮料工业协会统计，2015 年以来，我国果汁产量稳步提升，2018 年，我国果汁产量为 152 亿 L，同比增长 10.1%。随着消费者需求的变化及产业结构的转变，果汁销售量增速有所放缓，2018 年，我国果汁消费量为 141 亿 L，同比增长 3.68%。我国果汁发展经历了三个阶段，由最初的果汁含量大于 10% 的果汁饮料，逐步发展为 100% 浓缩果汁。随着人们生活水平的提高及健康意识的逐渐增强，接近鲜果品质的非浓缩还原汁越发受到当今消费者的钟爱。虽然低浓度的果汁饮料仍为市场消费的主流，但纯果汁逐渐成为市场消费的主要增长点。据 2019 年欧盟果汁工业协会统计数据可知，2017~2018 年，浓缩果汁的销售量降低了 2.6%，非浓缩还原果汁的销售量增加了 2.1%。在果汁品种选择上，不同口味果汁的市场占比也存在较大差异。目前来看，纯果汁中橙汁占比最大。中商产业研究院数据显示，国内市场上橙汁占比达 46.8%，苹果、葡萄、桃子的占比分别为 28.1%、0.6%、1%，混合型果汁饮料发展较快，占比为 20.5%（图 6-26 和图 6-27）。

（2）果汁掺假现状

受经济利益的驱动，由勾兑制假、以次充好、虚假标注等果汁掺假造假和标签不符等导致的食品质量和安全问题不断发生。据统计，国际上有 50%~80% 的果汁在不同程

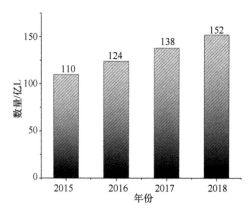

图 6-26　近年来我国果汁产量

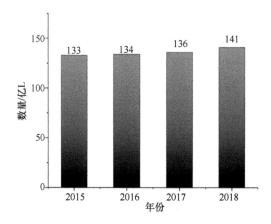

图 6-27　近年来我国果汁零售量

度上被掺假（田雪琴和吴厚玖，2013）。随着科技的发展，果汁的掺假手段也有很大的变化。最初的果汁掺假仅是加水及蔗糖和糖浆等甜味剂，现在已经发展到根据各种果汁的组成而进行非常精细的添加，甚至将食品鉴伪专家建立的果汁组成数据库作为掺假的"配方"，使果汁的鉴伪检测变得越来越困难（韩建勋，2010）。常见果汁掺假方式见表 6-13。掺伪果汁的大量存在，不仅严重地损害了消费者的健康利益，而且扰乱了良性的市场秩序。

表 6-13　常见果汁掺假方式

种类	掺假方式
掺加水	低含量果汁标示为高含量果汁
掺加糖	掺加蔗糖、复合糖浆、高果糖浆等
掺加酸	掺加苹果酸、柠檬酸等
掺加低价果汁	苹果汁中添加梨汁、橙汁中添加橘汁等
掺加果渣提取液	猕猴桃汁中添加其果渣提取液等
掺加胶体溶液	掺加阿拉伯胶、瓜尔豆胶、黄原胶等
果汁产地掺假	果汁标签虚假标识
以浓酸还原果汁冒充鲜榨果汁或非浓缩还原果汁	果汁标签虚假标识

为了保证果汁的质量、维护消费者的利益、保障和谐社会的发展，各国在果汁标准制定过程中均对控制产品质量的特征指标作了明确的规定。但是，由于果汁的品种多，受地域、季节、气候的影响大，果汁中的各种成分含量变化较大，很难找到一个能够准确反映果汁浓度的特征指标，目前国际上没有统一的果汁含量检测方法。针对不同掺假造假情况，开展果汁鉴伪技术体系研究，建立基于基因组、代谢组等组学的不同真伪鉴别方法，对保护优质产品，打击赝品、掺假商品和劣质产品，保护消费者的利益，增强我国果汁的国际竞争力具有重要的经济和社会效益。

（3）果汁真实性鉴别整体解决方案

本研究开展了三个方面的果汁真伪鉴别技术研究（图 6-28）。

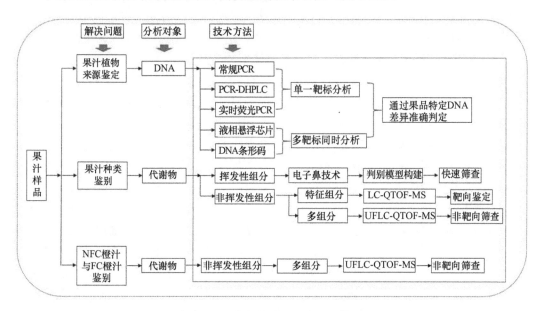

图 6-28 果汁真实性鉴别整体解决方案

第一，构建了常见果汁及其饮料中水果源性成分的分子生物学鉴别检测体系，为保证果汁真实属性提供了技术支持。一是以类甜蛋白基因、*ITS* 区、*trnT-trnL* 区作为筛选基因序列，分别设计了葡萄、草莓、苹果、桃、梨等 6 种水果的特异性引物、探针，对引物及探针的特异性、退火温度及检测灵敏度进行了研究，最终建立了果汁及其饮料中葡萄、草莓成分的常规 PCR 检测方法；苹果、梨、桃成分的实时荧光 PCR 检测方法；橙成分的 PCR-DHPLC 检测方法，以及同时检测苹果、梨、桃成分的悬浮芯片方法。二是通过研究新兴的基因条形码，建立了基于 Sanger 测序技术的基因条形码方法，并应用于市售浆果制品的检测，检测范围涉及完全勾兑型果汁、廉价水果替代高价浆果的产品及标签的符合性查验。包括：①通过对不同条形码序列扩增效率、测序成功率、单片段和组合片段的物种分辨率评价，筛选出易于标准化、可靠性高的浆果基因条形码序列。研究结果表明：短片段 *rbcL*（250bp）、*psbA-trnH*（450bp）和长片段 *matK*（890bp）的浆果物种鉴定效果最好。其中，*rbcL*、*psbA-trnH* 和 *matK* 序列的扩增成功率和测序成功率最高，均为 100%。在单片段物种鉴别中，NCBI 数据库比对中物种鉴定成功率为 *psbA-trnH* = *matK* > *trnL*c/d > *rbcL* > BEL1/3 > BEL 2/3 > *trnL*g/h，组合片段中 *matK* + *psbA-trnH*、*rbcL* + *psbA-trnH* 和 *rbcL* + *trnL*c/d 可以提高物种的识别效率，但考虑到 *trnL*c/d 的扩增效率，最终选择 *rbcL*、*psbA-trnH* 和 *matK* 作为浆果基因条形码序列。②模拟不同加工方式导致 DNA 断裂以致对检测结果的影响，建立了单一样品和混合样品基于 Sanger 测序的基因条形码方法。结果显示，极端加工方式高温短时杀菌下短片段 *rbcL* 仍有扩增，*psbA-trnH* 次之，*matK* 严重降解。因此，短片段在极端处理下影响较小，基本可以用于所有浆果制品，而 *psbA-trnH* 和 *matK* 的应用范围小于 *rbcL* 序列。在模拟混合果汁的克隆测序中，鲜榨果汁、巴氏杀菌处理和高温短时杀菌处理均能检测到 10% 的目标浆果成分，部分甚至可以检测到 1%，建立浆果单一样品直接测序和混合样品克隆测序的基因条形码方法。③采用上述建立的基因条形码鉴别方法，对市场采集的果干、果酱、浑浊果汁及果汁饮料共计 33 份样品（5 种果干、12 种果酱、16 种果汁和果汁饮料）进行了基于 *rbcL* 和 *psbA-trnH* 的基因条形码序列鉴定。结果显示：33 份样品中，检出成分同标签相符的占 48.49%，与标签不符的占 45.45%，失败 6.06%。研究结果表明，基因条形码技术可以用于市售浆果制品单一成分和复杂成分的真伪鉴别，为生产的质量控制及进出口检验检疫监控提供新的控制和检测手段。

第二，针对小浆果果汁中贸易量大、价格高的蓝莓和蔓越莓汁为研究对象，选择用于果汁调味的苹果汁和用于调色的葡萄汁，以这两种常见的相对廉价果汁作为掺假果汁原料，针对果汁中的挥发性气味代谢产物，采用电子鼻技术，建立基于气味代谢产物的真伪鉴别方法。针对果汁中的非挥发性代谢产物，采用 LC-MS 技术，建立基于代谢组学的真伪鉴别方法。本研究为小浆果果汁中蓝莓汁和蔓越莓汁的真伪鉴别提供了一种快速有效、全方位、多角度的检测手段。一是采用电子鼻技术结合模式识别分析方法，建立蓝莓汁和蔓越莓汁真实属性鉴别方法。通过采集蓝莓汁、蔓越莓汁、苹果汁和葡萄汁的气味代谢产物，建立主成分分析（PCA）模型和判别因子分析（DFA）预测模型，并使用混合果汁和市售果汁进行验证。研究表明该方法能够快速鉴别蓝莓汁和蔓越莓汁的真实属性，并提供误差在 10% 左右的掺假量的预测结果。二是采用靶标代谢组学的方法，基于 LC-QTOF-MS 中的信息依赖获取技术（IDA）进行全扫描，利用 PeakView 软件中的提取离子色谱管理器（XIC manager）进行精确质量数和同位素类型峰挖掘，构建了蓝莓汁、蔓越莓汁、苹果汁和葡萄汁的全组分鉴定分析平台，提取 43 种具有代表性的代谢产物，包括花色苷、黄酮等常见功能活性物，鉴定出的代表性化合物通过标准品进行比对。43 种代谢产物的峰面积以热度图的形式呈现，可以通过热度图快速区分蓝莓和蔓越莓汁与苹果和葡萄果汁。三是采用超高效液相色谱-四级杆串联飞行时间质谱（UFLC-QTOF-MS）技术鉴别蓝莓汁和蔓越莓汁的真实属性，UFLC-MS 指纹图谱表明蓝莓汁、蔓越莓汁、苹果汁和葡萄汁在代谢物上存在较大差异，采用主成分分析-判别分析（PCA-DA）可成功区分蓝莓汁、蔓越莓汁、苹果汁和葡萄汁。使用 QTOF-MS 全组分扫描分析各化合物在不同组间的丰度，筛选出了 32 种特征标记离子。通过分子式预测软件和基于精确二级质谱破碎信息的在线数据库搜索确定了上述 32 种特征标记化合物。并使用掺假果汁、市售混合果汁进一步验证。结果表明 UFLC-QTOF-MS 结合代谢组学技术可用于鉴别蓝莓汁和蔓越莓汁的真实属性。

第三，使用高效液相色谱联用高分辨质谱技术测定 NFC 和 FC 橙汁样品中尽可能多的代谢组成分，利用 OPLS-DA 模型实现了对两种果汁的区分，以 OPLS-DA 的 VIP 值>1.3 和 t 检验结果 $P<0.05$ 为条件，筛选和鉴定出包括类黄酮、有机酸类和生物碱类等在内共 16 个丰度具有显著差异的化合物，经过对比发现，这些差异物在 FC 橙汁中的含量均低于 NFC 橙汁中。为尽可能贴近工业中的实际生产工艺，本研究采用巴氏杀菌、高温短时杀菌和超高温瞬时杀菌 3 种热杀菌方式分别对 NFC 橙汁进行处理，但在分析时未就杀菌条件进行比较，而是通过建立有监督的 OPLS-DA 模型放大 NFC 和 FC 橙汁间的差异，专注于探究经过浓缩复配加工后橙汁样品中代谢组分发生的共有变化，结果证明代谢组学分析方法可以用于阐明 NFC 和 FC 橙汁间的代谢物差异，并为 NFC 橙汁鉴别提供方法和数据参考。

6.2.2 果汁植物来源鉴定

（1）果汁中苹果、桃、梨成分的实时荧光 PCR 鉴别方法研究

1）材料来源

果汁材料见表 6-14，水果材料见表 6-15。所有材料购自北京超市。

表 6-14 实验中常见果汁及其饮料材料

编号	果汁名称	水果成分
1	'汇源' 葡萄汁	葡萄
2	'海太' 葡萄汁	葡萄
3	'都乐' 葡萄汁	葡萄
4	'乐天' 葡萄汁	葡萄
5	'百果益' 葡萄汁	葡萄
6	'汇源' 草莓汁	草莓
7	'百果佳' 草莓汁	草莓
8	'海太' 草莓汁	草莓
9	'小强人' 草莓汁	草莓
10	'百果佳' 草莓汁	草莓
11	'汇源' 苹果汁	苹果
12	'光明果诱 100%' 苹果汁	苹果
13	'乐活滋 100%' 苹果汁	苹果
14	'汇源' 苹果果肉汁	苹果
15	'汇源' 番茄汁	番茄
16	'茹梦' 桃汁	桃
17	'汇源' 桃汁	桃
18	'汇源' 桃果肉饮料	桃
19	'海太' 桃汁	桃
20	'茹梦' 梨汁	梨
21	'汇源' 梨汁	梨

编号	果汁名称	水果成分
22	'汇源'梨果肉饮料	梨
23	'海太'梨汁	梨
24	'亨氏'香橙汁	橙
25	'悦活优选'100%橙汁	橙
26	'鲜芬牌'100%橙汁	橙
27	'汇源'橙汁	橙
28	'都乐'橙汁	橙
29	'汇源'胡萝卜汁	胡萝卜
30	'汇源'混合果蔬汁饮料	苹果、梨、桃、胡萝卜

表 6-15 实验中常见水果材料

编号	物种	品种	学名
1	葡萄	玫瑰香	*Vitis vinifera* L. cv. Meiguixiang
2	葡萄	巨峰	*Vitis vinifera* L. cv. Jufeng
3	葡萄	峰后	*Vitis vinifera* L. cv. Fenghou
4	葡萄	京亚	*Vitis vinifera* L. cv. Jingya
5	葡萄	红提	*Vitis vinifera* L. cv. Hongti
6	葡萄	玛奶提	*Vitis vinifera* L. cv. Manaiti
7	苹果	富士	*Malus pumila* Mill. Fuji
8	苹果	国光	*Malus pumila* Mill. Ralls
9	苹果	金帅	*Malus* × *domestica* cv. Golden delicious
10	苹果	乔纳金	*Malus pumila* Mill. Jonagold
11	苹果	嘎啦	*Malus* × *domestica* cv. Gala
12	梨	黄冠梨	*Pyrus bretschneideri* Rehd. cv. Huangguanli
13	梨	苹果梨	*Pyrus pyrifolia* (Burm.) Nakai. cv. Pingguoli
14	梨	南果梨	*Pyrus ussuriensis* Maxim.cv.Nanguoli
15	梨	雪花梨	*Pyrus bretschneideri* Rehd.cv.Xuehuali
16	梨	鸭梨	*Pyrus bretschneideri* Rehd.cv.Yali
17	桃	水蜜桃	*Prunus persica* (L.) cv. Shuimitao
18	桃	圆黄桃	*Prunus persica* (L.) cv. Yuanhuangtao
19	桃	平谷甜桃	*Prunus persica* (L.) cv. Pinggutiantao
20	桃	蟠桃	*Prunus persica* var.*compressa* Bean
21	草莓	女峰	*Fragaria orientalis* A. Los. Nvfeng
22	草莓	红颜	*Fragaria orientalis* A. Los. Hongyan
23	草莓	幸香	*Fragaria orientalis* A. Los. Xingxiang
24	草莓	枥乙女	*Fragaria orientalis* A. Los. Liyinv
25	橙	血橙	*Citrus sinensis* cv. Xuencheng
26	橙	脐橙	*Citrus sinensis* cv. Qicheng
27	橙	甜橙	*Citrus sinensis* cv. Tiancheng
28	橙	叶橙	*Citrus sinensis* cv. Yecheng
29	橙	冰糖橙	*Citrus sinensis* cv. Bingtangcheng

续表

编号	物种	品种	学名
30	橘	金橘	*Fortunella margarita* (Lour.) Swingle
31	橘	冰糖橘	*Citrus reticulata* cv. Bingtangju
32	橘	岩黄橘	*Citrus reticulata* cv. Yanhuangju
33	橘	珍珠柑	*Citrus reticulata* cv. Zhenzhugan
34	橘	芦柑	*Citrus reticulata* cv. Lugan
35	胡萝卜	京红五寸	*Daucus carota* L. cv. Jinghongwucun
36	番茄	六月红	*Lycopersicon esculentum* cv. Liuyuehong
37	枣	冬枣	*Ziziphus jujuba* Mill.
38	荔枝	无核荔	*Litchi chinensis* Sonn. cv. Wuheli
39	猕猴桃	魁蜜	*Actinidia kolomikta* (Maxim. & Rupr.) cv. Kuimi

灵敏度检测：将提取的水果（'玛奶提'葡萄、'红颜'草莓、'国光'苹果、水蜜桃、雪花梨、甜橙）果肉基因组 DNA 梯度稀释至 100ng/μL、10ng/μL、1ng/μL、100pg/μL、10pg/μL、1pg/μL、0.1pg/μL。

2）主要设备

核酸蛋白质分析仪（DU640，Beckman），凝胶成像仪（Gene Genius），ABI 7700 real-time PCR system（Applied Biosystems，USA）。

3）实验方法

a. 引物及探针设计

将苹果（GenBank No.EU150076）、梨（GenBank No.EU150039）、桃（GenBank No.EF211087）、橙（GenBank No.AB456127）、猕猴桃（GenBank No.AF323841）、草莓（GenBank No.FJ356153）等基因间区 *ITS* 区序列用 Clustalw3 软件进行比对，设计苹果、桃的特异性引物探针；利用 Clustalw3 软件比对苹果（GenBank No.AJ243427）、梨（GenBank No. FJ201995）、桃（GenBank No.AF362988）、葡萄（GenBank No.DQ406687）、猕猴桃（GenBank No. AJ871175）等类甜蛋白质基因序列，设计梨特异性引物探针。

b. 特异性扩增实验

利用实时荧光 PCR，对苹果、桃、梨的引物探针组合特异性进行验证，反应体系见表 6-16，反应条件均为 95℃，预变性 10min；95℃ 10s，60℃ 60s，50 个循环。

表 6-16 实时荧光 PCR 反应体系

反应组成	成分体积/μL
快速通用预混液（探针型，含 Rox）	12.5
引物 F（10μmol/L）	0.5
引物 R（10μmol/L）	0.5
探针（10μmol/L）	0.5
DNA 模板	5.0
ddH₂O	6.0

c. 灵敏度检测

以'国光'苹果、水蜜桃、雪花梨 DNA 为模板进行实时荧光 PCR 反应，以确定苹果、桃、梨的特异性引物探针组合的检测灵敏度。

d. 果汁样品检测

提取果汁样品 DNA，进行苹果、桃、梨成分的实时荧光 PCR 检测。

4）结果与分析

a. 引物及探针设计

苹果、桃、梨特异性引物及探针见表 6-17。

表 6-17 苹果、桃、梨特异性引物及探针

物种	引物名称	引物序列	扩增长度
苹果	PrimerF	5'-GGAATATGAACGAAAGAGCG-3'	
	PrimerR	5'-ATCCGTTGCCGAGAGTCGTT-3'	103bp
	Probe	5'-FAM-GGTGCGTCGTGTCTTCGAT-TAMAR-3'	
桃	PrimerF	5'-GAATTGCGCCAAGGA AATTG-3'	
	PrimerR	5'-GAGAGCCGAGATATCCGTTG-3'	124bp
	Probe	5'-FAM-CGTCGTCATCTTCAAATATG-TAMAR-3'	
梨	PrimerF	5'-GACCTGCCAATGTTAATGC -3'	
	PrimerR	5'-CAGCAGTACTTCGAATCACC -3'	113bp
	Probe	5'-FAM-AAGCGGCTGATGGGACTGTCATCGC-TAMAR-3'	

b. 特异性扩增结果

将'国光''嘎啦''乔纳金''富士''金帅' 5 种苹果样品及雪花梨、鸭梨、苹果梨、南果梨、黄冠梨、水蜜桃、平谷甜桃、圆黄桃、蟠桃、草莓、葡萄、番茄、猕猴桃、胡萝卜等参照样品的 DNA 进行实时荧光 PCR 反应，同时以鸭肉 DNA 作为阴性对照，ddH₂O 作为空白对照，以确定苹果引物探针组合特异性。所设计的苹果引物探针只有目标物种苹果有典型的扩增曲线，而其他参照样品无扩增（图 6-29）。因此，所设计的苹果引物探针表现出较好的特异性。

选取 4 种桃：水蜜桃、平谷甜桃、圆黄桃、蟠桃作为验证样品，雪花梨、鸭梨、苹果梨、南果梨、黄冠梨、'国光'、'嘎啦'、'乔纳金'、'富士'、'金帅'、草莓、葡萄、番茄、猕猴桃、胡萝卜等作为参照样品，以鸭肉 DNA 作为阴性对照，ddH₂O 作为空白对照，进行实时荧光 PCR 反应。所设计的桃引物探针只有目标物种桃有典型的扩增曲线，而其他参照样品无扩增，说明所设计的桃引物探针特异性良好（图 6-30）。

选取雪花梨、鸭梨、苹果梨、南果梨、黄冠梨、砀山梨 6 种梨作为验证样品，'国光'、'嘎啦'、'乔纳金'、'富士'、'金帅'、水蜜桃、平谷甜桃、圆黄桃、蟠桃、草莓、葡萄、番茄、猕猴桃、胡萝卜等作为参照样品，以鸭肉 DNA 作为阴性对照，ddH₂O 作为空白对照，进行实时荧光 PCR 反应，以确定所设计的探针是否具有梨特异性。所设计的梨引物探针只有目标物种梨有典型的扩增曲线，而其他参照样品无扩增，说明所设计的梨引物探针特异性良好（图 6-31）。

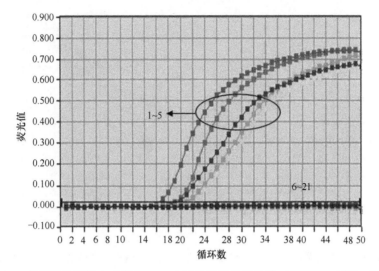

图 6-29 苹果引物探针实时荧光 PCR 方法特异性扩增结果（彩图请扫封底二维码）

1.'国光'苹果；2.'嘎啦'苹果；3.'乔纳金'苹果；4.'富士'苹果；5.'金帅'苹果；6.雪花梨；7.鸭梨；8.苹果梨；9.南国梨；10.黄冠梨；11.水蜜桃；12.平谷甜桃；13.圆黄桃；14.蟠桃；15.草莓；16.葡萄；17.番茄；18.猕猴桃；19.橙；20.阴性对照（鸭肉 DNA）；21.空白对照（ddH$_2$O）

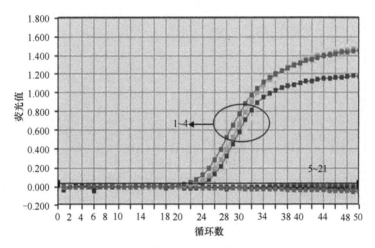

图 6-30 桃引物探针实时荧光 PCR 方法特异性扩增结果（彩图请扫封底二维码）

1.水蜜桃；2.圆黄桃；3.平谷甜桃；4.蟠桃；5.'国光'苹果；6.'嘎啦'苹果；7.'富士'苹果；8.'金帅'苹果；9.'乔纳金'苹果；10.雪花梨；11.鸭梨；12.苹果梨；13.南国梨；14.黄冠梨；15.草莓；16.葡萄；17.番茄；18.猕猴桃；19.橙；20.阴性对照（鸭肉 DNA）；21.空白对照（ddH$_2$O）

c. 灵敏度检测

以'国光'苹果、水蜜桃、雪花梨为验证对象，ddH$_2$O 为空白对照，将提取的 DNA 溶液分别稀释为 100ng/μL、10ng/μL、1ng/μL、100pg/μL、10pg/μL、1pg/μL、0.1pg/μL 的浓度，进行实时荧光 PCR 扩增。

苹果、桃、梨成分扩增结果（图 6-32～图 6-34）表明，当 3 种成分 DNA 浓度降至 1pg/μL 以下时，扩增曲线皆在基线位置出现。因此，所建立的实时荧光 PCR 检测方法能够检出苹果、桃、梨成分的下限皆为 1pg/μL。

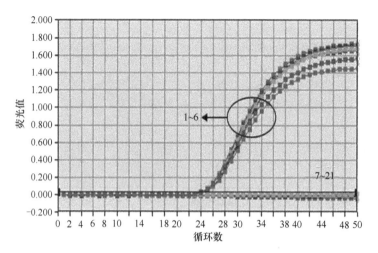

图 6-31　梨引物探针实时荧光 PCR 方法特异性扩增结果（彩图请扫封底二维码）

1.雪花梨；2.鸭梨；3.苹果梨；4.南国梨；5.黄冠梨；6.砀山梨；7.'国光'苹果；8.'嘎啦'苹果；9.'乔纳金'苹果；
10.'富士'苹果；11.'金帅'苹果；12.水蜜桃；13.平谷甜桃；14.圆黄桃；15.蟠桃；16.草莓；17.葡萄；18.猕猴桃；
19.番茄；20.阴性对照（鸭肉 DNA）；21.空白对照（ddH$_2$O）

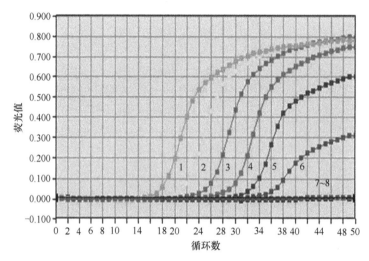

图 6-32　实时荧光 PCR 方法对苹果成分的灵敏度检测结果（彩图请扫封底二维码）

1. 100ng/μL；2. 10ng/μL；3. 1ng/μL；4. 100pg/μL；5. 10pg/μL；6. 1pg/μL；7. 0.1pg/μL；8. 空白对照（ddH$_2$O）

d. 果汁及其饮料样品检测结果

以'国光'苹果作为阳性对照，'光明果诱 100%'、'乐活滋 100%'、'汇源'苹果汁、'汇源'苹果果肉饮料、'汇源'混合果蔬汁饮料、'汇源'桃汁、'汇源'梨汁、草莓汁、葡萄汁、橙汁作为待检样品，进行实时荧光 PCR 反应。'国光'苹果 DNA 出现典型荧光扩增曲线，表明扩增体系较好；空白对照未出现扩增信号，说明体系未受到任何污染；'汇源'桃汁、'汇源'梨汁、草莓汁、葡萄汁、橙汁扩增曲线均在基线位置，说明反应体系特异性较好，且果汁中不含苹果成分；5 种苹果汁样品：'光明果诱 100%'、'乐活滋 100%'、'汇源'苹果汁、'汇源'苹果果肉汁、'汇源'混合果蔬汁饮料均出现典型扩增曲线，说明 5 种苹果汁样品中含有苹果成分（图 6-35）。

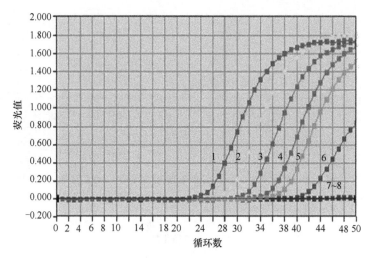

图 6-33 实时荧光 PCR 方法对桃成分的灵敏度检测结果（彩图请扫封底二维码）
1. 100ng/μL；2. 10ng/μL；3. 1ng/μL；4. 100pg/μL；5. 10pg/μL；6. 1pg/μL；7. 0.1pg/μL；8. 空白对照（ddH₂O）

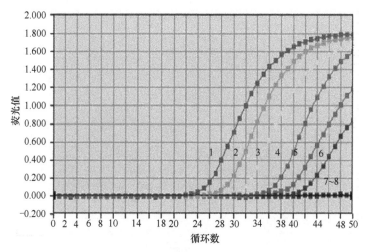

图 6-34 实时荧光 PCR 方法对梨成分的灵敏度检测结果（彩图请扫封底二维码）
1. 100ng/μL；2. 10ng/μL；3. 1ng/μL；4. 100pg/μL；5. 10pg/μL；6. 1pg/μL；7. 0.1pg/μL；8. 空白对照（ddH₂O）

　　以水蜜桃果肉 DNA 作为阳性对照，'茹梦'桃汁、'汇源'桃汁、'海太'桃汁、'汇源'桃果肉饮料、'汇源'混合果蔬汁饮料、'汇源'苹果汁、'汇源'梨汁、胡萝卜汁、橙汁、番茄汁作为待检样品，进行实时荧光 PCR 反应。水蜜桃出现典型荧光扩增曲线，表明扩增体系较好；阴性对照及'汇源'苹果汁、'汇源'梨汁、胡萝卜汁、橙汁、番茄汁扩增曲线均在基线位置，说明体系特异性较好，且果汁中不含有桃成分；'茹梦'桃汁、'汇源'桃汁、'海太'桃汁、'汇源'桃果肉饮料、'汇源'混合果蔬汁饮料在基线以上均出现扩增曲线，说明'茹梦'桃汁、'汇源'桃汁、'海太'桃汁、'汇源'桃果肉饮料、'汇源'混合果蔬汁饮料中均含有桃成分（图 6-36）。

　　梨成分检测结果：以雪花梨作为阳性对照，'茹梦'梨汁、'汇源'梨汁、'汇源'梨果肉饮料、'海太'梨汁、'汇源'混合果蔬汁饮料、'汇源'苹果汁、'汇源'桃汁、胡萝卜汁、橙汁、番茄汁作为待检样品，进行实时荧光 PCR 反应。图 6-37 表明雪花梨

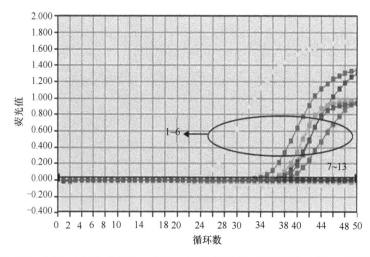

图 6-35 果汁中苹果成分实时荧光 PCR 检测结果（彩图请扫封底二维码）

1. 阳性对照（'国光'苹果）；2. '汇源'混合果蔬汁饮料；3. '汇源'苹果汁；4. '光明果诱 100%'；5. '乐活滋 100%'；6. '汇源'苹果果肉饮料；7. '汇源'桃汁；8. '汇源'梨汁；9. 草莓汁；10. 葡萄汁；11. 橙汁；12. 阴性对照（鸭肉）；13. 空白对照（ddH$_2$O）

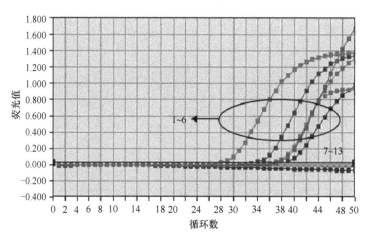

图 6-36 果汁中桃成分实时荧光 PCR 检测结果（彩图请扫封底二维码）

1. 阳性对照（水蜜桃）；2. '茹梦'桃汁；3. '汇源'桃汁；4. '海太'桃汁；5. '汇源'桃果肉饮料；6. '汇源'混合果蔬汁饮料；7. '汇源'苹果汁；8. '汇源'梨汁；9. 草莓汁；10. 葡萄汁；11. 橙汁；12. 阴性对照（鸭肉 DNA）；13. 空白对照（ddH$_2$O）

出现典型荧光扩增曲线，表明扩增体系较好；阴性对照及'汇源'苹果汁、'汇源'桃汁、胡萝卜汁、橙汁、番茄汁未出现荧光信号，说明果汁中不含有梨成分；'茹梦'梨汁、'汇源'梨汁、'海太'梨汁、'汇源'梨果肉饮料、'汇源'混合果蔬汁饮料出现扩增信号，说明含有梨成分。

5）结论

通过比对苹果、桃、梨的 *ITS* 区序列，发现苹果与梨保持着较高的同源性，与桃的序列存在较大差异，根据比对结果分别设计了 2 组苹果与桃的引物及探针，扩增片段大小约为 100bp；通过比较苹果、桃、梨等不同物种的类甜蛋白基因，设计了 2 组梨特异性引物及探针，扩增片段大小约为 100bp；所建立的实时荧光 PCR 检测方法能够检出苹

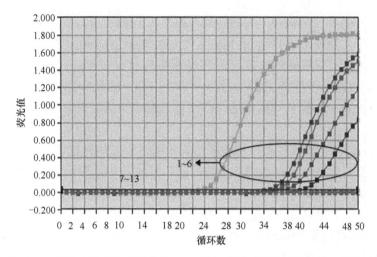

图 6-37　果汁中梨成分实时荧光 PCR 检测结果（彩图请扫封底二维码）

1. 阳性对照（雪花梨）；2. '茹梦' 梨汁；3. '汇源' 梨汁；4. '海太' 梨汁；5. '汇源' 混合果蔬汁饮料；6. '汇源' 梨果肉饮料；7. '汇源' 苹果汁；8. '汇源' 桃汁；9. 草莓汁；10. 葡萄汁；11. 橙汁；12. 阴性对照（鸭肉）；13. 空白对照（ddH$_2$O）

果成分、桃成分、梨成分的最低含量均为 1pg/μL；该实时荧光 PCR 检测方法简单、快速、可靠。

（2）果汁的基因条形码技术鉴定研究

1）材料来源

蓝莓、蔓越莓新鲜果实样品由浙江大学提供，桑葚、葡萄新鲜果实购自北京华联超市。

2）主要设备

CO$_2$ 培养箱（Heraeus，德国），生物安全柜（Nuaire，美国）。

3）实验方法

果汁前处理：新鲜果实分别采用食品料理机进行榨汁处理，获得 4 种水果的鲜榨浑浊果汁。将蓝莓/葡萄、蔓越莓/葡萄和桑葚/葡萄按 1%、10%、50%、90% 和 99% 的质量比进行混合，获得蓝莓/葡萄、蔓越莓/葡萄和桑葚/葡萄的模拟混合果汁。

模拟加工条件：低温巴氏杀菌（LTLT）模拟，参考 Vegara 等（2013）的石榴汁加工工艺，将鲜榨纯果汁和混合果汁样品置于 65℃ 恒温水浴锅中处理 30min。高温短时杀菌（HTST）模拟，参考市售果汁标签上的 HTST 条件，将鲜榨纯果汁和混合果汁置于高压杀菌锅中，达到 105℃ 保持 5min。

PCR 扩增体系和条件：*rbcL*（Li et al.，2012）、*psbA-trnH*（陈士林等，2011）和 *matK*（Ki-Joong Kim，pers. comm.）的扩增体系及条件参考文献中研究方法。

克隆：pClone007 Vector 载体连接反应：10μL 反应体系：PClone007 Vector 1 μL，10×Topo mix 1μL，PCR 产物 50～100ng，ddH$_2$O 补至 10μL，充分混匀，室温（22～30℃）连接 20min 以得到足够多的转化子。提前从超低温冰箱中取出 DH 5α 感受态细胞，置于冰上融化，向 100μL DH 5α 感受态细胞悬液中加入 10μL 的连接产物，轻轻吹打混匀内容物，冰浴 2min；将带有连接产物的感受态细胞置于 42℃水浴中热激 90s，冰浴 1min；将感受态细胞加入 900μL 不含 Amp 抗生素的 LB 肉汤培养基中，37℃ 180r/min 振荡培养 1h，复苏菌体；用枪轻轻吹打混匀成悬浮菌体后取 100μL 将其涂布于含抗生素（100ng/μL）的固体培养基中，37℃倒置培养 12～16h，挑取单菌落于含抗生素的 LB 肉汤中，37℃ 180r/min 培养 5～8h；菌液 PCR，筛选阳性克隆后提取质粒，进行普通 PCR，准备进行测序。

序列拼接：对双向测序所得样品测序结果采用 DNASTAR 软件中的 SeqMan 程序进行双向序列拼接，去除由 Sanger 测序导致的低质量区，评价拼接后的序列质量，对质量好的序列保存后进行研究。

序列比对：将拼接后的序列提交 NCBI 的 GenBank 数据库（http://blast.ncbi.nlm.nih.gov）进行序列比对，即 GenBank→Blast→Nucleotide blast→添加序列→Blast，根据相似度、覆盖度及综合得分确定样品信息。

4）结果与分析

不同加工方式对 DNA 的影响：选择液态食品常用的加热杀菌方式（LTLT 和 HTST）对鲜榨浑浊果汁进行模拟加工处理。通过比较不同长度候选序列的扩增电泳结果可知，*rbcL*、*psbA-trnH* 和 *matK* 片段降解程度差异明显。其中，3 个序列在鲜榨果汁中的扩增效果均较好（图 6-38A），电泳条带明亮。当 LTLT 处理后（图 6-38 B），*matK*（890bp）

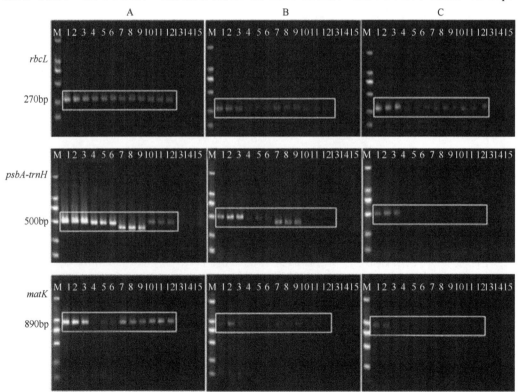

图 6-38 不同加工方式对浆果扩增的影响

A. 鲜榨果汁；B. LTLT 处理果汁；C. HTST 处理果汁；M. marker（2000）；1～3. 蓝莓；4～6. 蔓越莓；7～9. 桑葚；10～12. 葡萄；13～15. 空白

片段降解最为严重,电泳条带较暗甚至无条带,*psbA-trnH*(500bp)次之,而*rbcL*(270bp)的变化最小,条带变化微弱,表明 LTLT 处理后仍有大量的短片段存在。进行 HTST 处理后,*rbcL* 的电泳条带亮度有所下降,但仍然能看到目的条带,几乎不影响后续操作,而 *psbA-trnH* 和 *matK* 电泳条带模糊不清甚至完全无条带。当对不同程度加工方式进行比较时发现,LTLT 和 HTST 对 DNA 破坏程度不同。HTST 对 DNA 的损伤明显高于 LTLT,说明极端处理是导致 DNA 严重降解的重要因素。

不同加工方式对短片段(*rbcL* 和 *psbA-trnH*)的影响较小,即使在极端 HTST 处理下,*rbcL* 仍有扩增,这表明 *rbcL* 在加工品中具有明显扩增优势,应能满足市售浆果制品的鉴定,*psbA-trnH* 应用范围次之,而 *matK* 不适用于加工品的鉴定。

因 *matK* 序列较长,导致其在加工果汁中降解严重,因此主要采用 *rbcL* 和 *psbA-trnH* 基因序列对鲜榨、LTLT 处理和 HTST 处理混合果汁进行克隆检测。在克隆操作中,载体的连接效率对克隆结果的准确性有重要影响,若阳性克隆子比例较低,则会产生较大的误差,降低结果的可靠性。本研究中,每个样品分别挑取 20 个克隆子,阳性克隆子率平均在 80%以上,多数达到 95%甚至 100%,可以满足后续的克隆需求。

鲜榨果汁 *rbcL* 和 *psbA-trnH* 基因克隆结果如表 6-18 所示,克隆技术能检测出不同比例的目标成分,但每种成分的检出率、相同成分的不同基因检出率及检出率同实际样品掺杂比例存在差异。首先,蓝莓和蔓越莓的 *rbcL* 和 *psbA-trnH* 的克隆均能检测出实际果汁中 10%的蓝莓或蔓越莓成分,而桑葚最低可以检测出 1%的桑葚成分。并且在相同比例条件下,桑葚检出率明显高于蓝莓和蔓越莓的检出率。其次,在相同掺杂比例下,同一成分在 *rbcL* 和 *psbA-trnH* 中的检出率不同,*psbA-trnH* 的目标浆果检出率明显高于 *rbcL*,这种由引物引起的检出率差异对克隆结果影响较小。最后,混合果汁的检出率与混合果汁的实际比例不一致,但目标成分检出率与实际混合比例整体呈正相关,说明基于克隆的基因条形码技术可以进行混合样品的检测,但无法实现定量。

表 6-18　鲜榨混合果汁的 *rbcL* 和 *psbA-trnH* 基因克隆结果

基因序列	浆果/葡萄(m/m)/%	蓝莓/葡萄		蔓越莓/葡萄		桑葚/葡萄	
		阳性克隆率/%	蓝莓检出率/%	阳性克隆率/%	蔓越莓检出率/%	阳性克隆率/%	桑葚检出率/%
rbcL	1	100.00	0.00	95.00	0.00	100.00	25.00
	10	100.00	20.00	80.00	6.00	100.00	85.00
	50	100.00	70.00	100.00	40.00	65.00	92.00
	90	80.00	93.30	100.00	95.00	100.00	100.00
	99	100.00	100.00	90.00	100.00	100.00	100.00
psbA-trnH	1	90.00	0.00	100.00	5.00	100.00	0.00
	10	80.00	50.00	100.00	40.00	100.00	5.00
	50	95.00	90.00	100.00	70.00	100.00	50.00
	90	95.00	100.00	100.00	100.00	95.00	95.00
	99	100.00	100.00	100.00	100.00	100.00	100.00

注:阳性克隆率表示挑取的 20 个克隆子中 PCR 检测呈阳性的比例(%);浆果(蓝莓、蔓越莓和桑葚)检出率为浆果克隆子数占阳性克隆子数的比例(%)

　　LTLT 处理混合果汁的克隆中，10%蔓越莓/葡萄混合果汁的克隆结果出现变化。其中，在 20 个单菌落中，rbcL 序列没有检出蔓越莓成分，而 psbA-trnH 序列检出了蔓越莓成分，表明 10%的蔓越莓/葡萄混合果汁中含有蔓越莓 DNA。于是，将单菌落增加至 30 个，最终检出蔓越莓成分。可见，挑单菌落的随机性是造成单菌落中蔓越莓 rbcL 基因没有检出的主要原因。针对这种情况，增加单菌落的数目或重挑单菌落可以避免假阴性的出现。同时，LTLT 处理后，桑葚 psbA-trnH 基因检出率下降，只能检出 10%桑葚成分。其余 LTLT 处理样品的最低检出限基本与鲜榨果汁无明显差异，但每种样品的检出率又存在微弱差异，可能因在相同 LTLT 条件下，不同样品的降解程度不同导致目标浆果成分检出率存在差异，对最终的检出限无影响（表 6-19）。

表 6-19　巴氏杀菌混合果汁的 rbcL 和 psbA-trnH 基因克隆结果

基因序列	浆果/葡萄 (m/m)/%	蓝莓/葡萄		蔓越莓/葡萄		桑葚/葡萄	
		阳性克隆率/%	蓝莓检出率/%	阳性克隆率/%	蔓越莓检出率/%	阳性克隆率/%	桑葚检出率/%
rbcL	1	75.00	0.00	85.00	0.00	85.00	35.00
	10	100.00	25.00	100.00	3.33 (30 个单克隆)	100.00	85.00
	50	90.00	78.00	80.00	25.00	100.00	95.00
	90	100.00	95.00	100.00	25.00	100.00	100.00
	99	100.00	100.00	90.00	16.67	100.00	95.00
psbA-trnH	1	95.00	0.00	85.00	0.00	90.00	0.00
	10	90.00	50.00	100.00	3.33	90.00	11.00
	50	100.00	90.00	80.00	10.00	100.00	25.00
	90	100.00	100.00		73.68	90.00	66.67
	99	100.00	100.00	90.00	90.00	90.00	83.33

注：阳性克隆率表示挑取的 20 个克隆子中 PCR 检测成阳性的比例（%）；浆果（蓝莓、蔓越莓和桑葚）检出率为浆果克隆子数占阳性克隆子数的比例（%）

　　HTST 处理混合果汁中，主要对蓝莓/葡萄的混合果汁进行了克隆检测。克隆结果显示，rbcL 序列可以检出 10%蓝莓/葡萄混合果汁中的蓝莓成分，与鲜榨和巴氏处理果汁结果相似。而 psbA-trnH 序列则可以检出混合果汁中 1%的蓝莓成分，即在相同的加工方式下，蓝莓和葡萄的 DNA 断裂情况不一致，尤其是高温短时杀菌处理后，葡萄的 psbA-trnH 序列降解较蓝莓严重，这可能是导致最终克隆中可以检出 1%蓝莓成分的主要原因（表 6-20）。

表 6-20　高温短时杀菌混合果汁的 rbcL 和 psbA-trnH 基因克隆结果

蓝莓/葡萄（m/m）/%	rbcL		psbA-trnH	
	阳性克隆率/%	蓝莓检出率/%	阳性克隆率/%	蓝莓检出率/%
1	90.00	0.00	100.00	15.00
10	80.00	6.00	100.00	35.00
50	100.00	55.00	100.00	65.00
90	95.00	72.00	100.00	100.00
99	75.00	100.00	95.00	100.00

5）结论

建立了基于 Sanger 测序的浆果单一样品和混合样品的基因条形码方法；不同加工方式处理下，长片段 *matK* 降解最严重，*psbA-trnH* 次之，*rbcL* 影响最小；基因条形码技术可以用于混合样品的检测，无论是鲜榨混合果汁还是 LTLT 处理及 HTST 处理混合果汁，*rbcL* 和 *psbA-trnH* 基因均能检出 10% 的浆果成分，部分甚至达到 1%，满足混合果汁的克隆检测需求。

6.2.3 果汁种类鉴别

（1）电子鼻技术鉴定方案

电子鼻是通过分析样品中气味代谢产物，结合化学计量学的分析方法，对样品进行定性定量分析的一种技术。该技术有着快速、灵敏和自动化程度高的优势。分析气味代谢小分子代谢产物是电子鼻技术的一大特点，这也给代谢组学的研究提供了一种新的分析角度（Cubero-Leon et al.，2014）。近年来，有学者将电子鼻技术应用于食品的真伪鉴别中，在茶叶的产地区分、地理标志产品的鉴定及食用油的等级区分中有应用（Cubero-Leon et al.，2014；Xu et al.，2013），在果汁鉴别、等级区分等方面也已经起步。电子鼻在分析过程中仅依靠普通的分析观察，无法对原始数据进行分析和区分，需要结合化学计量学对原始数据进行分析。常用的化学计量学方法包含主成分分析法（PCA）、判别因子分析（DFA）、偏最小二乘法（PLS）等。采用 Alpha FOX 4000 型电子鼻，利用不同样品的挥发性代谢产物在 18 根传感器上的不同响应值来对样品进行区分，可达到果汁真伪鉴别的目的，为果汁的真伪鉴别提供了一种新的研究思路。

1）材料来源

材料：蓝莓采购自江苏昆山蓝莓种植基地，蔓越莓采购于上海赛玛环球浆果园，苹果和葡萄采购于北京上海华联超市。市售蓝莓汁和蔓越莓汁采购于各大超市，详见表 6-21。

表 6-21　果汁信息表

果汁	编号	品牌	成分表
蔓越莓汁	1	'全食物日记' 纯蔓越莓汁	100%蔓越莓汁
	2	'自然法则' 纯蔓越莓汁	100%蔓越莓汁
	3	野生蔓越莓汁	蔓越莓
	4	'德国健宝' 蔓越莓汁	100%蔓越莓汁
蓝莓汁	5	'伊春锦秋' 蓝莓汁	水、蓝莓果汁、添加物剂、果汁含量>80%
	6	'蓝韵森林' 蓝莓汁	水、蓝莓汁、白砂糖、果汁含量>60%
	7	'北纬48°' 蓝莓汁	水、蓝莓汁、白砂糖、果汁含量>38%
	8	'伊春锦秋' 蓝莓汁	水、蓝莓汁、添加剂、果汁含量>60%

主要设备：电子鼻诊断试剂盒 Chemical Kit 2 购于法国 Alpha M.O.S 公司。FOX4000 型电子鼻购自法国 Alpha M.O.S 公司。

a. 实验方法

样品预处理：将水果去核后用榨汁机打浆，并分装于 50mL 离心管中，用微型冷冻离心机在 12 000r/min 转速下离心 20min，去除果渣，收集上清液。使用 0.22μm 一次性滤膜过滤，使用去离子水稀释 20 倍后，储藏于–80℃备用。果汁模拟掺杂比例为 0、20%、40%、60%、80%、100%，详见表 6-22，稀释 5 倍后取 1mL 于进样瓶中。

表 6-22　鲜榨果汁信息表

混合样品		混合比例（A：B，% *V/V*）
组分 A	组分 B	
蓝莓汁	苹果汁	100：0；80：20；60：40；40：60；20：80；0：100
蓝莓汁	葡萄汁	100：0；80：20；60：40；40：60；20：80；0：100
蔓越莓汁	苹果汁	100：0；80：20；60：40；40：60；20：80；0：100
蔓越莓汁	葡萄汁	100：0；80：20；60：40；40：60；20：80；0：100

b. 电子鼻参数优化

为建立有效的电子鼻检测参数，以蓝莓汁、蔓越莓汁、苹果汁和葡萄汁 4 种果汁为研究对象，对样品量、稀释倍数、顶空温度、顶空时间及进样体积等参数进行优化。进样条件：不同果汁样品稀释 5 倍，样品量 1mL，顶空温度 80℃，顶空时间 1080s，进样体积 2mL。

c. 数据处理和化学计量学分析

所有样品均为 3 次平行，采用 Alpha M.O.S 软件对传感器型电子鼻 FOX 4000 挥发性气体扫描得到的数据进行处理，包括数据挖掘、校准、归一化、PCA 和 DFA 分析等。

d. 方法有效性验证

为保证分析方法的有效性，本实验采用鲜榨果汁、掺假果汁及市售果汁来测试模型的重复性和准备性。通过使用 Alpha M.O.S 软件对传感器型电子鼻 FOX 4000 挥发性气体扫描得到的数据建立的监督型 DFA 模型来验证未知样品，评估模型的有效性。

2）结果与分析

a. 电子鼻参数的确定

电子鼻传感器的原理是由 18 根独立的气味识别器反映不同类型气体的响应值，进行区分鉴定的。因此在研究过程中响应值是一个需要调试的重要指标。一般响应值的参数范围在 0.20～0.85，当响应强度太强时，传感器处于超负荷状态，不但会引起基线恢复时间延长，影响分析的速度，而且长期处于这种状态工作的仪器会容易损坏。相反，响应值太低，数据则会受到仪器背景噪声的影响，数据的准确度受到影响。此外，建立模型后，样品与样品间的分区度和重复性也是评价研究过程的重要指标，该指标一般由 PCA 模型中的区分指数，即 ID 值来评估，ID 值满分为 100 分，越大越好，一般认为 ID 值大于 80 时，即可认为模型中样品间的区分性和重复性都很好。

样品量和样品稀释倍数：样品量和样品稀释度都会影响各个传感器的响应值。参照一般果汁鉴伪实验的参数，使用 10mL 的顶空进样品，由于小浆果果汁产量稀少，因此将稀释倍数定为 5 倍，进样量定为 1mL 方便进样器进样。

顶空温度和进样体积：顶空温度越大，则样品挥发组分的种类和含量越大，但温度不能过高，以免引起组分的分解。进样体积的多少与样品的响应值成正比。由于研究对象是小浆果果汁，果汁的挥发性成分较少，且稀释了 5 倍，因此选用的顶空温度为 80℃，既保证小浆果果汁充分挥发，又防止果汁沸腾影响重复性。进样体积采用常规进样量 2mL。

顶空时间：在顶空气体未饱和的情况下，顶空时间越长，样品挥发越充分，但是也会影响检测的效率。研究中只需样品瓶顶空中的气体物质达到平衡，则无须再增加顶空时间，可以直接进样。配合顶空温度和进样体积参数。本研究的顶空时间选定为 1080s。

最终本研究优化的进样条件：稀释 5 倍，样品量 1mL，顶空温度 80℃，顶空时间 1080s，进样体积 2000μL。这是采用的初步进样条件，通过 PCA 模型的 ID 值和响应值来评价这些参数，进行调整。

b. 条件优化结果

通过调整稀释倍数、进样量、顶空温度、进样体积和顶空时间的条件，来优化响应值和 PCA 模型 ID 值。如图 6-39 为优化后蓝莓汁、蔓越莓汁、苹果汁和葡萄汁的响应值图。可以看出 18 根传感器的响应值大部分在 0.4～0.9。同时，通过建立 4 种果汁的 PCA 模型，如图 6-40 所示，PC1 和 PC2 的累积方差贡献率之和达到 99.406%，说明降维后提取的主成分包含了样品的绝大部分数据，4 种果汁分别位于 4 个象限，ID 值达到

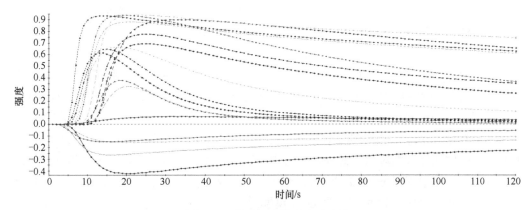

图 6-39　果汁挥发性成分响应值

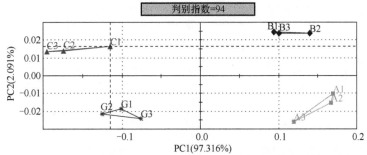

Sample: C1_5 Sample Type: Unknown Date: 16/01/27 12:33:25　PC1-97.316%:−0.115　PC2-2.091%:0.0163

图 6-40　4 种果汁 PCA 模型

A. 苹果汁；B. 蓝莓汁；C. 蔓越莓汁；G. 葡萄汁。以 A 为例，A1、A2、A3 是电子鼻检测中 A（苹果汁）的三个平行实验

94，说明 4 种果汁的区分效果极好。在 PCA 图上可以看出每种果汁的 3 次重复都集中在小范围内，说明重复性良好。因此，可以使用该进样条件。

c. 训练模型的建立

PCA 是一种多元统计方法，它是将所提取的传感器的多指标信息进行数据转换和降维，并对降维后的特征向量进行线性分类，最后在 PCA 分析图上显示主要的两维图。当没有或缺乏有关样品信息时，PCA 能迅速浏览所有数据，找出样品间相关联的特征，并从中总结出有关样品的信息。横、纵坐标分别表示在转换中得到的第一主成分 PC1 和第二主成分 PC2 的贡献率（或权重），贡献率越大，说明主成分可以更好地反映原来多指标的信息。即如果两个样品在横坐标上的距离越大，说明它们的差异越大；而两个样品在纵坐标上的距离即使很大，由于第二主成分的贡献率很小，那么两个样品之间的实际差异也不会很明显。区分指数 ID 表示样品间区分程度，当样品组群间没有叠加时，ID 为正值，值越大，区分越好，ID 值在 80～100，表示区分有效。当样品组群间有叠加时，ID 值为负，表示样品不能完全区分。DFA 是一种用来构建模型并识别定性分析中未知样的算法。DFA 通过一系列的数学变换，在充分保存现有信息的前提下，能够使同类组群数据之间的差异尽可能缩小，使不同组群之间的差异尽量扩大，以建立数学识别模型。采用 DFA 分析数据时先用 PCA 评价区分，只有 PCA 区分有效的数据库才能用 DFA 进行分析。

d. 蓝莓掺假果汁模型建立

通过电子鼻 FOX 4000 采集掺有 0、20%、40%、60%、80%、100%体积分数的苹果汁（葡萄汁）的蓝莓汁中的挥发性成分。通过 Alpha M.O.S 软件建立 PCA 模型，通过 PCA 模型降维后，如图 6-41 所示，PC1 和 PC2 累积方差贡献率之和为 99.538%，说明降维后提取的主成分包含了样品的绝大部分数据，该方法具有全面性和可靠性。而主成分 PC1 对累积方差的贡献率达 96.848%，可以发现掺有葡萄汁的蓝莓汁都在左侧，且从左向右葡萄汁的掺假比例呈现逐渐提高趋势，同样地，掺有苹果汁的蓝莓汁均在右侧，且从左向右掺假果汁比例呈现逐渐提高趋势。PC2 对累积方差的贡献率仅有 2.09%，自上而下的掺假比例逐渐降低。此外，同组样品集中在较小的范围内，而不同组样品之间没有重叠，且明显能区分，ID 值达到 95，说明该 PCA 模型区分效果良好，适合 DFA 模型进行预测。如图 6-42 所示，为 DFA 模型图，可以看出通过监督型的 DFA 模型处理

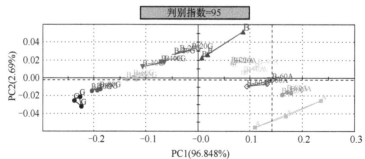

图 6-41　蓝莓掺假果汁 PCA 模型

A. 苹果汁；B. 蓝莓汁；G. 葡萄汁

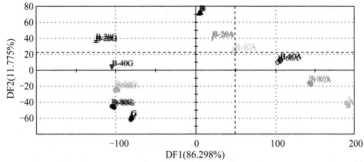

Sample : B-40A_15　Sample Type : Calibration　Date : 16/03/14 15:05:06　DF1 - 86.298% : 48.81　DF2 - 11.775% : 22.35

图 6-42　蓝莓掺假果汁 DFA 模型
A. 苹果汁；B. 蓝莓汁；G. 葡萄汁

后，同组的样品聚集更近，而不同组之间的距离被放大了，这更有利于对未知样品的检测，也证实优化得到的果汁电子鼻检测体系对掺假果汁具有很好的区分潜力。

e. 蔓越莓掺假果汁模型建立

通过电子鼻 FOX 4000 采集掺有 0、20%、40%、60%、80%、100%的苹果汁（葡萄汁）的蔓越莓汁中的挥发性成分。通过 Alpha M.O.S 软件建立 PCA 模型，通过 PCA 模型降维后，如图 6-43 所示，PC1 和 PC2 累积方差贡献率之和为 99.654%，说明降维后提取的主成分包含了样品的绝大部分数据，该方法具有全面性和可靠性。而主成分 PC1 对累积方差的贡献率达 97.976%，可以发现掺有苹果汁的蔓越莓汁都在左侧，且从右向左苹果汁的掺假比例逐渐提高，同样地，掺有葡萄汁的蓝莓汁均在右侧，且从左向右掺假果汁比例逐渐提高。此外，同种同组样品集中在较小的范围内，而不同组样品之间没有重叠，但是从图片上看出 40%、60%、80%的掺假蔓越莓汁虽然没有重叠，但间距较小。ID 值达到 93，说明该 PCA 模型区分效果良好，适合做 DFA 模型进行预测。如图 6-44 所示，为 DFA 模型图，可以看出通过监督型的 DFA 模型处理后，同组的样品聚集得更近，尤其是 40%、60%、80%掺假比例的蔓越莓汁的距离被放大了，这更有利于对未知样品的检测，也证实优化得到的模型对掺假果汁具有很好的区分潜力。

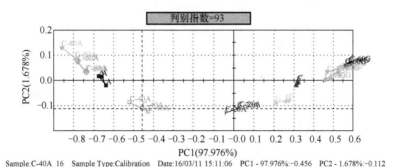

Sample:C-40A_16　Sample Type:Calibration　Date:16/03/11 15:11:06　PC1 - 97.976%:-0.456　PC2 - 1.678%:-0.112

图 6-43　蔓越莓掺假果汁 PCA 模型
A. 苹果汁；C. 蔓越莓汁；G. 葡萄汁

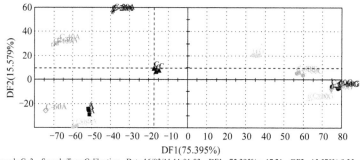

Sample:C_3　Sample Type:Calibration　Date:16/03/11 11:01:03　DF1 - 75.395% :-17.21　DF2 - 15.579%:9.35

图 6-44　蔓越莓掺假果汁 DFA 模型
A. 苹果汁；C. 蔓越莓汁；G. 葡萄汁

f. 方法有效性验证

自制掺假果汁验证：通过 DFA 模型对 10%、30%、50%、70%、90%掺假比例的果汁进行盲眼检测，如图 6-45 和图 6-46 所示，该模型有非常好的预测效果，盲样均准确分布在模型的相应位置，通过预测模型图可以初步快速地判别果汁成分。例如，掺有 30%葡萄汁的蓝莓汁分布在掺有 20%和 40%葡萄汁的蓝莓汁之间。检测结果如表 6-23 所示，DFA 模型能够快速鉴定出掺假果汁的种类，鉴定准确率达 100%。能预测掺假量，大部分误差在 10%左右。

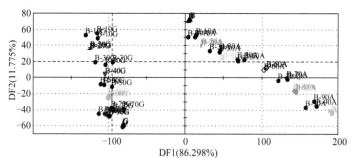

Sample:B-30G_24　Sample Type:Unknown　Date:16/03/15 17:28:11　DF1-86.298%:-95.69　DF2-11.775%:20.20

图 6-45　蓝莓 DFA 模型预测结果
A. 苹果汁；B. 蓝莓汁；G. 葡萄汁

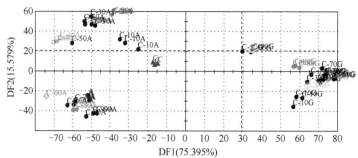

Sample:C-90G_31　Sample Type:Unknown　Date:16/03/16 20:27:29　DF1-75.395%:29.31　DF2-15.579%:20.84

图 6-46　蔓越莓 DFA 模型预测结果
A. 苹果汁；C. 蔓越莓汁；G. 葡萄汁

表 6-23 掺假果汁预测结果

果汁	编号	实际掺假量	预测值
蓝莓	1	10%苹果汁	20% 苹果汁
	2	10%苹果汁	20% 苹果汁
	3	10%苹果汁	20% 苹果汁
	4	10%葡萄汁	20%葡萄汁
	5	10% 葡萄汁	20% 葡萄汁
	6	10% 葡萄汁	20% 葡萄汁
	7	30%苹果汁	20% 苹果汁
	8	30%苹果汁	20% 苹果汁
	9	30%苹果汁	20% 苹果汁
	10	30%葡萄汁	40%葡萄汁
	11	30% 葡萄汁	20% 葡萄汁
	12	30%葡萄汁	20% 葡萄汁
	13	50%苹果汁	40% 苹果汁
	14	50%苹果汁	40% 苹果汁
	15	50%苹果汁	40% 苹果汁
	16	50%葡萄汁	40% 葡萄汁
	17	50% 葡萄汁	40% 葡萄汁
	18	50% 葡萄汁	60% 葡萄汁
	19	70%苹果汁	80%苹果汁
	20	70% 苹果汁	60%苹果汁
	21	70% 苹果汁	80%苹果汁
	22	70%葡萄汁	80%葡萄汁
	23	70% 葡萄汁	100%葡萄汁
	24	70% 葡萄汁	80% 葡萄汁
	25	90%苹果汁	80% 苹果汁
	26	90%苹果汁	60% 苹果汁
	27	90%苹果汁	80% 苹果汁
	28	90%葡萄汁	80%葡萄汁
	29	90% 葡萄汁	80% 葡萄汁
	30	90% 葡萄汁	80% 葡萄汁
蔓越莓	1	10%苹果汁	0%苹果汁
	2	10%苹果汁	0%苹果汁
	3	10%苹果汁	0%苹果汁
	4	10%葡萄汁	60%葡萄汁
	5	10% 葡萄汁	60% 葡萄汁
	6	10% 葡萄汁	20% 葡萄汁
	7	30%苹果汁	0%苹果汁
	8	30%苹果汁	0%苹果汁
	9	30%苹果汁	0%苹果汁
	10	30%葡萄汁	20%葡萄汁

续表

果汁	编号	实际掺假量	预测值
	11	30% 葡萄汁	40% 葡萄汁
	12	30%葡萄汁	40%葡萄汁
	13	50%苹果汁	80%苹果汁
	14	50%苹果汁	80%苹果汁
	15	50%苹果汁	40%苹果汁
	16	50%葡萄汁	60%葡萄汁
	17	50% 葡萄汁	20% 葡萄汁
	18	50% 葡萄汁	60%葡萄汁
	19	70%苹果汁	80%苹果汁
蔓越莓	20	70% 苹果汁	80% 苹果汁
	21	70% 苹果汁	80% 苹果汁
	22	70%葡萄汁	70%葡萄汁
	23	70% 葡萄汁	60% 葡萄汁
	24	70% 葡萄汁	60% 葡萄汁
	25	90%苹果汁	80%苹果汁
	26	90%苹果汁	80%苹果汁
	27	90%苹果汁	80%苹果汁
	28	90%葡萄汁	90%葡萄汁
	29	90% 葡萄汁	90%葡萄汁
	30	90% 葡萄汁	90% 葡萄汁

市售果汁验证：通过 DFA 模型对 8 种市售果汁进行盲眼检测（图 6-47 和图 6-48），检测结果如表 6-24 所示。DFA 模型对于市售蓝莓汁的预测结果基本与果汁配料表相同。而蔓越莓汁的预测结果与果汁配料表不相符。总体 DFA 模型对市售果汁的预测能力不如鲜榨果汁好，主要由于市售果汁经过加工后它们的气味受到了很大的影响。

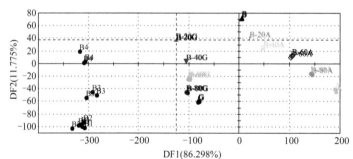

Sample:B-20G_28 Sample Type:Calibration Date:16/03/15 18:45:02 DF1 - 86.298%:-124.96 DF2-11.775%:37.12

图 6-47 DFA 模型预测市售蓝莓果汁结果

3）结论

每种果汁中含有不同的挥发性组分，而蓝莓汁和蔓越莓汁中掺入其他果汁时，气味就会发生改变，这些挥发性组分反映的整体信息形成了不同果汁的气味指纹图谱。基于

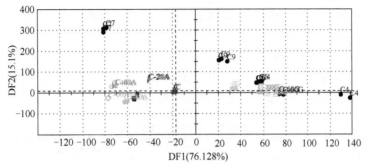

Sample:C_2   Sample Type:Calibration   Date:16/03/11 10:41:48   DF1 - 76.128%:-17.13   DF2-15.1%:8.32

图 6-48   DFA 模型预测市售蔓越莓果汁结果

表 6-24   市售预测结果

果汁	编号	品牌	成分表	预测结果
蔓越莓	1	全食物日记	100%蔓越莓汁	20%A
	2	自然法则	100%蔓越莓汁	20%A
	3	野生蔓越莓汁	蔓越莓	—
	4	德国健宝	100%蔓越莓汁	G
蓝莓	5	伊春锦秋	水、蓝莓汁、果汁含量>80%	20%G
	6	蓝韵森林	水、蓝莓汁、白砂糖、果汁含量>60%	20%G
	7	北纬48°	水、蓝莓汁、白砂糖、果汁含量>38%	80%G
	8	伊春锦秋	水、蓝莓汁、添加剂、果汁含量>60%	40%G

注：A. 苹果汁；G. 葡萄汁

这一原理，可用气味指纹分析技术——电子鼻技术来区分不同种类的掺假果汁。通过对样品量、顶空时间、顶空温度和进样体积 4 个重要参数的优化，建立了果汁的电子鼻分析方法，为了验证该方法能有效区分不同掺假比例的果汁，选取自制掺假果汁和市售果汁来验证模型的预测效果，利用 PCA 对原始响应值数据进行解读，区分指数 ID 值均达到 90 以上，表明不同掺假比例的果汁均能很好地被区分开来。同时采用 DFA 模式对数据进行进一步分析，各样品内部差异变小，样品间差异扩大，能更好地区分不同样品。从鲜榨果汁的验证结果可以看出 DFA 模型可以对掺假果汁进行有效鉴定，并能对掺假比例进行预测，提供一定参考。但是市售果汁预测效果不如鲜榨果汁好，主要原因是市售果汁的气味受到加工工艺影响，影响了模型的判别。

（2）非靶标代谢物质谱技术鉴定方案

非靶标代谢组学是从整体角度出发，分析样品中尽可能多的代谢产物。优势是可以找到特征标记代谢物，结合化学计量学分析方法，具有非目标性和可预测性的特点。目前，该研究方法已经在食品产地鉴别、物种及品种鉴定、掺假鉴别等领域有着广泛应用。该方法也为小浆果果汁的真伪鉴别提供了一种新思路。本研究针对小浆果果汁中贸易量大、价格高的蓝莓和蔓越莓汁为研究对象，选择常用于果汁调味调色的苹果汁和葡萄汁，以这两种常见的相对廉价果汁作为掺假对象，采用基于超高效液相色谱-四级杆串联飞行时间质谱（UFLC-QTOF-MS）代谢组学技术针对小浆果果汁建立了真伪鉴别方法。

1）材料来源

不同品种的新鲜蓝莓、苹果和葡萄各 10 种。不同产地的蔓越莓 9 种。蓝莓分别采摘于黑龙江伊春蓝莓种植基地，江苏昆山蓝莓种植地和山东青岛蓝莓种植基地。蔓越莓、葡萄和苹果购于北京新发地农产品批发市场（表 6-25）。

表 6-25 果汁样品信息表

种类	编号	名称	品种或产地	缩写
蓝莓	1	蓝莓汁	杰兔	B1
	2	蓝莓汁	梯芙蓝	B2
	3	蓝莓汁	灿烂	B3
	4	蓝莓汁	顶峰	B4
	5	蓝莓汁	蓝丰	B5
	6	蓝莓汁	布里吉塔	B6
	7	蓝莓汁	蓝金	B7
	8	蓝莓汁	北陆	B8
	9	蓝莓汁	伯克利	B9
	10	蓝莓汁	比洛克西	B10
蔓越莓	11	蔓越莓汁	大兴安岭	C1
	12	蔓越莓汁	加拿大	C2
	13	蔓越莓汁	宁波	C3
	14	蔓越莓汁	土耳其	C4
	15	蔓越莓汁	黑龙江	C5
	16	蔓越莓汁	美国	C6
	17	蔓越莓汁	大兴安岭塔河县	C7
	18	蔓越莓汁	美国俄勒冈州	C8
	19	蔓越莓汁	北美洲	C9
苹果	21	苹果汁	金帅	A1
	22	苹果汁	青苹	A2
	23	苹果汁	加力果	A3
	24	苹果汁	嘎啦果	A4
	25	苹果汁	蛇果	A5
	26	苹果汁	富士/甘肃	A6
	27	苹果汁	天后/新西兰	A7
	28	苹果汁	红富士/烟台	A8
	29	苹果汁	红玫瑰/新西兰	A9
	30	苹果汁	阿克苏/新疆	A10
葡萄	31	葡萄汁	宾川夏黑葡萄	G1
	32	葡萄汁	进口红提	G2
	33	葡萄汁	黑提	G3
	34	葡萄汁	玫瑰香葡萄	G4
	35	葡萄汁	国产红提	G5

种类	编号	名称	品种或产地	缩写
	36	葡萄汁	青提	G6
	37	葡萄汁	乒乓葡萄	G7
葡萄	38	葡萄汁	美人指葡萄	G8
	39	葡萄汁	扎那葡萄	G9
	40	葡萄汁	巨峰葡萄	G10

a. 主要设备

TripleTOF 6600 型质谱仪；LC-20A 型高效液相色谱仪。

b. 实验方法

果汁制备：按照上述电子鼻技术鉴定方案中的方法。

质控果汁组制备：将稀释过后的蓝莓汁、蔓越莓汁、苹果汁和葡萄汁按 1∶1∶1∶1（$V/V/V/V$）的体积比混合，摇匀后冻藏于 −80℃备用。

掺假混合果汁制备：将稀释 20 倍的纯蓝莓汁、蔓越莓汁、苹果汁和葡萄汁，如表 6-26 所示，配制不同体积比的混合果汁，作为掺假果汁。

表 6-26 不同掺假比例的果汁

混合样品		混合比例（A∶B，% V/V）
组分 A	组分 B	
蓝莓汁	苹果汁	100∶0；90∶10；80∶20；70∶30；60∶40；50∶50
蓝莓汁	葡萄汁	100∶0；90∶10；80∶20；70∶30；60∶40；50∶50
蔓越莓汁	苹果汁	100∶0；90∶10；80∶20；70∶30；60∶40；50∶50
蔓越莓汁	葡萄汁	100∶0；90∶10；80∶20；70∶30；60∶40；50∶50

c. 样品 LC-MS/MS 分析条件

色谱分离在 Shimadzu，LC-20A UFLC 系统上进行，柱温箱温度设为 40℃。色谱柱为 Phenomenex，C18，2.1mm×100mm，3μm，柱温：40℃，进样量：2μL，流速：0.3mL/min，流动相：甲醇-0.1%甲酸（A），水-0.1%甲酸（B），梯度洗脱程序如表 6-27 所示，进样量为 2μL。

表 6-27 LC-MS 梯度洗脱条件

时间/min	流速/（μL/min）	流动相 A/v%	流动相 B/v%
0	500	98	2
2	500	98	2
14	500	5	95
17	500	5	95
17.1	500	98	2
20	500	98	2

果汁样品使用的是 TripleTOF 5600 型质谱仪进行采集数据，质谱采用 ESI 离子源，

雾化气为氮气，同时进行正、负离子扫描，正离子喷雾电压：5500V，负离子模式的电压：4500V。离子源温度为 550℃。气帘气（CUR）、雾化气（GS1）和辅助加热气（GS2）分别为 25psi、50psi 和 50psi。质谱进行全组分扫描，扫描范围是 $50 \sim 1000 m/z$，在一个循环内可同时进行一个一级质谱 MS 扫描（150ms）和 10 个二级质谱 MS/MS 扫描（每个 50ms）。采用动态背景扣除（DBS）、实时多重质量亏损（MMDF）、高分辨率 TOF MS 和 TOF MS/MS 数据通过软件 AnalystTF 1.6（AB SCIEX）的信息关联采集（information dependent acquisition，IDA）方法进行自动动态背景扣除。为保证结果有效性，所有样品均检测 3 次，并加入质控组。

d. 数据处理和化学计量学分析

采用 MarkerView software 1.2.1（AB SCIEX）用于数据处理，包括数据采集、对齐、标准化、主成分分析（PCA），数据采集是将保留时间为 $1 \sim 18min$，m/z $50 \sim 1000$ 的数据通过自动算法得到，峰的检测参数：噪声阈值，100；最小峰宽，6；最小谱宽，25ppm；背景偏移消除，10；比例系数，1.3；峰的对齐和标准化，保留时间偏差 0.5；质量偏差，10ppm，最大出峰数，8000。实验可同时获得正离子和负离子数据，包括样品的保留时间、m/z 值、丰度和电荷状态。样品数据经过佩尔托标度（Pareto scaling）处理后进行 PCA-DA 分析。UFLC-QTOF-MS 可获得大量正离子数据矩阵，包括每个样品的保留时间、m/z 值、丰度和电荷状态。38 个样品 4 组分别为蓝莓汁、蔓越莓汁、苹果汁和葡萄汁经过佩尔托标度（Pareto scaling）处理后进行 PCA-DA 分析。每组样品中的离子响应都可以通过选择载荷图中的峰绘制轮廓图来表示，只出现在某组中的离子被判定为特征标记离子。PCA-DA 模型采用 QC 组来验证模型的有效性。

e. 特征标记物的鉴定

MarkerView 软件中经过化学计量学分析得到的特征标记物信息进一步导入 PeaView 软件（version 1.2）中，其中还包含了配套插件，Formula Finder 和 Fragments Pane 等来辅助进行数据解析。

Formula Finder 软件可用于生物标记物分子式的自动匹配。每个标记物通过以下标准进行确认：理论值和实际质量偏差必须小于 5ppm，同位素峰的丰度必须在其理论分布范围的 20%以内，用于进行分子式计算的原子数范围为 C（$n \leqslant 50$）、H（$n \leqslant 50$）、N（$n \leqslant 10$）、O（$n \leqslant 20$）、S（$n \leqslant 5$）。除了一级质谱数据外，二级质谱数据也可以通过 Fragments Pane 功能来确认目标检测标记物的断裂方式。特征标记物通过网上数据库（Metlin 和 MassBank）检索得到参考候选化合物，导入 PeakView 软件中，通过 Fragment Pane 功能进行二级碎片结果预测，将标记物的理论断裂方式和实际实验数据进行匹配，确定可能的分子式结构，进一步通过参考文献确认。此外，还能通过 PeakView 软件查看每种化合物的 MS 和 MS/MS 图谱，没有质谱信息的代谢物也被排除在检索范围之外，实验得到的质谱信息可与在线数据库比对确认。

f. 样品验证

配制掺假比例为 10%、20%、30%、40%、50%的蓝莓汁和蔓越莓汁掺假果汁，通过 LC-QTOF-MS 进行全扫描。提取特征标记离子，构建 loading plot 图。通过特征标记离子在掺假果汁中的丰度验证掺假情况。

g. 数据统计分析

试验中所有样品均为 3 次平行,采集得到的数据使用 MarkerView software 1.2.1(AB SCIEX)和 PeakView 软件进行数据处理,包括数据采集、对齐、标准化、主成分分析(PCA)。

2）结果与分析

a. LC-QTOF-MS 代谢组学分析

本研究采用高通量的 LC-QTOF-MS 采集鲜榨果汁、掺假果汁、市售果汁的全代谢物组分,获取较广范围的目标性化合物,整个洗脱时间为 20min,如图 6-49 所示,是 4 种果汁的全扫描基峰图,可以看出相对高值蓝莓汁和蔓越莓果汁及相对廉价苹果汁和葡萄汁在出峰数量、出峰时间和出峰丰度均有明显的差异。蓝莓汁的代谢产物峰比较平均,主要分布在 5～16min。蔓越莓汁在 6～8min 处的丰度很高。苹果汁和葡萄汁的总离子流图比较相似,代谢产物主要集中在 9～15min 处。这些差异表明采用代谢产物指纹图谱进行果汁鉴别具有可行性。

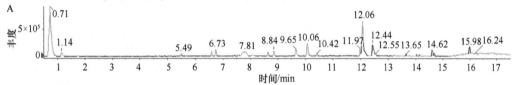

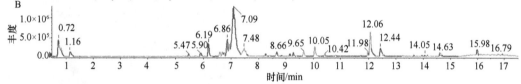

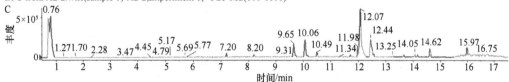

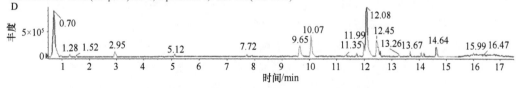

图 6-49　四种果汁的 UFLC-QTOF-MS 全扫描的基峰图（BPC）

A. 蓝莓汁；B. 蔓越莓汁；C. 苹果汁；D. 葡萄汁

b. 化学计量学分析

经过数据挖掘和对比后,正离子和负离子模式下,LC-QTOF-MS 均能检测到 8000 个峰,为对数据进行降维并减少信号的冗余,只有代表单一同位素（同位素类型中 m/z

值信号最低）的峰才能被用来进行化学计量学分析，正离子模式下 4088 个峰。

如图 6-50A 所示，在正离子模式下，PCA 能够将样品分成 4 组：蓝莓汁组（$n=30$）、蔓越莓汁组（$n=24$）、苹果汁组（$n=30$）和葡萄汁组（$n=30$）。这可以表明 LC-QTOF-MS 采集的数据可用于果汁的区分。本研究表明选用 1～18min 进行进样，PCA-DA 的区分效果更好，原因是除去 0～1min 的溶剂峰与 18～20min 洗柱时的杂质峰，可以凸显 4 种果汁之间的差异性，除去重叠部分。因此采用该方法有利于接下来特征标记离子的筛选与鉴定。LC-QTOF-MS 中检测到的所有离子峰呈现在 PCA 载荷图中（图 6-50B），图中靠近原点的点代表各组样品均能检测到的离子，而越靠外的点说明对模型的差异贡献效率越高。此外，为了验证模型的可靠性，本研究中设置了质控组（QC）来反映模型建立的效果，从图 6-50 可以看出 QC 组在原点附近，而 4 种果汁分别位于 4 个象限，说明模型良好，适合进一步特征标记离子的筛选。

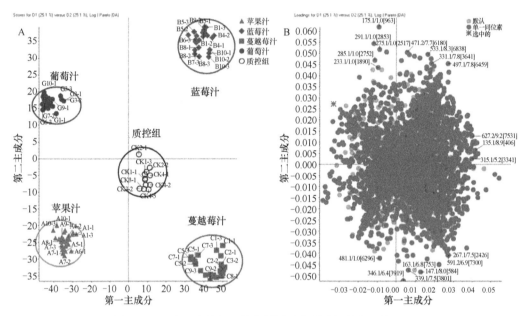

图 6-50　4 种果汁的主成分分析图（彩图请扫封底二维码）
A. 得分图，正离子模式；B. 载荷图，正离子模式

特征标记离子的筛查可以通过绘制不同离子在不同样品组中的丰度图来进行筛选，因为越靠外的特征标记离子对 4 种果汁的区分贡献值越大，因此从外向里依次对 4000 多个代谢产物进行筛选，得到蓝莓汁、蔓越莓汁、苹果汁和葡萄汁的特征标记离子。它们的丰度图如图 6-51 所示。其中有一部分特征标记离子在某一种果汁中丰度高，而在其他果汁中的丰度低或者检测不到，说明该特征标记离子可能是该种果汁的特征标记物。

c. 特征标记物鉴定

特征标记物的鉴定是整个代谢组学流程中最耗时、工作量最大的步骤。高分辨率质谱仪的使用可以获得一级和二级质谱的精确质量数，并能够进行可靠的分子式预测，辅之以相应的化学计量学软件，可以简化整个分析流程。需要指出的是，由于某些特征标记离子具有非常复杂的化学结构，并且很难合成，此外，果汁中的大量同分异构体，也

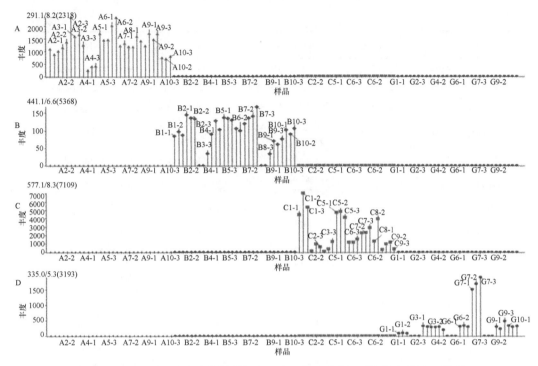

图 6-51　4 种果汁具有代表性的特征标记离子的丰度图（彩图请扫封底二维码）

A. 苹果；B. 蓝莓；C. 蔓越莓；D. 葡萄

给特征标记离子的鉴定带来了很大的难度，因此本研究中所进行的特征标记物的鉴定是实验性的。

　　首先通过 Formula Finder 软件进行特征标记物元素组成的确定，基于以下三个方面：母离子的精确质量数、母离子同位素组成及碎片离子的 MS/MS 信息。该软件能够根据"MS 排名"和"MS/MS 排名"对所推导的分子式进行排名，排名越靠前，分子式越是准确。同时，该软件能够反映理论计算和实际测量的母离子和碎片离子 m/z 值的差异及理论和实验同位素组成的差异。实验中推测得到的分子式具有较高的质量精确度，质量误差均低于 5ppm，具有较高的可信度。

　　实验推测得到的分子式输入在线数据库中进行候选参考化合物的筛选，所用到的数据库包括：Chemspider（http: //pubchem.ncbi.nlm.nih.gov/），MassBank（http: //www.massbank.jp/?lang=en/），Metlin（http: //metlin.scripps.edu/metabo_search_alt2.php）等。由于一个分子式可能有大量的匹配结构，因此分子式的确定非常复杂。按照此流程，如表 6-28 所示的 32 个特征标记物中，一共被鉴定出特征标记物 21 个。

表 6-28　果汁中的特征标记物

序号	m/z（MS）	保留时间/min	加和离子	m/z（MS/MS）	化学式	分子量偏差	鉴定结果	果汁类型
1	268.1040	2.410	$[M+H]^+$	136.0612	$C_{10}H_{13}N_5O_4$	−1.6	adenosine	G
2	319.0812	6.334	$[M+H]^+$	89.0407, 149.0608 193.0490, 301.0742	$C_{15}H_{10}O_8$	−1.0	myricetin	G
3	133.0648	6.968	$[M+H]^+$	133.0654, 105.0708 103.0548, 79.0560,	C_9H_8O	0.1	trans-cinnamaldehyde	A

序号	m/z（MS）	保留时间/min	加和离子	m/z（MS/MS）	化学式	分子量偏差	鉴定结果	果汁类型
4	449.1079	7.042	[M+H]$^+$	287.0533，449.1053	$C_{21}H_{20}O_{11}$	0.1	kaempferol-glucoside	A
5	449.1630	6.4	[M+H]$^+$	287.0533，449.1630	$C_{21}H_{20}O_{11}$	0.1	kaempferol-galactoside	AG
6	355.1024	5.490	[M+H]$^+$	163.0385，145.0281 135.0433	$C_{16}H_{18}O_9$	−1.6	chlorogenic acid	B
7	171.0648	5.026	[M+CH$_3$OH+H]$^+$	139.0382，111.0446 93.0346，65.0412	$C_7H_6O_3$	−2.3	salicylic acid	B
8	481.0977	8.6	[M+H]$^+$	319.0429，273.0355 245.0426，153.0173	$C_{21}H_{20}O_{13}$	−0.1	myricetin-glucoside	B
9	481.1145	8.5	[M+H]$^+$	319.0429，273.0355 245.0426，153.0173	$C_{21}H_{20}O_{13}$	−0.1	myricetin-galactoside	C
10	449.1078	7.620	[M+H]$^+$	317.0658，449.1093	$C_{21}H_{20}O_{11}$	−1.0	petunidin-xyloside	BC
11	247.1329	8.635	[M+H]$^+$	247.1328，201.1273 173.0951，145.1007	$C_{15}H_{18}O_3$	−1.5	santonin	BC
12	287.0550	9.740	[M+H]$^+$	287.0551，241.0497 153.0164，121.0264	$C_{15}H_{10}O_6$	0.3	cyanidin/luteolin/kaempferol	BC
13	419.0973	7.468	[M+H]$^+$	287.0536，241.0502 213.0530，185.0603	$C_{20}H_{18}O_{10}$	0.3	cyanidin/kaempferol-pentoside	BC
14	449.1063	10.3	[M+H]$^+$	317.0653	$C_{21}H_{20}O_{11}$	−1.6	petunidin-arabinoside	C
15	449.1075	9.7	[M+H]$^+$	303.0491	$C_{21}H_{20}O_{11}$	−0.5	delphinidin-rhamnoside	BC
16	463.1238	7.6	[M+H]+	301.0690	$C_{22}H_{22}O_{11}$	−1.3	peonidin-glucoside	BCG
17	463.0847	7.2	[M+H]$^+$	301.0690	$C_{22}H_{22}O_{11}$	−0.2	peonidin-galactoside	BC
18	463.1229	8.7	[M+H]$^+$	331.0808	$C_{22}H_{22}O_{11}$	−0.8	malvidin- pentoside	BC
19	463.1031	9.2	[M+H]$^+$	303.0484	$C_{21}H_{20}O_{12}$	−1.2	delphinidin-glucoside	BC
20	465.1726	9.1	[M+H]$^+$	303.0498	$C_{21}H_{20}O_{12}$	−0.3	delphinidin-galactoside	BC
21	419.0971	7.5	[M+H]$^+$	287.0536	$C_{20}H_{18}O_{10}$	0.3	cyanidin/kaempferol-pentoside	BC
22	335.0372	5.272	[M+K]$^+$	163.0386，185.0200 173.0048，145.0288	$C_{10}H_{16}O_{10}$	−0.9	未知	G
23	385.1601	7.737	[M+NH$_4$]$^+$	206.0812，188.0700 118.0654	$C_{17}H_{21}NO_8$	−1.1	未知	G
24	618.1232	5.542	[M+H]$^+$	145.0607，264.0326 489.0800，618.1216	$C_{23}H_{27}N_3O_{15}S$	−0.6	未知	G
25	273.0869	8.200	[M+H]$^+$	167.0557，159.0932 185.0675，200.0661	$C_{19}H_{12}O_2$	1	未知	A
26	335.1094	6.947	[M+Na]$^+$	133.0648，203.0521 355.1101	$C_{19}H_{20}O_2S$/ $C_{15}H_{20}O_7$	5.3/−2.2	未知	A
26	395.0949	7.796	[M+H]$^+$	395.0930，219.0609	$C_{18}H_{18}O_{10}$/ $C_{22}H_{18}O_5S$	−6.0/0.3	未知	C
27	591.1107	10.999	[M+Na]$^+$	289.0683，591.1107	$C_{28}H_{24}O_{13}$	−0.4	未知	C
28	577.1344	8.356	[M+H]$^+$	287.0540，425.0852	$C_{30}H_{24}O_{12}$	0.6	未知	C
29	435.0923	7.134	[M+K]$^+$	303.0488	$C_{15}H_{24}O_{12}$	5.4	未知	B
30	441.0695	6.595	[M+K]$^+$	201.0054，329.0290 395.0636，441.0632	$C_{19}H_{18}N_2O_8$	3.2	未知	B
31	457.0426	6.588	[M+K]$^+$	145.0276，177.0545 335.0214，393.0267	$C_{14}H_{18}N_4O_9S$	0.2	未知	B
32	291.1215	8.192	[M+H]$^+$	135.0648，193.0521	$C_{19}H_{12}O_2N$	0.3	未知	A

注：A. 苹果；B. 蓝莓；C. 蔓越莓；G. 葡萄

在鉴定过程中发现，蓝莓汁和蔓越莓汁的大部分特征标记物为花青苷，这些特征标记离子的丰度远远高于苹果汁和葡萄汁的。且这一类特征标记离子结构比较清晰，可人工合成，因此通过网路数据库可以查到相关质谱信息，相对比较容易解析。标记离子：10、12、13、14、15、16、17、18、19、20 均为花青苷，连接有一个葡萄糖、半乳糖、阿拉伯糖、木糖或者鼠李糖。通过 Formula Finder 软件确定其分子式，由于花色苷的糖苷键键能较低，容易断裂，二级质谱形成一个苷元加氢的破碎离子峰。因此，通过二级质谱图区分花色苷的苷元 petunidin（317.0658），cyanidin（287.0536），delphinidin（303.0498），peonidin（301.0690），malvidin（331.0808）。同一苷元的葡萄糖和半乳糖苷为同分异构体。本研究通过保留时间区分同分异构体，Ma 等（2013）研究发现对于花青苷连接有一个单糖时，使用反相 C18 柱洗脱的出峰时间为半乳糖小于葡萄糖，木糖小于阿拉伯糖。其中特征标记离子 10、14 为 petunidin 的五碳糖苷，标记离子 10 的 RT 为 7.6min，标记离子 14 的 RT 为 10.3min。因此标记离子 10 为 petunidin-xyloside，标记离子 14 为 petunidin-arabinoside。同理，特征标记离子 16 和 17，分别为 peonidin-glucoside 和 peonidin-galactoside。特征标记离子 19 和 20，分别为 delphinidin-glucoside 和 delphinidin-galactoside。特征标记离子 15 为 delphinidin-rhamnoside，特征标记离子 18 为 malvidin-pentoside。

特征标记离子 1，通过网路数据库 MASSBANK 查阅，发现分子式 $C_{10}H_{13}N_5O_4$ 仅有 adenosine 一种，并且网络数据库中的二级质谱信息与腺苷的二级质谱信息相符合，因此可以初度鉴定为 adenosine。

此外，特征标记离子 3、6、7 通过 Formula Finder 预测分析式分别为 C_9H_8O、$C_{16}H_{18}O_9$、$C_7H_6O_3$，通过网络数据库比对，发现它们的 MS 及 MS/MS 值与 trans-cinnamaldehyde，chlorogenic acid，salicylic acid 相似，可能是其同分异构体或者结构离子物，因此可以预测性地鉴定这 3 个特征标记物为 trans-cinnamaldehyde，chlorogenic acid，salicylic acid。

特征标记离子 22～32，它们的丰度非常好，有很强的区分性。但是，由于代谢组学还处于发展阶段，代谢产物的数据库还不够全面，通过网络数据库无法匹配到它们对应的结构式，因此该类特征标记离子无法鉴定出它们的结构。但是由于它们的质谱是已知的且唯一的，不影响它们作为特征标记离子进样掺假果汁的验证，因此保留这些待开发特征标记离子，标记为未知。

d. 混合果汁验证

在果汁实际生产中，苹果汁一般用于调味，而葡萄汁用于调色。因此这两种果汁常被用来作为低价果汁掺入高价的蓝莓汁和蔓越莓汁中。本研究配制含有 10%、20%、30%、40%、50%体积分数的共 5 个梯度的掺假果汁，验证特征标记物。通过 MarkerView 软件提取苹果汁和葡萄汁的特征标记离子，绘制特征标记物在不同样品组中的丰度图来进行筛选和鉴别。如图 6-52 所示，图 A 为通过该软件提取的 3 个鉴定效果最好的葡萄汁特征标记物。从丰度图中可以看出，当蓝莓汁或蔓越莓汁中掺有 10%以上的葡萄汁时，可以利用特征标记物 23 和 24 来鉴别果汁是否掺有葡萄汁。而特征标记物 22 能够有效鉴定出掺有 20%以上葡萄汁的掺假果汁。同理，B 图中为苹果汁的特征标记离子 25、26 和 32。当蓝莓汁或蔓越莓汁中掺有 10%以上的苹果汁时，可以利用特征标记物 32 来鉴别果汁是否掺有苹果汁。当掺假含量大于 20%时，可以利用特征标记物 25 和 26 来鉴别。

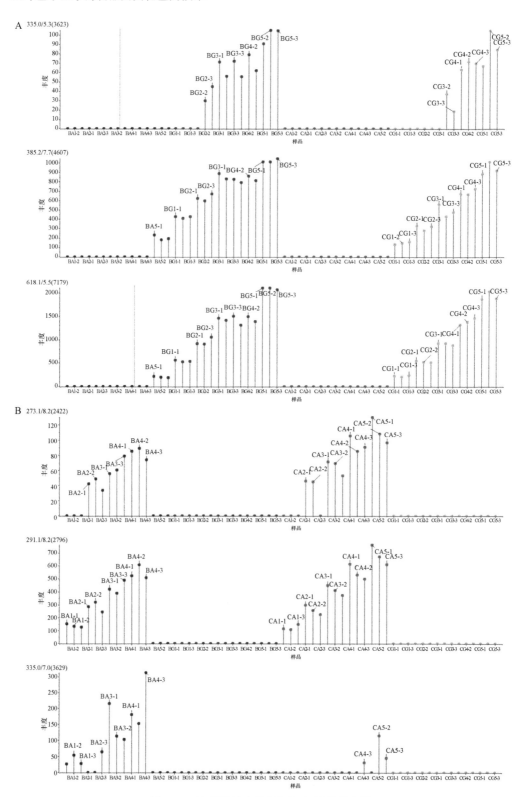

图 6-52 掺假果汁中特征标记离子的丰度图

A. 葡萄掺假果汁；B. 苹果掺假果汁

3）结论

采用基于超高效液相色谱-四级杆串联飞行时间质谱（UFLC-QTOF-MS）的代谢组学技术对小浆果果汁建立真伪鉴别方法，采用 UFLC-QTOF-MS 指纹图谱表明相对高值的蓝莓汁和蔓越莓汁与相对廉价的苹果汁和葡萄汁存在较大的差异，采用主成分分析-判别分析（PCA-DA）可成功区分蓝莓汁、蔓越莓汁、苹果汁和葡萄汁。采用 QTOF-MS 全组分扫描并分析各个化合物在不同组间的丰度差异，筛选出小浆果果汁及常见掺假果汁的 32 种特征标记离子。由于得到的特征标记物在实际加工生产中会受到加工处理条件的影响，因此本实验使用自制的掺假果汁和市售的混合果汁来进一步验证不同果汁的特征标记物的鉴伪效果。本实验验证筛选出的果汁特征标记物（每种果汁 2 种特征标记物），可以应用于小浆果果汁的真伪鉴别中，该方法可以有效地防止蓝莓汁和蔓越汁中掺入苹果汁和葡萄汁这类常见的掺假现象，还能够鉴定出掺假果汁的种类。为高价小浆果果汁中掺入低价果汁的掺假现象提供了一种有效的真实属性鉴伪方法，且该方法中的特征标记物无法合成，可以有效地防止不法果汁生产商人为加入或者去除。

（3）靶标代谢物质谱技术鉴定方案

靶标代谢组学是提取生物体内具有代表性的代谢产物，进行定性定量分析的一种研究方法，其特点是高效快速、可忽略部分与实验无关的代谢产物，目标性更强。本研究采用靶标代谢组学的方法，基于 LC-QTOF-MS/MS 中的信息依赖获取技术进行全扫描，利用 PeakView 软件中的提取离子色谱管理器（XIC manager）进行精确质量数和同位素类型峰挖掘，构建了相对高值的蓝莓汁和蔓越莓汁与相对廉价的苹果汁和葡萄汁的全组分鉴定的分析平台。

1）材料与方法

材料、试剂、仪器和设备见 6.2.3 节（2）。

a. 实验方法

果汁制备见 6.2.3 节（2）。

样品 LC-MS/MS 分析条件见 6.2.3 节（2）。

b. 数据处理和化学计量学分析

采用 MarkerView software 1.2.1（AB SCIEX）用于数据处理，包括数据采集、对齐、标准化、主成分分析（PCA），数据采集是将保留时间为 1～18min，m/z 50～1000 的数据通过自动算法得到，峰的检测参数：噪声阈值，100；最小峰宽，6；最小谱宽，25ppm；背景偏移消除，10；比例系数，1.3；峰的对齐和标准化，保留时间偏差 0.5；质量偏差 10ppm，最大出峰数 8000。实验可同时获得正离子和负离子数据，包括样品的保留时间、m/z 值、丰度和电荷状态。样品数据经过佩尔托标度（Pareto scaling）处理后进行 PCA-DA 分析。

c. 代谢产物的鉴定

果汁中代谢产物的鉴定采用 PeakView 软件中的内置插件 XIC（extracted ion chromatogram）manager。通过查找文献中蓝莓、蔓越莓、苹果和葡萄中可能存在的代谢产物，建立这 4 种果汁的代谢产物数据库。将数据库中各化合物的分子式、离子加合方式输入到 XIC manager 插件中，软件会根据精确分子量和同位素类型的误差情况计算出样品中该化合物的质谱信息，并能匹配出液相的出峰时间及丰度。使用信息依赖性获取模式（IDA）对原始数据进行动态背景扣除（背景、同位素峰、多电荷），通过精确质量数、同位素匹配出相应的化合物。

软件会根据误差情况对每一个代谢物显示不同的颜色，其中，绿色代表代谢物的质量误差≤5 ppm，同位素比值误差≤10%；黄色代表代谢物的质量误差≤10ppm，同位素比值误差≤20%，红色代表代谢物的质量误差>10ppm，同位素比值误差>20%，本次研究只选取绿色和黄色的代谢产物进行鉴定。同时，软件中其他参数的设置如下：峰面积≥1000 并且大于空白样品对应峰面积的 5 倍，S/N（信噪比）≥200（图 6-53）。

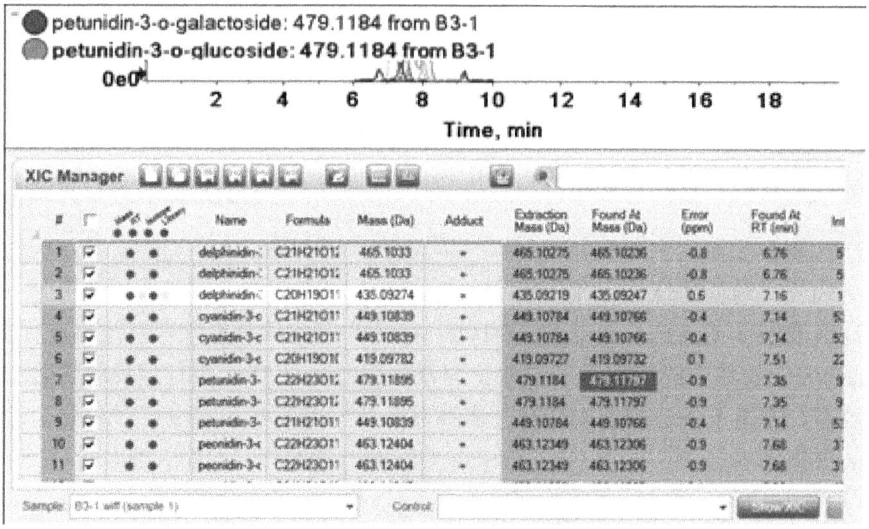

图 6-53　XIC manager 代谢产物预测信息

此外，还能通过 PeakView 软件查看每种化合物的 MS 和 MS/MS 图谱，没有质谱信息的代谢物也被排除在检索范围之外，实验得到的质谱信息可与在线数据库比对确认（如 Metlin、MassBank 和 PubChem）。同时，为了进一步验证实验结果的准确性，还购买了部分标准品进行进一步对比验证。

d. 数据统计与分析

试验中所有样品均为 3 次平行，采集得到的数据使用 MarkerView software 1.2.1（AB SCIEX）和 PeakView 软件进行数据处理，包括数据采集、对齐、标准化、主成分分析（PCA）。此外，靶标代谢组学热图分析采用软件 MeV4.8 进行聚类分析。

2）结果与分析

a. 靶标代谢产物提取鉴定

采用高通量的 LC-QTOF-MS 质谱仪采集鲜榨果汁的全代谢物组分，获取较广范围的目标性化合物，整个洗脱时间为 20min。因此，在色谱分离和质谱检测过程中，实验采用了一般性的仪器参数设置方法，考虑到复杂的样品处理可能会导致结果的不稳定和代谢产物的损失，实验中仅采用了少量的样品制备程序，包含：榨汁、离心、过滤和稀释，来避免由于柱子堵塞或质谱污染造成的仪器损失。实验中采用的反向色谱洗脱程序能够快速分离果汁样品较广范围的化合物。正离子模式下流动相中添加甲酸所形成的低 pH 可促进洗脱离子的质子化，有利于检测[M+H]⁺强度较弱的离子（M 是指相对分子质量）。在数据挖掘过程中，上述离子及[M+Na]⁺离子和[M+K]⁺离子的存在对分子量的确定至关重要。

利用精确质量数和同位素类型匹配峰挖掘方法，从不同物种的果汁中鉴定出了 43 种代谢产物，包括 16 种花色苷、17 种黄酮、10 种其他类别的代谢产物。鉴定得到的化合物涵盖果汁中常见的代谢产物，能够较全面地反映每一类果汁的情况。尤其是花色苷类代谢产物是蓝莓和蔓越莓中大量富含的代谢产物，印证了 Somerset 和 Johannot（2008）及 Fitzpatrick 等（2013）研究发现蓝莓和蔓越莓中含有丰富的飞燕草素、芍药素、锦葵花素和牵牛花素等花青素。各个代谢产物还通过 MS 和 MS/MS 信息与在线数据库比对完成，部分代谢产物通过标准品进一步验证。

传统的代谢组学数据处理方法是对数据分析后，对每个峰进行检测得到实验性的 MS 和 MS/MS 质量数，这种方法较为费时，且要面对较多的未知和冗余数据。本实验的工作流程采用逆向思维的模式：首先建立代谢产物的理论代谢物数据库，再通过与实验数据的精确质量数和同位素类型匹配程度进行比较，推导出可能的代谢产物。该方法在人眼泪代谢物鉴定中有了很好的应用。这种方法优点是利用 XIC manager 快速匹配代谢产物数据库与未知代谢产物的信息，能够快速找出靶标代谢产物。缺点为无法区分同分异构体，但是可以借助保留时间来区分同分异构体。Ma 等（2013）利用 LC-TOF-MS 技术提供的 MS、MS/MS 及各个代谢产品的保留时间信息有效鉴定了蓝莓中的互为同分异构体的代谢产物。花色苷等靶标代谢产物主要是半乳糖和葡萄糖苷化合物，它们的分子量、MS 和 MS/MS 图谱都相同，但是在苷元相同的情况下，半乳糖苷化合物的极性大于葡萄糖苷化合物，因此在本实验条件下，前者先出峰，保留时间小于后者。采用该方法对 delphinidin、cyanidin、petunidin、peonidin、malvidin、quercetin、luteolin 的葡萄糖苷和半乳糖苷化合物进行了鉴定，鉴定出了如表 6-29 所示的 43 种代谢产物，其中 myricetin、laricitrin 只有单一谱峰，因此不能确定其带有的糖苷是半乳糖还是葡萄糖，因此以六碳糖（hexoside）形式表示。其余靶标代谢产物均只提取到一种代谢产物，因此可以有效鉴定。

表 6-29　LC-QTOF-MS 鉴定得到的化合物

编号	代谢物	分子式	m/z（MS）	m/z（MS）	m/z（MS/MS）	误差/ppm	保留时间/min
花青苷							
1	delphinidin-3-O-galactoside	$C_{21}H_{20}O_{12}$	[M+H]⁺	465.1031	303.0484	−1.2	9.1
2	delphinidin-3-O-glucoside	$C_{21}H_{20}O_{12}$	[M+H]⁺	465.1726	303.0498	−0.3	9.2
3	delphinidin-3-O-arabinoside	$C_{20}H_{18}O_{11}$	[M+H]⁺	435.0914	303.0493	1	9.6
4	cyanidin-3-O-galactoside	$C_{21}H_{20}O_{11}$	[M+H]⁺	449.1063	287.0561	2.1	7.1
5	cyanidin-3-O-glucoside	$C_{21}H_{20}O_{11}$	[M+H]⁺	449.1066	287.0545	0.6	9.5
6	cyanidin-3-O-arabinoside	$C_{20}H_{18}O_{10}$	[M+H]⁺	419.0971	287.0543	0.5	9.7
7	petunidin-3-O-galactoside	$C_{22}H_{22}O_{12}$	[M+H]⁺	479.1168	317.0645	1.6	7.3
8	petunidin-3-O-glucoside	$C_{22}H_{22}O_{12}$	[M+H]⁺	479.1195	317.0661	−0.2	9.8
9	petunidin-3-O-arabinoside	$C_{21}H_{20}O_{11}$	[M+H]⁺	449.1063	317.0653	−1.6	10.3

编号	代谢物	分子式	m/z（MS）	m/z（MS）	m/z（MS/MS）	误差/ppm	保留时间/min
10	petunidin-3-O-xyloside	$C_{21}H_{20}O_{11}$	[M+H]⁺	449.1071	317.0656	−1.0	9.9
11	peonidin-3-O-galactoside	$C_{22}H_{22}O_{11}$	[M+H]⁺	463.1238	301.0690	−0.2	7.2
12	peonidin-3-O-glucoside	$C_{22}H_{22}O_{11}$	[M+H]⁺	463.0847	301.0690	−1.3	7.6
13	peonidin-3-O-arabinoside	$C_{21}H_{20}O_{10}$	[M+H]⁺	433.1078	317.0647	1.2	9.5
14	malvidin-3-O-galactoside	$C_{23}H_{24}O_{12}$	[M+H]⁺	493.1341	331.0803	0.9	6.7
15	malvidin-3-O-glucoside	$C_{23}H_{24}O_{12}$	[M+H]⁺	493.1997	331.0823	−0.7	7.8
16	malvidin-3-O-arabinoside	$C_{22}H_{22}O_{11}$	[M+H]⁺	463.1229	331.0808	−0.8	8.7
黄酮类化合物							
17	myricetin-pentosylhexoside	$C_{26}H_{28}O_{17}$	[M+H]⁺	613.1387	481.0992	0.3	1.6
18	myricetin-3-O-hexoside	$C_{27}H_{30}O_{15}$	[M+H]⁺	481.0969	319.0450	−0.4	6.7
19	quercetin-3-O-galatoside	$C_{21}H_{20}O_{12}$	[M+H]⁺	465.0954	303.0523	1.2	9.2
20	quercetin-3-O-glucoside	$C_{21}H_{20}O_{12}$	[M+H]⁺	465.0853	303.0640	0.2	14.5
21	quercetin-3-O-arabinoside	$C_{20}H_{18}O_{11}$	[M+H]⁺	435.0923	303.0521	−0.5	15.1
22	kaempferol-3-O-galatoside	$C_{21}H_{20}O_{11}$	[M+H]⁺	449.1079	287.0533, 449.1053	0.1	6.4
23	kaempferol-3-O-glucoside	$C_{21}H_{20}O_{11}$	[M+H]⁺	449.1630	287.0533, 449.1630	0.1	7.0
24	kaempferol-3-O-arabinoside	$C_{20}H_{18}O_{10}$	[M+H]⁺	419.0971	287.0543	−0.3	7.5
25	kaempferol-3-O-rutinoside	$C_{27}H_{30}O_{15}$	[M+H]⁺	595.1638	287.0546	0.4	9.2
26	luteolin-3-O-glucoside	$C_{21}H_{20}O_{11}$	[M+H]⁺	449.1006	287.0533,	1.4	6.9
27	luteolin-3-O-galatoside	$C_{21}H_{20}O_{11}$	[M+H]⁺	449.1630	287.0533, 449.1630	−1.5	6.7
28	luteolin-3-O- arabinoside	$C_{20}H_{18}O_{10}$	[M+H]⁺	419.0971	287.0543	−0.2	7.5
29	vitexin	$C_{21}H_{21}O_{10}$	[M+H]⁺	433.1130	433.1130	−1.8	7.7
30	laricitrin-3-O-hexoside	$C_{22}H_{23}O_{13}$	[M+H]⁺	495.1126	333.0595	−0.1	10.1
31	procyanidin B	$C_{30}H_{26}O_{12}$	[M+H]⁺	579.1502	287.0565	0.6	9.3
32	catechin	$C_{15}H_{14}O_6$	[M+H]⁺	291.0868	165.0559, 147.0453, 139.0398	0.3	6.2
33	epicatechin	$C_{15}H_{14}O_6$	[M+H]⁺	291.0868	165.0559, 147.0453, 139.0398	0.2	7.2
其他							
34	chlorogenic acid	$C_{16}H_{18}O_9$	[M+H]⁺	355.1016	193.0554, 181.0347	1.1	18.5
35	coumaroylgucaric acid	$C_{15}H_{16}O_{10}$	[M+H]⁺	357.0644	165.0560	0.8	6.7
36	coumaroylquinic acid	$C_{16}H_{18}O_8$	[M+H]⁺	339.1074	165.0546	0.3	7.2
37	salicylic acid	$C_7H_6O_3$	[M+H]⁺	171.1469	139.0317	1.2	5.0
38	m-coumaric acid	$C_9H_8O_3$	[M+H]⁺	165.0474	147.0438, 119.0497, 91.0544	−1.2	6.5
39	caffeic acid	$C_9H_8O_4$	[M+H]⁺	181.0423	117.0363, 89.0406	0.5	7.4
40	ferulic acid	$C_{10}H_{10}O_4$	[M+H]⁺	195.0579	177.0544	0	12.9
41	sinapic acid	$C_{11}H_{12}O_5$	[M+H]⁺	225.0685	207.0703, 147.0487, 119.0529	1.1	12.1
42	adenosine	$C_{10}H_{13}N_5O_4$	[M+H]⁺	268.1032	136.0612	1.7	4.5
43	santonin	$C_{14}H_{16}O_3$	[M+H]⁺	247.1328	173.0962	0.7	8.6

　　为进一步提高代谢产物鉴定的准确性，对部分代谢产物使用标准品进行了验证。标准品通过 LC-IT-TOF 检测，记录 MS 精确质量数和丰度最高的 MS/MS 精确质量数，与 QTOF5600 检测得到的数值进行对比，确定靶标代谢产物。以槲皮素-3-O-阿拉伯糖标准品为例，槲皮素-3-O-阿拉伯糖的一级质谱峰分别为 m/z 435.0857（M+H），m/z 435.0923（M+H）。槲皮素-3-O-阿拉伯糖失去阿拉伯糖苷后，得到的槲皮素苷元的离子 MS2 分别为 m/z 303.0444（M+H–$C_5H_8O_4$）和 m/z 303.0488（M+H–$C_5H_8O_4$）。此外，两种仪器测得的 MS/MS 的丰度及数值极度相近，因此可以确定，该物质为槲皮素-3-O-阿拉伯糖。同理可以鉴定其余靶标代谢产物。

　　b. 靶标代谢产物差异性分析

　　本研究通过采集蓝莓汁、蔓越莓汁、葡萄汁和苹果汁中具代表性的功能成分，以这些代谢产物的峰面积作为变量，进行 OPLS-DA 分析，结果如图 6-54 所示，可以将相对高值的蓝莓汁和蔓越莓汁与相对廉价的苹果汁和葡萄汁区分开来。

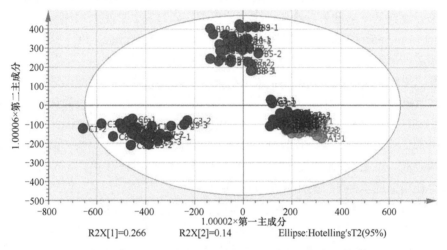

图 6-54　不同果汁 OPLS-DA 分析（彩图请扫封底二维码）

　　花色苷是蓝莓和蔓越莓等特色高值小浆果中富含的一类功能活性物。本研究提取的靶标代谢产物中包含有 16 种常见的花色苷。蓝莓汁和蔓越莓果汁中花色苷的含量极高，而苹果和葡萄仅有少数几个品种含有少量的花色苷。苹果中仅有蛇果、'新西兰天后'苹果、'红玫瑰'苹果含有少量的 delphinidin 和 cyanidin 类花色苷，主要存在于苹果鲜红的表皮中，在榨汁过程中这一类花色苷溶出了一部分进入果汁。花色苷在葡萄中主要分布于葡萄皮和葡萄籽中，在榨汁过程中溶出了少量的花色苷进入果汁中。

　　类黄酮化合物也是果汁中的功能活性成分，是普遍存在于水果中的次生代谢产物。而类黄酮物质常与植物体内的糖结合形成苷类，只有小部分以苷元形式存在。本研究选取的 17 种类黄酮，包含了槲皮素、山奈酚、杨梅素的苷元及常见形式的糖苷类化合物。Li 等（2013）研究发现蓝莓和蔓越莓中总类黄酮含量远高于苹果和葡萄。槲皮素、山奈酚、杨梅素的苷元及其糖苷是果汁中类黄酮化合物的重要组成部分。蓝莓和蔓越莓果汁中大部分类黄酮物质的丰度要远高于苹果汁和葡萄汁，通过热度图，可以直观快速地区分相对高值的蓝莓和蔓越莓汁与相对廉价的苹果汁和葡萄汁。为了比较全面地囊括果汁中的代谢产物，本研究中靶标代谢产物还包括了绿原酸、水杨酸、腺苷、肉桂醛等常见的果汁中的代谢产物。

3）结论

本研究采用靶标代谢组学的方法构建 4 种果汁的全组分鉴定分析平台，共鉴定得到了花色苷、类黄酮、酚酸等 43 种果汁中常见的功能活性物。将 43 种代谢产物作为变量构建 OPLS-DA 模型，可从整体上区分蓝莓汁、蔓越莓汁和其掺假果汁苹果汁和葡萄汁。其中蓝莓汁和蔓越莓汁中的花色苷类化合物和类黄酮化合物的丰度明显高于苹果汁和葡萄汁，而其他类靶标代谢产物的丰度区别不明显。

6.2.4 NFC 橙汁与 FC 橙汁鉴别

近年来，随着我国经济的持续发展和人民生活水平的不断提高，国内消费者对果汁的消费偏好逐渐从低浓度果汁饮料向中高浓度纯果汁转移。市面上的纯果汁分为非浓缩复原（not from concentrate，NFC）果汁和复原（from concentrate，FC）果汁两类。2015 年正式实施的国家标准《果蔬汁类及其饮料》（GB/T 31121—2014）中明确规定原榨果汁（非复原果汁）是以水果为原料，采用机械方法直接制成的可发酵但未发酵的、未经浓缩的汁液制品；复原果汁是在浓缩果汁中加入其加工过程中除去的等量水分复原而成的制品。NFC 果汁的加工程度较低，且多采用低温储藏和冷链运输，因此产品的风味和营养价值都更接近新鲜水果，在我国的需求量及消费量正在逐年增长。由于生产和冷链物流成本较高，市面上 NFC 果汁的零售价格是 FC 果汁的 2～3 倍，一些商家为牟取巨额利润会使用低成本的 FC 果汁冒充 NFC 果汁。

橙汁是世界上消费最广泛的果汁之一，其销量占全球果汁的一半以上。《利乐果汁指数报告》指出橙汁是最受我国消费者喜爱的纯果汁口味，占比达 46.5%。本研究采用超高效液相色谱-四级杆飞行时间质谱联用技术（UPLC-QTOF-MS）结合化学计量学方法，对自制 NFC 和 FC 橙汁的小分子代谢物进行分析，旨在探明经过不同加工工艺后两种橙汁间的代谢差异，以期为 NFC 果汁鉴伪研究提供参考，为促进我国果汁饮料行业的稳定发展做出贡献。

（1）材料来源

四种加工用甜橙（Citrus sinensis（L.）Osbeck），包括 2 个早熟甜橙品种哈姆林（Hamlin）、早金（Early-golden，EG）和 2 个中熟品种锦橙（Jincheng，JL）、特罗维塔（Trovita，Tro）。甜橙果实由重庆派森百橙汁有限公司提供，产自重庆忠县，于 2018 年12 月采收。

1）主要设备

冷冻高速离心机（德国 Eppendorf 公司）；组织研磨仪（上海凯杰企业管理有限公司）；天平（瑞士 METTLER TOLEDO 公司）；TripleTOF 6600 型质谱仪（美国 AB Sciex公司）；LC-20A 型高效液相色谱仪（日本岛津公司）；超声波清洗仪（江苏超声仪器有

限公司）；旋转蒸发仪（瑞士 BUCHI 有限公司）；1083 型恒温振荡水浴（德国 GFL 公司）。

2）实验方法

NFC 橙汁的制备：挑选饱满、无病害的甜橙鲜果，清洗干净后切瓣，剥去橙皮，果肉进行破碎和榨汁，使用干净纱布过滤除去果渣果籽，果汁进行均质和脱气操作后分为 3 份，分别采用不同的热力杀菌条件进行处理，包括巴氏杀菌（中心温度 80℃，10min），高温短时杀菌（中心温度 90℃，30s）和超高温瞬时杀菌（125℃，5s），杀菌灌装后迅速冷却至 20 ℃，然后测定和记录 NFC 橙汁的糖度值。

FC 橙汁的制备：将 NFC 橙汁置于真空旋转蒸发仪浓缩至（65±1）°Brix，再使用纯净水复配至原始糖度值，水浴加热杀菌（中心温度 80℃，10min）后进行热灌装。全部果汁样品灌装后迅速冷却至室温后冷藏，并于一周内完成样品制备和仪器分析，剩余样品置于–20℃条件下储存备用。

3）样品前处理方法

将 NFC 橙汁（n=12）和 FC 橙汁（n=12）以 12 000r/min 离心 20min，取上清液，使用纯净水稀释 10 倍，涡旋混合充分，经 0.22μm 聚四氟乙烯膜过滤器过滤，转移至 1.5mL 进样小瓶中，等待上机检测。每个样品做 3 次平行重复。

4）UPLC-QTOF-MS 分析条件

色谱条件：色谱柱使用美国 Phenomenex 公司的 Kinetex C18 反相色谱柱（100mm × 2.1mm，2.6μm）；流动相 A 为水（含 0.1%甲酸），流动相 B 为甲醇（含 0.1%甲酸）；梯度洗脱程序：0～2min，2%B 相；2～14min，2%～95%B 相；14～17min，95%B 相；17.1～20min，2%B 相；柱温 40℃，进样量 2μL，流速 0.3mL/min。

质谱条件：采用电喷雾电离源，在正离子和负离子模式下采集数据，喷雾电压分别为 5500V 和–4500V。工作气为氮气，雾化气（GS1）、辅助加热气（GS2）、气帘气（CUR）的压力分别为 50psi、55psi、35psi，离子源温度 550℃，碰撞能量（CE）为 35eV，碰撞能量范围±15V。建立信息关联采集（IDA）方法结合动态背景扣除，设置一级质谱 MS 质量扫描范围 100～1000m/z，二级质谱 MS/MS 质量扫描范围为 50～1000m/z，在每个循环内同时进行 10 个 MS/MS 扫描（每个 50ms）。

5）数据处理与化学计量学分析

使用 MarkerView 1.3.1 软件进行数据预处理。使用自动算法对保留时间在 0.5～18min、m/z 范围在 100～1000 的数据进行挖掘，将得到的峰值数据集输出并导入 SIMCA 15.0 软件，进行无监督的主成分分析（principal component analysis，PCA）和有监督的正交偏最小二乘判别分析（orthogonal partial least squares discriminant analysis，OPLS-DA）。Origin 9.0 软件用于箱形图绘制。

6）差异化合物筛选与鉴定

根据 OPLS-DA 模型的变量投影重要性（variable importance in the project，VIP）筛选潜在差异化合物，将母离子精确质荷比输入 PeakView 1.2 软件中提取相应的离子峰，排除二聚体、加合峰和空白样品峰，结合 t 检验结果筛选出 $P< 0.05$ 的差异化合物。

物质鉴定借助 PeakView 软件的 Formula Finder 功能和 MS-FINDER 3.16 软件，将未知化合物的一级和二级离子碎片信息输入软件中，对可能的分子式和化学结构进行预测和推导计算，将实验谱图与 HMDB（http://www.hmdb.ca/）、MoNA（https://mona.fiehnlab. ucdavis.edu/）和 Metlin（https://metlin.scripps.edu/）等网络数据库和相关文献记载进行对比，结合标准品验证，确定物质结构。

（2）结果与分析

1）NFC 和 FC 橙汁的 UPLC-QTOF-MS 代谢指纹图谱分析

基于高通量的 UPLC-QTOF-MS 方法分别在负离子和正离子模式下对 NFC 和 FC 橙汁样品进行检测，得到不同样品的总离子流图（图 6-55）。负离子模式下化合物的出峰时间主要集中在 0.5~1.5min 和 7~10min。由正离子模式扫描得到的 TIC 图中离子峰的数量要多于负离子模式，主要在 0.5~2.0min、5.5~10min 和 14.5~17min 出峰。可以看出在负离子和正离子两种扫描模式下，NFC 和 FC 橙汁样品的峰形基本一致，但是有部分化合物离子峰的相对丰度存在差异。为了获得尽可能全面的橙汁样品代谢物信息，后续分析将围绕着两种模式的数据进行。

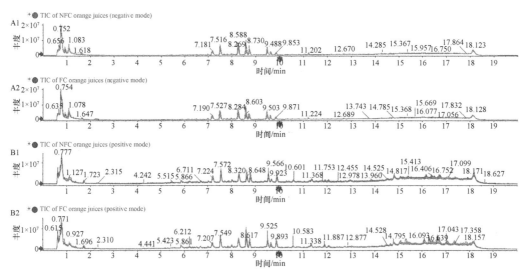

图 6-55　橙汁样品的总离子流（TIC）图（彩图请扫封底二维码）

A. 负离子模式；B. 正离子模式；1. NFC 橙汁；2. FC 橙汁

2）NFC 和 FC 橙汁的化学计量学分析

使用 MarkerView 软件处理利用 UPLC-QTOF-MS 技术在正离子和负离子模式下采集的原始数据。进行峰识别和对齐后，得到一个包含母离子质荷比 m/z、保留时间和离子相对丰度的数据矩阵，选择矩阵中的单一同位素峰并去除空白离子峰后，分别在正离子和负离子模式下提取到 1705 个和 956 个峰，然后将数据集导入 SIMCA 软件进行主成分分析（PCA）和正交偏最小二乘判别分析（OPLS-DA）。

PCA 是一种常见的高通量数据分析方法，它能够降低复杂多变量数据集的维度，并对其进行可视化，同时尽可能地保留原始数据中存在的信息。不同离子的相对丰度数值存在巨大差异，会显著影响 PCA 的数据方差，因此在分析前对数据执行了 Pareto 缩放以降低各个变量间的丰度差异。PCA 分析结果显示，在得分图中蓝色的 NFC 橙汁样品点和绿色的 FC 橙汁样品点分布有所离散，说明两者的代谢成分存在一定差异，但是不能实现完全分离。组内样本点分布较为分散，这可能是受到甜橙品种、成熟度、生长气候和杀菌条件等因素的影响。R^2 和 Q^2 是数据模型质量参数，数值越接近 1 说明模型的拟合效果和预测能力越好。本实验中，使用负离子模式数据生成的 PCA 模型的质量（R^2=0.806，Q^2=0.524）要优于正离子模式（R^2=0.608，Q^2=0.331），样品的聚类分离效果也相对更好（图 6-56）。

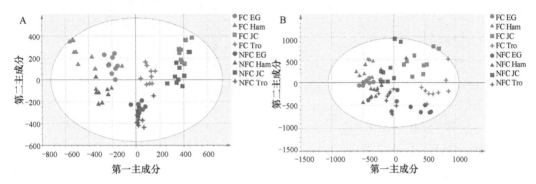

图 6-56　负离子（A）和正离子（B）模式下 NFC 和 FC 橙汁样品的 PCA 得分图（彩图请扫封底二维码）

为充分提取两组样本间的差异信息，进一步采用有监督的正交偏最小二乘判别分析（OPLS-DA）分析数据。由于在建立模型时预先提供了分组信息，可以有效降低组内个体差异对模型的影响，有利于排除无关变量而将组间差异放大，增强模型的解释能力。本实验以降低品种和杀菌等条件的影响，放大 NFC 和 FC 橙汁的组间差异为前提，建立了 OPLS-DA 模型。如图 6-57 所示，NFC 和 FC 橙汁的样品点分布在不同区域并且明显分为两个簇，实现了对两类样品的完全区分，结果表明两种果汁样品在代谢物种类和（或）含量上存在差异。在 OPLS-DA 分析中，主要通过参数指标 R^2Y 和 Q^2 对模型质量进行评估，负离子模式下 R^2Y（cum）= 0.959，Q^2（cum）= 0.902；正离子模式下模型拟合参数 R^2Y（cum）= 0.974，Q^2（cum）=0.921，说明根据两种采集模式所得数据建立的 OPLS-DA 模型都拟合了较多的变量信息，且具有良好的预测能力。

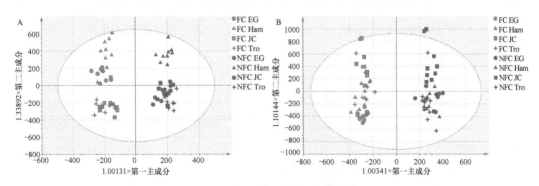

图 6-57　负离子（A）和正离子（B）模式下 NFC 和 FC 橙汁样品的 OPLS-DA 得分图（彩图请扫封底二维码）

置换检验被用来验证模型的有效性，防止发生过度拟合。若原始模型的预测能力（Q^2 值）大于左边任何一个 Y 变量随机排列模型的 Q^2 值，在 y 轴上的截距小于 0，可以认为模型质量较好，没有过拟合。图 6-58 是 200 次循环迭代置换检验的结果，Q^2 的回归直线与 y 轴的交点在负半轴，负离子模式 R^2（0.0，0.522）和 Q^2（0.0，−0.654），正离子模式 R^2（0.0，0.668）和 Q^2（0.0，−0.574），说明建立的 OPLS-DA 模型是稳健可靠的，可以用于区分 NFC 和 FC 橙汁。

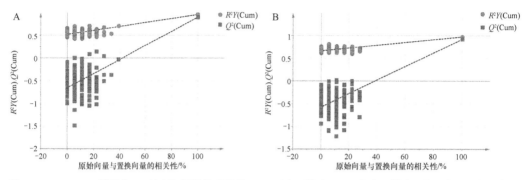

图 6-58 OPLS-DA 模型的 200 次循环置换检验结果（A）正离子模式；（B）负离子模式（彩图请扫封底二维码）

3）差异化合物的筛选与鉴定

变量投影重要性（VIP）反映了每个变量对各组样本分类判别的影响和解释能力，通常认为数值大于 1 时，变量对组间分离具有显著贡献。本研究以 VIP 值>1.3 为条件，根据 OPLS-DA 模型的 VIP 值筛选潜在差异化合物，然后对其进行 t 检验，将 $P<0.05$ 的物质认为是 NFC 和 FC 橙汁的差异化合物。

由筛选得到的差异化合物使用 PeakView 软件的 Formula Finder 插件进行分子式预测，计算依据是母离子的精确质荷比、同位素丰度比及二级离子碎片信息，用于分子式计算的元素设置如下：C（$n\leqslant50$），H（$n\leqslant100$），N（$n\leqslant10$），O（$n\leqslant20$），P（$n\leqslant15$）和 S（$n\leqslant5$），质量偏差范围设置在 5 ppm。然后利用 MS Finder 软件解析未知物可能的化学结构，该软件从键离解能、精确质量数、MS/MS 碎片信息及氢重排规则（hydrogen rearrangement rules，HR）等方面综合考虑，按照加权分数对鉴定结果进行排序，排名靠前说明未知物是该化合物的可能性更高。为了进一步验证鉴定结果，将实验 MS/MS 谱图与代谢物数据库中的参考谱图及相关文献报道进行对比和推导。在正离子和负离子模式下经过筛选和鉴定后共得到 16 种差异化合物，精确质荷比、保留时间、二级碎片离子和分子式等信息见表 6-30。

表 6-30 NFC 和 FC 橙汁的差异标记化合物信息表

编号	m/z（MS）	保留时间/min	加和离子	m/z（MS/MS）	化学式	误差/ppm	鉴定结果
M1	175.0236	1.12	$[M+H]^+$	69，111，139，87，55	$C_6H_6O_6$	−0.63	dehydroascorbic acid
M2	193.0340	1.11	$[M+H]^+$	69，111，139，87，55，129，115	$C_6H_8O_7$	−1.45	citric acid/Isocitric acid
M3	303.0863	10.13	$[M+H]^+$	153，177，117，67，145	$C_{16}H_{14}O_6$	−0.03	hesperetin[a]
M4	449.1439	8.61	$[M+H]^+$	195，303，345，263，245，369，177，219，153，85	$C_{22}H_{24}O_{10}$	−0.71	isosakuranin
M5	465.1385	8.64	$[M+H]^+$	303，177，153，179，195，145	$C_{22}H_{24}O_{11}$	−1.38	hesperetin 7-O-glucoside
M6	581.1871	8.31	$[M+H]^+$	273，153，435，419，315，297，263，195，147，129，85	$C_{27}H_{32}O_{14}$	1.07	narirutin[a]

续表

编号	m/z（MS）	保留时间 /min	加和离子	m/z（MS/MS）	化学式	误差 /ppm	鉴定结果
M7	595.2019	9.67	[M+H]⁺	287, 397, 153, 415, 263, 195, 129，85	$C_{28}H_{34}O_{14}$	−0.39	poncirin[a]
M8	611.1970	8.63	[M+H]⁺	303, 413, 449, 153, 345, 265, 177, 129	$C_{28}H_{34}O_{15}$	−0.08	hesperidin[a]
M9	262.0574	0.73	[M−H]⁻	142, 129, 158, 112, 115, 128, 140	$C_9H_{13}NO_8$	2.14	ascorbalamic acid
M10	593.1525	7.21	[M−H]⁻	473, 353, 383, 297, 575, 503	$C_{27}H_{30}O_{15}$	2.21	apigenin 6,8-di-C-glucoside[a]
M11	385.0771	5.36	[M−H]⁻	191, 134, 112, 193, 209, 147, 129	$C_{16}H_{18}O_{11}$	−1.40	2-(E)-O-feruloyl-D-galactaric acid
M12	205.0360	0.8	[M−H]⁻	125, 131, 143, 113	$C_7H_{10}O_7$	3.02	methylcitric acid
M13	165.0411	0.71	[M−H]⁻	129, 147, 105, 117	$C_5H_{10}O_6$	3.88	arabinonic acid
M14	306.0765	0.99	[M−H]⁻	143, 128, 179, 210, 272, 254	$C_{18}H_{13}NO_4$	−2.22	hallacridone acid
M15	637.1769	7.84	[M−H]⁻	133, 179, 295, 329, 115	$C_{29}H_{34}O_{16}$	−0.80	tricin 7-neohesperidoside
M16	683.2238	0.75	[M−H]⁻	341, 179, 119, 161, 143	$C_{37}H_{36}N_2O_{11}$	−1.21	citbismine C

a. 经过标准品验证

以几种黄酮糖苷化合物为例，对未知物的鉴定过程进行说明。黄酮苷具有典型的MS/MS 碎裂模式，根据准分子离子所丢失片段的精确质量可以判断其结构组成。在正离子模式下检测到化合物 M6，保留时间为 8.62min，一级质谱中[M+H]⁺的精确质量数为 581.1871，计算得到分子式为 $C_{27}H_{32}O_{14}$，二级质谱图中准分子离子[M+H]⁺丢失鼠李糖或葡萄糖基碎片得到离子[M+H−146]⁺ m/z 435 和[M+H−162]⁺ m/z 419，以及同时失去二糖基团形成的柚皮素苷元离子[A+H]⁺ m/z 273。结合色谱分离的保留时间可以实现对同分异构体的区分，在苷元相同的情况下，芸香糖苷化合物的极性大于新橙皮糖苷化合物，前者的出峰时间早于后者，最终结合标准品验证鉴定为芸香柚皮苷（柚皮素-7-O-芸香糖苷）。采用这种方法还鉴定出化合物 M7 为枸橘苷（异樱花素-7-O-新橙皮糖苷），M8 为橙皮苷（橙皮素-7-O-芸香糖苷）。

通过观察化合物 M10 的二级质谱图发现，在负离子模式下准分子离子峰[M−H]⁻失去一分子 H_2O 得到碎片[M−H−18]⁻ m/z 575，同时还有一系列 C-糖苷类化合物的特征离子碎片[M−H−90]⁻ m/z 503，[M−H−120]⁻ m/z 473，[M−H−120−90]⁻ m/z 383 和[M−H−240] m/z 353，通过谱库检索匹配结合标准品验证，确定该化合物为芹菜素 6,8-二-C-葡萄糖苷（又称为维采宁-2），是柑橘类中常见的一种黄烷酮糖苷。

4）NFC 和 FC 橙汁的代谢差异分析

在本研究中，样品组的区别不是基于某些仅存在于其中一组的特征化合物，而是基于它们的含量差别（离子峰的相对丰度）。FC 橙汁中各个差异化合物的相对丰度相比于NFC 橙汁均呈现下降趋势，根据箱形图可以直观表达各化合物在 NFC 和 FC 橙汁样品中的丰度变化（图 6-59）。综合鉴定结果发现，差异化合物以类黄酮、有机酸及其衍生物和生物碱为主。其中包括 8 种类黄酮物质，分别为橙皮素、异樱花苷、橙皮素-7-O-葡糖苷、芸香柚皮苷、枸橘苷、橙皮苷、芹菜素-6,8-二-C-葡萄糖苷和麦黄酮-7-O-新橙皮苷。类黄酮是甜橙中主要的生物活性成分之一，它具有很强的抗氧化活性，已被证明对人体的健康具有诸多益处。温度对类黄酮物质的稳定性和生物活性具有一定影响，影响程度的大小与化合物的结构有关，如羟基化程度和位置、取代基的存在。有研究发现经过长时间加热后血橙汁的总黄酮量降低了 22.06%，芹菜素-6,8-二-C-葡萄糖苷、橙皮苷和香蜂草苷等含量均下降 10% 以上，与本研究结果类似，说明加工过程中的热处理会对 FC 果汁中的类黄酮物质造成显著影响，降低果汁的营养价值。同时，一些黄烷酮（如橙皮苷）属于苦味化合物，它们含量高低还影响着水果及果汁的感官品质。

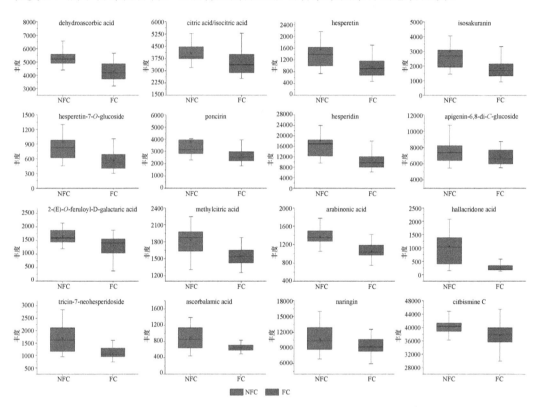

图 6-59　NFC 和 FC 橙汁的差异标记化合物比较（彩图请扫封底二维码）

　　citbismine C 和 hallacridone 为啶酮类生物碱，两者均是自芸香属植物的组织中分离得到的。吖啶酮类是含有氮元素的大环共轭化合物，已被证明具有抗肿瘤、抗癌、抗菌和酶抑制等生物活性。hallacridone 在 NFC 样品组内含量差异较大，这可能是受到甜橙品种和成熟度等因素的影响，在经过加热浓缩后 FC 橙汁中该物质的含量显著减少，成分损失较大。

　　另外一类重要的差异物是有机酸类，包括脱氢抗坏血酸、柠檬酸（或异柠檬酸）和阿拉伯糖酸等 6 种成分，它们在 FC 果汁加工工艺条件下受到的损失要高于 NFC。阿拉伯糖酸是含有羧酸基团的糖酸衍生物，KEGG 分析表明其参与抗坏血酸和醛糖代谢途径，被作为途径中 L-阿拉伯糖酸脱水酶的底物。此外，有研究指出阿拉伯糖酸是 D-葡萄糖在高氯酸介质中催化反应下的主要氧化产物。柠檬酸和异柠檬酸互为异构体，在 MS/MS 鉴定中没能对这两种物质做出区分，但这两种有机酸都是用于评估橙汁真实性和品质的重要标记物。相比于异柠檬酸，柠檬酸的化学性质要更加稳定，是橙汁中含量最高的有机酸，显著影响着果汁的风味特征。不同于先前的文献报道主要围绕橙汁中抗坏血酸的热损失含量变化、降解动力学规律等进行研究，本研究发现脱氢抗坏血酸受加工操作的影响，在 FC 橙汁中含量出现明显降低。脱氢抗坏血酸由抗坏血酸氧化产生，与抗坏血酸具有相同的生理活性。根据抗坏血酸的降解途径可知，若可逆形成的脱氢抗坏血酸继续发生氧化，会使内酯环断裂产生 2,3-二酮古洛糖酸，而这一反应不可逆。因此，脱氢抗坏血酸含量的降低也从侧面反映了在浓缩和二次杀菌过程里抗坏血酸成分的流失。

（3）结论

使用高效液相色谱联用高分辨质谱技术测定 NFC 和 FC 橙汁样品中尽可能多的代谢组成分，利用 OPLS-DA 模型实现了对两种果汁的区分，以 OPLS-DA 的 VIP 值>1.3 和 t 检验结果 $P<0.05$ 为条件，筛选和鉴定出包括类黄酮、有机酸类和生物碱类等在内共 16 个丰度具有显著差异的化合物，经过对比发现，这些差异物在 FC 橙汁中的含量均低于 NFC 橙汁中。为尽可能贴近工业上的实际生产工艺，采用巴氏杀菌、高温短时杀菌和超高温瞬时杀菌 3 种热杀菌方式分别对 NFC 橙汁进行处理，但在分析时未就杀菌条件进行比较，而是通过建立有监督的 OPLS-DA 模型放大 NFC 和 FC 橙汁间的差异，专注于探究经过浓缩复配加工后橙汁样品中代谢组分发生的共有变化，结果证明代谢组学分析方法可以用于阐明 NFC 和 FC 橙汁间的代谢物差异，并为 NFC 橙汁鉴别提供方法和数据参考。

6.2.5 展望

近年来，国内外对果汁的需求量逐年上升，同时果汁的掺假问题又是人们广泛关注的问题。然而，面对多种多样的掺假现象及不断发展的掺假手段，我国目前尚未建立足够的检测标准，而且传统的化学检测方法又存在费时、费力及受实验条件等因素限制等诸多不足，很大程度上会受到原料品质、加工方式和条件及贮运包装条件等多种因素的影响，难以做到鉴伪方法的广泛适用性。生物技术的发展，弥补了常用的化学检测技术的诸多不足，为检测技术的发展开辟了新的领域。

利用常规 PCR、实时荧光 PCR 和基因条形码技术所建立的常见果汁及其饮料中水果成分的分子生物学真伪鉴别检测方法，应用性较广、灵敏度较高、检测速度较快、检测结果可靠。但是，这些仅初步构建了常见果汁及其饮料中水果成分的分子生物学鉴别检测体系，还有很多工作需要进一步研究。例如，在现在建立的常规 PCR 检测方法的基础上，可进一步开展多重 PCR 定性检测研究，根据基因组 DNA 或特异引物 DNA 片段在加工过程中的降解情况来鉴别是鲜榨果蔬汁还是浓缩还原汁；在所建立的实时荧光 PCR 检测方法的基础上，可进一步开展果汁定量检测研究，来解决常见果汁及其饮料中单种类水果源性成分的定量鉴别问题；同时，可开展随机扩增多态性 DNA 标记（random amplified polymorphic DNA，RAPD）、单核苷酸多态性标记（single nucleotide polymorphism，SNP）、限制性酶切片段长度多态性标记（restriction fragment length polymorphism，RFLP）、DNA 重复序列的多态性标记（包括小卫星、微卫星 DNA 重复序列）等分子生物学技术在果汁真伪鉴别方面的应用，进一步解决果汁及其饮料中原料品种、地理标志特性等真伪鉴别问题，如苹果汁是'红富士'、'国光'还是澳洲青苹原料？还是混合的？等等。

此外，针对小浆果果汁中贸易量大、价格高的蓝莓汁和蔓越莓汁为研究对象，选择用于果汁调味的苹果汁和用于调色的葡萄汁，以这两种常见的相对廉价果汁作为掺假对象，采用 LC-MS 和电子鼻技术，通过分析果汁中的非挥发性成分和挥发性气味成分，分别建立了基于代谢组学方法的真伪鉴别方法，这为小浆果果汁中蓝莓汁和蔓越莓汁的真伪鉴别提供了一种切实有效、全方位、多角度的检测手段。由于代谢组学在食品真伪鉴别领域还处于快速发展阶段，存在着众多制约因素有待研究和突破，关于小浆果果汁的真伪鉴别研究仍非常值得进一步深入挖掘。例如，基于电子鼻技术建立的真伪鉴别方法，由于电子鼻分析仪只能进行模糊分析，无法进行代谢产物鉴定和识别。而 GC-QTOF-MS 技术是一种高灵敏度、高通量，且能够定性定量分析的一种分析挥发性物质的先进仪器，可以有效弥补这些缺陷，也值得我们进一步去研究。基于 LC-MS 技术建立的真伪鉴别方法，由于质谱技术的缺陷，缺乏全面准确的代谢产物数据库，因此有一部分特征代谢产物无法被鉴定。不过，相信随着代谢产物数据库的不但扩增和完善，这些特征标记物能够逐渐被鉴定出来。随着工业的发展，甚至可以得到这些代谢产物的标准品，这为进一步的定量研究提供了非常重要的基础。

6.3 食用油种类及品质鉴别

6.3.1 导论

食用油是人们生活必需的消费品，是提供人体热能和必需脂肪酸、促进脂溶性维生素吸收的重要食物，是关系国计民生的重要食品。随着橄榄油等各种高附加值食用油产品的进口和开发，高端食用油作为一种健康食品日益受到消费者的喜爱和关注。我国是食用油生产和消费大国，并且对食用油的人均需求量和需求总量将继续保持持续刚性增长的趋势。随着消费需求的日益多样化、细分化和高档化，食用油市场也变得非常复杂。一些不法商家为了追求暴利，以相对廉价食用油冒充或勾兑高端食用油，许多调和油标签上标注的成分和比例却往往与实际不符。食用油掺假掺杂不仅潜在地威胁着人们的身体健康和危害国民经济的有序发展，而且侵犯消费者利益，影响消费信心，不利于食用油产业的健康发展。

针对目前市场上频繁出现的食用油掺假行为，本研究以常见的食用油和油料为研究对象，以高通量二代测序基因条码技术、常规 PCR、实时荧光 PCR、CE-SSCP、RAPD、电子鼻、液相芯片、纳米技术，研究建立橄榄、大豆、花生、玉米、芝麻、菜籽、葵花、核桃、松子、大米和棉籽 11 种常见油料作物，以及橄榄油、大豆油、花生油、葵花油等 9 种常见食用油的种类检测方法。以电子鼻技术对食用油品质进行识别和检测。

6.3.2 食用油 DNA 提取

精炼油经过脱胶、脱酸、脱色、脱臭等精炼步骤，DNA 受到严重的破坏，一般的 DNA 提取方法甚至是试剂盒方法都难以从精炼油中提取出 DNA，限制了精炼油的直接基因检测，我国食品追踪溯源制度并不完善，检测原料不符合我国的国情，更多的情况下，需要从成品食用油中直接进行检测，所以如何从食用油脂中提取出可用于核酸检验的 DNA 显得尤为重要。

本研究以大豆油为主要研究对象，探索提取精炼油 DNA 的方法。先后对 2 种沉淀方法、5 种前处理方法进行比较筛选，确定以线性聚丙烯酰胺方法作为沉淀方法，以水抽提方法作为前处理方法，中间加入冷冻干燥浓缩步骤，即整合为新方法——冷冻干燥法，采用本方法对某市售大豆油进行提取，提取结果进行内源实时荧光 PCR 扩增，扩增结果显示本方法提取的大豆油 DNA 具有良好的扩增，说明可以从精炼大豆油中提取出用于 PCR 扩增的 DNA，然后以添加大豆 DNA 的大豆油为样品，分别采用冷冻干燥法与试剂盒方法提取 DNA，比较两种方法的提取效率和灵敏度，结果显示冷冻干燥法可以得到更高浓度的 DNA，且冷冻干燥法的灵敏度更高。

（1）材料与方法

1）材料来源

大豆、一级精炼大豆油，基因检测阳性 DNA 由本实验室提供。

扩增用引物和探针见表 6-31。

表 6-31　实时荧光 PCR 扩增用引物和探针序列

检测基因	引物/探针序列	PCR 扩增长度/bp
Lectin 基因	正向: 5′-ccagcttcgccgcttccttc-3′ 反向: 5′-gaaggcaagccccatctgcaagcc-3′ 探针: 5′FAM-cttcaccttctatgcccctgacac-TAMARA3′	74
CaMV35S 启动子	正向: 5′-cgacagtggtcccaaaga-3′ 反向: 5′-aagacgtggttggaacgtcttc-3′ 探针: 5′FAM-tggaccccccacccacgaggagcatc-TAMARA3′	62

2）主要设备

实时荧光 PCR 仪（ABI PRISMTM 7700 Sequence Detector，美国 ABI 公司），核酸蛋白质分析仪（Beckman DU640）。

3）方法

a. 大豆油的不同前处理方法

直接水提法：取 160mL 大豆油转移至 8 个 50mL 离心管中，每管 20mL，每管加等体积的双蒸水，振荡 30min，然后离心，7000r/min、20min，去除油相，将水相转移至新的 50mL 离心管中，两管合并，每管加 1μL 2.5%线性聚丙烯酰胺，1/10 体积的 3.2mol/L NaAc，1mL 无水乙醇，混匀，–20℃放置 1h，15 000g 离心 10min 去除上清，加 400μL 无菌水充分溶解沉淀，加 1/10 体积的 3.2mol/L NaAc，1mL 无水乙醇，混匀，–20℃放置 1h，15 000g 离心 10min 去除上清，70%乙醇洗沉淀一次，晾干，加 100μL 无菌水充分溶解沉淀，–20℃保存。

真空冷冻干燥法：在直接水提法基础上进行改进，去除油相后将水相转移到培养皿中，将培养皿放于–80℃冷冻约 2h，然后将培养皿转至真空干燥机中冷冻干燥至水分完全蒸发，加 1~2mL CTAB 提取缓冲液冲洗培养皿中，65℃温浴 10min，将冲洗液转移到 1.5mL 离心管中，400μL/管，加 1μL 2.5%线性聚丙烯酰胺，1/10 体积的 3.2mol/L NaAc，1mL 无水乙醇，混匀，–20℃放置 1h，后续步骤同上。

b. 大豆油的不同沉淀方法

以真空冷冻干燥作为前处理方法，比较乙醇、线性聚丙烯酰胺、鲑鱼精沉淀大豆油 DNA 效果。无水乙醇沉淀省去"线性聚丙烯酰胺"的添加；鲑鱼精沉淀将线性聚丙烯酰胺改为鲑鱼精。

c. 优化后方法与试剂盒方法的比较

真空冷冻干燥-线性丙烯酰胺提取方法（简称冷丙法）：取 160mL 大豆油至 8 个 50mL 离心管中，每管 20mL，每管加等体积的双蒸水，振荡 30min，然后离心，7000r/min 离心 20min，去除油相，将水相转移到培养皿中，将培养皿放于–80℃冷冻过夜，然后将培养皿转至真空干燥机中至水分完全蒸发，加 1~2mL CTAB 提取缓冲液至培养皿中，65℃温浴 10min，用 CTAB 提取缓冲液小心仔细地反复冲洗培养皿，将冲洗液转移到 1.5mL 离心管中，400μL/管，加 1μL 2.5%线性聚丙烯酰胺，1/10 体积的 3.2mol/L NaAc，1mL 无水乙醇，混匀，–20℃放置 1h，15 000g 离心 10min 去除上清，加 400μL 无菌水充分溶解沉淀，加 1/10 体积的 3.2mol/L NaAc，1mL 无水乙醇，混匀，–20℃放置 1h，15 000g 离心 10min 去除上清，70%乙醇洗沉淀一次，晾干，加 100μL 无菌水充分溶解沉淀，–20℃保存。

试剂盒方法：按照说明书进行操作。

d. 精炼大豆油的基因检测

对 6 种市售精炼大豆油（'金龙鱼''绿宝''火鸟''汇福''古船''福临门'）进行基因检测，DNA 提取方法参照冷丙法。基因检测采用实时荧光 PCR 法，内源扩增 *Lectin*，外源扩增 35S，扩增体系为 25μL PCR 体系：12.5μL *Taq*man Master Mix，4.5μL ddH$_2$O，1.0μL 10μmol/L Primer-F，1.0μL 10μmol/L Primer-R，1.0μL Probe，5μL DNA 模板（5ng/μL）。PCR 程序为 50℃ 2min，95℃ 10min，95℃ 15s，60℃ 1min，50 个循环。利用 SIMQUANT（single molecule quantification）方法对内、外源进行拷贝数定量，外源拷贝数比内源拷贝数得到基因定量。

e. SIMQUANT 定量法

采用 Nanodrop 荧光分析仪检测大豆 DNA 浓度。

实时荧光 PCR 标物定量法是根据样品 C_t 值与标准曲线比较对样品进行定量。本实验分别对 3 种大豆各 5 个浓度梯度的 DNA 进行内源 *Lectin* 扩增，得到稀释倍数的对数与 C_t 值之间的线性关系，R^2 即可说明此方法的可靠性。

（2）结果与分析

1）不同前处理方法的比较

分别采用两种前处理方法对'元宝''绿宝''福临门'3 种市售精炼大豆油进行提

取，提取结果进行 DNA 浓度荧光光度法检测及内源基因拷贝数检测，真空冷冻干燥前处理法提取 3 种大豆油 DNA 浓度检测结果分别为 114.8ng/mL、40.9ng/mL、18.63ng/mL，直接水提法提取 3 种大豆油 DNA 浓度检测结果分别为 12.36ng/mL、14.5ng/mL、12.2ng/mL，真空冷冻干燥法提取 DNA 浓度高于直接水提法。

将两种前处理的提取结果分别进行内源扩增，各 10 个重复，对于'元宝''绿宝''福临门' 3 种大豆油，真空冷冻干燥前处理法提取结果均有扩增，扩增阳性率分别达到 90%、30%、20%，直接水提前处理法提取结果扩增阳性率分别为 0、10%、0，可见真空冷冻干燥法提取结果扩增阳性率更高，通过 SIMQUANT 方法可以计算得到 DNA 中的内源基因拷贝数（表 6-32），可以看出，真空冷冻干燥法提取效率高于直接水提法。

表 6-32　两种前处理方法提取大豆油 DNA 内源基因拷贝数结果

	真空冷冻干燥法			直接水抽提法		
	元宝	绿宝	福临门	元宝	绿宝	福临门
PCR 扩增阴性个数	1	7	8	10	9	10
每微升内源基因拷贝数/μL	0.461	0.071	0.045	0	0.021	0

2）不同沉淀方法的比较

分别采用 3 种沉淀方法对'古船''金龙鱼''绿宝' 3 种市售精炼大豆油进行提取，提取结果进行浓度检测，线性丙烯酰胺沉淀法提取结果浓度测量值分别为 274.638ng/mL、53.58ng/mL、20.07ng/mL，鲑鱼精沉淀法提取结果浓度测量值分别为 79.45ng/mL、32.36ng/mL、30.72ng/mL，无水乙醇沉淀法提取结果浓度测量值分别为 13.03ng/mL、10.16ng/mL、11.63ng/mL，可以看出 3 种沉淀方法提取大豆油 DNA 效率从高到低依次为线性丙烯酰胺沉淀法、鲑鱼精沉淀法、无水乙醇沉淀法。

将 3 种沉淀方法提取的 DNA 分别进行内源扩增，各 10 个重复。对于'绿宝''金龙鱼''古船' 3 种大豆油，乙醇沉淀法提取结果均没有扩增，扩增曲线位于基线以下，线性丙烯酰胺沉淀法提取结果扩增阳性率分别达到 10%、40%、90%，鲑鱼精沉淀法提取结果扩增阳性率分别为 30%、20%、60%，可见线性丙烯酰胺沉淀法提取结果扩增阳性率更高，通过 SIMQUANT 方法计算得到 DNA 中的内源基因拷贝数（表 6-33），可以看出，相对于乙醇沉淀和鲑鱼精沉淀，线性丙烯酰胺沉淀法能提取得到更多的 DNA。

表 6-33　三种沉淀方法提取大豆油 DNA 内源基因定量结果

	乙醇沉淀			线性丙烯酰胺沉淀			鲑鱼精沉淀		
	绿宝	金龙鱼	古船	绿宝	金龙鱼	古船	绿宝	金龙鱼	古船
PCR 扩增阴性个数	10	10	10	9	6	1	7	8	4
内源基因拷贝数/μL	0	0	0	0.021	0.102	0.461	0.071	0.045	0.102

3）新方法与试剂盒方法的比较

分别采用新方法——真空冷冻干燥-线性丙烯酰胺法、试剂盒法对'元宝''绿宝''福临门' 3 种市售精炼大豆油进行提取，提取结果进行浓度检测，真空冷冻干燥法提取结果浓度测量值分别为 167.583ng/mL、37.8666ng/mL、26.48ng/mL，试剂盒方法提取结果浓度测量值分别为 61.86ng/mL、26.65ng/mL、16.6ng/mL，真空冷冻干燥法提取大豆油 DNA 的效果优于剂盒方法。

将两种方法提取的 DNA 分别进行内源扩增。对于'元宝''绿宝''福临门'3 种大豆油，真空冷冻干燥法提取结果扩增阳性率分别为 80%、30%、20%，试剂盒方法提取结果扩增阳性率分别为 50%、20%、10%，可见真空冷冻干燥法提取结果扩增阳性率更高，通过 SIMQUANT 方法对 DNA 中的内源基因进行拷贝数定量（表 6-34），可以看出，真空冷冻干燥法比试剂盒方法有更高的提取效率。

表 6-34　冷丙法与试剂盒方法提取大豆油 DNA 内源基因定量结果

	冷丙法			试剂盒方法		
	元宝	绿宝	福临门	元宝	绿宝	福临门
PCR 扩增阴性个数	2	5	8	5	8	9
内源基因拷贝数/μL	0.322	0.071	0.045	0.139	0.045	0.021

（3）结论

国内提取食用油的前处理方法主要有 TE 抽提法（GBT 19495.3—2004）、正己烷加缓冲液抽提法（NY/T 674—2003），本研究预实验比较了 TE 抽提、正己烷加缓冲液抽提和水直接抽提，结果显示水抽提可以达到同样的效果，而且操作简单。在此基础上继续比较了水直接抽提法和真空冷冻干燥法，后者比前者增加了真空冷冻干燥步骤，真空冷冻干燥步骤起到了浓缩 DNA 的作用，使 DNA 浓度提高到后续沉淀剂作用范围之内，实验结果显示添加真空冷冻干燥步骤后 DNA 提取效率明显增强。

常用的 DNA 沉淀方法主要是无水乙醇沉淀和异丙醇沉淀，两者沉淀效果总体相当，无水乙醇的极性大于异丙醇，前者的除盐效果优于后者，但多糖、蛋白质杂质含量比较高时，异丙醇除沉淀的效果更好。提取深加工食品 DNA 时，在乙醇或异丙醇沉淀时添加 DNA 共沉剂可以辅助 DNA 沉淀、增强提取效率，一般以同一物种的植物或动物基因组作为共沉剂（SN/T 1203—2203）。线性丙烯酰胺作为絮凝剂曾经在污水处理中广泛应用，但在 DNA 提取中极少应用，本研究首次将线性丙烯酰胺作为 DNA 共沉剂用于 DNA 提取。陈颖等在预实验中比较常规无水乙醇沉淀与线性丙烯酰胺沉淀，对于 0.1ng/μL 的大豆 DNA 水溶液，线性丙烯酰胺沉淀法提取效率是无水乙醇方法的 100 多倍，说明线性丙烯酰胺可以作为 DNA 共沉剂来提高 DNA 回收率。实验比较了无水乙醇沉淀法、鲑鱼精沉淀法、线性丙烯酰胺沉淀法提取大豆油，结果显示沉淀效果从强至弱依次为线性丙烯酰胺沉淀法、鲑鱼精沉淀法、无水乙醇沉淀法。说明线性丙烯酰胺作为 DNA 共沉剂优于目前文献报道的动植物 DNA。

国内食用大豆油基因检测的报道多采用改进 CTAB 方法或试剂盒的方法。比较真空冷冻干燥法和试剂盒方法，前者提取市售大豆油 DNA 效率优于后者。除此之外本研究还设计添加实验比较了两种方法的回收率，将 2μg 大豆 DNA 添加到 20mL 大豆油中，真空冷冻干燥法回收率是试剂盒方法的 8.6 倍；将 0.2μg 大豆 DNA 添加到 20mL 大豆油中，试剂盒法提取结果无扩增，而冷冻干燥法提取结果扩增明显，说明真空冷冻法提取效率高于试剂盒方法，而且前者的灵敏度高。

6.3.3 食用油植物来源鉴定

（1）PCR-CE-SSCP 技术鉴定方案

1）PCR-CE-SSCP 技术鉴别食用油料

CE-SSCP 技术（capillary electrophoresis-single strand conformation polymorphism）全称为毛细管电泳-单链构象多态性技术。利用建立的食用油料掺假检测方法——PCR-CE-SSCP（polymerase chain reaction-capillary electrophoresis-single strand conformation polymorphism）法，对橄榄、大豆、花生、玉米、芝麻、菜籽、葵花、核桃、松子、大米和棉籽 11 种食用油原料进行特异性、交叉反应性和灵敏度检测。

a. 食用油料特异性检测

为了研究整个方法的特异性，从而能够区分更多的油料，实验将筛选后的引物 *uni4* 和 *rbcL1*（表 6-35）分别对 11 种油料进行常规 PCR 扩增后，采用优化后的体系进行 CE-SSCP 分析，分析结果见图 6-60。

表 6-35　普通 PCR 扩增引物序列

引物名称	引物序列	扩增片段大小/bp
rbcL1	正向 5'-（FAM）TTGGCAGCATTCCGAGTAAC-3' 反向 5'-AGTAAACATGTTAGTAACAG-3'	246
uni4	正向 5'-（FAM）AATGAAGGACGTGATCTTGC-3' 反向 5'-AGTTCAGGACTCCATTGC-3'	71

注："FAM" 表示在引物的 5'端进行的 FAM 荧光标记，便于后续检测信号

由图 6-60 可以看出，大部分油料具有特异的峰形和位置，如橄榄（1）、玉米（2）、芝麻（4）等，它们的特征峰位置均比较稳定、特殊，与其他物种相距较远，易于进行物种的辨别。除此之外，如图中所示，菜籽（3）和花生（6）的位置非常接近，峰形相似，几乎无法判别，但是在引物组合中的另一个引物 *rbcL1* 的 CE-SSCP 图谱中，菜籽（3）和花生（6）的特征峰的差异却很明显，两者特征峰的位置相距较远，可以清晰地辨别。又如在 *uni4* 引物 SSCP 图谱中，大豆（5）和葵花（7）的特征峰位置在与分子内参标记相比时都位于相近的位置，难以分辨两者，但是在 *rbcL1* 的 CE-SSCP 图谱中，大豆（5）和葵花（7）的特征峰位置却不相近，因此能够得到辨别。在研究方法的种间特异性时，实验加入了大米、棉籽、核桃和松子 4 种不常见的油料品种，分析结果显示，所筛选的 2 对引物均能够对这 4 种油料进行成功的扩增，且 CE-SSCP 图谱显示，通过 2 种引物的组合可以成功将其区分。综上所述，通过 *uni4* 和 *rbcL1* 两个引物的组合，可以区分所有 11 种常见油料，各种油料的特征峰明显，峰形和相对位置稳定，易于辨别，说明了该引物组合的有效性和方法的适用性。

同时，为了进一步证实 2 个引物在不同油料物种之间的种间差异性，实验将 *uni4* 和 *rbcL1* 对 11 种油料的 PCR 扩增产物进行测序，并将测序结果进行序列比对。发现 *uni4* 和 *rbcL1* 引物均具有良好的种间差异性，各物种的构象差异较大，可以明显对多种油料物种进行区分。虽然单独使用一种引物 *uni4* 或者 *rbcL1* 无法完全区分所有的油料物种，

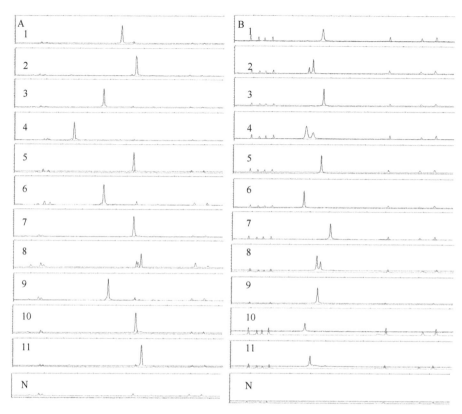

图 6-60　利用引物 *uni4* 和 *rbcL1* 分别对 11 种油料扩增后的 CE-SSCP 分析结果

A. 引物 *uni4* 对 11 种油料 PCR 扩增后 CE-SSCP 分析结果；B. 引物 *rbcL1* 对 11 种油料 PCR 扩增后 CE-SSCP 分析结果；1. 橄榄；2. 玉米；3. 菜籽；4. 芝麻；5. 大豆；6. 花生；7. 葵花；8. 大米；9. 棉籽；10. 核桃；11. 松子；N. 空白

但是两者的组合却可以比较容易地对所有实验物种进行区分。实验除了对 7 种油料和食用油进行分辨外，还增加了大米、棉籽、核桃和松子 4 种油料，结果显示该引物组合同样可以将这 4 种油料区分，显示了该实验引物组合良好的特异性，也显示了该方法较大的物种鉴别范围，并有可能应用于更多的植物物种区分和鉴别。另外，通过对各油料的 PCR 扩增片段进行测序并比对，发现在上下游引物之间，存在多种不同的 SNP，而且由于单个碱基的变化都可以导致各物种在形成构象时的不同，从而更有可能将各油料物种区分开来，从而证实了不同物种的特异性。

　　b. 交叉反应性

　　不同油料 PCR 产物混合：由于电泳时，不同物种的构象同时形成，并且同时进行电泳，不同物种之间的构象可能会互相影响，发生交叉反应。为了进一步验证方法的交叉反应性，实验首先将不同油料品种的 PCR 产物与橄榄的扩增产物等比例混合，然后进行 CE-SSCP 分析。分析结果见图 6-61。

　　如图 6-61 所示，各个油料物种的信号峰相对位置保持不变，而且橄榄能够与其他油料完全地区分开来，各种构象之间互不影响（虚线框中为橄榄特征峰）。而且由于是等比例混合 PCR 产物，分析结果显示各物种的信号强度基本相同，更加证实了方法的稳定性和可靠性。在图 6-61B 中，橄榄和菜籽，以及橄榄和大豆的 CE-SSCP 图谱由于相

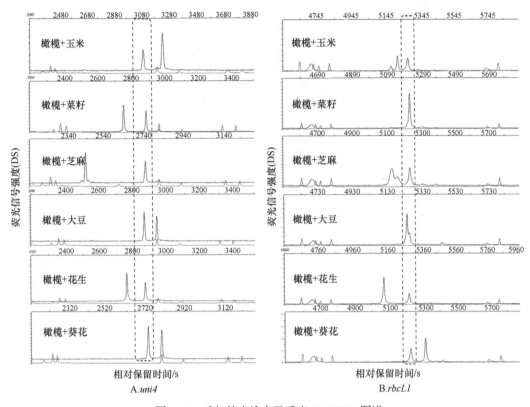

图 6-61　毛细管电泳交叉反应 CE-SSCP 图谱

对位置相似，故在混合时其 CE-SSCP 几乎重合在一起，但并不影响其与分子内部标记的相对位置，更进一步说明了该方法的稳定性和适用性。

　　不同油料 DNA 混合：除了进行毛细管交叉反应研究之外，实验还对整个体系进行了交叉反应性研究，以橄榄为例，将不同油料物种的 DNA 与橄榄 DNA 等比例混合，利用 uni4 和 rbcL1 引物分别进行 PCR 扩增之后进行 CE-SSCP 分析。

　　uni4 体系的交叉反应性情况如图 6-62A 所示：当橄榄 DNA 与其他油料物种 DNA 以等比例混合，进行 PCR-CE-SSCP 分析之后，除了橄榄和芝麻混合情况之外，均能检测到其他油料信号峰（虚线框中为橄榄特征峰）。这种橄榄信号峰只在部分混合物中出现的现象，说明掺假油料 DNA 对橄榄 DNA 产生了抑制作用。rbcL1 体系交叉反应性情况如图 6-62（B）所示：当橄榄分别与玉米、芝麻、花生和葵花进行 DNA 混合时，橄榄信号峰受到抑制，而均能检测到其他油料信号峰（虚线框中为橄榄特征峰）。当花生和菜籽 DNA 混合时，两者均可检测到，信号值相当，不存在干扰。

　　c. 食用油料灵敏度检测

　　由于食用油中 DNA 降解比较严重，回收率很低，因此对检测方法的灵敏度提出很高要求。由于在前期的交叉反应试验中发现，橄榄的扩增效率相对其他油料较低，因此实验将橄榄叶 DNA 梯度稀释后，进行灵敏度实验。

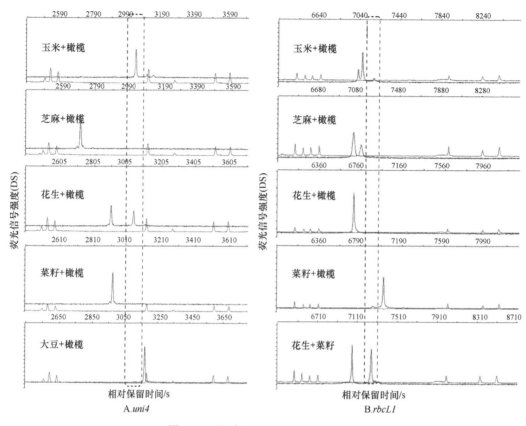

图 6-62　体系交叉反应 CE-SSCP 图谱

图 6-63 是不同浓度橄榄叶 DNA 常规 PCR 扩增后的 CE-SSCP 图谱,结果显示靶信号峰强度随着模板浓度的下降逐步降低,0.1pg/μL 模板依然检测到信号峰。因此,利用 *uni4* 引物进行检测的检测限达到 0.1pg/μL。

图 6-64 是不同浓度橄榄叶 DNA 常规 PCR 扩增后的 CE-SSCP 图谱,结果显示靶信号峰强度随着模板浓度的下降逐步降低,0.1pg/μL 模板依然检测到信号峰。因此,利用 *rbcL1* 引物进行检测的检测限也可达到 0.1pg/μL。因此,利用本实验方法的灵敏度可以到达 0.1pg/μL。

2）食用油储存时间对 PCR-CE-SSCP 的影响

由于在食用油储存过程中,其中含有的 DNA 会发生降解等一系列的变化,从而可能影响实验结果。为了探究食用油储存时间对 PCR-CE-SSCP 方法的影响,实验以橄榄油为例,采用 RAPD 和 SSCP 技术对橄榄油储存过程中的 DNA 变化规律进行初探,探究食用油储存时间对 PCR-CE-SSCP 的影响,为食用油检测和分析提供更加全面的科学依据。

a. RAPD 扩增检测储存不同时期的橄榄油

为了全面地分析橄榄 DNA 的变化,需要对扩增的大小片段进行对比分析,故选取扩增片段大小在 1000bp 以上的随机引物和 1000bp 上下均有分布的随机引物进行 RAPD 分析。对不同时期橄榄油提取 DNA,利用筛选的 2 对随机引物进行 RAPD 扩增,结果

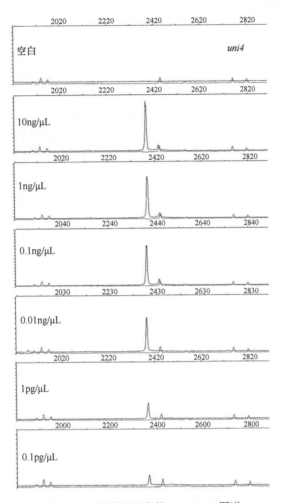

图 6-63　橄榄灵敏度的 CE-SSCP 图谱

蓝色峰为样品，红色峰为分子内记，*x* 坐标为相对保留时间，*y* 轴坐标为荧光信号强度，后同

利用安捷伦 2100 毛细管电泳仪进行分析。从片段大小及其分布来看，橄榄油储存 13 个月之后的 RAPD 扩增结果与橄榄叶中提取 DNA 的 RAPD 扩增结果几乎一致，随着储存时间的延长，其片段大小和数量慢慢发生变化，其中当储存时间为 15 个月时，RAPD 扩增结果中小片段（300～500bp）的产物减少，而较大片段（1000～1500bp）也出现了浓度的降低，并且伴随较大片段的减少，出现了一些较小片段的产物，大小在 700～1000bp。直到储存时间为 18 个月时，小片段的产物几乎完全消失，只剩下较大片段的产物，但产物浓度并不大（图 6-65）。

　　RAPD 随机引物 BA42 的电泳分析结果如图 6-66 所示，图中 1 为橄榄叶 DNA 的 RAPD 扩增结果，而储存 12 个月后的橄榄油样品的 RAPD 结果与橄榄叶 DNA 基本一致，然而随着时间的增加，各区域条带逐渐变暗甚至消失。

　　通过筛选 RAPD 引物，并对不同时间（13～18 个月）提取的橄榄油样品进行 RAPD 扩增，在常温条件下储存时间为 6 个月，每隔一个月进行一次 DNA 提取，研究储存时间的长短对食用油中 DNA 片段大小和数量的影响，结果通过进行毛细管电泳得出。结

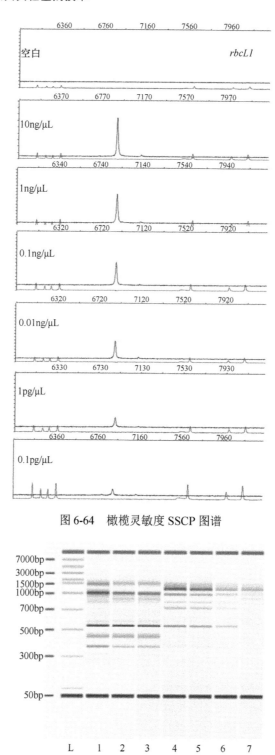

图 6-64　橄榄灵敏度 SSCP 图谱

图 6-65　随机引物 BA21 进行 RAPD 扩增毛细管电泳分析结果

L. ladder marker；1. 橄榄叶；2. 储存 13 个月后的橄榄油；3. 储存 14 个月后的橄榄油；4. 储存 15 个月后的橄榄油；5. 储存 16 个月后的橄榄油；6. 储存 17 个月后的橄榄油；7. 储存 18 个月后的橄榄油

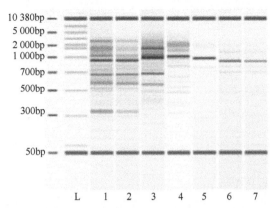

图 6-66　随机引物 BA42 进行 RAPD 扩增毛细管电泳分析结果

L. ladder marker；1. 橄榄叶；2. 储存 13 个月后的橄榄油；3. 储存 14 个月后的橄榄油；4. 储存 15 个月后的橄榄油；5. 储存 16 个月后的橄榄油；6. 储存 17 个月后的橄榄油；7. 储存 18 个月后的橄榄油

果显示，随着食用油储存时间的延长，一些小片段的 RAPD 产物逐渐减少（<500bp），并慢慢消失，而一些较大片段（>1000bp）的 RAPD 产物也开始逐渐降低，伴随一些新的中间片段（700～1000bp）大小的产物产生。实验显示，在橄榄油生产后的半年内，DNA 发生了明显的降解，这些降解将会影响对橄榄油的溯源分析。Pafundo 等（2010）曾利用 PCR-AFLP 技术研究过橄榄油储存过程中 DNA 随储存时间变化的变化。他们发现橄榄油中的 DNA 自生产之后的一个月之后就开始发生比较明显的降解，而半年之后的橄榄油中 DNA 分析得到的 AFLP 图谱已经发生了很大的变化，无法用于橄榄油的溯源分析。

b. SSCP 分析检测储存不同时间的橄榄油

在橄榄油储存的第 13～第 18 个月，对于引物 *uni4*，从橄榄油中提取的 DNA 一直能够成功地进行 PCR 扩增，CE-SSCP 分析之后，橄榄油的信号峰保持稳定，如图 6-67 所示。

对于 *rbcL1* 体系，如图 6-67 所示，在前 13～16 个月内，从橄榄油中提取的 DNA 一直能够成功地进行扩增，然而信号逐渐减弱，在第 16 个月时，其信号峰强度极其微弱，而在 16 个月之后，橄榄油 DNA 无法进行成功的 PCR 扩增，CE-SSCP 分析结果显示其信号峰消失。

相比较大片段的 DNA 序列，小片段的 PCR 产物更容易扩增。引物 *uni4* 的扩增产物为 71bp，相比引物 *rbcL1*，更容易对橄榄油中提取的 DNA 进行扩增。在橄榄油储存的 13～18 个月，引物 *uni4* 均可以对其中提取的 DNA 进行成功的扩增，CE-SSCP 的分析结果也显示橄榄油的信号峰保持稳定，可以用于橄榄和橄榄油的品种鉴定分析（图 6-68）。相比之下，对于引物 *rbcL1*，由于起扩片段为 246bp，片段相对较大，当橄榄油中的目标 DNA 降解到一定程度时，*rbcL1* 体系的扩增可能会受到影响，以致最终 CE-SSCP 的分析结果检测不到橄榄油的信号峰。

本实验显示，生产 16 个月之后的橄榄油已经不适合较大片段（>246bp）的 PCR 产物的扩增，但是对于较小片段的扩增，如本实验中采用的引物 *uni4*（其扩增产物为 71bp），在生产 18 个月内还能够进行成功的扩增，并可以用于橄榄油的溯源分析和品种鉴定。故本实验方法在橄榄油保质期 15 个月之内都可以满足橄榄油的掺假检测。

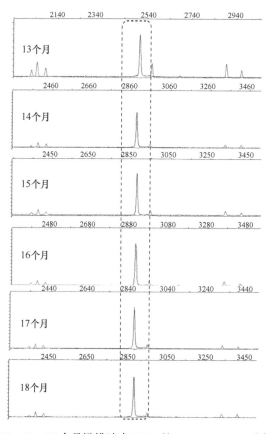

图 6-67 13～18 个月橄榄油中 DNA 的 PCR-CE-SSCP 分析结果

3）结论

针对目前市场上频繁出现的食用油掺假行为等食品安全问题，本研究以常见的食用油和油料为研究对象，结合常规 PCR、实时荧光 PCR、CE-SSCP 及 RAPD 等分子生物技术，研究建立橄榄、大豆、花生、玉米、芝麻、菜籽、葵花、核桃、松子、大米和棉籽 11 种常见油料及橄榄油、大豆油、花生油、玉米油、芝麻油、葵花油 6 种常见食用油的品种溯源 DNA 指纹检测方法——PCR-CE-SSCP 方法，旨在构建快速、简便、准确和高效的常见食用油掺假分子生物学鉴别技术体系，为食用油质量监管和控制提供科学手段。有利于国内食用油市场的规范、高端食用油进出口贸易的顺利进行和整个食用油行业的健康发展。

（2）高通量测序技术鉴定方案

在物种鉴别方面，基于基因序列的检测方法相比于其他方法具有唯一性、稳定性、易于标准化等优点。基因条形码成为全球分类学、生态学、进化学等领域的研究热点（Kerr et al.，2007）。该技术是利用标准的、具有足够变异、易扩增且相对较短的 DNA 片段自身在物种内的特异性和种间的多样性而创建的一种新的生物身份识别系统，从而实现对物种的快速自动鉴定。与传统的 Sanger 测序技术相比，二代测序结合模板分离和快速测序，摆脱了混合样品克隆分离等复杂步骤的限制，可以在一次实验中实现对复杂

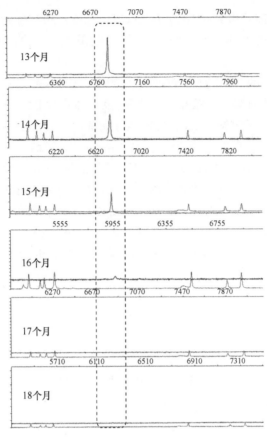

图 6-68　13~18 个月橄榄油中 DNA 的 CE-SSCP 分析结果

样品中各种成分的高通量检测。本研究采用 PGM 芯片二代测序仪开展了 14 种油料作物和小麦、大米核酮糖二磷酸羧化酶/氧化酶大亚基（ribulose-1,5-bisphosphate carboxylase/oxygenase large subunit，*rbcL*）基因小片段快速测定方法研究，以期为进一步开展混合食用油中油料成分的高通量检测提供参考依据。

1）材料与方法

14 种油料材料橄榄、花生、大豆、油葵、玉米、芝麻、山茶、菜籽、棕榈粕、松子、腰果、榛子、棉籽、葵花籽及小麦、大米，阴性材料猪、羊均为实验室保存材料。

a. 引物设计

以植物叶绿体 *rbcL* 基因为目标序列，在 GenBank 数据库内搜索多种植物的 *rbcL* 序列并用软件进行比对，找到既具有种内保守性又具种间特异性的区域并设计植物通用引物，引物序列为 F：5′ TTGGCAGCATTCCGAGTAAC-3′，R：5′-AGTAAACATGTTAG-TAACAG -3′。

b. DNA 提取及 PCR

PCR 扩增体系：10×Multi HotStart Buffer 5 μL，dNTP（2.5mmol/L）2μL，MgCl$_2$（25mmol/L）1.5μL，上、下游引物（10μmol/L）各 0.5μL，Multi HotStart *Taq* 酶（5U/L）0.2μL，模板 DNA（10ng/L）5 μL，加灭菌双蒸水（ddH$_2$O）补齐至总体积 25μL。

PCR 扩增程序：95℃预变性 10min；95℃变性 30s，50℃退火 30s，72℃延伸 30s，35 个循环，72℃再延伸 5min；4℃保存。PCR 产物用 2100 毛细管电泳仪进行分析。

c. PCR 产物处理

采用 Invitrogen Qubit®2.0 测定 PCR 产物浓度。DNA 纯化后采用 Ion Xpress Plus Fragment Library Kit 进行接头连接和缺口修复。反应体系为 DNA 25μL；10×Ligase Buffer 10μL；Adapters 2μL；dNTP Mix 2μL；去除核酸酶的水 51μL；DNA Ligase 2μL；缺口修复酶 8μL；共 100μL。置 PCR 仪上 25℃保持 15min；72℃保持 5min；4℃保存。

采用 Ion Xpress Barcode Adapters 1-16 Kit 分别加标签以区分样品，标签 1、2 分别对应 DNA mix 和 PCR mix。反应体系：DNA 25μL，10×Ligase Buffer 10μL，Ion P1 Adapter 2μL，Ion Xpress™ Barcode X 2μL，dNTP Mix 2μL，去除核酸酶的水 49μL，DNA 连接酶 2μL，缺口修复酶 8μL，共 100μL。加入 140μL（1.4 倍）Agencourt®AMPure®Kit 磁珠，室温放置 5min，置磁力架上重复 DNA 纯化过程。用 20μL 低盐 TE 缓冲液（pH 8.0）重悬。采用 Ion Library 定量试剂盒进行文库定量。

d. 测序

分别采用 Ion template preparation kit、One Touch 及 Ion Xpress template kit MyOne streptavidin C1 beads 进行 PCR 乳化和 ISPs 富集。

Ion Torrent PGM 平台的序列检测：采用 Ion PGMSequencing kit 及 Ion Torrent 314 芯片，进行测序反应共 65 个测序循环，使用电阻率为 18.2 MΩ·cm 纯化水标准压缩氩气驱动 PGM 内液体的流动，每个样品设置重复 3 次。

e. 数据处理

采用 Clustal Omega 进行 DNA 靶序列比对。根据 Ion torrent PGMTM 服务器自带分析软件对测序结果初步分析，得到整体数据量平均测序深度和参考序列匹配程度等数据，并生成 FASTA 文件，采用 NextGENe 软件（DEMO v 2.3.0）进行后续的序列数据结果分析。

2）结果与分析

基因条码技术一般通过 1 对通用引物，或多对通用引物的混合物，实现对广谱物种的扩增。本研究对 14 种油料和小麦、大米 *rbcL* 靶序列 246bp 长度的基因片段进行序列比对，根据保守区域设计了 1 对植物扩增通用引物（图 6-69）。并验证其对 14 种油料和小麦、大米的 DNA 及 DNA 混合物的扩增情况。扩增结果表明：所有样品均获得明亮的条带，产物目的片段在 243～253bp，除玉米、芝麻有微弱的非目标条带外，其他物种均无非特异扩增（图 6-70）。说明所设计的通用引物对目标作物具有较好的特异性和覆盖性。

在序列匹配过程中，需要对物种的匹配率阈值做一个统一限制，故本研究对 14 种油料和小麦、大米 *rbcL* 靶序列之间匹配率进行了两两比对。比对结果表明，靶序列平均相似度 91.30%，其中油葵和普通葵花相似性最大，相似度为 97.56%，其次为大豆和橄榄，相似度为 96.75%（表 6-36），据此将本实验测序的物种匹配阈值定为 98%。

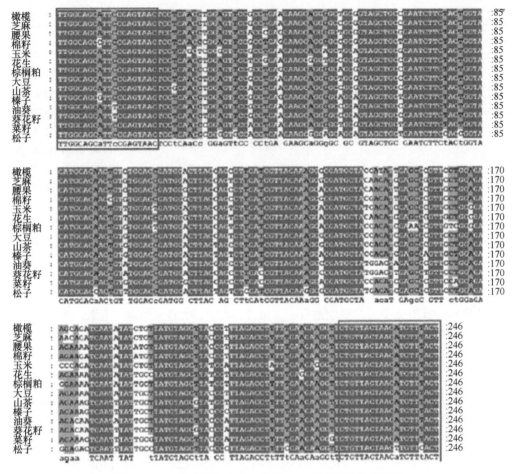

图 6-69　14 种油料和小麦、大米 *rbcL* 靶序列的比对结果

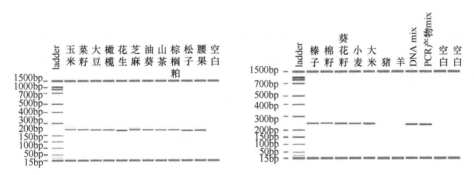

图 6-70　通用引物 *rbcL* 扩增产物 2100 毛细管电泳结果

方框所示为通用引物区

表 6-36　14 种油料和小麦、大米 *rbcL* 靶序列两两比对结果（相似度）

名称	松子	棉籽	玉米	棕榈粕	小麦	大米	葵花籽	山茶	榛子	橄榄	腰果	大豆	油葵	菜籽	花生	芝麻
松子		86.18	85.77	86.18	83.74	86.59	86.59	88.21	89.43	85.77	85.37	89.02	87.4	88.62	86.99	85.37
棉籽			89.02	91.06	86.18	87.4	90.24	91.87	91.87	95.53	95.53	94.31	91.06	92.28	90.24	93.5
玉米				89.84	92.68	93.9	86.59	87.4	88.21	91.46	89.02	90.65	87.8	88.21	87.8	90.65

续表

名称	松子	棉籽	玉米	棕榈粕	小麦	大米	葵花籽	山茶	榛子	橄榄	腰果	大豆	油葵	菜籽	花生	芝麻
棕榈粕					88.62	92.68	88.21	92.68	93.09	91.46	91.87	94.72	89.43	91.46	91.87	90.65
小麦						94.31	87.8	88.62	89.43	89.02	89.02	89.84	87.8	86.99	88.21	88.21
大米							89.02	89.84	89.84	89.84	89.43	92.28	90.24	88.62	89.84	88.62
葵花籽								91.87	91.06	91.46	89.84	92.68	97.56	91.06	89.02	89.43
山茶									94.72	93.5	93.09	95.93	91.87	93.5	92.68	91.87
榛子										91.87	92.68	95.12	91.46	93.09	91.46	91.46
橄榄											95.12	96.75	92.28	92.28	90.65	96.34
腰果												94.72	90.65	93.09	92.68	93.09
大豆													93.9	94.72	93.9	95.53
油葵														90.65	89.84	90.24
菜籽															91.06	90.24
花生																91.46
芝麻																

测序实验针对 4 个样品分别进行：将橄榄、花生、大豆、油葵、玉米、芝麻、山茶、菜籽、棕榈粕 9 种油料 PCR 产物等体积混合，得到样品 1；将上述 9 种油料 DNA 混合扩增后得到的 PCR 产物为样品 2；将小麦、大米和 14 种油料及 2 种阴性对照样品的 PCR 产物等体积混合，得到样品 3；将上述 14 种油料及小麦、大米、2 种阴性对照 DNA 混合扩增后的 PCR 产物为样品 4。对 4 个样品进行前处理和测序。其中第 1 次实验包括样品 1 和 2，第 2 次实验包括样品 3 和 4，2 次实验分别在两张芯片上进行。根据原始数据统计，第 1 次实验总通量为 116.12Mb，样品 1 和样品 2 的通量分别为 60.4Mb 和 54.5Mb，平均读长大于 200bp，最长读长达 330bp。第 2 次实验总通量为 79.7Mb，样品 3 通量为 37.1Mb，样品 4 通量为 39.39Mb，平均长度为 179bp。2 次实验 4 个样品的数据质控情况显示，成功率在 99%以上。

对测序结果进行数据分析，图 6-71 是 2 次实验样品序列与数据库序列比对情况，包括等量模板扩增后 PCR 产物的比例，实验样品的 PCR 产物的等量混合物及其 DNA 混合物的 PCR 产物的各成分读数占所有读数的比例，这里只计算与数据库序列匹配率达到 98%以上读数的总和。其中，读数数量是指每个物种匹配序列的数量，读数比例是指该物种匹配序列总和占一个芯片上所有有效序列的比例。从图 6-71 可以看出，除了小麦的读数数量太低不做计算外，其他所有物种均有匹配读数，但不同物种的读数数量相差较大。

如图 6-71A 显示，除棕榈粕外，PCR 产物混合物中各油料成分的读数比例与 PCR 产物比例数值比较接近，说明各个成分的 PCR 产物在芯片上分布均匀，对微孔的占有率和产物比例相当，芯片微孔与各种 PCR 产物的结合选择差异性很小。油料 DNA 混合物的 PCR 产物测序结果显示各个成分读数比例与 PCR 产物比例差异较大，说明通用引物对混合物中不同模板的扩增有选择性，模板之间存在竞争或相互干扰，导致一些成分优先扩增，如大豆和芝麻，其序列在总体序列中比例较高，而其他成分序列比例明显下降。

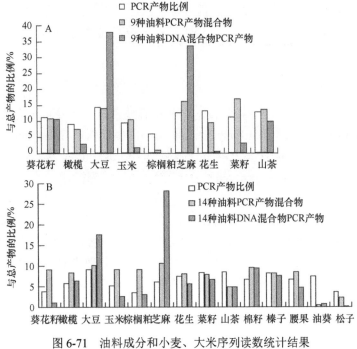

图 6-71　油料成分和小麦、大米序列读数统计结果

A. 9 种；B. 14 种

为检验样品数的容量对测序是否有影响，本实验将检测物种增加至 16 种（图 6-71B），PCR 产物混合物的测序结果显示，与相应 PCR 产物比例相比，棕榈粕和油葵所占比例较低，葵花籽和芝麻比例较高，其他成分的读数比例与 PCR 产物比例接近；而 DNA 混合物的 PCR 产物中仍以大豆和芝麻居高，各个物种读数比例与 PCR 产物比例差异较大。两次检测结果说明，在对混合成分的检测中，由于不同物种扩增效率的差异和竞争等因素的存在，各成分的检出率受影响，读数比例与各个成分的实际比例之间的关系也变得复杂。

以上数据是针对 14 种油料作物和小麦、大米的已知序列进行匹配的结果。而在食用油实际检测过程中，掺假物种的成分及含量未知，因此将本研究中测得的序列直接在 NCBI GenBank 进行搜索，以验证在物种身份未知的情况下样品鉴定的准确性。除小麦和橄榄外，其他物种的测序序列均在 NCBI 数据库中得到最佳匹配。

但这种针对大数据库的搜索受多种因素干扰，主要是植物基因组复杂，有关植物基因条码的候选基因很多，目前还没有定论。本研究尝试了 246bp 的 *rbcL* 靶序列，数据库的检索显示许多无关物种也得到很高的匹配率，提示在油料物种的鉴定中，可以采取两种方式提高鉴别准确性，第一是建立油料物种的小数据库，减少无关物种的干扰；第二是增加基因数量，提高匹配的特异性。

3）结论

证实了二代测序技术对 14 种油料作物和小麦、大米 DNA 混合物的检测能力，并验证了该技术的准确性和对油料物种的覆盖度。虽然还有一些技术的细节有待进一步验证，包括序列长度、成分数量的容量、样品数的容量、序列匹配率阈值、食用油样品

DNA 提取的效率等对准确性的影响，但总体上，基于二代测序的短片段基因条码技术完全适用于油料混合成分的鉴别。下一步将开展该技术对其他基因检测的有效性，探讨该技术对食用油样品的适用性。

（3）液相芯片技术鉴定方案

液相芯片技术是一种高通量检测技术，其核心技术是 100 种不同荧光编码的微球。基本原理是将羧基化的微球（carboxyl bead）与不同探针偶联（coupling），偶联上探针的微球可以与生物素标记的 PCR 产物进行杂交（hybridization），然后生物素与加入的荧光报告分子（streptavidin-R-phycoerythrin）结合，通过检测微球上的荧光信号，从而同时识别样品中的多种成分，具有快捷、多元和高通量特点。

针对市场上复杂的植物油种类掺假问题，利用液相芯片技术，建立常见植物油种类鉴别方法。以橄榄、花生、山茶、芝麻、葵花、玉米、菜籽、大豆、棕榈 9 种油料为研究对象，建立基于液相芯片的 9 种油料的鉴别方法；选取橄榄油、花生油、葵花油、大豆油 4 种常见油为研究对象，验证利用油料建立的液相芯片方法在食用油种类鉴别上的有效性。

1）材料与方法

花生、油葵、玉米、芝麻、大豆、油菜籽、橄榄叶、山茶籽、棕榈粕、大米、小麦、腰果、松子、普通葵花籽、芥末、芹菜、猪肉和羊肉、大豆油、葵花油、花生油、橄榄油。

磁力架（美国 Promega 公司）；普通 PCR 仪（德国 Eppendorf 公司）；核酸蛋白质分析仪 DU®640（德国 Backman 公司）；液相芯片系统 Bio-PlexTM 200（美国 Bio-Rad 公司）。

a. 引物及探针的设计

以植物叶绿体 *rbcL* 基因为目标序列，在通用引物的扩增片段内针对各种油料分别设计特异探针（表 6-37）。

表 6-37　引物及探针的序列

引物名称	片段大小	引物序列	探针序列
rbcL1	246 bp	F: 5′TTGGCAGCATTCCGAGTAAC3′ R: 5′BIO-AGTAAACATGTTAGTAACAG3′	橄榄 roli1: 5′CCATATTGAGCCCGTTCCTG3′ 花生 rpea: 5′CCGGTTGCTGGCGAAGAAAA3′ 大豆 rsoy1: 5′ACGGCCTTGAACCTGTTGCTG3′ 葵花 rsun: 5′TGGACTTGAGCCTGTTCCTG3′

注：F. 正向引物；R. 反向引物；BIO. 生物素标记，便于与荧光报告分子结合；所有探针 5′端连接 20 个 T，并将探针 5′端氨基化修饰，便于与羧基微球进行偶联

b. DNA 提取及 PCR 扩增

食用油 DNA 提取同 6.3.2 节（1）。PCR 扩增同 6.3.3 节（1）。

c. 液相芯片检测方法

杂交反应：将偶联有花生、大豆、葵花、橄榄、玉米、芝麻、山茶、棕榈和菜籽探针的微球进行等体积混合，然后用混合后的微球分别与 4 种植物油及相应的 4 种油料的

PCR 产物进行杂交反应。杂交反应在普通 PCR 仪中进行，反应体系为 50μL：33μL 1.5×TMAC 杂交液、0.5μL（约 5000 个）的每种微球、1μL PCR 产物，最后用 TE 补齐至总体积为 50μL。油料杂交反应条件为 95℃变性 5min，50℃杂交 10min。4 种植物油，杂交温度采用 55℃。将杂交产物转到无菌抽滤板中，抽干，将 SA-PE 用 TE 稀释到 4ng/μL，每孔加入 50μL，先在混匀仪上以 1100r/min 避光振荡 1min，然后以 550r/min 室温孵育 5min；抽干滤孔板，然后用 125μL TE 洗两次，最后用 125μL TE 进行重悬。杂交反应时，每个样品做一个复孔。

液相芯片检测：以美国 Bio-Rad 公司的 Bio-PlexTM 200 液相芯片检测平台对杂交产物进行荧光信号检测，系统自动分析落在各种微球特定光谱区域里的 50 个微球的平均荧光强度（mean fluorescence intensity，MFI），显示在原始数据表中。以每条探针与空白结合产生的荧光值（MFI）的 10 倍作为该探针的检测阈值，MFI 大于阈值的为阳性信号。通过分析所有探针与每种植物油的 DNA 的结合情况判断该方法能否特异识别每种植物油。

2）结果与分析

本研究先以油料的 DNA 为对象，筛选出了一对植物通用引物 *rbcL1* 和 9 种油料的特异探针，建立了不同油料的液相芯片种类鉴别方法。为了进一步验证该方法在植物油鉴别中的可行性，本研究选取常见的 4 种植物油（花生油、大豆油、葵花油、橄榄油）为研究对象，通过特异性实验、实际灵敏度实验及混合油检测，评价了该方法在植物油种类鉴别及掺假检测中的有效性。

a. PCR 扩增结果

将 4 种食用油及对应的 4 种油料的 PCR 产物，用 2%的琼脂糖凝胶电泳进行分析。图 6-72 显示了电泳结果，从图中可以看出，油料和食用油的 DNA 都能被通用引物扩增出 246bp 的目的条带。表明食用油的 DNA 已成功提取出来，并能用于 PCR 分析。

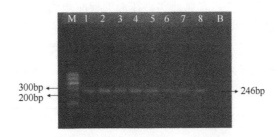

图 6-72　PCR 产物电泳分析结果

M. 100bp DNA Ladder Marker；1. 大豆；2. 橄榄；3. 花生；4. 葵花；5. 大豆油；6. 橄榄油；7. 花生油；8. 葵花油；B. 空白

b. 液相芯片特异性检测结果

将 4 种食用油和 4 种油料的 PCR 产物用微球混合物进行检测，通过将样品的荧光值与检测阈值进行比较，判定样品的种类。从表 6-38 中可以看出，4 种油料的 DNA 只与其各自的特异探针结合产生阳性信号值，如大豆探针 rsoy2 与空白结合产生的 MFI 为 14，则该探针的检测阈值为 140，4 种油料 DNA 中只有大豆与 rsoy2 结合产生阳性信号（1246），表明整个液相芯片的检测体系有效。4 种植物油的 DNA 只与其对应油料的特异探针结合，如大豆油只与大豆探针 rsoy2 结合产生阳性信号（978），与其他探针均不结合。表明针对油料的探针同样能够特异识别各种植物油。而且对于一个未知样，只要加入多种微球探针的混合物，就能一次识别样品种类，大大提高检测效率。

表 6-38　4 种食用油及对应 4 种油料的液相芯片检测结果

样品	各种微球探针所对应的平均荧光值（MFI）								
	rpea	rrape	roli1	rmai	rsun	rsoy2	rcame2	rpalm1	rsesa
大豆	12	17	19	16	15	1246	15	12	14
大豆油	11	12	20	20	18	978	12	14	14
橄榄	14	13	2084	12	14	17	15	14	18
橄榄油	11	13	1670	21	14	14	9	8	23
花生	2893	14	13	17	18	16	78	15	14
花生油	2495	14	13	15	12	14	57	16	15
葵花	18	19	12	10	5507	10	12	13	12
葵花油	12	11	12	14	5670	13	12	17	19
空白	10	12	9	12	12	14	14	11	10

注：rpea. 花生探针；rcame2. 山茶探针；rpalm1. 棕榈探针；rsesa. 芝麻探针；rrape. 菜籽探针；roli1. 橄榄探针；rsun. 葵花探针；rsoy2. 大豆探针；rmai. 玉米探针

c. 食用油实际灵敏度检测结果

为研究本方法在实际的植物油掺假检测中的灵敏度，将大豆油与花生油、大豆油与葵花油、葵花油与橄榄油分别按照不同体积比混合，用相应的微球探针混合物进行检测。结果如表 6-39 所示，在大豆油和花生油的混合物中，随着大豆油比例的下降和花生油比例的升高，大豆探针 rsoy2 检测到的荧光值也逐渐下降，而花生探针 rpea 检测到的荧光值逐步升高。大豆探针能检测到 10% 的大豆油，花生探针只能检测到 30% 的花生油；在大豆油和葵花油的混合物中，大豆油和葵花油的检测限均达到 10%；在橄榄油和葵花油的混合物中，橄榄油的检测限为 30%，葵花油的检测限为 10%。从结果可以看出，大豆探针和葵花探针具有较高的实际灵敏度，花生探针和橄榄探针相对较弱。由于大豆油属于价廉的植物油，所以掺入其他油中的可能性相对较大，高灵敏度有利于掺假检测。

表 6-39　实际灵敏度实验结果

混合植物油（A 和 B）	混合比例（A∶B，V/V）	特异探针，MFI	检测结果（植物油成分）
花生油和大豆油	90∶10	rsoy2, 1897　rpea, 25	大豆油，—
	70∶30	rsoy2, 1259　rpea, 220	大豆油，花生油
	50∶50	rsoy2, 1090　rpea, 292	大豆油，花生油
	30∶70	rsoy2, 899　rpea, 353	大豆油，花生油
	10∶90	rsoy2, 576　rpea, 1489	大豆油，花生油
空白	0∶0	rsoy2, 12　rpea, 10	—，—
葵花油和大豆油	90∶10	rsoy2, 1881　rsun, 245	大豆油，葵花油
	70∶30	rsoy2, 1264　rsun, 876	大豆油，葵花油
	50∶50	rsoy2, 879　rsun, 2137	大豆油，葵花油
	30∶70	rsoy2, 416　rsun, 2971	大豆油，葵花油

续表

混合植物油（A 和 B）	混合比例（A∶B，V/V）	特异探针，MFI	检测结果（植物油成分）
葵花油和大豆油	10∶90	rsoy2，281 rsun，3084	大豆油，葵花油
空白	0∶0	rsoy2，14 rsun，15	—，—
橄榄油与葵花油	90∶10	roli1，754，rsun，324	橄榄油，葵花油
	70∶30	roli1，510 rsun，855	橄榄油，葵花油
	50∶50	roli1，332，rsun，1025	橄榄油，葵花油
	30∶70	roli1，157 rsun，2109	橄榄油，葵花油
	10∶90	roli1，25 rsun，3224	—，葵花油
空白	0∶0	roli1，10 rsun，14	—，—

注：rpea. 花生探针；roli1. 橄榄探针；rsun. 葵花探针；rsoy2. 大豆探针。

d. 混合油检测结果

将大豆油、花生油、葵花油和橄榄油等体积混合，提取出的 DNA 进行 PCR 扩增，扩增产物进行液相芯片实验，检测结果如图 6-73 所示，大豆、花生和葵花探针检测到的荧光值均在阈值之上，表明检测到阳性信号，而橄榄探针检测到的荧光值在阈值以下，表明橄榄探针未正常检测出橄榄成分。对于实际掺假样品的检测中，一般是检测橄榄油中是否掺有其他成分，所以该方法在实际掺假检测中仍具有较大的应用潜力。后续也将进一步研究橄榄 DNA 信号被抑制的原因，以期提高橄榄油成分的检测效率。

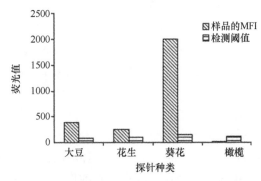

图 6-73 4 种食用油混合样品的液相芯片检测结果

3）结论

本研究针对油料叶绿体 rbcL 基因，设计并筛选出一对植物通用引物和 4 种常见油料的特异探针，利用液相芯片的检测平台特异识别了 4 种油料并验证了该方法在食用油种类鉴别中的可行性。该方法具有较强的特异性和较高的灵敏度，在植物油掺假检测中具有较大的应用潜力。液相芯片的方法是基于植物油的 DNA 来识别不同种类的植物油，定性准确，而且迅速灵敏。虽然在混合油检测中有些成分会因为含量低或探针本身灵敏度低，出现假阴性的结果，但对于混合油中的含量高的成分能准确定性，而且一些相对灵敏度较高的探针如大豆探针对极少量的目标 DNA 也能检测到。针对食用油复杂的掺假情况仅靠一种技术来鉴别所有掺假情况是不实际的，需要多种技术齐头并进，相互验证，准确识别各种掺假类型。

6.3.4 食用油种类鉴别

（1）电子鼻技术鉴别方案

目前，电子鼻已经广泛应用在精细化工、白酒鉴别、烟草行业、环境检测、医疗诊断等方面，在食用油鉴别方面也已经起步。通过对电子鼻检测的重要实验参数进行优化，建立植物油的电子鼻检测体系，并研究 PCA、DFA 和 PLS 等模式识别技术，利用建立的分析方法并结合化学计量学研究了电子鼻在半定量混合食用油中成分的可行性。分析了该方法对食用油进行定性区分和半定量预测的有效性；最后将液相芯片与电子鼻结合，用于市售样品的定性定量检测。

1）材料与方法

纯花生油、大豆油、葵花油、核桃油、玉米油、芝麻油、棕榈油、山茶油、纯橄榄油；市售橄榄油、葵花油、橄榄葵花油及花生调和油。

台式冷冻离心机（SORVALL Biofuge Stratos，德国 Sorvall 公司）；磁力架（美国 Promega 公司）；液相芯片系统 Bio-PlexTM 200（美国 Bio-Rad 公司）；传感器型电子鼻 FOX 4000（法国 Alpha M.O.S 公司）。

电子鼻区分不同种类的食用油：采用优化后得到的食用油的电子鼻的分析参数，分析大豆油、葵花油、橄榄油、玉米油、芝麻油、花生油、山茶油、棕榈油、核桃油 9 种食用油，每个样品做 3 个重复。结合主成分分析法（PCA）和判别因子分析（DFA），考察优化得到的参数对不同种类的食用油的区分效果。

混合食用油的半定量分析：为了研究电子鼻在半定量掺假食用油中的有效性，对混合食用油进行了分析。将花生油和大豆油、橄榄油和玉米油、山茶油和玉米油及葵花油和大豆油按照不同比例混合，按照前一种油的比例计，分别为 100%、90%、70%、50%、30%、10%、0，每个样品设置 3 个平行，作为训练集。先利用 PCA 做定性分析，然后用偏最小二乘法（PLS）做定量分析，将山茶油百分比作为拟合目标值，建立定量曲线。为了验证定量曲线的有效性，另外分别配制了前一种油的比例为 80%、60%、40%、20%的花生大豆、橄榄玉米、山茶玉米及葵花大豆混合油作为未知样，每个样 3 个平行，作为测试集，利用偏最小二乘法（PLS）建立定量曲线。通过比较预测值与实际值之间误差大小，评判定量模型的有效性。

2）结果与分析

通过优化实验确定了电子鼻分析的 4 个重要参数，其他参数采用 Alpha MOS 公司推荐的参数。电子鼻对食用油分析的所有相关参数见表 6-40。

表 6-40 区分指数 DI 随顶空时间变化的变化趋势

参数名称	参数值
载气	合成干燥空气
流速	150mL/min
样品量	1mL
顶空样品瓶	10mL

续表

参数名称	参数值
顶空时间	900s
顶空温度	80℃
搅动速度	500r/min
注射针容积	5mL
注射体积	2500μL
注射速度	500μL/s
注射针温度	90℃
数据采集时间	120s
延滞时间	600s

电子鼻技术鉴别食用油：为了考察建立的电子鼻检测方法能否有效区分不同种类的食用油。对大豆油、花生油、橄榄油、玉米油、山茶油、棕榈油、芝麻油和核桃油 8 种食用油的原始响应值用 PCA 进行解读。

采用优化后得到的电子鼻分析参数对 8 种常见食用油进行检测分析，用 PCA 对原始响应数据进行分析。图 6-74 是 8 种食用油的 PCA 分析结果，PC1 和 PC2 的累积方差贡献率之和为 98.43%，表明提取出的主成分包含了样品中绝大部分信息。区分指数 DI 值达 98，表明 8 种食用油能很好地被区分，从而也证实优化得到的食用油电子鼻检测体系对各种食用油具有很好的区分潜力。

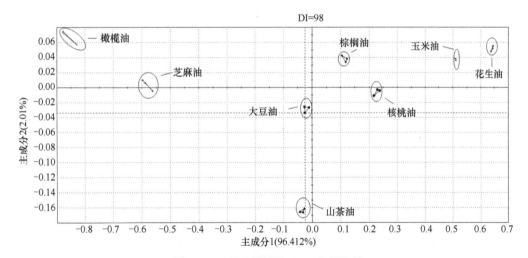

图 6-74　8 种食用油的 PCA 分析结果

未知样种类鉴别：为了进一步研究电子鼻对未知样的识别能力，对已收集的 24 种山茶油和 10 种橄榄油进行分析。其中，21 种山茶油和 8 种橄榄油作为已知的标准样，分别用于建立山茶油和橄榄油的小型数据库。另 3 种山茶油和 2 种橄榄油作为未知样，导入已建立的数据库中，利用判别因子分析（DFA）对未知样进行识别。

将 21 种山茶油合为一组，8 种橄榄油合为一组，采用 DFA 对两组数据进行分析，结果如图 6-75 所示，所有山茶油样品聚集成一个独立的簇，所有橄榄油样品聚集成另外一个簇。在区分因子 DF1 轴上，区分度达到 100%，表明两种植物油差异明显。将另外 3 种山茶油和 2 种橄榄油作为未知样导入数据库中，进行识别。编号为 6、16 和 23 的样品落入山茶油的簇内，编号为 31 和 34 的样品落入橄榄油的簇内，未知样均被正确识别，识别率为 100%（图 6-76）。表明通过建立植物油的电子鼻数据库来鉴别未知样的可行性。

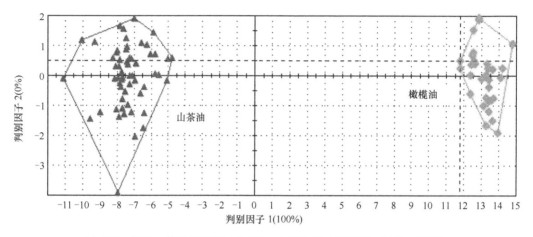

图 6-75　标准山茶油和橄榄油的 DFA 分析结果（彩图请扫封底二维码）

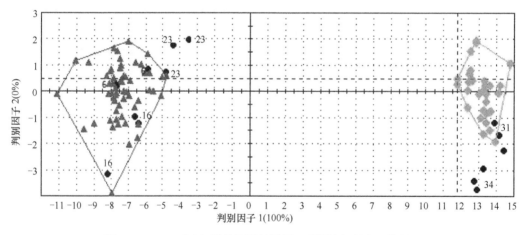

图 6-76　DFA 对未知样的识别结果图（彩图请扫封底二维码）

　　混合食用油的定性和定量分析模型的建立：偏最小二乘法（PLS）是一种有偏多元回归分析。它是根据变量的不同权重，计算各变量的回归系数，建立回归方程，常被用作定量的预测。为了研究电子鼻在掺假食用油半定量检测中的可行性，制备不同混合比的混合油，即花生油和大豆油、橄榄油和玉米油、山茶油和玉米油及葵花油和大豆油按照不同比例混合，按照前一种油的比例计，分别为 100%、90%、70%、50%、30%、10%、0，以样品对应的 18 根传感器响应值为自变量，前一种油的百分比为拟合目标值，采用电子鼻进行检测分析，原始数据用 PCA 做定性分析，利用 PLS 分析不同比例混合的山茶玉米油的原始数据，建立标准定量曲线。

a. 山茶玉米混合油 PCA 分析结果

对不同比例混合的山茶玉米混合油的响应值用 PCA 进行解读，考察电子鼻检测体系能否区分不同比例混合的山茶玉米油。图 6-77 为 PCA 分析的结果，PC1 和 PC2 累积方差贡献率之和为 99.91%，表明提取的主成分包含了样品中绝大部分信息。区分指数 DI=96，表明不同比例混合的山茶玉米油能很好地被区分，其他的混合食用油有同样的实验结果，表明另外 3 种不同比例混合的食用油也能很好地区分。

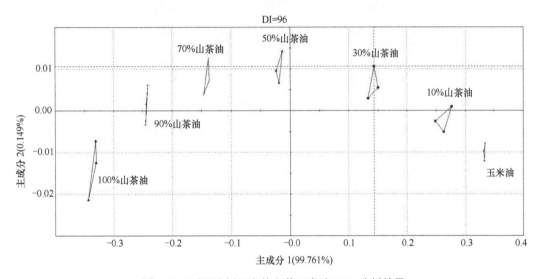

图 6-77　不同比例混合的山茶玉米油 PCA 分析结果

b. 山茶玉米混合食用油 PLS 分析结果

以样品对应 18 根传感器响应值为自变量，山茶油百分比为拟合目标值，利用 PLS 分析不同比例混合的山茶玉米油的原始数据，建立标准定量曲线。图 6-78 为 PLS 分析得到的定量曲线，相关系数（correlation coefficient）R^2=0.9996，表明曲线拟合程度良好。为了验证该定量曲线在对未知样进行定量预测时的有效性，将山茶油比例分别为 80%、60%、40%、20% 的山茶玉米混合油作为测试集，表 6-41 显示了训练集和预测集的实际值与预测值及相对误差（绝对误差/测量平均值）的大小。从表中可以看出除玉米油外，

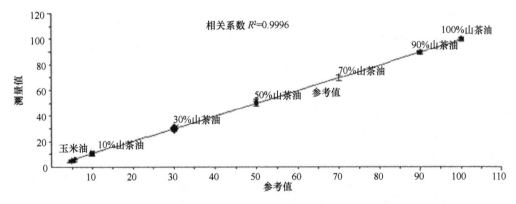

图 6-78　不同比例混合的山茶玉米油的 PLS 分析结果

表 6-41 山茶玉米油训练集与测试集的 PLS 分析结果

	样品	实际值	三次测量的平均值	相对误差/%
训练集	100%山茶油	100	100.17	0.17
	90%山茶油	90	89.34	0.74
	70%山茶油	70	70.07	0.10
	50%山茶油	50	50.49	0.97
	30%山茶油	30	29.84	0.54
	10%山茶油	10	10.01	0.10
	0%山茶油（玉米油）	0	5.39	100
测试集	80%山茶油	80	80.55	0.68
	60%山茶油	60	60.10	0.17
	40%山茶油	40	40.32	0.79
	20%山茶油	20	20.08	0.40

所有样品的预测值与实际值之间的相对误差都小于 1%，表明该定量模型能很准确地对未知样品进行定量预测。对于玉米油其实际值是 0，测量值却是 5.39，误差为 100%，检测结果明显不准。可能是因为 PLS 定量的参数是混合油中山茶油含量，而纯玉米油中没有山茶油成分，致使玉米油的响应值与预测值不再满足现有的定量曲线。因此，当以某一组分的含量为定量参数时，对于不含该组分的样品电子鼻无法对其准确定量。这也表明在对样品中组分进行定量分析前，需要先确定其中的主要成分，否则定量结果将是不可靠的。

定量检测方法在其他混合食用油中的适用性：

a. 混合食用油训练集 PLS 分析结果

为了研究电子鼻在其他食用油半定量检测中的可行性，制备出不同混合比的花生油和大豆油、橄榄油和玉米油及葵花油和大豆油，以样品对应的 18 根传感器响应值为自变量，前一种油的百分比为拟合目标值，采用电子鼻进行检测分析，原始数据用 PCA 做定性分析，利用 PLS 分析不同比例混合的山茶油和玉米油的原始数据，建立标准定量曲线。图 6-79 为 PLS 分析得到的定量曲线，相关系数 R^2 分别达到 0.9996、0.9843、1.0000，表明不同比例不同油料混合的样品的气味成分含量呈现较好的线性关系，说明该方法对于其他混合食用油同样适用。

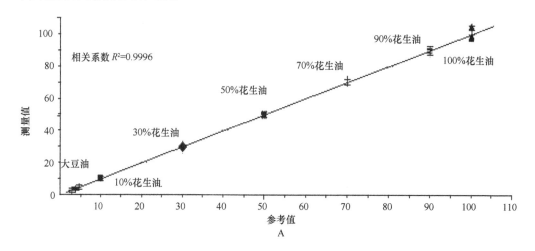

A

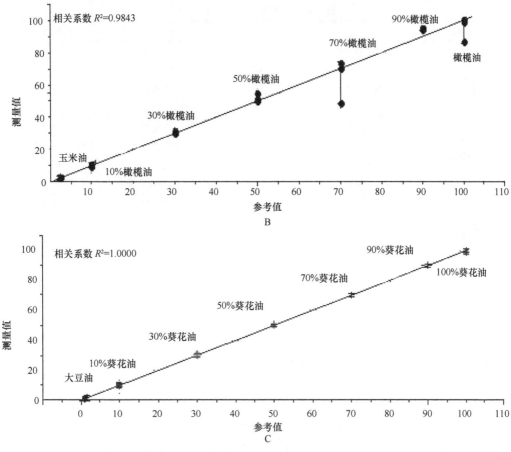

图 6-79 不同比例混合食用油的 PLS 分析结果

A. 花生大豆混合油；B. 橄榄玉米混合油；C. 葵花大豆混合油

b. 混合食用油测试及检测

为了验证定量曲线在对未知样识别时的准确性，同时分别配制了前一种油的比例为 80%、60%、40%、20%的花生大豆、橄榄玉米及葵花大豆混合油作为未知样，作为测试集，将样品信息导入 PLS 定量模型中进行预测，计算测量值与实际值之间的相对误差。用定量曲线进行定量预测，通过计算预测值与实际值之间误差大小，评判 PLS 在食用油定量预测中的可靠性。

表 6-42 显示了测试集的实际值与预测值及相对误差（绝对误差/测量平均值）的大小。从表中可以看出所有样品的预测值与实际值之间的相对误差都较小，表明该定量模型能很准确地对未知样品进行定量预测。

3）结论

初步研究了电子鼻在混合食用油半定量中的可行性。通过相关实验参数的优化，建立了有效的食用油通用的电子鼻检测方法。电子鼻与模式识别技术 PCA 和 DFA 结合能有效区分各种植物油，PLS 能对未知样中的成分进行定量预测，而且准确度较高。

表 6-42　测试集的 PLS 分析结果

混合油	样品	实际值/%	三次测量的平均值/%	相对误差/%
花生大豆	20%花生油	20	20.37	1.85
	40%花生油	40	39.45	1.38
	60%花生油	60	56.51	6.15
	80%花生油	80	77.24	1.29
橄榄玉米	20%橄榄油	20	21.47	7.35
	40%橄榄油	40	43.79	9.48
	60%橄榄油	60	62.67	4.45
	80%橄榄油	80	80.5	0.63
葵花大豆	20%葵花油	20	19.26	3.7
	40%葵花油	40	38.64	3.4
	60%葵花油	60	61.78	2.97
	80%葵花油	80	78.77	1.54

（2）生物传感器技术鉴别方案

生物传感器是用生物活性材料（酶、蛋白质、DNA、抗体、抗原、生物膜等）与物理化学换能器有机结合的一门交叉学科，是发展生物技术必不可少的一种先进的检测方法与监控方法，也是物质分子水平的快速、微量分析方法。

通过构建不同材料的生物传感器实现了对大豆油、玉米油、花生油的检测，构建了基于电沉积纳米金修饰离子液体修饰碳糊电极自组装膜的电化学 DNA 传感器检测花生油 Arabinose operon D 基因；构建了基于有序介孔碳修饰电极电化学 DNA 传感器检测玉米内源 adh1 基因；构建了基于 CTS/Fe$_3$O$_4$-GR 复合膜修饰碳离子液体电极的电化学 DNA 生物传感器检测大豆油凝集素（Lectin）基因的技术，提高了食用油中微量 DNA 的检测灵敏度。

1）材料与方法

大豆油用大豆凝集素（Lectin）基因进行检测，以大豆油中提取的 DNA 作为模板进行 DNA 扩增，以花生油 DNA 为模板检测花生 Arabinose operon D，作为阴性对照。

CHI 1210A 型电化学工作站（上海辰华仪器有限公司），用于循环伏安法（CV）和微分脉冲伏安法（DPV）研究；CHI 750B 型电化学工作站（上海辰华仪器有限公司）用于电化学交流阻抗研究。三电极系统：自制离子液体修饰碳糊电极为工作电极（Φ=4.0mm）；饱和甘汞电极（SCE）为参比电极；铂丝为辅助电极；pHS-25 型 pH 计（上海虹益仪器仪表有限公司）；JSM-6700F 型扫描电子显微镜（SEM，日本电子株式会社）。

按照标准方法制备还原石墨烯（GR）、Fe$_3$O$_4$ 微球、修饰电极及电化学 DNA 生物传感器。使用建立的方法对花生油、玉米油和大豆油样品中内源基因样品的 PCR 扩增产物进行检测。将 PCR 扩增产物用 0.05mol/L 的 PBS 缓冲溶液（pH 7.0）分别稀释 10 倍后，于沸水浴中加热变性 10min，然后马上在冰水浴中冷却 2min。然后进行杂交和电化学检测。

2）结果与分析

基于电沉积纳米金修饰离子液体修饰碳糊电极自组装膜制备了电化学 DNA 传感器，使探针序列共价键合在巯基乙酸膜上，这种有序的自组装，避免了探针序列在电极表面的杂乱排列导致的与目标序列的杂交效率降低，同时增加了探针序列的负载量，提高了探针固定的稳定性。所制备的电化学 DNA 传感器能够对花生油中 *Arabinose operon D* 基因片段的 PCR 扩增产物进行准确检测。

修饰电极的显微形貌研究：使用扫描电镜表征了不同修饰电极的显微形貌，结果如图 6-80 所示。如图 6-80A 所示，在 CILE 上表现为一个较为平整、规则的表面。离子液体具有高黏度和良好的导电性，所以在很好地分散在碳糊中后，可以很好地提高电极表面的光滑度和电极整体的导电性。在电沉积后可以观察到 CILE 表面出现了树枝结构的纳米金（图 6-80B）。树枝结构由连接在主干两侧、相互对称的纳米颗粒组成，并牢固地贴附在 CILE 表面。沉积在电极表面的树枝状纳米金提供的三维结构增加了修饰电极的表面积，因此提高了之后用于自组装膜的电极有效面积。

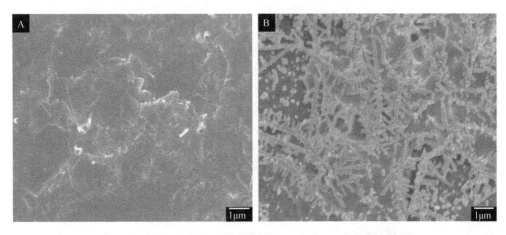

图 6-80 CILE（A）、纳米金修饰的 CILE（B）的扫描电镜图

MAA/Au/CILE 的电化学表征：将 Au/CILE 在 0.5mol/L H_2SO_4 中 1.6～–0.2V 的电位范围内进行循环伏安扫描，结果如图 6-81 所示。由图 6-81 可知在 1.397V 处出现了明显

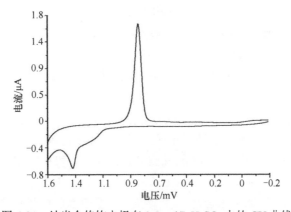

图 6-81 纳米金修饰电极在 0.5mol/L H_2SO_4 中的 CV 曲线

的阳极峰，在 0.863V 处出现了阴极峰。阳极峰的存在是由于溶液中的—OH 被吸附到电极表面的纳米金上，形成金的氧化物 Au(OH)$_x$ 或 AuO，而 0.8V 附近的阴极峰则对应于金氧化物的还原或溶出。图 6-81 中纳米金电极上氧化还原峰的形状与文献中一致，说明纳米金已经电沉积到 CILE 的表面，可进一步用于自组装膜的生成。

图 6-82 为 CILE、Au/CILE、MAA/Au/CILE、ssDNA/MAA/Au/CILE 和 dsDNA/MAA/Au/CILE 等电极在 1.0mmol/L K$_3$[Fe(CN)$_6$] 和 0.5mol/L KCl 混合溶液中的循环伏安图。在曲线 a 上可以看到一对对称的氧化还原峰，峰电位差为 110mV，这说明碳糊中的离子液体起到了很好的导电作用。而曲线 b 代表的 Au/CILE 上峰电流明显增大、电位差 ΔE_p 减小为 77mV，说明纳米金的存在极大地增加了修饰电极的比表面积和导电性，从而使在电极表面 [Fe(CN)$_6$]$^{3-/4-}$ 的氧化还原反应可逆性变好，响应电流值变大。在 MAA/Au/CILE（曲线 c）上，电流减小，这是由于带有负电性的 MAA 的存在阻碍了同样带负电的 [Fe(CN)$_6$]$^{3-/4-}$ 向电极表面扩散。响应电流在 ssDNA/MAA/Au/CILE（曲线 d）和 dsDNA/MAA/Au/CILE（曲线 e）上逐渐减小，这是由于电极表面 DNA 的存在，阻碍了溶液中 [Fe(CN)$_6$]$^{3-/4-}$ 向电极表面的扩散，减缓了电极表面的电子传递速率。

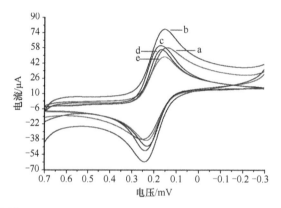

图 6-82　不同修饰电极在 1.0mmol/L K$_3$[Fe(CN)$_6$] 和 0.5mol/L KCl 溶液中扫描速率 100mV/s 的循环伏安图

电极从 a 到 e 依次为 CILE、Au/CILE、MAA/Au/CILE、ssDNA/MAA/Au/CILE 和 dsDNA/MAA/Au/CILE

根据 Randles-Sevcik 方程：$I_{pc}=(2.69\times10^5)n^{3/2}AD^{1/2}C^*v^{1/2}$，能够计算得到不同修饰电极的电化学活性面积。式中，I_{pc} 为还原峰电流（A）；n 为电子转移数；A 为电化学活性面积（cm^2）；D 为 [Fe(CN)$_6$]$^{3-/4-}$ 的扩散系数（cm^2/s）；C^* 为 [Fe(CN)$_6$]$^{3-/4}$ 溶液浓度（mol/cm^3）；v 为扫描速率（V/s）。基于这种方法，可以计算得到 CILE，Au/CILE 的电活性面积分别为 0.163cm^2 和 0.241cm^2。电沉积在电极表面的纳米金可以极大地增加其电活性面积。

电化学交流阻抗（EIS）能够表征修饰电极表面的电子传递电阻（Ret）。通常来说，Nyquist 谱图高频区的半圆部分反映了电子传递过程中的阻碍，Ret 值可以通过半圆的直径来测量。图 6-83 为修饰电极在 1.0mmol/L[Fe(CN)$_6$]$^{3-/4-}$ 和 0.1mol/L KCl 溶液中的电化学交流阻抗谱。曲线 a 的 Ret 值为 56.6Ω，表明对应的 CILE 具有良好的导电性。而曲线 b 的 Ret 值为 40.9Ω，说明纳米金的存在增加了电极表面的电子传递速率，电阻变小有利于[Fe(CN)₆]³⁻/⁴⁻向 Au/CILE 表面扩散。在 MAA/Au/CILE（曲线 c）和 ssDNA/MAA/Au/CILE（曲线 d）上，Ret 分别增加到了 137.9Ω 和 151.3Ω，说明带负电的 MAA 和 ssDNA 阻碍了[Fe(CN)₆]³⁻/⁴⁻向电极表面的扩散，同时 ssDNA 的存在增加了电子传递的距离，使得阻抗增加。在 dsDNA/MAA/Au/CILE（曲线 e）上的 Ret 值为 157.7Ω，由于杂交反应的发生，使电极表面阻碍电子传递的物质增加，电阻值进一步增加。这可进一步证明探针序列和目标序列之间已发生了杂交反应。EIS 的结果和循环伏安的结果相符。

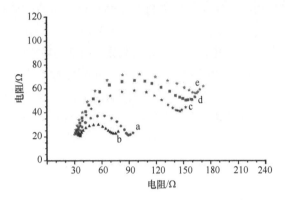

图 6-83　同修饰电极在 1.0mmol/L[Fe(CN)₆]³⁻/⁴⁻和 0.1mol/L KCl 溶液中频率范围为 1～10⁴Hz 的交流阻抗图

电极从 a 到 e 依次为 CILE，Au/CILE，MAA/Au/CILE，ssDNA/MAA/Au/CILE 和 dsDNA/MAA/Au/CILE

　　目标序列的杂交检测：通过探针序列与不同序列的杂交检测研究了构建的 DNA 传感器的选择性。图 6-84 是 MB 在不同杂交情况电极上的 DPV 响应信号。在杂交后形成的 dsDNA/MAA/Au/CILE 上 MB 具有最大的电流响应（曲线 a），说明 MB 与 dsDNA 之间有极强的作用力。与单碱基错配序列杂交后（曲线 b），MB 的峰电流值明显小于与目标序列杂交后的电流值，而与三碱基错配序列杂交后（曲线 c）电流进一步降低。ssDNA/MAA/Au/CILE 与非互补序列杂交后，MB 在其上的电流增加很小，说明杂交反应没有发生（曲线 d）。未和目标序列杂交的探针序列，MB 在其上的响应信号如曲线 e

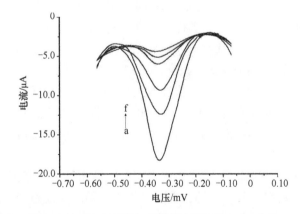

图 6-84　MB 在不同杂交情况电极上的 DPV 曲线

a. 与目标序列杂交后；b. 与单碱基错配序列杂交后；c. 与三碱基错配序列杂交后；d. 与非互补序列杂交后；e. 杂交前；f. 未固定探针序列

所示，出现的响应信号是由于单链 DNA 的磷酸骨架可以与 MB 发生静电吸附作用，吸附少量的 MB 分子。曲线 f 为 MB 在 MAA/Au/CILE 上的响应信号，产生信号的原因可能是 MB 在电极表面的非特异性吸附产生的。因此构建的 DNA 传感器具有良好的选择性。

通过考察探针序列与不同浓度的花生 *Arabinose operon D* 基因片段之间的杂交反应，研究了构建的 DNA 传感器的灵敏度。图 6-85 是 ssDNA/MAA/Au/CILE 与不同浓度的目标序列杂交后 MB 的 DPV 响应信号，可以看到在 $1.0 \times 10^{-11} \sim 1.0 \times 10^{-6}$ mol/L 的浓度范围内，随着目标序列浓度的增大，相应的 MB 的氧化峰电流响应也增大，其线性方程为 ΔI（μA）$=1.005\lg[c/(\text{mol/L})]+20.11$（$n=6$，$\gamma=0.996$）（其中，$c$ 为目标序列的浓度（mol/L）；ΔI 为 MB 的氧化峰电流（μA）。检测限为 1.54×10^{-13} mol/L（3σ，σ 为空白溶液的标准偏差，$n=11$）。对于 1.0×10^{-7} mol/L 的目标序列进行 7 次重复测量，响应电流的相对标准偏差（RSD）为 2.7%，表明构建的电化学 DNA 传感器具有良好的重现性。将 ssDNA/MAA/Au/CILE 在 4℃储存 14 天后，与目标序列杂交后其响应电流是储存前的 98.1%，表明构建的电化学 DNA 传感器具有良好的储藏稳定性。

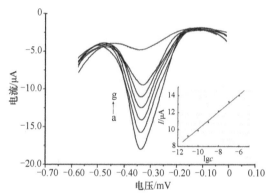

图 6-85　探针序列与不同浓度的目标序列杂交后 MB 的 DPV 曲线

a～g 的目标序列浓度依次为 1.0×10^{-6} mol/L、1.0×10^{-7} mol/L、1.0×10^{-8} mol/L、1.0×10^{-9} mol/L、1.0×10^{-10} mol/L、1.0×10^{-11} mol/L 和 0mol/L；插图表示浓度的对数与峰电流的线性关系曲线

花生 *Arabinose operon D* 基因 PCR 扩增产物检测：使用建立的方法对花生 *Arabinose operon D* 基因片段的 PCR 扩增产物进行了检测。将花生 *Arabinose operon D* 基因的 PCR 产物用 50.0mmol/L PBS 缓冲液稀释后，于沸水浴中加热变性 10min，然后马上在冰水浴中冷却 2min。按照之前所述方法进行杂交反应和电化学检测，结果如图 6-86 所示。MB 在 ssDNA/MAA/Au/CILE（曲线 b）上比在 MAA/Au/CILE（曲线 a）上信号有所增加。而当探针序列与目标序列杂交后（曲线 c），MB 的电流相应发生了一个较大突越，这说明该 DNA 生物传感器能够对花生 *Arabinose operon D* 基因序列的 PCR 扩增产物进行有效的检测。

基于有序介孔碳修饰电极电化学 DNA 传感器检测玉米内源基因 *adh1*：介孔碳是一类新型的非硅基介孔材料，具有大的比表面积和孔体积，可以为 DNA 的固定提供更多的位点。壳聚糖（CTS）上带正电的氨基可以吸附 DNA 探针 5′端带负电的磷酸基。以亚甲基蓝（MB）为电化学杂交指示剂，通过示差脉冲伏安法记录亚甲基蓝在不同 DNA 修饰电极上的电化学信号，从而完成对玉米内源基因 *adh1* 的检测。

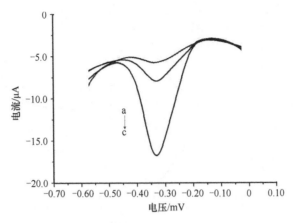

图 6-86 MB 在 MAA/Au/CILE（a）、ssDNA/MAA/Au/CILE（b）和与花生 *Arabinose operon D* 序列的 PCR 产物杂交后的 ssDNA/MAA/Au/CILE（c）上的 DPV 信号

CMK-3-CTS 复合材料的扫描电镜图：使用电子扫描显微镜（SEM）对有序介孔碳（CMK-3）进行了表征，其不同放大比例的照片如图 6-87 所示。从图中可以看出 CMK-3 具有大的比表面积和孔体积，可以有效提高电极表面的比表面积，为 DNA 提供更多的附着位点。

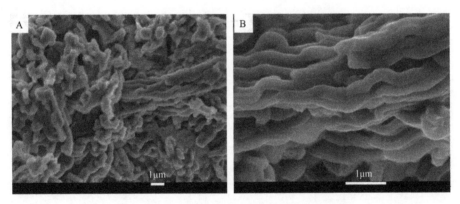

图 6-87 不同放大比例的有序介孔碳的电镜图

不同修饰电极的循环伏安曲线：图 6-88 为 CILE 和 CMK-3-CTS/CILE 在 1.0mmol/L $K_3[Fe(CN)_6]$ 和 0.5mol/L KCl 混合溶液中的循环伏安图。在 CILE（曲线 a）上可以看到一对对称的氧化还原峰，峰电位 ΔEp 为 80mV（表 6-43），这是由于碳糊中的离子液体起到了很好的离子导电作用。在 CMK-3-CTS/CILE（曲线 b）上峰电流增大，大约增大 3 倍，这是由于 CMK-3-CTS 复合材料具有大的表面积和良好的导电性能够加快电化学反应的速率，增加了 $K_3[Fe(CN)_6]$ 向电极表面扩散的速率，导致 $K_3[Fe(CN)_6]$ 的响应信号增强。

MB 在不同修饰电极上的电化学行为：MB 是一种吩噻嗪类有机染料，常被作为杂交指示剂应用于电化学 DNA 传感器中。图 6-89 是 MB 在 50.0mmol/L Tris-HCl 缓冲溶液中不同 DNA 修饰电极上的示差脉冲伏安曲线。从图中可以看出，随着电极表面修饰物

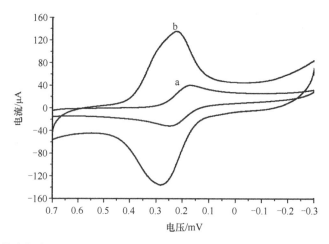

图 6-88 不同修饰电极在 1.0mmol/L K₃[Fe(CN)₆]和 0.5mol/L KCl 溶液中的循环伏安图，扫描速率 100mV/s

a. CILE；b. CMK-3-CTS/CILE

表 6-43 同修饰电极的电化学数据比较

电极	E_{pc}/mV	E_{pa}/mV	ΔE_p/mV	I_{pc}/μA	I_{pa}/μA
CILE	169	249	80	37.97	32.67
CMK-3-CTS/CILE	225	287	62	113.6	107.5

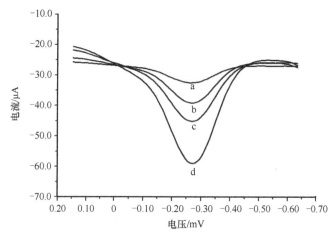

图 6-89 MB 在 50.0mmol/L Tris-HCl 缓冲液（pH 7.0）中不同修饰电极上的差分脉冲伏安图
a. ssDNA/CILE；b. ssDNA/CMK-3/CILE；c. ssDNA/CTS/CILE；d. ssDNA/CMK-3-CTS/CILE

的增加，电极的导电性逐渐增加，同时电极的比表面积的逐渐增大使得更多的 ssDNA 吸附在电极表面从而富集更多的 MB 分子，所以随着电极的修饰 MB 氧化峰电流逐渐增大。在 ssDNA/CMK-3-CTS/CILE（曲线 d）上 MB 的电化学信号最大，这是因为 CMK-3 和 CTS 同时被修饰在电极表面后，电极的导电性增加，并且电极比表面积的增大使得在 CMK-3-CTS/CILE 电极上 ssDNA 探针的吸附量增多，给 MB 提供了更多的结合位点，相应的电化学信号变大。

MB 的浓度和时间的选择：考察了 MB 的浓度和富集时间对其电化学信号的影响，

结果如图 6-90 所示。当 MB 的浓度从 2.0×10^{-6}mol/L 增加到 4.0×10^{-5}mol/L 时峰电流逐渐增大,当浓度为 2.0×10^{-5}mol/L 时峰电流达到最大且基本不再变化,故选择 2.0×10^{-5}mol/L 为 MB 的最佳浓度。考察了富集时间的影响,当富集时间大于 10min 时,MB 的响应电流也基本不再变化,因此富集时间选为 10min。

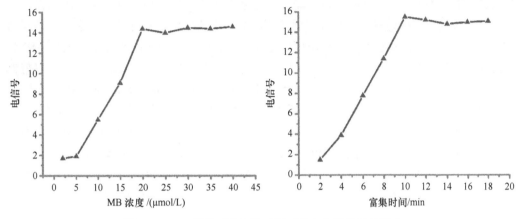

图 6-90 MB 的浓度和富集时间对其电化学信号的影响

电化学 DNA 传感器的选择性:图 6-91 是 MB 在探针序列与 1.0×10^{-6}mol/L 不同错配序列杂交后电极上的示差脉冲伏安曲线图。DNA 与 MB 的作用方式因实验条件、探针序列、电极表面修饰材料等的不同而不同,主要的作用方式有静电吸附作用、嵌插作用、与 G 碱基的亲和作用。根据文献,如果探针 ssDNA 通过静电作用固定在修饰电极表面后会随意地平躺在电极表面,使得 MB 更容易与 ssDNA 中的 G 碱基结合。在 ssDNA/CMK-3-CTS/CILE 上 MB 的电流响应最大(曲线 e),这是由于探针 ssDNA 上暴露在外的自由 G 碱基与 MB 有很强的亲和力,从而使 MB 富集在电极表面。当与完全互补的目标序列杂交后电流急剧降低(曲线 a),这是由于与互补序列杂交后,形成 dsDNA,G 碱基被包埋在了 dsDNA 的双螺旋结构内部,暴露在外的 G 碱基变少,影响了 G 碱基与 MB 之间的相互作用,因而杂交后 MB 的氧化电流比在 ssDNA/CMK-3-CTS/

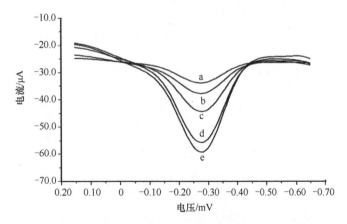

图 6-91 MB 在不同目标序列杂交后电极上的 DPV 曲线

a. 与目标序列杂交后;b. 与单碱基错配序列杂交后;c. 与三碱基错配序列杂交后;d. 与非互补序列杂交后;e. 杂交前

CILE 上的电流要小得多。与非互补序列杂交后，MB 的响应电流变化很小（曲线 d），说明杂交反应基本没有发生。而与三碱基错配序列（曲线 c）和单碱基错配序列（曲线 b）杂交后，MB 的峰电流值介于杂交前和与目标序列杂交后之间且有所差异，说明形成了部分 dsDNA 使得部分 G 碱基暴露在外，从而与 MB 的作用力有差异进而导致了峰电流的差别。因此构建的 DNA 传感器可以区分不同的目标序列，具有良好的选择性。

工作曲线：将构建的电化学 DNA 传感器与不同浓度的目标序列进行杂交，并记录 MB 的氧化峰电流。随着目标序列浓度的增大，相应的电流响应减小（图 6-92）。MB 的氧化峰电流在 $1.0 \times 10^{-13} \sim 1.0 \times 10^{-6} mol/L$ 浓度范围内与目标序列的浓度的对数呈良好的线性关系，其线性回归方程为 $I (\mu A) = 3.19 lg[c/(mol/L)] - 15.36$（$n=8$，$\gamma=0.984$）[式中，$c$ 为目标序列的浓度（mol/L）；I 为杂交后 MB 的峰电流（μA）]，检测限为 $7.52 \times 10^{-14} mol/L$。用 6 只 ssDNA/CMK-3-CTS/CILE 平行电极对 $1.0 \times 10^{-6} mol/L$ 目标序列进行检测，相对标准偏差为 3.8%，说明构建的传感器具有良好的重现性。考察了 ssDNA/CMK-3-CTS/CILE 的稳定性，当 ssDNA/CMK-3-CTS/CILE 在 4℃下储存 10 天后，与目标序列杂交后电流下降为初始值的 96.1%，放置 20 天后下降为 92.2%，说明该传感器具有较好的稳定性。

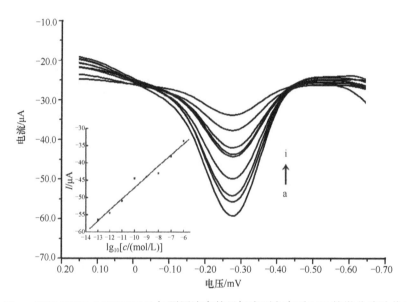

图 6-92　ssDNA/CMK-3-CTS/CILE 与不同浓度的目标序列杂交后 MB 的微分脉冲伏安曲线
a～i 的目标序列浓度依次为 0mol/L、$1.0 \times 10^{-13} mol/L$、$1.0 \times 10^{-12} mol/L$、$1.0 \times 10^{-11} mol/L$、$1.0 \times 10^{-10} mol/L$、$1.0 \times 10^{-9} mol/L$、$1.0 \times 10^{-8} mol/L$、$1.0 \times 10^{-7} mol/L$ 和 $1.0 \times 10^{-6} mol/L$；插图表示浓度的对数与峰电流差值的线性关系曲线

玉米内源基因 *adh 1* 基因片段的 PCR 扩增产物的检测：按上述方法在最优条件下对玉米油样品中玉米内源基因 *adh 1* 基因片段的 PCR 产物进行了检测。结果如图 6-93 所示，MB 在 ssDNA/CMK-3-CTS/CILE（曲线 c）上比在未固定探针序列的 CMK-3-CTS/CILE（曲线 a）上信号有明显增大，这是由于 MB 与 ssDNA 的 G 碱基发生了相互作用。在与玉米内源基因 *adh 1* 基因 PCR 扩增产物进行杂交后（曲线 b），MB 的电流响应相对于 ssDNA/CMK-3-CTS/CILE 有明显的减小，这是由于杂交后形成的 dsDNA 较多，G 碱基

被包埋在 dsDNA 内部，导致电信号较弱。结果表明构建的电化学 DNA 传感器能够对玉米内源基因 *adh1* 基因的 PCR 扩增产物进行有效识别和检测。

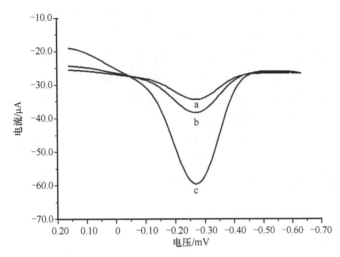

图 6-93　MB 在 CMK-3-CTS/CILE（a）与玉米内源基因 *adh 1* 基因片段的 PCR 产物杂交后 dsDNA/CMK-3-CTS/CILE（b）和 ssDNA/CMK-3-CTS/CILE（c）的 DPV 信号

基于壳聚糖/Fe_3O_4 微球-石墨烯修饰电极电化学 DNA 生物传感器检测大豆凝集素基因：GR 可以在电极表面形成较大的面积，并且片层和褶皱结构稳定，不会重新塌缩为普通石墨。较大的比表面积可以为探针 ssDNA 的固定提供更多的附着位点，同时 GR 良好的导电性和小的带隙能有益于生物分子的电子传递。

构建了 Fe_3O_4 微球、石墨烯（GR）和壳聚糖（CTS）的纳米复合材料修饰碳离子液体电极（CILE）的电化学 DNA 生物传感器。这种传感器对单链 DNA 序列和三碱基错配序列具有良好的识别能力和稳定性。通过所提出的方法对大豆凝集素基因的 PCR 产物进行了成功检测。

Fe_3O_4-GR 混合材料的显微形貌研究：所用纳米材料的扫描电镜图如图 6-94 所示。在图 6-94A 中，Fe_3O_4 介孔球的直径分布在 100～200nm。图 6-94B 显示出 GR 的典型超薄片层特征和褶皱结构。图 6-94C 为 Fe_3O_4 介孔球和 GR 混合在无水乙醇中超声 15min 后的扫描电镜图。由图中可以看出，Fe_3O_4 介孔球已经较好地分散在 GR 的片层结构中，而且部分被 GR 的褶皱结构覆盖，因此可以为修饰电极提供更大的表面积。

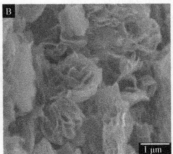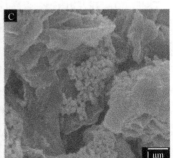

图 6-94　Fe_3O_4 介孔球（A）、石墨烯（B）和 Fe_3O_4-GR（C）的扫描电镜图

　　修饰电极的电化学特性：将不同的修饰电极在 1.0mmol/L $K_3[Fe(CN)_6]$和 0.5 mol/L 的氯化钾混合溶液中进行循环伏安扫描，结果如图 6-95A 中所示，观察到 CILE 上出现了几个对称的氧化还原峰（曲线 a），这说明碳糊中的离子液体起到了很好的导电作用。而在 $CTS/Fe_3O_4/CILE$ 观察到的铁氰化钾峰电流明显增大（曲线 b），这可能归因于在电极表面上的 Fe_3O_4 微球有效地增强了表面区域。在 CTS/GR/CILE 电化学反应进一步增加（曲线 c 所示），表示石墨烯的存在极大地提高了电极的性能。GR 具有很多优势，如高比表面积、小的带隙、优良的导电性和电子迁移率，室温下热效应具有低电子噪声。因此 CTS 膜上的石墨烯的存在极大地增加了修饰电极的比表面积，加速了本体溶液和电极之间的氧化还原反应，可逆性变好，响应电流值变大。在 CTS/Fe_3O_4-GR/CILE 的氧化还原峰电流进一步增大（曲线 d），这可能归因于 Fe_3O_4 微球和 GR 在复合膜中的协同扩增。Fe_3O_4-GR 纳米复合材料可以有效地提高氧化还原探针的电化学反应速率。

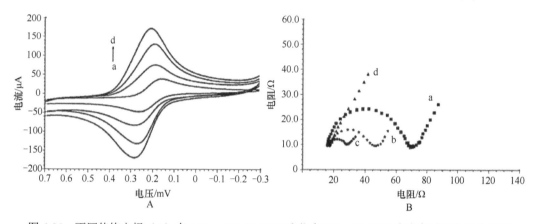

图 6-95　不同修饰电极（A）在 1.0mmol/L $[Fe(CN)_6]^{3-/4-}$和 0.1mol/L KCl 溶液中循环伏安曲线和交流阻抗图

扫描速率为 100mV/S，电极 a～d 分别是 CILE、$CTS/Fe_3O_4/CILE$、CTS/GR/CILE 和 CTS/Fe_3O_4-GR/CILE

　　根据 Randles-Sevcik 方程：$I_{pc}=(2.69\times10^5)n^{3/2}AD^{1/2}C^*v^{1/2}$，能够计算得到不同修饰电极的电化学活性面积。式中，I_{pc} 为还原峰电流（A）；n 为电子转移数；A 为电化学活性面积（cm^2）；D 为$[Fe(CN)_6]^{3-/4-}$的扩散系数（cm^2/s）；C^*为$[Fe(CN)_6]^{3-/4}$ 溶液浓度（mol/cm^3）；v 为扫描速率（V/s）。基于这种方法，可以计算得到不同电极的电活性面积，通过探索氧化还原峰电流与扫描速率，CILE、$CTS/Fe_3O_4/CILE$、CTS/GR/CILE 和 CTS/Fe_3O_4-GR/CILE 电活性面积分别为 $0.170cm^2$、$0.426cm^2$、$0.538cm^2$、$0.578cm^2$。CTS 膜中 Fe_3O_4 微球和 GR 的存在极大地增加了电活性面积，所以电化学响应能够显著增强修饰电极。

　　电化学交流阻抗（EIS）能够表征修饰电极表面的电子传递电阻（Ret）。通常来说，Nyquist 谱图高频区的半圆部分反映了电子传递过程中的阻碍，Ret 值可以通过半圆的直径来测量。图 6-95B 为修饰电极在 1.0mmol/L $[Fe(CN)_6]^{3-/4-}$和 0.1mol/L KCl 溶液中的电化学交流阻抗谱，扫描频率从 10^4～1Hz，CILE 修饰电极表面电子传递电阻（Ret）为 51.6Ω（曲线 a）。表明对应的 CILE 具有良好的导电性。$CTS/Fe_3O_4/CILE$ 和 CTS/GR/CILE 上的 Ret 值分别降低到 28.4Ω（曲线 b）和 10.1Ω（曲线 c），说明 Fe_3O_4 微球和 GR 的存在可显著提高$[Fe(CN)_6]^{3-/4-}$向电极表面的扩散速度。EIS 的结果和循环伏安的结果相符。在 CTS/Fe$_3$O$_4$-GR/CILE（曲线 d）修饰电极上以一条直线形式出现，表明电极界面的高导电性，因此，膜中 Fe$_3$O$_4$-GR 的协同效应大大增强了$[Fe(CN)_6]^{3-/4-}$的电子转移。电化学交流阻抗与循环伏安曲线的结果表明，CTS/Fe$_3$O$_4$-GR 复合膜为电极修饰搭建了一个很好的平台。

不同修饰电极上 MB 的微分脉冲伏安图（DPV）：MB 通常用作 DNA 生物传感器的电化学指示剂区分 ssDNA 和 dsDNA（Drummond et al.，2003）。图 6-96 为在 50.0mol/L 的 Tris-HCl 缓冲溶液中，MB 在双链 DNA/CTS/CILE（DPV）（曲线 a），dsDNA/CTS/Fe$_3$O$_4$/CILE（曲线 b），dsDNA/CTS/GR/CILE（曲线 c）和 dsDNA/CTS/Fe$_3$O$_4$-GR/CILE（曲线 d）上的微分脉冲伏安图。膜与纳米材料结合的逐渐增加，MB 的还原电流逐步降低，说明更多 dsDNA 吸附在电极表面上，该结果归因于电极有效面积的增加，可以使电极表面上固定更多的 dsDNA，与 MB 的进一步交互作用并使电极上积累更多的 MB，使还原峰电流增加。在与完全互补的目标序列杂交后形成的 dsDNA/CTS/Fe$_3$O$_4$-GR/CILE 上 MB 具有最大的电流响应，说明 MB 与 dsDNA 之间有较强的结合能力。上述结果证实，Fe$_3$O$_4$ 微球和 GR 的纳米复合膜的协同作用增大了电极界面的表面积和粗糙度，可以有效地提高与 dsDNA 的结合。

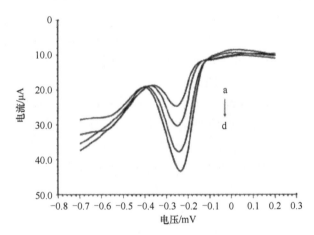

图 6-96　MB 在不同修饰电极上的杂交的 DPV 曲线

a. dsDNA/CTS/CILE；b. dsDNA/CTS/Fe$_3$O$_4$/CILE；c. dsDNA/CTS/GR/CILE；d. dsDNA/CTS/Fe$_3$O$_4$-GR/CILE，条件：在含有 20.0mmol/L NaCl 的 50mmol/L Tris-HCl 缓冲溶液中（pH 7.4）用 4.0×10^{-5}mol/L MB 作指示剂

对目标序列的杂交检测：通过探针序列与不同错配序列的杂交检测研究了所构建的 DNA 传感器的选择性。图 6-97 是 MB 在与不同目标序列杂交后电极上的 DPV 曲线。在与完全互补的目标序列杂交后形成的 dsDNA/CTS/Fe$_3$O$_4$-GR/CILE 上 MB 具有最大的电流响应（曲线 e），说明 MB 与 dsDNA 之间有较强的结合能力，可以区分电极表面的单双链 DNA。ssDNA/CTS/Fe$_3$O$_4$-GR/CILE 与非互补序列杂交后，出现 MB 的还原电流可以忽略不计，说明杂交反应没有发生（曲线 b），这个信号变化可能是因为 ssDNA 与 MB 有微弱的静电作用。与单碱基错配序列杂交后（曲线 d），MB 的峰电流值明显小于与目标序列杂交后的电流值，而与三碱基错配序列杂交后（曲线 c）电流进一步降低，

说明本节构建的电化学 DNA 传感器具有良好的选择性。

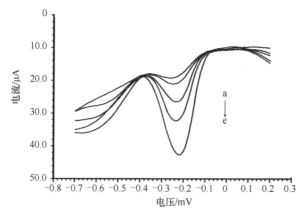

图 6-97　MB 在不同目标序列上的杂交的 DPV 曲线

a. 杂交前；b. 与非互补序列杂交后；c. 与三碱基错配序列杂交后；d. 与单碱基错配序列杂交后；e. 与目标序列杂交后

检测限的测定：对所构建的生物传感器的性能与其他不同纳米粒子的 DNA 电化学生物传感器进行了比较，发现所构建的 DNA 生物传感器对于目标 ssDNA 序列的测定具有更低的检出限和更宽的检测范围。

对大豆内源基因 PCR 产物的检测：使用建立的方法分别对大豆油中 *Lectin* 内源基因片段的 PCR 扩增产物进行了检测。将大豆 *Lectin* 基因和花生 *Arabinose operon D* 基因的 PCR 产物用 50.0mmol/L PBS 缓冲液稀释后，于沸水浴中加热变性 10min，然后马上在冰水浴中冷却 2min。然后按照前面所述方法进行杂交反应和电化学检测，结果如图 6-98 所示。MB 在固定了探针序列的 CTS/Fe$_3$O$_4$-GR/CILE（曲线 b）上比在未固定探针序列的 CTS/Fe$_3$O$_4$-GR/CILE（曲线 a）信号有明显增大。探针序列与花生 *Arabinose operon D* 基因的 PCR 产物杂交后（曲线 c），MB 的电流响应相对于只固定探针的 CTS/Fe$_3$O$_4$-GR/CILE 略有增加，可能是因为电极表面在吸附探针的基础上，又吸附了一

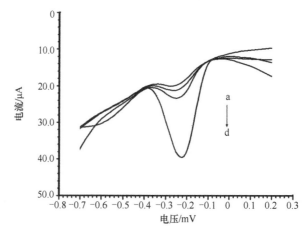

图 6-98　MB 在大豆油检测中的 DPV 信号

a. 在 CTS/Fe$_3$O$_4$-GR/CILE 上；b. 在 ssDNA/CTS/Fe$_3$O$_4$-GR/CILE 上；c. 与花生 *Arabinose operon D* 基因 PCR 扩增产物杂交后；d. 与大豆 *Lectin* 基因 PCR 扩增产物杂交后

部分 *Arabinose operon D* 基因的 PCR 产物，这部分 PCR 产物对 MB 也有一定的吸附作用。而当探针序列与大豆 *Lectin* 基因的 PCR 产物杂交后（曲线 d），MB 的电流相应发生了一个突越，这说明该 DNA 传感器能够对大豆 *Lectin* 内源基因的 PCR 产物进行有效的识别和检测。

3）小结

a. 电化学 DNA 传感器检测花生油

通过制备一种新型的基于纳米金修饰离子液体碳糊电极（CILE）及巯基乙酸自组装膜的电化学 DNA 传感器，对花生 *Arabinose operon D* 基因序列的 PCR 扩增产物进行了有效检测。使用扫描电镜、循环伏安、电化学交流阻抗对修饰电极进行了表征。本节提供了一种简单制备纳米金修饰 CILE 的方法，而且纳米金的沉积过程可以由不同的溶液浓度、电沉积时间及沉积电位进行有效控制。CILE 表面纳米金的存在使得巯基乙酸很好地自组装在修饰电极表面，进一步用于化学键合氨基修饰的探针序列。将构建的电化学 DNA 传感器用于花生 *Arabinose operon D* 基因片段的检测，在 1.0×10^{-11}～1.0×10^{-6}mol/L 的浓度范围内杂交指示剂的电化学信号与目标序列浓度有良好的线性关系，检测限 1.54×10^{-12}mol/L。同时对花生油中提取的 DNA 样品的 PCR 扩增产物进行了检测，取得了良好的结果。

b. 电化学 DNA 传感器检测玉米油

制备了一种基于 CMK-3-CTS 复合膜修饰 CILE 的电化学 DNA 传感器，使用电化学循环伏安法对修饰电极进行了表征。由于复合膜中 CMK-3 的存在，电极表面积增加，进而可以使吸附 DNA 的量增加。由于 CTS 可以吸附带负电的 ssDNA 探针，使得探针序列固定在复合膜修饰电极表面，并用于对玉米内源基因 *adh 1* 基因片段及其 PCR 扩增产物的检测，由于复合材料的存在，提高了探针序列在电极表面的负载量，因此提高了对目标序列检测的灵敏度。对玉米内源基因 *adh 1* 基因片段的检测线性范围为 1.0×10^{-13}～1.0×10^{-6}mol/L，检测限 7.52×10^{-14}mol/L（3σ）。并成功应用于玉米油品中特征内源基因序列的检测。

c. 电化学 DNA 传感器检测大豆油

开发了基于 CTS/Fe₃O₄-GR/CILE 敏感的电化学 DNA 传感器并进一步应用到大豆凝集素基因的检测。表面由 Fe_3O_4 微球和 GR 复合改性材料修饰的电极能大大提高有效表面积。使用扫描电镜、循环伏安、电化学交流阻抗对修饰电极进行了表征。由于电极表面上 Fe_3O_4 微球和 GR 的存在，使纳米材料产生协同效应，大大增加了 ssDNA 探针的负载量，有效提高了传感器对靶 DNA 杂交检测的灵敏度和选择性。电化学 DNA 传感器具有很多优点，如准备过程简单、成本低、响应速度快、好选择、更高灵敏度和更宽的检测范围。可以实现大豆凝集素基因序列检测的线性范围从 1.0×10^{-12}～1.0×10^{-6}mol/L，检出限为 3.59×10^{-13}mol/L（3σ）。同时对大豆样品中提取的 DNA 样品的 PCR 扩增产物进行了检测，取得了良好的结果。

6.3.5 食用油品质鉴别

电子鼻技术鉴别方案

我国食用油市场发展迅速，已成为世界第二大消费国，为了保护消费者利益，已经对不同等级食用油产品的质量标准值进行了明确规定，并提供了相关的化学成分检测方法。但目前这些标准未对消费者十分关心的一些质量指标和检测方法进行说明，包括食用油油热品质鉴定等。

选用消费量巨大的大豆油为材料，以建立食用油油热加工品质的鉴别技术为核心，建立不同品种食用油的电子鼻检测体系，包括开展相关参数如分析样品用量、温度、时间和进样体积、速率等的筛选与确定；研究不同模式识别系统对电子鼻原始数据的解读能力，包括主成分分析（PCA）、判别因子分析（DFA）、统计质量控制分析（SQC）等。

1）材料与方法

研究使用的食用植物油包括大豆油、葵花油、玉米油、菜籽油、花生油等，涉及了市场上已有的主要品牌。

电子鼻 FOX4000（Alpha MOS，法国）。

食用油热加工处理：利用电磁炉的"煎炸"模式，加入 500mL 食用油。加热 1h，待食用油冷却至室温后，取出 50mL 样品装入样品瓶，编号为 1。剩余的食用油继续加热 1h，反复加热 5 次，依次编号为 2～5。以没有加热的大豆油作为对照，编号为 0。

电子鼻检测：取 2g 食用植物油置于 10mL 样品瓶中，然后将样品瓶置于 6 位金属加热箱用于顶空气体样品的制备，设置温度为 34℃，每个样品反应 15min。

数据分析：数据统计方法包括主成分分析（PCA）、判别因子分析（DFA）和统计质量控制分析（SQC），采用的软件为电子鼻自带的软件。

2）结果与分析

经反复加热的大豆油其色泽等外观品质发生明显变化，表现为油品的颜色逐渐加深（图 6-99）。反复加热后，不同品牌大豆油的色泽具有差异，其中以品牌 DDFLM 的色泽维持较好，而其他两个品牌在 5 次反复加热后呈现黑色或者褐色。

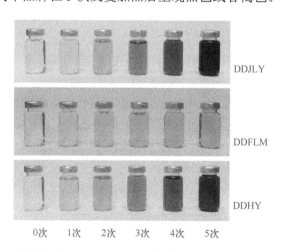

图 6-99 反复多次加热对大豆油色泽的影响（彩图请扫封底二维码）

建立食用大豆油的电子鼻检测体系：通过分析不同用量、温度、时间、体积等参数，初步建立了适于大豆油检测的电子鼻技术方法。具体的参数包括：样品用量为 2g 食用油，处理温度为 34℃，处理时间为 15min，进样体积为 2mL。根据上述检测参数，分析了不同次数加热后的大豆油样品,结果显示这些样品具有不同的指纹图谱(图 6-100),表明建立的电子鼻检测参数可以满足研究需要。另外,通过比较不同模式识别方法,发现 PCA、DFA、SQC 等均可以用于电子鼻原始数据的分析。

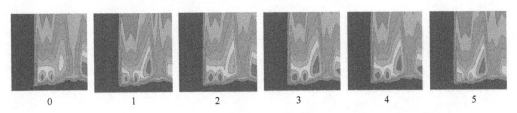

图 6-100　不同加热次数的大豆油具有不同的指纹图谱(彩图请扫封底二维码)

利用电子鼻技术区分反复加热的大豆油:已经完成了 3 种不同品牌食用油反复加热的电子鼻检测,虽然不同品牌电子鼻在不同模式识别系统中的区分效果略有差异,但是结果均显示,电子鼻可以有效区分反复加热的大豆油样品。

a. PCA 模型分析反复加热对大豆油品质的影响

模式识别系统 PCA 可以分析电子鼻原始数据,构建的模型中,PC1 和 PC2 的贡献率超过了 99%,可以有效区分经过不同次数加热的大豆油。图 6-101 显示,DDHY 品牌的大豆油依照加热次数大致沿着 PC1 轴呈现由正半轴向负半轴分布的趋势。其他品牌大豆油也表现出类似的结果(图 6-102 和图 6-103)。

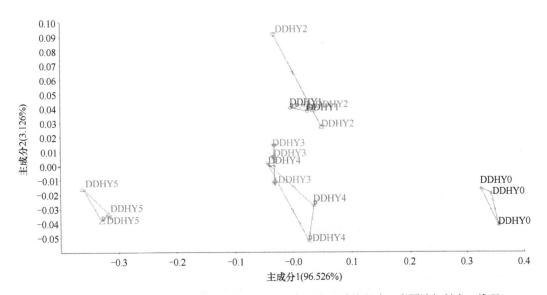

图 6-101　利用 PCA 模型分析反复加热对 DDHY 大豆油品质的影响(彩图请扫封底二维码)

b. DFA 模型分析反复加热对大豆油品质的影响

分析结果表明,模式识别系统 DFA 也可以有效分析电子鼻原始数据,构建的模型中,DF1 和 DF2 的贡献率也超过了 99%,可以有效区分经过不同次数加热的大豆油。图 6-104 显示,DDHY 品牌的大豆油依照加热次数大致沿着 DF1 轴呈现由负半轴向正半

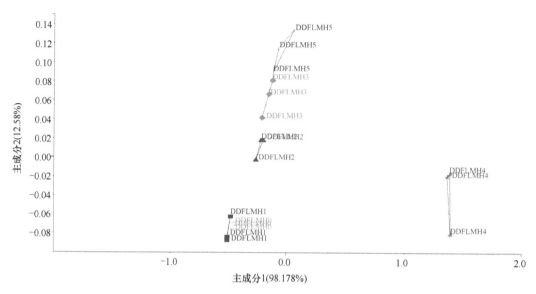

图 6-102　利用 PCA 模型分析反复加热对 DDFLM 大豆油品质的影响（彩图请扫封底二维码）

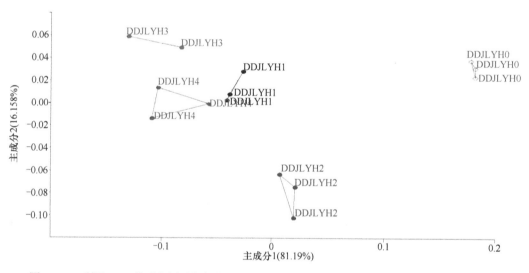

图 6-103　利用 PCA 模型分析反复加热对 DDJLY 大豆油品质的影响（彩图请扫封底二维码）

轴分布的趋势，其中以经过 5 次加热的大豆油与其他样品的区分度最好。DDFLM 和 DDJLY 等其他品牌的大豆油也表现出类似结果（图 6-105 和图 6-106）。

　　c. SQC 模型分析反复加热对大豆油品质的影响

　　为了进一步研究模式识别系统对电子鼻原始数据的解读能力，我们构建了 SQC 模型。结果显示，不同加热次数的大豆油样品与对照食用油存在差异，而且差异随着加热次数的增加呈现逐渐增强的趋势（图 6-107）。SQC 模型也可以用于研究不同加热次数对 DDFLM 和 DDJLY 等品牌大豆油的影响（图 6-108 和图 6-109）。

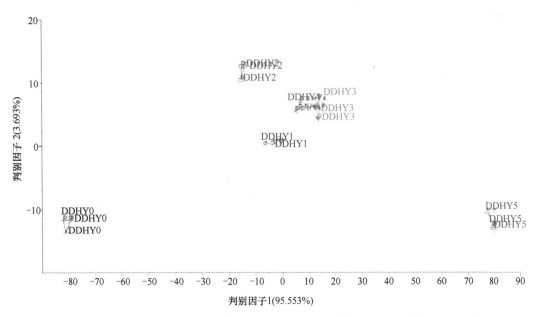

图 6-104 利用 DFA 模型分析反复加热对 DDHY 大豆油品质的影响（彩图请扫封底二维码）

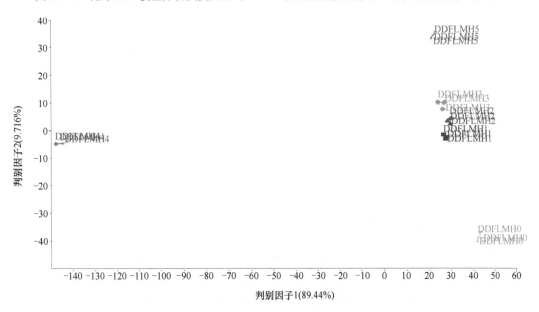

图 6-105 利用 DFA 模型分析反复加热对 DDFLM 大豆油品质的影响（彩图请扫封底二维码）

电子鼻分析技术在区分反复加热其他植物食用油的应用：利用建立的电子鼻技术检测体系，还研究了反复加热对其他食用油的影响。结果显示，葵花油、玉米油、菜籽油、花生油等食用油在反复加热后，油品品质出现了显著变化，其色泽也表现出与大豆油类似的加深趋势（图 6-110）。利用电子鼻的 SQC 模型可以有效区分不同加热次数的植物食用油（图 6-111～图 6-113）。

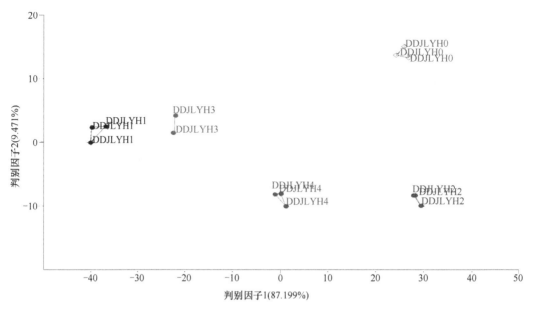

图 6-106　利用 DFA 模型分析反复加热对 DDJLY 大豆油品质的影响（彩图请扫封底二维码）

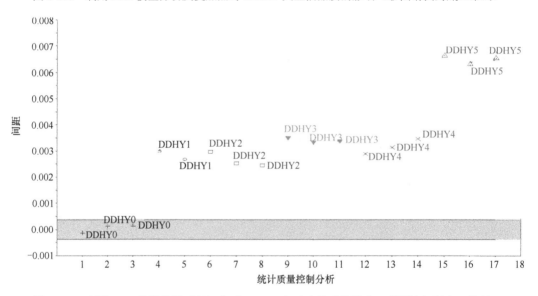

图 6-107　利用 SQC 模型分析反复加热对 DDHY 大豆油品质的影响（彩图请扫封底二维码）

3）小结

通过建立不同品种食用油的电子鼻检测体系，开展了食用油用量、温度、时间和进样体积、速率等参数的筛选与确定；分别用主成分分析（PCA）、判别因子分析（DFA）、统计质量控制分析（SQC）模式识别系统分析了反复加热的大豆油的品质。在完成大豆油的工作基础上，拓展了研究内容，利用优选的 SQC 模型进一步建立了菜籽油、葵花油、玉米油等多种食用油热加工品质的电子鼻分析方法，建立的 SQC 模型具有易读性强、分析效果好等优点。

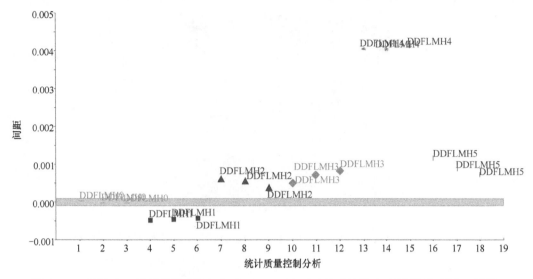

图 6-108 利用 SQC 模型分析反复加热对 DDFLM 大豆油品质的影响（彩图请扫封底二维码）

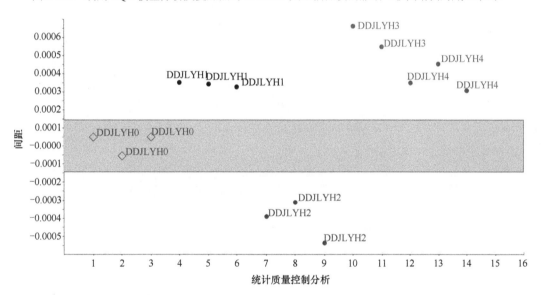

图 6-109 利用 SQC 模型分析反复加热对 DDJLY 大豆油品质的影响（彩图请扫封底二维码）

6.3.6 展望

考虑到植物油掺假情况的复杂性及各种方法的局限性，在食用油掺假检测中，应针对具体情况选择适合的方法才能达到食用油的有效鉴别。目前用于植物油种类鉴别的方法主要是理化方法和分子生物学方法。色谱法和质谱法主要通过分析不同植物油中的脂肪酸、植物甾醇、甘油三酯（TAG）等的种类及含量来区分各种植物油。光谱法和智能感官仿生技术无须对样品进行复杂前处理，操作简单，分析速度快，可以实现样品的无损检测。但由于食品中所含化学成分易受品种、产地、种植环境、采收时间、加工条

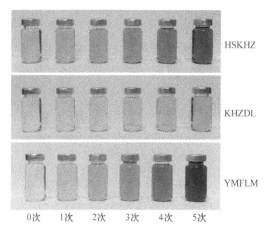

图 6-110　反复多次加热对植物食用油色泽品质的影响（彩图请扫封底二维码）

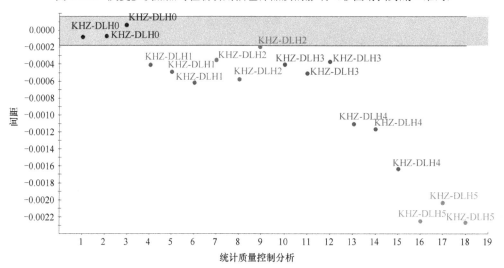

图 6-111　利用 SQC 模型分析反复加热对葵花油品质的影响（彩图请扫封底二维码）

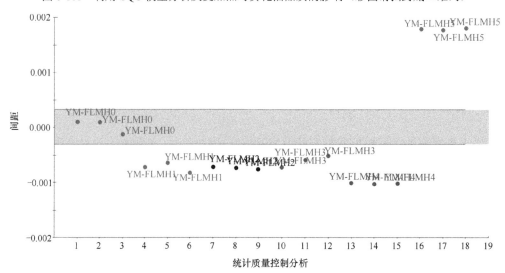

图 6-112　利用 SQC 模型分析反复加热对玉米油品质的影响（彩图请扫封底二维码）

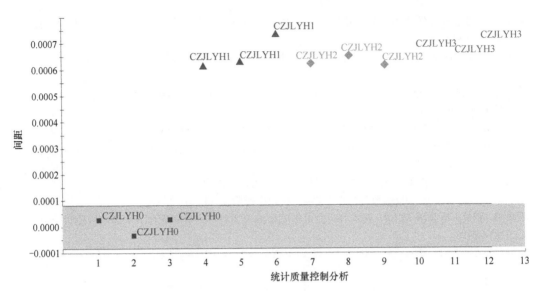

图 6-113 利用 SQC 模型分析反复加热对菜籽油品质的影响

件及储运方式等因素的影响，进而会直接影响到上述检测方法的可靠性。此外，对于一些组成成分比较相近，特别是对存在大量同分异构体化合物的植物油往往也不能很好地区分。而且影响理化或仪器鉴伪技术取样代表性的因素非常多，要保证其方法的可靠性，需要大量的检测样本，建立有效的数据库和科学的模型分析技术。

基于 DNA 的分子生物学技术能迅速、准确、灵敏地鉴别不同物种，为食品中物种成分的真伪鉴别提供了可靠的依据，在一定程度上弥补了理化方法进行食用油种类鉴别的不足，正成为国际上倍受关注的研究方向。但同时又面临着精炼植物油中 DNA 提取的难题。虽然大量研究表明，无论是初榨还是精炼的植物油中都存在可用分子生物学手段进行研究的 DNA，但由于不同食用油的加工工艺不同，需要采取不同的 DNA 提取方法。在对 DNA 进行分析时，目的片段的选择也非常重要。食用油中 DNA 降解程度高，太长的目的片段可能导致 PCR 扩增失败，而太短又会影响到结果的特异性，且容易导致污染。随着二代测序技术、数字 PCR 等新型分子检测鉴别技术的开发，分子生物学技术在食用油品种高通量、精准鉴别及定量检测中将会有新的突破，也会使其具有更加广阔的应用前景。

食用油种类及品质鉴别技术的建立有利于完善目前的食用油质量控制体系，促进食用油生产加工和进出口贸易的繁荣发展，将为食用油产品的质量安全管理提供科学手段，有利于国内食用油市场的规范、高端食用油进出口贸易的顺利进行和整个食用油行业的健康发展。

参 考 文 献

陈士林, 庞晓慧, 姚辉. 2011. 中药 DNA 条形码鉴定体系及研究方向.世界科学技术: 中医药现代化, 13(5): 747-754.

陈颖, 吴亚君. 2011. 基因检测技术在食品物种鉴定中的应用. 色谱, 29(7): 594-600.

郭秋兰, 孙艺, 宋美英. 2016. 电感耦合等离子体质谱法同时测定燕窝中 14 种元素含量. 粮食流通技术, 5(9): 103-106.

韩建勋. 2010. 常见果汁及其饮料中水果源性成分的分子生物学鉴别技术研究. 中国农业大学硕士学位论文.

韩建勋, 黄文胜, 吴亚君, 等. 2010. 果汁中梨成分分子生物学鉴伪-实时荧光 PCR 方法研究. 中国食品学报, 10(1): 207-213.

侯雁. 2010. 电泳技术在燕窝鉴别中的应用. 广州中医药大学硕士学位论文.

侯雁, 冼小敏, 林洁茹, 等. 2010. 燕窝对 ConA 刺激下大鼠淋巴细胞增殖的增效作用. 中国当代医药, 17(26): 9-11.

胡珊梅, 赖东美. 1999. 燕窝的聚丙烯酰胺凝胶电泳法鉴别. 中国中药杂志, 6: 11-21.

胡雅妮, 李峰, 康廷国. 2003. 燕窝的研究进展. 中国中药杂志, 11: 10-12.

华永有, 杨艳, 林美华. 2010. 高效液相色谱法测定燕窝类保健品中唾液酸. 中国卫生检验杂志, 10: 2454-2456.

黄华军, 奚星林, 陈文锐, 等. 2003. 分光光度法检测燕窝及其制品中燕窝含量. 广州食品工业科技, 3: 68-69.

吉卉. 2010. 基于红外光谱的花椒品质快速检测技术研究. 西北农林科技大学硕士学位论文.

简叶叶, 李庆旺, 黄灿灿, 等. 2016. 干燕窝与炖煮燕窝的营养成分分析与比较. 福建轻纺, 3: 32-38.

李娟, 范璐, 邓德文, 等. 2008. 近红外光谱法主成分分析 6 种植物油脂的研究. 河南工业大学学报(自然科学版), 29(5): 18-21.

李星鑫, 付一帆, 周宇, 等. 2012. 不同热力灭菌条件对锦橙汁品质的影响及其 DNA 稳定性分析. 食品科学, 33(5): 109-113.

理查德 J. 辛普森, 何大澄. 2006. 蛋白质与蛋白质组学实验指南. 北京: 化学工业出版社.

刘贤青, 涂虹, 王守创, 等. 2016. 不同类型柑橘果实汁胞中类黄酮的液相色谱质谱联用分析. 植物生理学报, 52(5): 762-770.

马雪婷, 张九凯, 陈颖, 等. 2018a. 燕窝真伪鉴别研究发展趋势剖析与展望. 食品科学, 40(7): 296-303.

马雪婷, 张九凯, 陈颖, 等. 2018b. 燕窝多元素的分布及溯源信息研究. 食品与机械, 35(2): 66-71.

牛丽影, 胡小松, 赵镭, 等. 2009. 稳定同位素比率质谱法在 NFC 与 FC 果汁鉴别上的应用初探. 中国食品学报, 9(4): 192-197.

孙素琴, 梁曦云, 杨显荣. 2001. 6 种燕窝的傅里叶变换红外光谱法原性状快速鉴别. 分析化学, 5: 552-554.

唐慧英, 鄢丹, 武彦文, 等. 2009. FTIR 用于不同商品等级鹿茸的品质评价. 世界科学技术(中医药现代化), 11(2): 283-286.

唐亚丽, 施用晖, 赵伟, 等. 2008. 聚丙烯酰胺凝胶电泳及其在食品检测中的应用. 食品与发酵工业, 33(12): 111-116.

田雪琴, 吴厚玖. 2013. 柑橘汁掺假检测技术的研究进展. 食品工业, 34(4): 163-166.

涂剑锋, 查代明, 司方方. 2009. PCR 法鉴别鹿茸真伪. 上海畜牧兽医通讯, 2: 55.

文惠玲, 汪冶, 申欣. 1996. 3 种伪品燕窝的鉴别. 中国中药杂志, 10: 10-11.

翁榕安, 李树华. 2008. 冬虫夏草与其混伪品北虫草的 ITS 测序鉴别. 湖南师范大学学报(医学版), 5(3): 42-45.

乌日罕, 陈颖, 吴亚君, 等. 2007. 燕窝真伪鉴别方法及国内外研究进展. 检验检疫科学, 17(4): 60-62.

乌日罕, 陈颖, 吴亚君, 等. 2008. 燕窝 DNA 提取方法比较. 食品与发酵工业, (3): 33-36.

钟其顶, 王道兵, 熊正河. 2011. 稳定氢氧同位素鉴别非还原(NFC)橙汁真实性应用初探. 饮料工业, 14(12): 6-9.

Ashurst P R. 2013. Production and packaging of non-carbonated fruit juices and fruit beverages. Springer Science & Business Media, 1(1): 1-10.

Barreca D, Gattuso G, Bellocco E, et al. 2017. Flavanones: Citrus phytochemical with health-promoting properties. BioFactors, 43(4): 495-506.

Benson D A, Cavanaugh M, Clark K, et al. 2012. GenBank. Nucleic Acids Research, gks1195.

Berrueta L A, Alonso-Salces R M, Berger K H. 2007. Supervised pattern recognition in food analysis. Journal of Chromatography A, 1158(1): 196-214.

Blanch G P , CAJA, MARÍA DEL MAR, RUIZ DEL CASTILLO, MARÍA LUISA, et al. 1998. Comparison of Different Methods for the Evaluation of the Authenticity of Olive Oil and Hazelnut Oil. Journal of Agricultural and Food Chemistry, 46(8): 3153-3157.

Bottero M T, Civera T, Anastasio A, et al. 2002. Identification of Cow's Milk in "Buffalo" Cheese by Duplex Polymerase Chain Reaction. J Food Prot, 65: 362-366.

Caristi C, Bellocco E, Gargiulli C, et al. 2006. Flavone-di-C-glycosides in citrus juices from Southern Italy. Food Chemistry, 95(3): 431-437.

Chaaban H, Ioannou I, Chebil L, et al. 2017. Effect of heat processing on thermal stability and antioxidant activity of six flavonoids. Journal of Food Processing and Preservation, 41(5): 12.

Chen Y, Wu Y, Wang J, et al. 2009. Identification of cervidae DNA in feedstuff using a real-time polymerase chain reaction method with the new fluorescence intercalating dye EvaGreen. Journal of AOAC International, 92(1): 175-180.

Coelho R C L A, Hermsdorff H H M, Bressan J. 2013. Anti-inflammatory properties of orange juice: Possible favorable molecular and metabolic effects. Plant Foods for Human Nutrition, 68(1): 1-10.

Consolandi C, Palmieri L, Severgnini M, et al. 2008. A procedure for olive oil traceability and authenticity: DNA extraction, multiplex PCR and LDR–universal array analysis. European Food Research and Technology, 227(5): 1429-1438.

Costa J, Mafra I, Amaral J S, et al. 2010. Detection of genetically modified soybean DNA in refined vegetable oils. Eur Food Res Technol, 230: 915-923.

Cubero-Leon E, Pealver R, Maquet A. 2014. Review on metabolomics for food authentication. Food Research International, 60: 95-107.

Dąbrowska A, Wałecka E, Bania J, et al. 2010. Quality of UHT goat's milk in Poland evaluated by real-time PCR. Small Ruminant Research, 94(1-3): 32-37.

Dalmasso A, Civera T, Neve F L, et al. 2011. Simultaneous detection of cow and buffalo milk in mozzarella cheese by Real-Time PCR assay. Food Chemistry, 124(1): 362-366.

Dasenaki M E, Drakopoulou S K, Aalizadeh R, et al. 2019. Targeted and untargeted metabolomics as an enhanced tool for the detection of pomegranate juice adulteration. Foods, 8(6): 212.

Dhuique-Mayer C, Tbatou M, Carail M, et al. 2007. Thermal degradation of antioxidant micronutrients in citrus juice: Kinetics and newly formed compounds. Journal of Agricultural and Food Chemistry, 55(10): 4209-4216.

Drummond T G, Hill M G, Barton J K. 2003. Electrochemical DNA sensors, Nature Biotechnology, 21(10): 1192-1199.

Filho N R, Carrilho E, Lancas F M, et al. 1993. Fast quantitative analysis of soybean oil in olive oil by high-temperature capillary gas chromatography. Journal of the American Oil Chemists' Society, 70(10): 1051-1053.

Galal-Khallaf A, Ardura A, Borrell Y J, et al. 2016. Towards more sustainable surimi PCR-cloning approach for DNA barcoding reveals the use of species of low trophic level and aquaculture in Asian surimi. Food Control, 61: 62-69.

Goodner K L, Baldwin E A, Jordãn M J, et al. 2000. The use of an electronic nose to differentiate NFC orange juices. Proceedings of the Florida State Horticultural Society, 113: 304-306.

Gryson N, Ronsse F, Messens K, et al. 2002. Detection of DNA During the Refining of Soybean Oil. J AOCS, 79(2): 171-174.

Guo C T, Takahashi T, Bukawa W, et al. 2006. Edible bird's nest extract inhibits influenza virus infection. Antiviral research, 70(3): 140-146.

Hansson A, Andersson J, Leufv N A, et al. 2001. Effect of changes in pH on the release of flavour compounds from a soft drink-related model system. Food Chemistry, 74(4): 429-435.

Hebert P D N, Cywinska A, Ball S L. 2003. Biological identifications through DNA barcodes. Proceedings of the Royal Society of London B: Biological Sciences, 270(1512): 313-321.

Hellebrand M, Nagy M, Mörsel J, et al. 1998. Determination of DNA traces in rapeseed oil. Z Lebensm Unters Forsch A, 206: 237-242.

Hummers W S, Offeman R E. 1958. Preparation of graphitic oxide. Journal of the American Chemical Society, 80(6): 1339.

Jandrić Z, Islam M, Singh D K, et al. 2017. Authentication of Indian citrus fruit/fruit juices by untargeted and targeted metabolomics. Food Control, 72: 181-188.

Jandrić Z, Roberts D, Rathor M N, et al. 2014. Assessment of fruit juice authenticity using UPLC-QToF MS: A metabolomics approach. Food Chemistry, 148: 7-17.

Kerr K C R, Stoeckle M Y, Dove C J, et al. 2007. Comprehensive DNA barcode coverage of North American birds. Molecular Ecology Notes, 7(4): 535-543.

Khan M K, Zill E H, Dangles O. 2014. A comprehensive review on flavanones, the major citrus polyphenols. Journal of Food Composition and Analysis, 33(1): 85-104.

Kim K C, Kang K A, Lim C M, et al. 2012. Water extract of edible bird's nest attenuated the oxidative stressinduced matrix metalloproteinase-1 by regulating the mitogen-activated protein kinase and activator protein-1 pathway in human keratinocytes. Journal of the Korean Society for Applied Biological Chemistry, 55(3): 347-354.

Kim S, Kim J, Yun E J, et al. 2016. Food metabolomics: from farm to human. Current Opinion in Biotechnology, 37: 16-23.

Kong Y C, Keung W M, Yip T T, et al. 1987. Evidence that epidermal growth factor is present in swiftlet's (Collocalia) nest. Comparative Biochemistry and Physiology, 87B(2): 221-226.

Lerma-Garc A M J, D'amato A, Sim-Alfonso E F, et al. 2016. Orange proteomic fingerprinting: From fruit to commercial juices. Food Chemistry, 196: 39-49.

Lerma-García M J., Cerretani L, Cevoli C, et al. 2010. Use of electronic nose to determine defect percentage in oils. Comparison with sensory panel results. Sensors and Actuators B, 147: 283-289.

Li S J, Wang Z, Ding F, et al. 2014. Content changes of bitter compounds in 'Guoqing No.1' Satsuma mandarin (Citrus unshiu Marc.) during fruit development of consecutive 3 seasons. Food Chemistry, 145: 963-969.

Li Y, Wu Y, Han J, et al. 2012. Species-specific identification of seven vegetable oils based on suspension bead array. Journal of Agricultural and Food Chemistry, 60(9): 2362-2367.

Lopez-Sanchez P, De Vos R C, Jonker H H, et al. 2015. Comprehensive metabolomics to evaluate the impact of industrial processing on the phytochemical composition of vegetable purees. Food Chemistry, 168: 348-355.

Lu Q, Peng Y, Zhu C, et al. 2018. Effect of thermal treatment on carotenoids, flavonoids and ascorbic acid in juice of orange cv. Cara Cara. Food Chemistry, 265: 39-48.

Ma F, Liu D. 2012. Sketch of the edible bird's nest and its important bioactivities. Food Research International, 48(2): 559-567.

Mane B G, Mendiratta S K, Tiwari A K, et al. 2009. Polymerase chain reaction assay for identification of chicken in meat and meat products. Food Chemistry, 116(3): 806-810.

Marcone M F. 2005. Characterization of the edible bird's nest the "Caviar of the East". Food Research International, 38(10): 1125-1134.

Mart Nez-Hern N G B, Boluda-Aguilar M, Taboada-Rodr G A, et al. 2016. Processing, Packaging, and Storage of Tomato Products: Influence on the Lycopene Content. Food Engineering Reviews, 8(1): 52-75.

Michael J P. 2017. Acridone alkaloids. The Alkaloids Chemistry and Biology, 78: 1-108.

Morgan J A T, Welch D J, Harry A V, et al. 2011. A mitochondrial species identification assay for Australian blacktip sharks (Carcharhinus tilstoni, C. limbatus and C. amblyrhynchoides) using real-time PCR and high-resolution melt analysis. Molecular Ecology Resources, 11(5): 813-819.

Muñoz-Colmenero M, Martínez J L, Roca A, et al. 2015. Authentication of commercial candy ingredients using DNA PCR-cloning methodology. Journal of the Science of Food and Agriculture, 1: 1-10.

Murano E. 1995. Chemical structure and quality of agars from Gracilaria. Journal of Applied Phycology, 7: 245-254.

Murray M G, Thompson W F. 1980. Rapid isolation of high molecular weight plant DNA. Nucleic Acids Research, 19(8): 4321-4326.

Muzzalupo I, Perri E. 2002. Recovery and characterisation of DNA from virgin olive oil. Eur Food Res Technol, 214: 528-531.

Nurfatin M H, Syarmila I K E, Nur'aliah D, et al. 2016. Effect of enzymatic hydrolysis on Angiotensin converting enzyme(ACE)inhibitory activity in swiftlet saliva. International Food Research Journal, 23(1): 141-146.

Oliveras-López M J, Cerezo A B, Escudero-López B, et al. 2016. Changes in orange juice(poly)phenol composition induced by controlled alcoholic fermentation. Analytical Methods, 8(46): 8151-8164.

Pafundo S, Busconi M, Agrimonti C, et al. 2010. Storage-time effects on olive oil DNA assessed by Amplified Fragments Length Polymorphisms. Food Chemistry, 123(3): 787-793.

Pauli U, Liniger M, Zimmermann A. 1998. Detection of DNA in soybean oil. Z Lebensm Unters Forsch A, 207: 264-267.

Peng Q, Zhong X, Lei W, et al. 2013. Detection of *Ophiocordyceps sinensis* in soil by quantitative real-time PCR. Canadian Journal of Microbiology, 59(3): 204-209.

Qiu S, Wang J, Gao L. 2014. Discrimination and characterization of strawberry juice based on electronic nose and tongue: Comparison of different juice processing approaches by LDA, PLSR, RF, and SVM. Journal of Agricultural and Food Chemistry, 62(27): 6426-6434.

Quek M C, Chin N L, Yusof Y A, et al. 2018. Characterization of edible bird's nest of different production, species and geographical origins using nutritional composition, physicochemical properties and antioxidant activities. Food Research International, 109: 35-43.

Ratnasingham S, Hebert P D N. 2007. BOLD: The Barcode of Life Data System(http://www.barcodinglife. org). Molecular Ecology Notes, 7(3): 355-364.

Rohman A, Che M Y B, Farahwahida M. 2014. The use of FTIR spectroscopy and chemometrics for rapid authentication of extra virgin olive oil. Am Oil Chem. Soc, 2014, 91(2): 207-213.

Ruiz-Samblás C, Cuadros-Rodríguez L, González-Casado A. 2011. Multivariate analysis of HT/GC-(IT) MS chromatographic profiles of triacylglycerol for classification of olive oil varieties. Analytical and Bioanalytical Chemistry, 399(6): 2093-2103.

Saavedra L, García A, Barbas C. 2000. Development and validation of a capillary electrophoresis method for direct measurement of isocitric, citric, tartaric and malic acids as adulteration markers in orange juice. Journal of Chromatography A, 881(1): 395-401.

Saengkrajang W, Matan N, Matan N. 2013. Nutritional composition of the farmed edible bird's nest (*Collocalia fuciphaga*) in Thailand. Journal of Food Composition and Analysis, 31(1): 41-45.

Sankaran R. 2001. The status and conservation of the Edible-nest Swiftlet (*Collocalia fuciphaga*) in the Andaman and Nicobar Islands. Biological Conservation, 97(3): 283-294.

Scaravelli E, Brohee M, Marchelli R, et al. 2008. Development of three real-time PCR assays to detect peanut allergen residue in processed food products. European Food Research and Technology, 227(3): 857-869.

Seow E K, Ibrahim B, Muhammad S A, et al. 2016. Discrimination between cave and house-farmed edible bird's nest based on major mineral profiles. Pertanika Journal of Tropical Agricultural Science, 39(2): 181-195.

Shah S W, Aziz N A. 2014. Morphology of the lingual apparatus of the Swiftlet, *Aerodramus fuciphagus* (Aves, Apodiformes, Apodidae). Journal of Microscopy and Ultrastructure, 2(2): 100-103.

Sherry A D. 2006. Applications of Luminex xMAPTM technology for rapid, high-throughput multiplexed nucleic acid detection. Clinica Chimica Acta, 363(1): 71-82.

Singh A, Sachdev N, Shrivastava A, et al. 2010. A novel and facile oxidation of D-glucose by N-bromophthalimide in the presence of chloro-complex of ruthenium(III). Synthesis and Reactivity in

Inorganic Metal-Organic and Nano-Metal Chemistry, 40: 947-954.

Szultka M, Buszewska-Forajta M, Kaliszan R, et al. 2014. Determination of ascorbic acid and its degradation products by high-performance liquid chromatography-triple quadrupole mass spectrometry. Electrophoresis, 35(4): 585-592.

Tsugawa H, Kind T, Nakabayashi R, et al. 2016. Hydrogen rearrangement rules: Computational MS/MS fragmentation and structure elucidation using MS-FINDER software. Analytical Chemistry, 88(16): 7946-7958.

Tsugita A, Kawakami T, Uchida T. 2000. Proteome analysis of mouse brain: two-dimensional electrophoresis profiles of tissue proteins during the course of aging. Electrophoresis, 21(9): 1853-1871.

Uyckens F, Claeys M. 2004. Mass spectrometry in the structural analysis of flavonoids. Journal of Mass Spectrometry: JMS, 39(1): 1-15.

Vaclavik L, Schreiber A, Lacina O, et al. 2012. Liquid chromatography-mass spectrometry-based metabolomics for authenticity assessment of fruit juices. Metabolomics, 8(5): 793-803.

Vegara S, Martí N, Mena P, et al. 2013. Effect of pasteurization process and storage on color and shelf-life of pomegranate juices. LWT-Food Science and Technology, 54(2): 592-596.

Vimala B, Hussain H, Nazaimoon W M W. 2012. Effects of edible bird's nest on tumour necrosis factor-alpha secretion, nitric oxide production and cell viability of lipopolysaccharide-stimulated RAW 264.7 macrophages. Food and Agricultural Immunology, 23(4): 303-314.

Wang B, Shen Y, Liao Q, et al. 2013. Breeding biology and conservation strategy of the Himalayan swiftlet (*Aerodramus brevirostris innominata*) in southern China. Biodiversity Science, 21(1): 54-61.

Wang H, Sun H, Kwon W, et al. 2010. A PCR-based SNP marker for specific authentication of Korean ginseng (*panax ginseng*) cultivar "Chunpoong". Molecular Biology Reports, 37(2): 1053-1057.

Wei X, Xu N, Wu D, et al. 2014. Determination of branched-amino acid content in fermented Cordyceps sinensis mycelium by using FT-NIR spectroscopy technique. Food and Bioprocess Technology, 7(1): 184-190.

Włodarska K, Khmelinskii I, Sikorska E. 2018. Authentication of apple juice categories based on multivariate analysis of the synchronous fluorescence spectra. Food Control, 86: 42-49.

Wong E H K, Hanner R H. 2008. DNA barcoding detects market substitution in North American seafood. Food Research International, 41(8): 828-837.

Wu Y J, Chen Y, Ge Y Q, et al. 2008. Detection of olive oil using the evagreen real-time PCR method. European Food Research and Technology, 227(4): 1117-1124.

Wu Y J, Chen Y, Wang B, et al. 2010. SYBR green real time PCR used to detect celery ingredient in food. Journal of AOAC International, 93(5): 1530-1536.

Wu Y, Chen Y, Wang B, et al. 2010. Application of SYBRgreen PCR and 2DGE methods to authenticate edible bird's nest food. Food Research International, 43(8): 2020-2026.

Xu L, Yan S, Ye Z, et al. 2013. Combining electronic tongue array and chemometrics for discriminating the specific geographical origins of green tea. Journal of Analytical Methods in Chemistry, 2013: 1-5.

Zhang G, Wang H, Xie W, et al. 2019. Comparison of triterpene compounds of four botanical parts from *Poria cocos* (Schw.) wolf using simultaneous qualitative and quantitative method and metabolomics approach. Food Research International, 121: 666-677.

Zhang J K, Yu Q H, Cheng H Y, et al. 2018. Metabolomic approach for the authentication of berry fruit juice by liquid chromatography quadrupole time-of-flight mass spectrometry coupled to chemometrics. Journal of Agricultural and Food Chemistry, 66(30): 8199-8208.

Zhang S, Lai X, Liu X, et al. 2012. Competitive enzyme-linked immunoassay for sialoglycoprotein of edible bird's nest in food and cosmetics. Journal of Agricultural and Food Chemistry, 60(14): 3580-3585.

Zhang S, Lai X, Liu X, et al. 2013. Development of monoclonal antibodies and quantitative sandwich enzyme linked immunosorbent assay for the characteristic sialoglycoprotein of edible bird's nest. Journal of Immunoassay and Immunochemistry, 34(1): 49-60.

Zhang X W, Wei S, Sun Q Q, et al. 2018. Source identification and spatial distribution of arsenic and heavy metals in agricultural soil around Hunan industrial estate by positive matrix factorization model, principle components analysis and geo statistical analysis. Ecotoxicology and Environmental Safety, 159: 354-362.

Zhang X, Wei S, Sun Q, et al. 2018. Source identification and spatial distribution of arsenic and heavy metals in agricultural soil around Hunan industrial estate by positive matrix factorization model, principle components analysis and geo statistical analysis. Ecotoxicol Environ Saf, 159: 354-362.

Zhang Y, Chen J, Lei Y, et al. 2010. Evaluation of different grades of ginseng using Fourier-transform infrared and two-dimensional infrared correlation spectroscopy. Journal of Molecular Structure, 974(1-3): 94-102.

7 基于文献计量的食品真实性鉴别研究态势分析

食品真实性是指食品的性质、来源、身份和要求是真实的和无可争议的，并且满足预期的性质。"食品真实性"与"食品安全""食品质量"并列，是食品的三大属性之一。食品掺假，也称为食品欺诈，是指蓄意和故意的对食品、食品原料或食品包装的替换、添加、篡改或误解，或为了经济利益，在产品上错误的标注、误导性的说明（Kendall et al.，2018；Zhang and Xue，2016）。随着全球食品供应链的延长和日趋复杂，再加上新业态、新食品、新商业模式层出不穷，经济利益驱动的食品掺假现象屡见不鲜，正成为一个全球性话题（Esteki et al.，2019；Soon et al.，2019）。食品掺假手段从最初的缺斤少两、稀释勾兑等简单手段发展为利用现代食品科学技术"弃真存伪"等形式，包括原料品质以次充好、掺入劣质品或违禁成分、冒充或虚标原产地、假冒物种或品种等（俞邱豪等，2016；杨杰等，2015）。食品掺假现象不仅影响消费者权益，影响食品产业信誉，还关系着安全问题（van Ruth et al.，2018；陈颖等，2007）。未标识的食品成分往往会成为潜在的安全隐患，如过敏原及有毒成分会影响消费者的健康，错误的标签也可能会违背特定群体的饮食习惯。近年来经济利益驱使的食品掺假使假这个无孔不入的社会痼疾已日益凸显，我国已将食品掺假纳入了政府对食品安全危机的监管范畴（Liu et al.，2018；赵方圆等，2012）。

食品真实性鉴别研究是针对食品经济利益驱动造假、虚假标注、以次充好等现象，综合运用物理、化学、生物学等学科的前沿科技手段，对食品对象如生产原料、辅助材料、半成品、成品及副产品等进行分析检测，涵盖了食品原料、加工和产品的全过程（Schieber，2018；陈颖和吴亚君，2011；陈颖等，2008）。随着食品掺假范围越来越广、形式越来越多样，食品真实性鉴别的内涵也在不断演变，其主要目标包括种类鉴定、产地溯源、品质识别、掺假（杂）鉴别、工艺鉴定、品牌鉴别、标签符合等（Danezis et al.，2016；Everstine et al.，2013）。食品真实性鉴别是一个跨学科的交叉研究领域（Böhme et al.，2019a）。就技术手段而言，现代食品真实性鉴别手段主要包括代谢组学技术、基因组学技术、蛋白质技术和智能无损检测技术等类别（Callao and Ruisánchez，2018；Ortea et al.，2016；Cubero-Leon et al.，2014；Reid et al.，2006）。其中，基因组学技术主要是指基因条形码技术、DNA 指纹图谱技术、分子标记技术、芯片技术、PCR 技术及环介导等温扩增（loop-mediated isothermal amplification，LAMP）、试纸条等；蛋白质技术主要指氨基酸分析、电泳技术和免疫技术；代谢组学技术主要指各类色谱技术、光谱技术和质谱技术；无损检测技术主要是指包括电子鼻、电子舌在内的现代传感器技术（田尉婧等，2018；Esteki et al.，2018a，2018b；俞邱豪等，2016；Cordella et al.，2002）。随着国际贸易扩大、食品相关行业研究和政策交流的深入，食品掺假、掺伪和欺诈逐渐成为全球各国均需面对和解决的难题之一。因此，食品真实性鉴别已成为新时期食品安全领域的新兴研究热点和重要研究内容（房芳等，2019；马雪婷等，2019；Böhme et al.，2019a；Kendall et al.，2019；Sobolev，2019；陈颖，2014；陈颖等，2007）。

文献计量学是集数学、统计学、文献学为一体，定量描述、评价和预测学术现状和发展趋势的图书情报学研究分支，具有显著的客观性、定量化、模型化的宏观研究趋势（Ahmad et al.，2018；高俊宽，2005）。利用文献计量学的方法对科技期刊的发文进行统计和分析，可以有效地把握学科领域的研究热点、挖掘发展动态方向（Tao et al.，2015；Vijay and Raghavan，2007）。近些年来，文献计量方法在食品及农业科技创新领域的应用也越来越广泛，利用计量、统计、分析与比较等多重手段，剖析各研究领域的发展态势及研究机构的学科布局、学科优势和科研实力等（陈欢等，2019；王麒等，2019；Aleixandre-Tudó et al.，2019；Kamdem et al.，2019；陈颖等，2016；谢建华等，2011）。Kamdem 等（2019）采用文献计量法对 *Food Chemistry* 杂志 1976～2016 年收录的 20 050 篇文献进行了研究，分析了杂志发表的时间趋势、不同国家和代表机构的发文量、高被引论文及作者、关键词及合作分析情况。张南等（2017）应用文献计量学方法通过分析食品科学领域内发表论文的数量与质量，从食品学科竞争力角度出发，对国家和代表机构的学科竞争力进行了可视化比较研究。郑床木等（2017）以截止到 2017 年 6 月 web of science 收录的食品组学相关论文为数据源，分析了食品组学概念提出、研究力量分布及主要发表刊物等，发现西班牙研究机构论文综合影响力较高，其发文量和被引频次均遥遥领先。赵美玲和秦卫平（2014）采用文献计量法对中国知网（national knowledge infrastructure，CNKI）全文期刊数据库中 2004～2011 年收录的食品安全研究文献进行了分析，结果表明，当前我国食品安全领域共有 11 个研究热点，并预测了各研究热点的发展趋势，为食品安全战略决策与专业研究人员提供资料参考。

食品种类多样，食品真实性鉴别技术层出不穷，但该领域发展历史和现状的定量描述分析较少。2016 年陈颖等采集整理了 1905～2014 年的食品真伪鉴别研究相关的文献，采用文献计量学的方法分析了世界食品真伪鉴别研究态势，总结了食品真伪鉴别领域的研究历程（陈颖等，2016）。近年来，随着跨境电商等食品新业态的出现，人造肉、3D 打印食品等新食品的涌现，以及食品组学、高通量测序、人工智能等新技术的发展，食品真实性鉴别的内涵也在不断丰富。本章结合领域的发展和相关技术的变革，新增及细化了部分食品真实性鉴别检索词，剔除了目前已经应用较少的技术类别，采集整理了 1984～2018 年的食品真实性鉴别研究相关的文献，以期更好地反映目前食品真伪鉴别的最新研究态势和热点前沿，从而为科研人员了解该研究领域的发展态势，为食品真实性及溯源研究人员和机构提供参考，避免重复性研究导致的科研资源浪费，为相关管理部门提供决策支持。

7.1 食品真实性鉴别研究基本情况图谱分析

7.1.1 时间趋势分析

全球关于食品真伪鉴别的研究可以追溯到 20 世纪初期，此后呈现出 3 个发展阶段：

1984～1994 年为第一阶段，技术逐渐起步，10 年间发文 40 篇，年均发文量不到 4 篇；1995～2004 年为第二阶段，为缓慢发展期，年发文量约有 40 篇，比前 10 年翻了 10 倍；第三阶段是 2005 年至今，为快速发展期，发文量呈直线上升态势，10 年间年发文量超过 300 篇（图 7-1）。可见食品真伪鉴别研究领域受到了越来越多的关注，已成为新时期食品研究领域的新兴研究热点和重要研究内容。

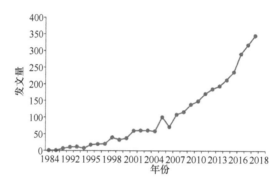

图 7-1　食品真伪鉴别研究论文年代分布（1984～2018 年）

近年来，随着人们生活水平日益提高、食品产业快速发展和食品安全控制水平不断提高，未来食品质量安全问题更多表现为对食品质量、品质、营养性的全产业链过程监控与综合保障。全球范围内食源性疾病发生概率在逐渐降低，食品原料、生产、经营等全链条中掺假使假现象却日益凸显，越来越引起世界各国关注。面对食品掺假使假手段不断翻新，掺假使假辨识的需求也越来越深入和多样化，真伪鉴别、种类鉴定、品质评价、溯源检测、地理标志、原产地保护、标签符合等食品打假鉴伪技术成为国内外食品质量安全研究的新热点，它涵盖食品原料生产—加工—产品流通全过程。从传统经验判断、感官鉴别到经典的生化分析、现代仪器分析方法，再到基因组学技术的应用，以及基于组学的食品表征识别与鉴伪技术，又使得食品真伪鉴别技术的研究和应用水平得到飞速发展。

7.1.2　国家和地区分析

根据科学网（web of science，WOS）的 SCI-EXPANDED 数据库筛选，在全世界范围内从事食品真伪领域研究的国家/地区共有 105 个（图 7-2），其中发文量排名前 10 位的国家依次为中国（China，14.6%）、西班牙（Spain，13.6%）、意大利（Italy，12.4%）、美国（USA，8.6%）、德国（Germany，5.1%）、印度（India，4%）、巴西（Brazil，3.9%）、英国（England，3.8%）、法国（France，3.8%）、韩国（South Korea，3.7%）。上述 10 个国家在食品真伪鉴别研究中的 SCI 论文发文量占总量的 66.8%，排名前 3 的中国、西班牙和意大利在发文总量上较为接近，占世界发文量的 39.8%，表明这三个国家在食品真伪鉴别研究中具有举足轻重的地位。

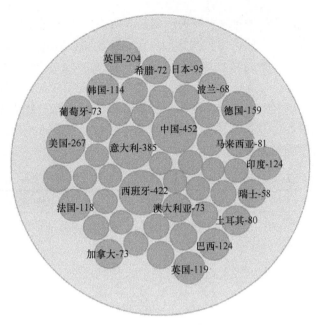

图 7-2　食品真伪鉴别研究论文国家（地区）分布（1984～2018 年）

　　图 7-3 分析了自 1984 年至今发文总量前 10 位国家的发文年度变化趋势。中国在食品真伪鉴别领域的研究中起步较晚，第一篇公开发表的文章出现在 1995 年，2005 年后进入发展期，文章数量逐渐增多，2012 年后年发文量均保持在 20 篇以上。从近 5 年的发展来看，西班牙、意大利和德国的研究机构发文量整体呈现稳中有降的发展趋势，美国是稳中有升，而中国的年度发文数量呈倍数级增长，2013 年后，中国成为全球发文量排名第一的国家，且远高于排名第二位的意大利。

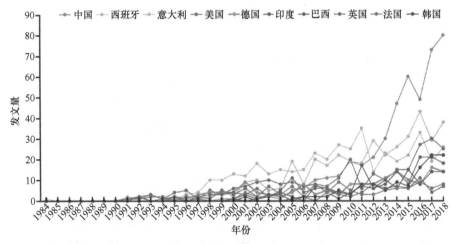

图 7-3　食品鉴别真伪研究论文发文量前 10 位国家（地区）发文时间分布（1984～2018 年）
（彩图请扫封底二维码）

　　在文献计量学研究领域，总被引频次可反映出发文国家在该研究领域的影响力，篇均被引次数则体现所发表论文的被关注程度。基于检索关键词信息和所选时间跨度，对

1984～2018 年世界范围内公开发表的关于食品真实性鉴别研究文献的引用情况汇总分析发现，总被引频次前 5 名的国家依次为西班牙、意大利、美国、中国和英国（表 7-1）。就篇均被引频次而言，英国是篇均被引频次最高的国家（43.47 次）；其次是西班牙，篇均被引频次为 34.64 次；法国篇均被引频次为 34.12，排在第 3 位；中国处于第 9 位，篇均被引频次为 17.53 次。综合比较，美国、韩国及欧洲国家等在食品真伪鉴别研究领域的实力较强，中国的发文总量虽然处于领先优势，但由于起步较晚，发文影响力排名靠后，需要进一步提高发文质量。

表 7-1　食品真伪鉴别研究论文发文量前 10 位国家被引情况（1984～2018 年）

国家	发文量/篇	总被引频次	排序	篇被引频次	排序
西班牙	422	14 585	1	34.64	2
意大利	385	11 638	2	30.23	5
美国	267	8 292	3	31.06	4
中国	452	7 923	4	17.53	9
英国	119	5 173	5	43.47	1
德国	159	4 570	6	28.74	6
法国	118	4 026	7	34.12	3
印度	124	2 621	8	21.14	7
巴西	122	2 421	9	19.84	8
韩国	114	1 474	10	12.93	10

7.1.3　国家和地区合作分析

除自主研究外，国际合作是当今科研工作者开展科学研究的重要形式之一。采用 VOSviewer 分析软件，以 1984～2018 年各国家在食品真伪鉴别研究领域合作发表的学术论文不少于 5 篇为阈值，构建了各国家间的国际合作网络图谱（图 7-4）。发文量最大的中国与澳大利亚、日本、巴西和美国等合作关系密切，在食品真伪鉴别研究领域的国际影响力和国际地位在近十年得到显著提升。与中国相比，美国国际合作程度较为深入，合作范围较为广泛。巴西、韩国、日本等与意大利、挪威、西班牙和法国等相比，发文数量较多，但对外国际合作数量较少。

7.1.4　研究机构分析

全球从事或参与食品真伪鉴别领域的研究机构超过 3000 家。1984～2018 年，发文前 10 位的机构中，3 家来自中国，西班牙、马来西亚、意大利各 2 家和葡萄牙 1 家。

上述机构的发文量占发文总量的 25.1%。其中美国农业部、西班牙高等科学研究委员会、法国农业科学研究院、法国国家科学研究中心和中国科学院分列 1～5 位，发文量依次为 567 篇、474 篇、456 篇、346 篇和 313 篇（表 7-2）。从总被引频次看前 5 位

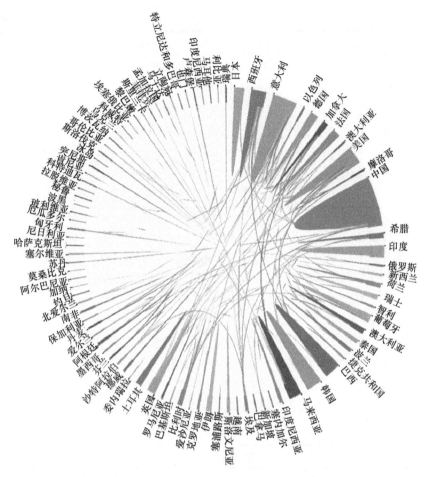

图 7-4 食品鉴别真伪研究论文主要国家合作分析（彩图请扫封底二维码）

表 7-2 食品真伪鉴别研究论文机构分布（1984~2018 年）

排序	研究机构	国家	年发文量/篇	总被引频次	排序	篇均被引频次	排序
1	USDA 美国农业部	美国	567	18743	1	33.06	10
2	CSIC 西班牙高等科学研究委员会	西班牙	474	15370	3	32.43	11
3	INRA 法国农业科学研究院	法国	456	16846	2	36.94	5
4	CNRS 法国国家科学研究中心	法国	346	11839	5	34.22	8
5	CAS 中国科学院	中国	313	10986	6	35.1	7
6	UCS 加州大学系统	美国	299	13171	4	44.05	2
7	NIH 美国国立卫生研究院	美国	290	10553	7	36.39	6
8	ICAR 印度农业研究委员会	印度	278	5214	13	18.76	18
9	CAAS 中国农业科学院	中国	274	3475	18	12.68	20
10	根特大学	比利时	269	9973	8	37.07	4
11	CNR 意大利国家研究委员会	意大利	255	5964	11	23.39	16
12	马德里康普顿斯大学	西班牙	231	6356	10	27.52	13
13	圣保罗大学	巴西	193	3277	19	16.98	19

排序	研究机构	国家	年发文量/篇	总被引频次	排序	篇均被引频次	排序
14	米兰大学	意大利	159	3434	17	21.6	17
15	佛罗里达州立大学	美国	156	3750	16	24.04	14
16	哥本哈根大学	丹麦	153	4265	15	27.88	12
17	瓦格宁根大学	荷兰	144	5744	12	39.89	3
18	北卡罗来纳大学	美国	138	4658	14	33.51	9
19	法国国家可持续发展研究所	法国	137	3206	20	23.4	15
20	康乃尔大学	美国	129	8026	9	62.22	1

的机构依次是美国农业部、法国农业科学研究院、西班牙高等科学研究委员会、加州大学系统和法国国家科学研究中心。从篇均被引频次看，康乃尔大学、加州大学系统、瓦格宁根大学根特大学和法国农业科学研究院的篇均被引频次最高，分别为62.22次、44.05次、39.89次、37.07次和36.94次。中国研究机构中，中国科学院的篇均被引频次相对较高，为35.1次，排名第7。

在国内，发文量排名前5位的机构依次为中国科学院、中国农业科学院、中国农业大学、浙江大学、中国检验检疫科学研究院（表7-3）。从排名靠前的中国机构的发文趋势来看，2004年是个分水岭，之前只有个别零星的文章，之后相对集中增多，说明2004年后国内开始重点关注食品真实性研究，成为热点。

表7-3　食品真伪鉴别中国发文量前5位研究机构分布（1984～2018年）

机构名称	年发文数量（篇）	总被引频次	排序	篇均被引频次	排序
中国农业科学院	51	1075	1	21.08	4
中国科学院	41	1025	2	25	3
浙江大学	36	966	3	26.83	2
中国农业大学	25	721	4	28.84	1
中国检验检疫科学研究院	19	260	5	13.68	5

7.1.5　研究期刊分析

截至2018年，Thomson Reuters公司制定的期刊引证报告（journal citation reports，JCR）分区中涉及食品科学与技术类的期刊共135种。1984～2018年，全球关于食品真伪鉴别研究类文献分布在126种期刊上，研究方向涉及食品科学、化学、生物化学与分子生物学、营养学、免疫学和光谱学等多种研究领域。其中，*Food Chemistry*、*Journal of Agricultural and Food Chemistry*、*Food Control*、*European Food Research and Technology*、*Food Analytical Methods*分列前5位，论文量依次为296篇、208篇、197篇、85篇和74篇（图7-5），占总论文量的27.78%。

图 7-5   食品真伪鉴别研究论文期刊论文（1984～2018 年）（彩图请扫封底二维码）

7.2   食品真实性鉴别研究热点图谱分析

7.2.1   真实性鉴别技术分析

食品真实性鉴别是一个跨学科的交叉研究领域。就技术手段而言，主要涉及基因组学技术、蛋白质组学技术、代谢组学技术和无损检测技术四大类。一篇文献中可能会涉及不止一项技术，通过对研究技术的统计分析可以更清晰地把握当前的研究动态，统筹各类技术的研究深度。

本节主要针对食品真伪鉴别技术的 4 大类：基因组学技术、蛋白质组学技术、代谢组学技术和无损检测技术进行分析。发现以 PCR、DNA 指纹图谱等为代表的基因组学技术文献量最多，占总量的 44%。其次，以光谱、色谱和质谱等为代表的代谢组学技术文献量排名第二，占 28%。排在第 3 位的是以电泳、免疫和蛋白质分析为代表的蛋白质组学技术（19%）。以电子鼻、电子舌等各类传感器为代表的无损检测技术排在第 4 位，占比 9%（图 7-6）。

各大类技术中，代谢组学技术是在食品真实性鉴别领域应用最早的一类技术，且随着时间的推移该类技术也在不断地改进和升级；其次为蛋白质组学技术，其应用历史也十分久远，但受到蛋白质稳定性的影响，该类技术在加工类食品的应用中具有一定的局限性，其发展速度远不及代谢组学技术。自 20 世纪 90 年代以来，以核酸为研究对象的基因组学技术开始应用于食品真实性鉴别领域，并且一直处于飞速发展阶段，是 4 类技术中发展最快的技术。相比而言，伴随计算机技术发展而兴起的智能无损快检技术起步较晚，进入 21 世纪后才初具规模。该类技术在食品的无损和快速检测方面具有优势，

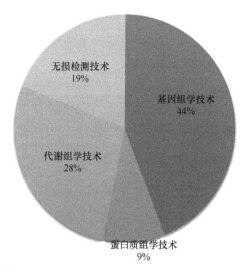

图 7-6 真伪鉴别技术大类发文量分布（1984～2018 年）（彩图请扫封底二维码）

近十年在全球范围内的发文量逐渐增多。基因组学、蛋白质组学技术、代谢组学技术和无损检测技术在近 10 年里的发文量年均增长率分别为 4.16%、3.48%、6.57%和 7.71%（图 7-7）。

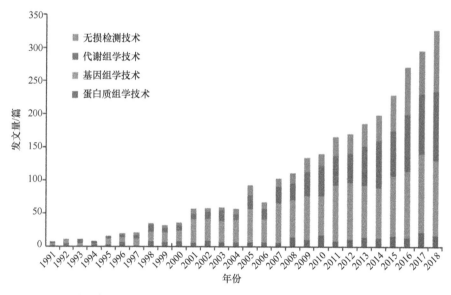

图 7-7 真伪鉴别技术大类年份分布（1991～2018 年）（彩图请扫封底二维码）

在不同类别技术中，基因组学技术中的 PCR 技术、DNA 指纹图谱/分子标记技术，代谢组学技术中的色谱技术和质谱技术，是食品真伪研究与应用最为广泛的技术手段（图 7-8）。从发展历程看，代谢组学技术中的质谱、色谱技术和蛋白质组学技术中的电泳、免疫技术在食品真实性鉴别研究中的应用最早，在 1984 年前就已有相关文章产出。随着研究的不断深入和科研工作者的跨学科交流，核磁共振、同位素技术和 PCR 技术、DNA 指纹图谱、分子标记逐渐被应用于食品真实性鉴别研究中并持续发展。进入 21 世纪后，得益于技术的升级改造和科研水平的不断提升，新兴的芯片技术、LAMP 和以测序为基础的基因条形码技术、二代测序技术及借助传感器组合的电子鼻、电子舌等技术在食品鉴伪领域持续且快速发展。其中，以一代 Sanger 测序为基础的基因条形码技术在单一物种组成食品的物种鉴别方面具有较高的准确性和灵敏度，是当前用于食品物种鉴别的主流技术，而近年来新兴的二代测序技术具有比 Sanger 测序更高的测序深度和广度，可在一次实验中获得待检食品中所有物种信息，将成为未来食品物种鉴别实验室的主要研究技术之一（Xing et al.，2020，2019b）。对食品基质的精准定量分析也是近年来科研工作者的主要关注点，由此产生的数字 PCR 技术也将成为未来的研究热点之一（Böhme et al.，2019b）。此外，伴随袖珍型热循环仪等便携设备的开发而出现的纳米示踪剂技术、试纸条技术，其检测结果肉眼可见，在食品现场快检方面具有一定的技术优势。以传感器技术为基础的电子鼻、电子舌等技术可在不破坏食品外观形态的基础上完成样品检测，这类智能无损快检技术在未来的食品检测领域也将会具有一定的应用前景（Di Rosa et al.，2017）。任何一项技术都不是万能的，每项技术都各具特色。为达到多种检测目的，技术的多元化交叉使用是当前乃至未来的主流趋势（Böhme et al.，2019a；Cifuentes，2018；Creydt and Fischer，2018；Cifuentes，2012）。

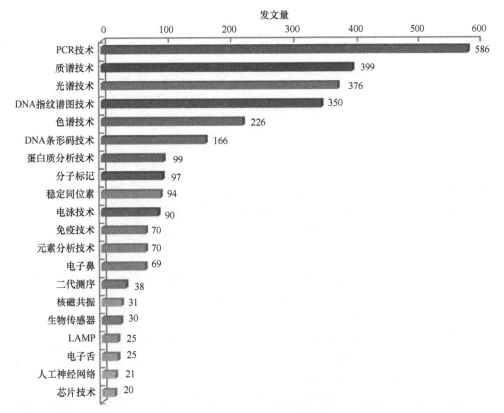

图 7-8　真伪鉴别小类技术发文量分布（1991～2018 年）（彩图请扫封底二维码）

　　就国家/地区对各类鉴别技术的应用情况看，发文量前 15 位的国家在各类技术的应用研究中总体方向相似，但在活跃度方面存在差异。西班牙领先于 PCR 技术和 DNA 指纹图谱技术；中国的研究优势在基因条形码技术、光谱技术和质谱技术，在 PCR 和蛋白质分析技术上排名也较高（表 7-4）；意大利领先于稳定同位素技术和蛋白质分析技术；美国在光谱技术、基因条形码技术和分子标记技术等领域排名较高（表 7-4）。

表 7-4　真伪鉴别技术发文量前 15 位国家分布（1984~2018 年）　（单位：篇）

序号	国家	DNA 条形码技术	DNA 指纹图谱技术	PCR 技术	蛋白质分析技术	质谱技术	色谱技术	光谱技术	分子标记	稳定同位素技术	电泳技术	元素分析技术
1	中国	17	27	67	17	58	24	76	9	10	3	7
2	美国	16	21	25	8	11	11	46	9	6	6	2
3	西班牙	17	45	89	11	52	41	30	9	3	10	4
4	意大利	16	40	55	19	53	30	22	6	19	13	13
5	巴西	8	5	20	2	13	10	17	3	0	3	10
6	土耳其	4	6	28	1	2	3	13	2	2	3	1
7	德国	2	13	18	8	17	8	12	8	7	6	4
8	印度	12	35	24	2	2	3	11	7	1	4	0
9	澳大利亚	4	7	21	2	9	5	10	3	5	3	5
10	马来西亚	5	9	27	1	3	2	7	0	0	1	0
11	韩国	6	15	23	5	9	3	7	5	9	1	0
12	英国	2	9	21	10	8	4	7	0	0	0	1
13	法国	1	9	7	2	15	8	6	2	9	3	1
14	加拿大	6	10	9	2	7	3	4	4	0	0	0
15	日本	5	19	22	1	6	7	2	1	3	2	0

7.2.2　食品种类分析

根据 WOS 数据库统计，最早研究真伪鉴别的食品是食用油及乳和乳制品。与此相关的代表性事件是发生在 1981 年的西班牙橄榄油事件，将毒菜籽油替代橄榄油出售，引发 20 000 人苯胺中毒。自此，世界各地开始关注食品真伪问题。进入 21 世纪后，随着生活水平的提高，人们的饮食结构趋于多元化，食品种类不断丰富的同时，食品掺假范围也不断扩大，其中的代表性事件包括 2008 年中国三聚氰胺奶粉事件、2009 年美国花生酱沙门氏菌事件和 2013 年欧洲马肉风波等，由此引发了世界各国对食品造假的高度关注。对食品种类的分析也逐步扩展到谷物制品、肉制品、水产品、酒类、果汁、饮料、蜂产品和保健产品及高附加值食品。其中，肉及肉制品、水（海）产品、谷物及植物物种、蜂产品、乳及乳制品、果品和果汁及饮料分别以 21%、21%、13%、11%、9%、9% 的占比排在前 6 位。排在第 6~10 位的食品种类分别是食用油（6%）、酒类（4%）、保健品及高附加值食品（4%）和调味品（2%）（图 7-9）。

较之欧美等发达国家，中国在食品真伪鉴别领域的研究起步较晚，但发展速度快。尤其是近 10 年来，中国在各类食品的鉴伪研究中一直处于持续快速发展态势。就具体国家/地区而言，中国在肉及肉制品、谷物及植物、保健食品及高附加值食品 3 个领域的发文量位列全球第 1，在蜂产品、果品和果汁及饮料、调味品 3 个领域位列全球第 2，

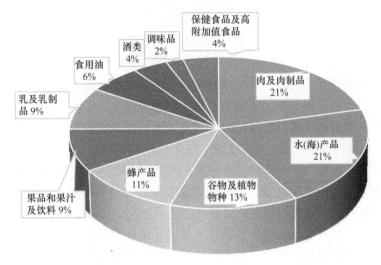

图 7-9　发表文章涉及的食品种类分布（1984～2018 年）（彩图请扫封底二维码）

在水（海）产品、食用油和酒类 3 个领域位列全球第 3；意大利在果品和果汁及饮料、乳及乳制品、食用油 3 个领域位列全球第 1，在水（海）产品、谷物及植物、酒类鉴伪领域排名全球第 2；西班牙在水（海）产品、蜂产品、酒类、调味品 4 个领域排名全球第 1 位（表 7-5）。

表 7-5　发表文章涉及的各类食品发文量国家/地区分布（1984～2018 年）（单位：篇）

序号	肉及肉制品	水（海）产品	谷物及植物	蜂产品	果品和果汁及饮料	乳及乳制品	食用油	酒类	保健食品及高附加值食品	调味品
1	中国（78）	西班牙（113）	中国（68）	西班牙（41）	意大利（34）	意大利（68）	意大利（36）	西班牙（20）	中国（35）	西班牙（6）
2	西班牙（54）	意大利（52）	意大利（34）	中国（39）	中国（33）	美国（22）	西班牙（31）	意大利（19）	韩国（25）	中国（5）
3	印度（44）	中国（50）	西班牙（27）	意大利（35）	西班牙（29）	西班牙（19）	中国（24）	中国（17）	中国香港（4）	日本（4）
4	马来西亚（44）	美国（46）	美国（25）	巴西（20）	巴西（26）	中国（18）	美国（13）	澳大利亚（7）	意大利（4）	德国（3）
5	美国（37）	德国（37）	德国（19）	波兰（18）	美国（15）	印度（12）	希腊（7）	捷克（6）	澳大利亚（4）	印度（3）
6	意大利（30）	中国台湾（35）	印度（19）	法国（12）	法国（13）	德国（10）	巴西（6）	德国（6）	日本（3）	伊朗（3）
7	土耳其（30）	日本（29）	韩国（19）	土耳其（10）	英国（9）	瑞士（8）	土耳其（6）	罗马尼亚（4）	马来西亚（3）	意大利（3）
8	英国（22）	巴西（21）	日本（17）	葡萄牙（10）	德国（9）	法国（8）	澳大利亚（5）	波兰（3）	西班牙（3）	韩国（3）
9	韩国（22）	加拿大（19）	澳大利亚/巴西（12）	美国（8）	印度（8）	希腊（8）	英国（5）	美国（3）	美国（2）	美国（2）
10	德国（19）	韩国（17）	加拿大（12）	罗马尼亚/希腊（8）	澳大利亚（7）	葡萄牙（7）	法国（5）	克罗地亚（3）	巴西（2）	法国（2）

注：中国的数据未统计香港和台湾

7.3 评述与展望

食品真实性鉴别作为关系人类健康和福祉的重要话题，已引起人们的广泛关注，许多学术界和工业界的科研人员正在致力于这一话题的研究。科学的文献计量学分析可以帮助科研工作者更好地了解世界范围内食品真实性鉴别领域的发展趋势和研究热点。本章以 WOS 数据库为检索对象，从发文量、发文国家/地区分布、文章影响因子、发文机构、发文关键词等角度，对 1984~2018 年发表的相关文献进行统计分析，得出如下结论。

国际范围内在食品真实性鉴别领域的发文量总体呈增长趋势，2007 年是一个转折点，随着全球食品安全问题的频发和日新月异的科技进步，食品真实性鉴别研究进入快速发展阶段，发文数量呈几何级倍数增长。全球从事真伪鉴别的国家/地区超过 100 个，各地区间研究方向和研究对象各有特点。纵观全球发文量在前 10 位的国家，综合发文数量和质量多个指标，表现突出的有西班牙、英国、美国、法国和意大利。单就发文量而言，中国已超越欧美等发达国家，位居世界第一，但在文章被引频率方面目前仅排在第 9 位，因此应进一步提高发文质量，提升国际影响力。

从机构分布看，西班牙高等科学研究委员会的发文量和文章被引频次均遥遥领先。发文总量排名前 10 位的主要是欧美发达国家的机构，中国仅占据 3 个席位，分别是中国科学院、中国农业科学院和浙江大学，中国机构的国际影响力仍旧有待提高，因此需要加强与其他国家/地区机构的科研合作，逐步构建规模化的合作网络，并增进与不同研究背景人员的交流，增强在食品真实性鉴别研究领域的创新力。

就技术而言，食品真实性鉴别呈多元化发展趋势。以 PCR、分子标记为代表的基因组学技术和以色谱、光谱、质谱为代表的代谢组学技术是目前研究最多的两类技术，而以电子鼻、电子舌等为代表的智能无损快检技术是一类新兴技术，在无损检测和产品快检方面具有突出优势。作为后起之秀，人工智能技术在近十年间呈快速发展态势。在食品种类方面，研究对象与时事热点相呼应，具有时效性。随着经济发展和人们物质生活水平的提升，检测对象也从最初的食用油、乳制品、谷物和植物类，逐步扩充至果汁和果品及饮料、酒类、调味品、水（海）产品、肉制品、蜂产品、保健食品和高附加值食品。

综上，本章通过 web of science 数据库对国内外在食品真实性鉴别研究领域的发文进行文献计量学分析，结合发展现状和时事热点，分析解释了该领域论文的分布规律、科研水平和发展趋势。采用文献计量学的方法，可以较为准确地总结食品真伪鉴别技术研究的发展历史，挖掘前沿和热点，并对未来进行动态预测。目前，我国在该领域的研究发展迅猛，发文数量和质量方面均显著提高，总体处于跟踪、并行、领跑三者兼有的阶段。本章在撰写过程中仅采集整理了来自 web of science 数据库的英文文献，但同时中文期刊也是文献信息系统的重要组成部分，在食品真实性领域发表了大量高水平论文，在成果转化及技术支撑方面发挥了积极推动作用。未来的研究工作将进一步把中文期刊论文纳入文献计量分析的范围，以期更好地反映国内研究机构在食品真实性鉴别领域的科研水平、研究热点和发展趋势。

参 考 文 献

陈欢, 罗昭标, 陈博旺, 等. 2019. 国内茶油研究文献计量学分析——基于国内主要期刊数据库的分析. 粮油食品科技, (2): 29-33.

陈颖. 2014. 食用油真伪鉴别方法研究进展. 食品科学技术学报, 32(6): 1-8.

陈颖, 董文, 吴亚君, 等. 2008. 食品鉴伪技术体系的研究与应用. 食品工业科技, (7): 210-212, 306.

陈颖, 葛毅强, 吴亚君, 等. 2007. 现代食品真伪检测鉴别技术. 食品与发酵工业, (7): 107-111.

陈颖, 吴亚君. 2011. 基因检测技术在食品物种鉴定中的应用. 色谱, 29(7): 594-600.

陈颖, 张九凯, 葛毅强, 等. 2016. 基于文献计量的食品真伪鉴别研究态势分析. 中国食品学报, 16(6): 174-186.

房芳, 张九凯, 马雪婷, 等. 2019. 基于特征肽段的阿胶中异源性物种鉴别. 食品科学, 40(16): 267-273.

高俊宽. 2005. 文献计量学方法在科学评价中的应用探讨. 图书情报知识, (2): 14-17.

马雪婷, 张九凯, 陈颖, 等. 2019. 燕窝真伪鉴别研究发展趋势剖析与展望. 食品科学, 40(7): 304-311.

田尉婧, 张九凯, 程海燕, 等. 2018. 基于质谱的蛋白组学技术在食品真伪鉴别及品质识别方面的应用. 色谱, 36(7): 22-32.

王麒, 曾宪楠, 冯延江, 等. 2019. 基于文献计量的水稻研究态势分析. 中国稻米, (4): 22-26.

谢建华, 申明月, 李昌. 2011. 基于文献计量分析的我国食品安全研究现状与发展趋势. 安徽农业科学, 39(1): 468-470.

杨杰, 高洁, 苗虹. 2015. 论食品欺诈和食品掺假. 食品与发酵工业, 336(12): 240-245.

俞邱豪, 张九凯, 叶兴乾, 等. 2016. 基于代谢组学的食品真实属性鉴别研究进展. 色谱, 34(7): 657-664.

张南, 马春晖, 周晓丽, 等. 2017. 食品科学研究现状、热点与交叉学科竞争力的文献计量学分析. 食品科学, 38(3): 310-315.

赵方圆, 吴亚君, 韩建勋, 等. 2012. 蛋白组学技术在食品品质检测及鉴伪中的应用. 中国食品学报, 12(11): 134-141.

赵美玲, 秦卫平. 2014. 我国食品安全研究现状与热点的文献计量学分析. 科技管理研究, 34(3): 68-73.

郑床木, 王琳, 陈天金, 等. 2017. 基于文献计量的食品组学研究发展态势分析. 中国食物与营养, 23(12): 17-20.

Ahmad I, Ahmed G, Shah S A A, et al. 2018. A decade of big data literature: analysis of trends in light of bibliometrics. The Journal of Supercomputing, (24): 1-17.

Aleixandre-Tudó J L, Castelló-Cogollos L, Aleixandre J L, et al. 2019. Bibliometric insights into the spectroscopy research field: A food science and technology case study. Applied Spectroscopy Reviews, 16: 1-34.

Böhme K, Calo-Mata P, Barros-Velázquez J, et al. 2019a. Recent applications of omics-based technologies to main topics in food authentication. Trends in Analytical Chemistry, 110: 221-232.

BöHme K, Calo-Mata P, Barros-Velázquez J, et al. 2019b. Review of recent DNA-based methods for main food-authentication topics. Journal of Agricultural and Food Chemistry, 67(14): 3854-3864.

Callao M P, Ruisánchez I. 2018. An overview of multivariate qualitative methods for food fraud detection. Food Control, 86: 283-293.

Cifuentes A J E. 2018. Advanced food analysis, foodome and foodomics. Electrophoresis, 39(13): 1525-1526.

Cifuentes A. 2012. Food analysis: Present, future, and foodomics. International Scholarly Research Notice Analytical Chemistry, 1-16.

Cordella C, Moussa I, Martel A C, et al. 2002. Recent developments in food characterization and adulteration detection: Technique-oriented perspectives. Journal of Agricultural and Food Chemistry, 50(7): 1751-1764.

Creydt M, Fischer M J E. 2018. Omics approaches for food authentication. Electrophoresis, 39(13):

1569-1581.

Cubero-Leon E, Peñalver R, Maquet A. 2014. Review on metabolomics for food authentication. Food Research International, 60: 95-107.

Danezis G P, Tsagkaris A S, Camin F, et al. 2016. Food authentication: Techniques, trends and emerging approaches. Trends in Analytical Chemistry, 85: 123-132.

Di Rosa A R, Leone F, Cheli F, et al. 2017. Fusion of electronic nose, electronic tongue and computer vision for animal source food authentication and quality assessment—A review. Journal of Food Engineering, 210: 62-75.

Esteki M, Regueiro J, Simal-Gándara J. 2019. Tackling Fraudsters with global strategies to expose fraud in the food chain. Comprehensive Reviews in Food Science and Food Safety, 18(2): 425-440.

Esteki M, Shahsavari Z, Simal-Gandara J. 2018a. Use of spectroscopic methods in combination with linear discriminant analysis for authentication of food products. Food Control, 91: 100-112.

Esteki M, Simal-Gandara J, Shahsavari Z, et al. 2018b. A review on the application of chromatographic methods, coupled to chemometrics, for food authentication. Food Control, 93: 165-182.

Everstine K, Spink J, Kennedy S. 2013. Economically motivated adulteration (EMA) of food: Common characteristics of EMA incidents. Journal of food protection, 76(4): 723-735.

Kamdem J P, Duarte A E, Lima K R R, et al. 2019. Research trends in food chemistry: A bibliometric review of its 40 years anniversary (1976—2016). Food Chemistry, 294: 448-457.

Kendall H, Kuznesof S, Dean M, et al. 2019. Chinese consumer's attitudes, perceptions and behavioural responses towards food frau. Food Control, 95: 339-351.

Kendall H, Naughton P, Kuznesof S, et al. 2018. Food fraud and the perceived integrity of European food imports into China. PLoS ONE, 13(5): e0195817.

Liu A P, Shen L, Tan Y X, et al. 2018. Food integrity in China: Insights from the national food spot check data in 201. Food Control, 84: 403-407.

Ortea I, O'connor G, Maquet A. 2016 Review on proteomics for food authentication. Journal of Proteomics, 147: 212-225.

Reid L M, O'donnell C P, Downey G. 2006. Recent technological advances for the determination of food authenticity. Trends in Food Science and Technology, 17(7): 344-353.

Schieber A. 2018. Introduction to food authentication. *In*: Sun D W. Modern Techniques for Food Authentication. Second Edition. Pittsburgh: Academic Press: 1-21.

Sobolev A P. 2019. Use of NMR applications to tackle future food fraud issues. Trends in Food ence and Technology, 91: 347-353.

Soon J M, Krzyzaniak S, Shuttlewood Z, et al. 2019 Food fraud vulnerability assessment tools used in food industry. Food Control, 101: 225-232.

Tao J, Che R, He D, et al. 2015. Trends and potential cautions in food web research from a bibliometric analysis. Scientometrics, 105(1): 435-447.

Van Ruth S M, Luning P A, Silvis I C J, et al. 2018. Differences in fraud vulnerability in various food supply chains and their tiers. Food Control, 84: 375-381.

Vijay K R, Raghavan I. 2007. Journal of food science and technology: A bibliometric study. Annals of Library and Information Studies, 54(4): 21-31.

Xing R R, Hu R R, Han J X, et al. 2020. DNA barcoding and mini-barcoding in authenticating processed animal-derived food: A case study involving the Chinese market. Food Chemistry, 309: 125653.

Xing R R, Wang N, Hu R R, et al. 2019. Application of next generation sequencing for species identification in meat and poultry products: A DNA metabarcoding approach. Food Control, 101, 173-179.

Zhang W J, Xue J H. 2016. Economically motivated food fraud and adulteration in China: An analysis based on 1553 media reports. Food Control, 67: 192-198.